高等院校化学化工教学改革规划教材
"十二五"江苏省高等学校重点教材
编号：2015-1-086

应用生物化学

主编 张恒

U0250500

南京大学出版社

图书在版编目(CIP)数据

应用生物化学 / 张恒主编. —— 南京：南京大学出版社，2017.12

高等院校化学化工教学改革规划教材

ISBN 978 - 7 - 305 - 19741 - 3

Ⅰ. ①应… Ⅱ. ①张… Ⅲ. ①应用生物化学—高等学校—教材 Ⅳ. ①Q599

中国版本图书馆 CIP 数据核字(2017)第 315148 号

出版发行　南京大学出版社
社　　址　南京市汉口路 22 号　　　邮　编　210093
出 版 人　金鑫荣

丛 书 名　高等院校化学化工教学改革规划教材
书　　名　**应用生物化学**
主　　编　张　恒
责任编辑　刘　飞　蔡文彬　　　　编辑热线　025 - 83686531

照　　排　南京南琳图文制作有限公司
印　　刷　南京大众新科技印刷有限公司
开　　本　787×1092　1/16　印张 27.75　字数 658 千
版　　次　2017 年 12 月第 1 版　2018 年 1 月第 1 次印刷
ISBN 978 - 7 - 305 - 19741 - 3
定　　价　68.00 元

网址：http://www.njupco.com
官方微博：http://weibo.com/njupco
官方微信号：njupress
销售咨询热线：(025) 83594756

微信扫一扫

✓课件申请
✓教学视频
✓互动问答
✓学习圈

读者服务入口

前　言

本书自出版以来,深受广大读者欢迎,2015 年被评为"十二五"江苏省高等学校重点教材(编号:2015-1-086)。

本书为《应用生物化学》,并配套有《应用生物化学实验》。

按照"十二五"江苏省高等学校重点教材修订计划书的修改方案,对教材进行了调整和修订。在《应用生物化学》原书静态生化与动态生化融为一体的框架下,局部调整编写思路、编写大纲、目录。将《应用生物化学》原第一章生物膜系统移至"脂类——机体主要储能物质"一章之后,调整为第六章。将原第五章生物氧化及生物能量生成移至"生物膜系统"一章之后,调整为第七章。将糖代谢、脂代谢及相关生物氧化能量释放数值结算及比较内容合并,在第七章生物氧化及生物能量生成中统一叙述。第七章增加"线粒体外 NADH 的氧化""葡萄糖完全氧化分解产生的 ATP 数量""脂肪酸完全氧化分解产生的 ATP 数量"等内容,调整并统一了生物氧化能量释放数值计算方法。各章节的排序依次调整,同时调整了二级目录。修订教材中的文字及技术上错误、不妥之处。改进并修饰书中的图表,增加、删除、合并了部分图表。修改了各章的"学习要点"。增加了与工程实际相关的代谢调控内容,将其穿插在相应章节。

生物化学是理论性与实践性并重的专业基础学科,是现代生物学和生物工程技术的重要基础。传统生物化学主要应用化学原理和方法来探讨生命的奥秘和本质,着眼于搞清组成生物体物质的分子结构和功能,维持生命活动的各种化学变化及其生理机能的联系。随着科学进步发展,当今的生物化学已经进入全新的分子生物学领域,以从分子水平研究生命本质为目的,以核酸和蛋白质等生物大分子的结构及其在遗传信息和细胞信息传递中的作用为研究对象,将生物化学、生物物理学、遗传学、微生物学、生物信息学等多种学科相互杂交、相互渗透,形成现代生物化学基本原理与技术。

现代生物化学是生命科学领域高新技术开发与应用的基础,生物工程、制药工程、食品工程、化学工程等学科涉及大量的新型生化产品及生物材料,因此,生物化学基础理论及应用显得尤为重要。应用型人才的培养需要与之匹配的教材,更需要适用于面向工程一线人才培养的教材教学体系,本教材是国家特色专业建设成果和江苏省高等教育教学改革重点项目研究成果。

本教材以本科应用型学历教育为特定目标,以生物工程及制药工程等工科相关专业为特定对象,以基本理论、知识、技能以及思想性、科学性、先进性、启发性、知识性为特定要求,突出生物化学基础理论的应用特征,力求实现教材内容的准确性、系统性、实用性和新颖性。目的在于编出适合现在教学改革特点、适合现代教学方式与学习方法、给学生提供高水平知识源泉的体例新颖的教材。

《应用生物化学》共十一章,主要介绍生物化学基本理论及相关的实践技能、生化产品。包括生物大分子及前体合成与分解代谢及调控,生物天然物质活性成分鉴定及分离纯化,生物能量生成方式,生物信息传递及代谢调节控制机制,生物膜结构、功能及生物膜技术,基因工程基本原理,现代生化产品等。

本教材由教学第一线多年从事生物化学理论与实验教学、具有丰富工作经验的教师参加编写,张恒主编,主要由张恒、孙金凤修订。《应用生物化学》编写人员有:淮阴工学院张恒(绪论,第二章,第四章,第八章的4~5节),淮阴工学院孙金凤(第一章,第六章,第七章),郑州大学付蕾(第三章,第八章的1~3节,第十章),华东师范大学陈季武(第九章),哈尔滨商业大学王淑静(第五章),淮阴工学院李文谦(第十一章)。在本书的编写及修订过程中,参考了许多国内出版的书籍、网站的相关内容,得到了淮阴工学院生命科学与食品工程学院、化学工程学院领导和教师们的大力支持,提出了许多宝贵意见和建议,使得编写及修订工作得以顺利完成并在内容上更加新颖、丰富,在此一并表示感谢。

限于编者水平有限,书中难免有错误和不足之处,敬请读者批评指正。

编 者

2017 年 12 月

目 录

绪　论

随着科技进步及生物技术发展,生物化学理论在生物技术领域、生物产品的质量控制、生物加工的综合利用等规模化工业生产和工程实践方面的应用进一步提升。学习掌握生物化学理论与实验技能,是提高实践能力与创新能力的基础。

一、生物化学的主要研究内容

生物化学(biochemistry)是一门在分子水平上研究生命现象的科学,它主要应用化学原理和方法来探讨生命的奥秘和本质,着眼于搞清组成生物体物质的分子结构和功能,维持生命活动的各种化学变化及其生理机能的联系,其研究内容主要有以下几方面:(1) 构成生物机体的物质基础包括组成生物机体的物质的化学组成、结构、性质、功能及体内分布,称为静态生物化学(或有机生物化学);(2) 生命物质在生物机体中的化学变化及运动规律,各种生命物质在变化中的相互关系即新陈代谢以及代谢过程中能量的转换,称为动态生物化学(或代谢生物化学);(3) 生命物质的结构、功能、代谢与生命现象的关系,称为机能生物化学(或功能生物化学);(4) 生物信息的传递及其物质代谢的调控,包括生物体内各种物质代谢的调节控制及遗传基因信息的传递和调控,称为信息生物化学。

生物化学研究的对象是所有的生命形式,包括动物、植物、微生物等。根据研究对象和目的不同,生物化学有许多分支,如动物生物化学、植物生物化学与微生物生物化学,基础生物化学、普通生物化学与应用生物化学,进化生物化学与比较生物化学等。

将生物化学、生物物理学、遗传学、微生物学等多种学科经过相互杂交、相互渗透,以分子水平研究生命本质为目的形成了一门新兴边缘学科,即分子生物学(molecular biology)。该学科以核酸和蛋白质等生物大分子的结构及其在遗传信息和细胞信息传递中的作用为研究对象,主要包括核酸分子生物学、蛋白质分子生物学以及细胞信号转导的分子生物学三部分。核酸的分子生物学研究核酸的结构及其功能。由于 50 年代以来的迅速发展,该领域已形成了比较完整的理论体系和研究技术,是目前分子生物学内容最丰富的一个领域。研究内容包括核酸/基因组的结构、遗传信息的复制、转录与翻译,核酸存储的信息修复与突变,基因表达调控和基因工程技术的发展和应用等。遗传信息传递的中心法则(central dogma)是其理论体系的核心。蛋白质的分子生物学研究执行各种生命功能的主要大分子——蛋白质的结构与功能。尽管人类对蛋白质的研究比对核酸研究的历史要长得多,但由于其研究难度较大,与核酸分子生物学相比发展较慢。近年来,虽然在认识蛋白质的结构及其与功能关系方面取得了一些进展,但是对其基本规律的认识尚缺乏突破性的进展。细胞信号转导的分子生物学研究细胞内、细胞间信息传递的分子基础。构成生物体的每一个细胞的分裂与分化及其他各种功能的完成均依赖于外界环境所赋予的各种指示信号。在这些外源信号的刺激下,细胞可以将这些信号转变为一系列的生物化学变化,例如蛋白质构象的转变、蛋白质分子的磷酸化以及蛋白与蛋白相互作用的变化等,从而使其增殖、分化及分泌状态等发生改变以适应内外环境的需要。信号转导研究的目标是阐明这些变化的分子机理,明确每一种信号转导与传递的途径,参与该途径的所有分子的作用和调节方式以及认识各种途径间的网络控制系统。信号转导机理的研究在理论和技术方面与上述核酸及蛋白质分子有着紧密的联系,是当前分子生物学发展最迅速的领域之一。

生物化学与分子生物学密切相关,生物化学是用化学的理论和方法研究生命现象的科学,而分子生物学是研究生物大分子结构和功能的学科。广义地说,分子生物学是生物化学的重要组成部分,是当前生命科学中发展最快并正在与其他学科广泛交叉与渗透的重要前沿领域。

二、生物化学的发展

生物化学是 18 世纪 70 年代以后,伴随着近代化学和生理学的发展,开始逐步形成的一门独立的新兴边缘学科。但生物化学知识的积累和应用,却可追溯到远古时代。人类在长期的生产活动和社会实践中,累积了许多有关农牧业生产、食品加工和医药方面的宝贵知识与经验。公元前 21 世纪,我国人民就利用曲造酒,实际上就是用曲中的酶将谷物中糖类物质转化为乙醇。

20 世纪前,早期生物化学主要是静态生物化学的成果,发展动力来自于医药实践和发酵工业的兴起。19 世纪初,随着物理学、化学、生物学的巨大发展,影响和促进了生物化学理论体系的形成与发展。德国科学家 Liebig 阐明了动物、植物和微生物在物质和能量方面相互依赖和循环的关系;法国著名微生物学家 Pasteur 对乳酸发酵和酒精发酵进行了深入的研究,指出发酵是由微生物所引起的,为发酵和呼吸的生物化学理论奠定了基础。19 世纪末至 20 世纪初,生物化学领域有三个重大发现,即酶、维生素和激素。Buchner 于 1897 年证明破碎酵母细胞的抽提液仍能使糖发酵,引进了生物催化剂的概念。这是用无细胞提取液离体的方法研究动态生物化学的开始,为以后对糖的分解代谢机制的研究以及酶学研究打下基础。随后人们对很多酶进行了分离提纯。1926 年,Sumner 首次将脲酶制成结晶,并证明酶的化学本质是蛋白质。酶、维生素和激素的研究极大地丰富了生物化学的知识,促进了生物化学的发展,确立了生物化学作为生命科学重要基础的地位。

20 世纪 30 年代以后,随着实验技术和分析鉴定手段不断更新与完善,生物化学进入了动态生物化学发展时期,在研究生物体的新陈代谢及其调控机制方面取得了重大进展。在 1940 年前后,基本上阐明了各类生物大分子的主要代谢途径:糖酵解、三羧酸循环、氧化磷酸化、磷酸戊糖途径、脂肪代谢和光合磷酸化等。

20 世纪中叶开始,生物化学进入分子水平,分子生物学兴起。生物化学以更快的速度发展,建立了许多先进技术和方法。其中同位素、电子显微镜、X-射线衍射、层析、电泳、超速离心等技术手段应用于生物化学研究中,使人们可以从整体水平逐步深入到细胞、细胞器以至分子水平,来探索生物分子的结构与功能。以生物化学等学科为基础,促进了生物技术与生物工程的兴起。牛胰岛素蛋白质一级结构的分析,建立了测定蛋白质氨基酸顺序的方法,为蛋白质一级结构的测定打下基础,具有划时代的意义。1965 年,我国首先完成了结晶牛胰岛素的人工合成。DNA 分子的双螺旋结构模型的建立,使人们第一次知道了基因的结构,不仅为 DNA 复制机制的研究打下了基础,从分子水平上揭示遗传现象的本质,而且开辟了分子生物学的新纪元,从分子水平上研究和改变生物细胞的基因结构及遗传特性。这是生物学历史上的重要里程碑。

现代生物化学基本理论和实验技术已经渗透到生命科学的各个领域中(如生理学、遗传学、细胞学、分类学和生态学),不断取得新的进展。20 世纪 60 年代以来,生物化学与其他学科又融合产生了一些边缘学科和技术领域,如生化药理学、古生物化学、化学生态学、医学生化、农业生化、工业生化、营养生化,以及分子生物学、分子遗传学、量子生物学、结构生物学、生物工程等。生物化学是这些新兴学科的理论基础,而这些学科的发展又为生物化学提供了新的理论和研究手段。如今生物化学和分子生物学之间日益密切的联系,为阐明生命现象的分子机理开辟了广阔的前景。

现代生物化学研究则主要为人类基因组计划、后基因组计划。

三、生物化学的地位和作用

生物体新陈代谢的研究工作必须具备有关体内有机化合物结构和性质的知识,运用化学的方法和原理分离纯化生物分子,研究其结构和性质。生物体内物质和能量复杂的变化规律的分析,其理论基础来源于物理化学中热力学的原则和理论。

生物化学与分子生物学的研究对象是生物体,和生物学科的其他分支密切相关。生化制药以及疾病治疗和诊断都离不开微生物学,对于微生物生理生化的研究,必然要涉及其有机物代谢这一生命活动的重要内容,而有机物代谢的途径和机理也正是生物化学的核心内容之一。遗传学研究生命过程中遗传信息的传递与变异。核酸是一切生物遗传信息的载体,而遗传信息的表达是通过核酸所携带的遗传信息翻译为蛋白质来实现的。所以,核酸和蛋白质的结构、性质、代谢与功能,同时是遗传学和生物化学的重要内容。这种将生物化学与遗传学相结合的边缘科学也被称为分子遗传学或狭义的分子生物学,主要研究遗传物质(核酸)的复制、转录、表达、调控等。生物化学与微生物学的联系也十分密切,目前积累的许多生物化学知识,有相当部分是用微生物为研究材料获得的,如大肠杆菌是被生物化学广泛应用的实验材料。而生物化学的理论又是研究微生物形态、分类和生理过程的理论基础。在研究微生物的代谢、生理活动,病毒的本质,以及免疫的化学程序、抗体的生成机制等方面都要应用生物化学的理论和技术。

细胞生物学研究生物细胞的形态、成分、结构和功能,研究过程中必须探索组成细胞的各种化学物质的性质及其变化。所以要应用生物化学的知识和理论。生物化学与分类学也有关系。目前的研究发现,不同生物体内某些相似的蛋白质具有一定的保守性,它们比形态解剖特征较少受到自然选择的影响,所以可以作为生物物种遗传关系和进化亲缘关系的可靠指标。蛋白质及其他特殊生化成分,可以作为生物分类的依据,以补充形态分类的不足,解决分类学中的难题。

在分子生物学基础上又发展起来新兴的技术学科。生物工程包括基因工程、酶工程、细胞工程、发酵工程、生化工程、蛋白质工程、海洋生物工程、生物计算机及生物传感器等主要八大工程。其中的基因工程是生物工程的核心。人们试图像设计机器或建筑物一样,定向设计并构建具有特定优良性状的新物种、新品系,结合发酵和生化工程的原理和技术,生产出新的生物产品。尽管仍处于起步阶段,但目前用生物工程技术手段已经大规模生产出动植物体内含量少而为人类所需的蛋白质,如干扰素、生长素、胰岛素、肝炎疫苗等珍贵药物,展示出广阔的应用前景,对人类的生产和生活将产生巨大而深远的影响,是21世纪新兴技术产业之一。

世人瞩目的 Celera Genomics 人类基因组测序计划启动于 1999 年 9 月 8 日,其基因组序列工作框架草图的测绘已于 2000 年 6 月 26 日完成,并在 2000 年 10 月 1 日完成序列组装。此外,大肠杆菌、酵母、果蝇、拟南芥等模式生物的基因组测序也都在此之前完成。目前,水稻、家猪等基因组测序正在进行。人类迎来了生命科学发展的崭新阶段后基因组时代。在这个时代,功能基因组学、蛋白质组学等新的学科相继诞生。许多新的技术、新的手段都被用来阐明基因的功能,如在 mRNA 水平上,通过 DNA 芯片(DNA chips)和微阵列分析法(microarray analysis)以及基因表达连续分析法(serialanalysis of gene expression,SAGE)等技术检测到了成千上万基因的表达。因此作为新世纪的科技工作者,学习生物化学的基础理论、基础知识和基本技能,掌握生物化学、分子生物学和基因工程的基本原理及操作技术,密切关注生物化学发展的前沿知识和发展动态,是十分必要的。

四、生物化学与生产实践的关系

1. 工农业生产

生物化学的产生和发展源于人们的生产实践,它的迅速进步随即又有力地推动着生产实践的发展。生物化学的理论知识、实验技术以及生化产品广泛应用于农业、工业、医药、食品加工生产等重要经济领域,正在为社会经济发展和人们生活水平的提高做出重要贡献。

在工业生产上,如食品工业、发酵工业、制药工业、生物制品工业、皮革工业等都需要广泛地应用生物化学的理论及技术。农产品的贮藏、保鲜与加工都要运用有关的生物化学知识。尤其是在发酵工业中,人们可以根据微生物合成某种产物的代谢规律,特别是它的代谢调节规律,通过控制反应条件,或者利用基因工程来改造微生物,构建新的工程菌种以突破其限制步骤的调控,大量生产所需要的生物产品。此外,发酵产物的分离提纯也必须依据和利用生物化学的基本理论和技术手段。利用发酵法已经成功地实现工业化生产维生素 C、许多氨基酸和酶制剂等生化产品。而生产出的酶制剂又有相当部分应用于工农业产品的加工、工艺流程的改造以及医药行业,如淀粉酶和葡萄糖异构酶用来生产高果糖糖浆;纤维素酶用作添加剂以提高饲料有效利用率;某些蛋白酶制剂被用作助消化和溶解血栓的药物,还用于皮革脱毛和洗涤剂的添加剂等。

微生物学的深入研究依赖生物化学的基础知识。微生物酶学、生理学和营养学的研究可以揭示生物体内有机成分的分解转化过程,特别是有害微生物代谢机理,获得安全有效的抗病药物。微生物可分泌出多种胞外酶和胞内酶,这些酶对生物体有机成分的转化及营养物质的释放有密切关系。这些问题的研究都要应用生物化学的原理和方法,属于生物化学的研究内容。

生物化学的理论可以作为疾病防治的理论基础,用于研究生物体被病原微生物侵染以后的代谢变化、了解抗病性的机理、病菌及害虫的生物化学特征、化学药剂的毒性机理,以提高生物对环境的适应能力。

在农业生产上,作物栽培、作物品种鉴定、遗传育种、土壤农业化学、豆科作物的共生固氮、植物的抗逆性、植物病虫害防治等学科都越来越多地应用生物化学作为理论基础。作物品种鉴定是农业生产中一个很重要的问题。过去鉴定作物品种要将种子在田间分别播种,长成植株后从形态上比较它们的性状来进行鉴定。这种传统的方法需要时间长,消耗人力和土地较多,而现在可运用电泳的方法将不同品种中的储藏蛋白分离,染色后显现出蛋白质的区带,不同作物品种具有不同的区带。将这些区带编号,根据某一品种的蛋白质区带即可查出它属于什么品种。同时,还可利用现代分子生物学中的限制性片段长度多态性(restriction fragment length polymorphism,RFLP)技术手段,直接提取同一作物不同品种的种子 DNA,进行限制性内切酶消化并进行电泳分析,根据不同品种具有其独特的电泳谱带,来鉴别种子的真伪,保护消费者的权益。

2. 药物研制

在医学领域,生物化学的应用非常广泛。人的病理状态往往是由于细胞的化学成分的改变,从而引起代谢及功能的紊乱。按照人体生长发育的不同需要,配制合理的饮食,供给适当的营养以增进人体健康;疾病的临床诊断;根据疾病的发病原因以及病原体与人体在代谢上和调控上的差异,设计或筛选出各种高效低毒的药物来防治疾病等,这些问题的研究都需要应用生物化学的理论和技术。而生化药物是有治疗作用的生化物质,如一些激素、维生素、核苷酸类物质和某些酶。

20 世纪中叶以来,许多新理论、新技术迅速进入药学研究领域,如电子学、波谱技术、立体化学、量子理论与遗传中心法则等新概念,使对物质结构、生物大分子的结构与功能和分子遗传学的理论有了深入了解。加之生理学、生物化学与分子生物学的进展,使实验医学有了重大突破,从而为新药的发现提供了理论、概念、技术和方法。到 20 世纪末药学科学又步入了另一新的发展阶段,其特点是以化学模式为主体的药学科学迅速转向以生物学和化学相结合的新模式。因此,生物化学与分子生物学在当代药学科学发展中起到了重要作用。

生化药物(biochemical drugs)是从生物体分离纯化所得,用于预防、治疗和诊断疾病的生化基本物质,以及用化学合成、微生物合成或现代生物技术制得的这类物质。生化药物有两个基本特点,来自生物体或是生物体的基本生化物质。这是生化药物定义的基本依据。作为生化药物的生化基本物质,主要有氨基酸类、多肽蛋白质类、酶及辅酶类、核酸类、多糖类、脂类和细胞生长调节因子等。这些成分均具有生物活性或生理功能。最近在肝细胞生长因子、脑活素、蚓激酶、蛇毒抗栓酶、低分子量肝素、尿胰蛋白酶抑制剂(UTI)、肺表面活性物质(PS)和抗菌肽等方面的研究都取得突出成果,尤其是神经肽和细胞生长调节因子的研究进展更为迅速。多种细胞生长因子已在临床应用。从天然产物中寻找具有特殊活性的微量多肽蛋白作为发现新药的先导物方兴未艾,如水蛭素、蜂毒多肽、蜱抗凝肽和犬钩虫抗凝肽 ACAP 等均为新型溶栓药物的研究热点。众多的天然产物除可直接开发成为有效的生物药物外,尚可由天然活性物质的深入研究找到结构新颖的先导化合物,设计合成新的化学实体。人体内新的活性多肽的不断发现,使传统的生理调节基础理论发生变化,进一步深化了对某些疾病的病理机制的认识,为新药设计开辟了新途径。

生化药物的重要发展方向之一是利用现代生物技术进行研究和开发。现代生物技术是通过生物化学与分子生物学的基础研究而快速发展起来的。重组 DNA 技术开创了制药工业新门类。医药生物技术起步最早、发展最快,世界生物技术公司中 70% 从事医药产品的开发。应用生物技术已有可能产生所有的多肽和蛋白质,基因工程技术的应用已使新药研究方法和制药工业的生产方式发生重大变革。

生物技术的应用改造了传统制药工艺。微生物发酵是制药工业生产微生物药品的重要手段。微生物转化是利用微生物产生的特异酶来完成特定的生化反应,使有机物转变成工业产品。微生物可产生多种酶,催化几十种化学反应。如能利用单一酶专一催化某一化学反应,就可以减少或防止其他酶促反应的发生,有利于减少副产物的产生和提高产品产率。利用酶转化法,尤其是应用固定化生物反应器改进制药工艺,已在有机酸、氨基酸、核苷酸、抗生素、维生素和甾体激素等领域取得显著成效。如用酶转化法生产 L-天冬氨酸、L-丙氨酸、L-色氨酸的收率可达 100%,5-羟色氨酸,L-半胱氨酸收率各为 80%。应用固定化微生物细胞生产抗生素也在土霉素、青霉素、赤霉素和利福霉素等品种中取得进展。生化制药工业自 20 世纪 50 年代建立以来,得到了迅速发展。生产迅速增长,生产技术不断提高,产品结构逐步优化,产业结构改变。现代生物技术包括微生物发酵工程、细胞工程、酶工程以及基因工程的应用,大大促进了医药工业的发展。

目前的新药设计依据分子生物学、生物化学和遗传学等生命科学的研究成果,针对基础研究揭示的包括酶、受体、离子通道等潜在药物作用靶位,再参考其内源性配体或天然底物的化学结构特征设计药物分子,以发现选择性作用于靶位的新药。根据这种合理的药物设计方法设计新药,不仅命中率高、时间短、耗费少,而且设计出的药物生物活性较高,副作用较小,具有明显的临床优越性。如以催化体内胆固醇生物合成的 HMG CoA 还原酶为靶设计的酶抑制剂洛伐他汀,可以有效地防治动脉粥样硬化就是例证。因此,现代生物化学与分子生物学理论和技术对新药设计具有强有力的指导作用,为 21 世纪新药的研制和开发提供了一条有效、合理的新途径。

五、学习方法

生物化学内容十分丰富,发展非常迅速,在生命科学中的地位极其重要,是生物学(含生物科学、生物技术和生物工程)、农学、畜牧、兽医、食品科学和医学等专业必修的专业基础课。学习生物化学时,要有明确的学习目的,同时还要有勤奋的学习态度,科学的学习方法。要根据本学科的特点,联系先修课程(如有机化学、生物学)的知识,在教师指导下全面了解教材内容,以核酸、蛋白质等生物大分子的结构、性质、代谢及生物功能为重点,在理解的基础上加强记忆,在记忆的过程中加深理解。要重视实验的研究方法,通过实验课和完成练习题,培养和提高分析问题和解决问题的能力。要重视理论联系实际,在学习基本理论知识同时,应该注意理解科学、技术与社会间的相互关系,理解所学生物化学知识的社会价值,并运用所学知识去解释一些现象,解决一些问题,指导生产实践。

复习思考题

1. 生物化学的研究内容是什么?生物化学与分子生物学两者有何联系?
2. 生物化学的前景如何?
3. 生物化学与生产实际的联系如何?

第一章

蛋白质——生命活动的主要承担物质

学习要点:蛋白质的组成、结构、性质、功能是建立在氨基酸的基础上的。α-氨基酸是构成蛋白质的基本单位,参与蛋白质组成的标准氨基酸是 20 种 L-氨基酸。根据结构不同氨基酸可以分为脂肪族、芳香族和杂环族三大类。氨基酸按照一定序列通过肽键连接形成多肽链,并进一步盘绕折叠成蛋白质的空间结构。蛋白质主要有四个结构层次。由于肽键不能自由旋转,肽链的二级结构构象受到限制,主要有 α-螺旋和 β-折叠等几种。纤维状蛋白的二级结构单位较单一,而球状蛋白的结构层次更明显,具有三级结构的肌红蛋白和具有四级结构的多亚基血红蛋白具有不同特征的氧合曲线。蛋白质的一级结构决定其高级结构,进而决定了其生物学功能。蛋白质可以通过各种生物化学技术纯化(如凝胶过滤、电泳、离子交换、亲和层析等)。

外源性食物蛋白质需经酶水解为氨基酸及小肽后才能被机体吸收利用,经消化吸收的氨基酸和体内合成及组织蛋白质经降解产生的氨基酸,共同组成体内氨基酸代谢库。氨基酸的共同代谢包括脱氨基作用和脱羧基作用,其中以脱氨基作用为主要代谢途径,氨基酸可以通过多种方式脱去氨基。α-氨基酸脱氨基后生成的主要代谢物 α-酮酸可用于氧化供能、合成氨基酸、转变成糖及脂肪,组织中产生的氨以无毒的尿素形式排出体外。高等动物只能利用氨态氮(NH_3 或 NH_4^+)作氮源合成非必需氨基酸。

第一节 概 述

蛋白质一词来源于希腊语"protos",意思是"最原始的"、"最重要的"。蛋白质是生物体最重要的基本组分之一,是表达遗传信息的主要物质基础。蛋白质是活细胞中含量最丰富的生物大分子,存在于所有细胞以及细胞的各个部分,细胞内所发生的一切几乎都与一种或多种蛋白质有关。蛋白质的种类繁多,在一个细胞中就可以发现成千上万种蛋白质。此外,蛋白质具有多种多样的生物学功能。

一、蛋白质的功能

蛋白质是信息途径最重要的终产物,遗传信息通过蛋白质得以表达。蛋白质在生命现象中表现出多种多样重要的生物学功能。

1. 催化功能

蛋白质的一个最重要的生物学功能是作为有机体新陈代谢的催化剂——酶。绝大多数酶都是蛋白质。生物体内几乎所有的反应都是在相应酶的参与下进行的。目前已知的酶在 4 000 种以上。

2. 结构功能

第二大类蛋白质是结构蛋白,它们构成动植物机体的组织和细胞。在高等动物中,纤维状胶原蛋白是结缔组织及骨骼中的结构蛋白;α-角蛋白是组成毛、发、羽毛、角、皮肤的结构蛋白。丝心蛋白是蚕丝纤维和蜘蛛网的主要组成成分。膜蛋白是细胞各种生物膜的重要成分,它与带极性的脂类组成膜结构。

3. 运动收缩功能

另一类蛋白质在生物的运动和收缩系统中执行重要功能。肌动蛋白和肌球蛋白是肌肉收缩系统的两种主要成分。细菌的鞭毛或纤毛蛋白同样可以驱动细胞做相应的运动。

4. 运输功能

有些蛋白质具有运输功能,属于运载蛋白。它们能够结合并且运输特殊的分子。如:脊椎动物红细胞中的血红蛋白和无脊椎动物中的血蓝蛋白起运输氧的功能,血液中的血清蛋白运输脂肪酸,β-脂蛋白运输脂类。许多营养物质(如葡萄糖、氨基酸等)的跨膜输送需要载体蛋白的协助,细胞色素类蛋白在线粒体和叶绿体中担负传递电子的功能。

5. 代谢调节功能

执行代谢调节功能的主要是激素类蛋白质,如垂体生长激素;胰岛素,可以调节葡萄糖代谢。细胞对许多激素信号的响应通常由 GTP 结合蛋白(G 蛋白)介导。

6. 保护防御功能

不同生物体内的一些蛋白质起保护防御功能。如动物体内的免疫球蛋白抗体,具有保护功能;血纤蛋白原和凝血酶是血液凝固蛋白,当血管系统受到伤害时可以防止血液流失;有些动植物中的蛋白质是毒蛋白,如蓖麻蛋白、蛇毒蛋白,对自身具有保卫防御功能。

7. 其他功能

另外在动植物中有些蛋白质主要是作为营养贮藏物,如植物种子中的谷蛋白、动物的卵清蛋白及牛奶中的酪蛋白等。还有一些蛋白质具有各自特殊的功能,如一种非洲植物中产生的蛋白质具有浓郁的甜味,称为应乐果甜蛋白;一些南极鱼类的血浆中含有抗冻蛋白,可以防止血液在极低温度下冻结。

二、蛋白质的组成、分类及结构特点

人类对蛋白质的认识是通过长期的生产实践和科学实验逐渐积累得到的。尽管各种蛋白质具有各自不同的性质和功能,但是蛋白质被水解后的产物均为 α-氨基酸。蛋白质就是由 20 种左右的 α-氨基酸组成的高分子有机物质。有的蛋白质中还含有非蛋白质组分。

(一) 蛋白质的化学组成

不同来源的蛋白质,其分子大小可能不同,但是其元素组成、数量却大致相似。除了含有碳、氢、氧、氮元素外,大部分还含有硫。在有些蛋白质中还含有其他的元素,特别是磷、铁、锌及铜。

大多数蛋白质的基本组成元素的百分数约为:碳占 50%~55%,氢占 6%~8%,氧占 20%~30%,氮占 15%~18%,硫占 0~4%。大多数蛋白质含氮量相对固定,约为 16%,这是一个重要特点。因为氮元素容易通过凯氏(Kjeldahl)定氮法进行测定,故蛋白质的含量可以由氮的含量乘以 6.25(100/16)计算得到。

蛋白质的相对分子质量非常大,但是在酸、碱或酶的作用下可以将蛋白质逐渐降解成相对分子质量越来越小的肽段,最终生成 α-氨基酸。因此,α-氨基酸是蛋白质分子组成的基本单位。构成蛋白质的 α-氨基酸共有 20 种。

(二) 蛋白质的分类

1. 按照化学组成,蛋白质通常可以分为两大类:简单蛋白和结合蛋白。简单蛋白是指水解时只产生氨基酸的蛋白质;结合蛋白是指水解时不仅产生氨基酸,还产生其他有机或无机化合物的蛋白质。

简单蛋白根据其物理性质(如溶解度)的不同进行分类,见表 1-1。

表 1-1　简单蛋白的分类

蛋白质种类	溶解性	举例
清蛋白	可溶于水及稀盐、稀酸、稀碱溶液,为饱和硫酸铵所沉淀	广泛存在于生物体,如血清蛋白、乳清蛋白等
球蛋白	微溶于水而溶于稀中性盐溶液,为半饱和硫酸铵所沉淀	普遍存在于生物体,如血清球蛋白、肌球蛋白、大豆球蛋白等
谷蛋白	不溶于水、醇及中性盐溶液,但易溶于稀酸或稀碱溶液	如米谷蛋白、麦谷蛋白等
醇溶谷蛋白	不溶于水及无水乙醇,但可溶于 70%~80%乙醇	主要存在于植物种子中,如玉米醇溶谷蛋白、麦醇溶谷蛋白等
组蛋白	溶于水及稀酸,为稀氨水所沉淀。分子中碱性氨基酸 His、Lys 较多,呈碱性	主要参与真核细胞的染色体组成,如小牛胸腺组蛋白等
鱼精蛋白	溶于水及稀酸,不溶于氨水。分子中碱性氨基酸特别多,呈碱性。	如鲑精蛋白
硬蛋白	不溶于水、盐、稀酸或稀碱溶液	这类蛋白是动物体内作为结缔及保护功能的蛋白质,如角蛋白、丝心蛋白、胶原蛋白、弹性蛋白等

结合蛋白可以按辅基的不同进行分类,见表 1-2。

表 1-2　结合蛋白的分类

蛋白质种类	组成	举例
核蛋白	辅基是核酸	存在于一切细胞中,如脱氧核糖核蛋白、核糖体、烟草花叶病毒等
脂蛋白	为蛋白质与脂质结合而成,脂质成分有磷脂、固醇和中性脂等	如血液中的 α-脂蛋白、β-脂蛋白、膜脂蛋白等
糖蛋白	为蛋白质和糖类结合而成	如唾液中的粘蛋白、硫酸软骨素蛋白、膜糖蛋白等
磷蛋白	为蛋白质与磷酸结合而成	如酪蛋白、胃蛋白酶、卵黄蛋白等
血红素蛋白	辅基为血红素	含铁的如血红蛋白、Cty c;含镁的如叶绿蛋白;含铜的如血蓝蛋白等
黄素蛋白	辅基为黄素腺嘌呤二核苷酸(FAD)	如琥珀酸脱氢酶
金属蛋白	与金属直接结合的蛋白质	如铁蛋白含铁、乙醇脱氢酶含锌等

2. 按照蛋白质的分子外形可以分为球状蛋白和纤维状蛋白两大类。球状蛋白分子外形接近球形或椭球形,溶解性较好,大多数蛋白质属于这一类。纤维状蛋白分子呈细长形,又可分为可溶性纤维状蛋白,如肌球蛋白;不溶性纤维状蛋白,如胶原蛋白、角蛋白、丝心蛋白等。

3. 按照蛋白质的生物功能进行分类,可以分为酶、运输蛋白、营养和贮存蛋白、收缩或运动蛋白、结构蛋白、调控蛋白、防御蛋白等。

（三）蛋白质的结构特点

已有证据表明,蛋白质是由 α-氨基酸结合而成,水解后产生 α-氨基酸。这种结合是以一个氨基酸的氨基与另一个氨基酸的羧基以肽键(酰胺键)结合成肽链,再由 1 个或 1 个以上肽链按各自特殊的方式组合成为蛋白质分子。由于氨基酸的分子数目、排列次序以及肽链数目和空间结构的不同,于是形成了不同的蛋白质。

根据长期研究蛋白质结构的结果,已确认蛋白质的结构可分为一级结构、二级结构、三级结构和四级结构,结构层次为:一级结构→二级结构→超二级结构→结构域→三级结构→四级结构。

一级结构,又称为初级结构或共价结构,是指氨基酸如何连接成肽链以及氨基酸在肽链中的排列顺序。蛋白质一级结构的主要连接键是肽键。

二级结构,是指蛋白质分子中多肽链本身的折叠方式。多肽链的二级结构主要是 α 螺旋、其次是 β 折叠,此外还有 β-转角、无规卷曲等。在蛋白质二级结构中有氢键参与维持其稳定性。

三级结构,是指多肽链在二级结构的基础上进一步盘绕、折叠成复杂的空间结构,包括肽链中一切原子的空间排列方式,即:原子在分子中的空间排列和组合的方式。

四级结构,是指蛋白质的亚基聚合成大分子蛋白质的方式。

随着蛋白质化学研究的不断进展,目前认为在二级结构和三级结构之间还存在超二级结构和结构域两个结构层次。超二级结构是指二级结构的基本单位相互接近,形成有规律的二级结构聚集体,如 $\alpha\alpha$、$\beta\beta$、$\beta\alpha\beta$、α 环 α 等。结构域(domain)是指在空间上可以明显区分的、独立折叠的球状区域。结构域是由几个超二级结构单位组成的,结构域通常也是功能域。

第二节 氨基酸

　　氨基酸是蛋白质的构件分子,自然界中存在的成千上万种蛋白质,在结构和功能上具有惊人的多样性,归根结底是由 20 种常见氨基酸的内在性质决定的。

　　最初关于蛋白质的研究主要是集中于对其组成氨基酸的研究。水解作用提供了关于蛋白质组成和结构的极有价值的资料。蛋白质可以被酸、碱和蛋白酶催化水解,最终成为氨基酸的混合物。在蛋白质中发现的第一个氨基酸是于 1806 年发现的天冬氨酸。一直到 1938 年才发现 20 种氨基酸中的最后一个氨基酸——苏氨酸。

　　根据蛋白质的水解程度不同,可以分为完全水解和部分水解。完全水解又称彻底水解,得到的水解产物是各种氨基酸的混合物。部分水解即不完全水解,得到的产物是各种大小不等的肽段和氨基酸。不完全水解制品的成分复杂,因水解程度不同,差别很大。微生物培养基用的蛋白胨、牛肉膏、酵母膏等,都属于蛋白质的不完全水解产物。

　　下面介绍几种蛋白质水解方法及其优缺点。

　　1. 酸水解

　　常用浓 H_2SO_4 或 HCl 进行水解。水解后,用 NaOH 中和、过滤,再调节 pH 至所需制备氨基酸的等电点,该氨基酸即可沉淀或结晶析出。酸水解的优点是不引起消旋作用,得到的是 L-氨基酸。缺点是色氨酸完全被沸酸所破坏,羟基氨基酸(丝氨酸和苏氨酸)有一部分被分解,天冬酰胺和谷氨酰胺的酰胺基被水解。

　　2. 碱水解

　　一般用 NaOH 对蛋白质进行水解。水解过程中多数氨基酸遭到不同程度的破坏,并且产生外消旋现象,所得产物是 D-型和 L-氨基酸的混合物,称为消旋物。此外,碱水解蛋白质,可使胱氨酸、半胱氨酸和精氨酸(精氨酸脱氨生成鸟氨酸和尿素)破坏。故制备氨基酸或进行氨基酸分析很少用碱水解法。然而在碱性条件下,色氨酸是稳定的。

　　3. 酶水解

　　选择合适的蛋白酶,在适当的 pH 和温度条件下与蛋白质溶液混匀保温,经一定时间得到所需的水解产物。酶法水解反应条件温和,不产生消旋作用,也不破坏氨基酸,是比较理想的水解方法。然而由于酶的专一性很强,使用一种酶往往水解不彻底,需要一系列蛋白酶的协同作用才能使蛋白质完全水解。此外,酶水解所需时间较长。因此酶法主要用于部分水解。如生产医用水解蛋白或微生物培养基用的蛋白胨,还可用于获得蛋白质的部分水解产物以分析蛋白质一级结构。常用的蛋白酶有胰蛋白酶、胰凝乳蛋白酶(糜蛋白酶)、胃蛋白酶等。

4. 稀酸、稀碱水解

用稀酸或稀碱溶液长时间保温,可使蛋白质发生不完全水解。培养基用的蛋白胨、牛肉膏及医用水解蛋白注射液等工业产品的生产,除了酶法之外,稀酸或稀碱水解也是常用的方法。

每一种蛋白质完全水解后都可产生特有的氨基酸混合物,表 1-3 显示了人细胞色素 c 和牛胰凝乳蛋白酶原完全水解后的氨基酸混合物组成。这两种蛋白质功能完全不同,所含有的每一种氨基酸残基的数量也有显著差异。在蛋白质组成中 20 种氨基酸基本上不会以相同比例出现。在特定的蛋白质分子中,某些氨基酸可能只出现一次,甚至根本不出现,而另一些氨基酸可能多次出现。

表 1-3 两种蛋白质的氨基酸组成

氨基酸种类	每一个蛋白质分子中氨基酸残基的数量	
	人细胞色素 c	牛胰凝乳蛋白酶原
丙氨酸	6	22
精氨酸	2	4
天冬酰胺	5	15
天冬氨酸	3	8
半胱氨酸	2	10
谷氨酰胺	2	10
谷氨酸	8	5
甘氨酸	13	23
组氨酸	3	2
异亮氨酸	8	10
亮氨酸	6	19
赖氨酸	18	14
蛋氨酸	3	2
苯丙氨酸	3	6
脯氨酸	4	9
丝氨酸	2	28
苏氨酸	7	23
色氨酸	1	8
酪氨酸	5	4
缬氨酸	3	23
总计	104	245

一、氨基酸的通式

蛋白质中存在的 20 种氨基酸,除了脯氨酸外,这些氨基酸在结构上具有共同点,即:

与羧基相邻的 α-碳原子（C_α）上都有一个氨基，可以看作是羧酸（R—CH_2—COOH）的 α-碳原子上的一个 H 原子被氨基取代的产物，因此称为 α-氨基酸。连接在 C_α 上的还有一个 H 原子和一个可变的侧链 R 基团。各种氨基酸的区别就在于 R 基团的不同，R 基团的不同影响到氨基酸的结构、大小、带电状况和溶解性。

$$
\begin{array}{cc}
\text{COOH} & \text{COO}^- \\
| & | \\
H_2N-C-H & H_3\overset{+}{N}-C-H \\
| & | \\
R & R \\
\text{未解离型} & \text{两性离子型}
\end{array}
$$

α-氨基酸的结构通式

氨基酸在中性 pH 值时，羧基以—COO^-、氨基以 NH_3^+ 形式存在。这样的氨基酸分子含有一个正电荷和一个负电荷，称为兼性离子（两性离子）。

除了 R 基团为 H 原子（甘氨酸）外，α-氨基酸中的 α-碳原子连接了四个不同基团（即—NH_3^+、—COO^-、R 基团、H 原子），为手性碳原子，因此具有旋光性，氨基酸都有 D 型和 L 型两种异构体。并且蛋白质中发现的氨基酸都是 L 型的。

二、氨基酸的分类

从各种生物体中发现的氨基酸已有数百种，但是参与蛋白质组成的常见氨基酸（或称标准氨基酸、基本氨基酸）只有 20 种。此外，在某些蛋白质中还存在若干种不常见的氨基酸（非标准氨基酸），它们都是在已合成的肽链上由常见氨基酸经专一性酶的化学修饰转化而来。数百种天然氨基酸中，大多数是不参与蛋白质组成的，称为非蛋白质氨基酸，而将参与蛋白质组成的 20 种氨基酸称为蛋白质氨基酸。参与蛋白质组成的氨基酸均为 L 型氨基酸。

每一种氨基酸都有各自的俗名，有些氨基酸的俗名由其最初被分离得到的来源得名。比如，天冬氨酸（Asparagine）最初是在龙须菜（asparagus）中发现的；谷氨酸（glutamate）是在麦谷蛋白（wheat gluten）中发现的；而酪氨酸（tyrosine）最初是从奶酪（"奶酪"在希腊语中为"*tyros*"）中分离得到的；甘氨酸（glycine）之所以这样命名是因为它有甜味（希腊语"*glykos*"意思就是"甜的"）。另外按照有机物的命名规则，每一种氨基酸都有各自的系统名称。

为了方便表达蛋白质或多肽的结构，氨基酸的名称常使用三字母简写符号表示；有时也使用单字母简写符号表示，主要用于表达多肽链的氨基酸序列，见表 1-4。

表 1-4　氨基酸的简写符号

名称	三字母符号	单字母符号	名称	三字母符号	单字母符号
丙氨酸（alanine）	Ala	A	亮氨酸（leucine）	Leu	L
精氨酸（arginine）	Arg	R	赖氨酸（lysine）	Lys	K
天冬酰胺（asparagine）	Asn	N	甲硫氨酸（或称蛋氨酸）（methionine）	Met	M

（续表）

名称	三字母符号	单字母符号	名称	三字母符号	单字母符号
天冬氨酸(aspartate)	Asp	D	苯丙氨酸(phenylalanine)	Phe	F
半胱氨酸(cysteine)	Cys	C	脯氨酸(proline)	Pro	P
谷氨酰胺(glutamine)	Gln	Q	丝氨酸(serine)	Ser	S
谷氨酸(glutamate)	Glu	E	苏氨酸(threonine)	Thr	T
甘氨酸(glycine)	Gly	G	色氨酸(tryptophan)	Trp	W
组氨酸(histidine)	His	H	酪氨酸(tyrosine)	Tyr	Y
异亮氨酸(isoleucine)	Ile	I	缬氨酸(valine)	Val	V

（一）常见的蛋白质氨基酸（标准氨基酸）

根据前述，各种氨基酸的区别在于侧链 R 基的不同，因此组成蛋白质的 20 种常见氨基酸可以按照 R 基的化学结构或极性不同进行分类。

1. 按照 R 基的化学结构分类

按照 R 基的化学结构不同，20 种常见氨基酸可分为脂肪族、芳香族和杂环族三大类。其中以脂肪族氨基酸最多，包括其中的 15 种。以下各结构式为 pH7.0 时氨基酸的两性离子形式。

（1）脂肪族氨基酸

① 中性氨基酸

包括 5 种氨基酸即甘氨酸（氨基乙酸）、丙氨酸（α-氨基丙酸）、缬氨酸（α-氨基-β-甲基丁酸）、亮氨酸（α-氨基-γ-甲基戊酸）、异亮氨酸（α-氨基-β-甲基戊酸）。

甘氨酸(glycine)　丙氨酸(alanine)　缬氨酸(valine)　亮氨酸(leucine)　异亮氨酸(isoleucine)

5 种中性脂肪族氨基酸

② 酸性氨基酸及其酰胺

包括 4 种即天冬氨酸（α-氨基丁二酸）、谷氨酸（α-氨基戊二酸）及其酰胺天冬酰胺、谷氨酰胺。

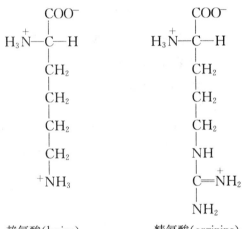

天冬氨酸(aspartate)　谷氨酸(glutamate)　天冬酰胺(asparagine)　谷氨酰胺(glutamine)

2 种酸性氨基酸及其酰胺氨基酸

赖氨酸(lysine)　　　　精氨酸(arginine)

2 种碱性氨基酸

③ 碱性氨基酸

包括 2 种氨基酸,即赖氨酸(α,ε-二氨基己酸)、精氨酸(α-氨基-δ-胍基戊酸)。

④ 含羟基或含硫氨基酸

包括 2 种含羟基氨基酸即丝氨酸(α-氨基-β-羟基丙酸)、苏氨酸(α-氨基-β-羟基丁酸);2 种含硫氨基酸半胱氨酸(α-氨基-β-巯基丙酸)、甲硫氨酸或称蛋氨酸(α-氨基-γ-甲硫基丁酸)。

丝氨酸(serine)　苏氨酸(threonine)　半胱氨酸(cysteine)　甲硫氨酸(methionine)

4 种含羟基或含硫氨基酸

（2）芳香族氨基酸

包括3种氨基酸即苯丙氨酸（α-氨基-β-苯基丙酸）、酪氨酸（α-氨基-β-对羟苯基丙酸）、色氨酸（α-氨基-β-吲哚基丙酸）。

血浆和尿中游离氨基酸浓度的测定被临床上用作诊断的指标，其中苯丙氨酸浓度的测定被用于苯丙酮尿症的诊断。在植物和某些动物体内色氨酸能转变为尼克酸。

（3）杂环族氨基酸

包括2种氨基酸即组氨酸（α-氨基-β-咪唑基丙酸）、脯氨酸（β-吡咯烷基-α-羧酸）。

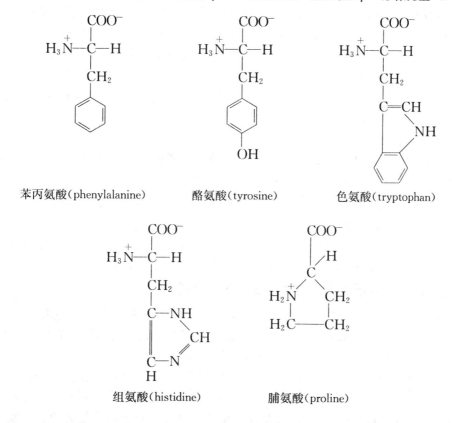

苯丙氨酸（phenylalanine）　　　酪氨酸（tyrosine）　　　色氨酸（tryptophan）

组氨酸（histidine）　　　脯氨酸（proline）

2. 按照R基的极性分类

按照R基的极性不同，20种常见氨基酸可分为四组：非极性R基氨基酸、不带电荷的极性R基氨基酸、带正电荷的R基氨基酸、带负电荷的R基氨基酸。

（1）非极性R基氨基酸

共有8种氨基酸。其中4种是带有脂肪烃侧链的氨基酸，即丙氨酸、缬氨酸、亮氨酸和异亮氨酸；2种芳香族氨基酸，即苯丙氨酸和色氨酸；1种含硫氨基酸即甲硫氨酸；1种亚氨基酸即脯氨酸。

Ala、Val、Leu、Ile具有较大的脂肪烃侧链R基团，由于R基团是非极性、疏水的，它们在形成蛋白质的结构时参与疏水作用。具有芳香族侧链的Phe、Trp也是非极性的，均可参与疏水作用。Trp由于其吲哚环上N的存在使其极性要大于Phe。

这组氨基酸在水中的溶解度比极性R基氨基酸小，其中以Ala的R基疏水性最小，它介于非极性 R 基氨基酸和不带电荷的极性 R 基氨基酸之间。

（2）不带电荷的极性 R 基氨基酸

共有 7 种氨基酸。这组氨基酸比非极性氨基酸易溶于水。它们的侧链中含有不解离的极性基,能与水形成氢键。包括含有极性羟基（—OH）的丝氨酸、苏氨酸、酪氨酸;含有酰胺基的天冬酰胺和谷氨酰胺;含有巯基（—SH）的半胱氨酸;甘氨酸的侧链只是一个氢原子,介于极性与非极性之间。

Asn 和 Gln 在酸、碱的作用下容易水解生成各自对应的 Asp 和 Glu。两分子 Cys 可以通过二硫键相连接形成二聚体氨基酸胱氨酸,这类二硫键存在于许多蛋白质中,起稳定蛋白质结构的作用。Gly 是结构最简单的氨基酸,当它参与组成蛋白质时,空间位阻最小,使其比其他氨基酸更能赋予蛋白质结构上的灵活性;Gly 也是唯一不含手性碳原子的氨基酸,因此不具旋光性。

这组氨基酸中 Cys 的—SH 和 Tyr 的—OH 极性最强,与这组中的其他氨基酸相比失去质子的倾向要大得多。

（3）带正电荷的 R 基氨基酸

这是一组碱性氨基酸,在 pH7.0 时带正电荷。包括赖氨酸、精氨酸、组氨酸。Lys 除了 α-NH_2 外,在侧链的 ε 位置上还有一个—NH_3^+;Arg 含有一个带正电荷的胍基;His 含有一个弱碱性的咪唑基。His 是唯一一个 R 基的 pK_a 在 7.0 附近的氨基酸。

（4）带负电荷的 R 基氨基酸

这是一组酸性氨基酸,包括天冬氨酸和谷氨酸。这两种氨基酸都含有两个羧基,并且第二个羧基在生理 pH 值(pH7.0)下也完全解离,因此分子带负电荷。

（二）不常见的蛋白质氨基酸（非标准氨基酸）

除了所有蛋白质中都存在的 20 种标准氨基酸以外,在某些特定类型的蛋白质中还发现了其他的氨基酸,这些氨基酸都是在蛋白质形成之后,由相应的标准氨基酸经过化学修饰而来。比如 4-羟基脯氨酸(4-hydroxyproline)、5-羟基赖氨酸(5-hydroxylysine),前者存在于细胞壁蛋白质中,二者均存在于结缔组织的胶原蛋白中。肌肉的收缩蛋白肌球蛋白中存在 6-N-甲基赖氨酸(6-N-methyllysine)。另一种重要的非标准氨基酸 γ-羧基谷氨酸(γ-carboxyglutamate)最初在与血液凝固有关的蛋白质凝血酶原中发现,也存在于其他一些蛋白质中。在细菌的紫膜中发现了焦谷氨酸,参与染色体构成的组蛋白中存在 N-甲基精氨酸和 N-乙酰赖氨酸。此外,从谷物中分离的蛋白质中发现了 α-氨基己二酸。锁链(赖氨)素(desmosine)是由 4 个 Lys 残基形成的交联体,存在于纤维状弹性蛋白中。硒代半胱氨酸(Selenocysteine)是由硒取代了 Ser 侧链的氧而成,存在于谷胱甘肽过氧化物酶及其他一些蛋白质中。在这些氨基酸的命名中 C 原子的编号采用了两种系统。一是 α,β,γ 系统,比如 γ-羧基谷氨酸,C 原子的编号是从 C_α 开始向 R 基团延伸,α 羧基不包括在内;而在 4-羟基脯氨酸、5-羟基赖氨酸中 C 原子的编号则是从 α 羧基 C 开始,编号为 C1。

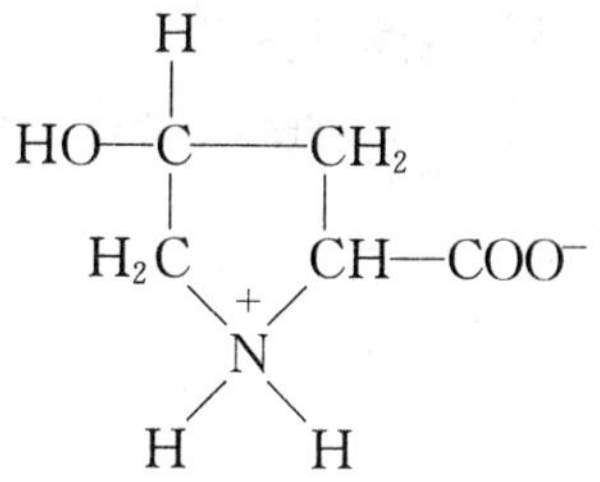

$$\text{4-羟基脯氨酸（4-hydroxyproline）}$$

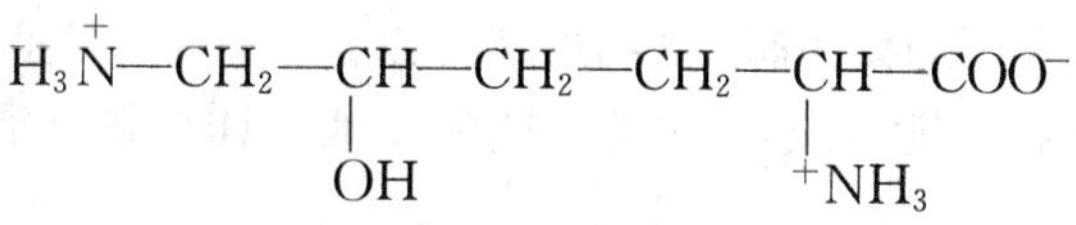

5-羟基赖氨酸（5-hydroxylysine）

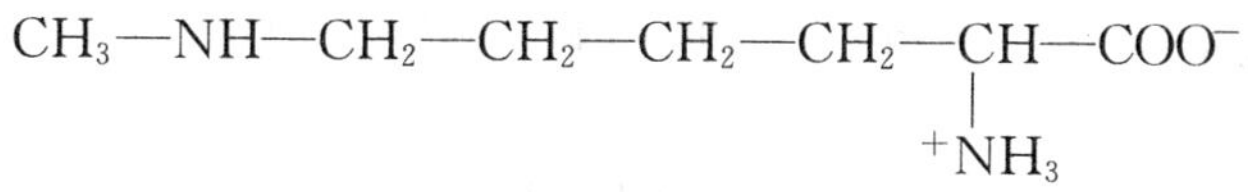

6-N-甲基赖氨酸（6-N-methyllysine）

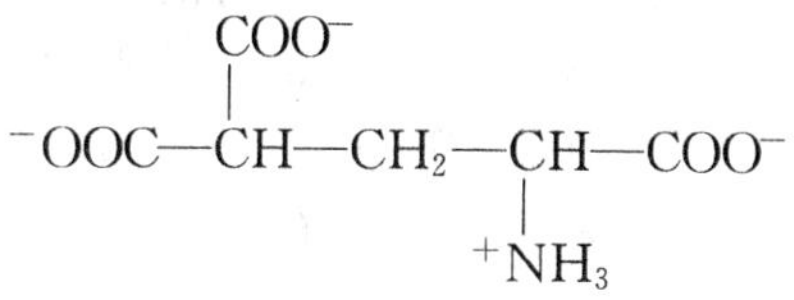

γ-羧基谷氨酸（γ-carboxyglutamate）

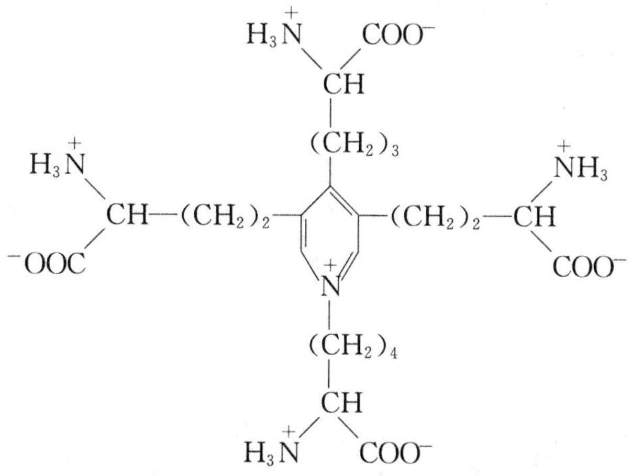

锁链（赖氨）素（desmosine）

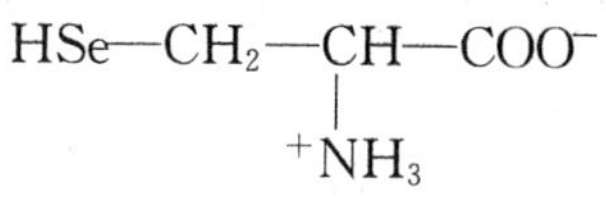

硒代半胱氨酸（selenocysteine）

（三）非蛋白质氨基酸

除了参与蛋白质组成的氨基酸以外，在各种组织和细胞中还发现了 300 多种具有不同功能的其他氨基酸。其中大多数是参与蛋白质组成的 L 型 α -氨基酸的衍生物，但也有一些 β-、γ-、δ-氨基酸，还有一些是 D 型氨基酸。比如细菌细胞壁的肽聚糖中发现有 D-谷氨酸和 D -丙氨酸。这类氨基酸中有一些是重要的代谢前体或代谢中间产物。值得一提的是鸟氨酸（Ornithine）和瓜氨酸（Citrulline），它们是精氨酸生物合成与尿素循环中的重要中间产物。结构式如下：

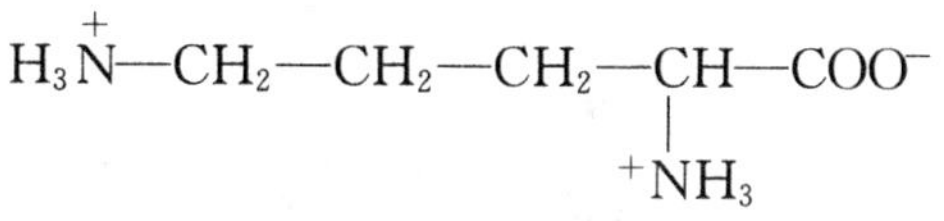

鸟氨酸

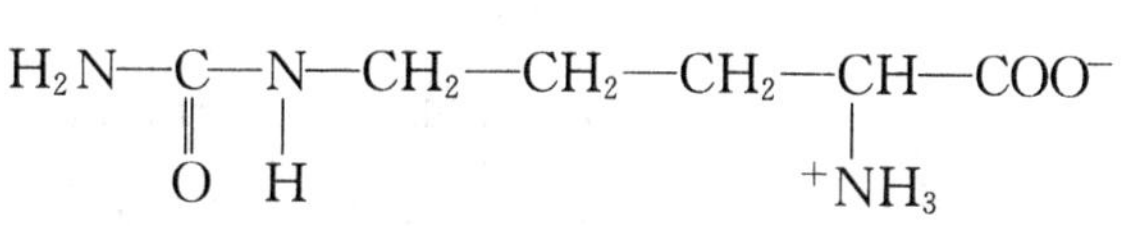

瓜氨酸

对于人和高等动物来说，还可以从合成代谢的角度将氨基酸分为必需氨基酸和非必需氨基酸。所谓必需氨基酸是指人和哺乳动物不能自身合成，而需要由食物蛋白质供给的氨基酸。必需氨基酸包括了 20 种氨基酸中的 10 种，即：苏氨酸、蛋氨酸、亮氨酸、异亮氨酸、苯丙氨酸、赖氨酸、精氨酸、组氨酸、缬氨酸、色氨酸。其中精氨酸和组氨酸又称为半必需氨基酸,因为哺乳动物虽然可以自身合成,但是合成量甚少。其余 10 种氨基酸人和哺乳动物均能合成,称为非必需氨基酸。详见氨基酸代谢。

三、氨基酸的性质

(一) 物理性质

各种常见 α-氨基酸都是白色晶体,熔点很高,一般都在 200 ℃以上。每种氨基酸都有特殊的结晶形状,如 L-谷氨酸为四角柱形结晶、D-谷氨酸则为菱片状结晶。利用结晶的形状可以鉴别各种氨基酸。氨基酸的主要物理性质叙述如下。

1. 氨基酸的溶解度

在水中,各种氨基酸均有一定的溶解度,但溶解度差别很大,胱氨酸、酪氨酸、天冬氨酸、谷氨酸等的溶解度很小,而精氨酸、赖氨酸的溶解度很大。在盐酸溶液中,各种氨基酸都有不同程度的溶解。脯氨酸或羟脯氨酸还能溶于乙醇或乙醚中。了解氨基酸的溶解性对分析和使用氨基酸是必要的。

2. 氨基酸的极性

根据氨基酸在不同溶剂中的溶解度和氨基酸的 R 基团在溶剂中的定位,可知有些氨基酸的 R 基是亲水性的,称为极性基(如羧基、氨基、羟基、巯基、酰胺基),有些 R 基是疏水性的,称为非极性基(如脂肪烃基、芳香族支链)。含有极性 R 基的氨基酸称为极性氨基酸;含有非极性 R 基的氨基酸称为非极性氨基酸。20 种标准氨基酸的极性详见前述的氨基酸分类。

3. 氨基酸的旋光性

在天然氨基酸中,除了甘氨酸(甘氨酸中与 α-C 相连的 R 基为 H 原子)外,其余 α-氨基酸的 C 均为不对称碳原子(手性碳原子)。含有不对称碳原子的氨基酸具有旋光性,而甘氨酸中没有不对称碳原子,所以甘氨酸无旋光性。

不对称碳原子上的 4 个取代基在空间的取向可以有两种方式,即有两种构型:D 型和 L 型。氨基酸构型(指 C 的构型)的确定也和单糖一样,以 D 型和 L 型甘油醛为参考物。从蛋白质的酸水解液或酶促水解液中分离的氨基酸都是 L 型。但是 D 型氨基酸在自然界也存在,如微生物的细胞壁组成中有 D 型氨基酸存在。

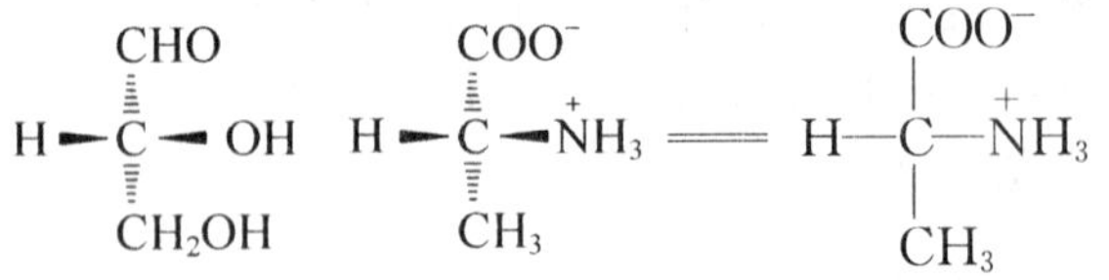

D-甘油醛　　　　D-丙氨酸　　　　　　D-丙氨酸

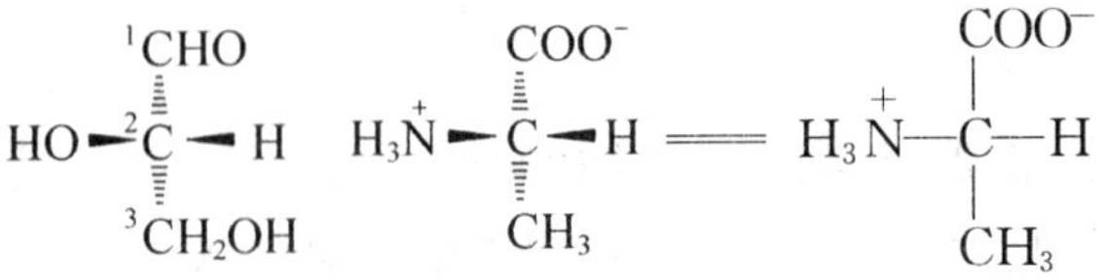

L-甘油醛　　　　L-丙氨酸　　　　　　L-丙氨酸

旋光性物质在化学反应中,只要其不对称原子经过对称状态的中间阶段,便将发生消旋作用并转变为 D 型和 L 型的等摩尔混合物,称为(外)消旋物(racemate)。以区别于由于分子内部在构型上相互抵消而失去旋光性的内消旋作用。蛋白质用碱水解时,或用一般的有机合成方法合成氨基酸时,得到的氨基酸都是无旋光性的 DL-消旋物。

含有多个 C 的氨基酸可以产生多种光学异构体。如苏氨酸、异亮氨酸、羟脯氨酸、羟赖氨酸。胱氨酸是一个特例,因为其中两个不对称中心是相同的。如果两个不对称中心的构型相同,则可产生 D 型和 L 型两个异构体;两个不对称中心的构型也可以是不相同的。这时一个不对称中心的构型是另一个中心构型的镜像,则分子内部由于互相抵消而无旋光性,这种胱氨酸异构体称为内消旋胱氨酸(meso-cystine)。

氨基酸的旋光符号和大小取决于其 R 基的性质,并且与测定体系溶液的 pH 值有关,因为在不同 pH 条件下,氨基和羧基的解离状态不同。

比旋 $[\alpha]_D$ 是 α-氨基酸的物理常数之一,是鉴别各种氨基酸的一种根据。L 型 α-氨基酸的比旋见表 1-5。

表 1-5 蛋白质中常见 L 型氨基酸的比旋

名称	相对分子质量	$[\alpha]_D$ (H$_2$O)	$[\alpha]_D$ (5 mol/L HCl)	名称	相对分子质量	$[\alpha]_D$ (H$_2$O)	$[\alpha]_D$ (5 mol/L HCl)
甘氨酸	75.05			精氨酸	174.4	+12.5	+27.6
丙氨酸	89.06	+1.8	+14.6	赖氨酸	146.13	+13.5	+26.0
缬氨酸	117.09	+31.8	+28.3	组氨酸	155.09	−38.5	+11.8
亮氨酸	131.11	+31.8	+16.0	胱氨酸	240.33		−232
异亮氨酸	131.11	+31.8	+39.5	半胱氨酸	121.12	+16.5	+6.5
丝氨酸	105.06	+31.8	+15.1	甲硫氨酸	149.15	−10.0	+23.2
苏氨酸	119.18	−28.5	−15.0	苯丙氨酸	165.09	−34.5	−4.5
天冬氨酸	133.6	+5.0	+25.4	酪氨酸	181.09		−10.0
天冬酰胺	132.6	−5.3	+33.2 (3 mol/L HCl)	色氨酸	204.11	−33.7	+2.8 (1 mol/L HCl)
谷氨酸	147.08	+12.0	+31.8	脯氨酸	115.08	−86.2	−60.4
谷氨酰胺	146.08	+6.3	+31.8 (1 mol/L HCl)	羟脯氨酸	131.08	−76.0	−50.5

4. 氨基酸的紫外吸收特性

参与蛋白质组成的 20 多种氨基酸在可见光区都没有光吸收,在红外区和远紫外区($\lambda < 200$ nm 都有光吸收。但在近紫外区(200~400 nm)只有芳香族氨基酸有吸收能力,因为它们的 R 基含有苯环共轭 π 键系统。几种芳香族氨基酸的最大吸收波长(λ_{max})分别为:酪氨酸 275 nm、苯丙氨酸 257 nm、色氨酸 280 nm,如图 1-1 所示。图中的结果为相同浓度(10^{-3} mol/L)氨基酸在同样条件下测定得到,色氨酸的吸光度值是酪氨酸的 4 倍,苯丙氨酸的吸光度值显著小于色氨酸和酪氨酸。

蛋白质由于含有这些氨基酸,所以也有紫外吸收能力,一般最大吸收波长在 280 nm。

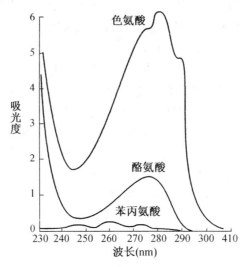

图 1-1 芳香族氨基酸在 pH6.0 时的紫外吸收光谱

因此,能利用分光光度法很方便地测定样品中蛋白质的含量。

(二) 化学性质

1. 由 α-氨基参加的反应

(1) 与亚硝酸的反应

氨基酸的 α-氨基定量地与亚硝酸作用产生羟酸和 N_2,所生成的 N_2 可用气体分析仪加以测定,这是 Van Slyke 氨基氮测定法的原理。亚硝酸与氨基酸氨基的反应式如下:

$$\underset{\substack{| \\ NH_2}}{R-CH-COOH} + HNO_2 \longrightarrow \underset{\substack{| \\ OH}}{R-CH-COOH} + N_2 \uparrow + H_2O$$

氨基酸   羟酸

α-氨基(如赖氨酸)与 HNO_2 作用较缓慢,而 α-氨基在室温下只需 3~4 min 即可完成反应。脯氨酸、羟脯氨酸环中的亚氨基,精氨酸、组氨酸和色氨酸环中的结合氮皆不与亚硝酸作用。

Van Slyke 氨基氮测定法在氨基酸定量及测定蛋白质的水解程度方面均有应用。

(2) 与甲醛的反应

氨基酸的氨基与中性甲醛的反应式如下:

$$\underset{\substack{| \\ NH_3^+}}{R-CH-COO^-} \xrightarrow{2HCHO} \underset{\substack{| \\ N(CH_2OH)_2}}{R-CH-COO^-} + H^+$$

氨基酸   氨基酸的二羟甲基衍生物

氨基酸两性离子的 NH_3^+ 是弱酸,其 pK_a 为 9.7 左右,完全解离时溶液的 pH 值约为 10,不能用一般的酸碱指示剂(如酚酞)进行酸碱滴定。但是当氨基酸的氨基与中性甲醛结合成氨基酸二羟甲基衍生物后,其氨基的碱性显著降低,反应向右进行,两性离子中

NH_3^+ 的解离度增加，pK_a 降低至 6.5 左右，溶液的 pH 值降至 6.7 左右，因此，可以选择合适的指示剂以 NaOH 标准溶液进行滴定。每释放出一个 H^+ 就相当于一个氨基酸。

甲醛滴定可以用于测定蛋白质的水解程度。

（3）成盐作用

氨基酸的氨基与 HCl 作用生成氨基酸盐酸盐，用 HCl 水解蛋白质所得到的氨基酸即为其盐酸化合物。

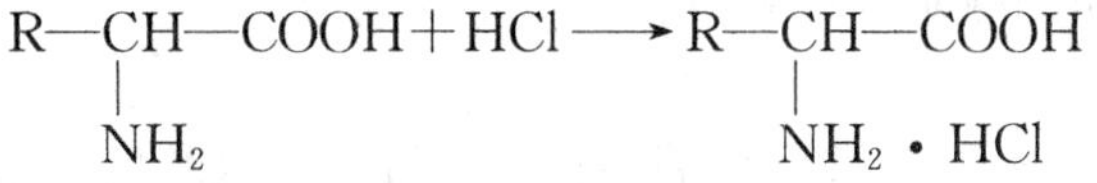

$$R-CH-COOH+HCl \longrightarrow R-CH-COOH$$
$$\quad | \qquad\qquad\qquad\qquad\qquad | $$
$$\quad NH_2 \qquad\qquad\qquad\qquad\quad NH_2 \cdot HCl$$

（4）酰基化和烃基化反应

氨基酸氨基的一个 H 可以被酰基或烃基（包括环烃及其衍生物）取代，这些取代基对氨基有保护作用。

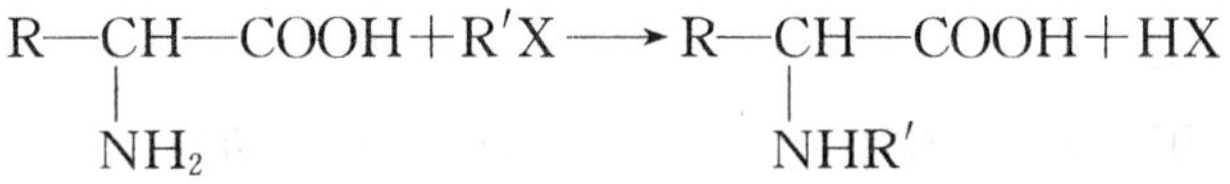

$$R-CH-COOH+R'X \longrightarrow R-CH-COOH+HX$$
$$\quad | \qquad\qquad\qquad\qquad\qquad | $$
$$\quad NH_2 \qquad\qquad\qquad\qquad\quad NHR'$$

R 为酰基或烃基，X 为卤素（Cl、F）

① 酰基化反应

常见的酰基化物质如苄氧羰酰氯、苯磺酰氯、5-二甲氨基萘-1-磺酰氯（丹磺酰氯或 dansyl 氯）、叔丁氧甲酰氯等。

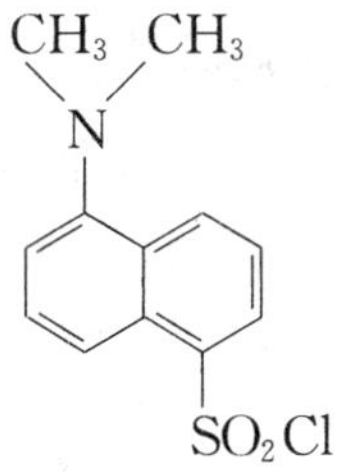

丹磺酰氯（dansyl 氯）

② 烃基化反应

氨基酸与 2,4-二硝基氟苯（dinitrofluorobenzene 或 1-fluoro-2,4-dinitrobenzene，简写为 DNFB 或 FDNB）在弱碱性溶液中发生亲核芳环取代反应而生成稳定的黄色二硝基苯氨基酸（简称为 DNP-氨基酸），该反应首先被英国的 Sanger 用来鉴定多肽、蛋白质的 N 末端氨基酸。因 FDNB 又称为 Sanger 试剂。反应式如下：

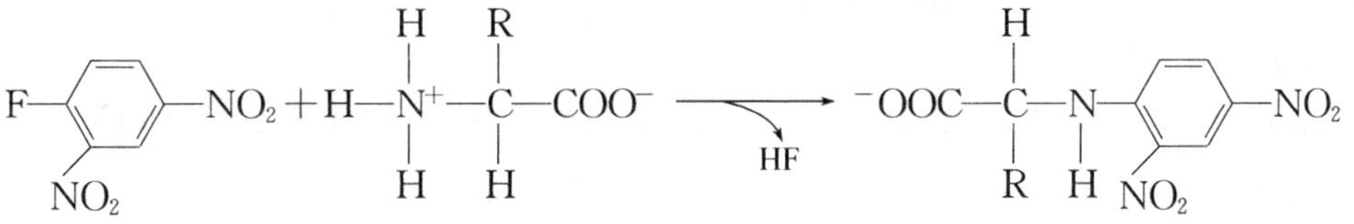

FDNB　　　　　　氨基酸　　　　　　　DNP-氨基酸

α-氨基另一个重要的烃基化反应是与苯异硫氰酸酯（phenylisothiocyanate，简写为

PITC)在弱碱性条件下形成相应的衍生物苯氨基硫甲酰氨基酸(phenylthiocarbamyl amino acid,简写为 PTC -氨基酸)。PTC -氨基酸在硝基甲烷中与酸作用即环化生成氨基酸的苯硫乙内酸脲(phenylthiohydantion,简写为 PTH)衍生物。PTH -氨基酸可以用层析法加以分离鉴定。

如果是多肽链与 PTC 反应,则只有肽链的 N 端氨基酸的 PTH 衍生物释放出来,对肽链的其余部分没有影响。该反应首先被 Edman 用于鉴定多肽或蛋白质的 N 端氨基酸,它在多肽和蛋白质的氨基酸序列分析中占重要地位。

(5) 脱氨基反应

氨基酸在生物体内经氨基酸氧化酶催化作用可脱去氨基生成相应的酮酸。详见氨基酸代谢。

2. 由 α -羧基参加的反应

氨基酸的 α -羧基和其他有机羧酸一样,在一定条件下可以发生成盐、成酯、成酰胺、酰氯化、脱羧、叠氮等反应。

(1) 成盐、成酯反应

氨基酸与碱作用即生成盐,如与 NaOH 反应得氨基酸钠盐。

氨基酸的羧基被醇酯化即生成相应的酯,如氨基酸在有 HCl(干氯化氢气)存在下与无水甲醇或乙醇作用即产生氨基酸甲酯或氨基酸乙酯。如

$$\underset{\underset{NH_2}{|}}{R-CH}-COOH + C_2H_5OH \xrightarrow{HCl气} \underset{\underset{NH_2}{|}}{R-CH}-COOC_2H_5$$

当氨基酸的羧基变成甲酯、乙酯或钠盐后,羧基的化学性质即被掩蔽(或者说羧基被保护了),而使得氨基的化学性质突显出来(或者说氨基被活化了),可与酰基结合。

值得注意的是,有少数其他酰化氨基酸酯如酰化氨基酸对-硝基苯酯、酰化氨基酸苯硫酯,其中羧基的化学性质非但没有减弱,反而增加了其作为酰化剂的能力,易与另一氨基酸的氨基结合。这类酯称为"活化酯"。

这两种类型的酯化法在肽的人工合成中都有重要意义。

(2) 成酰胺反应

在体外,氨基酸酯与氨在醇溶液或无水状态下作用即可形成氨基酸酰胺。

$$\underset{\underset{NH_2}{|}}{R-CH}-COOC_2H_5 + NH_3 \longrightarrow \underset{\underset{NH_2}{|}}{R-CH}-CO-NH_2 + C_2H_5OH$$

动植物机体在 ATP 及天冬酰胺合成酶存在下可利用 NH_4^+ 与天冬氨酸合成天冬酰胺;同样,谷氨酸与 NH_4^+ 作用可产生谷氨酰胺。

(3) 酰氯化反应

氨基酸的氨基如果用适当的保护基如苄氧甲酰基保护后,其羧基可与 PCl_5 作用生成酰氯。

$$\underset{\underset{NH-保护基}{|}}{RCHCOOH} + PCl_5 \longrightarrow \underset{\underset{NH-保护基}{|}}{RCHCOCl} + POCl_3 + HCl$$

这个反应可使氨基酸的羧基活化,使之易与另一氨基酸的氨基结合,在肽的人工合成中是常用的。

（4）脱羧反应

生物体内的氨基酸经脱羧酶催化作用,放出 CO_2 并生成相应的胺。

$$R-\underset{\underset{NH_2}{|}}{CH}-COOH \xrightarrow{\text{脱羧酶}} R-CH_2NH_2 + CO_2$$

大肠杆菌中含有一种谷氨酸脱羧酶,专一地催化谷氨酸脱羧产生 γ-氨基丁酸。根据 CO_2 的释放量可计算谷氨酸的量。

（5）叠氮反应

氨基酸的氨基通过酰化加以保护,羧基经酯化转变为甲酯,然后与肼和亚硝酸反应即生成叠氮化合物。此反应使得羧基被活化,常用于肽的人工合成中。

$$R-\underset{\underset{NH_2-\text{保护基}}{|}}{CH}-COOCH_3 \xrightarrow{NH_2NH_2} R-\underset{\underset{NH_2-\text{保护基}}{|}}{CH}-CO-NHNH_2$$

$$\xrightarrow{HNO_2} R-\underset{\underset{NH_2-\text{保护基}}{|}}{CH}-CO-N_3 + H_2O$$

3. 由 α-氨基和 α-羧基共同参加的反应

（1）两性解离

① 氨基酸的两性性质

氨基酸分子中同时含有碱性的氨基(—NH_2)和酸性的羧基(—COOH),—COOH 可以给出 H^+,其自身变为—COO^-,而—NH_2 可以接受 H^+,变为 NH_3^+,使得同一个分子上带有正、负两种电荷,成为两性离子(兼性离子)。

$$\underset{\text{氨基酸的中性分子形式}}{H_2N-\underset{\underset{R}{|}}{\overset{\overset{COOH}{|}}{C}}-H} \qquad \underset{\text{氨基酸的两性离子形式}}{H_3\overset{+}{N}-\underset{\underset{R}{|}}{\overset{\overset{COO^-}{|}}{C}}-H}$$

氨基酸在中性水溶液中或从中性水溶液中结晶的氨基酸都是以两性离子形式存在的。

氨基酸的两性离子既可以给出质子,也可以接受质子,是一种两性电解质。酸碱解离方程式如下:

$$R-\underset{\underset{+NH_3}{|}}{\overset{\overset{H}{|}}{C}}-COO^- \rightleftharpoons R-\underset{\underset{NH_2}{|}}{\overset{\overset{H}{|}}{C}}-COO^- + H^+$$

$$R-\overset{\overset{\displaystyle H}{|}}{\underset{\underset{\displaystyle +NH_3}{|}}{C}}-COO^- + H^+ \Longleftrightarrow R-\overset{\overset{\displaystyle H}{|}}{\underset{\underset{\displaystyle +NH_3}{|}}{C}}-COOH$$

② 氨基酸的解离与等电点

氨基酸的羧基和氨基的解离度受溶液 pH 值的影响。在偏酸性溶液中,—NH₂ 接受 H⁺,变成—NH₃⁺,带正电荷;而在偏碱性溶液中,—COOH 给出 H⁺,变成—COO⁻,带负电荷。在一定 pH 值的溶液中,氨基酸的氨基和羧基的解离度可能完全相同,此时正、负电荷相等,净电荷为零,氨基酸成为两性离子,在电场中既不向正极移动,也不向负极移动,这时氨基酸所处溶液的 pH 值称为该氨基酸的等电点(isoelectric point 或 isoelectric pH),以 pI 表示。

$$R-\overset{\overset{\displaystyle H}{|}}{\underset{\underset{\displaystyle +NH_3}{|}}{C}}-COOH \xrightarrow{\ H^+\ } R-\overset{\overset{\displaystyle H}{|}}{\underset{\underset{\displaystyle +NH_3}{|}}{C}}-COO^- \xrightarrow{\ H^+\ } R-\overset{\overset{\displaystyle H}{|}}{\underset{\underset{\displaystyle NH_2}{|}}{C}}-COO^-$$

氨基酸完全质子化时,可以看成是多元酸,侧链不解离的中性氨基酸可看作是二元酸,酸性氨基酸和碱性氨基酸可以看作是三元酸。

对于侧链不解离的中性氨基酸以甘氨酸为例,说明氨基酸的解离情况。甘氨酸完全质子化后相当于一个二元酸,分步解离如下:

$$\underset{\underset{\displaystyle COOH}{\overset{\displaystyle |}{\underset{\displaystyle CH_2}{|}}}}{\overset{\displaystyle +NH_3}{|}} \underset{pK_1}{\Longleftrightarrow} \underset{\underset{\displaystyle COO^-}{\overset{\displaystyle |}{\underset{\displaystyle CH_2}{|}}}}{\overset{\displaystyle +NH_3}{|}} \underset{pK_2}{\Longleftrightarrow} \underset{\underset{\displaystyle COO^-}{\overset{\displaystyle |}{\underset{\displaystyle CH_2}{|}}}}{\overset{\displaystyle NH_2}{|}}$$

当 0.1 mol 甘氨酸溶于 1 L 水时,溶液的 pH 值约为 6.0。分别用标准 HCl 溶液(滴定曲线 A 段)或标准 NaOH 溶液(滴定曲线 B 段)进行滴定时,可以得到滴定曲线如图 1−2。

对于侧链不解离的中性氨基酸来说,其等电点的计算公式为:

$$pI = (pK_1 + pK_2)/2$$

如甘氨酸的等电点为

$$pI = (2.34 + 9.60)/2 = 5.97$$

等电点 pI 的数值取决于等电的兼性离子两侧的 pK_a 值。

分别以谷氨酸和组氨酸为例,说明酸性氨基酸和碱性氨基酸的解离情况。对于有

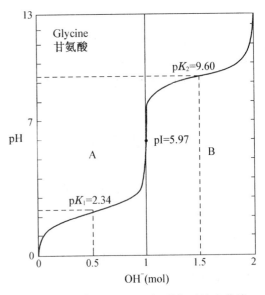

图 1−2　25 ℃时 0.1 mol/L 甘氨酸滴定曲线

3 个可解离基团的氨基酸如谷氨酸、组氨酸来说,等电点 pI 的计算同样是取两性离子两侧的 pK_a 值的平均值。R 基团的解离平衡常数以 pK_R 表示。

谷氨酸分步解离如下:

组氨酸分步解离如下:

滴定曲线如图 1-3 所示,图中显示了滴定过程各关键点占优势的离子类型。

谷氨酸的等电点为:

$$pI_{Glu}=(pK_1+pK_R)/2=(2.19+4.25)/2=3.22$$

组氨酸的等电点为:

$$pI_{His}=(pK_R+pK_2)/2=(6.0+9.17)/2=7.59$$

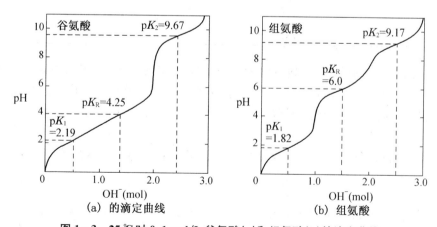

图 1-3 25 ℃时 0.1 mol/L 谷氨酸(a)和组氨酸(b)的滴定曲线

综上所述,一氨基一羧基氨基酸在纯水中(pH7.0)略呈酸性,因为氨基酸的羧基解离程度要略大于氨基,需加入适量的酸,才能将溶液的 pH 值调至氨基酸的等电点,因此一氨基一羧基氨基酸的等电点都小于 7。一氨基二羧基氨基酸的等电点一般较低,而二氨基一羧基氨基酸的等电点一般较高。各种氨基酸在 25 ℃时 pK 和 pI 近似值见表 1 - 6。

表 1 - 6　各种氨基酸在 25 ℃时 pK 和 pI 近似值

氨基酸名称	$pK_1(\alpha - COOH)$	pK_2	pK_3	pI
甘氨酸	2.34	9.60		5.97
丙氨酸	2.34	9.69		6.0
缬氨酸	2.32	9.62		5.96
亮氨酸	2.36	9.60		5.98
异亮氨酸	2.36	9.68		6.02
丝氨酸	2.21	9.15		5.68
苏氨酸	2.71	9.62		6.18
半胱氨酸(30 ℃)	1.96	8.18(SH)	$10.28(NH_3^+)$	5.07
胱氨酸(30 ℃)	1.00	1.7(COOH)	7.48 和 9.02	4.60
甲硫氨酸	2.28	9.21		5.74
天冬氨酸	1.88	$3.65(\beta - COO^-)$	$9.60(NH_3^+)$	2.77
谷氨酸	2.19	$4.25(\gamma - COO^-)$	$9.67(NH_3^+)$	3.22
天冬酰胺	2.02	8.80		5.41
谷氨酰胺	2.17	9.13		5.65
赖氨酸	2.18	$8.95(\alpha - NH_3^+)$	$10.53(\varepsilon - NH_3^+)$	9.74
精氨酸	2.17	$9.04(\alpha - NH_3^+)$	12.48(胍基)	10.76
苯丙氨酸	1.83	9.13		5.48
酪氨酸	2.20	$9.11(\alpha - NH_3^+)$	10.07(OH)	5.66
色氨酸	2.38	9.39		5.89
组氨酸	1.82	6.00(咪唑基)	$9.17(\alpha - NH_3^+)$	7.59
脯氨酸	1.99	10.60		6.30
羟脯氨酸	1.92	9.73		5.83

在高于等电点的任一 pH 值的溶液中,氨基酸带净负电荷,在电场中将向正极移动;而在低于等电点的任一 pH 值溶液中,氨基酸带净正电荷,在电场中向负极移动。在一定 pH 值范围内,氨基酸溶液的 pH 值离等电点越远,氨基酸所带的净电荷越多。

（2）形成肽键

一个氨基酸的氨基与另一个氨基酸的羧基可以缩合成肽,形成的连接键称为肽键。

$$
H_3\overset{+}{N}-\underset{\underset{}{}}{\overset{R^1}{\underset{|}{CH}}}-\overset{O}{\underset{\|}{C}}-OH + H-\overset{H}{\underset{|}{N}}-\overset{R^2}{\underset{|}{CH}}-COO^- \underset{H_2O}{\overset{H_2O}{\rightleftharpoons}} H_3\overset{+}{N}-\overset{R^1}{\underset{|}{CH}}-\overset{O}{\underset{\|}{C}}-\overset{H}{\underset{|}{N}}-\overset{R^2}{\underset{|}{CH}}-COO^-
$$

根据此原理,利用氨基酸氨基和羧基的某些特有反应可以进行肽的人工合成。但是必须指出的是,生物体内利用氨基酸合成肽链的方式并不如此简单,而是通过一系列复杂的过程来完成的,详见蛋白质的生物合成。

因蛋白质含有肽键,可以用双缩脲反应进行定性和定量。

(3) 与茚三酮的反应(ninhydrin reaction)

在氨基酸的分析中,氨基酸与茚三酮的反应具有特殊的意义。茚三酮在弱酸性溶液中与 α-氨基酸共热,引起氨基酸氧化脱氨、脱羧生成醛、氨和 CO_2,而自身转化为还原茚三酮;最后茚三酮再与氨、还原茚三酮反应生成紫色物质。总的反应式如下:

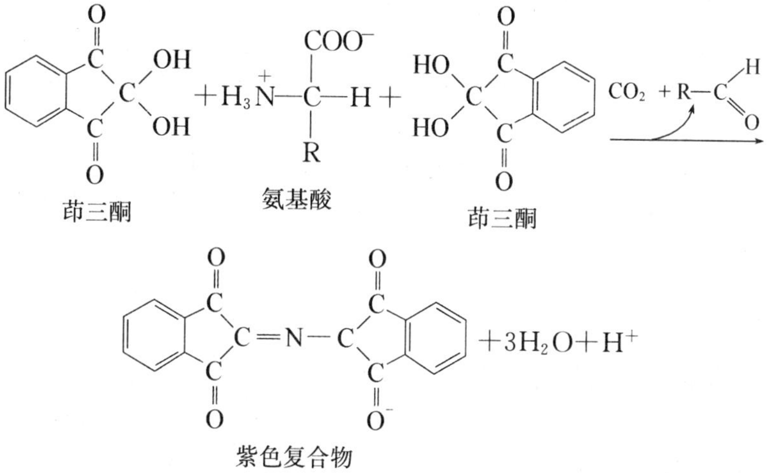

用纸层析或柱层析法将各种氨基酸分开后,利用茚三酮显色可以进行定性鉴定;也可以通过分光光度法在 570 nm 处定量测定各种氨基酸的含量。对定量释放的 CO_2 进行测定,也可以计算出参加反应的氨基酸量。

两个亚氨基酸脯氨酸和羟脯氨酸与茚三酮反应并不释放 NH_3,而是直接生成亮黄色化合物,其最大光吸收在 440 nm 处。

4. 由侧链 R 基团参加的反应

氨基酸的侧链 R 基团主要有:苯环(Phe、Tyr);酚基(Tyr);OH 基(Ser、Thr);SH 基和二硫键—S—S—(Cys、Cys-Cys);吲哚基(Trp);胍基(Arg);咪唑基(His)等。SH 基(硫氢基或巯基)、OH 基(羟基)和咪唑基的反应简要介绍如下。

(1) SH 基和—S—S—键

SH 基为很活泼的还原剂,可与苯甲基氯(C_6H_5-CH_2Cl)、苄氧羰酰氯($C_6H_5CH_2OCOCl$)、碘乙酰胺(ICH_2CONH_2)等结合,可以用于保护氨基酸的 SH 基,在肽的人工合成中进行侧链保护。

Cys 的 SH 基可与另一个 SH 基结合形成—S—S—键,二硫键可以被还原剂破坏产生 SH 基,SH 基与—S—S—键构成一个氧化还原体系。二硫键存在于多种肽和蛋白质分子中,对于蛋白质和多肽的三维结构有维系稳定的作用,如胰岛素分子中有 3 个二硫键,核糖核酸酶分子中有 4 个二硫键。

(2) OH 基

Ser、Thr、羟脯氨酸 Hyp 的 OH 基能与酸结合成酯,如乙酸酯、磷酸酯,在肽的人工合成中保护 OH 基。在生物体的蛋白质中如酪蛋白中含有大量丝氨酸的磷酸酯。

（3）咪唑基

His 的咪唑基的—NH—可以与三苯甲基[$(C_6H_5)_3C$—]或磷酸结合，起保护咪唑基的作用。在细菌细胞膜内的组蛋白中含有磷酸组氨酸。

此外，苯环可以与浓 HNO_3 作用产生黄色物质，用于蛋白质的定性。酚基与 $HgNO_3$、$Hg(NO_3)_2$、HNO_3 作用呈红色——米伦氏 Millon 反应，可用于 Tyr 测定；酚基能还原磷钼酸、磷钨酸，形成钼蓝和钨蓝——Folin 酚反应，可用作蛋白质的定性、定量。吲哚基与乙醛酸及浓 H_2SO_4 作用呈紫红色，可作为 Trp 测定的基础；吲哚基也能还原磷钼酸和磷钨酸形成钼蓝和钨蓝。碱性条件下，胍基与 α-萘酚和次溴酸盐作用生成红色物质，可用作蛋白质的定性（板口氏 Sakaguchi 反应）；酸性条件下，胍基与 HNO_2 结合，在肽的人工合成中可用于胍基的保护。

这些具有特殊结构的氨基酸所呈现的颜色反应以及双缩脲反应、茚三酮反应，有些可用于分析氨基酸；有的可以用于蛋白质的定性、定量分析；或作为鉴定蛋白质水解是否完全（如双缩脲反应、Folin 酚反应）。

四、氨基酸的分析

从蛋白质水解液中分离分析氨基酸组成，需要分辨力很强的分离技术。层析法是近代生化中非常有效的常用分离方法。对于氨基酸混合样品，或者其他各种性质相近、一般化学方法难以分离的混合样品，如核苷酸、糖类、蛋白质、维生素、抗生素、激素等，都能使用层析法达到分离分析的目的。

层析技术由三个基本条件构成：（1）水不溶性惰性支持物；（2）流动相：即溶剂系统，能携带溶质沿支持物流动；（3）固定相：是指附着在支持物上的水或离子基团，能对各种溶质的流动产生不同的阻滞作用。当流动相沿固体支持物流动时，因混合样品中的各种组分与固定相和流动相的亲和力不同，随流动相流动的速率有快有慢，从而彼此逐渐分离。

根据分离原理的不同，可将层析法分为吸附层析、离子交换层析、分配层析、凝胶层析、亲和层析等。

对于混合液中氨基酸的分离，分配层析和离子交换层析都能得到很好的分离效果。20 世纪 70 年代问世的氨基酸自动分析仪就是根据离子交换层析的原理设计的专用分析仪器。下面简要介绍分配层析和离子交换层析的分离原理。

（一）分配层析

纸层析是最常用的经典分配层析技术，其支持物是滤纸，固定相是有机溶剂饱和的水相，流动相是用水饱和的有机溶剂相。

溶质在流动相和固定相中的溶解度比值称为分配系数。不同溶质在同一溶剂系统中的分配系数不同，当流动相携带溶质流经固定相时，分配系数不同的各种溶质便在两相中进行分配。结果，在有机相中溶解度大的组分，随流动相移动快；在水中溶解度大的组分，则移动慢。经过连续分配，各个组分被分离开，分别集中于滤纸的不同位置上。混合氨基酸溶液经纸层析分离后，通过茚三酮显色，即可看出各氨基酸的层析斑点。

物质被分离后在纸层析图谱上的位置可以用比移值 R_f 来表示：

$$R_f = \frac{原点到层析点中心的距离}{原点到溶剂前沿的距离}$$

在一定条件下，某种物质的 R_f 值是常数。R_f 值的大小与物质的结构、性质、溶剂系统、层析滤纸的质量和层析温度等因素有关。

（二）离子交换层析

离子交换层析通常是用离子交换剂作为水不溶性支持物兼固定相，装成层析柱，用不同 pH 值和不同离子强度的缓冲液作流动相（洗脱液）。这种柱层析技术是目前应用非常普遍的分离技术。

离子交换剂是人工合成的能与溶液中的离子发生交换反应的水不溶性高分子电解质。离子交换剂的种类很多，常用的有离子交换树脂、离子交换纤维素、离子交换葡聚糖凝胶等，其共同特点是在水不溶性高分子惰性支持物上，通过化学反应接上一些可以电离的活性基团。带有酸性解离基团（如磺酸根—$SO_3^- H^+$）者，可与溶液中的阳离子发生交换，称为阳离子交换剂；带有碱性解离基团（如胆碱基团—$N^+(CH_3)_3OH^-$）者，可与溶液中的阴离子发生交换，称为阴离子交换剂。

离子交换树脂使混合样品中的各种氨基酸分离的原理是由两种因素综合作用的结果：（1）氨基酸与树脂电离基团的静电相互作用，这种作用受环境 pH 的影响而变化；（2）氨基酸的 R 基团与树脂的非极性苯环的疏水基团相互作用。疏水性强的 R 基团与树脂的亲和力大。当使用阳离子交换树脂柱时，在 pH2～3 的条件下，各种氨基酸都带正电荷，都能交换上柱。与树脂的静电亲和力大小依次为：碱性氨基酸＞中性氨基酸＞酸性氨基酸。当用缓冲液洗脱时，随着 pH 值由低到高，氨基酸洗脱流出的次序大体上是：酸性氨基酸先流出，其次是中性氨基酸，最后是碱性氨基酸。同种性质的氨基酸，R 基团与树脂间亲和力小的先流出，亲和力大的后流出。如图 1-4 所示。

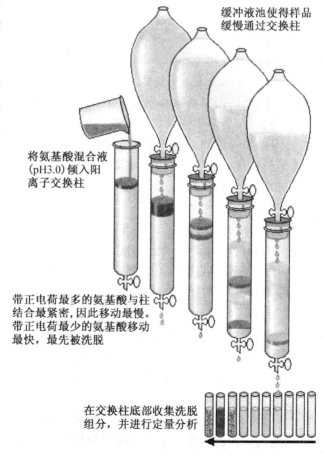

缓冲液池使得样品缓慢通过交换柱

将氨基酸混合液（pH3.0）倾入阳离子交换柱

带正电荷最多的氨基酸与柱结合最紧密，因此移动最慢。带正电荷最少的氨基酸移动最快，最先被洗脱

在交换柱底部收集洗脱组分，并进行定量分析

图 1-4 氨基酸的离子交换层析

图中以阳离子交换树脂为例,树脂表面带负电荷的磺酸基($-SO_3^-$)能够吸引并结合阳离子,如 H^+、Na^+ 及带正电荷的氨基酸。将 pH 值为 3.0 的氨基酸混合液上样到树脂柱上,pH3.0 时多数氨基酸为阳离子,带净的正电荷,但是各自 R 基团的 pK_a 值不同,其离子化程度和与树脂结合的程度不同,因此沿着离子交换柱移动的速率不同。

(三) 氨基酸自动分析仪

氨基酸自动分析仪是一种分离分析氨基酸的自动化专用仪器。利用阳离子交换树脂柱将蛋白质水解液中的氨基酸全部分离并自动进行定性、定量测定,自动记录结果。

五、氨基酸的制备和用途

(一) 氨基酸的制备

由于科学试验、医药卫生和工业生产等各方面对氨基酸的需求日益增多,因此氨基酸的生产就显得很重要。生产氨基酸的方法可分为三类:水解蛋白质法、人工合成法和微生物发酵法。

1. 水解蛋白质法

蛋白质经酸、碱或多种蛋白酶水解成氨基酸,再用适当方法分离、提纯即可得到所需的某些氨基酸。

(1) 酸水解

一般用 6 mol/L HCl 或 4 mol/L H_2SO_4,回流煮沸 20 h 左右,可使蛋白质完全水解。在高温(90 ℃～120 ℃)下进行加压水解,可以缩短水解时间。水解后,用 NaOH 中和、过滤,再调节 pH 至所需制备氨基酸的等电点,该氨基酸即可沉淀或结晶析出。过去,味精厂用面筋(谷蛋白)生产味精(L-谷氨酸钠)即是用此类方法。蛋白质经盐酸水解后,在适当条件下,某些氨基酸即以 HCl 盐形式析出。酸水解的产物是 L-氨基酸。但是色氨酸完全被沸酸所破坏,羟基氨基酸(丝氨酸和苏氨酸)有一部分被分解,天冬酰胺和谷氨酰胺的酰胺基被水解。

(2) 碱水解

一般与 5 mol/L NaOH 共沸 10 h～20 h,即可使蛋白质完全水解。水解过程中多数氨基酸遭到不同程度的破坏,并且水解产物是 D 型和 L-氨基酸的混合物。此外,碱水解蛋白质,可使胱氨酸、半胱氨酸和精氨酸(精氨酸脱氨生成鸟氨酸和尿素)被破坏。故制备氨基酸时很少用碱水解法。然而在碱性条件下,色氨酸是稳定的。

(3) 酶水解

酶法水解不产生消旋作用,也不破坏氨基酸,是比较理想的水解方法。然而由于酶作用的专一性,使用一种酶往往水解不彻底,需要一系列蛋白酶的协同作用才能使蛋白质完全水解,产生氨基酸。此外,酶水解所需时间较长。

2. 人工合成法

用有机合成法制备氨基酸的缺点是所制得的氨基酸都是外消旋产物(即 D 型和 L 型的混合物,称为 DL 型),而具有生物功能的是 L 型,DL-氨基酸的生物功用只有 L 型的一半,并且不容易将 DL 型拆分为 D 型和 L 型。因此该方法只适用于其他方法难以制备的少数氨基酸,如苏氨酸、色氨酸和蛋氨酸。

3. 微生物发酵法

用微生物发酵法生产氨基酸开始于 20 世纪 60 年代。氨基酸的产业化生产可追溯到 1908 年,最初是进行增鲜剂 L-谷氨酸的生产。主要是通过昂贵的化学程序生产如谷蛋白质的酸水解,然后分离 Glu。或者通过化学合成法合成 Glu,然后进行 D-Glu、L-Glu 的拆分,因为 D 型没有增味作用。1957 年,日本协和发酵公司(Kyowa Hakko 公司)的科学家发现一种土壤杆菌可向培养基中分泌大量谷氨酸,由此发展出一项新的工业技术——氨基酸发酵,即利用微生物发酵生产氨基酸。现在许多氨基酸的大量生产都是采用微生物发酵法。

(二) 氨基酸的用途

在医学上用适当比例的氨基酸混合液可以直接注射到人体血液补充营养,部分代替血浆。氨基酸对于创伤、烧伤和术后病人有增强抵抗力,促进恢复的作用。某些氨基酸对于特殊疾病还有治疗功效,如 His、Arg、Asp、Glu 和含硫氨基酸等对肝病(如浸润性肝炎)有一定疗效。Cys 具有抗辐射和治疗心脏机能衰弱的效果。

各种必需氨基酸在人和动物营养上有维持正常发育的保健功效。一些必需氨基酸可以作为食品添加剂和饲料添加剂的补充组分。有些氨基酸还作为特定的生长因子用于微生物培养基的配制。

食品烹饪方面可以利用氨基酸作为调味剂,最常用的味精就是 L-谷氨酸单钠盐。其他氨基酸如 Asp、Gly、Ala、His、Lys 等也都有鲜味,可用作增鲜剂。氨基酸还可用作其他化合物生产的出发原料(如阿斯巴甜)。

第三节　蛋白质的结构

一、蛋白质结构的研究方法

(一) 一级结构的研究方法

研究蛋白质的一级结构主要是研究氨基酸如何连接成肽链以及氨基酸在肽链中的排列顺序。

肽链是由氨基酸残基通过肽键(—CO—NH—)连接而成的。肽键理论的确立是建立在蛋白质呈阳性双缩脲反应(遇碱性 $CuSO_4$ 溶液呈浅红至紫蓝色)和人工合成肽等基础之上。已知凡呈现阳性双缩脲反应的化合物都含有 2 个或 2 个以上肽键(—CO—NH—)。因此,除了二肽(含有 1 个肽键)之外,用双缩脲试验可以判定多肽链中氨基酸残基之间是否通过肽键相连接。

多肽链的氨基酸顺序可以用 F. Sanger 末端分析法进行分析,其主要测定策略为:测定蛋白质分子中多肽链的数目;对蛋白质分子中的多肽链进行拆分;断开多肽链内部的二硫桥(—S—S—);分析每一多肽链的氨基酸组成;鉴定多肽链的 N-末端和 C-末端氨基酸残基;将多肽链裂解成较小的片断;测定各肽段的氨基酸序列;重建完整多肽链的一级结构;确定半胱氨酸残基间形成的—S—S—的位置。

测定蛋白质的一级结构要求样品必须是均一的,纯度应在 97% 以上,同时要知道蛋白质的相对分子质量。应该指出,氨基酸序列测定中不包括辅基成分的分析,但是它应属于蛋白质化学结构的内容。

现在大多数蛋白质的氨基酸序列是根据编码蛋白质的基因的核苷酸序列推导出来的。

(二) 高级结构的研究方法

到目前为止,研究蛋白质高级结构的方法仍然是以 X 射线衍射法为主。X 射线衍射法的原理是:当 X 射线($\lambda = 500$ nm)投射到蛋白质晶体样品时,蛋白质分子内部结构受到激动,入射线反射波互相叠加产生衍射波,衍射波含有被测蛋白质的全部信息,通过摄影即可得到一张衍射图案,再经过电脑进行重组,可以绘出一张电子密度图。从电子密度图可以得到样品的三维分子图像,即分子结构的模型。

X 射线衍射法只能给出蛋白质的构象框架,对蛋白质的相对分子质量和结构的其他细节还需借助于其他的辅助方法才能确定。如:重氢交换法、核磁共振光谱法、园二色性、荧光偏振法、红外偏振法等。这些研究蛋白质高级结构的方法具有很强的技术性,具体操作方法不在本书范围内。

二、蛋白质的一级结构

讨论蛋白质的一级结构主要是讨论肽链中氨基酸残基之间基本的连接方式和氨基酸在肽链中的排列顺序。

(一) 肽链中氨基酸残基之间的基本连接方式

肽链中氨基酸残基之间是通过一个氨基酸的氨基与另一个氨基酸的羧基缩合失去一分子水连接而成。

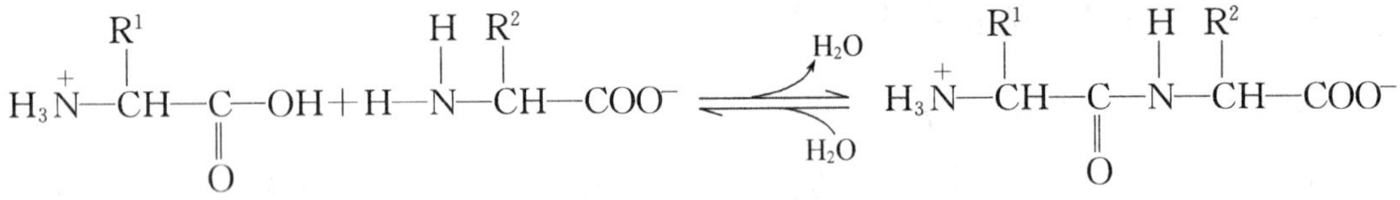

$$H_3\overset{+}{N}-CH-\underset{O}{\overset{R^1}{C}}-OH + H-\underset{H}{N}-\underset{}{\overset{R^2}{CH}}-COO^- \rightleftharpoons H_3\overset{+}{N}-CH-\underset{O}{\overset{R^1}{C}}-\underset{H}{N}-\overset{R^2}{CH}-COO^- + H_2O$$

在二肽分子内尚有一个自由羧基和一个自由氨基,它们都可再与另一个氨基酸分子结合成为三肽。多个氨基酸分子通过以上方式相结合,即形成多肽。带有自由氨基的一端称为 N 端,带有自由羧基的一端称为 C 端。丝氨酰—甘氨酰—酪氨酰—丙氨酰—亮氨酸五肽的结构式如下。需要注意的是肽链的氨基酸残基书写方向是从 N 端向 C 端,同样的氨基酸残基如果反过来书写,则为另一种肽。

$$
\text{N 端}\quad \overset{+}{H_3N}-\overset{\underset{H}{|}}{\underset{|}{C}}\overset{CH_2OH}{}\,H - N - \overset{|}{\underset{|}{C}}H - N - \overset{CH_2-C_6H_4OH}{\underset{|}{C}} - N - \overset{CH_3}{\underset{|}{C}} - N - \overset{CH_2-CH(CH_3)_2}{\underset{|}{C}} - COO^-\quad\text{C 端}
$$

有两个自由末端的多肽链称为开链肽,而环链肽没有末端。一般蛋白质的肽链为开链,抗生素中的短杆菌肽 S、酪杆菌肽和某些细菌的多粘菌肽、缬氨霉素等则为环链。

(二) 肽链中氨基酸的排列顺序

蛋白质的种类和生物活性皆与肽链的氨基酸排列顺序有关。1969 年,国际纯粹与应用化学联合会(IUPAC)就曾规定蛋白质的一级结构只是指多肽链中的氨基酸序列。

自 1953 年英国剑桥大学的 F. Sanger 报告了牛胰岛素的两条多肽链的氨基酸序列以来,至今已经测知了约 100 000 个蛋白质的氨基酸序列,其中绝大多数是应用 Sanger 首先确立的原理测定得到的。现在大多数蛋白质的氨基酸序列是根据编码蛋白质的基因的核苷酸序列推导出来的。

测定肽链或蛋白质的氨基酸顺序,需依次逐步分析肽链及由肽链水解产生的肽段的氨基酸组成和测定肽链的末端氨基酸(即 N 端和 C 端的氨基酸)。末端分析的方法有多种,这里只介绍测定 N 端的二硝基氟苯法和测定 C 端的肼解法。

1. N 端分析法——二硝基氟苯法

在弱碱性溶液中,肽链 N 端的氨基酸残基可与 2,4 -二硝基氟苯(FDNB)反应生成黄色的二硝基苯衍生物,可用乙醚抽提,用层析法鉴定。

2. C 端分析法——肼解法

该方法的原理是将多肽(或蛋白质)与肼(联胺)在无水条件下加热,C 端氨基酸即从肽链分割出来,其余氨基酸变为肼化物。肼化物与苯甲醛缩合成非水溶性产物,可用离心法使之与水溶性的 C 端氨基酸分开。留在水中的 C 端氨基酸可用 FDNB 试剂转变为 DNP -氨基酸,用乙醚抽提、层析,加以鉴定。

(三) 肽的人工合成原理

前已述及,人工合成肽是氨基酸通过肽键连接成肽的重要证据。1902 年,E. Fisher 人工合成了十八肽。从理论上讲,一个氨基酸的氨基(—NH₂)与另一个氨基酸的羧基(—COOH)连接成肽是很简单的,但是在实验室中使氨基酸连接成肽却需要反复的操作。因为两个氨基酸或肽都各自有—NH₂ 和—COOH 两种功能团。如果要使氨基酸甲的—COOH 与氨基酸乙的—NH₂ 相结合,首先需要保护氨基酸甲的—NH₂ 并活化它的羧基—COOH,同样要保护氨基酸乙的羧基—COOH 并活化它的—NH₂,只使得氨基酸甲的活化羧基—COOH 与氨基酸乙的活化氨基—NH₂ 结合成肽键。并在甲、乙两氨基酸结合成肽后,还需要用适当方法将—NH₂ 与—COOH 的保护基团去掉而不能损坏新合成的肽。如果参与合成的氨基酸带有较活泼的侧链基团如—SH 或胍基等,则需先将这些侧链基团保护起来使之不受合成反应的干扰,侧链基团的保护基团最后也需要去掉。肽的人工合成过程可归纳为如下几个步骤:

1. 加保护剂 Y 保护氨基酸甲的自由氨基—NH_2

2. 加保护剂 Z 保护氨基酸乙的自由羧基—COOH

3. 加活化剂 X 使氨基被活化的氨基酸甲的羧基活化

4. 使—NH_2 被保护、羧基被活化的氨基酸甲与羧基被保护、氨基被活化的氨基酸乙结合成肽

5. 脱保护基 Y、Z

如果欲继续延长肽链,可将保护基 Y 或 Z 去掉一个,所得含自由氨基或自由羧基的肽可按照上述第 3、4 步骤进行即可得到较长的肽链。

常见的保护基或活化基如下:

氨基保护基:可用对甲苯磺酰基(Tos 基)、苄氧羰基(Cbz 基)、叔丁氧羰基(Boc 基)、三苯甲基(triryl 基)、9-芴甲氧羰基(Fmoc)等。

羧基活化基:可用 PCl_5 使氨基酸酰氯化,即将羧基变为—COCl 基,也可用联胺和 HNO_2 使羧基叠氮化成—CON_3。

羧基保护基:可用酯化或皂化使羧基转变为—$COOC_2H_5$ 或—COONa。此反应亦可同时活化氨基。

侧链基团的保护随不同侧链而异,—SH 基可用 Cbz 基或三苯甲基作保护基,胍基可用硝基作保护基。

脱保护基的方法一般可用还原、水解和肼解脱除 Y,保护基 Z 如果是苄氧基也可用还原法使之脱离。

上述合成肽的方法是在溶液中进行合成反应,称为液相合成法。这种方法费时费力。自 1962 年起,有人提出固相合成法,原理与液相合成法基本相同,只是合成反应是在固相支持物上进行。常用的固相支持物为苯乙烯与二乙烯基苯的共聚物,再经氯甲基化而成,称为氯甲基共聚苯乙烯二乙烯苯树脂,简称氯甲基聚苯乙烯树脂。

固相合成法的过程是将粒状固相支持物与氨基被保护的氨基酸(如 Boc-氨基酸)起反应生成 Boc-氨酰基树脂,用脱 Boc 基试剂(如三氯乙酸+二氯甲烷)将 Boc 基脱去,即得到带自由氨基的氨酰基树脂。再加入氨基被 Boc 基保护后的第二个氨基酸,并加缩合剂(如二环己基碳二亚胺,简称 DCCI)即得 Boc-二肽树脂。脱 Boc 基即得二肽。这一合成反应可简示如下:

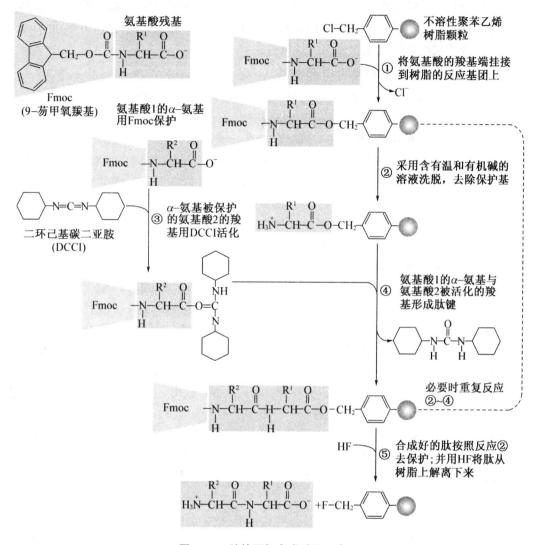

图 1-5　肽的固相合成过程示意图

反应①至④表示一个合成周期,如欲合成较长的肽,可按照拟合成肽的氨基酸排列顺序,依次加入 Fmoc-氨基酸,按照第一周期操作重复进行,即可制得所要合成的肽链。

固相合成法的优点是简单、快速和不存在肽的溶解度问题,缺点是得率低、不纯,一般只适用于合成 10～20 肽。

利用上述两类合成肽的方法所合成的肽已有数百种之多,如人工合成的胰岛素、催产素等激素肽、牛胰核糖核酸酶等。关于人工合成肽(或蛋白质)的具体操作和实践及所依据的理论需参照相关蛋白质专著。

三、蛋白质的二级结构

蛋白质分子的二级结构是指多肽主链有规则的盘曲折叠所形成的构象。这些多肽链的主链构象都是以肽键平面为基本结构单位,有规则的盘曲而成的。据目前所知,天然蛋白质分子中存在的主链构象只有少数几种基本类型,即 α-螺旋、β-折叠、β-转角和无规卷曲等。维系二级结构的主要作用力是氢键。

(一)肽链中相邻肽键的空间结构

肽链中相邻肽键的空间结构牵涉到肽键的键长、键角、肽键平面和二面角等问题。

20 世纪 30 年代,Linus Pauling 和 Robert Corey 用 X 射线衍射法测定了肽晶体分子中各原子间的键长和键角,得到了下列重要结论:

(1) 肽键(—CO—NH—)的键长为 0.132 nm,介于 C—N 单键(0.147 nm)和 C═N 双键(0.127 nm)之间,且更接近于 C═N 双键,故肽键具有部分双键的性质,不能自由旋转。

(2) 由于肽键不能自由旋转,形成肽键的 4 个原子(C、O、N、H)和与之相连的 2 个 C_α 共处于一个平面上,形成肽键平面或称肽平面、酰胺平面。

(3) 在肽键平面中,C═O 与 N—H 呈反式。

(4) 肽链的主链是由许多肽键平面组成,平面之间以 C_α 相隔,而 C_α—N 键与 C_α—C 键是单键,可以自由旋转。C_α 是两个相邻肽键平面的连接点,肽键平面虽然是刚性的,但是肽键平面之间的位置可以任意取向。绕 C_α—N 键旋转的二面角称为 φ 角,绕 C_α—C 键旋转的二面角称为 ψ 角。所谓二面角或构象角定义为在 A—B—C—D 四原子依次连接的系统中,含 A,B,C 的平面和含 B,C,D 的平面之间的夹角。原则上二面角 φ 和 ψ 可以在 0°～±180°范围内变动。多肽链主链的各种可能构象都可以用 φ 和 ψ 这两个二面角来描述。

当 φ 的旋转键 C_α—N 键两侧的 N—C 和 C_α—C 呈顺式时,规定 $\varphi=0$°;同样,当 ψ 的旋转键 C_α—C 键两侧的 C_α—N 和 C—N 呈顺式时,规定 $\psi=0$°。从 C_α 向 N 看,沿顺时针方向旋转 C_α—N 键所形成的 φ 角规定为正值,逆时针旋转为负值;从 C_α 向 C 看,沿顺时针方向旋转 C_α—C 键所形成的 ψ 角规定为正值,逆时针旋转为负值。

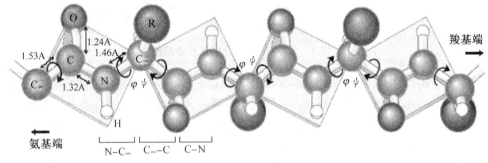

图 1-6　肽键平面(1 Å＝0.1 nm)

肽链中 φ 和 ψ 这一对二面角决定了相邻的两个肽键平面所有原子在空间上的相对位置,从而决定了肽链的构象。虽然从理论上讲,C_α 原子的两个单键(C_α—N 与 C_α—C)可以在 −180°～+180°范围内自由旋转,但是因空间位阻的存在,不是任意二面角(φ,ψ)所决定的肽链构象都是立体化学所允许的。二面角(φ,ψ)所规定的构象能否存在,主要取决于两个相邻肽键平面中非共价键合原子之间的接近有无障碍。当 C_α 的一对二面角

$\varphi=180°$ 和 $\psi=180°$ 时，C_α 的两个相邻肽键平面将呈现充分伸展的肽链构象。而当 φ 和 ψ 都等于 0°时的构象实际上并不能存在，因为相邻的两个肽单位上的酰胺基 H 原子和羰基 O 原子的接触距离小于其范德华半径之和，将发生空间重叠。

印度学者 Ramachandran G N 及其同事对这一复杂问题进行了简化处理。他们将肽链上的原子看成是简单的硬球，根据原子的范德华半径确定了非共价键合原子之间的最小接触距离，从而确定成对二面角 (φ, ψ) 所规定的两个相邻肽单位的构象是允许的或是不允许的，并在 φ-ψ 图上标出，此图称为拉氏构象图或拉氏图（Ramachandran plot），如图 1-7。

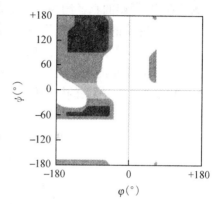

图 1-7 拉氏构象图

图上的一个点对应于一对二面角 (φ, ψ)，代表一个 C_α 的两个相邻肽单位的构象。图中黑色阴影区域是允许区，这个区域内的任何成对二面角 (φ, ψ) 所规定的构象都是立体化学所允许的，构象稳定。灰色阴影区域为不完全允许区（临界限制区），这个区域内的任何二面角 (φ, ψ) 所规定的肽链构象虽然是立体化学所允许的，但是不够稳定，因为在此类构象中非共价键合原子之间的距离小于允许距离，但仍大于极限距离（比允许距离小 0.01～0.02 nm）。阴影以外的区域是不允许区，该区域内的任何二面角 (φ, ψ) 所规定的肽链构象都是立体化学所不允许的。因为在此构象中非共价键合原子间的距离小于极限距离，斥力很大，构象能量很高，因此这种构象极不稳定，不能存在，如 $\varphi=180°$，$\psi=0°$ 的构象和 $\varphi=0°$，$\psi=180°$ 的构象。由于多肽链的几何学因素，存在着上述原子基团之间的不利空间相互作用，所以肽链实际能存在的构象是很有限的。值得一提的是，上述的允许区和不完全允许区都是针对非甘氨酸残基而言，如果是甘氨酸残基，由于其侧链 R 基只是一个 H 原子，空间位阻小，因此允许区和不完全允许区会扩大很多。

（二）多肽链规则折叠的方式

在多肽链主链的成链共价键中有 1/3 是肽键，且不能自由旋转，这对肽链形成三维构象有很大约束作用，只能靠 C 原子两侧的两个单键（C_α—N 与 C_α—C）的旋转，使得肽键平面的相对位置发生变化，形成有限的几种主链构象。

1. α-螺旋

α-螺旋是蛋白质分子中最常见的一种稳定构象。它是由多肽主链环绕一个中心轴有规则地一圈一圈盘旋前进形成的螺旋状构象，是一种重复性结构单元。肽链盘旋的方向不同可形成右手螺旋和左手螺旋两种。天然蛋白质分子中存在的主要是右手螺旋，左手螺旋只在嗜热菌的蛋白酶等少数蛋白质中被发现。

Pauling 等人通过实验发现，典型的 α-螺旋具有如下结构特点：

（1）主链环绕中心轴按右手螺旋方向盘旋。

（2）每圈螺旋由 3.6 个氨基酸残基构成，沿螺旋轴上升 0.54 nm，称为螺距。每个氨基酸残基绕轴旋转 100°，沿轴上升 0.15 nm。

（3）相邻螺圈之间由第 n 个氨基酸残基的羰基 O 与第 $n+4$ 个氨基酸残基—NH—的 H 之间形成氢键，氢键的取向几乎与螺旋轴平行。大量的链内氢键维系 α -螺旋，使其结构非常稳定。每个氨基酸残基的侧链 R 基团都在螺旋外侧，不影响螺旋的稳定性。不计侧链在内，螺旋的直径约为 0.5 nm。

（4）α -螺旋的结构可以用 S_N 表示。S 代表每圈螺旋的氨基酸残基个数，N 表示由氢键封闭的环本身的原子数。典型的 α -螺旋也称为 3.6_{13} 螺旋。

α -螺旋模型见图 1-8，图中(a)表示右手 α -螺旋的形成。刚性的肽平面与螺旋的轴向平行；(b)是右手 α -螺旋的棒球模型，显示了链内氢键，3.6 个氨基酸残基构成螺旋的一圈。

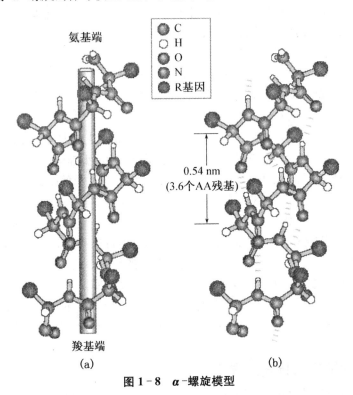

图 1-8 α -螺旋模型

蛋白质多肽链能否形成 α -螺旋以及形成的 α -螺旋是否稳定，与其氨基酸组成和排列顺序直接相关。如肽链中有脯氨酸时，α -螺旋就被中断，并产生一个"结节"（kink）。这是因为脯氨酸的 α -亚氨基上 H 原子参与形成肽键以后，没有多余的 H 原子形成氢键；并且其 α - C 原子位于五元环上，其 C_α—N 不能自由旋转，难以形成 α -螺旋。甘氨酸残基由于没有侧链的约束，其二面角可以任意取值，难以形成 α -螺旋所需的二面角。另外，肽链中如果连续存在带相同电荷的氨基酸残基（如 Lys、Arg 或 Asp、Glu），由于同性电荷相斥也会影响 α -螺旋的稳定性；但是如果存在异性电荷之间的吸引力则可以增加 α -螺旋的稳定性。

2. β -折叠

β -折叠又称为 β -折叠片或 β -片层结构，也是蛋白质分子中常见的主链构象之一。所谓 β -折叠是指两条或两条以上充分伸展成锯齿状折叠构象的肽链，侧向聚集，按肽链的长轴方向平行并列,形成的折扇状构象。C_α原子位于折叠线上,氨基酸残基的侧链都垂直于折叠片的平面,并交替地从平面上下两侧伸出。β-折叠也是一种重复性结构。这种构象最初在纤维状蛋白蚕丝的丝心蛋白(β-角蛋白)中发现,故名β-折叠。丝心蛋白中只有β-折叠一种构象。

β-折叠构象依靠相邻肽链之间形成有规律的氢键维系稳定。按照肽链的排列方向不同,可将β-折叠分为平行式和反平行式两种。平行式β-折叠的肽链都按同一方向排列,N端都在同一端,C端同在另一端。而反平行式β-折叠的肽链呈一顺一反地排列。蚕丝纤维的丝心蛋白结构是由反平行β-折叠片组成,且富含 Ala 和 Gly 残基。

在β-折叠片中肽主链处于最伸展的构象,且平行β-折叠片的伸展程度略小于反平行β-折叠,因此平行β-折叠片中形成的氢键有明显的弯折。反平行β-折叠片中重复周期为 0.7 nm,而平行β-折叠片中为 0.65 nm。如图 1-9 所示,(a)是平行式β-折叠片;(b)是反平行式β-折叠片。肽键平面位于折叠片层内,C_α位于折叠线上,R 侧链基团伸出折叠面。相邻肽链之间通过氢键连接。

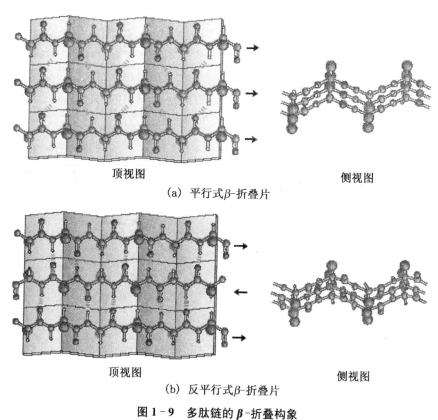

顶视图 侧视图

(a) 平行式β-折叠片

顶视图 侧视图

(b) 反平行式β-折叠片

图 1-9 多肽链的β-折叠构象

在纤维状蛋白质中,β-折叠片主要是反平行的,而球状蛋白质中反平行和平行两种方式几乎同样广泛存在。

3. β-转角

β-转角或称为发夹结构,是在球状蛋白质分子中发现的一种主链构象。球状蛋白质的多肽主链在盘旋折叠中往往发生 180°的急转弯,这种回折部位的构象称为 β-转角,这是一种非重复性结构。β-转角是由 4 个连续的氨基酸残基组成的,其中第一个残基的羧基 O 与第四个残基的亚氨基 H 氢键键合,形成一个紧密的环,使 β-转角成为比较稳定的结构。有多种氨基酸残基都可能出现在 β-转角中,但是最常见的是 β-转角 Gly、Pro、Asp、Asn 和 Trp。Gly 的侧链 R 基仅为一个 H 原子,空间阻碍小,而 Pro 具有环状结构和固定的 φ 角,可在一定程度上迫使 β-转角形成,促进多肽链自身回折。

如图 1-10 所示,图中(a)是 Ⅰ 型 β-转角结构;(b)是 Ⅱ 型 β-转角结构,β-转角结构中由肽段的第 1 个氨基酸残基与第 4 个氨基酸残基之间形成氢键,Ⅰ 型和 Ⅱ 型 β-转角结构是最常见的形式,其中 Ⅰ 型结构出现频率更高,Ⅱ 型结构中第 3 个氨基酸残基通常是 Gly;(c)包含脯氨酸亚氨基 N 的肽键的顺式和反式异构体。除了 Pro 之外的其他氨基酸残基形成的肽键中,99.95% 以上是反式构型(trans configuration)。但是有 6% 的由 Pro 参与的肽键则是顺式构型(cis configuration),且多出现在 β-转角结构中。

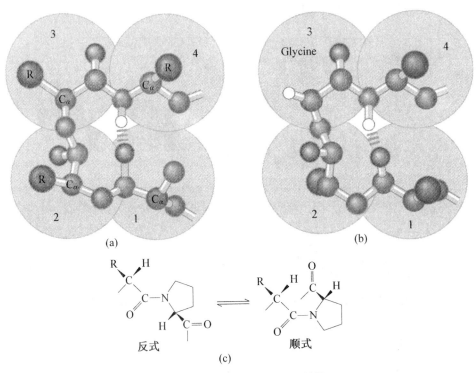

图 1-10 β-转角(β-回折)结构

β-转角在球状蛋白质中含量相对丰富,有助于在同一肽链内形成反平行折叠片。

4. 无规卷曲

无规卷曲是多糖主链中不规则的、多向性随机盘曲所形成的构象,它泛指那些不能归入上述明确的二级结构的肽段。它也是球状蛋白质分子中常见的一种主链构象。

无规卷曲在同一种蛋白质分子中出现的部位和结构完全一样,在这种意义上,无规卷曲实际上是有规律的,是一种稳定的构象。但是在不同种类的蛋白质或同一分子的不同肽段所出现的无规卷曲,彼此间没有固定的格式。不像 α-螺旋或 β-折叠,无论出现在什么蛋白质分子中,都只有少数几种构象。从这种意义上讲,无规卷曲的结构规律又不是固定的,而是多种多样的。

上述蛋白质分子二级结构的几种主要构象,在不同蛋白质中的分布差别很大。纤维状蛋白质的二级结构构象单一,如毛发、角、爪、蹄、羽、鳞等 α-角蛋白的二级结构只有 α-螺旋;而丝心蛋白(β-角蛋白)的二级结构则只有高度伸展的 β-折叠片层,没有 α-螺旋。纤维状蛋白质分子不再形成更高级的三级结构,在二级结构基础上,分子之间轴向排列组成超二级结构,再进一步层层组合,构成特定的组织结构。如:毛发的蛋白质是由右手螺旋并在一起,按左手方向旋转扭曲成原纤维,再由原纤维组合成微纤维、进而合成大纤维。在毛发皮层细胞中,大纤维轴向排列成有序结构,使毛发具有很强的抗张力和很好的伸缩性能。

球状蛋白质分子的二级结构一般都不是单一构象。肽主链的不同肽段构象不同,多种构象单元交替连接组成整条肽链的二级结构。对于球状蛋白来说,具有更明显的结构层次,二级结构还不是分子的活性结构形式,在二级结构基础上盘曲折叠成三级结构,有些蛋白质还要由三级结构单位再进一步缔合成四级结构,才能成为具有完整生物功能的活性分子。在二级结构与三级结构之间还存在过渡结构层次:超二级结构和结构域。

(三) 超二级结构和结构域

1. 超二级结构(supersecondary structures)

在蛋白质分子中,尤其是球状蛋白质分子中,存在着由若干相邻的二级结构单元(主要是 α-螺旋和 β-折叠)彼此相互作用,形成一些有规则的二级结构组合或二级结构串,称为超二级结构或折叠花式。它们作为形成蛋白质三级结构的构件。目前已知的超二级结构有 3 种基本的组合形式:$\alpha\alpha$、$\beta\beta$、$\beta\alpha\beta$。

(1) $\alpha\alpha$ 组合

α-螺旋束经常是由两股或三股平行或反平行排列的右手螺旋段互相缠绕而成的卷曲螺旋,在纤维状蛋白和球状蛋白中都有存在。另外还有由两段 α-螺旋之间通过一段环出的松散肽链相连,称为 α 环 α。

(2) $\beta\beta$ 折叠花式

反平行 β-折叠片即为 $\beta\beta$ 折叠花式。在球状蛋白中多是由一条多肽链的若干段 β-折叠股反平行组合而成,两个 β-股之间通过一个短的回环(发夹)连接起来。常见的 $\beta\beta$ 折叠花式有 β-发夹、$\beta\beta$-曲折等。

(3) $\beta\alpha\beta$ 组合

最简单的 $\beta\alpha\beta$ 组合是由两段平行 β-折叠股和一段 α-螺旋组成的,也称为 $\beta\alpha\beta$ 单元。此外还有由 β-折叠片与 α-螺旋之间通过环出的肽段连接形成的 β 环 α 环 β 组合;由 3 段平行 β-股和两段 α-螺旋组成的 $\beta\alpha\beta\alpha\beta$ 组合等。

几种超二级结构组合方式见图 1-11,图中(a)是 α-螺旋束;(b)是 α 环 α 组合;(c)是 β-发夹;(d)是 $\beta\beta$-曲折;(e)是 $\beta\alpha\beta$ 组合;(f)是 β 环 α 环 β 组合。

2. 结构域(structural domain)

结构域是指多肽链在二级结构或超二级结构的基础上形成三级结构的局部折叠区,它是相对独立的、在空间上可以明显区分的紧密球状实体。最常见的结构域约含 $100\sim$

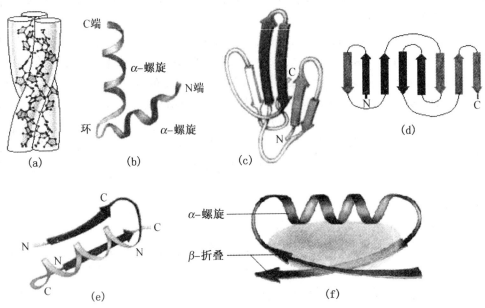

图 1-11　超二级结构的几种组合形式

200 个氨基酸残基,少至 40 个左右,多至 400 个以上。结构域是球状蛋白质的独立折叠单位。对于较小的球状蛋白质分子或亚基来说,通常是单结构域,因此结构域与三级结构等同,如核糖核酸酶。对于较大的球状蛋白质或亚基,其三级结构往往由两个或多个结构域缔合而成(即为多结构域),如卵清溶菌酶分子中包含 2 个结构域、免疫球蛋白 G 分子中包含 12 个结构域,Y 型结构的每一部分有 4 个结构域。图 1-12 是几种蛋白的结构域,图中酶活性中心的氨基酸残基以黑色表示。

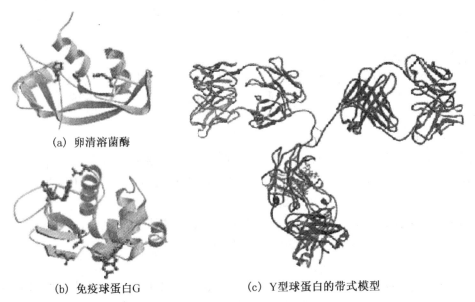

图 1-12　球蛋白的结构域

从动力学角度来讲，一条较长的多肽链首先折叠成几个相对独立的区域要比直接折叠成完整的空间结构更合理；从功能角度来讲，酶蛋白的活性中心往往位于结构域之间，由于各个结构域之间往往只有一段肽链相连，因而结构域在空间上的摆动比较自由，有利于活性中心和底物的结合。结构域有时就是功能域(蛋白质分子中能独立存在的功能单位)，功能域可以是一个结构域，也可以是由两个或两个以上结构域组成。

结构域也和二级结构、超二级结构一样，基本类型的数目有限。根据结构域所含的二级结构种类和组合方式不同，大体可以将其分为 4 类：全 α-结构、全 β-结构、α,β-混合结构、富含金属或二硫键的结构域等。图 1 - 13 显示了人的几种蛋白质的结构域类型。

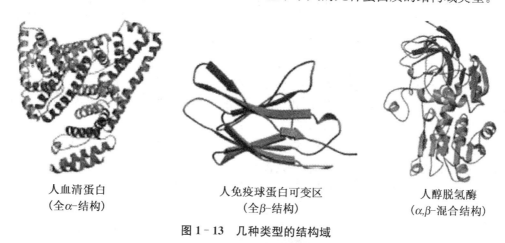

人血清蛋白　　　　　　　人免疫球蛋白可变区　　　　　　人醇脱氢酶
(全 α-结构)　　　　　　　　(全 β-结构)　　　　　　　(α,β-混合结构)

图 1 - 13　几种类型的结构域

四、蛋白质的三级结构和四级结构

(一) 蛋白质的三级结构

蛋白质的三级结构是指在二级结构的基础上按照一定方式进一步排列成的三维结构构象。对于纤维状蛋白质而言，一般是通过二级结构平行排列成的基本单位，逐级扩大形成蛋白质分子。而对于球状蛋白质，则是在二级结构基础上进一步进行多向性盘曲折叠，形成特定的近似球状的构象。根据 1969 年 IUPAC 的定义，三级结构包括蛋白质分子主链和侧链所有原子和基团的空间排布关系。维系三级结构的主要作用力是疏水作用。

虽然每种球状蛋白都有各自独特的三维结构，但是它们仍具有某些共同的特征：

(1) 球状蛋白含有多种二级结构单位

纤维状蛋白质通常只含有一种二级结构单位，如 α-角蛋白含 α-螺旋，丝心蛋白含反平行 β-折叠片。而球状蛋白分子往往含有两种或两种以上的二级结构单位，如卵清溶菌酶中含有 α-螺旋、β-折叠片、β-转角和无规卷曲。

(2) 球状蛋白三维结构具有明显的折叠层次

与纤维状蛋白质相比，球状蛋白的结构层次更加明显而丰富。多肽主链靠氢键维系折叠成 α-螺旋、β-折叠等二级结构。二级结构单位彼此靠近并相互作用形成超二级结构。由超二级结构进一步装配成相对独立的球状实体结构域，进而形成三级结构。对于多亚基蛋白质，将由三级结构的亚基缔合成四级结构的多聚体，如血红蛋白是四聚体蛋白。

（3）球状蛋白呈现紧密的球状或椭球状实体

多肽链在折叠过程中各种二级结构彼此紧密装配成近似球状或椭球状。当然其中也存在松散的肽段,这些松散的区域有较大的空间可塑性,使构象容易发生变化,可允许活性部位的结合基团和催化基团有较大的活动范围。这是酶与底物、别构酶与调节物、其他功能蛋白与效应物相互作用的结构基础。

（4）球状蛋白的疏水性氨基酸残基埋藏在分子内部,亲水性残基暴露于分子表面

蛋白质在折叠形成三级结构时,隐藏疏水性氨基酸残基避免与水接触（疏水作用）是二级结构单位形成特定三级结构的主要动力。球状蛋白分子约 $80\%\sim90\%$ 疏水侧链被埋藏在内部,分子表面主要是亲水侧链,因此球状蛋白是水溶性的。

（5）球状蛋白分子表面存在着空穴（或裂隙、口袋）

这种空穴通常是结合底物、效应物等配体,行使生物学功能的活性部位。空穴大小约能容纳 $1\sim2$ 个小分子配体或大分子配体的一部分。空穴周围分布着许多疏水侧链,为底物发生化学反应创造了一个疏水环境。

如鲸肌红蛋白是由一条 α-螺旋链盘绕成特殊的三级结构（图 $1-14$）,图中（a）是鲸肌红蛋白多肽链的带式模型,血红素辅基以深色表示（箭头所示）;（b）为表面轮廓图,可以看出血红素辅基大部分被埋藏起来（箭头所示为血红素辅基）。

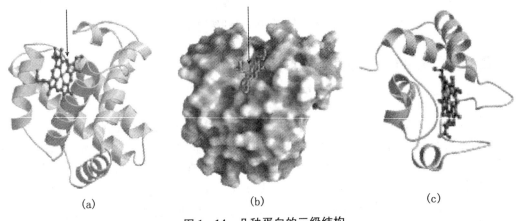

(a)　　　　　　　　(b)　　　　　　　　(c)

图 1-14　几种蛋白的三级结构

又如细胞色素 c 的三级结构是由 104 个氨基酸残基构成的多肽链以共价键与血红素相连接所构成的。蛋白质分子略带球状,直径为 3.4 nm,其血红素被许多疏水侧链紧密包围。图 $1-14$ 中（c）为细胞色素 c 的三级结构带式模型。细胞色素 c 分子仅含极少的 α-螺旋,不含 β-折叠,整个分子具有一层带电疏水链外壳,链的疏水部分向内,壳的外面有带电荷的侧链,其中血红素辅基以深色显示。

（二）蛋白质的四级结构

具有三级结构的蛋白质分子亚基按一定方式聚合起来形成蛋白质大分子,即为蛋白质的四级结构。

由两个或两个以上的三级结构单位缔合而成的球状蛋白质分子,通常称为寡聚蛋白。寡聚蛋白中每一个三级结构单位称为一个亚基或亚单位。寡聚蛋白分子的亚基虽然具有完整的三级结构,但是每个亚基单独存在时,生物学活性很低或没有活性,只有当各个亚基缔合成完整的四级结构,才能发挥正常的活性功能。蛋白质的四级结构涉及亚基种类和数目以及各亚基在整个分子中的空间排布。

蛋白质四级结构的稳定性主要靠亚基间的疏水作用维系,盐键、氢键、范德华力等次级键也有不同程度的作用。另外,亚基之间二硫键的形成对亚基缔合的稳定性也有贡献。

蛋白质亚基的种类一般是一种或两种。亚基数目一般是偶数,亚基的排列都是对称的,故对称性是蛋白质四级结构的重要性质之一。

如血红蛋白的四级结构是由 4 个亚基($\alpha_2\beta_2$)构成的(图 1 - 15),每一个亚基由一条螺旋肽链和一个血红素组成,4 条肽链之间通过非共价键相互吸引。图中(a)是带式模型;(b)是空间填充模型。

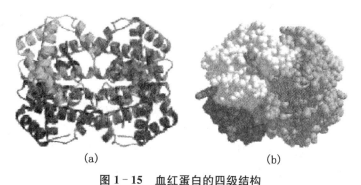

(a)   (b)

图 1 - 15 血红蛋白的四级结构

寡聚蛋白质通过亚基缔合形成四级结构,在结构和功能上具有一定的优越性,主要体现在:

(1)亚基缔合的一个优点是蛋白质的表面积与体积之比降低

因为蛋白质内部的相互作用有利于蛋白质的稳定,而蛋白质表面与溶剂水的相互作用常不利于稳定,因此降低表面积与体积比的结构使得蛋白质结构的稳定性增强。

(2)蛋白质单体缔合形成寡聚体对一个生物体在遗传上是经济的

编码一个将装配成同多聚蛋白质的单体所需的 DNA 比编码一条相对分子质量相同的大的多肽链要少。

(3)亚基缔合使催化基团汇集在一起

某些酶的催化能力是来自亚基的寡聚缔合,因为寡聚体的形成可使来自不同亚基的催化基团汇集在一起以形成完整的催化部位。如谷氨酰胺合成酶的活性部位是由相邻的亚基对形成的,解离的单体则无活性。

(4)亚基缔合形成的寡聚蛋白具有协同性和别构效应

大多数寡聚蛋白进行生物活性的调节都是借助于亚基相互作用。多亚基蛋白一般具有多个结合部位,结合在蛋白质分子特定部位的配体对分子其他部位产生的影响称为别构效应。如血红蛋白结合氧的协同性即属于别构效应。

五、蛋白质分子中的重要化学键

蛋白质分子中的化学键包括共价键如肽键、二硫键、酯键,和非共价键(或称次级键)如氢键、盐键(离子键)、疏水作用力、范德华力等。

肽键(—CO—NH—)是肽链一级结构的基本连接键,后续内容将重点讨论。二硫键存在于两个半胱氨酸之间,它可能存在于在同一肽链的不同部位,也可能在肽链之间形成。二硫键在稳定某些蛋白质的构象方面也起着重要作用。

稳定蛋白质三维结构的作用力主要是一些次级键(包括氢键、范德华力、疏水作用和盐键)。这些弱的相互作用也是稳定核酸构象和生物膜结构的作用力。

(1)氢键

氢键在稳定蛋白质的结构中起着极其重要的作用。多肽链上羰基氧与酰胺氢之间形成的氢键,是稳定蛋白质二级结构的主要作用力。此外,氢键还可以在侧链与侧链、侧链与介质水、多肽主链与侧链、多肽主链与水之间形成。

大多数蛋白质在进行折叠时总是使多肽主链内形成尽可能多的分子内氢键(如形成 α-螺旋、β-折叠片),同时保持大多数能形成氢键的侧链处于蛋白质分子的表面,便于和水发生相互作用。

(2)范德华力

范德华力包括吸引力和排斥力两种作用,它是一种短程作用力,只有当非键合原子之间的距离足够接近时,才产生范德华引力,这个距离称为接触距离或范德华距离。但是当非键合原子或分子相互挨得太近时,由于电子云重叠,将产生范德华排斥。范德华力本身是一种很弱的相互作用,但是范德华力广泛存在,数量巨大,并且具有加和性,因此在维持蛋白质的结构中也成为一种不可忽视的作用力。

(3)疏水作用

水介质中球状蛋白质的折叠总是倾向于将疏水残基埋藏在分子的内部,这一现象称为疏水作用或疏水效应。它在维持蛋白质的三维结构方面占有突出的地位。疏水作用并不是疏水基团之间存在什么吸引力的缘故,而是疏水基团或疏水侧链为了避开水而被迫相互接近。当疏水基团接近到范德华距离时,相互之间将产生弱的范德华引力,但不是主要作用力。

(4)盐键

盐键或称为离子键,是一种静电相互作用。在生理 pH 值下,蛋白质中的酸性氨基酸(Asp、Glu)的侧链可解离成负离子,碱性氨基酸(Lys、Arg、His)的侧链可解离成正离子。在多数情况下,这些基团都分布于球状蛋白质分子表面,与介质水发生相互作用,形成排列有序的水化层,对稳定蛋白质的构象有一定的作用。

在蛋白质分子内部也可能存在荷电的侧链,它们一般与其他基团形成强的氢键,但是偶尔也有少数带相反电荷的侧链在分子内部形成盐键。

(5)二硫键

RNA 酶的复性实验结果表明,在二硫键形成之前,蛋白质分子已经折叠形成了其特有的三维结构。也就是说,二硫键的形成并不规定多肽链的折叠,但是一旦蛋白质形成了其三维结构后,二硫键的形成将对其构象起稳定作用。某些二硫键还是蛋白质表现生物活性所必需的。在绝大多数情况下,二硫键是在多肽链的 β-转角附近形成。

蛋白质分子中的重要化学键见图 1-16,图中(a)是离子间的盐键;(b)是极性基间的氢键;(c)是非极性基间的相互作用力,即疏水键;(d)是范德华力;(e)是二硫键;(f)是酯键。

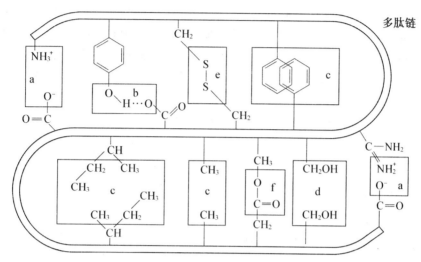

图 1-16 蛋白质分子中的化学键

六、纤维状蛋白和球状蛋白

(一) 纤维状蛋白

纤维状蛋白广泛分布于脊椎和无脊椎动物体内,外形呈纤维状或细棒状。其主要功能是作为结构蛋白,对生物体起支撑和保护作用。纤维状蛋白质分子是有规则的线性结构,这与其多肽链的有规则二级结构有关。

纤维状蛋白质可分为不溶性和可溶性两类。不溶性纤维状蛋白质又称为硬蛋白,包括角蛋白、胶原蛋白和弹性蛋白等;可溶性纤维状蛋白包括肌球蛋白、血纤蛋白原等。下面主要介绍不溶性纤维状蛋白质。

1. α-角蛋白

角蛋白是外胚层细胞的结构蛋白,包括皮肤及皮肤的衍生物如毛、发、鳞、羽、甲蹄、角、爪等。角蛋白可分为 α-角蛋白和 β-角蛋白两类。

α-角蛋白是毛发中的主要蛋白质。α-角蛋白结构中富含 α-螺旋。在毛发 α-角蛋白中,三股右手 α-螺旋向左缠绕成一根初原纤维(超螺旋结构),并进一步沿纤维轴向聚集排列成微原纤维、大原纤维,构成毛发。因此一根毛发具有高度有序的结构,毛发的性能就决定于 α-螺旋结构及其组织方式。

α-角蛋白的伸缩性能很好,湿热条件下一根毛发纤维可以被拉长为原有长度的二倍,这时维持 α-螺旋稳定性的氢键被破坏,α-螺旋被撑开,转变为 β-折叠构象(平行式 β-折叠,一个周期为 0.65 nm)。当张力去除后,仅仅靠氢键是不能使纤维恢复原来的状态的。α-角蛋白的氨基酸组成的一个特点是含胱氨酸特别多。α-角蛋白中相邻分子的α-螺旋是由它们的半胱氨酸残基间的二硫键交联起来。这些二硫键保证了角蛋白的稳定性,既可以抵抗张力,又可以作为外力去除后使纤维复原的恢复力。

永久性卷发(烫发)的生物化学基础就是α-角蛋白的结构特点。α-角蛋白的氨基酸残基R侧链基团一般较大,不适于处在β-构象。湿热条件下α-角蛋白可以伸展为β-构象,但冷却干燥时在二硫键的交联作用下又可恢复原来α-螺旋构象。卷发过程,首先将头发卷成一定的形状,涂上还原剂(一般是含巯基的化合物)溶液并加热。还原剂可以打开链间的二硫键;湿热破坏氢键使头发α-角蛋白的螺旋构象伸展为β-构象。然后,除去还原剂,涂上氧化剂,以便在相邻多肽链的半胱氨酸残基之间建立新的二硫键(不同于原先的位置)。当洗涤并冷却头发后,多肽链恢复α-螺旋构象,新的二硫键的形成使头发纤维α-螺旋束发生扭曲,头发便以所希望的形式卷曲。如图1-17所示。

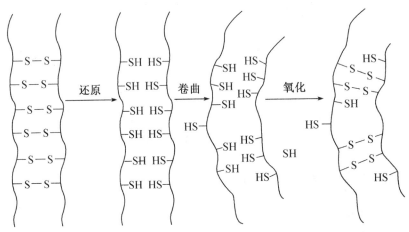

图1-17 卷发过程α-角蛋白的多肽链间二硫键的断裂与重建

2. β-角蛋白(丝心蛋白)

自然界存在着天然的β-构象的角蛋白,如丝心蛋白,它是蚕丝和蜘蛛丝中的结构蛋白。丝心蛋白具有抗张强度高,质地柔软的特性,但是不能拉伸。

丝心蛋白是典型的反平行β-折叠结构,多肽链呈锯齿状折叠构象,侧链交替地分布在折叠片两侧。其中不含卷曲的α-螺旋结构。丝心蛋白的稳定性靠氢键维持,其中不含二硫键。

丝心蛋白中反平行β-折叠片以平行的方式堆积成多层结构。链间主要以氢键连接,而层间主要靠范德华力维持,使得丝具有柔软的特性。丝心蛋白的一级结构分析显示,其多肽链主要由具有小侧链的氨基酸残基组成,如Gly、Ser、Ala。肽链通常由多个六肽(Gly-Ser-Gly-Ala-Gly-Ala)重复连接而成,在反平行β-折叠结构中,Gly位于折叠结构的一侧,Ala或Ser位于相反一侧。当然丝心蛋白所含的氨基酸并不限于这六种。同一多肽链一侧的两个相邻侧链间距离(重复周期的距离)为0.7 nm。若干折叠片按照Gly对Gly,Ala(或Ser)对Ala(或Ser)方式堆积,使得丝所承受的张力并不直接放在多肽链的共价键上,因此丝具有很高的抗张强度。但是因为丝心蛋白的肽链已经处于相当伸展的状态,所以丝纤维不能拉伸。

3. 胶原蛋白

胶原蛋白具有三股螺旋,也属于结构蛋白,存在于腱、骨、软骨、皮肤、血管等结缔组织中。胶原蛋白包括多种类型,如Ⅰ型、Ⅱ型、Ⅲ型等。不同类型的胶原蛋白由于氨基酸组成和含糖量不同具有各自特有的物理性能。

胶原蛋白的氨基酸组成中含有 3 种不常见的氨基酸:4 -羟脯氨酸(Hyp)、3 -羟脯氨酸和 5 -羟赖氨酸。这些不常见的氨基酸都是在胶原蛋白多肽链合成后由 Pro 和 Lys 修饰而成,修饰作用需要羟化酶的催化,抗坏血酸作为羟化酶的辅酶,因此若维生素 C 缺乏,则新的胶原蛋白难以合成。

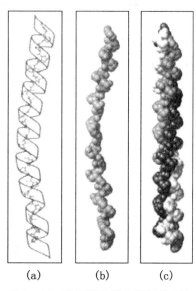

图 1 - 18　胶原蛋白的三股螺旋结构

胶原蛋白是由不溶性的线性原纤维组成的纤维束平行排列而成。每一条线性原纤维(即原胶原蛋白)是由 3 条多肽链组成的缆状结构。每一条多肽链略向左扭成左手螺旋,3 条肽链相互绞合成右手大螺旋,依靠链间氢键牢固地结合在一起。胶原蛋白的三股螺旋结构如图 1 - 18 所示。图中(a)是 Gly-Pro-Hyp 的重复三肽序列形成左手螺旋结构,每 3个氨基酸残基形成一个拐弯;(b)是空间填充模型;(c)是 3 个左手螺旋相互缠绕形成右手螺旋结构。与 α -螺旋相比,胶原螺旋要伸展得多,每一氨基酸残基沿三股螺旋升高 0.29 nm,而 α -螺旋只有 0.15 nm。

三股螺旋是一种能容纳胶原蛋白特有的氨基酸组成和序列的结构。一级结构分析显示,胶原蛋白多肽链很长的区段是由 Gly-x-y 重复而成的。x、y代表 Gly 以外的任意氨基酸残基,但是 x 通常是Pro,y 通常是 Hyp。

胶原蛋白不易被一般的蛋白酶水解,但能被梭菌或动物的胶原酶断裂成片断,这些可被普通蛋白酶水解。胶原于水中煮沸即转变为明胶或称动物胶,它是一种可溶性的多肽混合物。从营养角度讲,胶原蛋白并不是理想的营养源,因为它缺少很多人体所必需的氨基酸。

(二) 球状蛋白

纤维状蛋白质作为细胞和组织结构元件的功能是基于相同多肽链之间稳定的长时间的相互作用。而球状蛋白的构象不是刚性的、静止的,而是柔性的、动态的。动态的球状蛋白在与其他分子的相互作用中发挥其生物学功能,如酶的催化作用、氧结合蛋白结合运输氧、免疫应答、肌肉收缩等。肌红蛋白和血红蛋白是两个重要的氧结合蛋白。

1. 肌红蛋白

肌红蛋白(Myoglobin,Mb)是哺乳动物细胞(主要是骨骼肌细胞)的贮存和分配氧的蛋白质。在潜水哺乳动物如鲸、海豹、海豚的肌肉中含量十分丰富,以至于它们的肌肉呈棕红色。

（1）肌红蛋白的结构

肌红蛋白是由一条含 153 个氨基酸残基的多肽链和 1 个血红素辅基组成,相对分子质量 17 800。脱去血红素的脱辅基肌红蛋白称为珠蛋白,它与血红蛋白的亚基(α-珠蛋白链与 β-珠蛋白链)在氨基酸序列上具有明显的同源性,其构象和功能也极其相似。

肌红蛋白分子中多肽主链含有 8 个长短不等的 α-螺旋肽段,分子中 80% 的氨基酸残基处于螺旋区内。8 个螺旋肽段分别以 A、B、C、D、E、F、G、H 表示。在 N 端和 C 端以及螺旋肽段之间存在着相应的非螺旋区肽段。分子中的各氨基酸残基可以根据其在各螺旋肽段中的位置进行编号,如第 93 位 His 又编号为 His F8,表示 F 螺旋的第 8 位置上的 His。肌红蛋白中 4 个脯氨酸残基处于 α-螺旋肽段之间的拐弯处。如图 1-19 所示。8 个 α-螺旋肽段分别用圆柱体表示,以字母 A～H 标记;螺旋肽段之间拐弯处的非螺旋区,以 AB、CD、EF 等标记;有些螺旋肽段之间的拐弯是急转的,不包含任何氨基酸残基,通常不加以标记,如 BC、DE,图中 D、E 之间的可见部分为计算机人工模拟示意图。血红素辅基埋藏在主要由螺旋肽段 E、F 形成的空隙中,当然也有其他肽段的氨基酸残基参与。

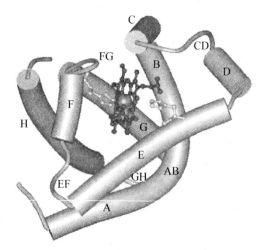

图 1-19　肌红蛋白的结构

整个肌红蛋白分子结构紧密,内部空隙极小,只能容纳 4 个水分子。含亲水基团的氨基酸残基几乎全部分布在分子的外表面,疏水侧链的氨基酸残基几乎全部被埋在分子内部,不与水接触,使得肌红蛋白成为可溶性蛋白质。

（2）血红素辅基

蛋白质本身不能直接与氧发生可逆结合,一些过渡金属的低氧化态(尤其是 Fe^{2+}、Cu^+)具有很强的结合氧的倾向。肌红蛋白和血红蛋白中是以 Fe(II) 作为氧结合部位,某些节肢动物的血蓝蛋白中结合氧的是 Cu(I)。

肌红蛋白与血红蛋白中能与氧可逆结合的血红素辅基(heme)是由原卟啉 IX 与铁的络合物铁原卟啉 IX。原卟啉 IX 是由 4 个吡咯环组成的四吡咯环系统。卟啉化合物有很强的着色力,肌红蛋白和血红蛋白中的铁卟啉(血红素)使血液呈红色,叶绿蛋白中的镁卟啉(叶绿素)使植物呈绿色。

血红素辅基中,卟啉环中心的铁提供 6 个配位空轨道,其中 4 个与四吡咯环的 N 原子相连,另外 2 个垂直于卟啉环平面,第 5 个与珠蛋白 His F8(近侧组氨酸)的咪唑 N 结合,第 6 个配位在去氧状态时空着,在与氧结合时被 O_2 占据。如图 1-20 所示,图中(a)表示血红素辅基是由复杂的原卟啉(四吡咯环系统)与 Fe^{2+} 组成的铁卟啉;(b)表示 Fe 原子有 6 个配位键,其中 4 个在卟啉环平面内,与 4 个吡咯环的 N 相连,另外 2 个垂直于环平面;(c)表示在肌红蛋白和血红蛋白中,一个垂直的配位键是与 His F8 的咪唑 N 相连,另一个作为氧结合部位。

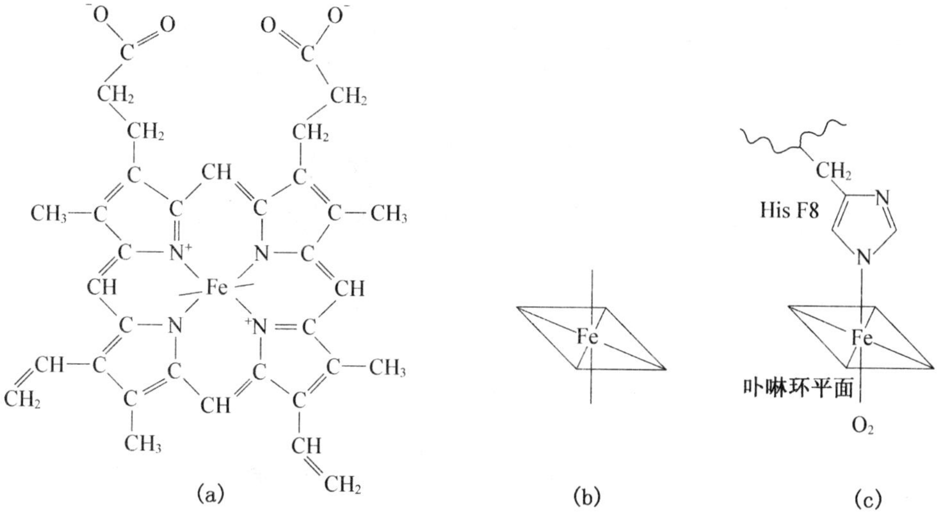

图 1-20 血红素辅基

卟啉中心离子铁可以有氧化态 Fe^{2+} 或 Fe^{3+},相应的血红素成为(亚铁)血红素和高铁血红素,相应的肌红蛋白则称为(亚铁)肌红蛋白和高铁肌红蛋白。血红蛋白也同样存在这两种类型。其中只有亚铁态的蛋白质才能结合氧。

(3)肌红蛋白与 O_2 的结合

肌红蛋白分子中血红素辅基非共价结合于其疏水空穴中,血红素铁的第 5 个配位轨道与近侧组氨酸 His F8 的咪唑 N 结合。在去氧肌红蛋白中第 6 个配位轨道空着。当肌红蛋白结合氧时,第 6 个配位轨道被 O_2 占据。在高铁肌红蛋白中氧结合部位失活,H_2O 代替 O_2 填充该部位,成为 Fe(Ⅲ)的第 6 个配体。在血红素的氧结合部位一侧,还有另一个 His 残基,即第 64 位组氨酸(His E7),称为远侧组氨酸。His E7 的咪唑基与铁距离很远,不发生相互作用,但与 O_2 结合部位接触紧密,对 O_2 的结合提供了空间位阻,O_2 被结合后夹在远侧 His 咪唑 N 与 Fe(Ⅱ)之间。远侧 His E7 的空间位阻效应使得肌红蛋白和血红蛋白对 CO 的亲和力下降,可有效防止代谢过程产生的少量 CO 占据其 O_2 结合部位。有数据表明,游离在溶液中的铁卟啉结合 CO 的亲和力比结合 O_2 强 25 000 倍,而在肌红蛋白中的血红素结合 CO 的亲和力仅比结合 O_2 约大 250 倍。即便如此,CO 仍是一种很强的毒气。O_2、CO 与血红素、肌红蛋白的结合如图 1-21 所示。图中(a)表示 O_2 与血红素结合时,O_2 轴呈一角度,这种结合构象可以被血红素的空间结构容纳;(b)表示

CO 与血红素结合时,CO 轴与卟啉环平面垂直,这种构象受到远侧 His E7 的阻碍作用,从而减弱了 CO 与肌红蛋白的结合;(c)的棒球模型显示了肌红蛋白中血红素辅基周围的关键氨基酸残基,结合的 O_2 与远侧 His E7 以氢键结合,因此 His E7 促进 O_2 的结合。

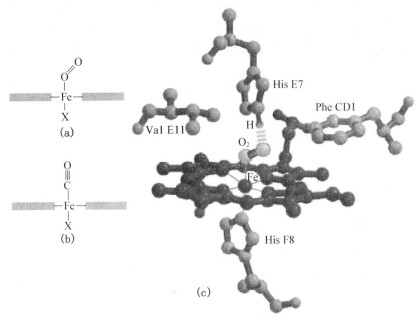

图 1-21　肌红蛋白的血红素与配体结合的空间效应

通常情况下,Fe(Ⅱ)与 O_2 接触会被氧化成 Fe(Ⅲ);游离血红素也容易被氧化成高铁血红素。然而在肌红蛋白分子内部的疏水环境中,血红素 Fe(Ⅱ)则不易被氧化。当结合 O_2 时发生暂时性电子重排,O_2 释放后仍处于亚铁态,能与另一分子 O_2 结合。

肌红蛋白血红素与氧结合前后,铁与卟啉环平面间的位置会发生微小的变化。在去氧肌红蛋白中,Fe(Ⅱ)位于卟啉环平面上方(His F8 一侧)0.055 nm 处,铁卟啉呈凸形;当与氧结合时,Fe(Ⅱ)被拉回到离卟啉环平面只有 0.026 nm 处,铁卟啉环变为平面状。这一微小的移动对于肌红蛋白的生物学功能没有什么影响,但是在血红蛋白中,Fe(Ⅱ)对 His F8 的作用将通过多肽构象的变化被放大,改变血红蛋白四聚体亚基之间的相互作用。

(4) 肌红蛋白的氧合曲线

具有肺或鳃的动物在血循环中红细胞(含血红蛋白)从肺或鳃带走 O_2。在组织中肌红蛋白接纳血红蛋白所释放的 O_2。当细胞中耗氧的细胞器(线粒体)大量需氧时,肌红蛋白便将贮存的氧分配给它们。肌红蛋白结合和解离 O_2 依赖于环境中 O_2 的浓度。

肌红蛋白与分子氧可逆结合的化学计量关系如下:

$$MbO_2 \Longrightarrow Mb + O_2$$

O_2 浓度(以氧气分压 $p(O_2)$ 表示)对于肌红蛋白结合氧的影响可以用下列方程表示:

$$Y = \frac{p(O_2)}{p(O_2) + K}$$

其中 Y 为给定氧分压下肌红蛋白的氧分数饱和数,即 MbO_2 分子数占肌红蛋白总分子数(Mb 和 MbO_2)的百分数。K 为肌红蛋白的氧合平衡常数。

Y 和 $p(O_2)$ 可以通过实验测定,以 Y 对 $p(O_2)$ 作图所得的曲线称为氧结合曲线。肌红蛋白的氧合曲线为一双曲线(图 1-22),它的两条渐近线为 $Y=1$ 和 $p(O_2)=-K$。

当 $Y=1$ 时,所有的肌红蛋白分子的氧结合部位均被 O_2 占据,即肌红蛋白被氧完全饱和。当 $Y=0.5$ 时,$p(O_2)=K=P_{50}$ 或 $P_{0.5}$,P_{50} 定义为肌红蛋白被氧半饱和时的氧分压。

氧分压的单位常用 torr(torr 是纪念水银温度计的发明者 Evangelista Torricelli 而命名的,1 torr=1 mmHg=133.3 Pa)表示。线粒体中的氧分压为 $0\sim10$ torr,静脉血中则为 15 torr 或更高。肌红蛋白的 P_{50} 为 2 torr,因此绝大多数情况下,肌红蛋白是高度氧合的。当由于肌肉收缩而线粒体中氧含量下降时,它就可以立即供应氧。

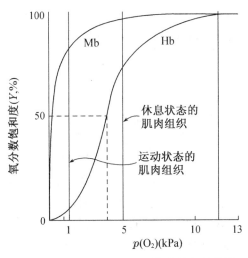

图 1-22 肌红蛋白和血红蛋白的氧合曲线

2. 血红蛋白

血红蛋白(Hemoglobin, Hb)的主要功能是在血液中结合并转运氧气,存在于血液的红细胞中。红细胞在成熟期间产生大量的血红蛋白(每个红细胞约含 3 亿个 Hb 分子),并失去胞内的细胞器(核、线粒体和内质网)。在从肺部经心脏到达外周组织的动脉血中 Hb 约为 96% 氧饱和度。而回到心脏的静脉血中 Hb 的氧饱和度仅为 64%。因此血液经过组织约释放 Hb 所携带氧的 1/3。

(1)血红蛋白的结构

脊椎动物的血红蛋白是个四聚体分子,由 4 个多肽亚基组成,2 个是一种亚基,2 个是另一种亚基。每一个亚基都有一个血红素辅基和一个氧结合部位。

人在不同的发育阶段血红蛋白的亚基种类是不同的。成人血红蛋白主要是 HbA(HbA1),其亚基组成为 $\alpha_2\beta_2$,次要成分是 HbA2(约占总 Hb 的 2%),其亚基组成为 $\alpha_2\sigma_2$。胎儿血红蛋白为 HbF,亚基组成为 $\alpha_2\gamma_2$。γ 链和 β 链很相似,也由 146 个氨基酸残基组成,只是 γ 链的第 143 位(H21)是 Ser 残基,而 β 链中为 His 残基。这样就减少了 BPG

(2,3-二磷酸甘油酸)结合的亲和力,使得它对氧的亲和力高,能有效保证独立循环系统的胎儿通过胎盘从母体的血循环中吸收氧。

Hb 分子近似球形,4 个亚基占据相当于四面体的 4 个顶角。4 个血红素分别位于每个多肽链的 E 和 F 螺旋之间的裂隙处,并暴露在分子表面。4 个氧结合部位彼此保持一定距离。β链含有 146 个氨基酸残基,比肌红蛋白(153 个氨基酸残基)短,主要是因为末端 H 螺旋肽段较短。α链含有 141 个氨基酸残基,也有一个缩短的 H 螺旋段,并缺失一个很短的 D 螺旋段。血红蛋白的 α链和 β链的三级结构与肌红蛋白非常相似。而实际上这 3 条多肽链的氨基酸序列有很大差别,141 个氨基酸残基位置中只有 27 个位置的残基对于人的这 3 条多肽链是共有的。但是研究表明,有 9 个位置上的氨基酸残基是高度保守的,这些氨基酸残基对于血红蛋白的生物学功能有特殊的意义。如近侧组氨酸 His F8、远侧组氨酸 His E7 等。

血红蛋白分子内部也是一个疏水的内环境,这一环境可以避免与水接触,防止 Fe(Ⅱ)被氧化为 Fe(Ⅲ),因为高铁血红蛋白无载氧功能。此外,血红蛋白的疏水中心对于维持其三维结构也是十分重要的。

(2) 血红蛋白与 O_2 的结合

氧合作用会显著改变血红蛋白的结构。在前述肌红蛋白的氧合作用时,曾述及由于 O_2 的结合,使得 Fe 与卟啉环平面的距离缩短,好像是 O_2 牵引 Fe^{2+} 接近卟啉环。这一微小的移动产生很重要的生物学后果。当 Fe 移动时,同时拖动 HisF8 残基,并进而引起 F 螺旋和相应非螺旋区的位移。这些移动传递到亚基的界面,将引发象重调,导致维系去氧血红蛋白四级结构的链间盐桥断裂,β-亚基之间的空隙变窄等变化。

血红蛋白存在 T 态(紧张态)和 R 态(松弛态)两种主要构象。虽然 O_2 和两种构象的血红蛋白都能结合,但是对 R 态血红蛋白的亲和力明显高于 T 态,并且氧的结合更稳定了 R 态。T 态是去氧血红蛋白的主要构象。如图 1-23 所示。当血红素与 O_2 结合时 F 螺旋(Helix F)位置的变化被认为是引起血红蛋白从 T 态向 R 态转变的关键。

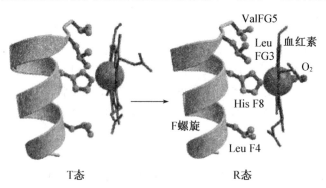

ValFG5
Leu FG3
血红素
O_2
His F8
F螺旋
Leu F4
T态　　　　　R态

图 1-23　血红蛋白的两种构象——T 态和 R 态

血红蛋白(Hb)与 O_2 结合便形成氧合血红蛋白(HbO_2),1 分子 Hb 可以结合 4 分子 O_2。

$$Hb + 4O_2 \longrightarrow Hb(O_2)_4$$

Hb 的氧分数饱和度方程为:

$$Y = \frac{[p(O_2)]^4}{[p(O_2)]^4 + K}$$

以氧分数饱和度 Y 对 $p(O_2)$ 作图所得的曲线即为血红蛋白的氧合曲线,该曲线与肌红蛋白氧合曲线差异如图 1-22 所示。

Hb 的氧合作用具有正协同性,即一分子 O_2 的结合会增加同一 Hb 分子中其余空的氧结合部位对 O_2 的亲和力。因此 Hb 的氧合曲线是特征性的 S 形,而不是双曲线。当 $p(O_2)$ 很低时,氧分数饱和度 Y 随 $p(O_2)$ 的增加变化很小,因为低氧分压时 Hb 对 O_2 的亲和力小。然而当 $p(O_2)$ 达到某一阈值并结合了第一个 O_2 分子后,氧分数饱和度 Y 迅速增加。曲线的 S 形特性是 O_2 与 Hb 协同性结合的标志。血红蛋白氧合协同性使得它更有效地起着输送氧的作用。

(3) H^+、CO_2 和 BPG 对血红蛋白结合氧的影响

血红蛋白是一个四聚体,其结构要比肌红蛋白复杂得多,并且出现了肌红蛋白所没有的性质,即除了输送氧之外还能运输 H^+ 和 CO_2。血红蛋白与 O_2 的结合受到环境中 H^+、CO_2 还有代谢物 2,3-二磷酸甘油酸(BPG)等的调节,它们在血红蛋白分子上的结合部位离血红素辅基很远,但这些分子极大地影响 Hb 的氧合性质,这就是别构效应。

氧与血红蛋白的结合深受 pH 和 CO_2 的影响。组织中的代谢作用既产生 H^+,也产生 CO_2。代谢越旺盛的组织,需要的氧越多,产生的 H^+ 和 CO_2 也越多。CO_2 在体内被水合为碳酸氢盐,结果将增加组织中的 H^+ 浓度(pH 值下降)。去氧血红蛋白对 H^+ 的亲和力氧合血红蛋白大。因此 pH 值降低将提高 O_2 从血红蛋白中的释放。这种 H^+ 和 CO_2 促进氧合血红蛋白释放 O_2 的作用称为 Bohr 效应(因 1904 年发现此现象的丹麦生理学家 C. Bohr 而得名)。

在比正常生理 pH(pH7.3~7.5)偏碱的环境下,如肺循环血的 pH 为 7.6,Hb 与 O_2 的亲和力高,容易结合成 HbO_2,但是可促进 CO_2 的释放。在比生理 pH 值偏酸的环境下,如运动的肌肉组织中,有 H^+ 和 CO_2 存在,pH 为 7.2,HbO_2 即解离释放出 O_2,但是可促进 Hb 与 H^+ 和 CO_2 的结合。氧合曲线如图 1-24(a)所示。

除了 pH 值的影响外,BPG 也能降低 Hb 与 O_2 的亲和力。因为带负电荷的 BPG 与 Hb 的两条 β-链上带正电荷的 Lys 和 His 结合形成离子键,从而使两条 β-链紧密交联在一起,有助于稳定 T 态血红蛋白的构象,促进氧的释放。Hb 与 O_2 结合以后会引起 Hb 构象变化,扰乱 BPG 的结合部位。

正常人的红细胞中约含有 4.5 mmol/L 的 BPG,它降低 Hb 与 O_2 的亲和力,有利于 HbO_2 在通过肌肉组织时释放 O_2。氧合曲线如图 1-24(b)所示。

在海平面高度时,正常人血液中的 BPG 浓度约为 5 mmol/L,较高海拔时约为 8 mmol/L。当 BPG 完全缺乏时,Hb 与 O_2 的结合十分紧密,氧合曲线呈双曲线。在海平面高度时,肺部的 Hb 几乎被 O_2 饱和,而组织中只有 O_2 饱和度 60%,因此血液经过组织时大约释放 40% 的 O_2。在较高海拔高度时,O_2 的运输减小了约 1/4,因此在组织中 O_2 的释放只有 30%。BPG 浓度的增加可以减小 Hb 对 O_2 的亲和力,从而保证有 40% 的 O_2 运输到组织。

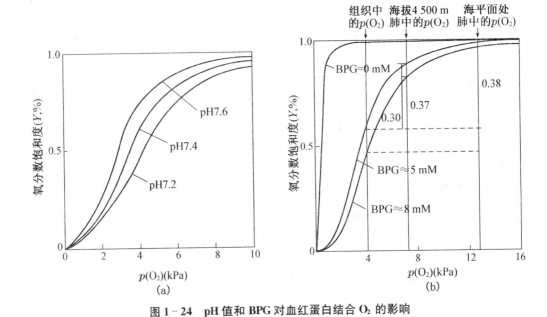

图 1-24　pH 值和 BPG 对血红蛋白结合 O_2 的影响

七、蛋白质结构和功能的关系

蛋白质的性质和生物功能是以其化学组成和结构为基础的。各种蛋白质虽然都是由 20 种左右的 α-氨基酸所组成,但是各自的氨基酸种类、排列次序、肽链的多少和大小以及空间结构等各不相同。因此,一种蛋白质的生物功能的表现不仅需要一定的化学结构,还需要蛋白质分子一定的空间构象。

(一)蛋白质的一级结构决定其高级结构

每一种蛋白质都有其独特的氨基酸顺序和相对应的特定的高级结构(三维结构),蛋白质的高级结构是以一级结构为基础的。20 世纪 60 年代初,美国科学家 Christian Anfinsen 进行的牛胰核糖核酸酶复性的经典实验证明了蛋白质的高级结构是由其一级结构决定的。天然的核糖核酸酶是由 124 个氨基酸残基所组成,含有 4 对二硫键(—S—S—)。Anfinsen 用 8 mol·L^{-1} 尿素和 β-巯基乙醇处理核糖核酸酶,则二硫键被还原为巯基(—SH),肽链完全伸展,原有的构象被破坏,核糖核酸酶变性,活性丧失。如果用透析法将尿素和 β-巯基乙醇除去,—SH 会被空气中的氧重新氧化,形成 4 对—S—S—键,氢键也逐渐自动形成,恢复到原来的结构,酶活力也逐渐恢复。从概率的角度计算,8 个—SH 形成 4 对—S—S—键,可随机组合成 105 种可能的组合方式,但是实际上只形成了天然核糖核酸酶分子中唯一的那种配对方式,从而表明了核糖核酸酶的氨基酸排列顺序决定了其肽链的高级结构,从而确定了二硫键的正确位置。

(二)蛋白质的一级结构与生物功能的关系

蛋白质的一级结构与生物功能的关系可以通过以下几个实例很好地说明。

1. 细胞色素 c 的种属差异与生物进化

细胞色素 c 广泛存在于需氧生物细胞的线粒体中,是一种含血红素辅基的单链蛋白质。在生物氧化时,细胞色素 c 在呼吸链的电子传递系统中起传递电子的作用。

大多数种属的细胞色素 c 有 100 个左右的氨基酸残基。在已经测定了的 60 种以上不同种属细胞色素 c 的氨基酸顺序中,发现肽链中有 27 个位置的氨基酸残基在被测试的种属中都是相同的,研究表明,这些氨基酸是保证细胞色素 c 功能的关键部位。那些进化中不易改变的、保守的氨基酸残基是维持细胞色素 c 功能所必需的。由同一个祖先进化来地表现出序列相似性的蛋白质称为同源蛋白质。

从不同种属细胞色素 c 氨基酸残基的变化情况看,亲缘关系越近,氨基酸残基的差异数量越少,如以人的细胞色素 c 的一级结构为标准加以比较,可以发现人与黑猩猩的细胞色素 c,其一级结构完全相同,与马相差 12 个氨基酸残基,与酵母相差 44 个氨基酸残基。根据它们在结构上的差异程度,可以断定它们在亲缘关系上的远近,从而为生物进化的研究提供了有价值的根据。

2. 镰刀状红细胞贫血病与血红蛋白

正常人的血红蛋白(以 HbA 表示)与镰刀状细胞贫血病血红蛋白(以 HbS 表示)的生物功能大小悬殊,但在结构上,它们之间的差异仅仅是 β-链上的一个氨基酸残基,即 HbA 的 β-链第 6 位为 Glu,而 HbS 的 β-链的第 6 位为 Val。

HbA β-链 Val-His-Leu-Thr-Pro-Glu-Glu-Lys…

HbS β-链 Val-His-Leu-Thr-Pro-Val-Glu-Lys…

镰刀状红细胞的形成是由于 β-链第 6 位的 Glu 换成了 Val,使得 HbS 的每一 β-链表面具有密集的疏水支链。这些疏水支链使 HbS 分子聚合形成长链,由许多长链进一步聚集成多股螺旋将红细胞扭成镰刀状(图 1-25)。

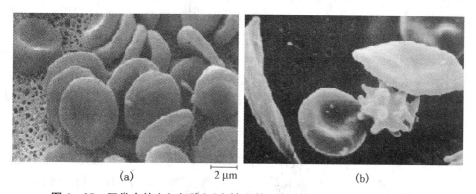

(a)　　2 μm　　(b)

图 1-25　正常人的血红细胞(a)和镰刀状红细胞贫血病人的血红细胞(b)

镰刀状细胞贫血病是一种由遗传基因突变引起的分子病,对生命有严重威胁。但是杂合子患者(1% 红细胞镰刀状化)能抵抗一种流行于非洲的疟疾,因为杂合子患者加速被感染红细胞的破坏而中断疟原虫的生活周期。

3. 酶原的激活

酶原是无生物活性的酶的前体,但是经特殊处理,如切除某一肽段、置换肽链中某一个氨基酸残基等,即可使其变为有生物活性的酶。如胃蛋白酶的前体胃蛋白酶原无生物活性,在胃酸的 H^+ 作用下失去 44 个氨基酸残基即可变为活性胃蛋白酶;胰蛋白酶原的激活是通过肠激酶的作用将其 N 端的一个六肽片断切去;凝血酶原经凝血酶原激酶的作用即转变为活性凝血酶。由此很好地说明了酶蛋白的一级结构决定了其生物功能能否得到发挥。

(三) 蛋白质的高级结构与生物功能的关系

1. 二级结构与蛋白质生物功能的关系可以用球状蛋白与纤维状蛋白进行说明。纤维状蛋白主要是作为结构蛋白,如 α-角蛋白是毛发等的组分蛋白;胶原蛋白是肌腱、皮肤、软骨、血管等的结构蛋白;丝心蛋白是天然蚕丝、蜘蛛丝的结构蛋白。这些蛋白质的二级结构单一,不溶于水,其结构特点决定了它们具有抗张性强、富有弹性、柔软等特性。而球状蛋白的二级结构单位多样,可以使多肽链折叠紧密,表面有空穴,作为活性部位发挥其功能。

2. 三级结构与蛋白质功能的关系,肌红蛋白是最好的例子。肌红蛋白的多肽链折叠成近似球状的构象,内部形成疏水的微环境。血红素辅基处于疏水环境中,可以有效防止被氧化为高铁血红素而失去结合氧的功能。微环境中的近侧 His F8 与血红素 Fe 结合从而起固定血红素作用。而远侧 His E7 对氧结合部位产生空间阻,降低肌红蛋白对 CO 的亲和力。

此外,蛋白质的变性与复性实验也能很好地说明蛋白质的三级结构对于其生物功能的发挥至关重要。蛋白质变性后,空间构象解体,肽链伸展,活性丧失,但一级结构并未破坏。

3. 四级结构与蛋白质功能的关系,血红蛋白和氧的结合是解释蛋白质四级结构与功能关系的最好的例子。血红蛋白由两条 α-链和两条 β-链构成,每条肽链都结合有一个血红素形成一个亚基。亚基与亚基之间存在 8 个盐键,使得整个血红蛋白分子结构相当紧密,不易与氧结合。但是当氧与血红蛋白分子中一个亚基的血红素 Fe 结合后,由于这种结合使得 Fe 与卟啉环平面间的距离被拉近,与之相连的 His F8 残基发生位移,相应肽段被吸引而移动,使得其所在亚基的构象发生很大变化,导致亚基之间的盐键被破坏,从而使原来结合紧密的血红蛋白分子变得松散,易与氧结合。盐键的断裂也使 β 亚基的构象发生变化,排除了 Val E11 的空间位阻对氧结合部位的影响,使得 β 亚基与氧结合的速率快数百倍。

这种由于一个亚基构象的改变而引起其余亚基以致整个分子的构象、性质和功能的变化,就是前述的别构效应。许多酶蛋白在发挥催化作用时也存在着别构效应。

第四节　蛋白质的性质

蛋白质是以氨基酸为基本单位构成的,因此氨基酸的许多理化性质在蛋白质中也有体现,如两性解离和等电点、成酯反应、成盐反应、一些颜色反应、光吸收性质等。另外,蛋白质又具有许多氨基酸所不具备的性质。蛋白质的一些重要理化性质简述如下。

一、蛋白质的两性解离与等电点

1. 蛋白质的两性解离

蛋白质与氨基酸相似,也是两性电解质。因为蛋白质是由多个氨基酸通过肽键连接而成的,至少在其开链的两端,含有碱性自由氨基和酸性自由羧基,因此具有两性解离性质。但是蛋白质的两性解离要比氨基酸复杂得多,因为蛋白质所含的氨基酸种类和数目众多,其中一些氨基酸的侧链(如羟基、氨基、羧基、胍基、咪唑基、巯基等)在一定条件下也会发生解离,因此蛋白质是多价电解质,其解离情况远比氨基酸复杂。

2. 蛋白质的等电点

在不同 pH 值溶液中,蛋白质可为正离子、负离子或两性离子。如果在一定 pH 值的缓冲液中,蛋白质恰好以两性离子形式存在,净电荷为零,在电场中既不向正极移动,又不向负极移动,此时溶液的 pH 值即为蛋白质的等电点,同样以 pI 表示。一些蛋白质的等电点如表 1-7 所示。

表 1-7 一些蛋白质的等电点

蛋白质	等电点	蛋白质	等电点
胃蛋白酶	1.0	肌红蛋白	7.0
卵清蛋白	4.6	胰凝乳蛋白酶	8.3
血清清蛋白	4.7	胰凝乳蛋白酶原	9.1
β-乳球蛋白	5.2	核糖核酸酶	9.5
胰岛素	5.3	细胞色素 c	10.7
血红蛋白	6.7	溶菌酶	11.0

需要说明的是,等电点时蛋白质的净电荷为零,但并不是说蛋白质所带的电荷最少。测定蛋白质的等电点必须在一定离子强度的适当缓冲液中进行。受离子的影响,蛋白质在电场中的行为会有所改变。当溶液的离子强度改变时,蛋白质在电场的移动也会随着改变,则其等电点必相应改变。因此蛋白质的等电点对应于特定的缓冲剂种类、离子强度和缓冲液的 pH 值。水溶液中蛋白质的等电点一般是偏酸的,主要是因为羧基的解离度要大于氨基的解离度。

蛋白质在不含任何其他溶质的纯水中的等电点称为等离子点。等离子点是蛋白质的一个特征常数。

在等电点时,蛋白质比较稳定,其物理性质如导电性、溶解度、黏度、渗透压等最低。可以利用蛋白质在等电点时溶解度最小的特性来制备、沉淀蛋白质,或进行蛋白质等电点的测定。

当溶液的 pH 值较其等电点偏酸时,蛋白质带正电荷,为正离子;较其等电点偏碱时,蛋白质带负电荷,为负离子。

在两性离子蛋白质溶液中加酸(如盐酸),其 COO^- 接受 H^+,蛋白质变为正离子,可与酸根负离子结合成蛋白质的某酸盐;在两性离子蛋白质溶液中加碱(如 NaOH),两性

离子的 NH_3^+ 即释放出 H^+,变为负离子,可与碱的正离子结合成相应的盐。

蛋白质的两性解离性质使其能成为人体及动物体中的重要缓冲剂。人体的正常 pH 值就主要依靠血液中的蛋白质(如血浆蛋白、血红蛋白)来调节。

3. 蛋白质的电泳现象

蛋白质是两性电解质,在 pH 值偏离等电点的溶液中,蛋白质带净的正电荷或负电荷。在电场作用下,带电荷的蛋白质粒子向带相反电荷的电极方向移动的现象称为蛋白质电泳。蛋白质在 pH 值为其等电点的溶液中不呈现电泳现象。

电泳的方法有自由界面电泳(蛋白质溶于缓冲液中通电进行电泳)和区带电泳(蛋白质在浸有缓冲液的支持物中进行电泳)。如果用滤纸作支持物,称为纸电泳;用凝胶(如琼脂糖、聚丙烯酰胺等)作支持物称为凝胶电泳。凝胶电泳包括圆盘电泳和平板电泳(又可分为水平板电泳和垂直板电泳)。纸电泳和凝胶电泳是比较方便的方法,在实验室中常用。图 1-26 显示了蛋白质的垂直板聚丙烯酰胺凝胶电泳。(a)是垂直板凝胶电泳装置示意图,从顶部加样孔进样,通电后在电场作用下,蛋白质向下泳动进入凝胶。(b)表示电泳完毕,对蛋白质进行染色(如考马斯亮蓝染色)使之得以显现出来。

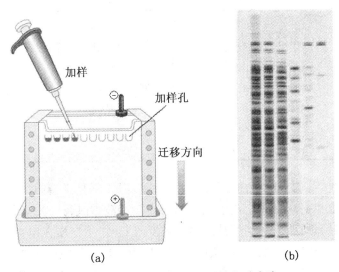

(a)   (b)

图 2-26 蛋白质的聚丙烯酰胺凝胶电泳

分子大小不同的蛋白质所带的净电荷密度不同,在电场中的迁移率不同,可以通过电泳彼此分开。临床化验常用电泳分析血清或血浆中的清蛋白和球蛋白。电泳还可以用于检验蛋白质的纯度,纯的蛋白质只有一个点或一条带。

将免疫反应应用于电泳分离的方法称为免疫电泳,可用来分离鉴定免疫球蛋白及分离可溶性抗原。其基本原理是将抗原在凝胶板上进行电泳分离,使与加入的特异性抗体起反应。当抗原与其相应的特异性抗体在浓度比例合适的部位相遇,便结合形成抗原-抗体复合物,形成特殊的沉淀弧线。每一抗原与其抗体相遇沉淀时可产生一个独立的弧线。如果已知所用的抗原是何种抗原,则从沉淀曲线的位置和数目可以推知免疫球蛋白的种类和数目;相反,如果用的是已知抗体,则可推知抗原及其组分。因此免疫电泳是分离和鉴定抗原和血清蛋白质的有效方法。

二、蛋白质分子的大小与分子量测定

蛋白质是重要的生物大分子,其相对分子质量(M_r)变化范围在 6 000～1 000 000 或更大。下面简要介绍几种测定蛋白质相对分子质量的方法。

(一) 根据蛋白质的化学组成测定最低相对分子质量

如测定肌红蛋白(Mb)含铁量为 0.335%,则其最低相对分子质量可按下式计算:

最低相对分子质量=铁的原子量/铁的百分含量=(55.8/0.335)×100≈16 700

真实的 M_r 是最低相对分子质量的 n 倍(n 为每个蛋白质分子中铁原子的数目)。用其他方法测得的肌红蛋白的 M_r 与最低相对分子质量极为相近,可见肌红蛋白分子中只含一个铁原子,即 $n=1$,所以其真实 M_r 就是 16 700。又如血红蛋白(Hb)中含 Fe 也是 0.335%,其最低相对分子质量也是 16 700,但是用其他方法测得的 M_r 为 68 000,可见每一个 Hb 分子中含有 4 个铁原子,即 $n=4$,因此真实 M_r 约为 16 700×4=66 800。

有时,还可以根据蛋白质中某一氨基酸的含量计算蛋白的最低相对分子质量。如牛血清白蛋白(BSA)含 Trp 0.58%计算所得的最低相对分子质量为 35 200;用其他方法测得的 M_r 约为 69 000,所以每一个 BSA 分子中含有两个 Trp 残基。

(二) 渗透压法测定相对分子质量

当用一种半透膜将蛋白质溶液与纯水隔开时,水分子可以自由通过半透膜进入蛋白质溶液,而蛋白质大分子不能通过半透膜,结果产生渗透现象,当达到平衡时,所产生的净水压力即为渗透压。

理想溶液中,溶液的渗透压与溶质浓度的关系可以用 van't Hoff 公式表示:

$$p=nRT/V=(m/M_r)RT/V=(m/V)RT/M_r=cRT/M_r$$

式中 p 是渗透压,单位:Pa;V 是溶液体积,单位:m³;n 是溶液中溶质的摩尔数;m 是溶质的质量,单位:g;c 是溶质的浓度,单位:g/m³;T 是绝对温度,单位:K;R 是理想气体常数,8.314 J/(K·mol);M_r 为溶质的相对分子质量或摩尔质量,单位:g/mol。

从上式可以看出,理想溶液中渗透压是溶质浓度的线性函数。但是实际的高分子溶液与理想溶液有较大的偏差,渗透压与浓度之间并非简单的线性关系。此外利用渗透压法测定蛋白质的分子量受 pH 值的影响。只有当蛋白质分子处于等电点时,测定的渗透压才不受缓冲液中无机离子的影响。

实际上利用渗透压法测定蛋白质 M_r 时,都是测定几个不同浓度的渗透压,用外推法推算出蛋白质浓度为 0 时的极限值,求取蛋白质的 M_r。对于相对分子质量在 10 000～100 000 范围的蛋白质用渗透压法可以给出可靠的结果。

(三) SDS 聚丙烯酰胺凝胶电泳(SDS-PAGE)法

蛋白质在聚丙烯酰胺凝胶介质中电泳时,其迁移率决定于它所带的净电荷、分子的大小及形状等因素。如果在聚丙烯酰胺凝胶系统中加入阴离子去污剂十二烷基磺酸钠(SDS)和少量巯基乙醇,则蛋白质分子的迁移率主要取决于它的相对分子质量,而与原来所带的电荷和分子形状无关。

SDS 是一种有效的变性剂,它能破坏蛋白质分子中的氢键和疏水作用,而巯基乙醇能破坏二硫键,因此在有 SDS 和巯基乙醇存在的条件下,单体蛋白或亚基的多肽链处于展开状态,SDS 可以与多肽链结合成复合物。SDS 与蛋白质的结合带来两个后果:一是 SDS 因为其本身是阴离子,电荷量超过蛋白质分子原有的电荷量,从而掩盖了不同蛋白质原有的电荷差别;二是掩盖了不同蛋白质原有的形状差别,SDS -蛋白质复合物呈长椭圆棒状,短轴长度一样,长轴长度与蛋白质的相对分子质量成正比。

因此蛋白质在聚丙烯酰胺凝胶中的电泳迁移率不受蛋白质原有的电荷及分子形状等的影响,而只与多肽链的分子量有关。

实际测定时,以几种相对分子质量已知的蛋白质标准物作为对照,即可得出待测蛋白质的 M_r。如图 1-27 所示,(a) 用一系列分子量已知的标准蛋白(lane 1)判断待测蛋白(lane 2)的相对分子质量;(b) 分子量标准蛋白的 $\lg M_r$ 对相对迁移率作图,从而可得出待测蛋白的分子量。

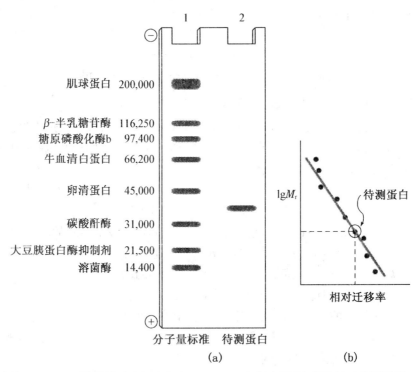

图 1-27　SDS 聚丙烯酰胺凝胶电泳(SDS-PAGE)法测定蛋白质的相对分子质量

除了上述介绍的测定方法外,还可以采用凝胶过滤法、沉降分析法等方法对蛋白质的相对分子质量进行测定。

三、蛋白质的胶体性质与蛋白质的沉淀

(一) 蛋白质胶体系统

蛋白质溶液是一种分散系统,蛋白质粒子是分散相,水是分散介质。根据分散程度可

以把分散系统分为三类：真溶液(分散相质点小于 1 nm)；悬浮液(分散相质点大于 100 nm)；胶体溶液(分散相质点在1~100 nm)。蛋白质溶液属于胶体系统。

维持蛋白质胶体系统稳定性的因素主要有两个。第一，电荷因素：在适当的 pH 值条件下同一种蛋白质分子表面的可解离基团带有同种电荷，与其周围的相反电荷离子构成稳定的双电层，互相排斥，不易聚集；第二，水化层：蛋白质分子表面的亲水性氨基酸残基能与溶剂水相互作用形成水化层，被水化层包被的蛋白质质点相互间不易靠拢聚集。蛋白质溶液由于具有水化层和双电层两方面的稳定因素，所以其胶体系统是相当稳定的。如果无外界因素的影响，就不至于相互聚集而沉淀。蛋白质溶液也和一般的胶体系统一样，具有丁达尔效应、布朗运动、不能透过半透膜等性质。

(二) 蛋白质的沉淀

蛋白质在溶液中的稳定性是相对的、有条件的。如果维持蛋白质胶体系统稳定性的因素被破坏，蛋白质便可能产生沉淀。如在蛋白质溶液中加入脱水剂以除去它的水化层，或者改变溶液的 pH 值达到蛋白质的等电点使得质点不再携带相同净电荷或加入电解质破坏双电层，蛋白质分子便会聚集成大的颗粒而沉淀。

沉淀蛋白质的方法主要有以下几种：

(1) 盐析法

向蛋白质溶液中加入大量的无机盐(如硫酸铵、硫酸钠或氯化钠等)，使蛋白质脱去水化层而聚集沉淀。盐析沉淀一般不引起蛋白质变性。当除去盐后，蛋白质即可再溶解。多用于酶蛋白质的分离纯化。

(2) 等电点沉淀法

调节溶液的 pH 值(一般是加酸，因为蛋白质的等电点一般偏酸性)使达到蛋白质的等电点，由于等电点时蛋白质溶解度最低而沉淀。

(3) 有机溶剂沉淀法

向蛋白质溶液中加入一定量的极性有机溶剂(如丙酮、乙醇等)，由于有机溶剂破坏蛋白质水化层，并降低介电常数而增加带电质点间的相互作用，使得蛋白质聚集而沉淀。低温下用丙酮沉淀，可保存蛋白质的生物活性，但用乙醇沉淀时间较长后可使蛋白质变性。用70％的酒精消毒就是由于它能更好地扩散到整个细菌体内，使蛋白质变性沉淀而消毒。浓度太稀，沉淀变性能力太弱；浓度太高如95％酒精，吸水力太强，与细菌接触时细菌表面的蛋白质立即沉淀，因而阻止酒精扩散到细菌体内，从而不能起到消毒效果。

(4) 重金属盐沉淀法

蛋白质在碱性溶液中带负电荷，可与重金属离子如 Zn^{2+}、Cu^{2+}、Hg^{2+}、Pb^{2+}、Fe^{3+} 等作用，产生重金属盐沉淀，如铅盐和汞盐在 NaOH 溶液中皆可使蛋白质沉淀，因此铅中毒或汞中毒时，可服蛋白质如牛奶使之与重金属结合呕出，有解毒作用。

(5) 生物碱试剂沉淀法

生物碱试剂是指能引起生物碱(alkaloid)沉淀的一类试剂。如鞣酸(或称单宁酸)、苦味酸(2,4,6-三硝基酚)、钼酸、钨酸、三氯醋酸、磺基水杨酸等皆能沉淀蛋白质。因为生物碱试剂一般为酸性物质，而蛋白质在酸性溶液中带正电荷，故能与带负电荷的酸根相结合，生成不溶性盐而沉淀。

临床检验中常利用此类试剂(如磷钨酸、三氯醋酸)沉淀血液中的蛋白质以制备血滤液;或用苦味酸检验尿液中的蛋白质;或者利用此类反应除去体液中干扰测定的一些蛋白质。

(6) 加热变性沉淀法

几乎所有的蛋白质都会因加热变性而凝固。少量盐类能促进蛋白质加热凝固。当蛋白质处于等电点时,加热凝固最完全、最迅速。加热变性凝固的原因可能是由于热变性使蛋白质天然结构解体,疏水基外露,因而破坏了水化层;若又处于等电点,则带电状况也被破坏。

(7) 抗体对抗原蛋白的沉淀

抗原抗体可在体外发生特异性结合,产生肉眼可见的沉淀等现象。抗原抗体的结合具有特异性,即一种抗体只能对一种特定的抗原起作用,因此利用抗原抗体反应原理建立的免疫电泳技术可以分离血清的各种蛋白质组分。

四、蛋白质的变性与复性

(一) 蛋白质变性的概念和实质

天然蛋白质受到某些物理因素(如热、紫外线照射、高压和表面张力等)或化学因素(如有机溶剂、脲、胍、酸、碱等)的影响,分子内部原有的高度规则的空间排列发生变化,致使其原有的性质和功能部分或全部丧失,这种作用称为蛋白质的变性。

蛋白质变性的实质是蛋白质分子中的次级键被破坏,引起天然构象解体。变性不涉及共价键(肽键、二硫键等)的破裂,蛋白质一级结构仍完好。

(二) 变性蛋白质的特性

蛋白质变性后,许多原有的性质发生了改变。

(1) 生物活性丧失

蛋白质的生物活性是指如酶、激素的活性;抗原抗体的免疫性;血红蛋白的载氧功能等等。生物活性的丧失是蛋白质变性的主要特征。有时空间结构即使只有轻微的局部改变,就足以导致生物活性丧失。

(2) 一些侧链基团暴露

蛋白质变性时构象发生改变,有些原来隐蔽在内部、不易起化学反应的基团(如—SH、—S—S—、酚羟基等),由于肽链的伸展松散而暴露出来。

(3) 一些物理化学性质的改变

蛋白质变性后,疏水基暴露,使得溶解度降低。一般在等电点附近蛋白质不溶解,分子相互聚集形成沉淀。但可溶于酸性或碱性溶液。球状蛋白变性后,分子形状也发生改变,分子伸展,不对称性增加,反映在黏度增大、扩散系数降低,旋光性及紫外吸收均有变化。

(4) 生物化学性质的改变

蛋白质变性后,分子结构伸展松散,易被蛋白酶水解。如天然血红蛋白不被胰蛋白酶水解,但变性血红蛋白即可被水解。变性蛋白质比天然蛋白更易被蛋白酶作用,也是熟食易于消化的道理。

（三）蛋白质变性的机制

变性因素使蛋白质发生变性的机制主要是引起维持蛋白质空间结构的次级键被破坏。如热变性主要是由于肽链受过分的热振荡而引起氢键破坏。有机溶剂变性可能是由于介电常数降低，蛋白质分子之间的静电引力增大，使分子中原有的次级键破坏。尿素和盐酸胍引起蛋白质变性，是因为与肽链竞争氢键，破坏蛋白质的二级结构；并且更主要的是尿素和盐酸胍增加疏水侧链在水中的溶解度，破坏了维持蛋白质三级结构的疏水作用。去污剂如十二烷基磺酸钠（SDS）也是蛋白质的变性剂，它能破坏蛋白质分子内的疏水作用使疏水侧链暴露于介质水中。

不同的蛋白质对变性因素的敏感性并不一致，如核糖核酸酶对热相对稳定，胰蛋白酶对酸较稳定。

（四）蛋白质的复性

当引起蛋白质变性的因素除去后，变性蛋白质重新恢复到天然构象的现象称为蛋白质的复性。如胰蛋白酶在酸性溶液中经 70 ℃～100 ℃ 短时间热变性后，失去酶活性和溶解性；如果适当冷却，仍可恢复其原有性质。晶体胃蛋白酶在 pH8.5 时即变性失活，但将pH 调节至 5.4，24 h～48 h 后即可恢复活性。又如核糖核酸酶在 8 mol/L 尿素和 β-巯基乙醇（还原—S—S—为—SH）存在的条件下，即变性失去活性；但如果用透析法将尿素和 β-巯基乙醇（$HOCH_2CH_2SH$）除去，核糖核酸酶又可恢复其原有的构象和活性，如图 1-28 所示。

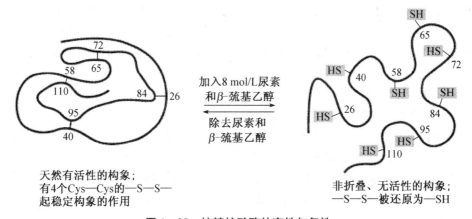

图 1-28 核糖核酸酶的变性与复性

以上例子说明蛋白质的变性作用是可逆的。但是事实上有些蛋白质变性后很难复性，如卵蛋白经酸变性后，即使将酸中和也不能使其恢复原状。鸡蛋的蛋白经热变性后同样也是不可逆的。因此，蛋白质变性的可逆与否与导致变性的因素、蛋白质的种类和蛋白质分子结构的改变程度等都有关系。

第五节　蛋白质的抽提、分离、纯化和鉴定

蛋白质在组织或细胞中一般都是以复杂的混合形式存在,每种类型的细胞中都含有上千种不同的蛋白质。从生物组织中制备蛋白质是一个十分繁复的过程,需要许多复杂的技术操作。

一、蛋白质分离纯化的一般过程

分离纯化某一特定的蛋白质一般包括四个步骤:抽提、粗分级分离、细分级分离(纯化)和纯度鉴定四个步骤。

(1) 抽提

分离纯化某一蛋白质首先要求把蛋白质从原来的组织或细胞中抽提出来。在抽提之前通常要采用适当的方法(包括机械法、化学法、酶法)将原材料打碎。再根据蛋白质的溶解性,用适当溶剂抽提。例如清蛋白可用水抽提,球蛋白可用稀中性盐溶液抽提,谷蛋白可用稀酸或稀碱抽提,醇溶蛋白可用适当浓度的乙醇抽提,不溶性蛋白(如角蛋白、丝心蛋白、弹性蛋白)则可用适当溶剂将混在一起的可溶性物质除去,剩下的就是要制备的蛋白质。

如果所要的蛋白质主要集中在某一细胞组分如细胞核、核糖体或细胞质等,可利用差速离心法将它们分开,收集相应的细胞组分作为下一步纯化的材料。膜蛋白(脂蛋白和糖蛋白)的抽提相对较困难,必须利用超声波或去污剂使膜结构解体,然后用适当的介质提取。

制备供研究用的蛋白质(如研究蛋白质分子结构、酶活性),还需注意避免使蛋白质变性的任何处理,应在低温下进行操作。

(2) 粗分级分离

获得蛋白质抽提液,并经离心或过滤等方法将细胞碎片及部分杂质除去后,可以采用适当的方法将所要的蛋白质与杂蛋白分离。粗分级分离的方法一般有盐析、等电点沉淀、有机溶剂沉淀等。这些方法操作简便、处理量大,既能除杂,又能浓缩蛋白质溶液。在蛋白质的提取液体积较大,又不适于用沉淀法浓缩时,可采用超滤、凝胶过滤、真空冷冻干燥或其他方法(如聚乙二醇浓缩法)进行浓缩。

(3) 细分级分离

即样品的进一步纯化。样品经粗分级分离后,一般体积较小,杂蛋白大量去除。进一步纯化一般采用层析法(如凝胶过滤、离子交换层析、吸附层析、亲和层析等)。必要时还可选择区带电泳、等电聚焦等作为最后的纯化步骤。细分级分离的规模一般较小,但分辨率高。

(4) 纯度鉴定

鉴定蛋白质纯度的方法有很多种。通常蛋白质分离纯化的最后步骤要进行结晶。蛋白质纯度越高,溶液越浓,越容易结晶。蛋白质结晶不仅是纯度的一个标志,也是判断制

品是否处于天然构象的有力指标。只有获得蛋白质结晶才能进行 X 射线衍射分析。

衡量蛋白质分离纯化的效果可以通过两个主要指标:纯化倍数和回收率。对于具有特定生物学活性的蛋白质如酶,通过测定每一步纯化步骤后的酶活力和总蛋白含量,计算比活力(通常是指每 mg 蛋白所含的酶活力单位)。纯化倍数是指每一步纯化后的比活力与初始抽提液的比活力的比值。回收率是指每一步纯化后的总酶活力与初始抽提液的总酶活比值。经过一系列纯化步骤后,纯化倍数增加,而回收率则逐渐下降。因此,要衡量蛋白质的纯化效果通常需要进行生物活性和蛋白质含量的测定。

二、蛋白质分离纯化的方法

分离纯化蛋白质的方法是根据蛋白质在溶液中的一些基本性质而建立的,如分子大小、溶解度、带电状况、吸附性质、亲和性等。

(一) 根据分子量大小不同的纯化方法

1. 透析和超滤

透析(dialysis)是利用蛋白质分子不能通过半透膜的性质,使蛋白质和其他小分子物质(如无机盐)分开。具体操作是将待纯化的蛋白质溶液装在半透膜的透析带里,放入透析液(蒸馏水或缓冲液)中,可以间歇更换透析液直至透析带内无机盐等小分子降低到最小。

超滤(ultrafiltration)是利用压力或离心力,强行使水和其他小分子溶质通过半透膜,而蛋白质被截留在膜上,以达到浓缩和脱盐的目的。滤膜有多种规格,截留相对分子质量不同的蛋白质。

2. 凝胶过滤

凝胶过滤或称为凝胶过滤层析、分子排阻层析。这是根据分子大小分离蛋白质混合物的最有效的方法之一。

凝胶过滤所用的介质是凝胶颗粒,其内部是多孔的网状结构。凝胶的交联度或孔度(网孔大小)决定了凝胶的分级分离范围,即能被该凝胶分离开来的蛋白质混合物的相对分子质量范围。目前常用的凝胶介质如交联葡聚糖凝胶、聚丙烯酰胺凝胶和琼脂糖等。交联葡聚糖的商品名为 Sephadex,有不同的型号如 Sephadex G-25、Sephadex G-50、Sephadex G-75、Sephadex G-100 等,各自有不同的分离分级范围。

当不同大小的蛋白质流经凝胶层析柱时,比凝胶颗粒孔径大的分子不能进入其网状结构,而被排阻在凝胶颗粒之外随着溶剂沿颗粒之间的孔隙向下移动,并最先流出柱外;比网孔小的分子能不同程度地自由出入凝胶颗粒的内外,分子量相对较大的经历的路径短而分子量相对较小的经历的路径长,从而得到分离,大分子先被洗脱出来,小分子后被洗脱出来。凝胶过滤的基本原理如图 1-29(b)所示。

分子大小和密度不同的蛋白质在离心场中的沉降速率也不同。因此,可以利用离心的方法如密度梯度离心将质量和密度大小不同的蛋白质分开。

(二) 利用溶解度差别的纯化方法

1. 盐析

无机盐对球状蛋白的溶解度有显著的影响。低浓度时,无机盐可以增加蛋白质的溶解度,这种现象称为盐溶(salting in)。盐溶作用可能是由于蛋白质分子吸附某种盐的离子后,带电层使蛋白质分子彼此排斥,而蛋白质分子与水分子间的相互作用却加强,因而溶解度增高。

当无机盐溶液的浓度足够高,离子强度增加至一定数值时,蛋白质的溶解度下降从水溶液中沉淀出来,这种现象称为盐析(salting out)。盐析作用主要是由于大量无机盐的加入使得水的活度降低,争夺蛋白质表面掩盖疏水基团的水分子甚至蛋白质的水化层,蛋白质的稳定性下降,由于疏水作用而聚集沉淀。盐析沉淀的蛋白质保持着天然的构象,没有发生变性,脱盐后可以再溶解。

用于盐析的无机盐有$(NH_4)_2SO_4$、$MgCl_2$、$NaCl$、NH_4Cl等,其中以$(NH_4)_2SO_4$最为常用,因为其在水中的溶解度很高,溶解度随温度变化小。

2. 等电点沉淀

蛋白质处于等电点时,其净电荷为零,由于蛋白质分子之间没有静电斥力而趋于聚集沉淀。因此在其他条件相同时,溶解度达到最低。不同的蛋白质具有不同的等电点,利用蛋白质在等电点时溶解度最低的特性,可以将蛋白质混合物分开。当pH值调节到混合物中某种蛋白质的等电点时,这种蛋白质的大部分或全部便沉淀下来,而那些等电点高于和低于该pH值的蛋白质仍留在溶液中。

3. 有机溶剂沉淀

与水互溶的有机溶剂(如甲醇、乙醇、丙酮等)能使蛋白质在水中的溶解度显著降低,引起蛋白质沉淀。其主要原因:一是有机溶剂的加入降低了水溶液的介电常数。介电常数的降低将增加两个相反电荷之间的吸引力,使得蛋白质表面的离子化程度减弱;二是有机溶剂争夺蛋白质表面的水化层,因此致使蛋白质聚集而沉淀。

另外,温度对蛋白质的溶解度也有影响。当温度达到40 ℃～50 ℃以上,大部分蛋白质变得不稳定并开始变性,在中性pH介质中即失去溶解力。大多数蛋白质在低温下比较稳定,因此,蛋白质的分级分离操作一般在0 ℃～4 ℃进行。

(三) 根据电荷不同的纯化方法

根据蛋白质的电荷不同分离蛋白质混合物的方法有电泳、等电聚焦和离子交换层析法。

1. 电泳

在pH值偏离其等电点的溶液,蛋白质带净的正电荷或负电荷,在电场中将向带相反电荷的电极移动,即产生电泳现象。电泳技术可用于氨基酸、肽、蛋白质和核酸等生物分子的分离分析和制备。

蛋白质的分离分析通常采用凝胶区带电泳,最常用的凝胶介质是聚丙烯酰胺凝胶。

如果一次电泳不能将蛋白质混合物完全分开,可以将第一次电泳分开的斑点转移到第二个支持介质上,旋转90°进行第二次电泳,称为双向电泳。

2. 等电聚焦

等电聚焦(isoelectric focusing)是一种高分辨率的蛋白质分离技术。利用这种技术分离蛋白质混合物是在具有pH梯度的介质中进行的。在外电场作用下,各种蛋白质将移向并聚焦(停留)在等于其等电点的pH梯度处,并形成一个很窄的区带。等电点差别有 0.02 个 pH 单位的蛋白质就能彼此分开。如等电聚焦可以将人的血清分开为 40 多个条带。

3. 离子交换层析

离子交换层析的基本原理在氨基酸的分离分析中已提及，但是用于蛋白质和核酸等大分子层析的支持介质通常为纤维素离子交换剂和交联葡聚糖离子交换剂。阳离子交换剂如 CM -纤维素、SP-Sephadex；阴离子交换剂如 DEAE -纤维素、DEAE-Sephadex 等。

在离子交换层析中，蛋白质对离子交换剂的结合力取决于彼此间相反电荷基团的静电吸引，而这种静电吸引又和溶液的 pH 值有关，因为 pH 值决定离子交换剂和蛋白质的电离程度，如图 1 - 29 所示。

（四）亲和层析

亲和层析（affinity chromatography）是利用蛋白质分子对其配体分子有特异性的识别能力（生物学亲和力），建立起来的一种有效的纯化方法。亲和层析经常只需要经过一步处理即可将所需的蛋白质从复杂的混合物中分离出来，并且纯度相当高。

亲和层析的基本原理是将待纯化的蛋白质的特异配体通过适当的化学反应共价连接到像琼脂糖凝胶一类的载体表面的功能基（如—OH）上。当蛋白质混合物加到有亲和介质的层析柱时，待纯化的某一蛋白质则被吸附在含配体的琼脂糖颗粒表面上，而其他的蛋白质则因对该配体无特异性结合部位而不被吸附，通过洗涤即可除去。被特异性结合的蛋白质可用含游离配体的溶液从柱上洗脱下来，如图 1 - 29 所示。

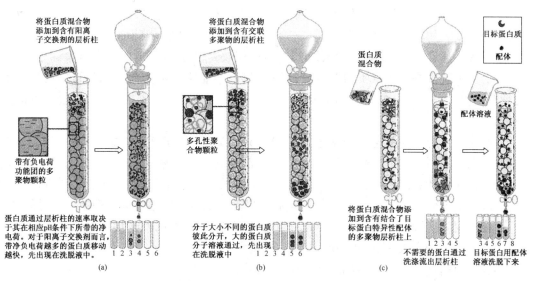

图 1 - 29 蛋白质的离子交换层析(a)、凝胶层析(b)和亲和层析(c)示意图

离子交换层析（图 1 - 29(a)）是建立在特定 pH 值条件下蛋白质带有不同的净电荷基础上，柱内介质为结合了带电基团的合成多聚物。结合了阴离子的称为阳离子交换剂，结合了阳离子的称为阴离子交换剂，本图中显示的是阳离子交换剂。每一种蛋白质与柱内带电基团的亲和性受溶液 pH 和竞争性盐离子浓度的影响。逐渐改变流动相的 pH 值或

盐浓度建立梯度 pH 或梯度盐浓度,可以使分离过程得到优化;凝胶层析(图 1-29(b))又称为分子排阻层析,是根据蛋白质分子量大小不同而进行分离,柱内介质为具有特定大小网孔的交联多聚物,大分子蛋白质由于不能进入多聚物颗粒网孔内部,沿层析柱的移动比小分子蛋白质快;亲和层析(图 1-29(c))是根据蛋白质的特异性结合而进行分离,能够与交联多聚物结合的配体进行特异性结合的蛋白质被滞留在层析柱内,不能与配体结合的蛋白质经过洗涤流出层析柱,然后采用含有游离配体的溶液将与配体结合的目标蛋白洗脱。

除了以上介绍的分离纯化蛋白质的方法外,选择性吸附如羟磷灰石层析、疏水层析等在蛋白质和核酸的分离纯化中也有应用。此外,高效液相层析(HPLC)作为目前最通用、最有力的层析形式也可用于蛋白质的分析和制备。快速蛋白质液相层析(fast protein liquid chromatography, FPLC)是专门用于蛋白质分离的方法,是基于反相、亲和、排阻、疏水作用、离子交换和等电聚焦等层析方法。能分离微量样品,分离时间不到 10 min。

三、蛋白质的含量测定与纯度鉴定

(一) 蛋白质的含量测定

测定蛋白质含量的常用方法有:凯氏定氮法、双缩脲法、Lowry 法(Folin-酚试剂法)、紫外吸收法、染料结合法(Bradford 法,考马斯亮蓝染色)、胶体金测定法等。这些测定方法在一般的生物化学实验手册中均有详细的叙述。

(二) 蛋白质的纯度鉴定

鉴定一种蛋白质的纯度是较困难的,因为至今还没有一种方法能正确地断定一种蛋白质的纯度。如测定含氮量实际上并不能确定蛋白质的纯度,因为各种蛋白质的含氮量并不一致。通常以 16% 代表蛋白质的含氮量,仅仅是基于多种蛋白质含氮量的平均值,实际上并不是每一种蛋白质的含氮量都是 16%。结晶法也不能作为衡量蛋白质纯度的标准,因为晶型蛋白质也可能含有微量杂质,而且对同晶型的蛋白质,结晶法是不能区别的。

通常采用的纯度鉴定方法有电泳、沉降、HPLC、溶解度分析、末端分析等。纯的蛋白质在一系列不同的 pH 值条件下进行电泳时,都将以单一的速率移动,电泳图谱应只呈现一条带。同样,纯的蛋白质在离心场中,应以单一的沉降速率移动,作为蛋白质纯度鉴定的方法比电泳分析差一些。纯蛋白质样品在 HPLC 的洗脱图谱上应呈现单一的对称峰。

在一定溶剂系统中纯的蛋白质具有恒定的溶解度,而不依赖于溶液中未溶解固体的数量。因此在严格条件下,向溶剂中加入固体蛋白质,若蛋白质制品是纯的,则当加入的固体蛋白质超过一定量时,溶解蛋白质的量便恒定,不再变化。

N 末端分析法也可用于鉴定蛋白质的纯度,因为均一的单链蛋白质样品,N 端分析只可能有一种氨基酸。

到目前为止,鉴定蛋白质纯度较好且较简便的方法是层析法和电泳法,特别是分辨率较高的聚丙烯酰胺凝胶电泳(PAGE)是目前鉴定蛋白质纯度应用较广的方法。

对于具有生物活性的蛋白质如激素蛋白、酶蛋白、免疫蛋白,则以测定活性为最可靠的鉴定方法。

第六节 代谢的基本概念、特点

新陈代谢(metabolism)简称代谢,是生物体表现其自身生命活动的重要特征之一,包括生物体内所发生的一切分解和合成作用,是生物体维持其自身生长、发育、繁殖、运动等生命活动的总称。新陈代谢是生物界与外界环境进行物质与能量交换的全过程,包括营养物质的消化吸收、中间代谢以及代谢产物的利用或排泄等阶段。分解代谢一般指将复杂物质变为简单物质,而合成代谢则是指将简单物质转变为复杂物质。生物体从外界摄取营养物质,经过分解消化成为低能量的较简单物质,然后进一步吸收利用,将其转化为高能量的复杂的细胞结构。

从能量角度看,分解代谢通常是放能反应,合成代谢通常是耗能反应。两者处于平衡状态。合成为分解准备了物质前提,分解为合成提供必需的能量。分解代谢所释放的能量,除了用于组成细胞的各种物质合成外,还用于肌肉收缩、神经传导、腺体分泌、维持体温以及物质主动通透膜等过程。食物中糖、脂肪和蛋白质这三大类产热营养素在体内完全分解氧化,释放的总能量分别为糖类 17.15 kJ/g(4.1 kcal/g),蛋白质17.15 kJ/g(4.1 kcal/g),脂肪 38.91 kJ/g(9.3 kcal/g)。

$$生物体新陈代谢\begin{cases}合成代谢(同化作用)\\分解代谢(异化作用)\end{cases}\begin{cases}简单物质转变为复杂物质\\耗能\\放能\\复杂物质转变为简单物质\end{cases}\begin{cases}能量代谢\end{cases}物质代谢$$

尽管不同生物的代谢方式、类型有差异,代谢过程复杂,却有着共同的特点:

① 代谢反应条件温和,代谢反应由酶所催化;

② 代谢反应多步有序,复杂的反应过程有条不紊,彼此协调,有着严格的顺序;

③ 代谢反应有着灵敏的自我调节功能,生物体对环境有高度的适应性。代谢过程中连续转变着的酶促反应称为代谢中间物,其个别步骤、个别环节称为中间代谢,各种物质在体内经过代谢最终都转变为代谢终产物。

新陈代谢具有如下功能:① 从周围环境中获得营养物质;② 将外界引入的物质转变为自身需要的结构元件;③ 将结构元件装配成自身的大分子;④ 形成或分解生物体特殊功能所需的生物分子;⑤ 提供机体生命活动所需的一切能量。

研究代谢所用的生物材料可以是完整的生物个体,也可以是生物体的某一器官、组织切片、组织匀浆或酶抽提液等,所用的方法有活体内及活体外试验、同位素示踪、代谢途径阻断等,其方法涉及基础化学、生物学、遗传学、物理学、细胞学等多个领域。

第七节 蛋白质的消化吸收

食物蛋白质需经酶水解(即消化)为氨基酸及小肽后才能被机体吸收利用。食物蛋白质的酶促降解自胃中开始,但主要在小肠中进行。在胃肠道内,通过各种酶的联合作用将蛋白质分解成氨基酸。如图 1-30 所示。

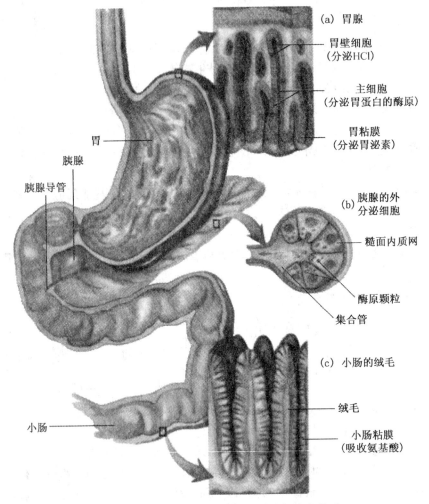

（a）胃腺

胃壁细胞
（分泌HCl）

主细胞
（分泌胃蛋白的酶原）

胃粘膜
（分泌胃泌素）

胃

胰腺

胰腺导管

（b）胰腺的外
分泌细胞

糙面内质网

酶原颗粒

集合管

（c）小肠的绒毛

绒毛

小肠

小肠粘膜
（吸收氨基酸）

图 1-30 人类消化道中蛋白质被降解为氨基酸

胃中消化蛋白质的酶是胃蛋白酶(pepsin),它由胃蛋白酶原经胃酸激活而生成。胃蛋白酶也能激活胃蛋白酶原(pepsinogen)转变成胃蛋白酶,称为自身激活作用。蛋白质经胃蛋白酶作用后,主要分解成多肽及少量氨基酸。胃蛋白酶对乳中的酪蛋白(casein)有凝乳作用,这对婴儿较为重要,因为乳液凝成乳块后在胃中停留时间延长,有利于充分消化。

蛋白质的消化主要依靠胰液中的胰蛋白酶来完成,最终产物为氨基酸和一些寡肽。胰蛋白酶(trypsin)、糜蛋白酶(chymotrypsin)以及弹性蛋白酶(elastase)等蛋白质水解酶属于内肽酶(endopeptidase),水解蛋白质肽链内部的一些肽键。氨肽酶(aminopeptidase)、羧肽酶(carboxypeptidase)等蛋白质水解酶属于外肽酶(exopeptidase),水解肽链的氨基末端和羧基末端的肽键。蛋白质水解酶对所作用的酰胺键有着严格的选择性。对于箭头所示的作用点,胰蛋白酶要求 R_1＝Lys 或 Arg 侧链;嗜热菌蛋白酶要求 R_2＝Leu、Ile、Phe、Trp、Val、Tyr 或 Met 侧链;胃蛋白酶要求 R_2＝Phe、Leu、Trp、Tyr 以及其他疏水性侧链;糜蛋白酶要求 R_1＝Phe、Trp 或 Tyr 侧链。

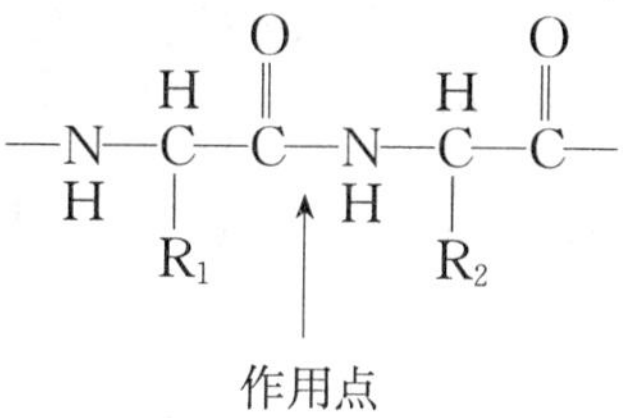

作用点

　　蛋白质消化过程如下:食物蛋白质经口腔加温,进入胃后,胃粘膜分泌胃泌素(gastrin),刺激胃腺的腔壁细胞分泌盐酸和主细胞分泌胃蛋白酶原。无活性的胃蛋白酶原经激活转变成胃蛋白酶。胃蛋白酶将食物蛋白质水解成大小不等的多肽片段,随食糜流入小肠,触发小肠分泌胰泌素(secretin)。胰泌素刺激胰腺分泌碳酸氢盐进入小肠,中和胃内容物中的盐酸。pH 达 7.0 左右。同时小肠上段的十二指肠释放出肠促胰酶肽,以刺激胰腺分泌一系列胰酶酶原,其中有胰蛋白酶原、胰凝乳蛋白酶原和羧肽酶原等。在十二指肠内,胰蛋白酶原经小肠细胞分泌的肠激酶作用,转变成有活性的胰蛋白酶,催化其他胰酶原激活。这些胰酶将肽片段混合物分别水解成更短的肽。小肠内生成的短肽由羧肽酶从肽的 C 端降解,氨肽酶从 N 端降解,如此经多种酶联合催化,食糜中的蛋白质降解成氨基酸混合物,再由肠粘膜上皮细胞吸收进入机体。游离氨基酸进入血液循环输送到肝脏。

　　胃肠道几乎能把大多数动物性食物的球状蛋白完全水解,一些纤维状蛋白,例如角蛋白只能部分水解。食物中的植物性蛋白质,如谷类种子蛋白,往往被纤维素包裹着,胃肠道不能完全将它消化。

　　动物组织中有各种组织蛋白酶,这类酶也能将细胞自身的蛋白质水解成氨基酸,但与消化道中的蛋白水解酶不同。正常组织内,蛋白质的分解速度与组织的生理活动是相适应的,例如正在生长的儿童组织细胞中的蛋白质的合成大于分解,但饥饿者或患消耗性疾病的病人的蛋白质的分解就显著地加强。动物死后,组织蛋白酶可使组织自溶。尸体的腐烂显然与此酶有关。

　　高等植物体种子、幼苗、叶和幼芽以及果实中都含有蛋白酶。如木瓜蛋白酶、菠萝蛋白酶及无花果蛋白酶等都可使蛋白质水解。植物组织中的蛋白酶,其水解作用以种子萌芽时最为旺盛。发芽时,胚乳中贮存的蛋白质在蛋白酶催化下水解成氨基酸,当这些氨基酸运输到胚,胚则利用来重新合成蛋白质,以组成植物自身的细胞。

　　微生物也含有蛋白酶,能将蛋白质水解为氨基酸。

第八节　氨基酸在细胞中的代谢过程

一、氨基酸共同分解途径

　　天然氨基酸分子都含有 α-氨基和 α-羧基,因此,各种氨基酸都有其共同的代谢途径。氨基酸的共同代谢包括脱氨基作用(demination)和脱羧基作用(decarboxylation),其中以脱氨基作用为主要代谢途径。

$$
R-\underset{\underset{NH_2}{|}}{CH}-COOH \xrightarrow{\begin{array}{l}\text{脱氨基作用} \\ \searrow NH_3\end{array}} \begin{array}{l}R-\underset{\underset{O}{\|}}{C}-COOH \quad \alpha\text{-酮酸}\end{array}
$$

$$
\xrightarrow[\searrow CO_2]{\text{脱羧基作用}} R-CH_2-NH_2 \quad \text{胺}
$$

(一) 氨基酸的脱氨基作用

氨基酸中 α -氨基的脱离往往是分解代谢的第一步,脱氨基后的碳架进一步降解。氨基酸的脱氨基作用在体内大多数组织中均可进行。氨基酸脱去氨基的方式有氧化脱氨基(oxidative deamination)、非氧化脱氨基(non-oxidative deamination)、转氨基(transamination)及联合脱氨基(transdeamination)等,以联合脱氨基最为重要。

1. 脱氨基作用

(1) 氧化脱氨基

氧化脱氨基反应是动植物体中比较普遍的脱氨作用。

肝、肾、脑等组织中广泛存在着 L -谷氨酸脱氢酶(L - glutamate dehydrogenase),该酶是不需氧脱氢酶,酶活性较强,辅酶是 NAD^+ 或 $NADP^+$ 。 L -谷氨酸脱氢酶催化 L -谷氨酸氧化脱氨生成 α -酮戊二酸,反应可逆,一般情况下,反应偏向于谷氨酸的合成,但是当谷氨酸浓度较高且 NH_3 浓度较低时,则有利于 α -酮戊二酸的生成。特别在 L -谷氨酸脱氢酶和转氨酶联合作用时,几乎所有氨基酸都可以脱去氨基,因此 L -谷氨酸脱氢酶在氨基酸代谢上占有重要地位。

$$
\underset{L\text{-谷氨酸}}{\begin{array}{c}COOH \\ | \\ CH-NH_2 \\ | \\ (CH_2)_2 \\ | \\ COOH\end{array}} \underset{L\text{-谷氨酸脱氢酶}}{\overset{NAD^+ \quad NADH+H^+}{\rightleftharpoons}} \underset{\alpha\text{-亚氨基戊二酸}}{\begin{array}{c}COOH \\ | \\ C=NH \\ | \\ (CH_2)_2 \\ | \\ COOH\end{array}} \overset{H_2O \quad NH_3}{\rightleftharpoons} \underset{\alpha\text{-酮戊二酸}}{\begin{array}{c}COOH \\ | \\ C=O \\ | \\ (CH_2)_2 \\ | \\ COOH\end{array}}
$$

谷氨酸脱氢酶是一种变构调节酶,相对分子质量为 330 000,只存在于细胞溶胶中,由 6 个相同的亚基聚合而成。已知 GTP 和 ATP 是此酶的变构抑制剂,而 GDP 和 ADP 是变构激活剂。因此,当体内 GTP 和 ATP 不足时,谷氨酸加速氧化脱氨,这对于氨基酸氧化供能起着重要的调节作用。

(2) 非氧化脱氨基

微生物体中除了氧化脱氨基作用外,还有还原脱氨基和水解脱氨基等非氧化脱氨基作用。如天冬氨酸经还原脱氨基转变成琥珀酸,经水解脱氨基转变成苹果酸。此外,天冬氨酸酶能够催化天冬氨酸脱氨形成延胡索酸。

2. 转氨基作用

（1）基本概念

转氨基作用（transamination）又称氨基移换作用。生物体内各组织中都有氨基转移酶（aminotransferase）或称转氨酶（transaminase），此酶催化某一氨基酸的 α-氨基转移到另一 α-酮酸的酮基上，原来的 α-酮酸转变成相应的氨基酸，而原来的氨基酸则转变成相应的 α-酮酸（α-ketoacid）。

上述反应可逆，平衡常数接近于 1。因此，转氨基作用既是氨基酸的分解代谢过程，也是体内某些氨基酸（非必需氨基酸）合成的重要途径。反应的实际方向取决于四种反应物的相对浓度。

体内大多数氨基酸可以参与转氨基作用，但赖氨酸、脯氨酸及羟脯氨酸例外。除了 α-氨基外，氨基酸侧链末端的氨基，如鸟氨酸的 δ-氨基也可通过转氨基作用而脱去。

生物体内存在着多种转氨酶。不同氨基酸与 α-酮酸之间的转氨基作用只能由专一的转氨酶催化。在各种转氨酶中，以 L-谷氨酸与 α-酮酸的转氨酶最为重要，例如谷丙转氨酶（glutamic pyruvic transaminase，GPT，又称 ALT）和谷草转氨酶（glutamic oxaloacetic transaminase，GOT，又称 AST）。它们在体内广泛存在，但各组织中含量不等。

$$\text{谷氨酸} + \text{丙酮酸} \underset{\text{谷丙转氨酶}}{\overset{\text{谷丙转氨酶}}{\rightleftharpoons}} \alpha\text{-酮戊二酸} + \text{丙氨酸}$$

$$\text{谷氨酸} + \text{草酰乙酸} \underset{\text{谷草转氨酶}}{\overset{\text{谷草转氨酶}}{\rightleftharpoons}} \alpha\text{-酮戊二酸} + \text{天冬氨酸}$$

人处于正常时上述转氨酶主要存在于细胞内,而血清中的活性很低;各组织器官中以心和肝的活性为最高。当某种原因使细胞膜通透性增高或细胞破坏时,则转氨酶可以大量释放入血,造成血清中转氨酶活性明显升高。例如,急性肝炎患者血清 GPT 活性显著升高;心肌梗死患者血清中 GOT 明显上升。临床上可以此作为疾病诊断和预后的指标之一。正常成人各组织中 GOT 及 GPT 活性见表 1-8。

表 1-8　正常成人各组织中 GOT 及 GPT 活性

组织	GOT(单位/克湿组织)	GPT(单位/克湿组织)
心	156 000	7 100
肝	142 000	44 000
骨骼肌	99 000	4 800
肾	91 000	19 000
胰腺	28 000	2 000
脾	14 000	1 200
肺	10 000	700
血清	20	16

转氨基作用普遍存在于生物体,但是单靠转氨基作用无法最终脱去氨基。

(2) 转氨基作用的机制

转氨酶的辅酶都是维生素 B6 的磷酸酯,即磷酸吡哆醛、磷酸吡哆胺,它结合于转氨酶活性中心赖氨酸的 ε-氨基上。在转氨基过程中,磷酸吡哆醛先从氨基酸接受氨基转变成磷酸吡哆胺,同时氨基酸则转变成 α-酮酸。磷酸吡哆胺进一步将氨基转移给另一种 α-酮酸而生成相应的氨基酸,同时磷酸吡哆胺又变回磷酸吡哆醛。在转氨酶的催化下,磷酸吡哆醛与磷酸吡哆胺的这种相互转变,起着传递氨基的作用。

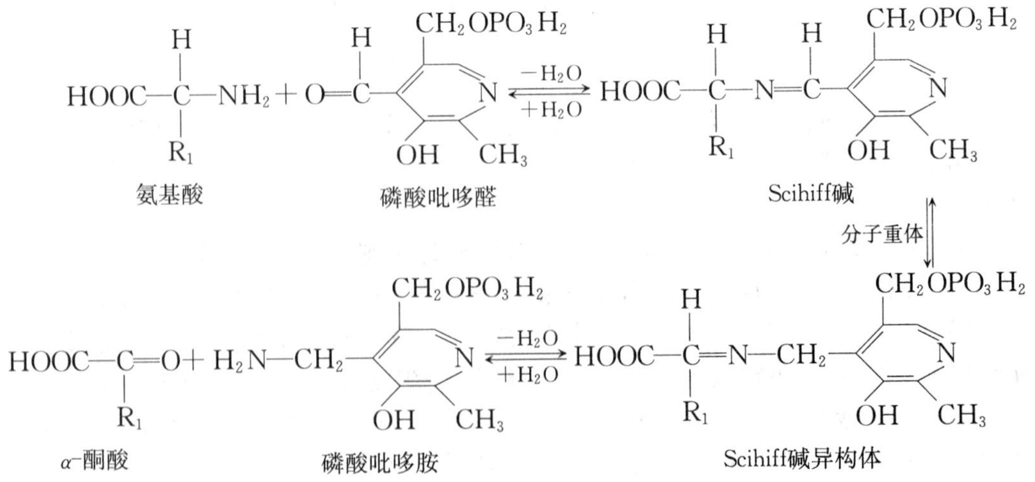

3. 联合脱氨基作用

联合脱氨基作用(transdeamination)又称为间接脱氨基,其过程是:α-氨基酸首先与α-酮戊二酸在转氨酶作用下经转氨基作用生成α-酮酸和谷氨酸,谷氨酸再经 L-谷氨酸脱氢酶作用,脱去氨基而生成α-酮戊二酸,释放无机氨,α-酮戊二酸再继续参加转氨基作用(图 1-31)。体内一般 L-氨基酸氧化酶分布不广、活性较弱,而转氨酶的活性较强,且 L-谷氨酸脱氢酶分布广泛,因此,体内的氨基酸主要通过联合脱氨这一间接方式脱氨。联合脱氨基作用的全过程是可逆的,因此,这一过程也是体内合成非必需氨基酸的主要途径。

联合脱氨基作用主要在肝、肾等组织中进行。

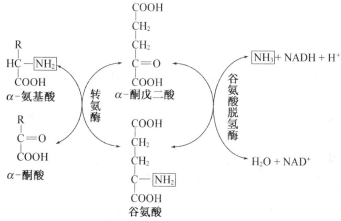

图 1-31 联合脱氨基作用

4. 嘌呤核苷酸循环

骨骼肌和心肌中 L-谷氨酸脱氢酶的活性弱,难于进行以上方式的联合脱氨基过程。肌肉中存在着另一种氨基酸脱氨基反应,即通过嘌呤核苷酸循环(purine nucleotide cycle)脱去氨基(图 1-32)。嘌呤核苷酸循环也属于联合脱氨基作用,所不同的是,上述

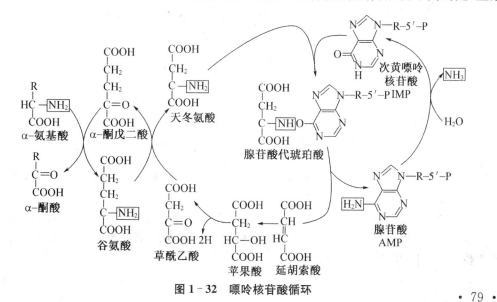

图 1-32 嘌呤核苷酸循环

联合脱氨基作用是由转氨基反应和氧化脱氨基反应联合完成,而嘌呤核苷酸循环则是由转氨基反应和核苷酸循环反应联合实现。在此过程中,氨基酸首先通过连续的转氨基作用将氨基转移给草酰乙酸,生成天冬氨酸;天冬氨酸与次黄嘌呤核苷酸(IMP)反应生成腺苷酸代琥珀酸,后者经过裂解,释放出延胡索酸并生成腺嘌呤核苷酸(AMP)。AMP 在腺苷酸脱氨酶(此酶在肌组织中活性较强)催化下脱去氨基,最终完成氨基酸的脱氨基作用。IMP 可以再参加循环。

(二) 脱羧基作用

氨基酸在氨基酸脱羧酶(amino acid decarboxylase)催化下进行脱羧作用,生成二氧化碳和伯胺类化合物。这个反应除组氨酸外均需要磷酸吡哆醛作为辅酶。

$$R—\underset{\underset{NH_2}{|}}{CH}—COOH \xrightarrow{\text{氨基酸脱羧酶}} R—CH_2—NH_2 + CO_2$$

氨基酸的脱羧作用,在微生物中很普遍,在高等动植物组织内也有此作用,但不是氨基酸代谢的主要方式。

氨基酸脱羧酶的专一性很高,除个别脱羧酶外,一种氨基酸脱羧酶一般只对一种氨基酸起脱羧作用。氨基酸脱羧后形成的胺类中有一些是组成某些维生素或激素的成分,有一些具有特殊的生理作用,例如脑组织中游离的 γ-氨基丁酸就是谷氨酸经谷氨酸脱羧酶催化脱羧的产物,它对中枢神经系统的传导有抑制作用。

$$\underset{\underset{COOH}{|}}{\overset{\overset{COOH}{|}}{\underset{(CH_2)_2}{CH—NH_2}}} \xrightarrow{\text{谷氨酸脱羧酶}} \underset{\underset{COOH}{|}}{\overset{\overset{CH_2—NH_2}{|}}{(CH_2)_2}} + CO_2$$

L-谷氨酸　　　　　　　　　γ-氨基丁酸

天冬氨酸脱羧酶促使天冬氨酸脱羧形成 β-丙氨酸,它是维生素泛酸的组成成分。

$$\underset{\underset{COOH}{|}}{\overset{\overset{COOH}{|}}{\underset{CH_2}{CH—NH_2}}} \xrightarrow{\text{天冬氨酸脱羧酶}} \underset{\underset{COOH}{|}}{\overset{\overset{CH_2—NH_2}{|}}{CH_2}} + CO_2$$

天冬氨酸　　　　　　　　　β-丙氨酸

组氨酸的脱羧产物组胺可使血管舒张、血压降低,而酪氨酸的脱羧产物酪胺则使血压升高。

如果体内生成大量胺类,能引起神经或心血管等系统的功能紊乱,但体内的胺氧化酶(amine oxidase)能催化胺类氧化成醛,继而醛氧化成脂肪酸,再分解成二氧化碳和水,从而避免胺类在体内蓄积。该酶在肝中活性最强。

$$RCH_2NH_2 + O_2 + H_2O \longrightarrow RCHO + H_2O_2 + NH_3$$

$$RCHO + \frac{1}{2}O_2 \longrightarrow RCOO^- + H^+$$

脱羧酶的作用机制如下：

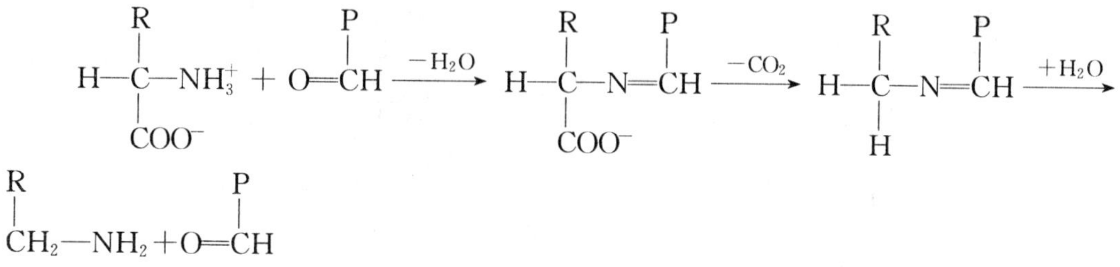

上式中 PCHO 代表磷酸吡哆醛。

二、氨基酸共同分解产物的代谢去路

（一）α-酮酸代谢去路

α-酮酸（α-ketoacid）是 α-氨基酸脱氨基后生成的主要代谢物，但不是最终代谢产物。α-酮酸主要有以下三种代谢去路。

1. 合成氨基酸

生物体内氨基酸氧化脱氨基的分解作用与还原氨基化的合成作用互为可逆反应，两者处于动态平衡中。氨基酸过剩时脱氨基作用加强，而氨基酸缺乏时则还原氨基化加强。

2. 转变成糖及脂肪

动物实验证明，当体内氨基酸充分且能量供给充足时，α-酮酸可以转变成糖及脂肪。用各种不同的氨基酸饲养患人工糖尿病的犬，大多数氨基酸可使病犬尿中葡萄糖含量增加，少数几种则可使葡萄糖及酮体含量同时增加，而亮氨酸和赖氨酸只能使酮体含量增加。在体内能够转变成糖的氨基酸称为生糖氨基酸（glucogenic amino acid），这些氨基酸按糖代谢途径进行代谢；能够转变为酮体的氨基酸称为生酮氨基酸（ketogenic amino acid），这些氨基酸沿脂肪酸代谢途径进行代谢；既能生成糖又能生成酮体的氨基酸称为生糖兼生酮氨基酸（glucogenic and ketogenic amino acid），这些氨基酸或者按糖代谢，或者按脂代谢途径进行。见表 1-9。

表 1-9 氨基酸代谢分类

类别	氨基酸
生糖氨基酸	甘氨酸、丝氨酸、缬氨酸、组氨酸、精氨酸、半胱氨酸、脯氨酸、羟脯氨酸、丙氨酸、谷氨酸、谷氨酰胺、天冬氨酸、天冬酰胺、甲硫氨酸
生酮氨基酸	亮氨酸
生糖兼生酮氨基酸	异亮氨酸、苯丙氨酸、酪氨酸、苏氨酸、色氨酸

各种氨基酸脱氨基后产生的 α-酮酸结构差异很大，其代谢途径也不尽相同。一般说，生糖氨基酸的共同中间产物大都是糖代谢过程的中间产物，如丙酮酸、琥珀酰-CoA、 α-酮戊二酸、草酰乙酸以及与这几种物质有关的化合物;生酮氨基酸的共同中间产物为乙酰-CoA 或乙酰乙酸。如图 1-33。

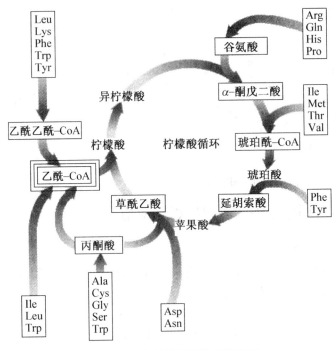

图 1-33 氨基酸碳架的代谢去路

3. 氧化成二氧化碳和水,提供能量

组成蛋白质的 20 种氨基酸有着各自不同的酶系催化 α-酮酸的氧化分解,途径各异,但其碳架分别以 5 种中间产物进入三羧酸循环与生物氧化体系彻底氧化成 CO_2 和水,同时释放能量供生理活动的需要。这 5 种中间产物是乙酰-CoA、α-酮戊二酸、琥珀酰-CoA、延胡索酸和草酰乙酸。可见,氨基酸也是一类能源物质。

氨基酸的代谢与糖和脂肪的代谢密切相关,氨基酸可转变成糖与脂肪,糖也可以转变成脂肪及多数非必需氨基酸的碳架部分;由此可见,三羧酸循环是物质代谢的总枢纽,通过它可使糖、脂肪酸及氨基酸完全氧化,也可使其彼此相互转变,构成一个完整的代谢体系。三羧酸循环的具体内容见糖代谢部分。

(二) 氨代谢途径

生物体内氨基酸脱氨基产生的氨主要有两种代谢方式,植物体以储藏为主,动物体以排泄为主。氨的来源与去路有机结合,构成完整的氨代谢途径。

1. 氨来源

(1) 各组织器官中氨基酸脱氨基作用产生的氨是体内氨的主要来源,氨基酸脱羧基作用产生的胺类在胺氧化酶的作用下氧化分解也可以产生氨。

$$RCH_2NH_2 \xrightarrow{\text{胺氧化酶}} RCHO + NH_3$$

(2) 肠内氨基酸在肠道细菌作用下以及肠道尿素经肠道细菌尿素酶水解均可以产

生氨。

肠道每日产氨量约 4 g,肠内腐败作用增强时,氨产生量增多。由于 NH_3 比 NH_4^+ 易于穿过细胞膜而被吸收,且在碱性环境中 NH_4^+ 偏向于转变成 NH_3,因此氨的吸收量随肠道 pH 值增加而增加。为了减少氨的吸收,应采用弱酸性透析液处理高血氨病人,禁止使用碱性肥皂水。

(3) 谷氨酰胺在谷氨酰胺酶的催化下水解成谷氨酸和 NH_3,这部分氨分泌到肾小管腔中主要与尿中的 H^+ 结合成 NH_4^+,以铵盐的形式由尿排出体外,这对调节机体的酸碱平衡起着重要作用。酸性有利于肾小管细胞中的氨扩散入尿,但碱性则可妨碍肾小管细胞中 NH_3 的分泌,此时氨被吸收入血,成为血氨的另一个来源。为了防止血氨升高,肝硬化病人不宜使用碱性利尿药。

机体内氨基酸代谢所产生的氨以及消化道所吸收的氨进入血液,形成血氨。氨具有毒性,脑组织对氨的作用尤为敏感。体内的氨主要在肝合成尿素而解毒。因此,除门静脉血液外,体内血液中氨的浓度很低。正常人血浆中氨的浓度一般不超过 $0.60\ \mu mol/L$ ($0.1\ mg/100\ mL$)。

2. 氨转运

各组织中产生的氨以无毒性的方式经血液运输到肝合成尿素或运至肾以铵盐形式随尿排出。氨在血液中主要以丙氨酸及谷氨酰胺两种形式运输。

(1) 丙氨酸-葡萄糖循环

肌肉中的氨基酸经转氨基作用将丙酮酸转变为丙氨酸,丙氨酸通过血液到达肝组织。在肝中,丙氨酸释放出氨形成丙酮酸,经糖异生作用生成葡萄糖。此后,葡萄糖由血液输送到肌组织,沿糖酵解途径转变成丙酮酸,后者再接受氨基而生成丙氨酸。这种转运途径称为丙氨酸-葡萄糖循环(alanine-glucose cycle),通过该循环,肌肉中的氨以无毒的丙氨酸形式运输到肝,同时,肝又为肌肉提供了生成丙酮酸的葡萄糖。如图 1-34。

(2) 酰胺的作用

谷氨酰胺和天冬酰胺本身是组成蛋白质的氨基酸,不仅是合成蛋白质的原料,也是体内解除氨毒的重要方式。氨基酸脱氨基所产生的氨,以酰胺的形式贮存于体内。谷氨酰胺由谷氨酰胺合成酶(glutamine synthetase)催化谷氨酸与

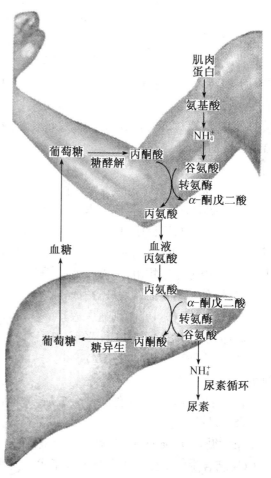

图 1-34　丙氨酸-葡萄糖循环

氨反应形成,反应需要 ATP 参与。该酶受到 8 种产物(氨甲酰磷酸、葡萄糖胺-6-磷酸、色氨酸、组氨酸、甘氨酸、丙氨酸以及 CTP 和 AMP)的反馈抑制作用,其调节机制属于已知酶中最复杂的调节机制之一。

$$
\begin{array}{ccc}
\text{COOH} & & \text{COOH} \\
| & \text{ATP} + \text{NH}_3 \quad \text{ADP} + \text{Pi} & | \\
\text{CH—NH}_2 & \quad ① & \text{CH—NH}_2 \\
| & \quad ② & | \\
(\text{CH}_2)_2 & & (\text{CH}_2)_2 \\
| & \text{NH}_3 \quad \text{H}_2\text{O} & | \\
\text{COOH} & & \text{CONH}_2 \\
L\text{-谷氨酸} & & \text{谷氨酰胺}
\end{array}
$$

① 谷氨酰胺合成酶
② 谷氨酰胺酶

反应所形成的谷氨酰胺由血液输送到肝或肾,再经谷氨酰胺酶(glutaminase)水解成谷氨酸及氨,尿中氮总量的 60% 来自于该反应分解所产生的氨。谷氨酰胺的合成与分解是由不同酶催化的不可逆反应。

天冬酰胺由天冬酰胺合成酶(asparagine synthetase)催化天冬氨酸与氨反应形成,是植物体储氨的主要方式,需要时,天冬酰胺在天冬酰胺酶(asparaginase)作用下水解释放出氨,用于合成氨基酸。与谷氨酰胺相同,天冬酰胺的合成与分解也是由不同酶催化的不可逆反应。

谷氨酰胺和天冬酰胺既是氨的解毒产物,也是氨的储存及运输形式。谷氨酰胺在脑中固定和转运氨的过程中起着重要作用。氨中毒病人可服用或输入谷氨酸盐,以降低氨浓度。谷氨酰胺还可以提供其酰胺基使天冬氨酸转变成天冬酰胺。机体细胞能够合成足量的天冬酰胺以供蛋白质合成的需要,但白血病细胞天冬酰胺缺乏,必须依靠血液从其他器官运输而来。

3. 尿素合成

(1) 肝脏是尿素合成的主要器官

正常动物的肝脏中合成尿素而解除氨毒,只有少部分氨在肾中以铁盐形式由尿排出。增加膳食蛋白质,则血中氨基酸浓度上升,尿中尿素增加。若切除动物肝脏,则血及尿中尿素含量明显降低;若输入或饲喂氨基酸给切除肝脏的动物,则大部分氨基酸积存于血液中,也有一部分随尿排出,另有一小部分氨基酸脱去氨基变成 α-酮酸及氨,使得血氨增高;若只切除动物肾而保留肝,则尿素仍然可以合成但不能排出,血中尿素浓度随之明显升高;若肝和肾同时切除,则血中尿素的含量可以维持在较低水平,而血氨浓度显著升高。急性肝坏死患者的血及尿中几乎不含尿素而氨基酸含量增多。肝在氨解毒中起着重要作用,正常成人尿素氮占排氮总量的 80%~90%,体内氨的来源与去路保持动态平衡,使血氨浓度相对稳定。

肾及脑等其他组织虽然也能合成尿素,但合成量甚微。

(2) 尿素循环

尿素循环(urea cycle)又称为鸟氨酸循环(ornithine cycle),该循环将 2 分子氨与 1 分子 CO_2 结合生成 1 分子尿素及 1 分子水。无毒、中性且水溶性很强的尿素,由血液运输至肾,从尿中排出。尿素生物合成需要 NH_3、CO_2(H_2CO_3)、鸟氨酸、天冬氨酸、ATP、

Mg^{2+}和一系列酶参与。尿素循环由三个阶段组成:① CO_2、NH_3 与鸟氨酸作用形成瓜氨酸;② 瓜氨酸接受天冬氨酸所提供的氨形成精氨酸;③ 精氨酸水解释放尿素形成鸟氨酸,完成循环。如图 1-35。该循环主要有五步反应,其中反应 1 和 2 发生在线粒体,反应 3～5 发生在细胞溶胶。

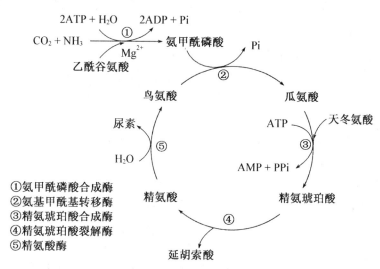

图 1-35 尿素生物合成(鸟氨酸循环或尿素循环)

(3) 尿素循环有关酶及调控

① 氨基甲酰磷酸合成酶

氨(基)甲酰磷酸合成酶(carbamoyl phosphale synthetase, CPS)催化获取尿素第一个氮原子,该酶其实不属于尿素循环。在 Mg^{2+}、ATP 及 N-乙酰谷氨酸(N-acetylglutamatic acid, AGA)存在时,氨基甲酰磷酸合成酶催化氨与 CO_2 合成氨基甲酰磷酸,该反应不可逆,是尿素循环限速反应。NH_3 来源于谷氨酸的氧化脱氨作用,而 CO_2 是糖的代谢产物。

真核生物中的 CPS 有两类,线粒体的氨基甲酰磷酸合成酶Ⅰ(carbamoyl phosphale synthetase Ⅰ, CPS-Ⅰ)和细胞溶胶的氨基甲酰磷酸合成酶Ⅱ(carbamoyl phosphale synthetase Ⅱ, CPS-Ⅱ)。两种 CPS 催化合成的产物虽然相同,但它们是两种不同性质的酶,其生理意义也不相同,CPS-Ⅰ以氨作为氮供体,参与尿素合成,这是肝细胞独特的一种重要功能,是细胞高度分化的结果,因此 CPS-Ⅰ的活性可作为肝细胞分化程度的指标之一。CPS-Ⅱ以谷氨酸作为氮供体参与嘧啶生物合成,与细胞增殖过程中核酸的合成有关,因而它的活性可作为细胞增殖程度的指标之一。

CPS-Ⅰ是一种变构酶,AGA 是此酶的变构激活剂。AGA 是由谷氨酸在 N-乙酰谷氨酸合成酶(acetylglutamate synthetase)的催化下与乙酰-CoA 合成的,肝脏中尿素合成的速度与 N-乙酰谷氨酸合成酶直接相关。当氨基酸降解速度增加、氨产出增多必须排出氮时,转氨反应加速使得谷氨酸浓度增高,引起 N-乙酰谷氨酸合成增加,激化了氨甲酰磷酸合成酶和整个尿素循环。AGA 的作用可能是使酶的构象改变,暴露了酶分子中的某些巯基,从而增加了酶与 ATP 的亲和力。CPS-Ⅰ和 AGA 都存在于肝细胞线粒体中。氨基甲酰磷酸是高能化合物，性质活泼，在酶的催化下易与鸟氨酸反应生成瓜氨酸。

② 氨甲酰磷酸转移酶

氨甲酰磷酸转移酶（又称为鸟氨酸氨甲酰转移酶 ornithine transcarbamoylase）的作用是将氨甲酰磷酸的氨甲酰基转移到鸟氨酸（ornithine）上，形成瓜氨酸（citrulline）。由于鸟氨酸产生于细胞溶胶，须通过特异的运送体系进入线粒体。

③ 精氨琥珀酸合成酶

在 ATP 作用下，精氨琥珀酸合成酶（argininosuccinate synthstase）催化瓜氨酸的脲基（ureido group）与天冬氨酸的氨基缩合，生成精氨琥珀酸（argininosuccinate），同时产生 AMP 及焦磷酸。该反应获取了尿素第 2 个氮原子，天冬氨酸在此作为氨基的供体。

④ 精氨琥珀酸裂解酶

精氨琥珀酸裂解酶（argininosuccinatelyase）催化精氨酸与天冬氨酸碳架脱离，形成精氨酸和延胡索酸。精氨酸成为尿素的直接前体，延胡索酸经三羧酸循环变为草酰乙酸。草酰乙酸与谷氨酸进行转氨作用又可变回天冬氨酸。尿素循环与三羧酸循环之间的直接沟通正是通过延胡索酸和天冬氨酸（即草酰乙酸）连接在一起。

⑤ 精氨酸酶

精氨酸在精氨酸酶（arginase）的催化下水解形成尿素和鸟氨酸，产生的鸟氨酸又回到线粒体中进入新一轮尿素循环。精氨酸酶的专一性很高，只对 L-精氨酸有作用，存在于排尿素动物的肝脏中。

（4）尿素循环小结

尿素循环把两个氨基和一个碳转化为无毒的排泄物尿素，循环中使用了 4 个高能磷酸键，反应 1 和 3 各两个。两个氨基分别来自于氨和天冬氨酸。整个循环属于耗能反应，其能量消耗大于能量释放。

尿素循环中的酶除了氨甲酰磷酸合成酶外，其他酶由其底物控制。当循环中某些酶不足时，底物浓度提升会使尿素循环逆行直至产生氨的各个途径，结果会发生高血氨症。

三、氨基酸的生物合成

组成蛋白质的 20 种氨基酸中，有的氨基酸脊椎动物不能自身合成，需从食物中获得，这些氨基酸称为必需氨基酸（essential amino acid），如赖氨酸、甲硫氨酸、色氨酸、苏氨酸、亮氨酸、异亮氨酸、缬氨酸和苯丙氨酸。其余的自身能合成，称为非必需氨基酸（nonessential amino acid）。高等动物只能利用氨态氮（NH_3 或 NH_4^+）作氮源合成非必需氨基酸。植物体则可以利用氨态氮和硝态氮（NO_3^- 或 NO_2^-）合成所有氨基酸，许多豆科植物还能通过共生关系利用大气中的氮气（分子态氮）。微生物合成氨基酸及对氮源的利用能力差异很大，例如溶血链球菌需要 17 种氨基酸，大肠杆菌能合成全部蛋白质氨基酸，固氮微生物能利用大气氮合成氨及氨基酸。

生物体有三种方式合成氨基酸。

（一）还原氨基化作用

这是氨基酸氧化脱氨基作用的逆反应，由 α-酮酸还原氨基化作用而成。反应所需的

α-酮酸来自于氨基酸脱氨及脂肪酸分解,氨来自于含氮有机物分解、硝酸盐和亚硝酸盐还原以及生物固氮作用。

(二) 转氨基作用

在氨基酸合成反应中,转氨基作用是氨基酸合成的主要方式。它是在转氨酶的作用下,由一种氨基酸把自身的氨基转移到其他 α-酮酸上,以形成另一种氨基酸的过程。转氨酶需要磷酸吡哆醛作为辅酶。除苏氨酸和赖氨酸外,其他氨基酸的氨基都可通过转氨基作用得到。在细胞内,转氨酶分布在细胞质、叶绿体、线粒体和微粒体中。叶绿体在进行光合作用时,在转氨酶的作用下,便可生成各种氨基酸。

(三) 氨基酸互相转化

在体内,一种氨基酸可以转变为另一种氨基酸。如由苏氨酸合成甘氨酸、异亮氨酸,由色氨酸合成丙氨酸,由谷氨酸合成脯氨酸等。在动物体内,必需氨基酸可以转变为非必需氨基酸,而非必需氨基酸却不能转变为必需氨基酸。

四、个别氨基酸代谢

组成蛋白质的 20 种氨基酸具有共同的代谢途径,各种氨基酸除了作为合成蛋白质的原料外,还可以转变成其他多种含氮的生理活性物质(表 1-10)。有些氨基酸还有其特殊的代谢途径,并具有重要的生理意义。

表 1-10 氨基酸衍生的重要含氮化合物

化合物	生理功用	氨基酸前体
嘌呤碱	含氮碱基、核酸成分	天冬氨酸、谷氨酰胺、甘氨酸
嘧啶碱	含氮碱基、核酸成分	天冬氨酸
卟啉化合物	血红素、细胞色素	甘氨酸
肌酸、磷酸肌酸	能量贮存	甘氨酸、精氨酸、甲硫氨酸
尼克酸	维生素	色氨酸
多巴胺、肾上腺素、去甲肾上腺素	神经递质、激素	苯丙氨酸、酪氨酸
甲状腺素	激素	酪氨酸
黑色素	皮肤色素	苯丙氨酸、酪氨酸
5-羟色胺	血管收缩剂、神经递质	色氨酸
组胺	血管舒张剂	组氨酸
g-氨基丁酸	神经递质	谷氨酸
精胺、精脒	细胞增殖促进剂	甲硫氨酸、精(鸟)氨酸

(一) 含硫氨基酸代谢

体内的含硫氨基酸有三种,即甲硫氨酸、半胱氨酸和胱氨酸。这三种氨基酸的代谢相互联系,甲硫氨酸可以转变为半胱氨酸和胱氨酸,半胱氨酸与胱氨酸二者可以互变,但后二者不能变为甲硫氨酸,所以甲硫氨酸是必需氨基酸。

1. 甲硫氨酸代谢

（1）甲硫氨酸与转甲基作用

甲硫氨酸分子中含有 $S—CH_3$，通过各种转甲基作用可以生成多种含甲基的重要生理活性物质，如肾上腺素、肌酸、肉毒碱等。但是，甲硫氨酸在转甲基之前，首先必须与 ATP 作用，生成 S-腺苷甲硫氨酸（S-adenosyl methionine，SAM）。此反应由甲硫氨酸腺苷转移酶催化。SAM 中的甲基称为活性甲基，SAM 称为活性甲硫氨酸。

活性甲硫氨酸在甲基转移酶（methyl transferase）的作用下，可将甲基转移至另一种物质，使其甲基化（methylation），而活性甲硫氨酸即变成 S-腺苷同型半胱氨酸，后者进一步脱去腺苷，生成同型半胱氨酸（homocysteine）。

体内约有 50 多种物质需要 SAM 提供甲基，生成甲基化合物。甲基化作用是重要的代谢反应，具有广泛的生理意义（包括 DNA 与 RNA 的甲基化），而 SAM 则是体内最重要的甲基直接供给体。

（2）甲硫氨酸循环

甲硫氨酸在体内最主要的分解代谢途径是通过上述转甲基作用而提供甲基，与此同时产生的 S-腺苷同型半胱氨酸进一步转变成同型半胱氨酸。同型半胱氨酸可以接受 N^5-甲基四氢叶酸提供的甲基，重新生成甲硫氨酸，形成一个循环过程，称为甲硫氨酸循环（methionine cycle），如图 1-36。该循环的生理意义是由 $N^5—CH_3—FH_4$ 供给甲基合成甲硫氨酸，再通过此循环的 SAM 提供甲基，以进行体内广泛存在的甲基化反应，由此，可看成是体内甲基的间接供体。

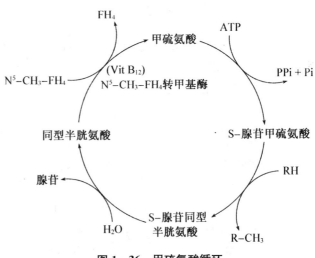

图 1-36　甲硫氨酸循环

甲硫氨酸循环可以生成甲硫氨酸，但体内不能合成同型半胱氨酸，它只能由甲硫氨酸转变而来，所以实际上动物体内仍然不能合成甲硫氨酸，必须由食物供给。

值得注意的是，由 $N^5—CH_3—FH_4$ 提供甲基使同型半胱氨酸转变成甲硫氨酸的反应是目前已知体内能利用 $N^5—CH_3—FH_4$ 的唯一反应。催化此反应的 N^5-甲基四氢叶酸转甲基酶，又称甲硫氨酸合成酶，其辅酶是维生素 B_{12}，它参与甲基的转移。维生素 B_{12} 缺乏时，$N^5—CH_3—FH_4$ 上的甲基不能转移，这不仅不利于甲硫氨酸的生成，同时也影响四氢叶酸的再生，使组织中游离的四氢叶酸含量减少，不能重新利用它来转运其他一碳单位，导致核酸合成障碍，影响细胞分裂。因此，维生素 B_{12} 不足时可以产生巨幼红细胞性贫血。

同型半胱氨酸还可通过胱硫醚合酶（cystathionine sythase）催化，与丝氨酸缩合生成胱硫醚,后者进一步生成半胱氨酸和 α-酮丁酸。α-酮丁酸转变成琥珀酸单酰- CoA,通过三羧酸循环,可以生成葡萄糖,所以甲硫氨酸是生糖氨基酸。目前认为,高同型半胱氨酸血症具有重要的病理意义,可能是动脉粥样硬化发病的独立危险因子。

（3）肌酸合成

肌酸(creatine)和磷酸肌酸(creatine phosphate)是能量储存、利用的重要化合物。肌酸以甘氨酸为骨架,由精氨酸提供脒基,S-腺苷甲硫氨酸供给甲基而合成。肝是合成肌酸的主要器官。在肌酸激酶(creatine kinase 或 creatine phosphokinase, CPK)催化下,肌酸转变成磷酸肌酸,并储存 ATP 的高能磷酸键。磷酸肌酸在心肌、骨骼肌及大脑中含量丰富。肌酸代谢如图 1-37 所示。

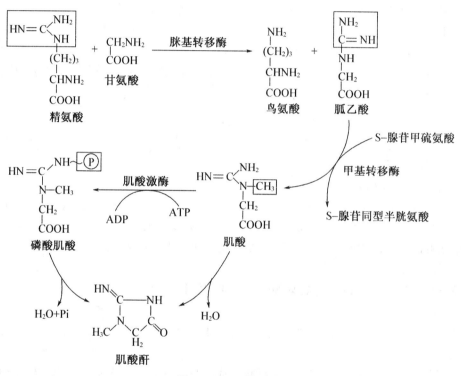

图 1-37 肌酸代谢

肌酸激酶由两种亚基组成,即 M 亚基(肌型)与 B 亚基(脑型),有三种同工酶:MM 型、MB 型及 BB 型。它们在体内各组织中的分布不同,MM 型主要在骨骼肌,MB 型主要在心肌,BB 型主要在脑。心肌梗死时,血中 MB 型肌酸激酶活性增高,可作为辅助诊断的指标之一。肌酸和磷酸肌酸代谢的终产物是肌酸酐(creatinine)。肌酸酐主要在肌肉中通过磷酸肌酸的非酶促反应而生成,正常成人每日尿中排出量恒定。

2. 半胱氨酸与胱氨酸代谢

（1）半胱氨酸与胱氨酸互变

半胱氨酸含有巯基(—SH),胱氨酸含有二硫键(—S—S—),二者可以相互转变。两分子半胱氨酸的两个巯基脱氢氧化形成含有二硫键的胱氨酸,而胱氨酸可以被加氢还原成两个半胱氨酸。

蛋白质中两个半胱氨酸残基之间形成的二硫键对维持蛋白质的结构具有重要作用。体内许多重要酶的活性均与其分子中半胱氨酸残基上巯基的存在直接有关,故有巯基酶之称。有些毒物,如芥子气、重金属盐等,能与酶分子的巯基结合而抑制酶活性,从而发挥其毒性作用。二巯基丙醇可以使结合的巯基恢复原来状态,所以有解毒作用。体内存在的还原型谷胱甘肽能保护酶分子上的巯基,因而有重要的生理功用。

（2）硫酸根代谢

含硫氨基酸氧化分解均可以产生硫酸根,半胱氨酸是体内硫酸根的主要来源。例如,半胱氨酸直接脱去巯基和氨基,生成丙酮酸、NH_3 和 H_2S;后者再经氧化而生成 H_2SO_4。体内的硫酸根一部分以无机盐形式随尿排出,另一部分则经 ATP 活化成活性硫酸根,即 $3'$-磷酸腺苷-$5'$-磷酸硫酸($3'$-phospho-adenosine-$5'$-phosphosulfate, PAPS)。

PAPS 的性质比较活泼,可使某些物质形成硫酸酯。例如,类固醇激素可形成硫酸酯而被灭活,一些外源性酚类化合物也可以形成硫酸酯而排出体外。这类反应在肝生物转化作用中有重要意义。此外,PAPS 还可参与硫酸角质素及硫酸软骨素等分子中硫酸化氨基糖的合成。

（二）芳香族氨基酸代谢

芳香族氨基酸包括苯丙氨酸、酪氨酸和色氨酸。苯丙氨酸在结构上与酪氨酸相似,在体内苯丙氨酸可变成酪氨酸。

1. 苯丙氨酸和酪氨酸代谢

正常情况下,苯丙氨酸的主要代谢是经羟化作用,生成酪氨酸。催化此反应的酶是苯丙氨酸羟化酶(phenylalanine hydroxyfase)。苯丙氨酸羟化酶是一种单加氧酶,其辅酶是四氢生物蝶呤,催化的反应不可逆,因而酪氨酸不能变为苯丙氨酸。

（1）儿茶酚胺与黑色素的合成

酪氨酸的进一步代谢与合成某些神经递质、激素及黑色素有关。

酪氨酸经酪氨酸羟化酶作用,生成 3,4-二羟苯丙氨酸(3,4-dihydroxyphenylalanine, dopa 多巴)。与苯丙氨酸羟化酶相似,此酶也是以四氢生物蝶呤为辅酶的单加氧酶。通过多巴脱羧酶的作用,多巴转变成多巴胺(dopamine)。多巴胺是脑中的一种神经递质,帕金森病(Parkinson disease)患者,多巴胺生成减少。在肾上腺髓质中,多巴胺侧链的 β-碳原子可再被羟化,生成去甲基肾上腺素(norepinephrine),后者经 N-甲基转移酶催化,由活性甲硫氨酸提供甲基,转变成肾上腺素(epinephrine)。多巴胺、去甲基肾上腺素、肾上腺素统称为儿茶酚胺(catecholamine),即含邻苯二酚的胺类。酪氨酸羟化酶是儿茶酚胺合成的限速酶,受终产物的反馈调节。

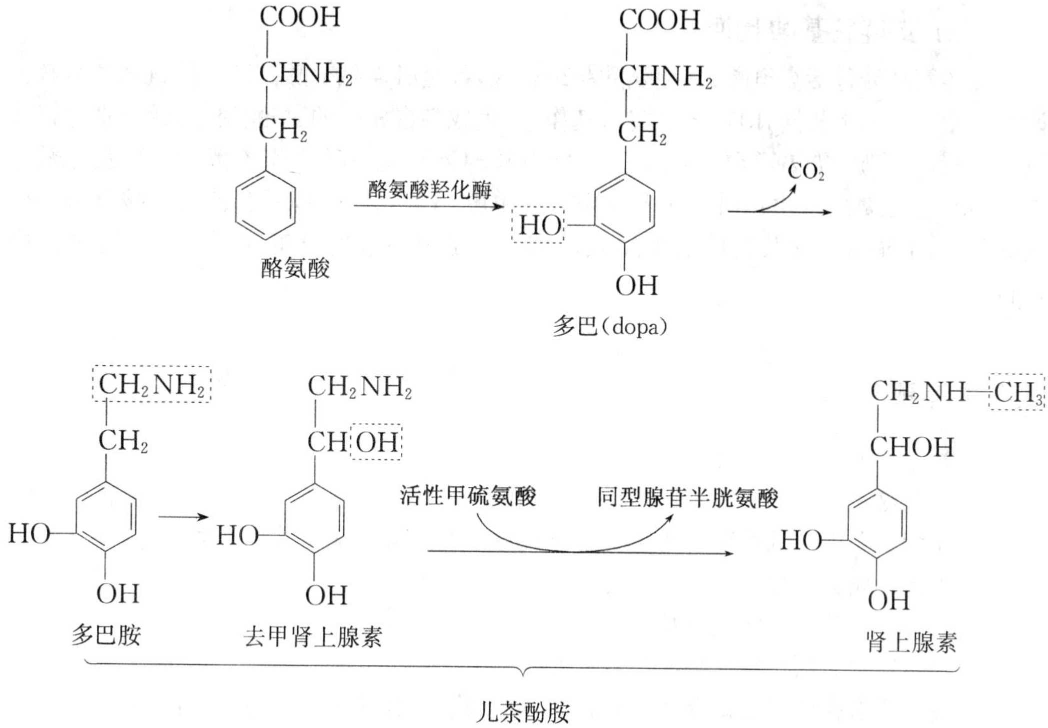

酪氨酸代谢的另一条途径是合成黑色素（melanin）。在黑色素细胞中酪氨酸酶（tyrosinase）的催化下，酪氨酸羟化生成多巴，后者经氧化、脱羧等反应转变成吲哚-5，6-醌。黑色素是吲哚醌的聚合物。人体缺乏酪氨酸酶，黑色素合成障碍，皮肤、毛发等发白，称为白化病（albinism）。

（2）酪氨酸分解代谢

除上述代谢途径外，酪氨酸还可在酪氨酸转氨酶的催化下，生成对羟苯丙酮酸，后者经尿黑酸等中间产物进一步转变成延胡索酸和乙酰乙酸，二者分别参与糖和脂肪酸代谢。因此，苯丙氨酸和酪氨酸是生糖兼生酮氨基酸。

（3）苯酮酸尿症

正常情况下苯丙氨酸代谢的主要途径是转变成酪氨酸。当苯丙氨酸羟化酶先天性缺乏时，苯丙氨酸不能正常地转变成酪氨酸，体内的苯丙氨酸蓄积，并可经转氨基作用生成苯丙酮酸，后者进一步转变成苯乙酸等衍生物。此时，尿中出现大量苯丙酮酸等代谢产物，称为苯酮酸尿症（phenyl ketonuria，PKU）。苯丙酮酸堆积对中枢神经系统有毒性，使患儿的智力发育障碍，对此种患儿的治疗原则是早期发现，并适当控制膳食中的苯丙氨酸含量。

2. 色氨酸的代谢

色氨酸除生成5-羟色胺外，本身还可分解代谢。在肝中，色氨酸通过色氨酸加氧酶（tryptophane oxygenase，又称吡咯酶 pyrrolase）的作用，生成一碳单位。色氨酸分解可产生丙酮酸与乙酰乙酰-CoA，所以色氨酸是一种生糖兼生酮氨基酸。此外，色氨酸分解还可产生尼克酸，这是体内合成维生素的特例，但其合成量甚少，不能满足机体的需要。

（三）支链氨基酸代谢

支链氨基酸包括亮氨酸、异亮氨酸和缬氨酸，都是必需氨基酸。这三种氨基酸分解代谢的开始阶段基本相同，即首先经转氨基作用，生成各自相应的 α-酮酸，其后分别进行代谢，经过若干步骤，缬氨酸分解产生琥珀酸单酰-CoA，亮氨酸产生乙酰-CoA 及乙酰乙酰-CoA，异亮氨酸产生乙酰-CoA 及琥珀酸单酰-CoA。所以，这三种氨基酸分别是生糖氨基酸、生酮氨基酸及生糖兼生酮氨基酸。支链氨基酸的分解代谢主要在骨骼肌中进行。

复习思考题

1. 氨基酸的化学结构有何特点？
2. 决定氨基酸的 D-型、L-型与决定单糖的 D-型、L-型有什么相同的依据？
3. 在什么条件下氨基酸以两性离子形式存在？什么是氨基酸的等电点？
4. 如何才能更好地理解氨基酸复杂的化学性质？
5. 蛋白质分子中有哪些重要的化学键？
6. 蛋白质的二级结构主要有哪些形式？
7. 蛋白质变性的实质是什么？如何看待蛋白质变性在实践中的应用？
8. 引起蛋白质沉淀的因素主要有哪些？引起沉淀的主要原因是什么？
9. 纤维状蛋白质和球状蛋白质的不同功能与它们的结构之间有何关系？
10. 根据肌红蛋白与血红蛋白的结构特点，解释它们氧合曲线的差别。
11. 氨基酸和蛋白质的结构与它们各自的性质和功能的关系如何？
12. 氨基酸脱氨基产物如何进一步代谢？
13. 脑细胞依赖于糖代谢提供能量，氨在细胞积累会造成脑损伤，请解释原因。
14. 提高天冬氨酸和谷氨酸合成，对三羧酸循环有何影响？
15. 写出由葡萄糖合成丙氨酸的反应总式。

第二章

生物催化剂

学习要点：生物催化剂是生物活性物质，由生物产生用于自身新陈代谢，维持其生物的各种活动。工业用生物催化剂是游离或固定化的酶或活细胞的总称。生物催化剂主要是微生物产生的一些活性酶和蛋白质等，包括微生物自身。酶是生物催化剂，绝大多数酶是蛋白质，少部分是核酸类。酶的催化作用具有高效性、专一性、敏感性以及可调控性等特点。按酶促反应的性质，酶可分成六大类；按酶分子组成可分为单纯酶和结合酶，结合酶由酶蛋白和辅助因子组成，只有全酶才有催化作用。全酶中的酶蛋白决定反应的特异性，辅助因子决定反应的种类与性质。酶的活性中心只是酶分子中的很小部分，组成酶活性中心的氨基酸残基的侧链存在不同的功能基团。酶浓度、底物浓度、pH 值、温度、激活剂和抑制剂等都能影响酶促反应的速度。K_m值等于酶促反应速度为最大速度一半时的底物浓度。可逆抑制剂通过非共价键与酶和（或）酶-底物复合物可逆性结合，采用透析或超滤的方法可以消除，许多药物都是酶的竞争性抑制剂。酶的分离纯化中，特别要注意避免酶活性的损失。维生素是参与生物生长发育和代谢所必需的一类微量小分子有机化合物，在调节物质代谢和维持生理功能等方面发挥着重要作用。按溶解性不同，维生素可分为脂溶性维生素和水溶性维生素两大类。B 族维生素均作为酶的辅酶或辅基的主要成分，参与体内的物质代谢。

第一节　生物催化剂概述

生物催化（biocatalysis）是指利用酶或者生物有机体（细胞、细胞器、组织等）作为催化剂进行化学转化的过程，这种反应过程又称为生物转化（biotransformation）。生物催化中常用的有机体主要是微生物，其本质是利用微生物细胞内的酶进行催化，促进生物转化的进程。

生物体内的化学反应几乎都是在特异的生物催化剂（biocatalyst）的催化下进行的。广义的生物催化剂包括微生物或动植物细胞和各种细胞器，是生物反应过程中起催化作用的游离细胞、游离酶、固定化细胞或固定化酶的总称。各类生物催化剂中真正起催化作用的还是存在于其中的酶,其分子组成绝大多数为蛋白质。20世纪80年代起,先后发现了另一类非蛋白生物催化剂,即具有高效、特异催化作用的核糖核酸和脱氧核糖核酸类物质,为数不多,主要作用于核酸,称为核酶(ribozyme)和脱氧核酶(deoxyribozyme),但到目前为止,对这类生物催化剂的了解还很有限。

生物催化系统可以分为两种类型:① 生物催化反应的底物或产物类型;② 生物催化的类型。生物催化剂按照其构造形态可以分为酶、细胞及多细胞生物体;按照其形式可以分为游离型催化剂和固定化催化剂。生物催化剂的发现包括酶和细胞两方面。由于一切酶催化剂都是由生物活体细胞产生的,因此,从催化剂发现的顺序和应用的角度上看,首先应该寻找具有特定催化功能的细胞,即产生特种酶的细胞。

人们最早了解和应用的是游离的细胞活体,包括原核细胞和真核细胞,也就是利用微生物、植物或动物细胞中特定的酶系作为生物催化剂。随着对生物催化本质的认识,对于单一步骤的酶反应,人们倾向于将催化该反应的特定酶从细胞中提取分离出来,以较纯的酶催化形式研究其催化性能及动力学,或者为方便于应用而使用固定化形式的生物催化剂。

生物催化剂主要来源于微生物,特别是微生物的新酶,大约占80%以上,动植物来源分别只占8%和6%。尤其是随着现代分子生物学的发展,重组DNA技术的应用,微生物作为生物催化剂的主要来源更加显示出巨大的潜力和优势。

工业生物技术是生物技术革命的第三次浪潮,是21世纪化学工业的基本工具,它在支撑新世纪社会进步与经济发展的技术体系中的地位已经被提到空前战略高度,而生物催化剂则是工业生物技术的核心,是限制工业生物催化的重要瓶颈,发现新型生物催化剂或生物催化剂的新功能及新底物是目前的主要任务。因此,寻找具有更优良特性的生物催化剂成为研究热点。常规催化剂的获得途径一般有以下几种方式:① 从市售商品酶及保藏机构保藏的相关微生物中发现目标催化剂;② 从土壤、污染区等自然环境中分离筛选具有新的催化活力的催化剂;③ 从已有的酶中发现新的非天然的催化活力;④ 利用新的反应条件、改变反应的介质或寻找新的影响因子;⑤ 采用基因工程、蛋白质工程等技术获取新的催化剂。

目前,获取理想生物催化剂的方法主要有:① 从环境样品中筛选;② 对现有生物催化剂进行蛋白质工程或基因工程改造;③ 探寻现有生物催化剂的新功能或新底物。

第二节 酶的概念、命名和分类

一、酶的概念

酶(enzyme)是具有生物催化功能的生物大分子,是由活细胞合成的、受多种因素调节控制的、对其特异底物起高效催化作用的生物催化剂,绝大多数酶是蛋白质。在酶作用下进行化学变化的物质称为底物(substrate),由酶催化的化学反应称为酶促反应(enzymatic reaction)。各种细胞在适宜的条件下都可以合成各种各样的酶,据此,可以通过各种方法选育得到优良的微生物、动物或植物细胞,在人工控制条件的生物反应器中进行生产,而获得各种所需的酶。

生命活动离不开酶的催化作用。在酶的催化下,机体内的物质代谢有条不紊地进行;同时又在许多因素的影响下,酶对代谢发挥着巧妙的调节作用。虽然酶由细胞产生,但它的催化作用并不依赖细胞的存在。用人工方法从细胞中提取出来的酶,在适宜的体外条件下仍能发挥其催化作用。酶的这种性质为人们提纯酶、研究其分子结构、作用机制和反应动力学等提供了可能。

酶是具有特定结构的生物大分子,酶结构的改变将引起酶的某些催化特性的改变。通过各种方法使酶的催化特性得以改进的技术过程,称为酶的改性(enzyme improving)。经过改性,可以提高酶活力,增加稳定性,降低抗原性,改变选择性,更有利于酶的应用。在适宜的条件下,酶可催化各种生化反应。据此,可以根据酶的催化特性和酶反应动力学的理论,将酶应用于医药、食品、工业、农业、环保、能源和生物技术等各个领域。

二、酶的分类

按照分子中起催化作用的主要组分不同,酶可以分为蛋白类酶(proteozyme,P 酶)和核酸类酶简称核酶(ribozyme,R 酶)两大类,其数量已达几千种,要求每一种酶都有准确的名称和明确的分类,避免发生混乱或误解。对于蛋白类酶,国际酶学委员会(Enzyme committee)于 1961 年规定,按酶促反应的性质,把酶分成六大类。

(一)氧化还原酶类(oxidoreductases)

催化底物氧化还原反应,可分为氧化酶(oxidase)和脱氢酶(dehydrogenase)。如乳酸脱氢酶、细胞色素氧化酶等。其催化反应通式为

$$AH_2 + B \rightleftharpoons A + BH_2$$
$$AH_2 + O_2 \rightleftharpoons A + H_2O_2$$

(二)转移酶类(transferases)

催化底物之间某些基团的转移或基团交换。如转氨酶、己糖激酶等。其催化反应通式为

$$AR + B \rightleftharpoons A + BR$$

(三)水解酶类(hydrolases)

催化底物水解反应。如淀粉酶、蛋白酶、脂肪酶、磷脂酶等。其催化反应通式为

$$AB + H_2O \rightleftharpoons AH + BOH$$

(四)裂解酶类(lyases)

催化非水解地移去底物分子中的基团及其逆反应。如柠檬酸合成酶、醛缩酶、碳酸酐酶等。其催化反应通式为

$$AB \rightleftharpoons A + B$$

(五)异构酶类(isomerases)

催化各种同分异构体间的相互转变。如磷酸丙糖异构酶、消旋酶等。其催化反应通

式为

$$A \rightleftharpoons B$$

（六）连接酶类(ligases)

催化两分子合成一分子，并有 ATP 参与。如谷氨酰胺合成酶等。其催化反应通式为

$$A+B+ATP \rightleftharpoons AB+ADP+Pi$$
$$(AMP + PPi)$$

国际系统分类法除按上述六类将酶依次编号外，还根据酶所催化的化学键的特点和参加反应的基团不同，将每一大类又进一步分类。每种酶的分类编号均由四个数字组成，数字前冠以 EC(enzyme committee)。编号中第一个数字表示该酶属于六大类中的哪一类，第二个数字表示该酶属于哪一亚类，第三个数字表示亚-亚类，第四个数字是该酶在亚-亚类中的排序。例如 ATP:葡萄糖磷酸转移酶，催化从 ATP 向葡萄糖转移一个磷酸基的反应，它的分类编号是 EC2.7.1.1。EC 代表国际酶学委员会，第一个数字"2"代表酶的分类（转移酶类）；第二个数字"7"代表亚类（磷酸转移酶类）；第三个数字"1"代表亚-亚类（以羟基作为受体的磷酸转移酶类）；第四个数字"1"代表该酶在亚-亚类中的排号（以 D-葡萄糖作为磷酸基的受体）。

三、酶的命名

（一）系统命名法

鉴于新酶的不断发现和过去对酶命名的紊乱，为避免一种酶有几种名称或不同的酶用同一种名称的现象，国际酶学委员会提出了系统命名原则。系统名的组成包括正确的底物名称、类型、反应性质和一个酶字；若为两个底物，则需列出两个底物的名称，两者之间用冒号分开；氧化还原酶则为供体在前、受体在后，见表 2-1。每个酶的系统名具有唯一性，由于许多酶促反应是双底物或多底物反应，且许多底物的化学名称太长，这使许多酶的系统名称过于复杂。

（二）习惯命名法

习惯命名法的命名方式通常有以下几种：

1. 以"酶催化的底物加酶"来命名，如蛋白酶、胆碱酯酶、糖苷酶等；

2. 以"酶的来源加酶"来命名，如胃酶、胰酶等；

3. 以"酶催化的反应类型加酶"来命名，如水解酶、异构酶、氧化还原酶等。

4. 常见的命名往往将上述三种形式综合，如蛋白水解酶、乳酸脱氢酶、磷酸己糖异构酶、菠萝蛋白酶、胃蛋白酶、唾液淀粉酶等。

习惯命名法简单且通俗易记，但同名较多。为了应用方便，国际酶学委员会从每种酶的数个习惯名称中选定一个简便实用的推荐名称(recommended name)。现将一些酶的系统名称和推荐名称举例列于表 2-1。

表 2-1　一些酶的命名举例

编号	推荐名称	系统命名	催化的反应
EC1.4.1.3	谷氨酸脱氢酶	L-谷氨酸:NAD^+ 氧化还原酶	L-谷氨酸+H_2O+NAD^+ ⇌ α-酮戊二酸+NH_3+NADH
EC2.6.1.1	天冬氨酸氨基转移酶	L-天冬氨酸:α-酮戊二酸氨基转移酶	L-天冬氨酸+α-酮戊二酸 ⇌ 草酰乙酸+L-谷氨酸
EC3.5.3.1	精氨酸酶	L-精氨酸脒基水解酶	L-精氨酸+H_2O ⇌ L-鸟氨酸+尿素
EC6.3.1.2	谷氨酰胺合成酶	L-谷氨酸:氨连接酶	ATP+L-谷氨酸+NH_3 ⇌ ADP+磷酸+L-谷氨酰胺

第三节　酶的化学本质和组成

一、酶的化学本质

除了核酶和脱氧核酶之外,绝大多数酶是蛋白质,这已被大量的实验及分析所证实。主要依据是:

① 在酸碱条件下水解的最终产物是氨基酸;

② 能被蛋白酶水解而失去催化活性;

③ 凡能使蛋白质变性的因素都可使酶变性失活,如高温、无机酸、碱、重金属盐、生物碱试剂、长时间振荡及紫外照射等;

④ 在不同 pH 条件下呈现不同的离子状态,是两性电解质,能在电场中泳动,各自具有特定的等电点;

⑤ 具有胶体的一系列特性,如在溶液中不能透过半透膜等;

⑥ 具有蛋白质所有的呈色反应;

⑦ 许多酶的氨基酸序列已被陆续测定,其中 1969 年牛胰核糖核酸酶被人工合成;

⑧ 已经制得结晶的酶,均证明其催化活性与其蛋白质本性密切地联系在一起,经多次重结晶,其均一性和活力也不改变。

二、酶的分子组成

酶按其分子组成可分为单纯酶(simple enzyme)和结合酶(conjugated enzyme)。单纯酶是仅由肽链构成的酶。脲酶、一些消化道蛋白酶、淀粉酶、脂酶、核糖核酸酶等均属此列。结合酶由蛋白质部分和非蛋白质部分组成,前者称为酶蛋白(apoemyme),后者称为辅助因子(cofactor)。酶蛋白与辅助因子结合形成的复合物称为全酶(holoenzyme),只有全酶才有催化作用。全酶中的酶蛋白决定反应的特异性;辅助因子决定反应的种类与性质,参与反应并促进整个催化过程。通常一种酶蛋白必须与某一特定的辅因子结合,才能成为有活性的全酶。如果此辅因子为另一种辅因子所替换,此时酶即不表现活力。反之,一种辅酶常可与多种不同的酶蛋白结合,而组成具有不同专一性的全酶。例如 NAD^+ 可与不同的酶蛋白结合,组成乳酸脱氢酶、苹果酸脱氢酶和 3-磷酸甘油醛脱氢酶等。

辅助因子包括金属离子及小分子有机化合物。

金属离子是最多见的辅因子,约 2/3 的酶含有金属离子。有的金属离子与酶结合紧密,提取过程中不易丢失,这类酶称为金属酶(metalloenzyme);有的金属离子虽为酶的活性所必需,但与酶的结合不甚紧密,这类酶称为金属激活酶(metal-activated enzyme)。金属辅助因子的作用是多方面的,主要是作为酶活性中心的催化基团参与催化反应、传递电子;作为连接酶与底物的桥梁,便于酶对底物起作用;稳定酶的构象;中和阴离子,降低反应中的静电斥力等。常见的金属离子有 K^+、Na^+、Mg^{2+}、Cu^{2+}(Cu^+)、Zn^{2+}、Fe^{2+}(Fe^{3+})等。

表 2-2　金属离子作为辅助因子的酶类

金属离子	酶类
Fe^{3+} 或 Fe^{2+}	细胞色素氧化酶、过氧化氢酶、过氧化物酶
Cu^{2+}	细胞色素氧化酶
Zn^{2+}	DNA 聚合酶、碳酸酐酶、醇脱氢酶
Mg^{2+}	己糖激酶、葡萄糖-6-磷酸酶
K^+	丙酮酸激酶(亦需 Mg^{2+})
Ni^{2+}	脲酶

作为辅助因子的小分子有机物,其主要作用是参与酶的催化过程,在反应中传递电子、质子或一些基团。虽然含小分子有机物的酶很多,但此种辅助因子的种类却不多,且分子结构中常含有维生素或维生素类物质(表 2-3)。按照小分子有机物与酶蛋白结合的紧密程度不同,可将其分为辅酶(coenzyme)与辅基(prosthetic group)。辅酶与酶蛋白的结合疏松,可以用透析或超滤的方法除去。辅基则与酶蛋白结合紧密,不能通过透析或超滤将其除去。辅助因子在反应中作为底物接受质子或基团后离开酶蛋白,参加另一酶促反应并将所携带的质子或基团转移出去,或者相反。金属离子多为酶的辅基,小分子有机化合物有的属于辅酶(如 NAD^+、$NADP^+$ 等),有的属于辅基(如 FAD、FMN、生物素等)。

表 2-3　某些辅酶(辅基)在催化中的作用

转移的基团	辅酶或辅基名称	所含的维生素
氢原子(质子)	NAD^+(尼克酰胺腺嘌呤二核苷酸,辅酶Ⅰ)	尼克酰胺(维生素 PP 之一种)

（续表）

转移的基团	辅酶或辅基名称	所含的维生素
	$NADP^+$（尼克酰胺腺嘌呤二核苷酸磷酸,辅酶）	尼克酰胺（维生素 PP 之一种）
	FMN（黄素单核苷酸）	维生素 B_2（核黄素）
	FAD（黄素腺嘌呤二核苷酸）	维生素 B_2（核黄素）
醛基	TPP（焦磷酸硫胺素）	维生素 B_1（硫胺素）
酰基	CoA（辅酶 A）	泛酸
	硫辛酸	硫辛酸
烷基	钴胺素辅酶类	维生素 B_{12}
二氧化碳	生物素	生物素
氨基	磷酸吡哆醛	吡哆醛（维生素 B_6 之一种）
甲基、甲烯基、甲炔基、甲酰基等	四氢叶酸	叶酸
一碳单位		

三、酶的结构组成及活性中心

酶同样具有蛋白质的初级和高级结构。只有一条肽链的酶称为单体酶（mono-meric enzyme）；由多个相同或不同亚基以非共价键连接组成的酶称为寡聚酶（oligomeric enzyme）。多酶体系（multienzyme system）是由几种不同功能的酶彼此嵌合形成的多酶复合物。还有一些多酶体系在进化过程中由于基因的融合,多种不同催化功能存在于一条多肽链中,这类酶称为多功能酶（multifunctional enzyme）或串联酶（tandem enzyme）。

酶属于生物大分子,分子量至少在一万以上,大的酶可达百万。酶的催化作用依赖于酶分子的一级结构及高级结构的完整性。若酶分子变性或亚基解聚均可导致酶活性丧失。底物大多为小分子物质,它们的分子量比酶小几个数量级。已知酶通过一个特定的区域与底物结合,形成酶-底物复合物。酶的这个区域为两者的定向结合提供了有利条件。酶的这个区域称为酶的活性中心（active center）或活性部位（active site）。酶的活性中心只是酶分子中的很小部分,酶蛋白的大部分氨基酸残基并不与底物接触。组成酶活性中心的氨基酸残基的侧链存在不同的功能基团,如—NH_2、—COOH、—SH、—OH 和咪唑基等,它们来自酶分子多肽链的不同部位,其中一些与酶活性密切相关的化学基团称作酶的必需基团（essential group）。这些必需基团在一级结构上可能相距很远,但在空间结构上彼此靠近,组成具有特定空间结构的区域,能与底物特异的结合并将底物转化为产物。酶的活性中心是酶分子中具有三维结构的区域,形如裂缝或凹陷,此裂缝或凹陷由酶的特定空间构象所维持,深入到酶分子内部,且多为氨基酸残基的疏水基团组成的疏水环境,形成疏水"口袋"。辅酶或辅基参与酶活性中心的组成。溶菌酶的活性中心见图 2-1。

酶的必需基团包括结合基团（binding group）和催化基团（catalytic group）两类。结

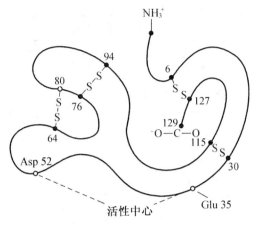

图 2-1 溶菌酶的活性中心

合基团结合底物和辅酶,使之与酶形成复合物;催化基团则影响底物中某些化学键的稳定性,催化底物发生化学反应并将其转变成产物。活性中心内的必需基团可同时具有这两方面的功能。还有一些必需基团虽然不参加活性中心的组成,但却为维持酶活性中心应有的空间构象所必需,这些基团是酶活性中心外的必需基团。

第四节　维生素的组成及功用

维生素(vitamin)是参与生物生长发育和代谢所必需的一类微量小分子有机化合物,人体自身不能合成或合成量很少,必须由食物提供。维生素是食物的营养素之一但不是补品,每日需要量甚少,不可盲目大量使用,它们既不是构成机体组织的成分,也不是体内供能物质,然而在调节物质代谢和维持生理功能等方面却发挥着重要作用。长期缺乏某种维生素,会导致维生素缺乏症。

各种维生素的化学结构差别很大,按溶解性不同,通常将维生素分为脂溶性维生素(lipid-soluble vitamin)和水溶性维生素(water-soluble vitamin)两大类,前者包括维生素A、D、E、K,后者包括维生素B族及维生素C等。维生素的发现,尤其是维生素作为酶的辅酶或辅基成分的发现,是生物化学对人类的一大贡献,它阐明了许多维生素发挥生理功能的基础。

水溶性维生素在化学结构上各不相同,大多在植物中合成,B族维生素均作为酶的辅酶或辅基的主要成分,参与体内的物质代谢。体内过剩的水溶性维生素可由尿排出体外,因而在体内很少蓄积,必须经常从食物中摄取。

脂溶性维生素不溶于水,而溶于脂类及多数有机溶剂,食物中与脂类共存。吸收后的脂溶性维生素在血液中与脂蛋白及某些特殊蛋白特异地结合而运输。脂溶性维生素均可在体内储存,主要储存于肝脏及脂肪,因此只有长期缺乏供应时才会发生维生素缺乏症。影响脂类消化吸收的因素(如胆汁酸缺乏、长期腹泻等)均可造成脂溶性维生素吸收减少,甚至引起缺乏症。维生素 A、维生素 D 摄入过量可发生中毒。

以下将详细介绍各种维生素的化学本质及性质、生化作用及缺乏症等内容,扫下方二维码学习体验吧!

第五节 酶作用特性

作为催化剂,酶与非生物催化剂(一般催化剂)一样,具有相同的催化特性:① 只能催化热力学允许的化学反应;② 只能改变反应速度,而不改变反应的平衡点,即不改变反应的平衡常数;③ 本身在化学反应前后性质不变;④ 用量很少,细胞中酶的相对含量很低;⑤ 加速反应的机制都是降低反应的活化能(activation energy)。在任何一种热力学允许的反应体系中,底物分子所含能量的平均水平较低,在反应的任何一瞬间,只有那些能量较高,达到或超过一定水平的分子(即活化分子)才有可能发生化学反应。活化能就是底物分子从初态转变到活化态所需的能量。活化分子愈多,反应速度愈快。

作为生物催化剂,酶由生物体产生并存在于其中,其催化性质又有着与非生物催化剂完全不同的特殊性。

一、反应条件温和

酶对周围环境敏感,不耐高温、高压,遇强酸、强碱以及重金属盐或紫外线等因素,很易失去催化活性。因此,由酶所催化的反应,几乎都是在比较温和的常压、常温和接近中性条件下进行的。

二、极高的催化效率

酶的催化效率通常比非生物催化剂高 $10^7 \sim 10^{13}$ 倍。例如,脲酶催化尿素的水解速度是 H^+ 催化作用的 7×10^{12} 倍;α-胰凝乳蛋白酶对苯酰胺的水解速度是 H^+ 的 6×10^6 倍。酶通过其特有的作用机制,比非生物催化剂更有效地降低反应的活化能,使底物只需较少的能量便可进入活化状态,见图 2-2。

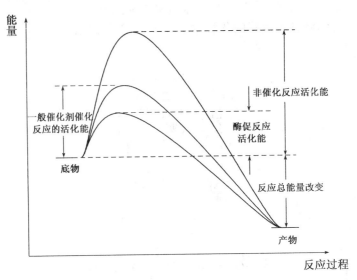

图 2-2　酶促反应活化能改变

三、高度的特异性

与非生物催化剂不同,酶对其所催化的底物具有较严格的选择性,这种特性称为酶的特异性或专一性(speciflcity)。根据酶对其底物结构选择的严格程度不同,其特异性可大致分为以下三种类型。

　1. 绝对特异性

此类酶只能作用于某一种底物的反应,称为绝对特异性(abdolute speciflcity)。例如,脲酶仅能催化尿素水解生成 CO_2 和 NH_3。

　2. 相对特异性

此类酶作用于一类化合物或一种化学键,称为相对特异性(relative specificity),包括键特异性(bond specificity)和基团特异性(group specificity)。例如,磷酸酶对一般的磷酸酯键都有水解作用,可水解甘油或醇与磷酸形成的酯键;脂肪酶不仅水解脂肪,也水解简单的酯。虽然不同的消化道蛋白酶对肽键两旁氨基酸残基组成的要求有所不同(例如,胰蛋白酶仅水解由碱性氨基酸的羧基形成的肽键;氨肽酶和羧肽酶仅分别作用于多肽链的氨基末端与羧基末端),但对其所催化的蛋白质却无严格要求。

　3. 立体异构特异性

有些酶具有立体异构特异性(stereospecificity),仅作用于底物的一种立体异构体,包括旋光异构特异性和顺反(几何)异构特异性。例如,乳酸脱氢酶仅催化 L-乳酸脱氢,而不作用于 D-乳酸;延胡索酸酶仅催化反丁烯二酸(延胡索酸)与苹果酸之间的裂解反应,对顺丁烯二酸则无作用。

四、酶促反应的可调节性

酶促反应受多种因素的调控,以适应机体对不断变化的内外环境和生命活动的需要。

其中包括对酶生成与降解量的调节、酶催化效力的调节和通过改变底物浓度对酶进行调节等三方面。例如,酶与代谢物在细胞内的区域化分布,多酶体系和多功能酶的形成,进化过程中基因分化形成的各种同工酶,代谢物通过对系列酶中关键酶、变构酶的抑制与激活,酶共价修饰的级联调节,以及对酶生物合成的诱导与阻遏和酶降解速度的调节等,详见本书相关章节。

第六节 酶促反应速度及影响因素

酶促反应速度受到一系列因素的影响,包括酶浓度、底物浓度、pH 值、温度、激活剂和抑制剂等都能影响酶促反应的速度。酶促反应动力学(kineticsd enzyme-catalyzed reaction)研究的就是酶促反应速度及有关影响因素。在研究某一因素对酶反应速度的影响时,要保持酶催化系统的其他因素不变。动力学研究可为酶作用机制提供有价值的信息,也有助于确定酶作用的最适条件。应用抑制剂探讨酶活性中心功能基团的组成,对酶的结构与功能方面的研究以及生产实际应用方面都有重要价值。

一、酶浓度的影响

在酶促反应系统中,当底物浓度足够多,且不受其他因素影响时,反应速度与酶的浓度变化呈正比关系(见图 2 - 3)。即

$$V = k[E]$$

式中 V 为反应速度,k 为反应速度常数,$[E]$ 代表酶浓度。

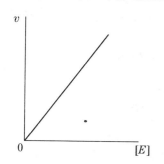

图 2 - 3 酶浓度对反应速度的影响

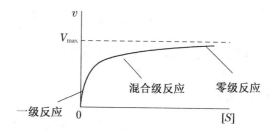

图 2 - 4 底物浓度对酶促反应速度的影响

二、底物浓度的影响——米氏方程

在其他因素不变的情况下,底物浓度较低时,反应速度随底物浓度的增加而急骤上升,两者呈正比关系,表现为一级反应。随着底物浓度的增加,反应速度增加的幅度逐渐下降。如果继续加大底物浓度,反应速度将不再增加,表现出零级反应。此时酶的活性中心已被底物饱和,不同酶达到饱和时所需的底物浓度不同。

(一) 米氏方程式

Leonor Michaelis 和 Maud L. Menten 提出了酶促反应速度与底物浓度关系的数学方程式,即著名的米氏方程式(Michaelis equation)。

$$V = \frac{V_{max}[S]}{K_m + [S]} \tag{1}$$

式中 V_{max} 为最大反应速度(maximum velocity),$[S]$ 为底物浓度,K_m 为米氏常数(Michaelis constant),V 是在不同 $[S]$ 时的反应速度。当底物浓度很低($[S] \ll K_m$)时,$V = \frac{V_{max}}{K_m}[S]$,反应速度与底物浓度呈正比。当底物浓度很高($[S] \gg K_m$)时,$V \cong V_{max}$,反应速度达最大值,底物浓度与反应速度无关。

米氏方程式的推导建立在中间产物学说基础上。中间产物学说用来解释酶促反应中底物浓度和反应速度的关系。酶首先与底物结合形成酶-底物复合物(中间产物),此复合物再分解为产物和游离的酶。

$$E + S \underset{k_2}{\overset{k_1}{\rightleftharpoons}} ES \overset{k_3}{\longrightarrow} E + P \tag{2}$$

反应式(2)中 k_1、k_2 和 k_3 分别为各向反应的速度常数。

米氏方程式的推导基于这样的假设:① 测定的反应速度为初速度,产物的生成量极少,逆反应可不予考虑;② $[S]$ 足够多,$[S]$ 的变化在测定初速度的过程中可忽略不计。反应中游离酶的浓度[游离酶]为总酶浓度 $[E]$ 减去结合到中间产物中的酶的浓度 $[ES]$,即:[游离酶]$=[E]-[ES]$。

这样,

$$ES \text{ 生成的速度} \frac{d[ES]}{dt} = k_1([E]-[ES])[S] \tag{3}$$

$$ES \text{ 分解的速度} \frac{-d[ES]}{dt} = k_2[ES] + k_3[ES] \tag{4}$$

当反应处于稳态时,ES 的生成速度$=ES$ 的分解速度,即

$$k_1([E]-[ES])[S] = k_2[ES] + k_3[ES]$$

经整理,得

$$\frac{([E]-[ES])[S]}{[ES]} = \frac{k_2 + k_3}{k_1}$$

令 $(k_2 + k_3)/k_1 = K_m$,则

$$[E][S] - [ES][S] = K_m[ES]$$

$$[ES] = \frac{[E][S]}{K_m + [S]} \tag{5}$$

由于反应速度取决于单位时间内产物 P 的生成量,所以 $V = k_3[ES]$,将式(5)代入得

$$V = \frac{k_3[E][S]}{K_m + [S]} \tag{6}$$

当底物浓度很高时,所有的酶都与底物生成中间产物(即 $[E]=[ES]$),反应达最大速度。即

$$V_{max} = k_3[ES] = k_3[E] \tag{7}$$

将式(7)代入式(6),得米氏方程式

$$V = \frac{V_{max}[S]}{K_m + [S]}$$

(二) K_m 与 V_{max} 的意义

1. 反应速度为最大反应速度一半时,米氏方程式可以变换如下:

$$\frac{V_{max}}{2} = \frac{V_{max}[S]}{K_m + [S]}$$

进一步整理得 $K_m = [S]$。由此可见,K_m 值等于酶促反应速度为最大速度一半时的底物浓度。

2. 当 $k_2 \gg k_3$ 时,即 ES 解离成 E 和 S 的速度大大超过分解成 E 和 P 的速度时,k_3 可以忽略不计。此时 K_m 值近似于 ES 的解离常数 K_s。在这种情况下,K_m 值可用来表示酶对底物的亲和力。

$$K_m = \frac{k_2}{k_1} = \frac{[E][S]}{[ES]} = K_s$$

此时 K_m 值愈小,则酶与底物的亲和力愈大。这表示较小的底物浓度便可容易地达到最大反应速度。但 k_3 值并非在所有酶促反应中都远小于 k_2,所以,此时 K_s 值和 K_m 值的含义不同,不能互相代替使用。

3. K_m 值是酶的特性常数之一,只与酶的结构、底物和反应环境(如温度、pH、离子强度)有关,与酶的浓度无关。各种酶的 K_m 值范围很广,大致在 $10^{-6} \sim 10^{-2}$ mol/L 之间。对于同一底物,不同的酶有不同的 K_m 值。若同一酶对多个底物有作用,则酶对不同底物的 K_m 值也各不相同,K_m 较小的底物称为该酶的最适底物。

4. V_{max} 是酶完全被底物饱和时的反应速度,与酶浓度呈正比。如果酶的总浓度已知,便可从 V_{max} 计算酶的转换数(turnover number),例如,10^{-6} mol/L 的碳酸酐酶溶液在 1 秒钟内催化生成 0.6 mol/L H_2CO_3,则每秒钟每摩尔酶可催化生成 6×10^5 mol 的 H_2CO_3。

$$k_3 = \frac{V_{max}}{[E]} = \frac{0.6 \text{ mol/L} \cdot \text{s}}{10^{-6} \text{ mol/L}} = 6 \times 10^5 \text{ s}^{-1}$$

动力学常数 k_3 称为酶的转换数,其定义是:当酶被底物充分饱和时,单位时间内每摩尔酶分子(或活性中心)催化底物转变为产物的摩尔数。对于生理性底物,大多数酶的转换数在 $1 \sim 10^4$/s 之间。

(三) K_m 值和 V_{max} 值的测定

双倒数作图法(double reciprocal plot)又称为 Lineweaver-Burk 作图法,是最常用的方法。将米氏方程式两边同时取倒数,经整理得到双倒数方程式。

$$\frac{1}{V} = \frac{K_m}{V_{max}} \frac{1}{[S]} + \frac{1}{V_{max}} \tag{8}$$

以 $1/V$ 对 $1/[S]$ 作图(图 2-5),得一直线,其纵轴上的截距为 $1/V_{max}$,横轴上的截距为 $-1/K_m$。此作图法除用于求取 K_m 值和 V_{max} 值外,还可用于判断可逆性抑制反应的性质。

此外,Hanes 作图法(图 2-6)也是从米氏方程式衍化来的,其方程式为

$$\frac{[S]}{V}=\frac{K_m}{V_{max}}+\frac{1}{V_{max}}[S]$$

横轴截距为 $-K_m$,直线的斜率为 $1/V_{max}$。

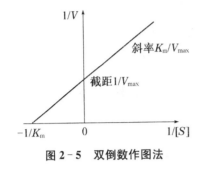

图 2-5　双倒数作图法　　　　　　　　　图 2-6　Hanes 作图法

三、温度的影响

酶是生物催化剂,温度对酶促反应速度具有双重影响。升高温度一方面可加快酶促反应速度,同时也增加酶变性的机会。温度升高到 60 ℃ 以上时,大多数酶开始变性;80 ℃ 时,多数酶的变性已不可逆。在一定条件下,每一种酶在某一温度时活性最强。酶促反应速度最快时的环境温度称为酶促反应的最适温度(optimum temperature)。温血动物组织中酶的最适温度多在 35~40 ℃ 之间。环境温度低于最适温度时,温度升高反应速度加快这一效应起主导作用,温度每升高 10 ℃,反应速度可加大 1~2 倍。温度高于最适温度时,反应速度则因酶变性而降低(图 2-7)。酶的最适温度相当于细胞最适生活环境的温度,或稍高。生活在温泉或深海中的细菌,酶的最适温度甚至可以达到水的沸点。聚合酶链反应(polymerase chain reaction)所需的热稳定的

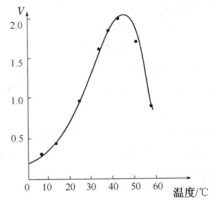

图 2-7　温度对淀粉酶活性的影响

DNA 聚合酶便是从生活在 70~80 ℃ 的栖热水生菌(Thermus aquaticus)中提取的,此酶可耐受近 100 ℃ 的高温。

酶的最适温度不是酶的特征性常数,它与反应进行的时间有关。酶可以在短时间内耐受较高的温度。相反,延长反应时间,最适温度便降低。

酶的活性虽然随温度的下降而降低,但低温一般不使酶破坏。温度回升后,酶又可以恢复活性。低温保存菌种即是基于这一原理。临床上低温麻醉便是利用酶的这一性质以减慢组织细胞代谢速度,提高机体对氧和营养物质缺乏的耐受性。生化实验中测定酶活性时,应严格控制反应液的温度。酶制剂应保存在冰箱中,从冰箱中取出后应立即应用,以免发生酶的变性。

四、pH 值的影响

　　酶分子中的许多极性基团，在不同的 pH 条件下解离状态不同，其所带电荷的种类和数量也各不相同，酶活性中心的某些必需基团往往仅在某一解离状态时才最容易同底物结合或具有最大的催化作用。许多具有可解离基团的底物与辅酶(如 ATP、NAD$^+$、辅酶A、氨基酸等)荷电状态也受 pH 改变的影响，从而影响它们与酶的亲和力。此外，pH 还可影响酶活性中心的空间构象，从而影响酶的活性。因此，pH 的改变对酶的催化作用影响很大(图 2 - 8)。酶催化活性最大时的环境 pH 称该酶促反应的最适 pH(optimum pH)。不同酶的最适 pH 各不相同，除少数(如胃蛋白酶的最适 pH 约为 1.8，肝精氨酸酶的最适 pH 为 9.8)外，动物体内多数酶的最适 pH 接近中性。

　　最适 pH 不是酶的特征性常数，它受底物浓度、缓冲液的种类与浓度以及酶的纯度等因素的影响。溶液的 pH 高于或低于最适 pH 时，酶的活性降低，远离最适 pH 时还会导致酶的变性失活。在测定酶的活性时，应选用适宜的缓冲液以保持酶活性的相对恒定。

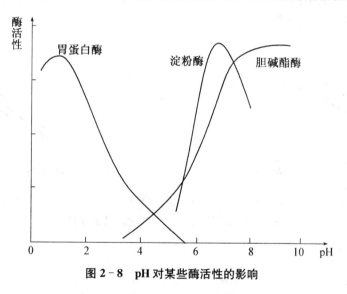

图 2 - 8　pH 对某些酶活性的影响

五、抑制剂的影响

　　凡能使酶的催化活性下降甚至丧失的物质称作酶的抑制剂(inhibitor)。抑制剂多与酶的活性中心内外必需基团相结合，改变其理化性质。根据抑制剂的作用程度不同，酶的抑制作用分为不可逆性抑制与可逆性抑制两类。

(一) 不可逆性抑制作用

　　具有不可逆性抑制作用(irreversible inhibition)的抑制剂常与酶活性中心的必需基团以共价键相结合，使酶失活。此种抑制剂不能用透析、超滤等方法去除。农药敌百虫、敌敌畏等有机磷化合物能特异地与胆碱酯酶(choline esterase)活性中心丝氨酸残基的羟基结合，抑制胆碱酯酶活性，导致乙酰胆碱积蓄，造成对迷走神经的兴奋毒性状态。这些具有专一作用的抑制剂常被称为专一性抑制剂。

低浓度的重金属离子(如 Hg^{2+}、Ag^+ 等)及 As^{3+} 可与酶分子的巯基结合,抑制巯基酶的活性。由于这些抑制剂所结合的巯基不局限于必需基团,所以此类抑制剂又称为非专一性抑制剂。化学毒气路易士气(Lewisite)是一种含砷的化合物,它能抑制体内的巯基酶而使人畜中毒。

这些中毒可用药物防护和解毒。解磷定(pyridine aldoxime methyliodide,PAM)可解除有机磷化合物对羟基酶的抑制作用。重金属盐引起的巯基酶中毒可用二巯基丙醇(British anti-Lewisite,BAL)解毒。BAL 含有 2 个—SH,在体内达到一定浓度后,可与毒剂结合,使酶恢复活性。

(二)可逆性抑制作用

具有可逆性抑制作用(reversible inhibition)的抑制剂通过非共价键与酶和(或)酶-底物复合物可逆性结合,使酶活性降低或消失,此类抑制作用可采用透析或超滤的方法消除。

可逆性抑制作用包括竞争性抑制作用、非竞争性抑制作用和反竞争性抑制作用 3 种方式,其特征曲线见图 2 - 9。

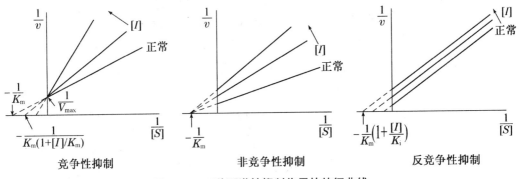

图 2 - 9　三种可逆性抑制作用的特征曲线

1. 竞争性抑制作用

有些抑制剂与酶的底物结构相似,可与底物竞争酶的活性中心,从而阻碍酶与底物结合成中间产物。这种抑制作用称为竞争性抑制作用(competitive inhibition)。

$$E+S\rightleftharpoons ES \longrightarrow E+P$$
$$+$$
$$I$$
$$\Updownarrow K_i$$
$$EI$$

由于抑制剂与酶的结合是可逆的,抑制程度取决于抑制剂与酶的相对亲和力和与底物浓度的相对比例。丙二酸对琥珀酸脱氢酶的抑制作用是竞争性抑制作用的典型实例,酶对丙二酸的亲和力远大于酶对琥珀酸的亲和力,当丙二酸的浓度仅为琥珀酸浓度的 1/50 时,酶的活性便被抑制 50%。若增大琥珀酸的浓度,此抑制作用可被削弱。

酶和抑制剂结合形成的复合物 EI 不能转化为产物。其中,K_i 称为抑制常数,即酶-

抑制剂复合物的解离常数。按米氏方程式的推导方法衍化出竞争性抑制剂、底物和反应速度之间的动力学关系如下：

$$v=\frac{V_{max}[S]}{K_m\left(1+\dfrac{[I]}{K_i}\right)+[S]}$$

其双倒数方程式为

$$\frac{1}{v}=\frac{K_m}{V_{max}}\left(1+\frac{[I]}{K_i}\right)\frac{1}{[S]}+\frac{1}{V_{max}}$$

有不同浓度抑制剂存在时，以 $1/v$ 对 $1/[S]$ 作图（图 2-9）可见，无论竞争性抑制剂的浓度如何，各直线在纵轴上的截距均为 $1/V_{max}$，与无抑制剂时相同。这说明酶促反应的 V_{max} 不因有竞争性抑制剂的存在而改变。有竞争性抑制剂存在时，从横轴上的截距量得的"K_m 值"（称为表观 K_m 值，apparent K_m）大于无抑制剂存在时的 K_m 值，可见，竞争性抑制作用使酶的表观 K_m 值增大。

竞争性抑制作用的原理可用来阐明生化产品的生产调控以及某些药物的作用机制，并指导探索合成控制代谢的新药物。

酪氨酸酶（EC 1.14.18.1，Tyrosinase）又称为多酚氧化酶（Polyphenol oxidase），是一种含铜糖蛋白，广泛分布于动植物和微生物体内。酪氨酸酶具有独特的双重催化功能，是生物体内黑色素合成的关键酶，人的衰老与恶性黑色素瘤、昆虫的伤口愈合与发育、果蔬的褐变等均与其活性密切相关。酪氨酸酶抑制剂已被用于果蔬保鲜、化妆品、生物农药等多个领域，对酪氨酸酶抑制剂的研究已引起国内外的广泛重视。从天然植物或药物中寻找酪氨酸酶抑制剂成为研究热点，相关研究表明黄芪具有一定的抑制酪氨酸酶酶活的作用。添加黄芩的灵芝发酵液中酪氨酸酶抑制剂应该属于灵芝酸类（萜类）或黄酮类化合物，其酪氨酸酶抑制率与细胞中 KH_2PO_4 含量有关。在药食用真菌灵芝的发酵培养基中添加适量中药黄芩（Scutellaria baica lensis Georgi），利用药食用真菌强大的分解代谢能力，不仅可对中药中的纤维、糖类、蛋白等营养物质加以利用，而且在代谢过程中可能对中药的一些成分（如黄酮、多酚以及三萜皂甙等）进行转化与修饰，从而提高有效成分在复合剂中的比例和效价；另外，中药的某些成分亦可促进药用真菌的生长或活性物质的积累，发酵后的代谢产物可能会起到某种协同增效作用，较单一的中药复方效果更为明显。

磺胺类药物是典型的代表。对磺胺类药物敏感的细菌在生长繁殖时，不能直接利用环境中的叶酸，而是在菌体内二氢叶酸合成酶（dihydrofolic acid synthetase）的催化下，以对氨基苯甲酸等为底物合成二氢叶酸。二氢叶酸是核苷酸合成过程中的辅酶之一四氢叶酸的前体。磺胺类药物的化学结构与对氨基苯甲酸相似，是二氢叶酸合成酶的竞争性抑制剂，抑制二氢叶酸的合成，造成的细菌核苷酸与核酸合成受阻而影响其生长繁殖。人类能直接利用食物中的叶酸，核酸的合成不受磺胺类药物的干扰。根据竞争性抑制作用的特点，服用磺胺类药物时必须保持血液中药物的高浓度，以发挥其有效的竞争性抑菌作用。

许多属于抗代谢物的抗癌药物，如氨甲蝶呤（MTX）、5-氟尿嘧啶（5-FU）、6-巯基嘌呤（6-MP）等，几乎都是酶的竞争性抑制剂，它们分别抑制四氢叶酸、脱氧胸苷酸及嘌呤核苷酸的合成,达到抑制肿瘤生长的目的。

2. 非竞争性抑制作用

有些抑制剂与酶活性中心外的必需基团结合,不影响酶与底物的结合,酶和底物的结合也不影响酶与抑制剂的结合。底物与抑制剂之间无竞争关系,但酶—底物—抑制剂复合物(ESI)不能进一步释放出产物。这种抑制作用称作非竞争性抑制作用(noncompetitive inhibition)。

$$E+S \rightleftharpoons ES \longrightarrow E+P$$
$$EI+S \rightleftharpoons ESI$$

按照米氏方程式的推导方法,得出酶促反应的速度、底物浓度和抑制剂之间的动力学关系,其双倒数方程式是:

$$\frac{1}{v} = \frac{K_m}{V_{max}}\left(1+\frac{[I]}{K_i}\right)\frac{1}{[S]} + \frac{1}{V_{max}}\left(1+\frac{[I]}{K_i}\right)$$

以 $1/v$ 对 $1/[S]$ 作图(图2-9),可发现非竞争性抑制作用的图形表示为抑制剂浓度增加时各直线在纵轴上的截距均增大,即图形由各种不同斜率的直线组成,这说明酶促反应的 V_{max} 因抑制剂的存在而降低,降低的幅度与抑制剂的浓度相关。无论抑制剂的浓度如何,各直线在横轴上的截距均与无抑制剂时相同。这说明非竞争性抑制作用不改变酶促反应的表观 K_m 值。

3. 反竞争性抑制作用

此类抑制剂与上述两种抑制作用不同,仅与酶和底物形成的中间产物(ES)结合,使中间产物 ES 的量下降。这样,既减少从中间产物转化为产物的量,也同时减少从中间产物解离出游离酶和底物的量。这种抑制作用称为反竞争性抑制作用(uncompetitive inhibition)。

$$E+S \rightleftharpoons ES \longrightarrow E+P$$
$$ESI$$

其双倒数方程式是

$$\frac{1}{v} = \frac{K_m}{V_{max}} \cdot \frac{1}{[S]} + \frac{1}{V_{max}}\left(1+\frac{[I]}{K_i}\right)$$

从反竞争性抑制作用的双倒数作图(图2-9)可见,此类抑制作用同时降低反应的 V_{max} 和表观 K_m 值。

现将三种可逆性抑制作用总结于表2-4。

表 2-4　各种可逆性抑制作用的比较

作用特征	无抑制剂	竞争性抑制	非竞争性抑制	反竞争性抑制
与 I 结合的组分		E	E、ES	ES
动力学参数				
表观 K_m	K_m	增大	不变	减小
最大速度	V_{max}	不变	降低	降低
双倒数作图				
斜率	K_m/V_{max}	增大	增大	不变
纵轴截距	$1/V_{max}$	不变	增大	增大
横轴截距	$-1/K_m$	增大	不变	减小

六、激活剂的影响

凡能够提高酶活力的物质都称为酶的激活剂（activator），大部分激活剂是无机离子或简单的小分子有机物。Mg^{2+} 是多数激酶及合成酶的激活剂，Cl^- 是唾液淀粉酶的激活剂。半胱氨酸、还原型谷胱甘肽等还原剂对某些含巯基的酶具有激活作用，使酶中的二硫键还原成巯基，从而提高酶活性。一些金属螯合剂能除去重金属离子对酶的抑制，也可视为酶的激活剂。

激活剂对酶的作用具有一定的选择性，有的激活剂对某种酶起激活作用，而对另一种酶却起抑制作用；或者对于同种酶，所起的作用因浓度不同而不同。

第七节　酶的调节及酶作用机制

一、酶的调节

体内各种代谢途径的调节是对代谢途径中关键酶的调节。改变酶的活性与含量是体内对酶调节的主要方式。此外，在长期进化过程中，酶的基因表现型的差别使不同的组织细胞具有不同的独特代谢特征。

（一）酶活性的调节

1. 酶原与酶原的激活

有些酶在细胞内合成或初分泌，或在其发挥催化功能前只是酶的无活性前体，必须在一定的条件下，将其分子作适当的改变或切去一部分才能呈现活性。这种无活性的酶的前体称作酶原（zymogen）。酶原向酶的转化过程称为酶原的激活。酶原的激活实际上是酶的活性中心形成或暴露的过程。

许多消化水解酶初分泌时都是以无活性的酶原形式存在的，例如，胰蛋白酶原进入小肠后，在 Ca^{2+} 存在下受肠激酶的激活，第 6 位赖氨酸残基与第 7 位异亮氨酸残基之间的肽键被切断，水解掉一个六肽，分子的构象发生改变，形成酶的活性中心，从而成为有催化活性的胰蛋白酶。消化管内蛋白酶原的激活具有级联反应性质。胰蛋白酶原被肠激酶激活后,生成的胰蛋白酶除了可以自身激活外,还可进一步激活胰凝乳蛋白酶原、羧基肽酶原A和弹性蛋白酶原,从而加速对食物的消化过程。血液中凝血与纤维蛋白溶解系统的酶类也都以酶原的形式存在,它们的激活具有典型的级联反应性质。只要少数凝血因子被激活,便可通过级联放大作用,迅速使大量的凝血酶原转化为凝血酶,引发快速而有效的血液凝固。纤维蛋白溶解系统也是如此。

酶原的激活具有重要的生理意义。消化道内蛋白酶以酶原形式分泌,不仅保护消化器官本身不受酶的水解破坏,而且保证酶在其特定的部位与环境发挥其催化作用。此外,酶原还可以视为酶的贮存形式。如凝血和纤维蛋白溶解酶类以酶原的形式在血液循环中运行,一旦需要便不失时机地转化为有活性的酶,发挥其对机体的保护作用。

2. 变构酶

与血红蛋白相似,生物体内许多酶也具有变构现象。体内一些代谢物可以与某些酶分子活性中心外的某一部位可逆地结合,使酶发生变构并改变其催化活性。此结合部位称为变构部位(allosteric site)或调节部位(regulatory site)。对酶催化活性的这种调节方式称为变构调节(allosteric regulation)。受变构调节的酶称作变构酶(allosteric enzyme)。导致变构效应的代谢物称作变构效应剂(allosteric effector)。有时底物本身就是变构效应剂。如果某效应剂引起的协同效应使酶对底物的亲和力增加,从而加快反应速度,此效应称为变构激活效应,效应剂称为变构激活剂(allosteric activator)。反之,降低反应速度者称为变构抑制剂(allosteric inhibitor)。

变构酶分子中常含有多个(偶数)亚基,酶分子的催化部位(活性中心)和调节部位在相同或不同亚基上。含催化部位的亚基称为催化亚基,含调节部位的亚基称为调节亚基。具有多亚基的变构酶也与血红蛋白类似,存在着协同效应,包括正协同效应和负协同效应。

变构酶反应速度与底物浓度的动力学曲线不服从米式方程。正协同的动力学曲线呈现S型,负协同的表现的则为双曲线(图2-10)。变构激活剂可使S形曲线左移,变构抑制剂可使S形曲线右移。

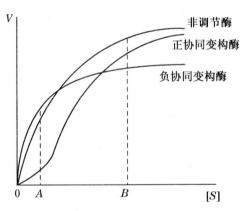

图2-10 变构酶与非调节酶动力学曲线比较

3. 酶的共价修饰调节

酶蛋白肽链上的一些基团可与某种化学基团发生可逆的共价结合,从而改变酶的活性,这一过程称为酶的共价修饰(covalent modification)或化学修饰(chemical modification)。在共价修饰过程中,酶发生无活性(或低活性)与有活性(或高活性)两种形式的互变。这种互变由不同的酶所催化,后者又受激素的调控。酶的共价修饰包括磷酸化与脱磷酸化、乙酰化与脱乙酰化、甲基化与脱甲基化、腺苷化与脱腺苷化,以及—SH与—S—S—的互变等。其中以磷酸化修饰最为常见。酶的共价修饰是体内快速调节的另一种重要方式,详见本书第九章。

(二) 酶含量的调节

1. 酶蛋白合成的诱导与阻遏

某些底物、产物、激素、药物等可以影响一些酶的生物合成。一般在转录水平上促进酶生物合成的化合物称为诱导剂(inducer),诱导剂诱发酶蛋白生物合成的作用称为诱导作用(induction);在转录水平上减少酶生物合成的物质称为辅阻遏剂(corepressor),辅阻遏剂与无活性的阻遏蛋白结合,影响基因的转录,此过程称为阻遏作用(repression)。由于诱导剂在诱导酶生物合成过程的转录后,还需要有翻译和翻译后加工等过程,所以其效应出现较迟,一般需要几个小时以上才能见效。然而,一旦酶被诱导合成以后,即使去除诱导因素,酶的活性仍然存在。可见,酶的诱导与阻遏作用是对代谢的缓慢而长效的调节。详见本书第九章。

2. 酶降解的调节

酶是机体的组成成分,也在不断地自我更新。细胞内的各种酶均具有最稳定的分子构象。一旦此构象受到破坏,酶便被细胞内的蛋白水解酶所识别,极易降解成氨基酸。酶的降解速度与酶的结构密切相关。许多因素影响酶的降解,酶的 N-末端被置换、磷酸化、突变、被氧化、酶发生变性等因素均可能成为酶被降解的标记,易受蛋白水解酶的攻击。细胞内酶的降解速度也与机体的营养和激素的调节有关。酶的降解大多在细胞内进行。细胞内存在两种降解蛋白质的途径。溶酶体蛋白酶降解途径(不依赖 ATP 的降解途径)是在溶酶体内酸性条件下,多种蛋白酶把吞入溶酶体的蛋白质进行无选择的水解。这一途径主要水解细胞外来的蛋白质和长半衰期的蛋白质。非溶酶体蛋白酶降解途径(又称依赖 ATP 和泛素的降解途径)则在胞液中对细胞内的异常蛋白和短半衰期的蛋白质进行泛素标记,然后被蛋白酶所水解。在肝细胞中,前者约占 40%,后者约占 60%。泛素(ubiquitin)是一种存在于大多数真核细胞中的小蛋白,主要功能是标记需要分解的蛋白质,使其被水解。当附有泛素的蛋白质移动到蛋白酶的时候,蛋白酶就会将该蛋白质水解。泛素也可以标记跨膜蛋白,如受体,将其从细胞膜上除去。

(三) 同工酶的调节

同工酶(isoenzyme)是长期进化过程中基因分化的产物。同工酶是指催化的化学反应相同,而酶蛋白的分子结构、理化性质乃至免疫学性质不同的一组酶。根据国际生化学会的建议,同工酶是由不同基因或等位基因编码的多肽链,或由同一基因转录生成的不同 mRNA 翻译的不同多肽链组成的蛋白质。翻译后经修饰生成的多分子形式不在同工酶之列。同工酶存在于同一种属或同一个体的不同组织或同一细胞的不同亚细胞结构中,它在代谢调节上起着重要的作用。

我国传统酿造过程中,制曲是重要的工艺环节,曲的质量直接影响着成品(酒)的品质和风格。制曲就是用含淀粉和蛋白质的物质作培养基,在培养基上培养微生物的全过程。在微生物纯种发酵已高度发展的今天,传统制曲工艺仍停留在自然发酵的水平上,影响制曲工艺发展的主要原因是曲内微生物复杂。淀粉的分解和利用是大曲发酵过程中的代谢主流。因此,淀粉酶是影响发酵进程的重要因素。来自于不同微生物的淀粉酶同工酶,其分子量大小及作用类型有较大差异。根霉的淀粉酶对淀粉水解后产物只有葡萄糖;曲霉淀粉酶的水解产物大部分是葡萄糖,有少量麦芽糖;细菌淀粉酶的水解产物大部分是麦芽糖,有少量葡萄糖。表明根霉产生的是糖化型淀粉酶,曲霉以糖化酶为主,而细菌产生液化酶。液化酶分子量较大,糖化酶是中等及小分子酶。

乳酸脱氢酶(lactate dehydrogenase,LDH)是四聚体酶,有骨骼肌型(M 型)和心肌型(H 型)两型亚基。这两型亚基以不同的比例组成五种同工酶:LDH_1($HHHH$ 或 H_4)、LDH_2($HHHM$ 或 H_3M)、LDH_3($HHMM$ 或 H_2M_2)、LDH_4($HMMM$ 或 HM_3)、LDH_5($MMMM$ 或 M_4)。由于分子结构上的差异,这五种同工酶具有不同的电泳速度(这里 1~5 的次序代表电泳速度递减的次序),对同一底物具有不同的 K_m 值,单个亚基不具有酶的催化活性。LDH 同工酶中这两种不同肽链的合成受不同基因的控制。由于不同组织器官合成这两种亚基的速度不同和两种亚基之间杂交的情况不同,LDH 的同工酶在不同组织器官中的含量与分布比例不同,这使不同的组织与细胞具有不同的代谢特点。同工酶的测定已应用于临床实践。当某组织发生疾病时,可能有某种特殊的同工酶释放出来,同工酶谱的改变有助于对疾病的诊断。正常血浆 LDH_2 的活性高于 LDH_1,心肌梗死时可见 LDH_1 大于 LDH_2,肝病时 LDH_5 活性升高。

二、酶作用机制

酶的催化机制研究是当代生物化学的一个重要内容,主要包括酶作用高效性的原因、酶与底物的结合方式以及酶催化反应的重要中间步骤等。酶在催化反应时,首先和底物形成中间产物(即酶-底物复合物),这一不稳定的过渡态(transition state)可以大大降低反应活化能,加快反应速度,表现出酶催化的高效性。有多个理论对酶与底物的结合方式做出了解释。1890 年由 Emil Fischer 提出了"锁钥学说"(lock-and-key theory),其特点在于酶的结构是固定不变的,要求底物的结构必须与酶的活性中心的结构非常吻合,如同锁和钥匙的关系,这样才能紧密结合形成中间产物。但这一理论无法解释以下现象:当底物与酶结合时,酶分子上的某些基团常发生明显的变化,这些变化显示,酶与底物结合前后,酶与底物的结构并非完全吻合,并且酶常常能够催化正逆两个方向的反应。1958 年,由 D. E. Koshland 提出的"诱导契合学说"则给出了较为合理的解释。

(一)诱导契合学说

与"锁钥学说"不同,"诱导契合学说"(induced fit theory)认为酶活性中心的构象是柔韧可变的。

酶在发挥其催化作用之前,必须先与底物密切结合。这种结合不是锁与钥匙式的机械关系,而是在酶与底物相互接近时,其结构相互诱导、相互变形和相互适应,进而相互结合。这一过程称为酶-底物结合的诱导契合学说。酶的构象改变有利于与底物结合,底物在酶的诱导下也发生变形,处于不稳定的过渡态,易受酶的催化攻击。过渡态的底物与酶的活性中心结构最相吻合。当酶从复合物中解离出来后,即恢复原有构象。

(二)酶作用高效性的影响因素

1. 邻近效应与定向排列

在两个以上底物参加的反应中,底物之间必须以正确的方向相互碰撞,才有可能发生反应。酶在反应中将底物结合到酶的活性中心,使它们相互接近并形成有利于反应的正确定向关系。这种邻近效应(proximity effect)与定向排列(orientation arrange)实际上是将分子间的反应变成类似于分子内的反应,从而提高反应速率。

2. 多元催化(multielement catalysis)

一般催化剂通常仅有一种解离状态,只有酸催化,或碱催化。酶是两性电解质,不同的蛋白质分子处于不同的微环境,解离度也有差异。因此,同一种酶常常兼有酸、碱双重催化作用。这种多功能基团(包括辅酶或辅基)的协同作用可极大地提高酶的催化效能。

3. 表面效应(surface effect)

前已述及,酶的活性中心多为疏水性"口袋"。疏水环境可排除水分子对酶和底物功能基团的干扰性吸引或排斥,防止在底物与酶之间形成水化膜,有利于酶与底物的密切接触。

应该指出,一种酶的催化反应常常是多种催化机制的综合作用,这是酶促反应高效率的重要原因。

第八节　酶活力测定及酶分离纯化

一、酶活力的测定

酶的活力是指酶催化化学反应的能力,其衡量标准是酶促反应速度的大小。酶促反应速度可在适宜的反应条件下,用单位时间内底物的消耗或产物的生成量来表示。酶活力测定的目的是了解组织提取液、体液或纯化的酶液中酶的存在与多寡。这是由于酶蛋白的含量甚微,很难直接测定其蛋白质的含量;而且在生物组织中,酶蛋白又多与其他蛋白质混合存在,将其提纯耗时费力。

在测定酶活力时必须注意:(1) 测定的反应速度必须是反应初速度,否则不可能得到准确结果。(2) 酶反应速度受环境条件的影响。因此在测定酶活力时,要维持在一套固定条件下进行。许多因素可以影响酶促反应速度。依据底物对酶催化作用的影响,一般需测量酶促反应的初速度。酶的活力测定要求有适宜的特定反应条件,影响酶促反应速度的各种因素应相对恒定。酶的样品应做适当的处理。例如测定血浆乳酸脱氢酶活力时,应防止溶血,因红细胞中乳酸脱氢酶的活力比血浆中酶活力高 150 倍。测定酶活力时,底物的量要足够多,使酶被底物饱和,以充分反映待测酶的活力。测定代谢物时应保持酶的足够浓度,应根据反应时间选择反应的最适温度,根据不同的底物和缓冲液选择反应的最适 pH。为获取最高反应速度,在反应体系中应含有适宜的辅助因子、激活剂等。

酶的活力单位是衡量酶活力大小的尺度,是人们定义的一种酶量单位。它反映在规定条件下,酶促反应在单位时间(s、min 或 h)内生成一定量(mg、μg、μmol 等)的产物或消耗一定数量的底物所需的酶量。为了统一标准,国际生化学会(IUB)酶学委员会规定:在特定的条件下,每分钟催化 1 μmol 底物转化为产物所需的酶量为一个国际单位(IU)。该学会随后又推荐以催量单位(Kat,卡特)来表示酶的活力。1 催量(1 Kat)是指在特定条

件下,每秒钟使 1mol 底物转化为产物所需的酶量。上述两种酶活力单位可以互相换算,即:

$$1 \text{ Kat} = 1 \text{ mol/s} = 60 \text{ mol/min} = 60 \times 10^6 \text{ } \mu\text{mol/min} = 6 \times 10^7 \text{ IU}$$

另外,在酶学研究和生产中还常用比活力(比活性)表示酶的活力。酶的比活力是指每单位质量样品中的酶活力,是酶纯度的一个指标,定义为在特定条件下,单位质量(mg)蛋白质(或 RNA)所具有的酶活力单位数。通常指每毫克蛋白质中所含的 IU 数或每千克蛋白质中含的 Kat 数。在酶的提纯过程中,随着酶逐步被纯化,其比活力也在逐步增加。因此,可以用它来比较酶制剂的纯度。

二、酶的分离与纯化

在生物体中,酶是与其他大量物质共存的,且酶的含量比其他物质要少得多。因此酶的分离纯化中,特别要注意防止强酸、强碱、高温和剧烈搅拌等,避免酶活力的损失。不同的生物或者同一生物不同的部位,所采用的方法不同,通常采用的是分离纯化蛋白质的方法。纯化的酶必须采用适当的方法保存。

酶的提取(extraction)与分离(separation,isolation)纯化(purification)是指将酶从细胞或其他含酶原料中提取出来,再与杂质分开,而获得所需酶的技术过程。

酶的提取与分离纯化是酶生产中最早采用的方法,现在仍然广泛使用。在采用其他方法进行酶的生产过程中,酶的提取和分离纯化也是必不可少的环节。为了进行酶的结构和功能、酶的催化机制、酶催化动力学和酶的生物合成及其调控规律等酶学研究,也必须进行酶的提取和分离纯化。

酶的提取和分离纯化方法多种多样,在实际应用过程中,往往是几种方法联合使用,才能获得较好的效果。通常包括一系列方法,如细胞破碎、酶的提取、沉淀分离、离心分离、过滤与膜分离、层析分离、电泳分离、萃取分离、浓缩、干燥成品等。

1. 细胞破碎

现在发现的酶有数千种,存在于生物体的不同部位。有的属于胞外酶,有的属于胞内酶。为了获得胞内酶,首先要进行细胞破碎,使细胞的外层结构破坏,然后进行酶的提取和分离纯化。

对于不同的生物体,或同一生物体的不同组织的细胞,由于细胞外层结构(细胞壁和细胞膜)不同,所采用的细胞破碎方法和条件亦有所不同,必须根据具体情况进行选择。

细胞破碎方法主要有机械破碎法、物理破碎法、化学破碎法和酶促破碎法等。它们都可以使细胞破碎,但是原理有所不同,在实际使用时应当根据具体情况选用适宜的细胞破碎方法,必要时可以采用两种或两种以上的方法联合使用,并且控制好操作条件,以便在不影响酶的活性或者影响较小的情况下,达到较好的细胞破碎效果。

2. 酶的提取

酶的提取又称为酶的抽提,是指在一定条件下,用适当的溶剂或溶液处理含酶原料,使酶充分溶解到溶剂或溶液中的过程。

在酶的提取过程中,首先应根据酶的结构和溶解特性,选择适当的溶剂。一般说来,根据相似相溶原理,通常可用水作为溶剂,或用一定浓度的稀酸、稀碱、稀盐溶液提取;有些酶与脂质结合或含有较多的非极性基团,则可用有机溶剂提取。为了提高酶的提取率并防止酶的变性失活,在提取过程中还要注意控制好温度、pH 等提取条件。

3. 沉淀分离

沉淀分离是通过改变某些条件或添加某种物质,使酶在溶液中的溶解度降低,从溶液中析出沉淀(precipitation),而与其他溶质分离的技术过程。

沉淀分离的方法主要有盐析沉淀法、等电点沉淀法、有机溶剂沉淀法、复合沉淀法、选择性变性沉淀法等。

4. 离心分离

离心分离(centrifugation)是借助于离心机旋转所产生的离心力,使不同大小、不同密度的颗粒分离的技术过程。在离心分离时,首先要根据被分离物质以及杂质的颗粒大小、密度和特性的不同,选择适当的离心机、离心方法和离心条件。

离心机种类较多,按照分离形式的不同,可以分为沉降式和过滤式两大类;按照离心操作的形式可以分为间歇式、连续式和半连续式三种,按照使用目的的不同可以分为分析用、制备用和分析-制备两用离心机;按照离心机的结构特点不同则可以分为吊篮式、转鼓式、管式、碟式等多种。按照离心机的最大转速的不同,可以分为常速离心机、高速离心机和超速离心机三种。

对于常速离心机和高速离心机,由于所分离的颗粒大小和密度相差较大,只要选择好离心速度和离心时间,就能达到分离效果。对于超速离心机,则可以根据需要采用差速离心、密度梯度离心或等密度梯度离心等方法。如果希望从样品液中分离出两种以上大小和密度不同的颗粒,需要采用差速离心方法。

5. 过滤与膜分离

过滤(filtration)是借助于各种过滤介质将不同大小、不同形状的组分分离的技术过程。过滤介质(filter)种类繁多,常用的有滤纸、滤布、纤维、多孔陶瓷、烧结金属和各种高分子膜等,可以根据需要选用。根据过滤介质的不同,过滤可以分为非膜过滤和膜过滤两大类。非膜过滤采用高分子膜以外的材料作为过滤介质,包括粗滤和部分微滤;而膜过滤(membrane filtration)则采用各种高分子膜为过滤介质,又称为膜分离技术(membrane separation technology),包括大部分微滤以及超滤、反渗透、透析、电渗析等。

6. 层析分离

利用混合液中各组分的物理化学性质(分子的大小和形状、分子极性、吸附力、分子亲和力、分配系数等)的不同,使各组分以不同的比例分布在两相中,当流动相以一定的速度流经固定相时,各组分的移动速度不同,从而使不同的组分分离的技术过程称为层析分离(chromatography)。层析必须有两相存在,其中一个相固定不动,称为固定相,另一个相不断流动,称为流动相。层析分离设备简单、操作方便,在实验室和工业化生产中均广泛应用。

层析分离有多种类型,按照流动相的不同,可以分为气相层析和液相层析,液相层析还可以根据工作压力的不同,又分为高压液相层析、中压液相层析和低压液相层析。根据固定相的不同,可以分为柱层析、薄层层析、薄膜层析、纸层析等。依据层析分离原理的不同,分为吸附层析、分配层析、离子交换层析、凝胶层析、亲和层析和层析聚焦等。

7. 电泳分离

带电粒子在电场中向着与其本身所带电荷相反的电极移动的过程称为电泳（electrophoresis）。利用带电粒子在电场中泳动方向和泳动速度的不同，而使组分分离的技术过程称为电泳分离。电泳方法有多种，按其使用的支持体的不同，可以分为纸电泳、薄层电泳、薄膜电泳、凝胶电泳、自由电泳和等电聚焦电泳等。

不同的物质由于其带电性质及其颗粒大小和形状不同，在一定的电场中它们的移动方向和移动速度也不同，因此可使它们分离。物质颗粒在电场中的移动方向，取决于它们所带电荷的种类。带正电荷的颗粒向电场的阴极移动，带负电荷的颗粒则向阳极移动。净电荷为零的颗粒在电场中不移动。颗粒在电场中的移动速度主要取决于其本身所带的净电荷量，同时受颗粒形状和颗粒大小的影响。此外，还受电场强度、溶液 pH、离子强度及支持体的特性等外界条件的影响。

8. 萃取分离

萃取分离（extractive separation）是混合液中各组分在两相中的溶解度不同而使其分离的技术。萃取分离中所使用的两相一般为互不相溶的两个液相，有时也可采用其他流体，如超临界流体等。按照两相的组成不同，萃取可以分为有机溶剂萃取、双水相萃取、超临界萃取和反胶束萃取等。

9. 结晶

结晶（crystallization）是溶质以晶体形式从溶液中析出的过程。酶的结晶是酶分离纯化的一种手段，它不仅为酶的结构与功能等的研究提供了适宜的样品，而且为较高纯度的酶的获得和应用创造了条件。

酶在结晶之前，酶液必须经过纯化达到一定的纯度。如果酶液纯度太低，不能进行结晶。通常酶的纯度应当在 50% 以上，才能进行结晶。总的趋势是酶的纯度越高，越容易进行结晶。不同的酶对结晶时的纯度要求不同。有些酶在纯度达到 50% 时就可能结晶，而有些酶在纯度很高的条件下也无法析出结晶。所以酶的结晶并非达到绝对纯化，只是达到相当的纯度而已。为了获得更纯的酶，一般要经过多次结晶。每经过一次结晶，酶的纯度均有一定的提高，直至恒定为止。酶液浓度、温度、pH、离子强度等都是需要控制的结晶条件。

10. 浓缩与干燥

浓缩（concentration）与干燥（drying）都是酶与溶剂（通常是水）分离的技术过程，是酶分离纯化过程中的一个重要的环节。

浓缩是从低浓度溶液中除去部分水或其他溶剂而成为高浓度溶液的过程。浓缩的方法很多，前述的离心分离、过滤与膜分离、沉淀分离、层析分离等都能起到浓缩作用。用各种吸水剂，如硅胶、聚乙二醇、干燥凝胶等吸去水分，也可以达到浓缩效果。蒸发浓缩是通过加热或者减压方法使溶液中的部分溶剂汽化蒸发，使溶液得以浓缩的过程。由于酶在高温条件下不稳定，容易变性失活，故酶液的浓缩通常采用真空浓缩。即在一定的真空条件下，使酶液在 60 ℃ 以下进行浓缩。

干燥是将固体、半固体或浓缩液中的水分或其他溶剂除去一部分，以获得含水分较少的固体物质的过程。物质经过干燥以后，可以提高产品的稳定性，有利于产品的保存、运输和使用。在固体酶制剂的生产过程中,为了提高酶的稳定性,便于保存、运输和使用,一般都必须进行干燥。常用的干燥方法有真空干燥、冷冻干燥、喷雾干燥、气流干燥和吸附干燥等。

<h2 align="center">第九节　核酶概述</h2>

自然界已经发现多种生物催化剂,分别是具有催化功能的 RNA、DNA、蛋白质及抗体。这些催化剂的定义与名称见表 2-5。

表 2-5　几类生物催化剂的比较

定义	英文名	汉文名	注释
具有催化功能的 RNA	ribozyme, RNA enzyme	核酶	不能叫 RNA 酶
具有催化功能的 DNA	deoxyribozyme, DNA enzyme	脱氧核酶	不能叫 DNA 酶
具有催化功能的核酸	nucleozyme	核酶	
具有催化功能的蛋白质	enzyme	酶	
具有催化活性的抗体	abzyme	抗体酶	化学本质是蛋白质

一、核酶

具有催化功能的 RNA 称为酶性 RNA,又称核酶(ribozyme, Rz);具有催化功能的 DNA 称为酶性 DNA,又称脱氧核酶(deoxyribozyme, DRz),两者统称核酶(nucleozyme)。在英文名词中,RNA enzyme＝ribozyme≠ribonuclease(RNase),而在汉文中,ribonuclease(Rnase)已译作核糖核酸酶,即 RNA 酶。所以,为了避免混淆,RNA enzyme 不能译作 RNA 酶,虽然按字面上直译它就是 RNA 酶。

具有催化功能的 DNA 与 RNA 是生物细胞中的信息分子,包含着细胞分裂、增殖和代谢所必需的信息。蛋白质是功能分子,酶作为一种特殊的蛋白质催化着细胞内的生理生化反应。然而核酶的发现打破了信息分子和催化分子的分工。20 世纪 80 年代,T. Cech 证实四膜虫 rRNA 前体的内含子能催化分子间反应,S. Altman 发现大肠杆菌 Rnase P(一种核糖核蛋白复合体酶)中的 RNA 组分在较高 Mg^{2+} 浓度下具有类似全酶的催化活性。自然界的 RNA 催化功能不断被发现,包括不同来源的不同内含子的自剪接,以及在类病毒和拟病毒中发现的 RNA 自剪切(self-clevage,也是一种分子内催化反应)。1986 年—1988 年,使用体外转录方法得到一批具有催化活性(主要是切割活性)的 RNA,并测得它们的动力学常数后,完全得到了包括一些曾经怀疑过 RNA 催化功能的酶学家在内的广泛承认。因此,S. Altman 和 T. Cech 荣获 1989 年诺贝尔化学奖。

研究较多的核酶结构主要有锤头状和发夹状两种。锤头核酶(hammerhead ribozyme)包括 3 个短的螺旋和 1 个广义保守的连接序列。其中螺旋Ⅰ与Ⅲ是反义片段(antisense section),茎环结构 1(stem-loop1)是催化核心(图 2-11)。3 个螺旋排列成 Y 形,Ⅰ螺旋与Ⅱ螺旋成锐角,Ⅱ、Ⅲ两个臂同轴从而使整个结构类似于 A 形双螺旋。由于骨架在Ⅱ、Ⅲ臂的连接处发生扭曲,使得H(H代表A,或C)堆叠在Ⅰ臂上。同时,这也把它置于了三个螺旋的连接处,此处正是活性中心的所在,成口袋形。发夹核酶(hairpin ribozyme)的催化活性位点深埋在两个肩并肩挨着的区域中。每个结构域由一个内部的环区及两侧的螺旋区组成,两个环含有高度保守的核苷酸序列。在发夹状核酶中,螺旋与螺旋间的作用是通过区域间的三级作用力(而不是共价键)调节的,从而使其具有更大的活动性。

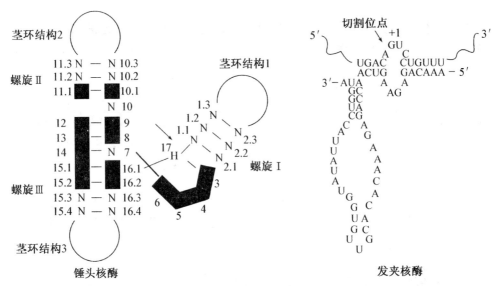

图 2-11　两种核酶的二级结构

自然界留存的核酶不多,但已能制造出许许多多人工核酶。大约始于1995年人造出具有催化功能的DNA。从1997年人造出肽基转移核酶到2000年根据一系列证据提出核糖体是一种核酶,在理论上和应用上都具有深远意义。自20世纪90年代初建立了核酶体外筛选法(通常称作SELEX法)以来,产生了大量人造核酶。自然界核酶的底物主要是带有磷酸二酯键的核酸(非核酸底物的核酶自然界是否存在仍无定论)。但人造核酶的催化对象包括有酯键、酰胺键、碳-碳键,以及一些特殊的键等。与6大类酶相比,自然界核酶类有转移核酶和水解核酶两类;而人造核酶除了这两类外,还得到异构核酶和连接核酶。尚有氧化还原核酶和裂合核酶尚未被发现和人工制造出。

核酶出现早于酶(蛋白质),后来让位于酶的观点,已为多数人所接受。在应用上,人们已经设计和制造出各种各样的核酶对付各种各样的疾病,但目前临床应用的极少或几乎没有。已报道的有关核酶的研究内容主要涉及核酶的抗病毒,包括各类肝炎病毒、HIV、HPV(人乳头状瘤病毒),以及流感病毒、昆虫核多角体病毒等。其中以抗HIV核酶研究最多,但迄今仍未见明显疗效;设计核酶针对/阻断白血病及各类肿瘤疾病的基因表达也有很多报道;针对遗传疾病设计核酶的研究,如慢性溶血贫血、肌强直营养不良等;针对多耐药抗性、慢性关节炎、动脉粥样硬化、平滑肌增生等也偶有报道。任何一种与基因表达异常有关的疾病都可以设计核酶从事研究,因为核酶可以破坏其中的异常mRNA。自从1987年Uhlenbeck设计出第一个核酶分子能定点切割靶RNA以来,各种各样的核酶被设计对付各种各样的疾病。当然,也被用于阻断基因表达的理论研究。至于未来核酶研究,Cech 指出应集中在:(1)核酶和蛋白质的相互作用与(2)核酶的结构生物学两个主要方面。

二、脱氧核酶

脱氧核酶能催化 RNA 特定部位的切割反应,从 mRNA 水平对基因灭活,从而调控蛋白的表达,可能成为对抗 RNA 病毒感染、肿瘤等疾病的新型工具。

运用体外分子进化技术,从人工合成的随机序列 DNA 库中筛选出多种不同结构的脱氧核酶,其催化活性已扩展到 RNA 切割、DNA 激酶、DNA 连接、DNA 切割、DNA 过氧化、金属螯合等多种酶活性。用体外筛选法也已制造出脱氧核酶和 RNA/DNA 嵌合核酶。

表 2-6 核酶与脱氧核酶特性比较

主要特性	脱氧核酶,DRz	核酶,Rz
化学本质	DNA	RNA
催化特征	高度专一性和高效性,与底物严格按照 Waston-Crick 碱基配对方式结合。DRz-mRNA 杂交分子较 Rz-mRNA 杂交分子易解离,故剪切速率受产物从 Rz 上解离过程的影响相对较小;催化效率(kcat/km 10^9 mol^{-1}L·min^{-1})远远高于 Rz	高度专一性和高效性,与底物严格按照 Waston-Crick 碱基配对方式结合
结构及活性中心特点	缺少 2-羟基,分子质量较小,结构相对简单,受靶序列二级结构影响较弱,活性中心结构有更大的选择性,对底物的趋近性比 Rz 好,一般 DRz 较 Rz 有更多的剪切靶位可供选择	每个核苷酸都有 1 个 2-羟基,构成相对复杂
主要底物	DNA 或 mRNA	mRNA
稳定性	在生理 pH、温度和离子强度等条件下,稳定性约为 RNA 的 10^5 倍;在细胞培养和体内环境中,对核酸酶的降解作用也比 Rz 高得多	与 DRz 相比稳定性较差

不同催化活性的脱氧核酶具有不同的结构,但基本上都由催化部位和臂所构成。目前最常应用的两种结构(见图 2-12),通过体外筛选法获得的在模拟生理浓度下能切割所有 RNA 的 Mg^{2+} 依赖型脱氧核酶,即脱氧核酶 8~17 和脱氧核酶 10~23。前者的核心含 13 个脱氧核苷酸,由一短的茎-环结构和下游未配对的 4~5 nt 区域构成,茎多数由 3 个碱基对构成,至少 2 个为 G—C。环是不变的,序列为 5′- AGC - 3′,加长茎的长度或改变环的序列,即丧失催化活性,未配对区连接茎-环的 3′ 端与下游底物结合臂,序列为 5′- WCGR - 3′ 或 5′- WCGAA - 3′(W=A 或 T,R=A 或 G)。后者的底物结合臂由 7~8 个脱氧核苷酸构成,催化核心含 15 个脱氧核苷酸,第 8 个核苷酸可为 T、C 或 A,但为 T 时,酶活性最高。底物序列改变时,只要酶的底物结合臂以互补的方式改变,则不影响两种结构的酶活性。改变底物识别结构域的序列,脱氧核酶便能识别不同的 RNA 底物。

脱氧核酶作为一种工具酶,可以在细胞水平从事基因剔除实验,即特异性地失活某一基因,借以观察该基因在细胞生理、生化中的作用,探测基因功能。由于脱氧核酶对 DNA

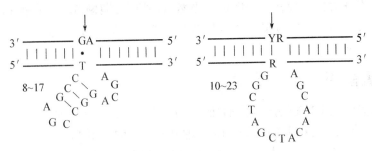

图 2-12　脱氧核酶 8～17 和脱氧核酶 10～23

R＝A 或 G,Y＝U 或 C

和 RNA 具有多重作用,将在基因工程和 DNA 的直接修饰中作为一种有力的分子生物学工具。在生物进化上,脱氧核酶和核酶催化功能的发现,改变了核酸是一种被动分子,仅适合于编码和携带遗传信息这一观念。由于 RNA 具有催化反应和储存信息双重功能,故当前生命起源理论强调 RNA 的原始作用。由于 DNA 的相对稳定性,了解脱氧核苷酸的生物前合成途径在生物进化上显得较为重要,即使非高效的途径,经过一定时间,也可引起高浓度的寡聚脱氧核苷酸聚集。

脱氧核酶已用于病毒性疾病、肿瘤、遗传性疾病和血管疾病的研究中。这些体外实验及动物实验,为脱氧核酶进一步到达临床实验奠定了基础。脱氧核酶有可能在不久的将来走向临床,被制成多种特异性极强的核酸药物,控制与疾病相关的 RNA 表达水平,为众多疾病的治疗提供崭新的手段。

第十节　生物催化技术

一、工业生物催化技术

生物催化与生物转化的核心目标,是在化工领域大规模采用微生物或酶为催化剂,大规模生产有机化学品。作为工业生物技术的核心,生物(酶)催化技术被誉为工业可持续发展最有希望的技术。生物催化技术的重要发展趋势是实现工业化。

随着蛋白质定向进化技术的出现以及基因组学和蛋白质组学的发展,在 20 世纪 90 年代兴起工业生物催化。由于生物催化剂的条件温和性、高效性和高选择性,使其在化学工业上的应用已经具有越来越大的吸引力。生物催化剂易于催化得到相对较纯的产品,因此可减少资源的浪费和废物排放。生物催化剂可以完成传统化学所不能胜任的位点专一性、化学专一性和立体专一性催化,有着传统的化学催化剂不可比拟的优势。生物催化剂的应用,同时有助于以生物可再生原料来取代矿石原料(如石油)或直接从阳光、大气和土壤来合成化学品。以催化作用为基础的化学品占化工产品的 60%,其技术渗入量占目前化工生产技术的 90%。以生物催化剂逐步取代传统的化学催化剂,将对化学工业带来深刻的变革。

工业生物催化技术是生物技术应用中的一个重大领域,是生物学、化学和现代过程工程的结合技术。随着生物技术的发展,可以提供许多潜在的生物催化剂。使用生物催化剂生产化学品、医药品、能源、材料等,已实现工业化生产的产品主要有高果糖浆、多种氨基酸、丙烯酰胺、6-氨基青霉烷酸、葡萄糖、燃料乙醇、生物柴油、柠檬酸、聚乳酸产品等。还有众多的药物及抗生素原料和中间体等。生物催化技术还应用在阿斯巴甜、半合成青霉素、玉米果糖浆和一些抗癌药物的合成中。生物催化技术在开发精细化学品方面的两个关键领域是开发和生产新药品以及合成低聚核苷酸。组合化学通常是用来生产多种有治疗潜力化合物的方法,目前正用来生产位置选择性和立体选择性高的新型化合物,定制研究机构正在用生物催化技术来优化生产过程。长链聚核苷酸合成对生物信息应用技术是至关重要的,新的生物催化法尚处于初级阶段,但已能生产低聚核苷酸。生物医药是生物催化技术的重要应用领域。2001 年投放市场的 37 种医药新产品中,有 17 种(超过1/3)是采用生物技术生产的。

工业生物催化常用的生物催化剂包括含有酶及必需的辅助因子的完整细胞,或已经过分离纯化的酶,其催化单元都是酶。酶与完整细胞在应用上有所不同,见表 2-7。

表 2-7　完整细胞及酶的比较

生物催化剂	形式	优缺点
完整细胞	生长培养物	活力高,但生物量大,副产物多,控制较难
	固定化细胞	可重复利用,但活力较低
	休止细胞	副产物少,后处理易,但活力较低
	任何	不需辅助因子,但大量使用后处理复杂,设备昂贵,产率低,耐有机溶剂差
酶	水相	酶活高,但可能有副反应,对亲脂性底物难溶
	固定化	易回收酶,但没或有损失
	非水相	操作易,后处理方便,可溶亲脂性底物,酶易回收但酶活低
	任何	装置及后处理简单,耐高浓度,产率大,但需辅助因子

人们对蛋白质酶的工程应用已有数十年的期待,但成功的例子并不多。原因在于长期未解决的一个瓶颈问题:自然界的酶都是在特定的生物体的条件下进化而来的。当这些酶被用到条件迥然不同的工业过程中时,往往稳定性、活性或溶液的兼容性很差。这使得酶的工业应用的梦想很难实现。但是酶并非注定的脆弱,只是在一般温和的生物环境下,酶无须进化到有更强的适应能力而已。近年来,在极端环境下(如深海或高温)分离出的各类菌体及其蛋白质酶,充分说明酶可以变得很坚强,在极端条件下依旧保持稳定性与活性。20 世纪 90 年代中期出现的蛋白质定向进化技术(directed evolution),提供了一个有效地对自然界的蛋白质酶按人类的意愿进行"再进化"的技术手段(enabling technology),使其适应工业条件。蛋白质酶的工程应用得以迅速地崛起。

我国生物技术面临着生物材料化学品原料利用率不高、缺乏适合国情的重大核心生物技术等难题,需要构建新的生物产业路线图、生物质加工新体系和新生物催化剂体系。而要做到这一点,就要充分发挥生物催化和生物转化技术的高效率和高选择性,并以生物多样性和大生物链为基础,构建生物质循环大模式。利用丰富的太阳能资源,以生物多样性和大生物链的原理为基础,充分发挥生物催化和生物转化技术的优点,构建阳光生化经济模式,生产能源、材料和化学品,同时解决环境污染和CO_2排放问题。大力发展新一代生物催化和生物转化技术,摆脱社会和经济发展未来将面临的困境。

二、固定化技术

游离状态下的酶在使用中存在一些不足之处:酶的稳定性较差,除了极端酶外,大多数酶在高温、强酸、强碱和重金属离子等外界因素影响下,都容易变性失活;生产中采用的是一次性使用酶的方式,使得生产成本提高,且难以连续化生产;作为催化剂的酶与产物及杂质混在一起,致使产物分离纯化较为困难。固定化技术的应用可以避免或减轻以上不足。

固定化酶是指固定在载体上并在一定空间范围内进行催化的酶。处于固定状态下的酶,可以基本保持酶的完整空间结构和活性中心,能够在一定的空间范围内进行催化反应。固定化酶保持了酶的催化特点,克服了游离酶的某些不足,生物催化剂稳定性大大提高,可以回收或循环使用,易于和反应产物分开。这些特点使价格昂贵的生物催化剂的应用成本大大降低,从而使其在大规模工业化生产中得到应用成为可能。但受到载体的影响,固定化酶的结构发生了某些改变,酶的部分催化特性亦随之改变。

常用的固定化方法(immobilization method)有:吸附法、包埋法、结合法、交联法、热处理法等。这些方法都可以用于固定化酶的制备。固定化细胞通常采用吸附法或包埋法,原生质体固定化一般只采用包埋法。

利用各种固体吸附剂将酶或细胞吸附在表面,使其固定化的方法称为物理吸附法,简称吸附法。常用的吸附剂有活性炭、氧化铝、硅藻土、多孔陶瓷、硅胶、羟基磷灰石、多孔塑料、金属丝网、微载体和中空纤维等。可以根据酶或细胞的特点、载体来源与价格、固定化技术难易程度、固定化酶或细胞的使用要求等进行选择。在 pH3~5 的条件下,多孔陶瓷或多孔塑料等载体能够吸附带有负电荷的酵母细胞,用于酿酒;中空纤维外壁可以吸附植物细胞,用于生产色素、香精、药物和酶次级代谢物等。

将酶、细胞或原生质体包埋在各种多孔载体中,使其固定化的方法称为包埋法。根据载体材料的不同,可分为凝胶包埋法和半透膜包埋法。凝胶包埋法是应用最广的固定化方法,适用于多种酶、微生物、动植物细胞和原生质体的固定化,其载体主要有琼脂凝胶、海藻酸钙凝胶、角叉菜胶、明胶、聚丙烯酰胺凝胶、光交联树脂等。半透膜包埋法是将酶或细胞包埋在各种高分子聚合物制成的小球内,制成固定化酶或固定化细胞,常用的半透膜有聚酰胺膜、火棉胶膜等。半透膜的孔径比一般酶分子小,只有小于半透膜孔径的小分子底物和产物可以自由通过半透膜,大分子则无法通过。因此,此法适用于底物和产物都是小分子物质的酶的固定化,如脲酶、天冬酰胺酶、过氧化氢酶等。

选择适宜的载体,使之通过共价键或离子键与酶结合在一起的固定化方法称为结合法。根据酶与载体结合的化学键不同,可分为离子键结合法和共价键结合法。离子键结合法所使用的载体是某些不溶于水的离子交换剂,常用的有 DEAE-纤维素、TEAE-纤维素、DEAE-葡聚糖凝胶等;其条件温和,操作简单,被固定化的酶活力损失较少,但由于离子键结合力较弱,酶与载体结合不牢固,若 pH 和离子强度等条件改变时,酶易脱落。

因此,离子键结合法制备的固定化酶,使用时需严格控制 pH、离子强度和温度等操作条件。共价键结合法所采用的载体主要有纤维素、琼脂糖凝胶、葡聚糖凝胶、甲壳素等;酶分子中可以形成共价键的基团主要有氨基、羧基、巯基、羟基、酚基和咪唑基等。载体需活化后才能与酶共价结合,活化方式包括重氮法、叠氮法、溴化氰法和烷化法等。由于共价结合力很牢固,故与载体结合的酶不会脱落,可以连续使用很长时间。但载体活化操作复杂,且共价结合可能影响酶的空间构象,从而影响酶的催化活性。

借助双功能试剂使酶分子之间发生交联作用,制成网状结构的固定化酶的方法称为交联法,该法也可用于含酶菌体或菌体碎片的固定化。常用的双功能试剂有戊二醛、己二胺、顺丁烯二酸酐和双偶氮苯等,其中应用最广泛的是戊二醛。该法制备的固定化酶或固定化菌体很牢固,可以长时间使用。但由于交联反应条件较剧烈,酶分子的多个基团被交联,致使酶活力损失较大,且制备的固定化生物催化剂的颗粒较小,给使用带来不便。若将此法与吸附法或包埋法联合使用,则可以取长补短;目前双重固定化法已在酶和菌体固定化方面广泛应用,可制备出酶活性高且机械强度好的固定化生物催化剂。

热处理法是将含酶细胞在一定温度下加热一段时间,使酶固定在菌体内得到固定化菌体。该法只适用于热稳定性较好的酶的固定化,加热处理时需严格控制温度和时间,以免引起酶的变性失活。也可将此法与交联法或其他固定化法联合使用,进行双重固定化。

三、非水相生物催化技术

酶在非水介质中进行的催化技术称为酶的非水相催化(enzyme catalysis in non-aquaous phase)。

以往人们普遍认为只有在水溶液中酶才能具有催化活性。有关酶的催化理论是基于酶在水溶液中的催化反应而建立起来的,酶在其他介质中往往不能发挥催化作用,甚至会使酶变性失活。近年来,科技工作者研究了酶在非水相介质中的催化作用,包括酶在非水介质中的结构、功能、机制及动力学等,取得可喜进展。

多数酶适合于水相催化,反应本身是安全可放大的。酶可以在低浓度底物时工作,但产生的产物浓度低,远达不到工业化的要求。低产物浓度增加了下游处理的负担,回收产物时需要去除大量的水,影响大规模过程的经济性。许多产品制造过程需要液液萃取,仍然需要耗费大量有机溶剂。非水相生物催化及原位产物分离技术就成为绿色制造新化合物的一个很好的选择。

在工业规模生物反应过程中,很多是在有机相中进行的。已经比较成熟的有酯化/脂酰化反应(脂肪酶/蛋白酶)、水解反应(脂肪酶/蛋白酶)等,正在向规模化应用的如转氨反应(转氨酶)、烯醇还原反应(烯醇还原酶)、环氧水解反应(环氧水解酶)、环氧化反应(卤过氧化酶)等,还有硫酸酯构型翻转反应(烷基硫酸酯酶)、脱卤反应(脱卤酶)、C—C 键形成反应(醛缩酶等)以及消旋化反应(氨氧化酶、异构酶)等。这些酶催化的反应具有很高的效率、较少的副产物或较少的废弃物排放,对制药和化工行业产生了非常深远的影响。

生物催化剂在有机溶剂中反应与常规有机化学过程相同,但所使用的生物催化剂必须对化学品和有机溶剂耐受性好。某些生物催化反应可在水-有机溶剂两相体系中进行,可减少有机溶剂用量。近年来工业生物技术飞速发展,生物催化领域也取得突破性进展,在非水相生物催化研究方面也形成一些新的科学问题和新的热点。

有些酶在一定条件的非水介质中，由于能够基本保持其完整的结构和活性中心的空间构象，所以能发挥其催化功能。然而，酶在非水介质中发挥催化作用时，由于非水介质的特性与水有很大差别，对酶的表面结构、活性中心的结合部位和底物性质都会产生一定的影响，从而影响酶的底物特异性、立体选择性、区域选择性、键选择性和热稳定性，并对酶的作用底物和反应产物的溶解性质、扩散速度等产生影响，从而影响酶的催化反应速度。

严格地说，酶在绝对无水的条件下是不可能有催化活力的。酶的催化功能与它的空间结构有关，维持酶蛋白分子构象的化学键主要是氢键、疏水键和范德华引力，水溶液中的水分子直接或间接地通过这些化学键来维持酶分子催化活力所必需的构象。另外水在酶的稳定性及动力学性质的决定上也起着重要的作用。但是不难设想，水溶液中不是所有的水分子都与酶催化活性有关，实际上只有与酶分子紧密结合的一层单层水分子，对酶的催化活力才是至关重要的。维持酶催化活性所必需的最少量水称为"必需水"，只要这层"必需水"不丢失，而其他大部分水即使都为有机溶剂所替代，酶的催化活性也不受影响。因而可以把有机溶剂中酶催化反应理解为宏观上是非水相，而微观上是微水相反应。一般说来，在极性越小（疏水性强）的溶剂中酶催化所需"必需水"越少。例如，醇脱氢酶在己烷中的催化反应必须有少于 0.1% 的水存在，而在疏水性较小的乙腈中进行催化反应则含水量不能低于 5%。这是因为亲水性强的溶剂更容易破坏酶蛋白外的必需水层，增加"必需水"的量，有助于保护酶蛋白外面的水分子层。可见酶在有机体系中的活性、稳定性很大程度上取决于溶剂的疏水性。

四、双水相生物催化技术

双水相生物催化是一种高效且易于放大的生物催化技术，可以有效解决传统生物催化过程中产物浓度低、产物和副产物的抑制以及生物催化剂难以回收等缺点。该技术的操作工艺及设备研究及其在抗生素、激素、肽类和有机化合物酶法合成中的应用研究现状，可能是未来的发展方向。

双水相生物催化技术的基本原理是利用两种不同高聚物的水溶液或一种高聚物和一种无机盐的水溶液，因其浓度不同而形成互不相溶的两液相体系，调整浓度将反应物和生物催化剂分配于下相，产物分配于上相，实现生物反应与产物分离的耦合。该技术有利于消除产物抑制和解决催化剂回收问题，提高催化反应的效率，简化产物的分离工艺，降低投资和操作费用。较传统的反应分离单元操作过程具有明显的优越性，可以加速生物转化过程的产业化发展进程。因此双水相催化技术在许多生物产品的合成中得到了应用。

双水相生物催化技术已用于生物合成中。通过酶法制备了抗生素、有机酸、激素、功能性多肽以及其他有机化合物。

双水相催化生物合成的关键技术在于操作工艺、设备设计和选型。随着双水相生物催化技术应用的范围扩展，这方面的研究不断深入。双水相生物催化过程的操作模式有简单的批次转化和成相高聚物及生物催化剂循环使用的连续操作模式。设备设计与选型对双水相生物催化技术的实施很重要，必须满足以下几方面的要求：（1）反应物、产物在相内传质的需要;(2) 酶或细胞和产物在相间传质的需要;(3) 分相的需要;(4) 从萃取相中分离产物;(5) 高聚物的循环利用。

高活性的生物催化剂是生物催化的核心,其使用成本是生物技术能否实现产业化的重要组成部分。生物催化剂的重复利用对于降低生物制造的成本显得尤为重要。因此对于双水相生物催化技术的工程放大,必须选择合适的双水相体系实现生物催化剂循环利用,同时尽量考虑选用成本低廉的微生物细胞或粗酶制剂作为催化剂,避免使用昂贵的高纯度酶,降低生物催化剂的操作费用。其次降低高聚物的使用成本,寻找低成本替代物,从而使含酶和细胞的双水相生物催化更加经济可行。

五、酶生物传感器

生物传感器是一种精密的分析器件,是由固定化生物物质(酶、蛋白质、抗原、抗体、生物膜等)做敏感元件与适当的化学信号换能器件组成的生物电化学分析系统。它结合一种生物或生物衍生敏感元件与一只理化换能器,能够产生间断或连续的数字电信号,信号强度与被分析物呈正比,具有特异识别分子的能力,以生物体内存在的活性物质为测量对象。它与传统的化学传感器和离线分析技术(HPLC 或质谱)相比,具有方便、省时、精度高、便于计算机收集和信号处理,又不会或很少损伤样品和造成污染等优点。易于推广普及。

生物传感器的分类方法多种多样:根据分子识别元件的不同可分为酶传感器、免疫传感器、组织传感器、细胞传感器、核酸传感器、微生物传感器、分子印迹生物传感器等;根据所用换能器不同可分为电极式生物传感器、场效应晶体管生物传感器、光学式生物传感器、热敏电阻式生物传感器等;根据检测对象的多少可分为单功能型和多功能型传感器;根据传感器输出信号的产生方式可分为生物亲合型生物传感器和代谢型或催化型生物传感器。

酶传感器是指用固定化酶为敏感元件与信号转化器组成的生物传感器的一个类别。基本结构单元是由物质识别元件(固定化酶膜)和信号转换器(基体电极)组成。当酶膜上发生酶促反应时,产生的电活性物质由基体电极对其响应。基体电极的作用是使化学信号转变为电信号,从而加以检测,基体电极可采用碳质电极(石墨电极、玻碳电极、碳棚电极)、Pt 电极及相应的修饰电极。

当酶电极浸入被测溶液,待测底物进入酶层的内部并参与反应,大部分酶反应都会产生或消耗一种可被电极测定的物质,当反应达到稳态时,电活性物质的浓度可以通过电位或电流模式进行测定。因此,酶生物传感器可分为电位型和电流型两类传感器。电位型传感器是指酶电极与参比电极间输出的电位信号,它与被测物质之间服从能斯特关系。而电流型传感器是以酶促反应所引起的物质量的变化转变成电流信号输出,输出电流大小直接与底物浓度有关。电流型传感器与电位型传感器相比较具有更简单、直观的效果。

生物传感科学是一门新兴的交叉学科,它是生物工程和各种技术学科的相互渗透,涉及生物化学、电化学、固体物理学、微电子学和纤维光学等。随着科学技术的发展,各种新型的生物传感器不断涌现,生物传感器的灵敏度不断提高,寿命延长。固态生物传感器(生物芯片),多功能生物传感器和基因探头都得到了发展。今后生物传感器将向实用化、微型化、多功能化发展。此外,缩短响应时间、提高感受器的耐久性(稳定性)和降低其耗电量也是十分重要的研究内容。从长远讲,开发智能化生物传感器也是研究方向之一。

六、薄膜生物催化技术

将酶和细胞固定化到薄膜上形成薄膜生物催化剂。薄膜生物催化剂可以螺旋形卷起来,放到生物反应塔里,用来合成有机酸和氨基酸等。这种生物化学工艺的优点是:(1)可以使刚性载体(例如尼龙网状织物)进入生物催化剂结构,避免发生原颗粒生物催化剂常会发生的凝集现象;(2)废催化剂卷可以从反应塔开口处排出,并输入新鲜的催化剂卷,从而减少了反应塔的停车时间;(3)可以使生物催化剂的分布更加均匀一致;(4)由于不同的生物催化剂可以在薄膜上一层隔一层地固定,一张膜就可进行多种化学反应;(5)可以使薄膜生物催化剂配置到透性隔膜上,反应混合物经过隔膜时便可以使产物同反应物分离。

薄膜生物催化技术可以用于临床检验。多层涂膜系统的每一层含有不同的反应物和酶,因而具有不同的功能。根据此原理的临床诊断化学分析技术,可以获得极其精确的检验结果。薄膜生物催化技术还可以用于化学合成。取消流体扩散层,它下面的生物催化层就可以用于连续性化学合成或间歇性化学合成。将有固定酶或细胞的膜层涂到一片可弯曲的惰性基底上,就得到了生物催化隔膜,以不同的工作模式就能制取不同的化学品。用酶或细胞催化薄膜可以连续性地或间歇性地制取葡萄糖酸、天冬氨酸和丙酮酸等等。利用这种涂膜技术,只要控制得好,一般都能获得高的酶浓度和细胞密度。膜式反应塔可按照标准模式设计,可以减少停车时间,促进产品的回收和纯化。

复习思考题

1. 酶作为催化剂,与一般催化剂相比,有何共性与特性?

2. 对一酶进行反应动力学测定,分别加入抑制剂 I_1 和 I_2 时,实验结果如下表(反应速度单位 $\mu mol/min$),请用双倒数作图法判断两种抑制剂的抑制作用的类型,并求得 K_m 和 V_{max}?

[S](mol/L)	无 I 时 v	抑制剂 I_1(2×10^{-3} mol/L)时 v	抑制剂 I_2(1×10^{-4} mol/L)时 v
0.3×10^{-5}	10.4	4.1	2.1
0.5×10^{-5}	14.5	6.4	2.9
1.0×10^{-5}	22.5	11.3	4.5
3.0×10^{-5}	33.8	22.6	6.8
9.0×10^{-5}	40.5	33.8	8.1

3. 某酶的两个非竞争性抑制剂的 K_i 值分别为 6.3×10^{-2} 和 4.1×10^{-4}。哪一个是最强的抑制剂?

4. 为什么某些肠道寄生虫如蛔虫在体内不会被消化道内的胃蛋白酶、胰蛋白酶消化?

5. 酶作用特点与药物作用机理有何联系?

6. 实际生产中,需要及时、在线检测相关调控指标。试根据酶促反应的影响因素,任选一控制点,提出检测的方法、流程,并讨论之。

第三章

核酸——生物机体的遗传信息携带物质

学习要点：核酸是一大类最基本的生命物质，由核苷酸通过 $3',5'$-磷酸二酯键相连而成的链状多聚体。核苷酸由碱基、戊糖和磷酸组成，碱基与戊糖通过糖苷键相连形成核苷，核苷与磷酸通过磷酸酯键相连形成核苷酸。核酸分为 RNA 和 DNA 两类。核酸具有紫外吸收的特性，其最大吸收峰在 260 nm 处，此特性可用于核酸的定性定量分析；DNA 变性与复性的性质用于核酸的分子杂交，以确定其核苷酸序列的同源程度，杂交技术已广泛地应用于核酸的研究。DNA 或 RNA 分子中核苷酸的排列顺序称为核酸的一级结构。DNA 的双螺旋结构是其二级结构，有两条反向平行、右手螺旋的多核苷酸链，靠氢键和碱基堆积力维持其结构稳定。DNA 在双螺旋结构基础上进一步折叠成为超螺旋结构，并在蛋白质的参与下构成核小体并进一步组装成染色体。DNA 的基本功能是作为生物遗传信息复制的模板和基因转录的模板。RNA 有 rRNA、tRNA、mRNA 和 snmRNAs。真核生物成熟的 mRNA 含有 $5'$-端帽子结构和 $3'$-末端的多聚 A 尾，mRNA 的功能是作为蛋白质合成的模板；tRNA 的特点是含有较多的稀有碱基，具有三叶草型二级结构和倒 L 型的三级结构，其功能是在蛋白质合成中将正确的氨基酸转运到合成位点；rRNA 与蛋白质组成核糖体，作为蛋白质合成的场所。细胞内的 snmRNA 是基因表达调控中必不可少的因子。

印迹技术可以将在凝胶中分离的生物大分子转移或直接放在固相介质上并加以检测分析。印迹技术包括 DNA 印迹技术、RNA 印迹技术和蛋白质印迹技术。探针具有特定的序列，能够与待测的核酸片段互补结合，可以用放射性核素或其他化合物标记，用于检测核酸样品中的特定基因。PCR 技术可使目的 DNA 片段得到 100 万倍以上的扩增，基本反应步骤包括变性、退火和延伸。基因文库可分为基因组 DNA 文库和 cDNA 文库。基因组 DNA 文库以 DNA 片段的形式贮存着某一生物全部基因组 DNA 信息。cDNA 文库是指包含某一组织细胞在一定条件下表达的全部 mRNA 逆转录而合成的 cDNA 序列的克隆群体，以 cDNA 片段的形式贮存着该组织细胞的基因表达信息。生物芯片包括基因芯片和蛋白质芯片。基因芯片主要用于基因表达检测、基因突变检测、功能基因组学研究、基因组作图和新基因的发现等多个方面。蛋白质芯片广泛应用于蛋白质表达谱、蛋白质功能、蛋白质间的相互作用的研究。酵母双杂交技术和标签蛋白沉淀是目前分析细胞内蛋白质相互作用的主要手段。转基因动物、基因剔除技术在建立疾病的动物模型、探讨疾病的发生机制方面具有重要价值，更为重要的是可以作为新的治疗方法和新的药物的筛选系统。

核酸(nucleic acid)是生物体内一类重要的生物大分子。作为遗传信息载体的 DNA (在某些情况下是 RNA)和传递遗传信息的 RNA,参与遗传信息的贮存、编辑、传递和表达。要揭示生命过程的奥秘就必须从研究核酸的结构和功能入手。

1869 年,年轻的瑞士科学家 F. Miescher 从脓细胞核中分离出一种含有 C、H、O、N 和 P 的物质,当时称之为核素(nuclein)。后来发现核素呈酸性,因而改称"核酸",意思是来自细胞核的酸性物质,即现在的以 DNA 为主的蛋白质复合物。后来,Hoppe-Seyler 从酵母中分离出一种类似的物质,即现在的 RNA。此后,核酸的研究并非顺利,直到 1909—1934 年间,美国生物化学家 Owen 证明,核酸的组成单位是核苷酸,核苷酸由碱基、戊糖和磷酸组成。1944 年 O. T. Avery 等人通过肺炎双球菌转化实验证明 DNA 是携带遗传信息的物质,由此确立了核酸作为遗传物质的重要地位,并极大地推动了核酸结构与功能的研究。1952 年 Chargaff 发现 DNA 的嘌呤碱和嘧啶碱组成有其特殊规律。1953 年,Watson 和 Crick 提出了 DNA 双螺旋结构模型,为分子生物学和分子遗传学的研究奠定了坚实的理论基础。

第一节　核酸的类别、分布和组成

自然界存在的核酸有两种类型,即核糖核酸(ribonucleic acid,RNA)和脱氧核糖核酸(deoxyribonucleic aicd,DNA)。在真核细胞中,DNA 主要集中在细胞核内,线粒体和叶绿体中均有各自的 DNA。原核细胞没有明显的细胞核结构,DNA 存在于称为拟核(nucleoid)的结构区。每个原核细胞一般只有一个染色体,每个染色体含一个双链环状 DNA。原核细胞染色体之外还存在能进行自主复制的遗传单位,称为质粒(plasmid)。DNA 携带遗传信息,并通过复制的方式将遗传信息进行传递。细胞内的 RNA 主要存在于细胞质中,少量存在于细胞核和线粒体中,病毒中 RNA 本身就是遗传信息的储存者如逆转录病毒(retrovirus)。另外在植物中还发现了一类比病毒还小得多的侵染性致病因子称为类病毒(viroid)和拟病毒(virusoid or satellite RNA),其 RNA 信息能忠实地传递给后代。因此,RNA 也可以作为遗传信息的载体。

原核细胞和真核细胞都含有以下三种主要的 RNA:

① 核糖体 RNA(ribosomal RNA,rRNA)

占细胞总 RNA 的 80%以上,它们在细胞内与蛋白质共同构成核糖体(ribosome),核糖体是细胞内蛋白质合成的场所。

② 转运 RNA(transfer RNA,tRNA)

占细胞总 RNA 的 15%,在蛋白质生物合成中作为氨基酸的载体。

③ 信使 RNA(messenger RNA,mRNA)

占细胞总 RNA 的 5%。在细胞核内合成的 mRNA 的初级产物比成熟的 mRNA 分子大得多,而且这种初级的 RNA 分子大小不一,被称为非均一核 RNA(heterogeneous nuclear RNA,hnRNA)。hnRNA 在细胞核内存在时间很短,经过剪接成为成熟的 mRNA。

除了上述三种 RNA 外,细胞内还存在许多其他种类的小分子 RNA,统称为非 mRNA 小 RNA(small non-messenger RNA,snmRNAs)。如参与 mRNA 前体剪接过程的核内小 RNA(small nuclear RNA,snRNA)、参与 rRNA 中核苷酸残基修饰的核仁小 RNA(small nucleolar RNA,snoRNA)、参与转录后调控的小干扰 RNA(small interfering RNA,siRNA)及参与特殊 RNA 剪接的核酶(ribozyme)。

核酸是一种线形的多聚核苷酸(polynucleotide),它的基本组成单位是核苷酸(nucleotide)。核酸在核酸酶作用下水解为核苷酸,核苷酸进一步分解为核苷(nucleoside)和磷酸,核苷能继续分解为碱基(base)和戊糖(pentose),见图 3-1。

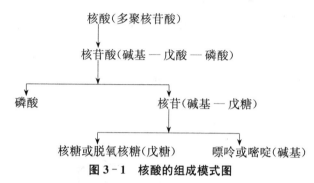

图 3-1　核酸的组成模式图

RNA 主要由腺嘌呤、鸟嘌呤、胞嘧啶和尿嘧啶四种碱基组成的核糖核苷酸构成。DNA 主要由腺嘌呤、鸟嘌呤、胞嘧啶和胸腺嘧啶四种碱基组成的脱氧核糖核苷酸组成。RNA 和 DNA 分子中三种碱基是相同的,只有一种碱基不同,RNA 分子中是尿嘧啶,而 DNA 分子中是胸腺嘧啶。RNA 和 DNA 的基本化学组成见表 3-1。

表 3-1　DNA 和 RNA 的基本化学组成

	DNA	RNA
嘌呤碱(purine bases)	腺嘌呤(adenine,A)	腺嘌呤(adenine,A)
	鸟嘌呤(guanine,G)	鸟嘌呤(guanine,G)
嘧啶碱(pyrimedine bases)	胞嘧啶(cytosine,C)	胞嘧啶(cytosine,C)
	胸腺嘧啶(thymine,T)	尿嘧啶(uracil,U)
戊糖(pentose)	D-2-脱氧核糖	D-2-核糖
磷酸	磷酸	磷酸

第二节　核苷与核苷酸

一、碱基

核酸分子中的碱基是含氮的杂环化合物,可分为嘌呤碱(purine)和嘧啶碱(pyrimidine)两类。

1. 嘧啶碱

核酸中常见的嘧啶碱有三种,胞嘧啶(cytosine,C)、尿嘧啶(uracil,U)和胸腺嘧啶(thymine,T),它们都是嘧啶的衍生物。其中胞嘧啶为 DNA 和 RNA 所共有,尿嘧啶只存在于 RNA 中,胸腺嘧啶基本只出现于 DNA 中,但在 tRNA 中也有少量存在。

2. 嘌呤碱

核酸中常见的嘌呤碱有两种,腺嘌呤(adenine,A)和鸟嘌呤(guanine,G),两者都是嘌呤的衍生物。DNA 和 RNA 分子中都含有这两种嘌呤碱。五种碱基结构如下:

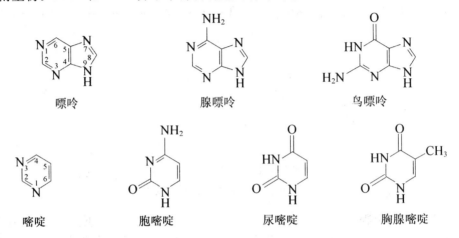

嘌呤　　　　　　　　腺嘌呤　　　　　　　　鸟嘌呤

嘧啶　　　　　　　　胞嘧啶　　　　　　　　尿嘧啶　　　　　　　　胸腺嘧啶

3. 稀有碱基

核酸分子中,除了上述五种主要碱基外,还存在一些含量甚少的碱基,称为"稀有碱基"。稀有碱基种类很多,大多数是甲基化碱基。tRNA 中稀有碱基含量高,可高达10%。植物 DNA 中含有相当量的 5-甲基胞嘧啶,一些大肠杆菌噬菌体 DNA 中含有较多的 5-羟甲基胞嘧啶。核酸中存在的部分稀有碱基结构如下:

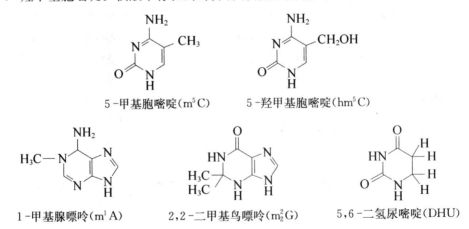

5-甲基胞嘧啶(m^5C)　　　　　5-羟甲基胞嘧啶(hm^5C)

1-甲基腺嘌呤(m^1A)　　2,2-二甲基鸟嘌呤(m_2^2G)　　5,6-二氢尿嘧啶(DHU)

　　五种碱基的酮基或氨基受介质 pH 的影响可形成酮-烯醇互变异构体或氨基-亚氨基互变异构体,这为碱基之间形成氢键提供了结构基础。

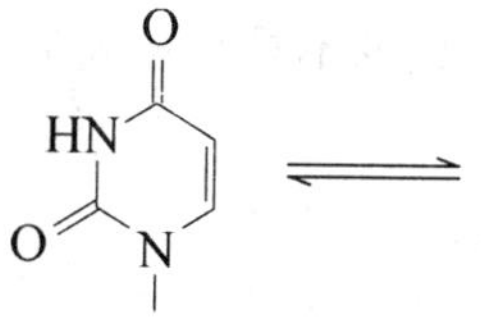

酮-烯醇互变

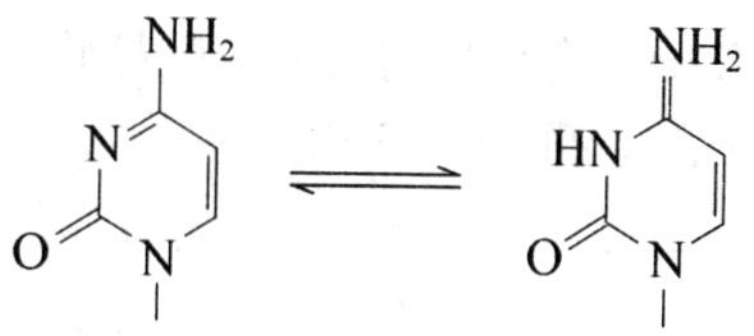

氨基-亚氨基互变

二、戊糖

核酸中有两种类型的戊糖,即核糖(ribose)和脱氧核糖(deoxyribose)。为了与碱基分子中碳原子标号相区别,通常将戊糖 C 原子编号加上"′"。RNA 含有 $\beta-D-$核糖,DNA 含有 $\beta-D-2-$脱氧核糖。某些 RNA 中还含有少量的 $\beta-D-2-O-$甲基核糖。

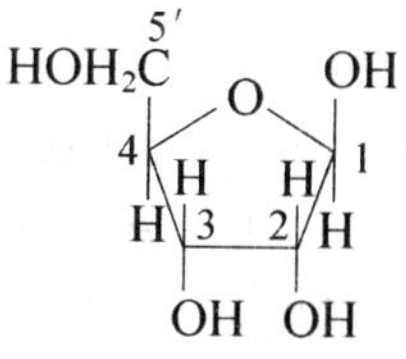

$\beta-D-$核糖

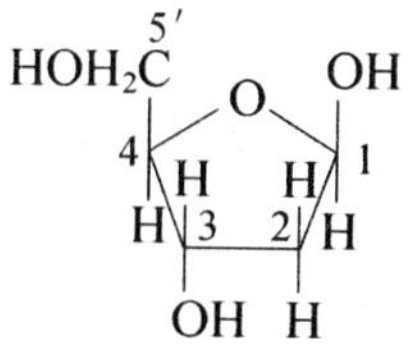

$\beta-D-2-$脱氧核糖

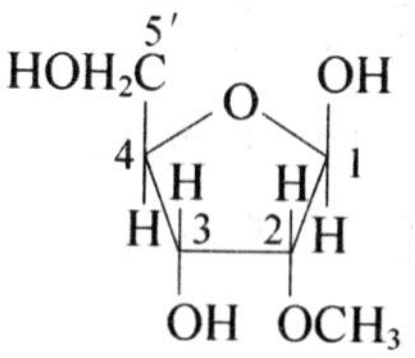

$\beta-D-2-O-$甲基核糖

三、核苷

核糖或脱氧核糖与碱基通过 $\beta-N-$糖苷键缩合形成核苷(nucleoside)或脱氧核苷(deoxynucleoside)。戊糖的 $C-1'$ 原子与嘌呤的 $N-9$ 原子或嘧啶的 $N-1$ 原子缩合形成 $N-$糖苷键。部分核苷的结构如下:

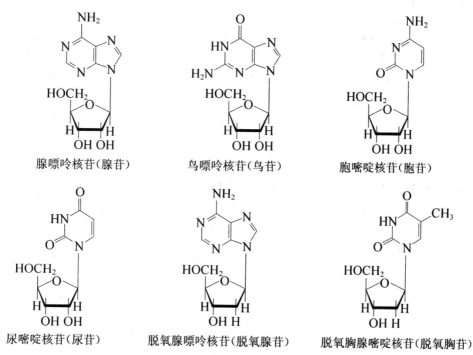

腺嘌呤核苷(腺苷)　　　　鸟嘌呤核苷(鸟苷)　　　　胞嘧啶核苷(胞苷)

尿嘧啶核苷(尿苷)　　　脱氧腺嘌呤核苷(脱氧腺苷)　　　脱氧胸腺嘧啶核苷(脱氧胸苷)

tRNA 中含有少量的假尿嘧啶核苷(pseudouridine),它的核糖不是与尿嘧啶 N-1 连接,而是与嘧啶环的 C-5 相连。

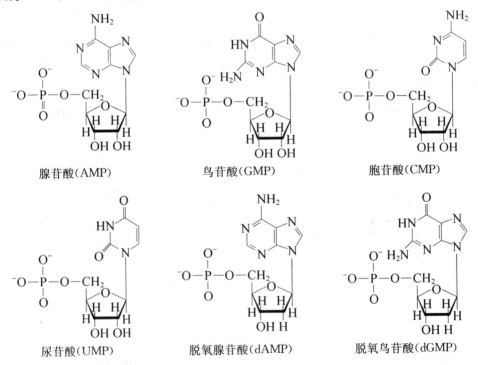

尿嘧啶核苷　　　　　　　假尿嘧啶核苷

四、核苷酸

核苷中戊糖上的羟基与磷酸通过酯键相连形成核苷酸(nucleotide)。即核苷酸是核苷的磷酸酯。根据核苷酸中戊糖的不同,将核苷酸分为核糖核苷酸和脱氧核糖核苷酸两大类,分别是构成 RNA 和 DNA 的基本结构单位。核糖有三个自由羟基,磷酸可分别与之发生酯化形成 C-2′、C-3′ 和 C-5′ 核糖核苷酸。而脱氧核糖上两个自由羟基,所以只能形成 C-3′ 和 C-5′ 两种脱氧核糖核苷酸。

腺苷酸(AMP)　　　　　鸟苷酸(GMP)　　　　　胞苷酸(CMP)

尿苷酸(UMP)　　　脱氧腺苷酸(dAMP)　　　脱氧鸟苷酸(dGMP)

脱氧胞苷酸(dCMP)　　　　脱氧胸苷酸(dTMP)

　　在体内,核苷酸除了构成核酸外,还有一些核苷酸的衍生物参与各种物质的代谢调控和多种蛋白质功能的调节。如多磷酸核苷酸(ATP、ADP 等)、环化核苷酸(cAMP 和 cGMP)以及一些辅酶类核苷酸(辅酶Ⅰ和辅酶Ⅱ)等。

第三节　核酸的分子结构

一、核酸的一级结构

　　核酸的一级结构(primary structure)是指通过 $3',5'$-磷酸二酯键连接而成的核苷酸或脱氧核苷酸从 $5'$-末端到 $3'$-末端的排列顺序,也就是核苷酸序列。由于核苷酸间的差异仅在于碱基的不同,因此,核酸的一级结构也就是它的碱基序列。四种脱氧核苷酸按照一定的排列顺序以 $3',5'$-磷酸二酯键($3',5'$- phosphodiester linkage)连接而成的多聚脱氧核苷酸(polydeoxynucleotides)链称为 DNA,多聚核苷酸链则称为 RNA(图 3-2)。

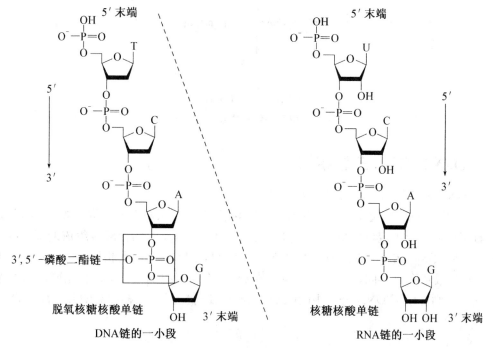

图 3-2　多聚核苷酸的结构

多聚核苷酸链是有方向性的,它的两个末端分别称为 $5'$-末端(游离磷酸基)和 $3'$-末端(游离羟基)。无论是 DNA 还是 RNA,它们的聚合反应都是按照 $5'\rightarrow3'$ 方向进行的,没有特别指定时,核苷酸序列都是按照 $5'\rightarrow3'$ 方向读写,且将 $5'$-末端置于左边,$3'$-末端置于右边。

核酸分子的大小常用碱基数目(base 或 kilobase,适用于单链 DNA 和 RNA)或碱基对数目(base pair, bp 或 kilobase pair, kbp,适用于双链 DNA)来表示。小的核酸片段(<50 bp)常被称为寡核苷酸(oligonucleotide)。自然界中的 DNA 和 RNA 的长度可以高达几十万个碱基,DNA 携带的遗传信息完全依靠碱基排列顺序变化而不同。可以想象,一个由 N 个脱氧核苷酸组成的 DNA 会有 4^N 个可能的排列组合,提供了巨大的遗传信息编码潜能。

表示一个核酸分子结构的方法由繁至简有线条式缩写法和字母式缩写法两种,如图 3-3。

线条式缩写法是用 A、G、C、T 代表各种碱基,垂线代表戊糖的碳链,P 代表磷酸残基,由 P 引出的斜线,一端与戊糖的 C-$3'$ 相连,另一端与另一戊糖的 C-$5'$ 相连形成 $3',5'$-磷酸二酯键。最左边的磷酸未形成磷酸二酯键,称为 $5'$-P 末端,最右边核苷酸核糖上的 $3'$-OH 是游离的,称为 $3'$-OH 末端。

字母式缩写法是将核酸中的戊糖基略去,甚至磷酸二酯键也省略。如未特别注明 $3'$-和 $5'$-末端,约定左侧是 $5'$-末端,右侧是 $3'$-末端。

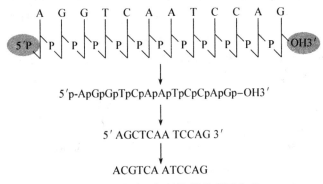

图 3-3　核酸一级结构及其书写方式

二、DNA 的二、三级结构

1. DNA 的二级结构——双螺旋结构

1952 年,美国生物化学家 E. Chargaff 采用纸层析的方法对多种不同生物的 DNA 分子的碱基组成进行了定量分析(表 3-2),提出了有关 DNA 中四种碱基组成的 Chargaff 规则:① 腺嘌呤与胸腺嘧啶的摩尔数相等;鸟嘌呤与胞嘧啶摩尔数相同;② 不同种属生物的 DNA 碱基组成不同;③ 同一个体不同器官、不同组织的 DNA 具有相同的碱基组成。这一规则提示了 DNA 分子中的碱基 A 与 T,G 与 C 是以互补配对的方式存在的。

表 3-2　不同生物来源的 DNA 分子的碱基比例

来源	A/G	T/C	A/T	G/C
牛	1.29	1.43	1.04	1.00
人	1.56	1.75	1.00	1.00
母鸡	1.45	1.29	1.06	0.91
鲑	1.43	1.43	1.02	1.02
小麦	1.22	1.18	1.00	0.97
酵母	1.67	1.92	1.03	1.20
嗜血杆菌	1.74	1.54	1.07	0.91
大肠杆菌 K_2	1.05	0.95	1.09	0.99
鸟结核杆菌	0.40	1.40	1.09	1.08
黏质沙雷氏菌	0.70	0.70	0.95	0.86

　　1951 年,英国的 M. Wilkins 和 R. Franklin 获得了高质量的 DNA 分子 X-射线衍射照片。分析结果表明 DNA 是螺旋型分子,并以双链形式存在。1953 年 J. Watson 和 F. Crick 在综合了前人研究结果的基础上提出了 DNA 分子双螺旋结构(double helix)模型,并将该模型发表在《Nature》杂志上。Watson 和 Crick 的 DNA 双螺旋结构模型不仅解释有关 DNA 的一切理化性质,而且将其结构与功能联系起来,奠定了现代生命科学的基础。

　　DNA 双螺旋结构模型的要点如下:

　　(1) DNA 是反向平行、右手螺旋的双链结构

　　两条呈反向平行(一条链为 $5'\rightarrow3'$ 走向,另一条为 $3'\rightarrow5'$ 走向)的多聚脱氧核苷酸链围绕同一个“中心轴”形成右手螺旋结构(图 3-4)。DAN 双螺旋的直径为 2 nm,相邻两个碱基对平面之间的距离为 0.34 nm,两个核苷酸之间的夹角为 36°,螺旋每旋转一周需 10 个核苷酸,螺距为 3.4 nm。外观上,DNA 双螺旋结构的表面存在一个大沟(major groove)和一个小沟(minor groove)。研究证明,这些沟状结构与蛋白质间的识别作用有关。

　　(2) DNA 双链之间形成互补碱基对

　　脱氧核糖和磷酸构成的骨架结构位于双螺旋的外侧,碱基位于内侧,两条链的碱基之间以氢键相结合,匹配成对。配对原则是 A 与 T 配对,之间形成两个氢键,G 与 C 配对,之间形成三个氢键,所以 GC 之间的配对较为稳定。这种碱基配对关系称为碱基互补(base complementary),DNA 的两条链则互为互补链(complementary strand)。根据碱基互补规律,当一条多核苷酸链的序列被确定以后,即可推知另一条互补链的序列。碱基平面与纵轴垂直,糖环平面则与纵轴平行。

　　(3) 碱基堆积力和氢键共同维持 DNA 双螺旋结构的稳定

　　分布于双螺旋结构内侧的碱基呈疏水性,大量邻近的疏水性碱基对的堆积使其内部产生了强有力的疏水性的碱基堆积力(base stacking forces),它和碱基对之间的氢键共同维持 DNA 双螺旋结构的稳定。且前者对于双螺旋结构的稳定更为重要。此外,磷酸基

团上的负电荷与介质中的阳离子之间形成的氢键,它可减少 DNA 分子双链间的静电斥力,维持 DNA 结构的稳定。

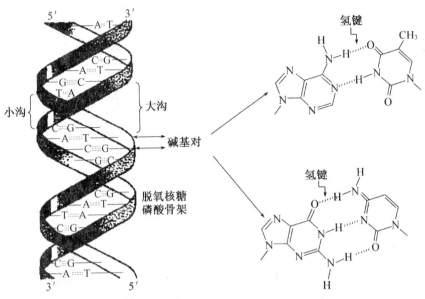

图3-4　DNA 分子的双螺旋结构模型及碱基互补示意图

2. DNA 双螺旋结构的多样性

Watson 和 Crick 提出的 DNA 双螺旋结构模型是在 92% 相对湿度下得到的 DNA 钠盐纤维的 X-射线衍射图谱推导出来的,这是 DNA 分子在水性环境和生理条件下最稳定的结构,也是最常见的 DNA 构象,在生物学研究中具有深远意义。后来发现,在改变了溶液的离子强度或相对湿度后,DNA 双螺旋结构不是一成不变的。为便于区别,人们将 Watson 和 Crick 提出的 DNA 双螺旋结构模型称为 B 型-DNA。在相对湿度 75% 以下时,DNA 纤维的 X-射线衍射资料分析表明其构象具有不同于 B 型-DNA 的结构特点,虽也是右手螺旋,但其空间结构参数已不同于 B 型-DNA,人们将其称为 A 型-DNA。在 DNA 的二级结构研究中,最引人注意的是 Z-DNA 结构的发现。1979 年美国麻省理工学院 A. Rich 等人用 X-射线衍射法分析人工合成的 dCGCGCG 晶体结构时,意外发现此 DNA 片段具有左手螺旋的结构特征(图 4-5)。这种左手螺旋中磷酸基在多核苷酸骨架上的分布呈 Z 字形,所以取名为 Z 型-DNA。研究表明生物体内的 DNA 分子中确实存在 Z 型-DNA 区域,且 B 型-DNA 与 Z 型-DNA 之间是可以互相转变的,并处于某种平衡状态,一旦破坏这种平衡,基因表达可能失控,所以推测 Z-DNA 可能和基因表达的调控有关。表 4-3 是几种不同类型 DNA 的结构参数。

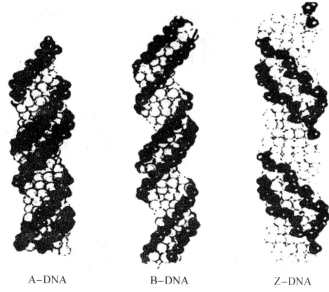

A-DNA   B-DNA   Z-DNA

图 3-5　三种 DNA 分子模型

表 3-3　不同类型 DNA 的结构参数

结构参数	螺旋类型		
	A-DNA	B-DNA	Z-DNA
结晶状态	75%相对湿度 钠盐	92%相对湿度 钠盐	
螺旋方式	右手	右手	左手
螺距(nm)	2.8	3.4	4.5
碱基对之间距离(nm)	0.256	0.34	0.37
每圈螺旋的碱基对数	11	10	12
碱基夹角	32.7°	36°	—60°
碱基平面倾斜度	20°	0°	7°
螺旋直径(nm)	2.3	2.0	1.8
大沟	窄深	宽深	平坦
小沟	宽浅	窄浅	较窄、很深

3. 某些 DNA 具有的多链螺旋结构

1957 年,Felsenfeld 等发现,当双链核酸的一条链为全嘌呤核苷酸链,另一条链为全嘧啶核苷酸链时,DNA 分子还能转化形成三链结构(triplex)(见图 3-6)。Hoogsteen 于 1963 年提出了 DNA 的三螺旋结构的理论。通常是在一条自身回折的寡嘧啶核苷酸与寡嘌呤核苷酸双螺旋的大沟内结合了第三股寡核苷酸。第三股链的碱基与原来双螺旋 Watson-Crick 碱基对中的嘌呤碱形成 Hoogsteen 配对,即 Py•Pu*Py、Py•Pu*Pu 和 Py•Pu*Py 等,"•"表示 Watson-Crick 配对,"*"表示 Hoogsteen 配对,且第三股链与寡嘌呤核苷酸之间为同向平行。一般认为,三股螺旋中的碱基配对方式必须符合 Hoogsteen 配对,见图 3-7。即第三个碱基是以 A 或 T 与原螺旋中 A＝T 碱基对中的 A 配对;G 或 C 与原螺旋中 G≡C 碱基对中的 G 配对,C 必须质子化,以提供与 G 的 N-7 结合的氢键供体,它与 G 配对只形成两个氢键。

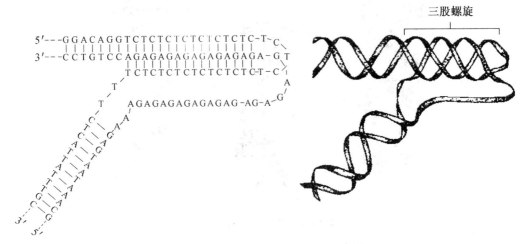

图 3-6　分子内三股螺旋 DNA 示意图

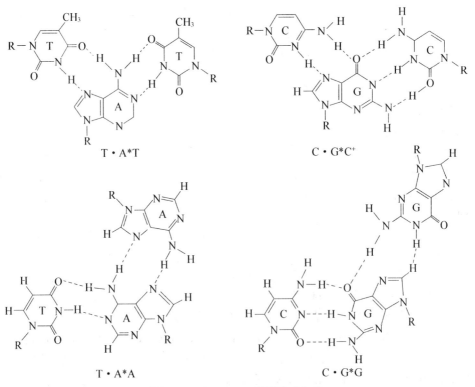

图 3-7　Hoogsteen 碱基配对方式

真核生物基因组中存在大量可形成三链 DNA 的多聚嘌呤核苷酸和多聚嘧啶核苷酸。这些序列有的存在于调控区,有的位于 DNA 复制的起点或终点,有的则位于染色体重组位点,提示它们可能与基因的表达调控、DNA 的复制及染色体的重组有关。

4. DNA 的三级结构

DNA 的三级结构是指在 DNA 双螺旋二级结构的基础上,进一步扭曲或再次螺旋而形成的更复杂的构象。

(1) DNA 超螺旋结构——原核生物 DNA 的高级结构

超螺旋是 DNA 三级结构的主要形式。自从 1965 年 Vinograd 等人发现多瘤病毒的环形 DNA 的超螺旋以来,现已知道绝大部分原核生物的 DNA 都是共价封闭的环状双螺旋分子,这种分子再度螺旋化成为超螺旋结构(superhelix 或 supercoil)(图 3 - 8)。它在细胞内形成拟核(nucleoid),拟核结构中 DNA 约占 80%,其余是碱性蛋白质和少量的 RNA。在细菌基因组中,超螺旋可以相互独立存在,形成超螺旋区。

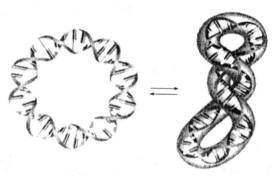

图 3 - 8　DNA 的超螺旋结构

超螺旋本身具有方向性。因此,当旋转方向不同时,可产生负超螺旋(negative supercoils)和正超螺旋(positive supercoils)两种形式的拓扑结构。当超螺旋方向与右手双螺旋方向相反时形成负超螺旋(即左手超螺旋),负超螺旋是细胞内常见的 DNA 高级形式。当超螺旋方向与右手双螺旋方向相同时形成正超螺旋(即右手超螺旋),正超螺旋是过度缠绕的双螺旋(见图 3 - 9)。体外实验可以产生正超螺旋。目前,仅在一种嗜热菌

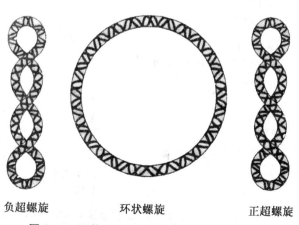

负超螺旋　　　　环状螺旋　　　　正超螺旋

图 3 - 9　环状 DNA 的三种拓扑异构体示意图

体内发现了活体内的正超螺旋。线粒体、叶绿体是真核细胞中含有核外遗传物质的细胞器。其DNA也是环状双链超螺旋结构。

(2) DNA在真核细胞内的组装

真核生物的DNA以有序的形式存在于细胞核内。在细胞周期的大部分时间里都是以松散的染色质(chromatin)形式存在,在细胞分裂期形成高度致密的染色体(chromosome)。在电子显微镜下观察到染色质呈串珠状结构,这种串珠状结构的重复单位是核小体(nucleosome),它是构成染色质的基本组成单位(图3-10)。

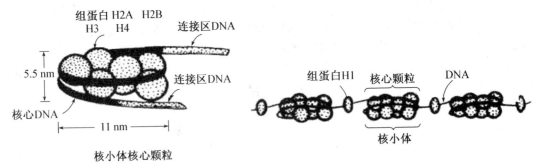

图3-10　核小体结构示意图

染色质细丝进一步卷曲形成外径30 nm、内径10 nm的中空状螺线管(soleniod)结构,这是DNA在核内形成致密结构的第二层次折叠,使DNA的长度又压缩了6倍。

染色质纤维空管进一步卷曲折叠形成直径为400 nm的超螺线管,DNA的长度又压缩了近40倍,最后染色质纤维进一步压缩形成染色单体,在核内组装成染色体(图3-11)。在细胞分裂期染色体形成过程中,DNA总共被压缩了近8 000~10 000倍,从将近2 m长的DNA组装到了直径只有数微米的细胞核中。对于生物体在有限的空间里贮存大量的遗传信息具有重大意义。

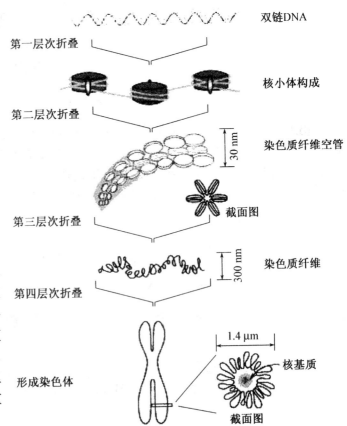

图3-11　真核生物染色体DNA组装的不同层次

5. DNA 的功能

除少数 RNA 病毒外,DNA 是生物遗传信息的载体。DNA 的遗传信息是以基因的形式存在的。基因(gene)是指 DNA 分子中的某一功能区段,其中的核苷酸排列顺序决定了基因的功能。DNA 的基本功能是作为基因复制和基因转录的模板,它是生命遗传的物质基础,也是个体生命活动的信息基础。

DNA 通过自我复制,将遗传信息稳定、忠实地从一代细胞传给下一代细胞。DNA 的双螺旋结构和碱基互补配对原则是 DNA 复制、遗传信息从亲代细胞传至子代细胞的基础。

遗传信息的表达是将 DNA 上储存的遗传信息通过转录和翻译产生蛋白质。DNA 序列决定所有细胞内的 RNA 序列及蛋白质的氨基酸序列,从而体现生物体的生物学功能和生命现象。

三、RNA 的二、三级结构

如同 DNA 一样,RNA 在生命活动中起着同等重要的作用。它的作用是与蛋白质一起共同负责基因的表达和表达过程的调控。RNA 通常以单链形式存在,局部形成双螺旋的二级结构或三级结构。其种类、分布、结构和分子量呈现多样化,这些结构特点赋予了 RNA 功能的多样性(表 3-4)。

表 3-4 动物细胞内主要 RNA 的种类和功能

RNA 的种类	细胞核和细胞质	线粒体	功能
核糖核蛋白体 RNA	rRNA	mt rRNA	核蛋白体的组成成分
信使 RNA	mRNA	mt mRNA	蛋白质合成的模板
转运 RNA	tRNA	mt tRNA	运送氨基酸
催化活性 RNA	＋	?	具有酶的功能,剪切 RNA
核不均一 RNA	hnRNA		成熟 mRNA 的前体
核内小 RNA	snRNA		参与 hnRNA 的剪接和转运
核仁小 RNA	snoRNA		rRNA 的加工和修饰
胞质小 RNA	scRNA		蛋白质内质网定位合成的信号识别体的组成成分

1. mRNA——蛋白质合成的模板

DNA 是遗传信息的载体,它决定了蛋白质的合成。但是,细胞核中的 DNA 如何指导细胞质中蛋白质的合成呢? 1960 年,F. Jacob 等人用放射性核素示踪实验证实,mRNA 是在细胞核中以 DNA 为模板合成的,但在核内合成的 mRNA 的初级产物比在细胞质中作为蛋白质合成模板的成熟 mRMA 要大得多,而且这种初级的 RNA 分子大小不一,被称为不均一核 RNA(heterogeneous nuclear RNA,hnRNA)。hnRNA 在细胞核内存在时间极短,经过剪接成为成熟的 mRNA,然后转移到细胞质中,作为蛋白质合成的直接模板指导蛋白质的合成。这一直接模板的作用表现在 mRNA 分子内碱基的排列顺序,决定着蛋白质多肽链上氨基酸的排列顺序。这种能将 DNA 上的遗传信息运送到核糖体,并为蛋白质多肽链的特异氨基酸序列合成提供模板的 RNA 命名为信使 RNA (messenger RNA，mRNA)。

每一多肽都有其特定的 mRNA 编码，所以，细胞内 mRNA 的种类很多。原核生物 mRNA 转录后一般不需加工，直接指导蛋白质合成。mRNA 转录和翻译不仅发生在同一细胞空间，而且这两个过程几乎是同时进行的。真核生物 mRNA 的合成和表达则发生在不同的空间和时间。真核生物成熟的 mRNA 的结构特点是由编码区和非编码区构成，且含有特殊的 5′-端帽结构和 3′-端多聚 A 尾结构(图 3-12)。原核生物的 mRNA 未发现类似结构。

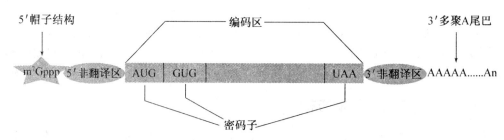

图 3-12　真核生物成熟 mRNA 的结构

(1) 大部分真核生物 mRNA 的 5′-端有 7-甲基鸟嘌呤-三磷酸核苷(m^{7}GpppN)的结构，称为帽结构(cap sequence)(图 3-13)。5′-帽结构是由鸟苷酸转移酶加到转录后的 mRNA 分子上的。与帽结构相邻的第一和第二个核苷酸中戊糖的 C-2′ 通常会被甲基化，产生不同的帽结构。mRNA 的帽结构与帽结合蛋白(cap binding protein，CBP)结合形成复合物，对于 mRNA 从细胞核向细胞质的转移、与核糖体结合、与翻译起始因子结合及维持 mRNA 的稳定都起着重要的作用。

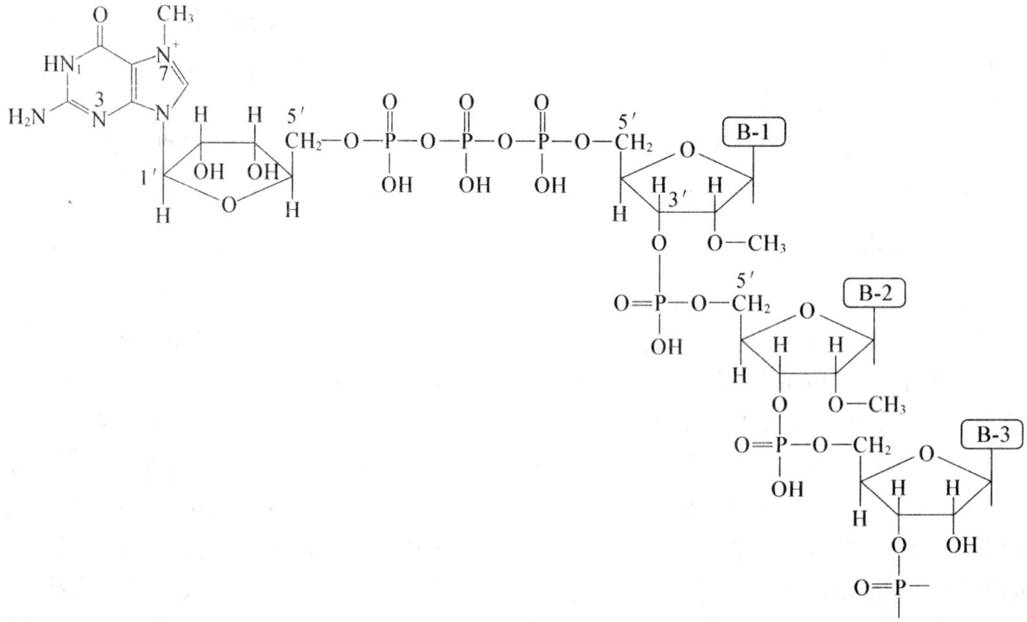

图 3-13　真核 mRNA 的 5′-端 7-甲基鸟嘌呤-三磷酸核苷帽子结构

（2）真核生物 mRNA 的 3′-端有一段由 80～250 个腺苷酸连接而成的多聚腺苷酸结构，称为多聚 A(poly A)尾。它是在转录完成后加入的，催化这一反应的酶是多聚腺苷酸转移酶。poly A 尾结构在细胞内与 poly A 结合蛋白相结合成复合体存在。目前认为，真核生物 3′-端 poly A 尾结构和 5′-端帽子结构共同负责 mRNA 从细胞核向细胞质的转移、维系 mRNA 的稳定及与翻译的调控有关。

（3）从 mRNA 分子 5′-端的起始密码(AUG)开始，每三个相邻的核苷酸为一组，编码多肽链上一个氨基酸，称为密码子(codon)或三联体密码(triplet code)。

一条完整的 mRNA 分子由 5′-非编码区、编码区和 3′-非编码区构成。编码区包括起始密码、编码其他氨基酸的密码和终止密码。如果一个 mRNA 分子只编码一条多肽链，称该 mRNA 为单顺反子(monocistronic)，如果一个 mRNA 分子编码多条多肽链，那么称为多顺反子(polycistronic)。真核生物的绝大多数 mRNA 都是单顺反子，原核生物的 mRNA 为多顺反子。

2. tRNA——蛋白质合成的氨基酸载体

转运 RNA(transfer RNA，tRNA)在蛋白质生物合成中起携带各种氨基酸的作用，由 74～95 个核苷酸组成。一种氨基酸有一种或几种相应的 tRNA，运载同一种氨基酸的 tRNA 称为同工 tRNA，因此 tRNA 的种类很多。tRNA 分子中含有多种稀有碱基(rare bases)。稀有碱基是指除了 A、G、C、U 以外的碱基，常见的有二氢尿嘧啶(DHU)、假尿嘧啶核苷(pseudouridine，ψ)和甲基化的嘌呤(ᵐG、ᵐA)等。tRNA 中的稀有碱基占所有碱基的 10%～20%。

所有 tRNA 的 3′-末端都有—CCA—OH 结构，用来接受活化的氨基酸，称为接受末端。5′-末端大多为鸟苷酸(pG)。tRNA 分子中存在一些能互补配对的区域形成局部双螺旋，呈茎状结构，中间不能配对的部分膨出形成环。由于这些茎-环结构的存在，使得 tRNA 形成似三叶草(cloverleaf)的二级结构(图 3-14)。

三叶草结构由四环一臂组成，结构

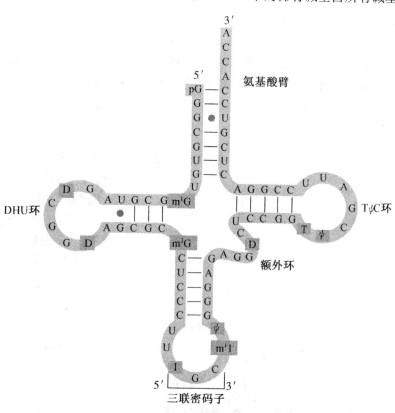

图 3-14 tRNA 的二级结构示意图

特点如下：

① 氨基酸臂(amino acid arm)

3′-端和 5′-端有 7 对碱基互补配对形成双螺旋区，称为氨基酸臂，富含鸟嘌呤。臂的 3′-端为共同的、能与活化氨基酸结合的—CAA—OH 结构。3′-端的—CAA—OH 结构是转录后在 tRNA 核苷酸基转移酶作用下加上去的。

② 二氢尿嘧啶环(dihydrouracil loop, DHU)

由 8～12 个核苷酸组成，含有二氢尿嘧啶，通过由 3～4 对碱基组成的双螺旋区与 tRNA 分子的其余部分相连。

③ 反密码环(anticodon loop)

由 7 个核苷酸组成。环的中间是反密码子(anticodon)，由三个碱基构成，它能与 mRNA 上的密码子通过碱基互补相互识别。次黄嘌呤核苷酸(I)常出现在反密码子中。蛋白质生物合成时，就是由 tRNA 上的反密码子辨认 mRNA 上相应的密码子，从而将其所携带的氨基酸正确地运到核糖体上合成蛋白质。

④ TψC 环

由 7 个核苷酸组成，含有一段 TψC 序列，该序列中含胸腺嘧啶核苷酸(T)和假尿嘧啶核苷(ψ)酸，故因此而得名。

⑤ 额外环(extra loop)

不同 tRNA 分子额外环上核苷酸的数目是可变的，故又称为可变环(variable loop)，它是 tRNA 分类的重要标志。

tRNA 在三叶草形二级结构的基础上进一步折叠、扭曲形成倒"L"形的三级结构(图 3-15)。此时，氨基酸臂和 TψC 环形成一个连续的双螺旋区，构成"L"字母下面的一横；二氢尿嘧啶环和反密码环构成"L"的一竖。二氢尿嘧啶环和 TψC 环及额外环之间某些碱基间氢键的作用是维持 tRNA 的三级结构的重要因素。

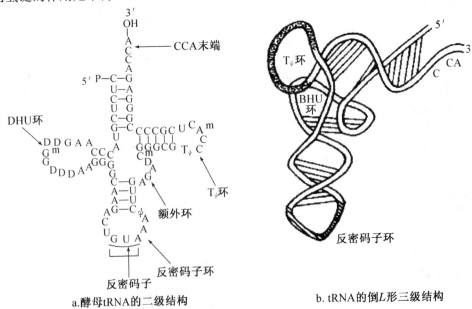

a.酵母tRNA的二级结构　　　　　　　b.tRNA的倒L形三级结构

图 3-15　酵母 tRNA 的空间结构

3. rRNA——核糖体是蛋白质合成的场所

核糖体 RNA(ribosomal RNA, rRNA)是细胞内含量最多的 RNA。它与核糖体蛋白共同构成核糖体(ribosome),核糖体是细胞内蛋白质合成的场所。真核生物的 rRNA 有四种,依照分子量的大小分为 5S、5.8S、18S 和 28S;原核生物的 rRNA 有三种,分别为5S、16S 和 23S。它们分别与不同的蛋白质结合,共同构成核糖体的大小两个亚基。真核生物 18S rRNA 与蛋白质构成核糖体的小亚基;5.8S、18S 和 28S 三种 rRNA 与蛋白质结合形成大亚基。原核生物 16S rRNA 与蛋白质构成核糖体的小亚基;5S 和 23S rRNA 与蛋白质结合形成大亚基(表 3-5)。

表 3-5 真核生物和原核生物核糖体的组成

	原核生物(以大肠杆菌为例)		真核生物(以小鼠肝为例)	
小亚基	30S		40S	
rRNA	16S	1 542 个核苷酸	18S	1 874 个核苷酸
蛋白质	21 种	占总重量的 40%	33 种	占总重量的 50%
大亚基	50S		60S	
rRNA	23S	2 940 个核苷酸	28S	4 718 个核苷酸
	5S	120 个核苷酸	5.8S	160 个核苷酸
			5S	120 个核苷酸
蛋白质	31 种	占总重量的 30%	49 种	占总重量的 35%

rRNA 结构中的修饰碱基含量比 tRNA 少。不同生物中,5S rRNA 的一级结构序列保守性都高。16S rRNA 和 23S rRNA 一级结构的某些区域具有高度的序列同源性,且二级结构相似。这提示着这些 rRNA 甚至所有核糖体可能都有着共同的祖先。

rRNA 分子内含有大量的茎环结构,使 rRNA 具有多种多样构象的可能性。因此,rRNA 的二级结构十分复杂。目前,对 *E.coli* 16S rRNA 二级结构研究较详细,其结构中近一半的核苷酸处于配对状态,形成了 4 个较明显的结构域(图3-16)。在 23S rRNA 中有 52% 的配对区,同一分子的 5′端与 3′端序列间也能形成碱基配对,对分子的稳定性十分重要。然而,rRNA 构象不是固定不变的,在蛋白质生物合成中,它随着 mRNA、tRNA的结合及亚基内蛋白质分子的装配将发

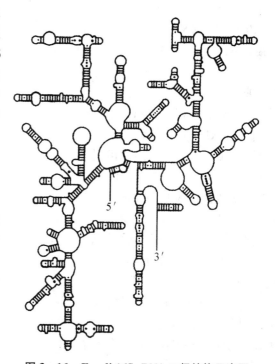

图 3-16 *E.coli* 16S rRNA 二级结构示意图

生改变。因此,rRNA 的二级结构始终处于动态变化中,与其结构组装和功能密切相关。

4. snmRNA——参与基因表达的调控

除了上述三种 RNA 外,细胞的不同部位还存在着许多其他种类的小分子 RNA,这些小 RNA 被统称为非 mRNA 小 RNA(small non-messenger RNA,snmRNA)。有关 snmRNA 的研究近年来受到广泛重视,并由此产生了 RNA 组学(Rnomics)的概念。RNA 组学是研究细胞中 snmRNA 的种类、结构和功能;同一生物体内不同种类的细胞、同一细胞在不同时间、不同空间状态下 snmRNA 表达谱的变化及其与功能的关系。

非 mRNA 小 RNA 主要包括参与核内 mRNA 前体剪接过程的核内小 RNA(small nuclear RNA,snRNA);参与 rRNA 中核苷酸残基修饰的核仁小分子 RNA(small nucleolar RNA,snoRNA);参与转录后调控的小片段干扰 RNA(small interfering RNA,siRNA)及具有催化作用 RNA 核酶(ribozyme)。此外,还有胞质小分子 RNA(small cytosol RNA,scRNA),scRNA 种类很多,其中的 7S LRNA 与蛋白质一起组成信号识别颗粒(signal recognition particle,SRP),参与分泌性蛋白质的合成。

siRNA 是 RNA 干扰作用赖以发生的重要中间效应分子。当病毒基因、人工转入基因、转座子等外源性基因随机整合到宿主细胞基因组内,并利用宿主细胞进行转录时,常产生一些 dsRNA。宿主细胞对这些 dsRNA 迅即产生反应,其胞质中的核酸内切酶 Dicer 将 dsRNA 切割成多个具有特定长度和结构的小片段 RNA(大约 21~23 bp),即 siRNA。siRNA 在细胞内 RNA 解旋酶的作用下解链成正义链和反义链,继之由反义 siRNA 再与体内一些酶结合形成 RNA 诱导的沉默复合物(RNA-induced silencing complex,RISC)。RISC 与外源性基因表达的 mRNA 的同源区进行特异性结合,RISC 具有核酸酶的功能,在结合部位切割 mRNA,切割位点即是与 siRNA 中反义链互补结合的两端。被切割后的断裂 mRNA 随即降解,从而诱发宿主细胞针对这些 mRNA 的降解反应(图 3-17)。siRNA 不仅能引导 RISC 切割同源单链 mRNA,而且可作为引物与靶 RNA 结合并在 RNA 聚合酶(RNA-dependent RNA polymerase,RdRP)作用下

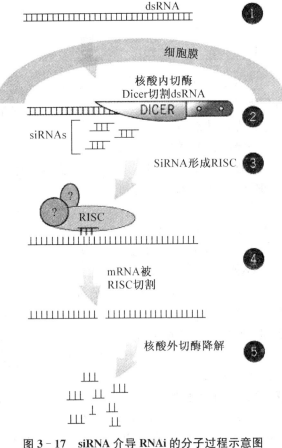

图 3-17　siRNA 介导 RNAi 的分子过程示意图

合成更多新的 dsRNA,新合成的 dsRNA 再由 Dicer 切割产生大量的次级 siRNA,从而使 RNAi 的作用进一步放大,最终将靶 mRNA 完全降解。

<h1 style="text-align:center">第四节 核酸的性质</h1>

核酸的性质是由其结构决定的。核酸的结构特点是分子大,有一些可解离的基团,具有共轭双键等。这些特点是决定核酸及其组分核苷酸性质的基础,下面介绍几种重要的性质。

一、核酸的一般物理性质

核酸是两性电解质,含有酸性的磷酸基和碱性的碱基。因磷酸基的酸性较强,核酸分子通常表现为较强的酸性。

DNA 为白色纤维状固体,RNA 为白色粉末状固体,它们都微溶于水,而不溶于乙醇、氯仿等一般有机溶剂,利用核酸的这种性质可以用乙醇把核酸从水溶液中沉淀下来。

DNA 是线性高分子,因此黏度极大,而 RNA 分子远小于 DNA,故黏度较小。当核酸溶液因受热或其他因素作用发生螺旋向线团过渡(即变性)时,黏度降低。

二、核酸的紫外吸收特性

核酸及其降解产物核苷酸由于其分子中的嘌呤环和嘧啶环具有共轭双键,使碱基、核苷、核苷酸和核酸在 $240\sim290$ nm 的紫外波段有较强烈的吸收峰,因此核酸具有紫外吸收的特性,其最大吸收值在 260 nm 附近,以 A_{260} 表示。一般用 A_{260} 测定值可以对核酸样品进行定量分析,这是实验室常用的方法。对于纯的核酸样品,只要读出 260 nm 的 A 值即可算出含量。通常以 $A_{260}=1$ 相当于 50 $\mu g/mL$ 双链 DNA 浓度或 40 $\mu g/mL$ 单链 DNA(或 RNA)浓度或 20 $\mu g/mL$ 寡核苷酸的浓度。这种方法既快速又准确,而且不会浪费样品。

核酸和蛋白质都具有紫外吸收的特性。核酸的最大吸收值为 260 nm,蛋白质的最大吸收峰是 280 nm 处。判断待测样品是否纯品可用紫外分光光度计分别读出 A_{260} 和 A_{280} 的值,从 $A_{260\,nm}/A_{280\,nm}$ 比值判断样品的纯度。纯 DNA 的 $A_{260\,nm}/A_{280\,nm}$ 为 1.8,纯 RNA 的 $A_{260\,nm}/A_{280\,nm}$ 为 2.0,如样品中含有杂蛋白或苯酚,$A_{260\,nm}/A_{280\,nm}$ 值明显下降。

三、核酸的变性与复性

核酸的变性(denaturation)是指 DNA 双螺旋在某些理化因素(温度、pH、离子强度等)的影响下,DNA 双螺旋间的氢键断裂,使 DNA 双螺旋结构松开变成线性单链的过程。核酸变性不涉及共价键的断裂。

引起 DNA 变性的因素很多,有加热、极端 pH、有机溶剂、尿素及酰胺等。加热引起的变性称为热变性。如将 DNA 的稀盐溶液加热到 80 ℃~100 ℃,双螺旋结构即发生解体,两条链分开形成无规则线团。此时,由于有更多的共轭双键得以暴露,使得 DNA 在 260 nm 处的吸光度升高,这种现象称为增色效应(hyperchromic effect)。增色效应是检测 DNA 变性的一个最常用指标。变性后的 DNA 黏度下降,浮力密度升高,生物活性部分或全部丧失。

DNA 变性的特点是爆发式的,变性作用发生在一个很窄的温度范围内。通常将解链过程中,紫外吸收值达到最大吸收值一半时的温度,称为 DNA 的变性温度。由于 DNA 变性过程犹如金属在熔点的熔解,所以 DNA 的变性温度亦称为该 DNA 的熔点或熔解温度(melting temperature),用 T_m 表示(图 3-18),T_m 值一般在 70 ℃~90 ℃之间。T_m 值与 DNA 的 GC 含量、溶剂的离子强度以及 DNA 的均一性有关。GC 含量越高,T_m 值越高;离子强度越高,T_m 值也越高。测定 T_m 值可以推算出 DNA 分子中 GC 对的含量,其经验公式:$X_{G+C}=(T_m-69.3)\times 2.44$,利用此公式也可以计算 DNA 的 T_m 值。

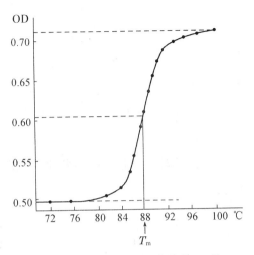

图 3-18 DNA 的溶解曲线和 T_m 值

一般来说,在离子强度较低的介质中,DNA 的 T_m 较低且范围较宽;而在较高离子强度的介质中,DNA 的 T_m 较高而且范围窄。所以 DNA 制品应保存在较高浓度的电解质溶液中,常在含盐缓冲液中保存。RNA 分子中只有局部双螺旋区,所以 RNA 也可发生变性,但 T_m 值较低,变性曲线不是很陡。

变性的 DNA 在适当条件下,两条彼此分开的链能依照碱基互补重新缔合成双螺旋结构,这一过程称为复性(renaturation)。DNA 复性后,双螺旋结构的许多理化性质又得到恢复。将热变性的 DNA 骤然冷却时,DNA 不可能复性。但将热变性的 DNA 在缓慢冷却时,则两条链可以发生特异性的分子识别,重新配对恢复双螺旋结构,这种复性称为退火(annealing)。DNA 的片段越大,复性越慢。DNA 的浓度越大,复性越快。DNA 复性要求有一定的离子强度来削弱两条链中磷酸基团之间的排斥力,通常使用 0.15~0.50 mol/L NaCl 溶液,还需要一定的温度,一般比 T_m 值低 20 ℃~25 ℃。核酸的变性与复性过

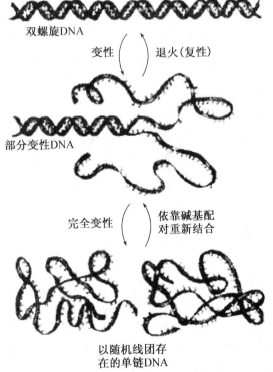

双螺旋DNA

变性　　退火(复性)

部分变性DNA

完全变性　　依靠碱基配对重新结合

以随机线团存在的单链DNA

图 3-19 DNA 的变性与复性

程见图 3‐19。

DNA 复性后，其溶液的 A_{260} 值减小，这一现象称为减色效应（hypochromic effect）。原因是 DNA 复性后，其双螺旋结构得以恢复，此时碱基又藏于双螺旋内部，引起紫外吸收能力减弱。根据这一特点，可用减色效应的大小来跟踪 DNA 的复性过程、衡量复性的程度。

四、核酸的分子杂交

核酸分子杂交（nucleic acid hybridization）是核酸研究中一项最基本的实验技术，其基本原理就是应用核酸分子的变性和复性的原理。将不同来源的 DNA 热变性后，缓慢冷却，使其复性。若这些异源 DNA 之间在某些区域有互补的序列，则复性时能形成局部的异源双链，这种异源双链的形成可以发生在具有互补序列的 DNA 单链之间，也可以发生在RNA 单链之间或单链 DNA 与单链 RNA 之间，这种现象称为核酸的分子杂交（图 3‐20）。

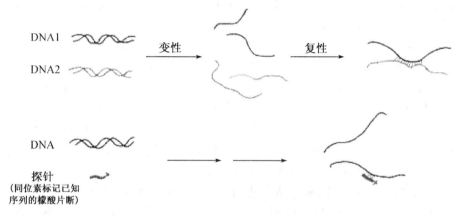

图 3‐20 核酸分子杂交示意图

核酸分子杂交通常用一已知的 DNA 或 RNA 探针来检测样品中未知的核苷酸序列，通过与核苷酸间碱基互补的原理互相结合，再经显影或显色的方法，将结合的核苷酸序列的位置和大小显示出来。已知序列的核酸通常称为探针（probe），是指带有某些标记物（如放射性同位素 ^{32}P、荧光物质异硫氰酸荧光素等）的特异性核酸序列片段。若我们设法使一个核酸序列带上 ^{32}P，那么它与靶序列互补形成的杂交双链，就会带有放射性。以适当方法接受来自杂交链的放射信号，即可对靶序列 DNA 的存在及其分子大小加以鉴别。

核酸分子杂交具有灵敏度高、特异性强等优点，主要用于特异 DNA 或 RNA 的定性、定量检测。随着分子生物学的发展，核酸分子杂交技术日益广泛应用于医学研究和疾病诊断的许多方面。详细内容见本章第八节。

第五节 核酸的分离、纯化和鉴定

核酸包括 DNA 和 RNA 两种分子，在细胞内大部分核酸与蛋白质结合成核蛋白的形式存在。真核生物染色体 DNA 为双链线性分子；原核生物、质粒及真核细胞器 DNA 为双链环状分子；某些噬菌体 DNA 为单链环状 DNA 分子；大多数生物体内的 RNA 分子为单链线状分子并具有不同的结构特点。

核酸分离纯化的一般原则是：① 保证核酸一级结构的完整，这是研究核酸结构与功能的最基本要求。② 排除蛋白质、脂类和糖等其他物质的污染。纯化后的核酸样品不应存在对酶有抑制作用的有机溶剂或过多的金属离子。③ 蛋白质、脂类和多糖等的污染应降低到最低限度。④ 排除其他核酸分子的污染。

核酸分离纯化的一般步骤：破碎细胞→抽提核酸→核酸的精制纯化。

一、DNA 的分离纯化

由于 DNA 分子的种类和来源不同以及研究目的不同，提取纯化的方法也不完全相同。破碎细胞时，对于细菌细胞，由于细胞壁的存在，常采用去垢剂 SDS 或溶菌酶处理等化学试剂裂解法破碎细胞；对于培养的动物细胞或组织可采用液氮快速研磨与蛋白酶 K 结合法将细胞中的 DNA 释放出来。

真核细胞中 DNA 与蛋白质结合以核蛋白（DNP）形式存在，一般需要通过以下步骤处理：① 破碎细胞（可用液氮冻融以改善匀浆效果）的同时，植物细胞用含有十六烷基三乙基溴化铵（cetyltriethylammonium bromide，CTAB）或十二烷基硫酸钠（sodium dodecyl sulfate，SDS）（动物、植物或微生物等样品）的提取缓冲液使 DNA 与蛋白质解联。② 蛋白酶 K 消化以使蛋白质部分裂解。③ 通过缓冲液饱和的苯酚抽提以除去蛋白质，或利用氯仿-异戊醇处理除去蛋白质。④ 加入一定量的 NaAC 或 LiCl，用 70% 乙醇沉淀 DNA。⑤ 利用琼脂糖凝胶电泳进行进一步分离和鉴定。

在上述步骤中，SDS 与饱和酚结合使用，有助于蛋白质与 DNA 的分离和蛋白质变性，是适用范围最广的方法之一，叫 SDS-酚法。如果采用 CTAB 与氯仿-异戊醇结合使用，反复抽提除去蛋白质，称为 CTAB 法。其最大优点是既适用于新鲜的植物，也可用于经脱水处理的材料，并且能很好地去除多糖类杂质。

提取出的 DNA 分子可采用以下方法进行纯化：

（1）等密度梯度离心法

氯化铯（CsCl）在水中的溶解度很大，能够制成浓度很高的溶液，因此可以按照浮力密度的不同，对不同构象的 DNA 进行分离。溴化乙锭（ethidium bromic，EB）是一种荧光染料，它可以插入到 DNA 分子的碱基对之间，会使 DNA 双链解开，从而减小了 DNA 分子的密度。超螺旋的 DNA 不易解盘绕，所以比线形或环状 DNA 插入溴化乙锭的量少，因此超螺旋 DNA 的浮力密度降低较少。相反，线形和松弛形环状 DNA 分子不受拓扑学的限制，所以能插入较多的溴化乙锭的分子，使分子的密度明显减少。因此根据被吸收的溴化乙锭的量，密度梯度离心可分离不同类型的 DNA 分子。

（2）凝胶电泳法

凝胶电泳是当前核酸研究中最常用的方法。核酸是两性分子，通常显负电性，故可采用电泳的方法分离核酸。不同的核酸分子在同一个电场的凝胶中从负极移向正极，移动的速率和分子质量的对数呈反比。环状双链 DNA 分子在凝胶中的泳动率可能受到分子的拓扑学结构和超螺旋数的影响(超螺旋的要快于松弛型的环状分子)。常用的凝胶电泳介质有琼脂糖和聚丙烯酰胺。还有一种适用于分离大分子 DNA 的技术称为脉冲电场凝胶电泳(pulsed field gradient gel electrophoresis, PFGE)。标准的琼脂糖凝胶常用于分离 0.2～10 kb 的 DNA,应用脉冲电场凝胶电泳技术,可成功分离到高达 10^4 kb 的 DNA 大分子。

(3) 亲和层析分离特异核酸

亲和层析是利用待分离物质和它的特异性配体间具有特异的亲和力,从而达到分离目的的一类特殊的层析技术。分离核酸是亲和层析应用的一个重要方面。目前,许多商品化的亲和层析柱能够分离纯化特异 DNA。

二、RNA 的分离纯化

RNA 主要存在于细胞质中。此外,细胞核和细胞器中也有少量的 RNA。细胞内 RNA 主要有 hnRNA、mRNA、rRNA、tRNA 和其他小分子 RNA。在 RNA 的提取程序上虽与 DNA 的提取大致相同,但由于 RNA 极易被 RNA 酶水解,所以,在 RNA 分离纯化过程中最关键的措施是要尽量减少 RNA 酶的污染。下面分别介绍真核细胞总 RNA 和 mRNA 的分离纯化方法。

真核细胞总 RNA 的分离纯化可参照 DNA 分离纯化的 CTAB 法进行,但第 4 步加入的盐通常为 LiCl,而且整个过程中要防止 RNase 的污染,要求所使用的器皿和缓冲液均要经过焦碳酸二乙酯(DEPC)处理,DEPC 是一种不可逆的 RNAase 抑制剂。按照此法,可获得总 RNA。

真核细胞 mRNA 分子 3′-端存在的 20～30 个腺苷酸组成的 Poly(A)尾为真核 mRNA 的提取提供了极为方便的选择性标志,用 oligo(dT)-纤维素亲和层析法从大量的细胞 RNA 中分离 mRNA,已成为常规方法。

mRNA 分子 3′-末端有 poly(A),能与寡聚脱氧胸苷酸(oligo dT)或寡聚尿苷酸(oligo U)的碱基配对。先将 oligo dT 或 oligo U 连接在纤维素或琼脂糖上,装成层析柱,当含有 mRNA 的溶液流经层析柱时,柱上的 oligo dT 或 oligo U 便与 mRNA3′-端的 poly(A)配对,使 mRNA 吸附于层析柱上,而其他核酸由于不为层析柱吸附而与 mRNA 分离。吸附于柱上的 mRNA 用含有 1 mol/L EDTA,0.05% SDS 的 Tris - HCl(pH7.5)溶液洗脱,即可得到纯化的 mRNA。

RNA 很容易降解(特别是 mRNA),所以提取 RNA 时需要非常小心。提取 RNA 的玻璃器皿和研钵需经 180～200 ℃高温烘烤过夜,枪头和离心管也要经过氯仿处理才能使用。提取时应该尽量避免器具与手直接接触,以免手上的 RNase 混入容器使 RNA 降解。

不同类型的 RNA 可采用下述方法进行分离:

(1) 蔗糖梯度区带离心法 18S、28S、5S rRNA 可通过该法分离。

(2) 聚丙烯酰胺凝胶电泳 根据分子量大小,分离不同的 RNA。

(3) 亲和层析和免疫法 将与 RNA 特异结合的蛋白质或核酸固定在层析柱上,通过结合的特异性分离不同类型的 RNA。

(4) 利用 mRNA 结构特点,用 oligo dT -纤维素柱分离 mRNA。

（5）甲基白蛋白硅藻土柱、羟基磷灰石柱、纤维素柱常用于分级分离不同类型的 RNA。

三、核酸的鉴定

1. 紫外吸收法

核酸及其衍生物,核苷酸、核苷、嘌呤和嘧啶有吸收 UV 的性质,其吸收高峰在 260 nm 波长处。核酸的摩尔消光系数(或称吸收系数)用 $\varepsilon(P)$ 来表示。$\varepsilon(P)$ 为每升溶液中含有 1 摩尔核酸磷的光吸收值(即 A 值)(表)。测得未知浓度核酸溶液的 $A_{260\,nm}$ 值,即可以计算出其中 RNA 或 DNA 的含量。该法操作简便、迅速,并对被测样品无损,用量也少。

蛋白质和核苷酸也能吸收紫外光。通常蛋白质的吸收高峰在 280 nm 波长处,在 260 nm 处的吸收值仅为核酸的 1/10 或更低,因此对于含有微量蛋白质的核酸样品,测定误差较小。RNA 的 260 nm 与 280 nm 吸收的比值在 2.0 以上;DNA 的 260 nm 与 280 nm 吸收的比值则在 1.9 左右,当样品中蛋白质含量较高时,比值下降。若样品内混有大量的蛋白质和核苷酸等吸收紫外光的物质,应设法先除去。

2. 定磷法

定磷法是根据每个核苷酸都含有一个磷酸基团,所以可以用钼蓝比色法测定磷的含量。此法须先用浓硫酸或过氯酸将有机磷水解成无机磷。在酸性条件下与钼酸形成磷钼酸,在还原剂存在下磷钼酸被还原成钼蓝,其最大吸收峰在 660 nm 处,在一定范围内溶液的吸光度与磷含量呈正比,据此就可以计算出核酸的含量。

3. 定糖法

DNA 分子中含有脱氧核糖而 RNA 分子含有核糖,因此根据两种糖的颜色反应可以测定样品中 DNA 和 RNA 的含量。DNA 分子中的脱氧核糖和浓硫酸作用脱水生成 ω-羟基-γ-酮基戊醛,它能与二苯胺反应生成蓝色化合物。反应产物在 595 nm 有最大吸收值,并且吸收值与 DNA 浓度呈正比。

RNA 与盐酸共热时核糖转变为糠醛,后者与地衣酚(苔黑酚)反应的产物呈鲜绿色,最大吸收峰在 670 nm 处,反应需三氯化铁作为催化剂,吸收值与 RNA 浓度呈正比。

第六节　外源核酸的消化和吸收

一、核酸的消化

核苷酸是核酸的基本组成单位。人体内的核苷酸主要由机体细胞自身合成。因此,与氨基酸不同,核苷酸不属于营养物质。

食物中的核酸多以核蛋白形式存在。核蛋白在胃中受胃酸的作用,分解成核酸与蛋白质,核酸进入小肠后,受胰液和肠液中各种水解酶作用逐步水解为核苷酸,核苷酸又能进一步水解为核苷和磷酸,核苷再在核苷酶或核苷磷酸化酶的作用下,水解为碱基、戊糖或磷酸戊糖。核酸的消化过程见图 3-21 所示。

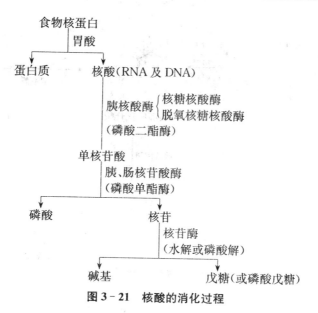

图 3-21 核酸的消化过程

细胞中含有各种分解核酸的酶,统称为核酸酶(nucleases)。在人体内,核酸酶的生理功能一是参与食物中核酸的消化,二是在细胞内催化核酸的降解。核酸酶根据其作用位置不同分为核酸内切酶(endonuclease)和核酸外切酶(exonucleases)。根据作用底物不同又可分为 DNA 酶和 RNA 酶。20 世纪 70 年代,在细菌中陆续发现了一类能专一性地识别并水解双链 DNA 上的特异核苷酸顺序的核酸内切酶,称为限制性核酸内切酶(restriction endonuclease)。目前已发现了数百种限制性核酸内切酶,它被称作分子生物学技术的"工具酶"。

二、核酸的吸收

核酸消化生成的核苷酸及其水解产物均可被细胞吸收,但其中绝大部分在肠黏膜细胞中又被进一步分解。分解产生的戊糖被吸收后参与体内的戊糖代谢;嘌呤和嘧啶碱主要经分解代谢由尿排出体外,被组织细胞摄取的碱基也可被利用。因此,食物来源的嘌呤和嘧啶碱很少被机体利用。

第七节　碱基的分解代谢

一、嘌呤碱的分解代谢

不同种类生物分解嘌呤碱的能力不同,因而代谢产物也不相同。灵长类及爬行类动物体内缺乏尿酸酶,其嘌呤代谢的最终产物是尿酸(图 3-22);尿酸在其他动物体内则能进一步分解,形成不同的代谢产物,直至最后分解成二氧化碳和氨(图 3-23)。

体内嘌呤核苷酸的分解是先在核苷酸酶的作用下生成嘌呤核苷,然后经嘌呤核苷磷

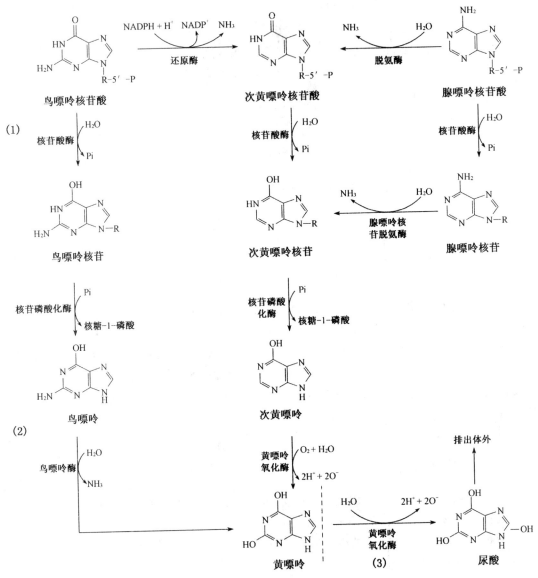

图 3 - 22　嘌呤核苷酸的分解代谢

酸化酶(purine nucleoside phosphorylase，PNP)作用生成嘌呤碱及 1-磷酸核糖。嘌呤核苷及嘌呤碱又可经水解、脱氨及氧化作用生成尿酸。

　　哺乳动物组织中无腺嘌呤脱氨酶，有腺苷酸脱氨酶(adenylate deaminase)及腺苷脱氨酶(adenosine deaminase，ADA)，因而腺嘌呤的分解是在其核苷酸或核苷水平上进行。首先，腺苷或腺苷酸分别在其脱氨酶的作用下水解脱去氨基，生成次黄嘌呤核苷或次黄嘌呤核苷酸，然后再水解为次黄嘌呤(hypoxanthine)；并在黄嘌呤氧化酶(xanthine oxidase)作用下氧化成黄嘌呤。黄嘌呤氧化酶是一种黄素蛋白，含 FAD、铁和钼。

　　鸟苷酸(GMP)由鸟苷酸酶作用生成鸟苷，然后在鸟苷磷酸化酶作用下生成鸟嘌呤，后者经鸟嘌呤脱氨酶催化，脱氨转变成黄嘌呤(xanthine)。黄嘌呤在黄嘌呤氧化酶作用

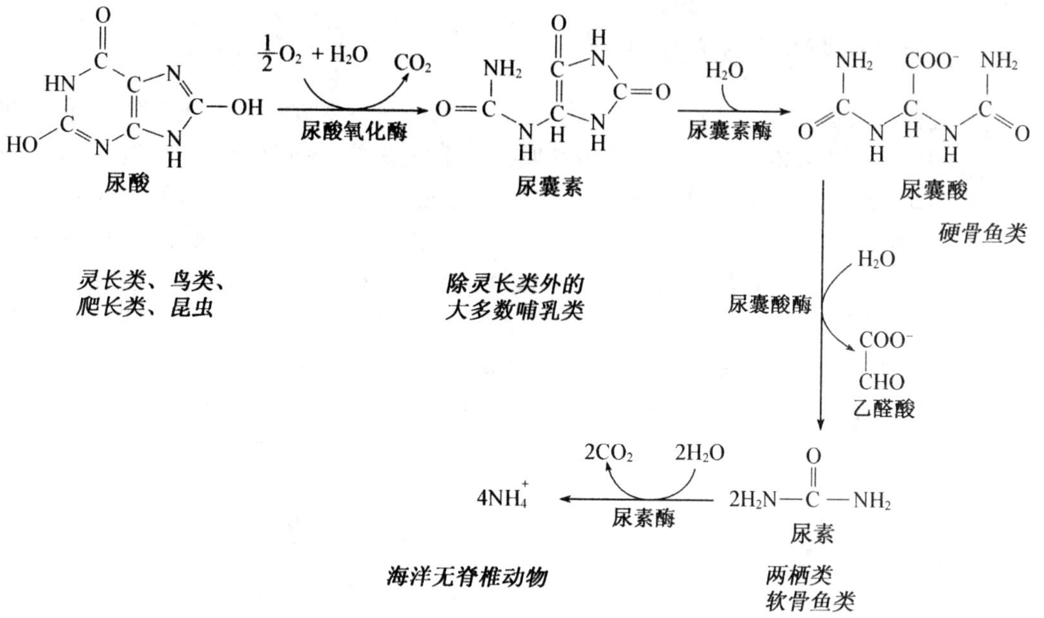

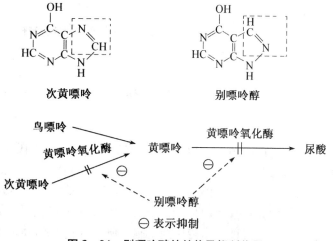

尿酸 $\dfrac{1}{2}O_2 + H_2O$ 尿酸氧化酶 CO_2 尿囊素 H_2O 尿囊素酶 尿囊酸

硬骨鱼类

灵长类、鸟类、
爬长类、昆虫

除灵长类外的
大多数哺乳类

H_2O

尿囊酸酶

COO⁻
CHO
乙醛酸

$2CO_2$ $2H_2O$

$4NH_4^+$ 尿素酶 $2H_2N—\overset{O}{\overset{\|}{C}}—NH_2$ 尿素

海洋无脊椎动物

两栖类
软骨鱼类

图 3 - 23　尿酸在其他动物体内的分解产物

下进一步氧化为尿酸(uric acid);GMP 还可经 GMP 还原酶作用生成 IMP,然后再氧化生成尿酸。

体内嘌呤核苷酸的分解代谢主要在肝脏、小肠及肾脏中进行。黄嘌呤氧化酶在这些组织中活性较强。尿酸的水溶性较差,正常人血浆中尿酸的含量约为 $0.12\sim0.36$ mmol/L($2\sim6$ mg%)。男性平均为 0.27 mmol/L(4.5 mg%),女性平均为 0.21 mmol/L(3.5 mg%)左右。当体内核酸大量分解(白血病、恶性肿瘤等)或摄入高嘌呤食物时,血中尿酸水平升高,当浓度超过 0.48 mmol/L(8 mg/dl)时,尿酸盐将过饱和而形成结晶,沉积于关节、软组织、软骨、肾脏等处,导致痛风性关节炎、尿路结石及肾疾患,称为痛风症。痛风症多见于成年男性。临床上常用别嘌呤醇(allopurinol)治疗痛风。别嘌呤醇的化学结构与次黄嘌呤(IMP)相似,是黄嘌呤氧化酶的竞争性抑制剂,可以抑制黄嘌呤的氧化,减少尿酸的生成。同时,别嘌呤醇在体内经代谢转变,与 PRPP 反应生成别嘌呤核苷酸,一方面消耗了 PRPP,另一方面由于别嘌呤醇与次黄嘌呤(IMP)相似的化学结构,使得它能反馈抑制腺嘌呤核苷酸从头合成的酶。通过以上方法,减少腺嘌呤核苷酸的合成(图 3 - 24)。

次黄嘌呤

别嘌呤醇

鸟嘌呤 黄嘌呤氧化酶 黄嘌呤 黄嘌呤氧化酶 尿酸

次黄嘌呤

别嘌呤醇

⊖ 表示抑制

图 3 - 24　别嘌呤醇的结构及抑制作用

二、嘧啶碱的分解代谢

嘧啶核苷酸首先在核苷酸酶及核苷磷酸化酶的作用下生成嘧啶碱,嘧啶碱在体内进一步分解代谢。胞嘧啶脱氨基转变为尿嘧啶。尿嘧啶或胸腺嘧啶降解的第一步是加氢还原反应,生成的产物分别为二氢尿嘧啶或二氢胸腺嘧啶,二氢尿嘧啶经水解使环裂开,生成 β-脲基丙氨酸,然后再水解生成 CO_2、NH_3 和 β-丙氨酸,二氢胸腺嘧啶也经过类似的水解反应先生成 β-脲基异丁酸,再水解生成 CO_2、NH_3 和 β-氨基异丁酸。β-丙氨酸和 β-氨基异丁酸脱去氨基分别转变为乙酰 CoA 和琥珀酰 CoA,并入三羧酸循环进一步代谢。β-丙氨酸亦可用于泛酸和辅酶 A 的合成,β-氨基异丁酸亦可随尿排出体外(图 3-25)。

与嘌呤碱的分解产物不同,嘧啶碱的降解物都易溶于水,分解的 NH_3 与 CO_2 可合成尿素。

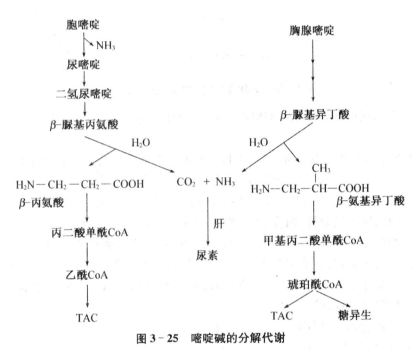

图 3-25 嘧啶碱的分解代谢

第八节 基因工程技术

基因工程(genetic engineering)是 20 世纪 70 年代在微生物遗传学和分子生物学发展的基础上形成的学科。基因工程又称体外 DNA 重组技术。该技术在分子水平上进行遗传操作,即将任何生物体(供体)的基因或基因组提取出来,或通过人工合成的目的基因,按照人们预先设计的蓝图,插入质粒或病毒复制子(载体),而形成一杂合分子(DNA重组体),然后将重组体转移到复制子所属的宿主生物体中复制,或转移到另一种生物体(受体)的细胞内(可以是原核细胞,也可以是真核细胞),使之能在受体细胞内遗传并使受体细胞获得新的性状。由于被转移的外源基因一般需与载体 DNA 重组后才能实现转移，因此供体、受体和载体被称为基因工程的三大要素。其中来自供体的外源基因，除少数 RNA 病毒外，任何生物体的基因都存在于 DNA 分子上，而用于外源基因的重组拼接的载体也都是 DNA 分子，所以基因工程又称重组 DNA 技术（recombinant DNA technology）。另外，DNA 重组分子又需要在受体细胞内进行复制扩增，故基因工程又称为分子克隆（molecular cloning）或叫作基因的无性繁殖。

基因工程技术从诞生到现在仅 30 年，但发展速度迅猛，无论是在基础研究方面，还是实际应用中，都取得了惊人的成绩，并从根本上改变了传统生物科学技术的被动状态，使得人们可以按照自己的愿望，克服物种间的遗传屏障，定向培育或创造出新的生物形态，以满足人们的需求。基因工程因此被认为是 20 世纪最伟大的科学成就之一，标志着人类主动改造自然界的能力进入了一个崭新的阶段。

基因工程的常规技术除了载体和工具酶（详见第十章第二节内容）这一基本工具外，还有核酸分子杂交、DNA 测序、基因文库的构建、PCR 技术及酵母双杂交系统等。

以下将以电子版形式介绍现今最新最常用的基因工程技术，包括：

一、分子杂交与印迹技术

二、PCR 技术

三、核酸序列分析

四、基因文库

五、疾病相关基因的克隆与鉴定

六、遗传修饰动物模型的建立和应用

七、生物芯片技术

八、蛋白质相互作用研究技术

更多精彩内容，请扫码学习体验吧！

复习思考题

1. 比较 DNA 和 RNA 在化学组成和分子结构上的异同点。

2. 试述 DNA 双螺旋结构的要点及其与 DNA 生物学功能的关系。

3. 试述 RNA 的种类及其结构与功能特点。

4. 什么是解链温度？影响核酸 T_m 值的主要因素有哪些？请解释。

5. 什么是核酸的分子杂交？

6. 试述 PCR 技术的基本原理。

7. 比较两种 DNA 测序的基本原理。

8. 如何理解酵母双杂交系统的原理？

第四章

糖类——机体主要能源物质

学习要点：生物大分子糖类是一切生命体维持生命活动所需能量的主要来源，又称为碳水化合物。糖类可以分为单糖、低聚糖和多糖。单糖都是还原糖，多糖都是非还原糖，低聚糖中常见二糖只有蔗糖是非还原糖。单糖是聚糖的基本结构单位，常见的己糖如葡萄糖、果糖以及戊糖如核糖、脱氧核糖是生命物质不可缺少的组分。常见的淀粉、纤维素和糖原属于同多糖，半纤维素、琼脂、果胶物质等属于杂多糖。寡糖链或寡糖本身是生物大分子的组成部分，寡糖链作为"生物信息分子"在多细胞的高层次生命中具有特定功能。低聚糖及多糖须消化后才能被机体利用。细胞内单糖分解有无氧和有氧两种方式，无氧分解终产物是乳酸或乙醇，有氧分解终产物是 CO_2 和 H_2O。有氧分解产生大量能量，是机体利用糖或其他物质氧化而获得能量的最有效方式。糖酵解途径是有氧分解和无氧分解共有途径。糖酵解与糖异生作用互相协调。磷酸戊糖途径的主要作用是形成 NADPH 和 5-磷酸核糖。三羧酸循环是糖、脂肪、蛋白质三大营养素的最终代谢通路，是物质代谢联系的枢纽。多糖具有复杂的多方面的生物活性和功能，特别是对机体免疫功能方面具有重要作用。大多数多糖存在于细胞壁内，选择多糖分离方法的宗旨是通过分离纯化不使原有的多糖性质改变。

第一节 糖的概念及功能

糖类(carbohydrate)物质是自然界分布广泛且数量最多的一类有机物，是植物光合作用(photosynthesis)的产物，约占其干重的 $85\%\sim90\%$。尽管动物体内的糖含量较少，却是其生命活动的主要能源。

生活中"糖是甜的"，提到糖类化合物，人们常常在糖和甜之间画等号。但有些糖类物质如纤维素、甲壳素等却不甜，而有些具有甜味的物质如糖精、甜菊苷等却不属于糖类。糖类一般含有碳、氢、氧三种元素，其原子数之比为 $1:2:1$，正好符合 $C_n(H_2O)_m$，故又称为碳水化合物。但脱氧核糖($C_5H_{10}O_4$)等物质却不符合这一比例，而乙酸($C_2H_4O_2$)等与糖类性质完全不同的物质，其分子中碳、氢、氧三种原子组成却符合 $1:2:1$。因此，糖类化合物以及碳水化合物的表述均不准确。由于沿用已久,目前仍广泛使用。

严格地说,这类物质属于多羟基醛、多羟基酮及其缩聚物和某些衍生物。

糖类物质有如下几种分类方式。按照分子能否被水解分为单糖(monosaccharide)、低聚糖(寡糖)(oligosaccharide)和多糖(polysaccharide)。单糖不能被水解。根据单糖分子中含有的碳原子数的多少,可以将单糖分为三碳糖(丙糖)、四碳糖(丁糖)、五碳糖(戊糖)、六碳糖(己糖)、七碳糖(庚糖)等,此外,人们习惯将多羟基醛称为醛糖(aldose),多羟基酮称为酮糖(ketose)。低聚糖由 2～10 个单糖缩合而成,其中二糖(又称双糖)(disaccharides)是最常见的,二糖水解后得到两分子单糖。每个多糖可以被水解成 10 个以上单糖。由相同单糖缩合成的多糖称为同多糖(homopolysaccharide),不相同的单糖缩合成的多糖称为杂多糖(heteropolysaccharide)。

糖主要有以下几方面功用:

① 生物体的能源物质

提供能量是糖类最主要的生理功能。糖在生物体内氧化分解,提供生命活动所需要的能量。

② 生物体的结构成分

如植物细胞壁含有纤维素、半纤维素、果胶物质等多糖类物质,细菌、真菌等微生物细胞壁含有结构多糖。

③ 转变成其他物质

糖还是机体重要的碳源,通过代谢作用,糖类物质可以转变成氨基酸、脂肪酸、核苷酸等。

④ 细胞识别的信息分子

生物体内的活性多糖可以专一地诱导基因表达,合成和分泌多种不同性质的防卫分子,在不同层次上起到抗病和防病作用,有些糖具有植物激素的作用,诱导植物愈伤组织分化。

⑤ 糖的磷酸衍生物可以形成许多重要的生物活性物质

如 NAD^+、FAD、ATP 等。此外,糖生物学研究表明,活性多糖寡糖链参与生物体受精、发育、分化、免疫、神经系统的识别与调控,在微生物与动物、微生物与植物的相互作用中担负重要作用,在衰老、癌症过程中也涉及寡糖链的参与。

第二节 糖的结构和性质

一、单糖结构及性质

(一) 单糖结构

单糖有两种结构,一种是开链式(费歇尔 Fischer 投影式),另一种是氧环式(哈沃斯 Haworth 透视式)。葡萄糖(glucose)是醛糖,果糖(fructose)是酮糖,这两个己糖代表物开链状结构如下:

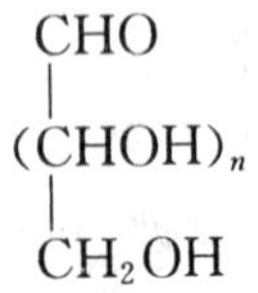

醛糖

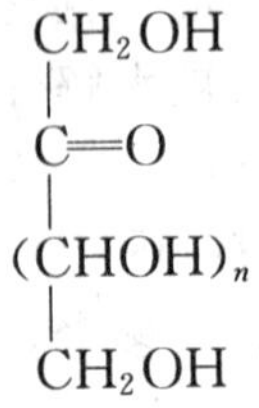

酮糖

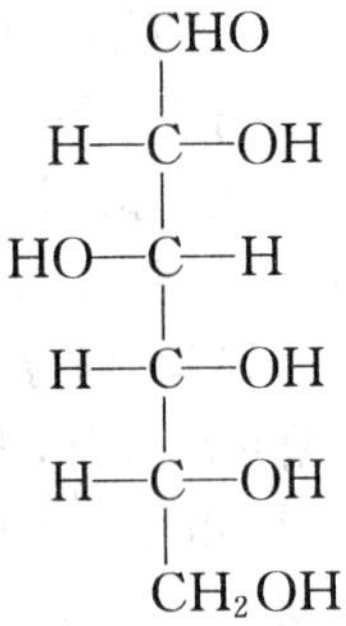

D-(+)葡萄糖

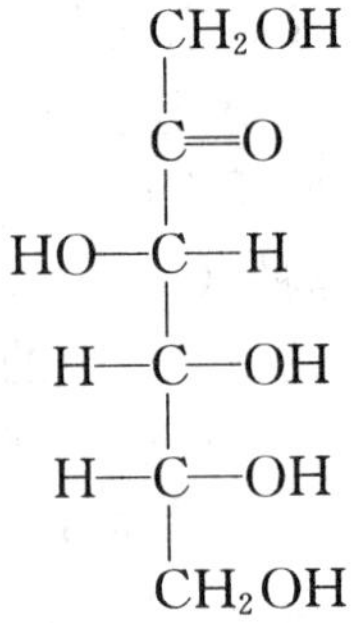

D-(−)果糖

费歇尔投影式有以下几种简写式。

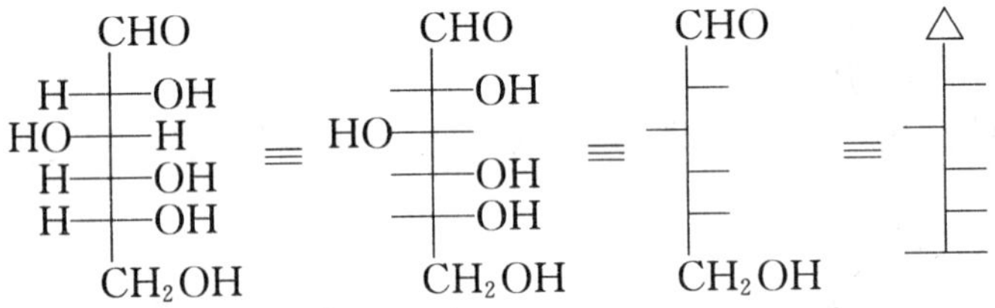

由于碳链上的几个碳原子并不在一条直线上，分子中各原子团之间的立体关系可用另一方法表示。楔形线表示指向纸平面前面的键，虚线表示指向纸平面后面的键，如 *D*-(+)葡萄糖可表示为：

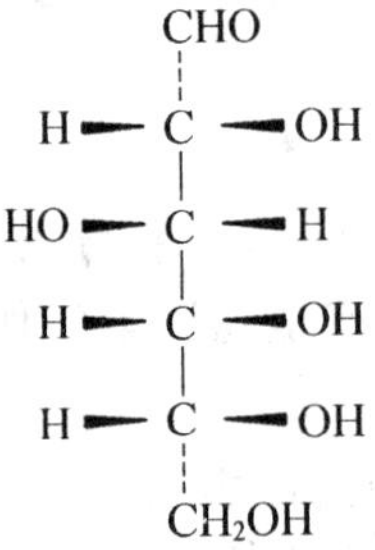

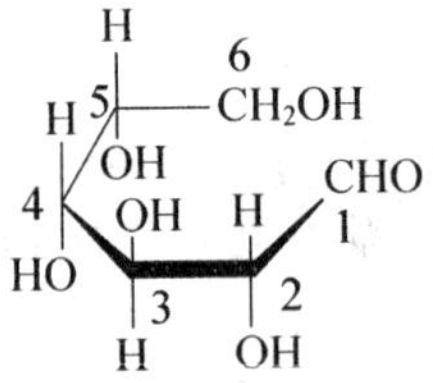

单糖含有手性(chiralty)碳原子，有着不同的构型。糖的相对构型(*D* 型和 *L* 型)是以 *D*-(+)甘油醛和 *L*-(−)甘油醛作为标准人为规定的。凡糖分子中离羰基最远的手性碳原子的构型，与 *D*-甘油醛的构型相同，则该糖的构型属于 *D* 型。反之，则属于 *L* 型。天然存在的单糖大多是 *D* 型的。

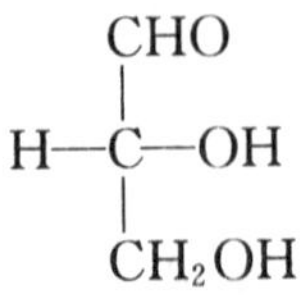

D-(+)甘油醛

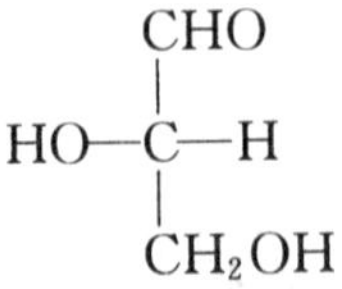

L-(−)甘油醛

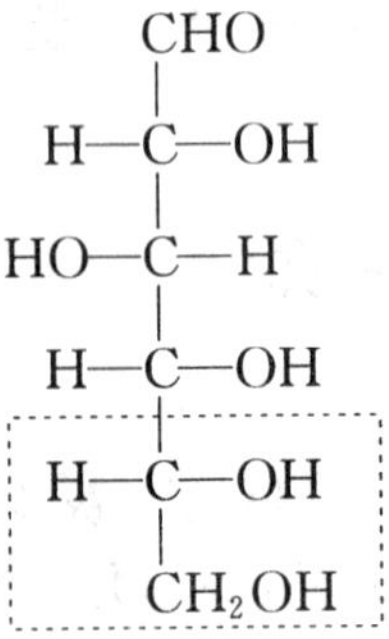

D-葡萄糖

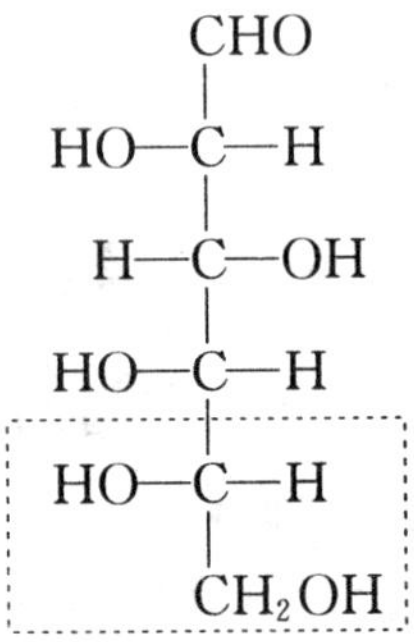

L-葡萄糖

　　单糖具有旋光性(opticity)，可使平面偏振光的偏振面旋转一定角度产生旋光度。旋转角度向左称为左旋，记作 l 或(－)，向右旋转的称为右旋，记作 d 或(＋)。旋光度是物理常数，常用比旋光度值[α]表示。葡萄糖是右旋糖(dextrose)，果糖是左旋糖(levulose)。

　　D、L 只表示构型，(＋)、(－)表示旋光方向，两者之间没有必然的联系。

　　糖分子中的醛基与羟基作用形成半缩醛(hemiacetal)，就形成了单糖的氧环式。D-葡萄糖的环状结构是 C-1 醛基和 C-5 羟基形成半缩醛的结果。

　　由于 C＝O 为平面结构，羟基可从平面的两边进攻 C＝O，所以得到两种异构体 α 构型和 β 构型。两种构型可通过开链式相互转化而达到平衡。D-葡萄糖的氧环式是六元环，与吡喃的结构相似，又称为 D-吡喃葡萄糖(pyranose)。D-果糖的氧环式是五元环，与呋喃结构相似，又称为 D-呋喃果糖(furanose)。习惯上常省略"呋喃"(furan)、"吡喃"(pyran)。环式和链式异构体在水溶液中可以互相转变，两者同时存在，构成一平衡。

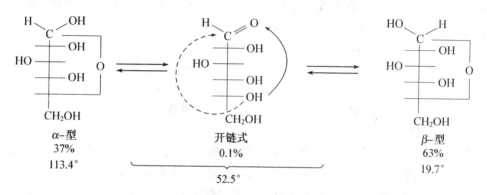

　　将 α、β 两种结晶体葡萄糖分别放在水中，经过一定时间，比旋值发生改变，α、β 型的[α]分别由 ＋113.4 和 ＋19.7 转变为 ＋52.5，达到平衡。这种现象称为变旋(mutarotation)现象。在平衡系统中，开链葡萄糖只占 0.1％，α 型含量占 37％，β 型为 63％。

　　D-吡喃葡萄糖和 D-呋喃果糖的氧环式如下。当葡萄糖 C-1 半缩醛羟基与 C-5 羟甲基在糖环平面同一侧时，为 β 构型，反之为 α 构型。当果糖 C-2 羟甲基与 C-5 羟甲基在糖环平面同一侧时，为 β 构型，反之为 α 构型。同理，可以判别核糖、脱氧核糖等其他单糖的构型。

α-D-呋喃果糖　　　β-D-呋喃果糖　　　α-D-吡喃葡萄糖　　　β-D-吡喃葡萄糖

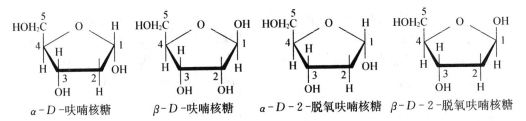

$\alpha-D-$呋喃核糖　　　$\beta-D-$呋喃核糖　　　$\alpha-D-2-$脱氧呋喃核糖　　$\beta-D-2-$脱氧呋喃核糖

此外,根据 X 光射线分析,与环己烷相似,单糖吡喃环六元环也有船式与椅式构象,且椅式构象稳定。

(二) 单糖性质

1. 单糖的还原性

在碱性溶液中,单糖含有的自由醛基或酮基可以被多伦试剂或费林试剂这样的弱氧化剂氧化,前者产生银镜,后者生成氧化亚铜的砖红色沉淀,糖分子的醛基被氧化为羧基。凡是能被上述弱氧化剂氧化的糖,都称为还原糖(reducing sugar)。因此,单糖都是还原糖。

$$C_6H_{12}O_6 + Ag(NH_3)_2OH \longrightarrow C_6H_{12}O_7 + Ag\downarrow$$

葡萄糖或果糖　　　　　　　　　　葡萄糖酸

$$C_6H_{12}O_6 + Cu(OH)_2 \longrightarrow C_6H_{12}O_7 + Cu_2O\downarrow$$

葡萄糖或果糖　　　　　　　　　葡萄糖酸

2. 差向异构化

普通酮类不能与上述弱氧化剂反应,酮糖却可以。这是由于在碱性溶液中,单糖分子发生分子重排,通过烯二醇(enediol)中间物互相转变,称为酮-烯醇互变异构。对于含有多个手性 C 的旋光异构体,如果彼此只有一个手性 C 原子的构型相反,而其他手性 C 原子的构型完全相同,各异构体包括酮糖与醛糖之间在碱性溶液中互相转变,被称为差向异构化(epimerization)作用。例如,果糖在弱碱或稀碱溶液中可发生酮式-烯醇式互变,分子重排,酮基不断地变成醛基(多伦试剂和费林试剂都是碱性试剂,故酮糖能被这两种试剂氧化)。其反应如下:

$D-(+)$葡萄糖
64%

$D-(+)$甘露糖
3%

$D-(-)$果糖
31%

3. 成苷反应（生成配糖物）

糖分子中的活泼半缩醛羟基（苷羟基）与其他含羟基的化合物（如醇、酚）及含氮杂环化合物作用，失水而生成缩醛的反应称为成苷反应，产物称为糖苷（glycoside），形成的化学键称为糖苷键（glycosidic bond）。**糖苷由糖和非糖部分组成，其非糖部分称为配基（aglucone），非糖配基种类较多。糖苷的化学性质和生物学功能主要由其配基决定。自然界常见的糖苷为 O-糖苷和 N-糖苷，此外还有 S-糖苷和 C-糖苷。两分子单糖结合成的二糖也可称为糖苷。**

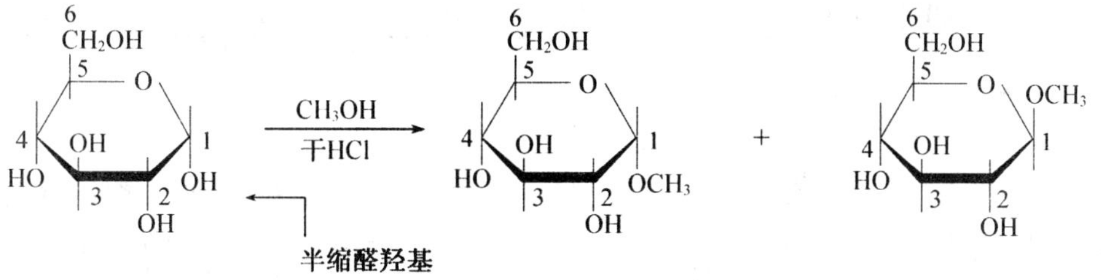

甲基-α-D-葡萄糖苷 　　 甲基-β-D-葡萄糖苷

糖苷的构型是稳定的，在水溶液中不能再转化为链式。O-糖苷属缩醛型结构，易被水解成相应的糖和配基。糖苷（不包括二糖）中无半缩醛羟基，故无变旋现象，无还原性，在碱中较稳定。

糖苷在自然界分布很广，有很多糖苷与人类健康有关，如毒毛旋花苷为强心药物，鼠李糖苷为泻药，根皮苷能抑制葡萄糖在肾小管的重吸收，引起糖尿病等。

ATP（三磷酸腺苷，adenosine triphosphate）是一个特殊的 β-戊糖苷，在生理上有重要作用，分子中含有 N-糖苷，糖苷键是由腺嘌呤 N-9 上的 H 和 D-核糖 C-1 上的苷羟基缩合而成。

4. 成酯作用

单糖的羟基具有醇的性质，所有羟基均可与有机酸或无机酸结合成酯。生物体内的磷酸酯主要有 6-磷酸葡萄糖，1-磷酸葡萄糖，6-磷酸果糖，1,6-二磷酸果糖，3-磷酸甘油醛和磷酸二羟丙酮等，它们都是糖代谢的中间产物。

单糖的其他主要性质见表 4-1。

表 4-1 单糖其他主要性质

化学性质	结果	作用	常用试剂
还原性	单糖被氧化为糖酸 多伦反应产生银镜， 费林反应产生砖红色沉淀	鉴定还原糖的依据	多伦试剂 费林试剂
氧化性	单糖被还原为糖醇	核糖醇是维生素 B_2 的组分 己糖醇为药物或药用辅料	催化氢化 或 硼氢化钠
成脎反应	单糖转变为糖脎，产生黄色结晶， 反应发生在糖 C-1，C-2 上	鉴定单糖依据 若仅 C-1、C-2 构型不同而其他 C 构型相同，则生成同一个脎	苯肼

(续表)

化学性质	结果	作用	常用试剂
脱水反应	戊糖产生糠醛 己糖产生羟甲基糠醛	鉴别醛糖与酮糖(系列颜色反应),糠醛及衍生物是医药工业原料	浓 HCl
氨基化反应	OH 被 NH_2 取代生成氨基糖	糖蛋白组分	氨水
褐变反应 (美拉德反应)	氨基酸的 NH_2 与糖的 $C=O$ 作用,产生褐色色素多聚体	焙烤食品产生焦香味	胺
甲基化反应	OH 上的 H 被 CH_3 取代,形成糖醚	用于寡糖和多糖结构分析	硫酸二甲酯

二、二糖结构及性质

单糖分子中的半缩醛羟基(苷羟基)与另一分子单糖中的羟基(或者苷羟基,或者其他羟基)作用,脱水而形成的糖苷称为二糖。一分子单糖的苷羟基与另一分子糖的羟基缩合而成的二糖称为还原性二糖。一分子单糖的苷羟基与另一分子糖的苷羟基缩合而成的二糖称为非还原性二糖。

常见的二糖有麦芽糖(maltose)、蔗糖(sucrose)、乳糖(lactose)及纤维二糖(cellobiose)。此外还有海藻二糖、蜜二糖、松二糖和龙胆二糖等。

两个单糖残基之间的连接可以有多种方式,其糖苷键也有多种方式表达。如麦芽糖(β 型)全称可表示为 $O-\alpha-D$ 吡喃葡糖基-$(1\rightarrow4)$-$\beta-D$-吡喃葡萄糖,或称为 $4-O-\alpha-D$-吡喃葡萄糖苷基-D-吡喃葡萄糖,其糖苷键为 $\alpha-(1\rightarrow4)$-糖苷键,括号内箭头指向配基,通常写为 $\alpha-1,4$-糖苷键。蔗糖等非还原糖分子中的糖苷键由两个苷羟基形成,括号中表示为双向箭头。如蔗糖全称为 $O-\alpha-D$ 吡喃葡糖基-$(1\leftrightarrow2)$-$\beta-D$-呋喃果糖,或称为 $4-O-\alpha-D$-吡喃葡萄糖苷基-D-吡喃葡萄糖,其糖苷键可表示为 $\alpha,\beta-1,2$-糖苷键。常见二糖的结构与性质见表 $4-2$。

表 $4-2$ 常见二糖结构与性质

名称	结构与性质	存在
	还原糖。由 $\alpha-D$-葡萄糖的苷羟基与另一 D-葡萄糖 $C-4$ 上的羟基缩合而成的葡萄糖苷,有游离的苷羟基,苷羟基有 α 型和 β 型。有变旋性,可形成糖脎。	
麦芽糖	 $\alpha-1,4$-糖苷键	谷物种子发芽及消化道淀粉水解

(续表)

名称	结构与性质	存在
蔗糖	非还原糖。由 α-D-葡萄糖的苷羟基和 β-D-果糖的苷羟基脱水而成的葡萄糖果糖苷,无游离的苷羟基,不能形成糖脎。水解前后旋光度发生改变,水解产物称为转化糖。 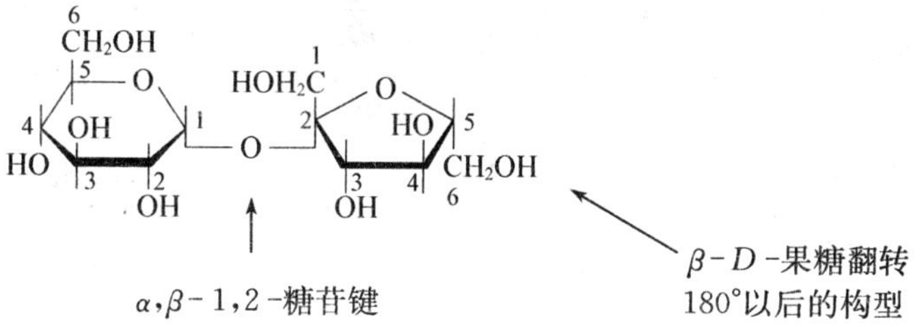 α,β-1,2-糖苷键 β-D-果糖翻转 180°以后的构型	植物光合产物
乳糖	还原糖。由 β-D-半乳糖的苷羟基与 D-葡萄糖 C-4 上的羟基缩合而成的半乳糖苷,有游离的苷羟基,苷羟基有 α 型和 β 型,有变旋性,可形成糖脎。 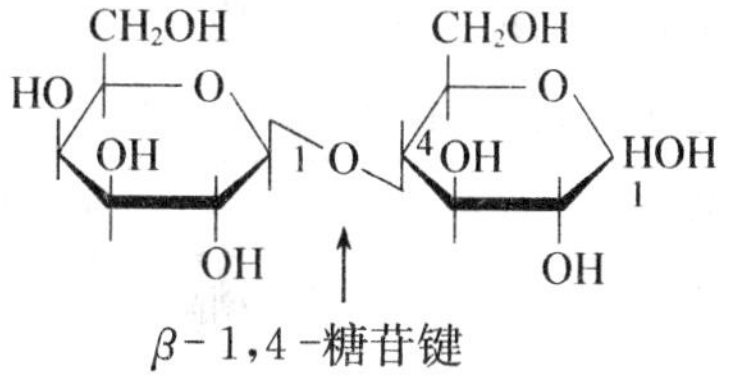 β-1,4-糖苷键	动物乳汁
纤维二糖	还原糖。由 β-D-葡萄糖的苷羟基与另一 D-葡萄糖 C-4 上的羟基缩合而成的葡萄糖苷,有游离的苷羟基,苷羟基有 α 型和 β 型,有变旋性,可形成糖脎。 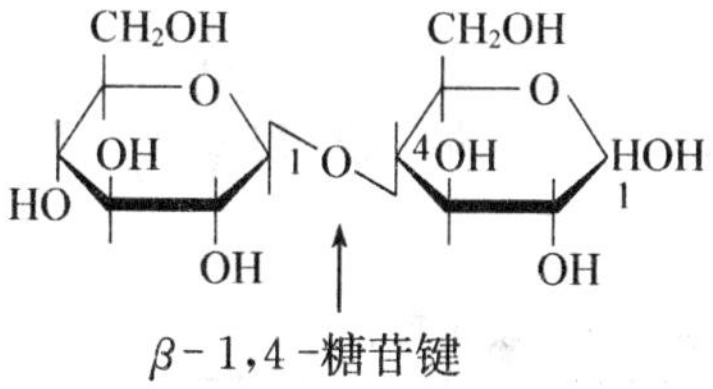 β-1,4-糖苷键	植物纤维素水解产物

三、多糖结构及性质

多糖是重要的天然高分子化合物,是由多个单糖通过糖苷键连接而成的高聚体。根据来源不同,自然界中有植物多糖、动物多糖和微生物多糖。多糖与单糖的区别在于无还原性,无变旋现象,无甜味,大多难溶于水,有的能和水形成胶体溶液。多糖普遍存在于生物体中,最常见的多糖淀粉、糖原和纤维素等都具有重要的生物学功能。主要多糖的类别和组成如表 4-3。

表4-3 主要多糖的类别和组成

		多糖	组分
同多糖	戊聚糖	阿拉伯聚糖	L-阿拉伯糖
		木聚糖	木糖
	己聚糖	淀粉	D-葡萄糖
		糖原	D-葡萄糖
		纤维素	D-葡萄糖
		壳多糖(甲壳素)	N-乙酰-β-D-葡糖胺(D-葡萄糖的衍生物)
		葡聚糖	D-葡萄糖
		菊粉(果聚糖)	果糖
杂多糖		半纤维素	木糖,葡萄糖,甘露糖,半乳糖,己醛糖酸等
		阿拉伯胶	半乳糖,阿拉伯糖,鼠李糖,葡糖醛酸
		琼脂	D-半乳糖,L-半乳糖
		果胶物质	半乳糖醛酸、鼠李糖、阿拉伯糖、甘露糖、木糖
		糖胺聚糖(粘多糖)	己糖胺、糖醛酸
	细菌多糖	肽聚糖	肽、N-乙酰-D-葡糖胺、N-乙酰胞壁酸
		磷壁糖	磷酸、葡萄糖、甘油或核糖醇
		脂多糖	多种己糖、辛酸衍生物、糖脂等
		免疫多糖 肺炎菌I型多糖	D-葡萄糖胺、葡糖醛酸
		结核菌多糖	L-阿拉伯糖、葡萄糖、甘露糖

(一) 同多糖

淀粉(starch)、糖原(glycogen)和纤维素(cellulose)是最重要的多糖。3 种多糖的结构与性质比较见表 4-4。

表4-4 三种常见多糖结构与性质比较

结构与性质	淀粉	纤维素	糖原
最终水解物	D-葡萄糖	D-葡萄糖	D-葡萄糖
二糖基	麦芽糖	纤维二糖	麦芽糖
糖苷键	直链:α-1,4-糖苷键 支链:α-1,4-糖苷键+α-1,6-糖苷键	β-1,4-糖苷键	α-1,4-糖苷键 + α-1,6-糖苷键
多伦试剂	无反应	无反应	无反应
费林试剂	无反应	无反应	无反应
苯肼	不成脎	不成脎	不成脎

（续表）

结构与性质	淀粉	纤维素	糖原
变旋现象	无	无	无
水解酶	淀粉酶类	纤维素酶类	糖原酶类
与 I_2 反应	蓝紫色 纯直链淀粉遇碘显蓝色 纯支链淀粉遇碘显红色	无	遇碘显红色
存在	植物体内	植物体内	动物体内

淀粉是植物中普遍存在的储藏多糖，它是植物体内养分的库存。淀粉有两种结构形式，一种是直链淀粉（amylose），另一种是支链淀粉（amylopectin）。直链淀粉是由 α-葡萄糖通过 α-1,4-糖苷键连接组成的，是不分支类型的淀粉。支链淀粉中除有 α-1,4-糖苷键外，还有 α-1,6-糖苷键，大约每间隔 30 个 α-1,4-糖苷键就有 1 个 α-1,6-糖苷键，所以是分支类型的淀粉。

直链淀粉是 D-葡萄糖以 α-1,4-糖苷键连接成的，分子量相当于 $200\sim980$ 单元葡萄糖，大约由 $200\sim300$ 个葡萄糖以 α-1,4-糖苷键连接组成。括号中的二糖基是一个相当于麦芽糖的基本结构单位，直链淀粉可以看成是这个基本单位的延伸。

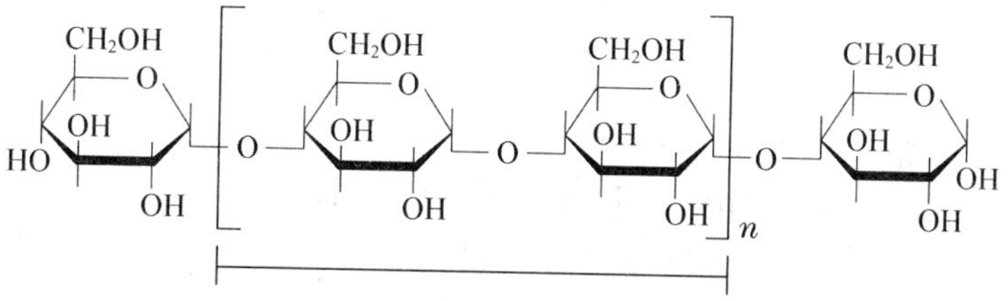

麦芽糖基

支链淀粉分子量相当于 $600\sim6\,000$ 个葡萄糖。含有大约 $1\,300$ 个葡萄糖基，有 50 个以上支链，每一个支链由 $20\sim30$ 个葡萄糖基通过 α-1,4-糖苷键连接起来。从结构式可以看出，分支点上的葡萄糖的 1、4、6 位三个羟基都参加了糖苷键的形成。

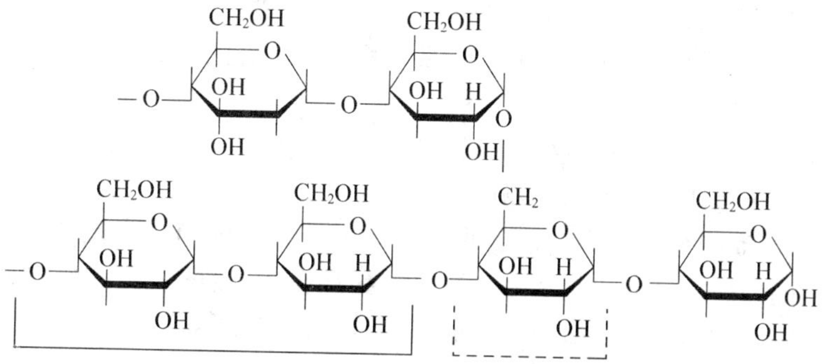

麦芽糖基　　　　　　　　分支点　　　葡萄糖基

糖原是人和动物体内的储藏多糖。它的结构类似于淀粉，只是分支程度更高，大约每

10 个 α-1,4-糖苷键就有一个 α-1,6-糖苷键。糖原大量存在于肌肉和肝脏中。

纤维素是植物组织中主要的多糖,也是生物圈中最丰富的有机化合物,它占所有的有机碳一半以上。纤维素为直链葡聚糖,是由大约上千个葡萄糖通过 β-1,4-糖苷键连接组成的不分支的葡聚糖。纤维素的基本结构单位是纤维二糖,可以将纤维素分子看成是几千个葡萄糖按照纤维二糖的结构特点,通过 β-1,4-糖苷键连接起来的。

纤维二糖基

壳多糖(chitin)又称几丁质、甲壳素,是 N-乙酰-β-D 葡萄糖胺的同聚物,结构与纤维素相似,只是每个残基的 C-2 上的羟基被乙酰基所取代。壳多糖广泛分布于生物界,是自然界中第二个最丰的多糖,主要存在于昆虫、虾蟹等无脊椎动物中,是很多节肢动物和软体动物外骨骼的主要结构物质,壳多糖常替代纤维素和葡聚糖作为大多数真菌和一些藻类的组分。壳多糖及其衍生物具有安全无毒副作用等特点,广泛应用于食品业、医药业、农业、化工业等领域。

(二) 杂多糖

杂多糖的结构比较复杂。常见的杂多糖有果胶物质(pectic substance)、半纤维素(hemicellulose)、琼脂(agar)、细菌杂多糖以及糖蛋白(glycoprotein)等。

果胶物质包括原果胶、可溶性果胶和果胶酸,基本糖链为以 D-半乳糖醛酸与 L-鼠李糖构成的并以阿拉伯糖、木寡聚糖、甘露寡糖和半乳寡糖为侧链的杂多糖。果胶物质在糖果和食品工业中被用作胶凝剂。

半纤维素是多种碱溶性植物细胞壁多糖的总称,大量存在于植物的木质化部分,多数具有侧链,是由 D-木糖、L-阿拉伯糖、甘露糖、半乳糖和葡萄糖醛酸等组成的支链多糖,包括木聚糖、葡甘露聚糖、半乳葡甘露聚糖以及木葡聚糖等多糖。

琼脂是一种海藻多糖,组分中含有 D-半乳糖、3,6-失水 L-半乳糖等。琼脂无色无味,能吸水膨胀,溶于热水,冷却后成凝胶。微生物不能使凝固的琼脂液化,因此常在微生物培养基中加入少量琼脂以保持其凝胶状态。

细菌杂多糖是微生物多糖,包括肽聚糖、磷壁酸和脂多糖等。一切细菌和蓝藻的细胞壁都含有肽聚糖,革兰式阳性细菌细胞壁所含的肽聚糖占其干重的 $50\%\sim80\%$,革兰氏阴性细菌细胞壁的肽聚糖含量占其干重的 $1\%\sim10\%$。肽聚糖的功用是保护细菌细胞免受破坏,抗生素能抑制肽聚糖的生物合成。磷壁酸是由醇(核糖醇或甘油)和磷酸分子交替连接而成的,侧链为单个丙氨酸或葡萄糖等,分别以酯键或糖苷键相连。按照所含醇的组分不同,有核糖醇磷壁酸和甘油磷壁酸两种。在细菌细胞壁中,磷壁酸是同肽聚糖连接的。磷壁酸在细胞生长中起作用,有利于酶与质膜结合,有抗原作用,使应用血清方法鉴定细菌成为可能。

脂多糖是革兰氏阴性细菌细胞壁特有的结构成分,对许多物质如疏水抗生素、去污剂、染料和胆酸起着通透性屏障作用。此外,从繁殖和破裂细菌中释放的脂多糖在哺乳动物宿主中会引起多种生物效应,经常是毒性效应。这些效应被称为内毒活性。因此脂多糖与内毒素两个词常相互替用。

第三节 天然活性多糖的分离纯化

多糖具有复杂的多方面的生物活性和功能,特别是对机体免疫功能的作用。多糖的大多数生物活性和功能均与免疫系统有关。多糖的研究虽然较生命中其他三大类物质蛋白质、核酸和脂类起步为晚,但由于其在生命过程中重要的生理功能及其广泛的应用被不断挖掘,引起了人们越来越大的兴趣。现在多糖已成为天然药物及保健品研发中的重要组成部分。据不完全统计,目前全球至少有 30 余种多糖正在分别进行正规的抗肿瘤、抗艾滋病及糖尿病治疗等临床试验,2002 年全球糖类药物及保健品的销售额已超过 193 亿美元。"沉睡至今的糖巨人正在苏醒中"。多糖的结构及其功能的研究已成为继蛋白质和核酸研究之后探索生命奥秘的第三里程碑。目前各国一方面正在利用先进的生化仪器及生物技术从中草药、微生物及海洋生物中寻找对肿瘤等疾病更有效的多糖及其衍生物药物,另一方面着重进行多糖构效关系和作用机理的研究。至今研究得较为深入的天然药物多糖有高等真菌(特别是蘑菇类)产生的 β-葡聚糖和某些植物产生的果胶类多糖以及海洋藻类产生的硫酸酯多糖。

一、多糖的主要生物活性

1. 抗肿瘤活性

具有抗肿瘤活性的多糖大多是无毒性且具有诸如诱导细胞分化、刺激造血、抗转移、抗新生血管生成和诱导 NO 产生等生物活性。它们大多不直接作用于肿瘤细胞,而是通过激活机体的免疫系统起作用,即促进淋巴细胞、巨噬细胞和自然杀伤细胞的成熟、分化和繁殖,同时活化网状内皮系统和补体,促进各种细胞因子的生成,最终抑制肿瘤细胞的生长或导致肿瘤细胞的凋亡。至今已发现具有抗肿瘤作用的多糖很多,大多具有不同平面结构及立体结构的 β-葡聚糖及果胶类多糖和海藻多糖。已在国内外临床上正式应用并已得到医生青睐的有香菇多糖、灵芝多糖、云芝多糖。其他一些正在深入研究的如白菜果胶多糖、桑黄多糖、猪苓多糖、人参多糖、鸡尾藻多糖、姬松茸多糖、牛樟菇多糖、枸杞多糖、醋酸杆菌多糖等。

过去认为 β-葡聚糖具活性,但后来发现有的 α-葡聚糖也具活性。由于大多数多糖的抗肿瘤活性是通过激活机体的免疫系统而起作用,不是直接杀死肿瘤细胞,在筛选抗肿瘤多糖时,通常体外试验是无效的,而通过免疫系统发挥功效的体内试验的效果也必须经过大约两周时间才会慢慢呈现出来。通常采用化疗药物的动物试验方法,即 10 天左右将动物处死观察效果。事实上这时多糖的疗效还未呈现出来,即使有效,很可能是非多糖类物质在起作用。正确的动物试验必须进行 20 天以上。虽然至今也发现了少数确实具有细胞毒的多糖,即不通过免疫系统介导直接杀死肿瘤细胞,但其作用机理尚不清楚,有待进一步研究。

2. 抗病毒作用

20 世纪 70 年代以后发现有些多糖具有抗疱疹病毒及流感病毒作用,特别是 80 年代发现多糖具抗艾滋病病毒(HIV)作用。研究发现抗病毒的多糖大多能干扰病毒表面糖蛋白 gp120 对淋巴细胞表面 CD4 受体的结合;抑制病毒抗原的表达;抑制病毒逆转录酶(RT)的活性。具有抗病毒作用的多糖其化学结构中多数含有硫酸根,硫酸根的存在与否及多寡直接影响抗病毒活性。如香菇多糖抗肿瘤作用显著,抗 HIV 作用很小,但硫酸化香菇多糖却具有显著抗 HIV 作用。同样马尾藻多糖具抗肿瘤作用,其硫酸化后具明显的抗疱疹病毒作用。至今报道的具抗病毒作用的多糖很多,如从海洋红藻中得到的具有抗疱疹病毒的硫酸化半乳聚糖、从阿拉伯胶中获得的硫酸化岩藻类多糖——墨角藻多糖及从绿藻中获得的硫酸木聚糖等均能选择性抑制单纯疱疹病毒及合胞体的生成。从大肠杆菌中获得的硫酸化 K5 多糖具抗 HIV 作用,它的结构类似于肝素,却没有肝素的抗凝血作用,有望成为发展中国家在预防性传播艾滋病上使用的候选药物。

大多数抗病毒的多糖结构中均含有抗凝血作用的硫酸根。所以要评价一个抗病毒的多糖是否具有应用前景,首先取决于其抗病毒作用与抗凝血作用的剂量比。当然至今也发现了一些不含硫酸根的抗病毒多糖,如念珠藻多糖,这是一种酸性杂多糖,具有明显的抗流感病毒作用。另外也从玫瑰花中获得了具有明显抑制艾滋病毒逆转录酶活性的多糖。

3. 降血糖作用

多糖是有 10 个以上单糖缩合去水,以糖苷键形式结合形成的多聚糖。它与单糖、寡糖的性质不同,不但不会使血糖升高,反而能降低血糖,有望成为一类新的降血糖药物。研究发现有的多糖虽然不会增加机体中胰岛素的分泌,但它能显著提高肝脏中葡糖激酶、己糖激酶和 6-磷酸葡萄糖脱氢酶的活性,降低血浆甘油三酯及胆固醇的水平。有的多糖是 β-受体激动剂,通过第二信使将信息传递至线粒体,从而使糖的氧化利用加速,引起降血糖作用。目前发现具有降血糖作用的多糖很多。如从植物羽叶白头树中获得的多糖;从沙蒿籽中获得的多糖;从小豆中获得的多糖;从高等真菌中获得的多糖等。

4. 抗炎作用

自从发现寡糖特别是果聚寡糖具有抗炎作用后,人们又发现多糖也具抗炎作用。这些多糖能选择性地黏附病原体,阻断微生物病原体对靶细胞的吸附,从而具消炎和抗感染作用。20 世纪发现的某些细菌产生的具有正、负离子的两性多糖,对脓肿有明显的防治作用,其作用机制主要是通过 MHCⅡ的途径激活 T 细胞而发挥作用。最近报道将甘氨酸连接到人参多糖(果胶类多糖)的羟基上后也能激活 T 细胞而具显著的抗脓肿作用。至今已有一些寡糖及多糖作为口服和外用消炎药正在临床试验中。从牵牛花中获得的多乙酰寡糖,具有明显的杀灭金黄色葡萄球菌的作用。人们预言糖类将作为第二代抗炎药物而受到青睐。

5. 抗补体作用

补体系统是人体的重要免疫防御系统之一,但过度激活会引起诸如类风湿关节炎、重症非典型肺炎(SARS)等许多疾病。至今尚无理想治疗药物,因此临床上急需高效低毒的补体抑制剂药物。从中药柴胡中获得了抗补体作用明显的多糖,对补体经典途径和旁路途径激活均有较强抑制作用,抗补体作用明显强于肝素,且无肝素的抗凝血作用,预示了将有良好的应用前景。从三七中获得酸性多糖——鼠李半乳糖醛聚糖,能固化补体,证明具抗补体作用。从地衣中也分离到了一个具有一定抗补体活性的β-葡聚糖。从天然多糖中寻找抗补体活性化合物已成为人们研究的另一个热点。

6. 其他作用

20世纪50年代以后随着对多糖结构与功能的认识不断深入,发现不同结构的多糖具有许多生物活性,除了上述的活性外,还在不断发现新的活性。从夹竹桃花中获得了对防治神经细胞退化有显著作用的多糖,该多糖对肾上腺髓质中变异的类神经细胞(PC12)具有明显促进DNA合成,显著缓解ERK的磷酸化作用,活化MAP激酶通道。证明该多糖具有类似于神经生长因子作用,能显著减少由于除血清营养和β-淀粉样肽引发的神经凋亡,有望成为防治诸如老年痴呆症等神经功能紊乱疾病的药物。从海洋真菌中获得的一个对受双氧水损伤的PC12神经细胞具有保护作用的多糖。从冬虫夏草中获得的一个对神经细胞PC12有保护作用的多糖;分子量为50 KDa的硫酸化右旋糖酐,能刺激脑内神经元AMPA受体2MAPK区椎修复因子的增加,对神经细胞也具保护作用。多糖是大分子物质,它是如何通过血脑屏障作用于神经细胞,其机理是值得深入研究的。从麦冬中分离获得一个新的果聚糖,经动物试验表明能明显增加小鼠耐缺氧能力,增加小鼠心肌营养血流量,显著增加心脏冠脉流量。口服及腹腔注射均能对抗异丙肾上腺素引起的心肌细胞坏死。首次发现了麦冬多糖有较好的抗心肌缺血作用,展示了该多糖可作为治疗心血管疾病的先导物进行进一步研究的价值。

从黑大豆中获得一个具有抗辐射作用的多糖,经动物试验表明该多糖能刺激造血干细胞,促进粒白细胞-巨噬细胞集落和脊髓中造血细胞的产生。β-葡聚糖不但具有免疫调节作用,而且对动物的皮肤灼伤引起的组织溃烂具有治疗作用。从海洋褐藻中获得一个硫酸化的半乳果聚糖,该多糖能明显刺激内皮细胞的硫酸化乙酰肝素的合成,有望成为一个抗血栓形成的药物。某些多糖分子中引入DEAE碱性基团,能够抑制小肠内胰脂肪酶的活性,从而减少小肠对脂肪的吸收,达到减肥的效果。卡拉胶多糖在体内外均具抑制G氏阳性菌产生的毒素,进一步提示卡拉胶作为食品添加剂的优越性。

此外,多糖还具有抗氧化、活化补体、治疗角膜真菌感染、降血压、促进毛发生长、降胆固醇、治疗咳嗽、增加骨密度、抗溃疡、抗呕吐、抗青光眼及刺激性功能等多种生物活性。

二、多糖的分离与纯化

多糖作为提高机体免疫功能的保健品已被许多人接受,但许多多糖产品仅仅停留在保健品阶段,未能开发成药物,主要原因是多糖的分离纯化困难,技术不过关。从而国内曾一度出现了"多糖越纯,活性越小"的论点。这是因为错误采用小分子的分离方法,譬如说用活性炭脱色、大孔树脂吸附等。也有人虽用大分子的分离方法,但不恰当地使用中空纤维超滤纯化多糖;另外检测方法不灵敏也造成多糖在检测过程中活性的丢失,不灵敏的检测方法常导致将有效多糖作为杂质而被丢弃。多糖是亲水性大分子物质,它的分离纯化方法有别于小分子物质,而且不同多糖具有不同性质,必须采用不同分离纯化方法。多糖的分离纯化不但要有专门的多糖理论知识,而且还必须要有工作经验的积累,任何生搬硬套前人的方法,必将给多糖研究带来很大的麻烦。

(一) 多糖的分离提取

多糖的分离纯化方法很多,选择多糖分离方法的宗旨是通过分离纯化不使原有的多糖性质改变。虽然有的多糖存在于动植物细胞壁外(称胞外多糖),但大多数存在于细胞壁内(称胞内多糖)。要使胞内多糖容易释放出来,多糖提取的第一步是必须将动植物体粉碎。近年来采用超声波气流粉碎技术将动植物或真菌孢子的细胞壁破裂,这样就大大提高了多糖的提取效率。由于细胞壁大多由脂质包围,所以用机械粉碎后还必须脱脂,常用索氏提取器,乙醇回流 6~8 h。经脱脂后的原料,就可以提取了。常用的多糖提取方法有以下几种。

1. 热水提取法

这是目前多糖提取中最常用方法。它是根据大多数多糖在热水中溶解度较大的性质进行提取。多糖在热水中是稳定的,所以用这种方法提取,多糖破坏最小。通常用沸水提取 2~6 h。提取液如黏度不大,则可过滤去残渣;对于黏度大的提取液则必须采用离心法去残渣。有的多糖黏度大,可在热水中加入 2%~10% 的尿素溶液,使多糖的构型改变(这种改变是可逆的),从而降低黏度,增加其在热水中的溶解度。

2. 稀碱水溶液提取法

有的酸性多糖,或分子量较大的多糖,在热水中溶解度不大,一般在稀碱溶液中溶解度较大,所以常用 5%~15% 的 NaOH 溶液或 Na_2CO_3 溶液提取。不过用稀碱溶液提取时,提取温度必须保持在 10 ℃ 以下,否则多糖容易发生降解反应。通常先用热水法提取,然后残渣再用稀碱溶液提取,这样可将大部分多种类型的多糖提取出来。

3. 酶解法

将已粉碎的植物悬浮于水中,根据复合酶作用的最适条件,调节至最适温度(通常是38~50 ℃),及最适 pH(通常是 3.8~4.5),然后加入 5%~25% 复合酶,反应 4 h,过滤去残渣,滤液即为多糖提取液。该法已在多糖保健品(如香菇多糖保健品)的制备中采用。但大多采用热水提取法及酶法相结合的办法,即先用热水提取,然后残渣再用酶法提取,这样多糖收率可提高许多。

4. 其他方法

上述三种方法是多糖提取中较常用的方法,但过去国外也有人用对质子惰性的溶剂如二甲亚砜作溶剂提取多糖,也有人采用碱金属盐的有机溶剂如氯化锂-二甲氧基乙醇提取多糖,以及用酸性水溶液提取多糖等。由于成本高、收率低,这些方法现在大多不采用了。

(二) 多糖提取液中杂质的去除

采用上述分离方法获得的多糖提取液,都含有许多杂质,主要是无机盐、单糖、寡糖、低分子量的非极性物质及高分子量的有机杂质(如蛋白质、木质素)。对于无机盐、单糖、寡糖和低分子量的非极性物质可用透析法除去,透析时间一般不大于 36 h,否则透析袋在无防腐剂存在下易长霉。不同的分子量排阻值构成不同型号的透析袋。所以透析的第一步是选择需要截留的分子量的透析袋类型。透析袋需要经过预处理,通常将新的透析袋置于沸水中沸腾 2~3 h(换水 2 次),以便去除透析袋中的杂质。透析袋可以反复使用,但用过的透析袋必须冲洗干净,然后浸在加有少量防腐剂(如苯甲酸)的水中于冰箱中保存(注意勿使其长霉及干燥)。透析袋在 pH5~9 时稳定,所以提取液必须先调节 pH 至 5~9 后才可进行透析。透析袋较昂贵,对于要求不高的大量透析,可采用普通玻璃纸代替。当然这样截流范围不容易控制。采用连续透析仪进行透析可以使操作简便。透析袋虽然有一定的分子量排阻范围,但由于多糖分子不是球形的,有的是线状的,所以有时分子量较大的多糖也可能透过半透膜。对于带有电荷的阴离子及阳离子(即无机盐)还可用离子交换树脂法去除。如大量的工业化去除离子,则可采用离子交换树脂的混合床去除阴、阳离子。

提取液中蛋白质的去除通常采用四种方法。

(1)酶法

采用蛋白酶将提取液中的蛋白质酶解。常用链霉蛋白酶(pronase)消化处理,其方法是在 pH7~8 时,加入链霉蛋白酶,37 ℃消化 2~4 d,然后反应物于沸水中加热 5 min 以阻断反应。

(2)Sevag 法

根据蛋白质在氯仿等有机溶剂中变性的特点,将氯仿按多糖水溶液 1/5 体积加入(去蛋白的最佳 pH 是 4~5),随之再加入氯仿体积 1/5 的正丁醇,混合物剧烈振摇 20 min,蛋白质变性成胶状,存在于水相与溶剂相的交界面上,离心,分去水层与溶剂层交界处的变性蛋白。此法条件温和,缺点是效率不高,一般要重复 5 次左右方能去尽蛋白。该法常用于微生物来源的多糖去蛋白。

(3)三氟三氯乙烷法

等体积的三氟三氯乙烷加入到提取液中,在冷却的情况下搅拌 10 min,蛋白质成胶冻状,离心除去胶状蛋白质。上层水相再用上述溶剂处理 2 次,即得无蛋白质的多糖。此法效率较高,但因溶剂沸点较低(56 ℃),易挥发,必须在低温条件下进行,不宜大量应用。

(4)三氯醋酸法

在冰浴中搅拌的情况下缓缓加入 15%~30%三氯醋酸于提取液中,直至溶液不再继续混浊。在低温下(4 ℃)放置 4 h。离心除去沉淀即得无蛋白质的多糖提取液,由于三氯醋酸的酸性较强,往往会引起某些多糖的降解,所以操作必须在低温下进行,该法效率较高,常用于植物多糖的去蛋白。

多糖提取液,特别是碱提取液,常含有酚型化合物的杂质,有较深的色泽,这种色泽虽然在纯化过程可以去除,但作为保健品,用复杂的方法去除色泽成本太高,所以有人使用活性炭脱色法,活性炭对多糖也有较强的吸附作用,使多糖损失很大,所以说这种方法是不合理的。使用弱碱性离子交换树脂进行脱色,可以去除多糖粗品中游离的色素,但对酸性多糖的吸附力强,故不宜使用。最好使用过氧化氢脱色法,即将 0.3%~0.8%粗多糖水溶液用浓氨水调 pH 至 8,在搅拌下,于 50 ℃逐渐加入过氧化氢(比例为 10%~30%)然后在 50 ℃下保持 2 h,用醋酸调节至 pH7.0,减压浓缩,加入 3 倍量乙醇沉淀,即得脱色的多糖。该法在多糖粗品的脱色中常用。但必须严格控制脱色条件,如多糖溶液的浓缩、温度、时间、pH 等。尽管如此,该法也会引起一定多糖的降解损失。一种新的授权专利多糖脱色方法,采用十六烷基三甲基溴化铵-正己醇-异辛烷组成的反胶束溶液,在一定盐浓度下,对多糖粗品进行脱色,具有方便、快速,多糖回收率高等优点。

多糖提取液中杂质的去除,有时也可不采用上述方法,而直接用几次反复柱层析的方法(详见纯化部分)。

(三) 多糖的纯化

多糖的纯化是将分离所得的混合多糖纯化为各种单一的多糖。实质上,分离与纯化是很难明显区别开来的,因为有时在分离过程中已经纯化了,如先用中性热水提取,再用碱性水提取,就将中性水溶多糖及酸性水溶多糖按溶解度不同分离开来了。反过来有的在纯化过程中进一步得到分离,如在柱层析过程中进一步将杂质分离。多糖的分离纯化十分复杂,要得到均一的活性多糖组分并不容易,这就是阻碍多糖研究进展的主要原因。多糖的分离纯化方法很多,必须根据多糖的性质巧妙地选择正确的分离纯化方法。

1. 分步沉淀法

根据不同的多糖在低级醇或酮(通常是乙醇或丙酮)中具有不同溶解度而进行分离。分子量大的多糖较分子量小的多糖在乙醇(或丙酮)中的溶解度小,所以逐步加大乙醇(或丙酮)的浓度可将不同分子量的多糖分别沉淀出来。一般是这样进行的:在多糖混合物的溶液中,边搅拌边缓缓加入 98% 以上的乙醇,使乙醇的最终浓度为 25%,加毕静置 1 h,然后离心,得到上清液和沉淀,该沉淀即为分子量最大的多糖。上清液继续在搅拌下缓缓加入乙醇,使乙醇浓度达到 35%,静置 1 h,再离心,得到第二次沉淀,这时沉淀的多糖的分子量小于第一次沉淀。上清液继续加乙醇至浓度为 50% 及 70%,再离心,即得分子量逐步递减的第三、四次沉淀。分步沉淀的关键是尽量避免共沉淀发生,具体而言就是多糖混合物的浓度不能太高,乙醇加入速度不能太快,溶液 pH 应呈中性。应该说多糖浓度越小,共沉淀作用也越小,则分离效果越好。当然浓度太稀,会使多糖的回收率降低,且乙醇用量过大。通常将多糖混合物的浓度控制在 0.25%~3%。分步沉淀在多糖纯化中特别在保健品开发中常常首先使用,它比柱层析方法简便多了。

2. 盐析法

分子量不同的多糖在一定浓度的盐溶液中具有不同溶解度,据此性质分离各种多糖。在多糖中加入无机盐(如 NaCl、KCl、$(NH_4)_2SO_4$ 等)至一定浓度,则在该盐此浓度时溶解度最小的多糖便沉淀析出,然后上清液继续加盐至更高浓度,则另一多糖又沉淀析出。盐析法在蛋白质纯化上用得很多。早期云芝多糖(PSK)的纯化就是应用该法。盐析法的优点是成本较低,但效率不高,易产生共沉淀。影响盐析法分辨率的关键也是多糖的浓度,多糖溶液的浓度越小,则纯化效果越好,次要因素是溶液的 pH 及盐析温度。为了获得满意的实验重复性,溶液的浓度、pH 及温度均必须严格控制。盐析剂很多,中性无机盐均可作为盐析剂,但在多糖中以硫酸铵用得最多。盐析法获得的多糖沉淀中含有很多盐类,必须经过透析去盐。

3. 金属络合法

根据不同多糖能与铜、钡、钙和铅各种离子形成络合物而沉淀的性质进行多糖的纯化。常用的络合剂有氯化铜、氢氧化钡和醋酸铅等。得到的络合物沉淀经水充分洗涤后,用酸分解,得到游离的多糖。在多糖的纯化中最常用的是铜盐络合法及氢氧化钡络合法。铜盐络合法沉淀多糖,常用 $CuCl_2$、$CuSO_4$、$Cu(Ac)_2$ 的溶液或 Feling 试剂。这些溶液需过量使用,但 Feling 试剂不能过量,否则产生的沉淀会重新溶解。得到沉淀用水洗涤,然后用 5% HCl(V/V)的乙醇液分解此络合物,再用乙醇洗去多余的铜盐。氢氧化钡络合法常用饱和 $Ba(OH)_2$ 溶液,加入多糖溶液中。实验证明,当 $Ba(OH)_2$ 浓度小于 $0.03 \ mol \cdot L^{-1}$ 时,葡甘露聚糖和半甘露聚糖可全部沉淀,但阿拉伯聚糖和半乳聚糖不沉淀,以此分离这些多糖。然后沉淀用醋酸($2 \ mol \cdot L^{-1}$)分解,上清液加乙醇沉淀即得游离多糖。

4. 有机盐沉淀法

从植物与微生物中提取黏多糖或蛋白多糖,其方法是在多糖溶液中加入有机酸单宁使其与多糖形成有机盐复合物而沉淀。离心,沉淀用有机溶剂或其他物质使多糖复合物中的单宁除去。目前这种方法已用于制备多糖药物、化妆品、保健品中。这种方法特别适合于从芦荟及葡聚糖中分离乙酰化甘露聚糖。

5. 季胺盐沉淀法

长链季胺盐能与酸性多糖或长链高分子量多糖形成络合物,在低离子强度的水溶液中不溶解的特性,使其沉淀析出,然后增加溶液的离子强度到一定范围,络合物则逐渐离解,最终溶解。这种方法常用于分离酸性多糖及中性高分子量多糖。常用的季胺盐有十六烷基三甲基胺盐的溴化物(CTAB)及其碱(CTAB—OH)和十六烷基氯化吡啶(CPC)。操作时除控制溶液的离子强度外,还必须控制溶液的 pH。溶液的 pH 应小于 9,并无硼砂存在,否则中性多糖也能沉淀出来。季胺盐沉淀的效果极好,能从很稀的溶液中(如 0.01% 的浓度)通过选择性沉淀将酸性多糖或长链高分子多糖沉淀出来。所形成的络合物在不同离子强度的盐溶液中、酸溶液中及有机溶剂中溶解度不同,据此可将多糖游离出来。常将络合物沉淀溶解于 $3\sim4 \ mol \cdot L^{-1}$ 的 NaCl 溶液中,然后加入 $3\sim5$ 倍的乙醇使多糖沉淀,而季胺盐则留在溶液中;或在 $3\sim4 \ mol \cdot L^{-1}$ 的 NaCl 溶液中加入碘化物或硫氰酸盐使季胺盐沉淀出来,而多糖留在溶液中。也可用正丁醇、戊醇或氯仿等有机溶剂萃取季胺盐,最终均经过透析去盐、冷冻干燥得到多糖。季胺盐沉淀法是一种较经典的方法,至今在多糖的纯化中还在使用。

6. 柱层析方法

柱层析方法是目前多糖中应用最多的方法,原因是效果好,操作简单。

(1)纤维素柱层析

柱中的载体是纤维素。先用乙醇液平衡柱内纤维素,然后多糖混合物全部沉淀于惰性的纤维素上面。用不同浓度乙醇水溶液(如 80%,60%,40%,20%)阶梯洗脱,则不同多糖就依次洗脱出来。先洗脱的是分子量最小的多糖,最终洗脱的是分子量最大的多糖。在洗脱过程中,由于各种多糖在柱上进行无数次的溶解和沉淀过程,最终将各种多糖分离开来。这种方法实质上与分步沉淀法相反,可称为“分步溶解法”。其理论塔板数较高,所以流出液的纯度高,但该法的缺点是流速慢,纯化周期长,特别是对于黏度较大的酸性多糖,更显得流速过慢。分离酸性多糖采用的载体为硅藻土与磷酸钙的混合物。它的装柱与通常装柱法不同,将 32 g 硅藻土与 500 mL 0.2 mol·L^{-1} $CaCl_2$ 溶液相混,然后在搅拌下,逐步加入 640 mL 0.2 mol·L^{-1} K_2HPO_4 溶液,得到均匀散布于硅藻土颗粒中的磷酸钙沉淀,然后将此悬浮液装柱,上样后用 $0\sim0.2\ mol\cdot L^{-1}$ 不同离子强度的磷酸缓冲液 (pH6.5)洗脱。这种柱的流速不快,一般在低温下进行,以防止样品发霉变质。

(2) 阴离子交换柱层析

这是目前多糖纯化中也是柱层析中应用最普遍的一种方法,特别是对于体积较大的多糖溶液,大多数首先采用阴离子交换柱层析。通过柱层析,多糖溶液得到浓缩及初步纯化(有的多糖通过该步骤即可得到各种均一多糖组分)。至今应用最广泛的阴离子交换剂有二乙基氨基乙基纤维素(DEAE-cellulose)、DEAE-葡聚糖(DEAE-Sephadex)及 DEAE-琼脂糖(DEAE-Sepharose)三种,其中以 DEAE-cellulose 应用得最广泛。DEAE-cellulose 具有开放性的骨架,多糖能自由进入载体中并进行迅速扩散。它有较大的表面积,虽然其离子交换容量仅为 $0.70\sim0.75\ mmol\cdot g^{-1}$,但其对多糖的吸附量较离子交换树脂大许多。另外由于纤维素上的离子交换基团较少,排列疏散且呈弱碱性,所以对大分子的吸附较弱,用一定离子浓度的盐就可将其洗脱下来。

阴离子交换柱层析适合于分离各种酸性、中性多糖及黏多糖。它的分离机理不是单一的离子交换,而更重要的是吸附与解吸附,所以其不仅可应用于中性多糖与酸性多糖的分离,也可应用于不同中性多糖的分离。一般在 pH 6 时,酸性多糖能吸附于交换剂上,中性多糖不吸附,然后用 pH 相同离子强度不同的缓冲液将酸性多糖分别洗脱下来,但若柱为碱性(即 OH⁻型),则中性多糖也能吸附。前已述及多糖在交换剂上的吸附力与多糖结构有关,吸附力一般随多糖分子中酸性基团的增加而增加。对于线状分子,分子量大的中性多糖较分子量小的易吸附。对于直链多糖与支链多糖,则前者吸附力大于后者。通常 100 g DEAE-纤维素可上样多糖 $0.5\sim1.5$ g。洗脱方式通常是不同离子强度的缓冲液,可以是梯度式洗脱,也可以是阶梯式洗脱(又称分段洗脱)。另外,中性多糖还能与硼砂形成络合物,所以有时将 DEAE-纤维素处理成硼砂型,使多糖溶液通过,则多糖与硼砂络合吸附于柱上,然后用不同浓度的硼砂盐溶液进行洗脱。首先流出来的是不与硼砂络合的多糖,最后流出的是与硼砂络合力最强的多糖。

阴离子交换剂还有 DEAE-交联葡聚糖,其主要商品型号有 DEAE-SephadexA25(多用于相对分子质量<3 万的多糖)和 DEAE-SephadexA50 以及 DEAE-琼脂糖,其主要型号有 DEAE-SepharoseCL-6B(分离相对分子质量>10 万的多糖)。由于这些交换剂具有三度空间网状结构,所以不但具有离子交换作用,而且具有分子筛作用,它们比纤维素具有更高电荷密度,故交换容量更大,分离效果更好,这是它的优点。但当洗脱液 pH 或离子强度变化时,其体积变化较大,影响流速。另外这两种交换剂价格比纤维素贵。DEAE-交联葡聚糖及 DEAE-琼脂糖的处理(再生)与 DEAE-纤维素一样。

总之,上述三种阴离子交换剂对于多糖的纯化,特别是黏多糖均存在流速过慢、柱床高度会随缓冲液浓度及 pH 的改变而改变,且稳定性差,使用寿命短等缺点。所以 20 世纪 90 年代以后逐渐被化学稳定性好、流速快的 Sepharose FF 为骨架的离子交换剂的介质所代替,主要型号有 DEAE-Sepharose FF。其使用方法与 DEAE-纤维素相仿。这些交换剂不能干燥保存,必须悬浮在水中保存。

(3) 凝胶柱层析

根据多糖分子的大小和形状的不同即按分子筛的原理进行分离。凝胶柱层析在多糖的分离纯化上应用得很普遍。通常在获得粗多糖后,先用阴离子交换柱层析、透析、干燥,溶解后再用凝胶柱层析。常用的凝胶有各种型号的交联葡聚糖凝胶(Sephadex)、琼脂糖凝胶(Sepharose)和聚丙烯酰胺凝胶(Bio-gel)三大类,以及后来在这些凝胶上进行性能改良的新一代凝胶,如 Sephacryl、Superdex 和 Superose 等。展开剂为各种浓度的盐溶液及缓冲液,离子强度最好不低于 $0.2\ mol \cdot L^{-1}$,否则拖尾严重。

(4)亲和层析

某些特定多糖具有和某些相对应的专一分子可逆结合的特性,如一种凝集素(刀豆球蛋白)能专一地与分支多糖结合。分子之间的这种结合能力称为亲和力,使它们结合后再将其解离,可以纯化多糖,其简单过程如下:把欲分离的可亲和的一对分子的一方作为配基(ligand)与不溶性载体结合使固定化,装入色谱柱(亲和柱),然后把含有欲分离的多糖溶液作流动相,这时溶液中只有能和配基具有亲和力的多糖分子被结合而吸附,其他多糖则流出柱外,然后再改变流动相的离子强度及 pH,使配基与多糖解离,则被纯化的多糖就流出柱外。亲和层析的优点是效率高,操作简单,特别在分离含量较少的多糖时,一次可以浓缩几百倍,甚至几千倍,但缺点是要找到一个理想的配基是很不容易的,所以目前在多糖的纯化上用得不多。

(四)其他纯化方法

1. 超离心法

根据不同分子量的多糖在强大的离心力场作用下具有不同沉降速度而将各种多糖进行分离。超离心法可分为两种类型,一是差速离心法,它是采用逐步增加离心速度,使不同大小的多糖分批分离出来。在较低速度时分离所得的是分子量较大的多糖,在较高速度下分离得到的是分子量较小的多糖。这种方法在多糖的分离上应用得不多。二是密度梯度区带离心法,这种超离心法在多糖中应用得较多,特别是用这种方法检测多糖的纯度。它的主要根据是多糖在惰性梯度介质中进行离心,达到平衡,这时不同分子量的多糖(或其他溶质)分配到梯度介质中不同位置。某一特定量的多糖(或其他溶质)分配到梯度中某一特定位置上,形成不同区带,然后将不同区带进行分离,即得到不同的多糖组分。常用的惰性介质有水、NaCl 溶液和 CsCl 溶液等。平衡转速 $60\,000\ r \cdot min^{-1}$ 左右(或离心力为 $12\,000\ g$)。多糖密度梯度区带离心法在 20 世纪 80 年代以前用得较多,且大多数用于半微量的制备。

2. 超滤法

超滤法是根据溶液中多糖分子的大小和形状不同,在一定压力下使其通过超滤膜,该超滤膜只允许一定分子量范围的多糖通过,实质上超滤法根据的也是一种分子筛原理。用这种方法进行不同多糖的分离,理论上是可行的,但实际操作中,由于大多数超滤膜能吸附多糖,使其收率大大降低,特别是中空纤维超滤膜,对多糖吸附特别严重,应该避免使用。另外由于大多数多糖黏度大,所以超滤速度很慢,周期很长,多糖易变质,且大多酸多糖的形状不是球形的,若是线形的,则分子量大的多糖也能透过超滤膜,因此,应尽量避免应用超滤法。

3. 制备性区域电泳法

不同的多糖在电场的作用下按其分子量大小、形状及其所负电荷的不同而达到分离,载体通常是玻璃粉。常用的操作方法为:用水将玻璃粉拌成浆状,装柱,用电泳缓冲液(如 $0.05\ mol \cdot L^{-1}$ 硼砂溶液,pH 9.3)平衡 3 d,然后将多糖样品置于柱的上端,接通电流,上端为正极(因电渗之故,多糖电泳的总方向是向负极移动)。电泳会产生大量热量,所以这种电泳柱必须有夹套冷却。区域电泳的单位厘米电压约为 $1.2 \sim 2.0\ V$,电流为 $30 \sim 35\ mA$,电泳时间约为 $5 \sim 12\ h$,电泳完毕,将玻璃粉载体从柱中推出,分割后分别用水(或稀碱)洗脱。这种方法分离效果较好,但时间较长,且分离量小,只适宜于实验室半微量制备。

第四节 糖的酶水解(消化)

低聚糖及多糖由于分子大,不能透过细胞膜,须在相应酶的催化下水解成单糖后才能被机体利用,这种酶促降解又称为消化,其水解酶包括各种多糖水解酶和糖苷酶两类。多糖酶水解多糖成为低聚糖(主要是二糖),然后由糖苷酶进一步水解成单糖。糖被消化成单糖后才能在小肠被吸收,再经门静脉进入肝。小肠黏膜细胞对葡萄糖的摄入是一个依赖于特定载体转运的、主动耗能的过程,在吸收过程中同时伴有 Na^+ 的转运。

一、淀粉和糖原酶促降解

食物中的糖一般以淀粉为主,淀粉消化主要在小肠内进行。能够催化淀粉 $\alpha-1,4-$ 糖苷键以及 $\alpha-1,6-$ 糖苷键水解的酶叫淀粉酶(amylase),主要包括 $\alpha-$淀粉酶、$\beta-$淀粉酶以及 R-酶。$\alpha-$淀粉酶主要存在于动物体内,$\beta-$淀粉酶主要存在于植物种子和块茎中。

$\alpha-$淀粉酶又称 $\alpha-1,4-$葡聚糖水解酶。唾液和胰液中都有 $\alpha-$淀粉酶,这是一种内切淀粉酶(endoamylase),可以水解直链淀粉分子内部的任意 $\alpha-1,4-$糖苷键,但对距淀粉链非还原性末端第五个以后的糖苷键的作用受到抑制。当底物是直链淀粉,水解产物为葡萄糖和麦芽糖、麦芽三糖以及低聚糖的混合物;当底物是支链淀粉,则直链部分的 $\alpha-1,4-$糖苷键被水解,而 $\alpha-1,6-$糖苷键不被水解,水解产物为葡萄糖和麦芽糖、麦芽三糖等寡聚糖类以及含有 $\alpha-1,6-$糖苷键的短的分支部分极限糊精($\alpha-$极限糊精)的混合物。$\beta-$淀粉酶又称 $\alpha-1,4-$葡聚糖基-麦芽糖基水解酶。这是一种外切淀粉酶(exoamylase),从淀粉分子外围的非还原性末端开始,每间隔一个糖苷键进行水解,生成产物为麦芽糖。如果底物是直链淀粉,水解产物几乎都是麦芽糖;如果底物是支链淀粉,水解产物为麦芽糖和多分支糊精($\beta-$极限糊精)。R-酶又称脱支酶(debranching enzyme),属于 $\alpha-1,6-$糖苷酶($\alpha-1,6-$glucosidase),它可作用于 $\alpha-1,6-$糖苷键,但它不能水解支链淀粉内部的分支,只能水解支链淀粉的外围分支。所以,支链淀粉的完全降解需要有 $\alpha-$淀粉酶、$\beta-$淀粉酶和 R-酶的共同作用。

$\alpha-$淀粉酶和 $\beta-$淀粉酶中的 α 和 β 只是表示两种淀粉水解酶,与糖苷键及半缩醛羟基的 α 或 β 型无关,实际上,这两种酶都只作用于淀粉的 $\alpha-1,4-$糖苷键,水解的终产物以麦芽糖为主。$\alpha-$淀粉酶是需要与钙离子结合而表现活性的金属酶,因此螯合剂 EDTA 等能抑制此酶。$\beta-$淀粉酶是含巯基的酶,氧化巯基的试剂能抑制此酶。$\alpha-$淀粉酶耐热不耐酸,$\beta-$淀粉酶则耐酸不耐热。

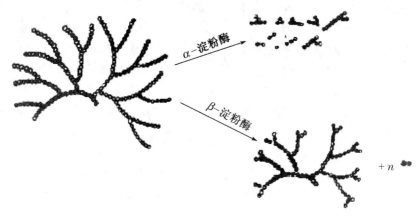

图 4-1　α-淀粉酶和β-淀粉酶降解支链淀粉

　　淀粉或糖原在细胞内的降解主要由磷酸化酶(phosphorylase)催化,在磷酸化酶的磷酸解(phosphorolysis)作用下生成1-磷酸葡萄糖。磷酸化酶作用于淀粉或糖原分子的非还原端,循序进行磷酸解,连续释放1-磷酸葡萄糖,生成的1-磷酸葡萄糖不能扩散到细胞外,并且可进一步在磷酸葡萄糖变位酶的催化下转化为6-磷酸葡萄糖,最后转化为葡萄糖,6-磷酸葡萄糖也可直接经糖酵解被氧化。

　　磷酸化酶只能磷酸解α-1,4-糖苷键而不作用于α-1,6-糖苷键,因此支链淀粉或糖原完全磷酸解需三种酶协同作用才能完成。这三种酶是磷酸化酶、转移酶(transferase)和脱支酶。磷酸化酶从非还原性末端依次降解并释放出1-磷酸葡萄糖,直到在分支点以前还有4个葡萄糖残基为止,转移酶将一个分支上剩下的4个葡萄糖残基中的3个葡萄糖残基转移到另一个分支上,并形成一个新的α-1,4-糖苷键。脱支酶降解暴露在外的α-1,6-糖苷键。这样,原来的分支结构就变成了直链结构,磷酸化酶可继续催化其磷酸解,生成1-磷酸葡萄糖。

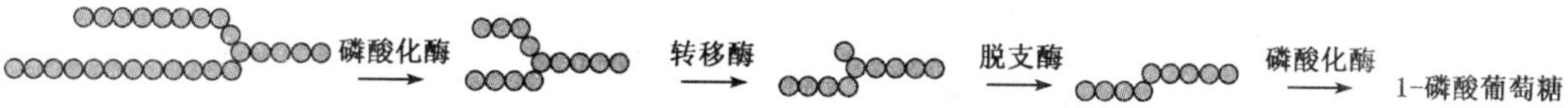

图 4-2　支链淀粉或糖原磷酸解

二、纤维素酶促降解

　　纤维素是由β-1,4-葡萄糖苷键组成的多糖,虽然也以葡萄糖为基本组成单位,但其性质与淀粉有很大差异,纤维素是一种结构多糖而不起营养作用。纤维素的降解是在纤维素酶(cellulase)的催化下进行的。有些微生物(包括真菌、放线菌、细菌)及反刍动物的瘤胃中的某些细菌能产生纤维素酶,所以能降解与消化纤维素。而哺乳动物没有纤维素酶,所以不能消化植物纤维。纤维素酶是参与水解纤维素的一类酶的总称,采用各种层析和电泳技术等可将纤维素酶分成不同的组分,主要包括 C_1 酶、C_x 酶和β-葡萄糖苷酶三种类型。

　　C_1 酶是纤维素酶系中的重要组分,它在天然纤维素的降解过程中起主导作用。C_1

酶破坏天然纤维素晶状结构,使其变成可被C_x酶作用的形式。

C_x酶也称β-1,4-葡聚糖酶,是水解酶,能水解溶解的纤维素衍生物或者膨胀和部分降解的纤维素,但不能作用于结晶的纤维素。β-1,4-葡聚糖酶有两种类型:外切β-1,4-葡聚糖酶和内切β-1,4-葡聚糖酶。外切β-1,4-葡聚糖酶能从纤维素链的非还原性末端依次逐个切下葡萄糖单位,产物是α-葡萄糖,专一性比较强。它对纤维寡糖的亲合力强,能迅速水解内切酶作用产生的纤维寡糖。内切β-1,4-葡聚糖酶以随机形式水解β-1,4-葡聚糖,它作用于较长的纤维素链,对末端键的敏感性比间键小,主要产物是纤维糊精、纤维二糖和纤维三糖。

β-葡萄糖苷酶也称纤维二糖酶,能水解纤维二糖和短链的纤维寡糖生成葡萄糖。对纤维二糖和纤维三糖的水解很快,随着葡萄糖聚合度的增加水解速度下降。它水解纤维二糖生成2分子葡萄糖。

在这上述几种酶的共同作用下,纤维素可被水解为葡萄糖:

$$\text{晶状天然纤维素}\xrightarrow{C_1\text{酶}}\text{无定型游离纤维素}\xrightarrow{C_x\text{酶}}\text{纤维二糖}\xrightarrow{\beta\text{-葡萄糖苷酶}}\text{葡萄糖}$$

三、二糖酶促降解

二糖的酶水解在二糖酶催化下进行,二糖酶中最重要的除有麦芽糖酶、纤维二糖酶外,还有蔗糖酶、乳糖酶等,它们都属于糖苷酶类,广泛分布于植物、微生物与动物的小肠液中。蔗糖酶也称转化酶(invertase)。

乳糖在消化道内的分界是由乳糖酶催化的,和麦芽糖酶、蔗糖酶等其他二糖水解酶一样,附着在小肠上皮细胞的外表面上。微生物水解乳糖是由β-半乳糖苷酶催化的。形成的单糖进入小肠上皮细胞,然后进入血液被输送到各组织,在组织细胞中进行磷酸化后进入糖酵解途径。有些人由于乳糖酶的缺失导致乳糖不能被消化,引起腹泻、恶心、腹胀等症状,被称为乳糖不耐症。

$$\text{乳糖}\xrightarrow[\text{乳糖酶或}\beta\text{-半乳糖苷酶}]{H_2O}D\text{-半乳糖}+D\text{-葡萄糖}$$

第五节 单糖在细胞中的氧化分解

食物中的糖类经肠道消化为葡萄糖、果糖、半乳糖等单糖。单糖可被吸收到血液中。血液中的葡萄糖称为血糖。正常人空腹血糖浓度为$70\sim110$ mg/dL。消化后吸收的单糖经门静脉入肝,一部分合成肝糖原贮存和代谢;另一部分经肝静脉进入血液循环,输送给全身各组织,在组织中分别进行合成与分解代谢。

糖的无氧分解过程称为无氧呼吸,有氧分解过程称为有氧呼吸。绝大多数生物都须在有氧的环境中才能生存,糖及脂肪等物质最终被分解为CO_2和H_2O,并释放出大量能量。有少数生物或生物的某些组织可以在缺氧或暂时缺氧的条件下生活,但物质分解不完全,停留在二碳物或三碳物的中间状态,释放的能量远远低于有氧状态。动物肌肉和酵母菌是能进行无氧呼吸的典型。人或动物剧烈运动时,氧供应不足,肌肉运动所需能量来自于无氧呼吸,产生乳酸。

一、葡萄糖无氧分解及调控

(一)葡萄糖无氧分解过程

葡萄糖的无氧分解终产物是乳酸(肌肉)或乙醇(酵母发酵)。

在缺氧情况下,葡萄糖经一系列反应形成丙酮酸,这一过程称之为糖酵解(glycolysis),又称为 Embden-Meyerhof-Pamas 途径,简称 EMP 途径。丙酮酸继而被还原成乳酸或乙醇,全部反应在胞浆中进行。其化学过程如图 4-3。

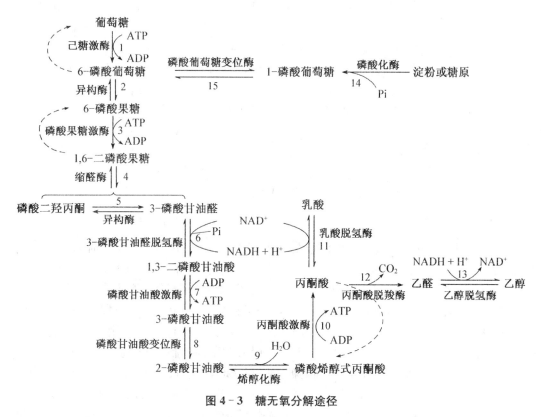

图 4-3　糖无氧分解途径

(二)糖分解成丙酮酸(糖酵解途径)

1. 糖酵解生物功能

糖酵解在生物体中普遍存在,从单细胞生物到高等动植物都存在糖酵解过程,并且在无氧及有氧条件下都能进行,是葡萄糖进行有氧或无氧分解的共同代谢途径。通过糖酵解,生物体获得生命活动所需的部分能量。糖酵解最主要的生理意义在于迅速提供能量,这对肌收缩更为重要。当生物体在相对缺氧如高原氧气稀薄或氧的供应不足如激烈运动肌肉局部血流相对不足时,糖酵解是糖分解的主要形式,也是获得能量的主要方式。成熟红细胞没有线粒体,完全依赖糖酵解供应能量。神经、白细胞、骨髓等代谢极为活跃,即使不缺氧也常由糖酵解提供部分能量。但糖酵解只将葡萄糖分解为三碳化合物,释放的能量有限,因此是肌体供氧不足或有氧氧化受阻时补充能量的应急措施。此外,糖酵解途径中形成的许多中间产物,可作为合成其他物质的原料,如二羟丙酮磷酸可转变为甘油,丙酮酸可转变为丙氨酸或乙酰-CoA,后者是脂肪酸合成的原料,这样就使糖酵解与蛋白质代谢及脂肪代谢途径联系起来,实现物质间的相互转化。概括起来,糖酵解途径生物功能表现为:① 释放能量;② 物质代谢共同途径;③ 转变为其他物质。

2. 糖酵解反应及调控

整个酵解过程可以分成耗能阶段(反应1~5)和放能阶段(反应6~10)两大部分。各反应中,反应1及反应3逆行时的酶不同,视为不可逆反应;反应10为不可逆反应;其他反应都是可逆反应,为葡萄糖合成(糖异生作用)提供了基本途径。在代谢途径中,催化基本上不可逆反应的酶所处的部位是控制代谢反应的有力部位。因此,己糖激酶、磷酸己(果)糖激酶和丙酮酸激酶三处都具有调节糖酵解途径的作用。

(1) 葡萄糖进入细胞后首先的反应是磷酸化,反应产物葡萄糖磷酸不能自由通过细胞膜而逸出细胞。催化此反应的是己糖激酶(hexokinase),该酶需要 Mg^{2+}。产物属于葡萄糖的磷酸酯,其命名称为葡萄糖-6-磷酸,或者称为6-磷酸葡萄糖。

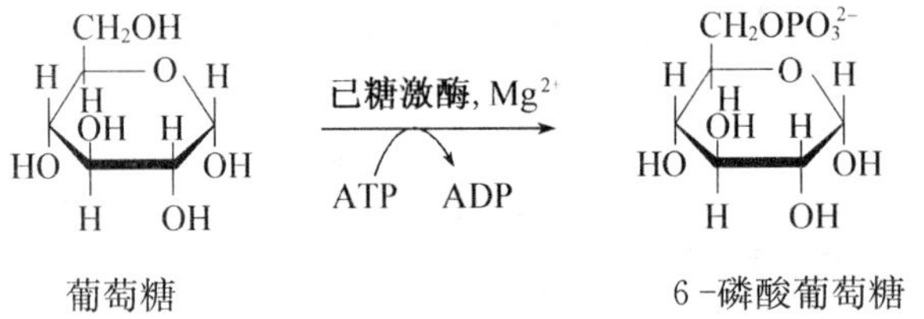

葡萄糖 　　　　　　　　　　　　　　　　6-磷酸葡萄糖

己糖激酶是一种调节酶,动物体内已发现有四种己糖激酶同工酶,分别称为Ⅰ、Ⅱ、Ⅲ、Ⅳ型。Ⅰ、Ⅱ、Ⅲ分布在不同组织中,可以作用于葡萄糖、果糖、甘露糖等,对葡萄糖的 K_m 值小,在 0.1 mmol/L 左右,亲和力高,即使葡萄糖浓度较低,也能使葡萄糖很快转变为6-磷酸葡萄糖。该酶受到反应产物6-磷酸葡萄糖反馈调节,当6-磷酸葡萄糖浓度高时即被抑制,避免了反应产物6-磷酸葡萄糖在细胞内的积累。肝细胞中存在的是Ⅳ型酶,也称为葡萄糖激酶。该酶不受反应产物6-磷酸葡萄糖抑制,对葡萄糖的亲和力很低,K_m 值为 10 mmol/L 左右,当血液中葡萄糖浓度很高时,该酶很活跃,使6-磷酸葡萄糖进一步合成糖原。所以,Ⅰ、Ⅱ、Ⅲ型酶主要用于糖的分解,Ⅳ型酶主要用于糖的合成。

此酶的另一个特点是受激素调控。这些特性使葡萄糖激酶在维持血糖水平和糖代谢中起着重要的生理作用。

(2) 由磷酸己糖异构酶(isomerase)催化醛糖与酮糖间的异构反应,6-磷酸葡萄糖转变为6-磷酸果糖。

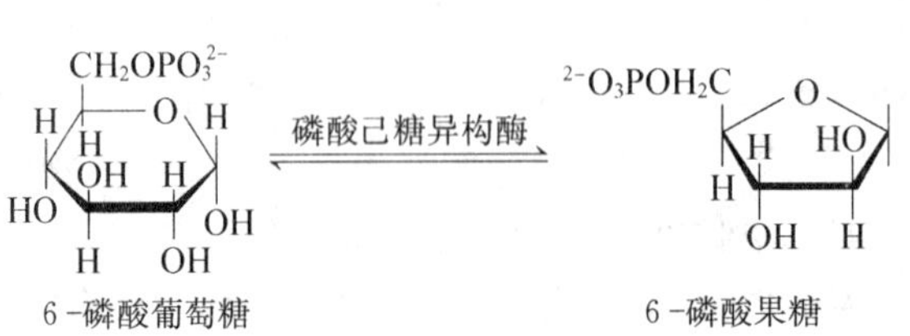

6-磷酸葡萄糖 　　　　　　　　　　　　　　6-磷酸果糖

（3）在磷酸己糖激酶催化下，6-磷酸果糖转变为 1,6-二磷酸果糖，这是第二个磷酸化反应，需 ATP 和 Mg^{2+} 参与。

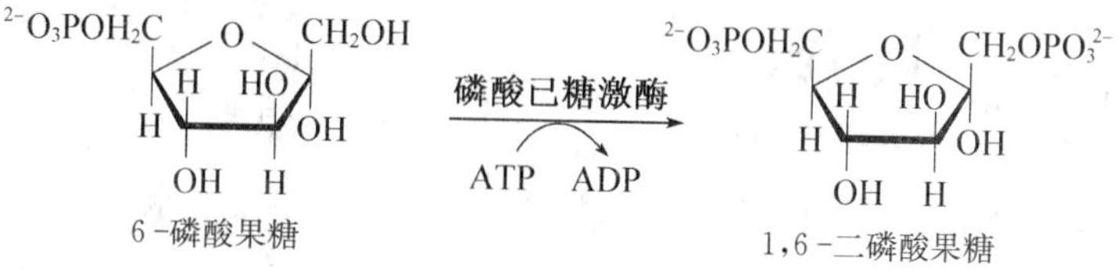

$$^{2-}O_3POH_2C \quad O \quad CH_2OH \xrightarrow[ATP \quad ADP]{\text{磷酸己糖激酶}} {}^{2-}O_3POH_2C \quad O \quad CH_2OPO_3^{2-}$$

6-磷酸果糖　　　　　　　　　　　　1,6-二磷酸果糖

磷酸己糖激酶是一种变构酶，其催化效率很高，糖酵解的速率严格依赖该酶的活力水平，是哺乳动物糖酵解途径最重要的调控关键酶。该酶活性可通过以下几种途径被调节：

ATP 可以降低该酶对 6-磷酸果糖的亲和力，抑制酶活性，但 ATP 的变构抑制效应可被 AMP 解除。因此 ATP/AMP 对该酶具有调节作用。

柠檬酸是磷酸果糖激酶（phosphate fructose kinase, PFK）的变构抑制剂。在有氧状态下，柠檬酸是丙酮酸进行有氧分解进入三羧酸循环的第一个中间产物，当糖酵解速度增加时，柠檬酸积累使酶构象改变而失活，导致糖酵解减速。当细胞中能量和作为原料的碳架积累时，磷酸果糖激酶的活性几乎等于零。

NADH 和脂肪酸抑制磷酸果糖激酶的活性，即机体内能量水平高，不需糖分解生成能量，该酶活性就受到抑制，从而控制糖酵解的速度。

H^+ 浓度能够影响该酶的活性，pH 下降时，H^+ 对该酶具有抑制作用，可以阻止整个酵解途径继续进行，防止乳酸大量形成，也可以防止血液 pH 下降，避免酸中毒。

磷酸己糖激酶有 A、B、C 三种同工酶，酶 A 存在于心肌和骨骼中，酶 B 存在于肝和红细胞中，酶 C 存在于脑中。三种酶对影响因素反应不同，酶 A 对磷酸肌酸、柠檬酸和无机磷酸的抑制作用最敏感，酶 B 对 2,3-二磷酸甘油酸的抑制作用最敏感，酶 C 对腺嘌呤核苷酸的作用最敏感。

（4）由醛缩酶（aldolase）催化，1,6-二磷酸果糖裂解成 2 个丙糖磷酸即磷酸二羟丙酮和 3-磷酸甘油醛。

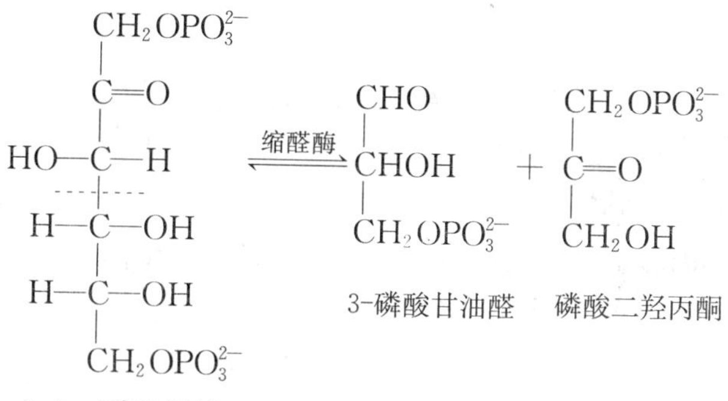

$$\begin{array}{c} CH_2OPO_3^{2-} \\ | \\ C=O \\ | \\ HO-C-H \\ | \\ H-C-OH \\ | \\ H-C-OH \\ | \\ CH_2OPO_3^{2-} \end{array} \xrightleftharpoons{\text{缩醛酶}} \begin{array}{c} CHO \\ | \\ CHOH \\ | \\ CH_2OPO_3^{2-} \end{array} + \begin{array}{c} CH_2OPO_3^{2-} \\ | \\ C=O \\ | \\ CH_2OH \end{array}$$

1,6-二磷酸果糖　　　　　　3-磷酸甘油醛　磷酸二羟丙酮

（5）磷酸丙糖异构酶催化丙糖磷酸异构化，3-磷酸甘油醛和磷酸二羟丙酮是同分异构体。

$$
\begin{array}{ccc}
\text{CHO} & & \text{CH}_2\text{OPO}_3^{2-} \\
| & \xrightleftharpoons[]{\text{磷酸丙糖异构酶}} & | \\
\text{CHOH} & & \text{C}{=}\text{O} \\
| & & | \\
\text{CH}_2\text{OPO}_3^{2-} & & \text{CH}_2\text{OH} \\
\text{3-磷酸甘油醛} & & \text{磷酸二羟丙酮}
\end{array}
$$

(6) 由 3-磷酸甘油醛脱氢酶催化,3-磷酸甘油醛的醛基氧化脱氢成羧基即与磷酸形成混合酸酐,该酸酐含一高能磷酸键,这是糖代谢过程第一个氧化还原反应。反应中同时进行脱氢和磷酸化反应,并引起分子内部能量重新分配,生成高能磷酸化合物,也就是说,底物氧化所释放的能量大部分被转移到产物中。

$$
\begin{array}{ccc}
\text{CHO} & & \text{COOPO}_3^{2-} \\
| & \overset{\text{Pi} + \text{NAD}^+ \quad\quad \text{NADH} + \text{H}^+}{\underset{\text{3-磷酸甘油醛脱氢酶}}{\xrightleftharpoons{}}} & | \\
\text{CHOH} & & \text{CHOH} \\
| & & | \\
\text{CH}_2\text{OPO}_3^{2-} & & \text{CH}_2\text{OPO}_3^{2-} \\
\text{3-磷酸甘油醛} & & \text{1,3-二磷酸甘油酸}
\end{array}
$$

(7) 由磷酸甘油酸激酶催化,1,3-二磷酸甘油酸转变成 3-磷酸甘油酸,这是糖酵解过程中第一个产生 ATP 的反应,将底物的高能磷酸基直接转移给 ADP 生成 ATP,这种 ADP 或其他核苷二磷酸的磷酸化作用与底物的脱氢作用直接相偶联的反应过程,被称为底物水平磷酸化作用。

$$
\begin{array}{ccc}
\text{COOPO}_3^{2-} & & \text{COOH} \\
| & \overset{\text{ADP} \quad\quad \text{ATP}}{\underset{\text{磷酸甘油酸激酶}}{\xrightleftharpoons{}}} & | \\
\text{CHOH} & & \text{CHOH} \\
| & & | \\
\text{CH}_2\text{OPO}_3^{2-} & & \text{CH}_2\text{OPO}_3^{2-} \\
\text{1,3-二磷酸甘油酸} & & \text{3-磷酸甘油酸}
\end{array}
$$

(8) 3-磷酸甘油酸在磷酸甘油酸变位酶作用下转变为 2-磷酸甘油酸。

$$
\begin{array}{ccc}
\text{COOH} & & \text{COOH} \\
| & \xrightleftharpoons[\text{磷酸甘油酸变位酶}]{} & | \\
\text{CHOH} & & \text{CHOPO}_3^{2-} \\
| & & | \\
\text{CH}_2\text{OPO}_3^{2-} & & \text{CH}_2\text{OH} \\
\text{3-磷酸甘油酸} & & \text{2-磷酸甘油酸}
\end{array}
$$

(9) 2-磷酸甘油酸在烯醇化酶(enolase)作用下转变成磷酸烯醇式丙酮酸,分子内部的电子重排和能量重新分布,形成了一个高能磷酸键。

$$
\begin{array}{ccc}
\text{COOH} & & \text{O} \\
| & & \| \\
\text{CHOPO}_3^{2-} & \overset{\text{H}_2\text{O}}{\underset{\text{烯醇化酶}}{\xrightleftharpoons{}}} & \text{C}-\text{OH} \\
| & & | \\
\text{CH}_2\text{OH} & & \text{C}-\text{O} \sim \text{PO}_3^{2-} \\
& & \| \\
& & \text{CH}_2 \\
\text{2-磷酸甘油酸} & & \text{磷酸烯醇式丙酮酸}
\end{array}
$$

（10）磷酸烯醇式丙酮酸（phosphoenolpyruvate，PEP）转变成 ATP 和丙酮酸，反应最初生成烯醇式丙酮酸，但烯醇式迅即非酶促转变为酮式。这是糖酵解途径中第二次底物水平磷酸化。

$$
\begin{array}{ccc}
\overset{O}{\underset{||}{C}}\text{—OH} & \xrightarrow[\ ADP\quad ATP\ ]{\ 丙酮酸激酶\ } & \text{COOH} \\
\underset{||}{C}\text{—O} \sim PO_3^{2-} & & \underset{||}{C}\text{=O} \\
\underset{}{CH_2} & & CH_3
\end{array}
$$

磷酸烯醇式丙酮酸　　　　　　　　丙酮酸

丙酮酸激酶是糖酵解途径的第三个调节酶，控制着糖代谢中心产物丙酮酸的产生。ATP、长链脂肪酸、乙酰-CoA、丙氨酸都对该酶有抑制作用。而 1,6-二磷酸果糖却有激活作用。丙酮酸激酶至少有三种不同类型的同工酶，肝中主要为 L 型，肌肉和脑中主要为 M 型，其他组织中主要为 A 型。

3. 糖酵解过程能量变化

从葡萄糖到达丙酮酸的全过程没有氧气参加，1 分子葡萄糖转变为 2 分子丙酮酸。

耗能阶段反应 1 消耗 1 分子 ATP，反应 3 消耗 1 分子 ATP，共消耗 2 分子 ATP。

放能阶段反应 7 产生 2×1 分子 ATP，反应 10 产生 2×1 分子 ATP，共产生 4 分子 ATP。整个过程 ATP 净得数为 2 分子。

总反应方程式为：

葡萄糖＋2Pi＋2ADP＋2NAD$^+$ ⟶ 2 丙酮酸＋2ATP＋2NADH＋H$^+$2H$_2$O

如果糖酵解从糖原或淀粉开始，则糖原或淀粉经磷酸解后生成 1-磷酸葡萄糖，然后再经磷酸葡萄糖变位酶催化转变为 6-磷酸葡萄糖。与葡萄糖的酵解比较，在耗能阶段生成 6-磷酸葡萄糖的过程中没有消耗 ATP，所以分子中每葡萄糖单元经糖酵解可净产生 3 分子 ATP。

除葡萄糖外，其他己糖也可转变成磷酸己糖而进入糖酵解途径。例如：果糖经己糖激酶催化可转变成 6-磷酸果糖；半乳糖经半乳糖激酶催化生成 1-磷酸半乳糖后，再经过几步中间反应生成 1-磷酸葡萄糖，后者经变位酶的作用而生成 6-磷酸葡萄糖；甘露糖则可先由己糖激酶催化磷酸化形成 6-磷酸甘露糖，再在异构酶作用下转变为 6-磷酸果糖。

（三）丙酮酸去路

无氧条件下产生的丙酮酸，代谢去路如图 4-4。

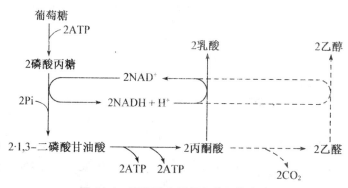

图 4-4　丙酮酸在无氧条件下的去路

1. 转变成乳酸(乳酸发酵)

生长在厌氧或相对厌氧环境下的许多细菌,均以乳酸(lactate)为终产物,这种以乳酸为终产物的厌氧发酵称为乳酸发酵。动物体在无氧或缺氧时,必须通过糖酵解产生的ATP暂时满足对能量的需求,此时,细胞内乳酸脱氢酶(lactate dehydrogenase)催化丙酮酸加氢还原成乳酸,反应所需要的 $NADH+H^+$ 来自 3-磷酸甘油醛的脱氢反应。

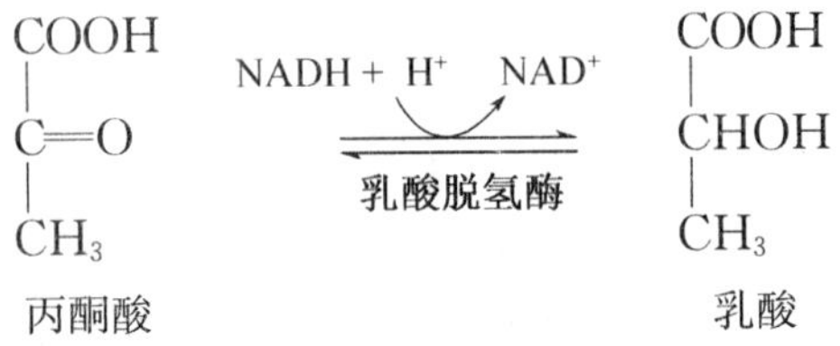

哺乳动物乳酸脱氢酶有两种亚基构成五种不同的同工酶,M_4、M_3H、M_2H_2、MH_3、H_4。M_4 和 M_3H 型对丙酮酸的 K_m 值较小,亲和力较高,在骨骼肌和其他一些依赖糖酵解获得能量的组织中占优势。而 M_2H_2、MH_3 和 H_4 型对丙酮酸的 K_m 值较大,亲和力较低,在心肌等需氧组织中占优势。机体血液中乳酸脱氢酶同工酶的比例相对恒定,临床上将该比例作为诊断心肌、肝脏等疾病的重要指标之一。

2. 形成乙醇(生醇发酵)

酵母菌在无氧状态下,将丙酮酸转变为乙醇和 CO_2。这种将糖变为乙醇的过程称为生醇发酵(alcoholic fermentation)。生醇发酵的化学过程与无氧酵解(乳酸发酵)不同点在于丙酮酸的去路。从丙酮酸转变为乙醇整个过程包括两步反应。首先,丙酮酸在丙酮酸脱羧酶催化下形成乙醛,然后,乙醛在乙醇脱氢酶催化下被还原形成乙醇,$NADH+H^+$ 被氧化为 NAD^+,反应所需的 $NADH+H^+$ 可来自 3-磷酸甘油醛的脱氢反应。丙酮酸脱羧酶在动物细胞中不存在,它以焦磷酸硫胺素(TPP)为辅酶。

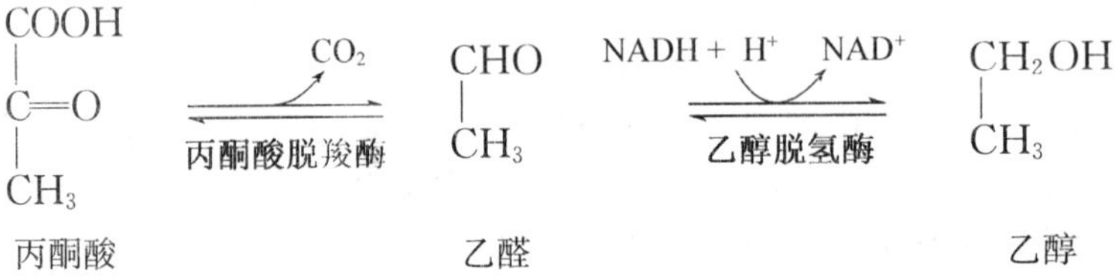

在乙醛生成乙醇的过程中,NAD^+ 也得到再生,可用于 3-磷酸甘油醛的氧化。生醇发酵也存在于真菌和缺氧的植物器官中。如甘薯在长期淹水供氧不足时,块根进行无氧呼吸,产生乙醇而使块根具有酒味。生醇发酵可用于酿酒、面包制作等。

(四) 无氧分解小结

1. 从葡萄糖(糖原或淀粉)分解为乳酸或乙醇的过程中无氧气参与,因此为无氧分解。

2. 肌肉酵解时 1 分子葡萄糖转变为 2 分子乳酸,酵母菌发酵时 1 分子葡萄糖转变为 2 分子乙醇和 2 分子 CO_2。

3. 无氧分解过程中有脱氢反应,氢受体为 NAD^+,NAD^+ 被还原成 $NADH+H^+$,所形成的 $NADH+H^+$ 在肌肉中通过丙酮酸脱氢形成乳酸而被氧化,酵母菌则通过形成乙醇而被氧化,脱氢后形成的 NAD^+ 继续作为氢受体参与反应。

4. 从葡萄糖转化为乳酸或乙醇,耗能阶段反应 1、3 各消耗 1 分子 ATP,共消耗 2 分子 ATP。放能阶段反应 7、10 通过底物水平磷酸化各产生 2×1 分子 ATP,共产生 4 分子 ATP。整个无氧过程 ATP 净得数为 2 分子。

5. 无氧状态下,葡萄糖代谢形成乳酸或乙醇的总反应方程式如下:

$$葡萄糖 + 2Pi + 2ADP \longrightarrow 2\ 乳酸 + 2ATP + 2H_2O$$

或:

$$葡萄糖 + 2Pi + 2ADP \longrightarrow 2\ 乙醇 + 2CO_2 + 2ATP + 2H_2O$$

6. 代谢过程中某些反应需要辅助因子,如己糖激酶需要辅酶 NAD^+ 和金属 Mg^{2+},丙酮酸脱羧酶需要 TPP 等。NAD^+ 和 TPP 等都是维生素的衍生物,除了人和高等动物以外,最简单的微生物细胞内许多反应也需要有维生素参与,酵母菌从培养基中吸取维生素,同时在细胞内富集了多种维生素,因此用酵母菌压制成的酵母片常作为一种补充维生素的营养药片。

二、糖的有氧分解及调控

糖的无氧分解仅能释放有限能量,大部分生物的糖代谢是在有氧条件下进行的。葡萄糖(包括淀粉及糖原释放的葡萄糖单位)在有氧条件下彻底氧化成水和二氧化碳的反应过程称为有氧分解。有氧氧化是糖氧化的主要方式,绝大多数细胞都通过它获得能量。肌肉等进行无氧分解生成的乳酸,最终仍需在有氧时彻底氧化成水和二氧化碳。

酵母菌在无氧时可进行生醇发酵,将其转移至有氧环境,生醇发酵即被抑制。同样,当肌肉组织氧供应充足时,则通过有氧氧化分解产生大量能量供肌肉活动所需。

(一) 糖有氧分解途径

葡萄糖完全氧化分解包括三个阶段。

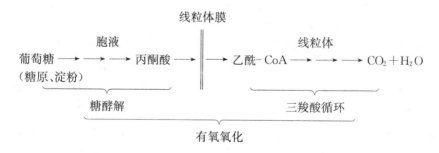

1. 葡萄糖分解成丙酮酸

这是葡萄糖有氧分解的第一阶段,葡萄糖沿糖酵解途径分解成丙酮酸,这一阶段不需氧,过程与无氧分解相同,但 3-磷酸甘油醛氧化脱氢产生的 $NADH + H^+$ 的去路不同。

2. 丙酮酸转变为乙酰-CoA

这是葡萄糖有氧分解的第二阶段,在有氧条件下丙酮酸进入线粒体,氧化脱羧生成乙酰-CoA。该反应由丙酮酸脱氢酶复合体(pyruvate dehydrogenase complex)催化。

丙酮酸脱氢酶复合体存在于线粒体,是由丙酮酸脱氢酶、二氢硫辛酰胺转乙酰基酶和二氢硫辛酸脱氢酶三种酶按一定比例组合成的多酶复合体,其组合比例随生物体不同而异。参与反应的辅酶有焦磷酸硫胺素(TPP)、硫辛酸、FAD、NAD^+ 及 HSCoA。丙酮酸脱氢酶以 TPP 为辅基,其作用是催化丙酮酸氧化脱羧及硫辛酸还原。二氢硫辛酰胺转乙酰基酶的辅基是硫辛酰胺,其作用是将乙酰基转移给乙酰-CoA,产生还原型硫辛酰胺及硫辛酸与酶的复合物。二氢硫辛酸脱氢酶的辅基是 FAD,其作用是使二氢硫辛酰胺氧化成硫辛酰胺即将还原型转变为氧化型。如图 4-5。

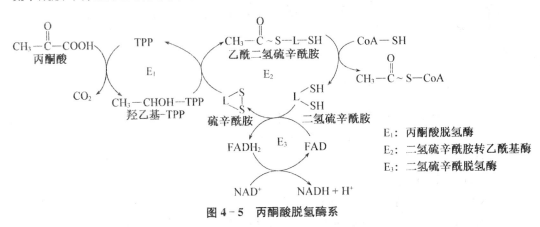

图 4-5 丙酮酸脱氢酶系

丙酮酸脱氢酶复合体在丙酮酸转变为乙酰-CoA 过程中起着重要作用。这是哺乳动物丙酮酸转变为乙酰-CoA 的唯一途径。乙酰-CoA 既是三羧酸循环的入口,又是合成脂类的起始物。因此,丙酮酸的去路或者为继续分解提供能量,或者为走向生物合成。关键在于对丙酮酸脱氢酶复合体活性的调控。

丙酮酸脱氢酶复合体受产物 NADH 和乙酰-CoA 竞争性抑制。乙酰-CoA 抑制 E_2,NADH 抑制 E_3。当[NADH]/[NAD^+]和[乙酰-CoA]/[HSCoA]大时,E_2 处于与乙酰基结合的形式,不可能接受在 E_1 酶上的 TPP 停留在与羟乙基结合的状态,从而抑制了丙酮酸脱羧作用的进行。E_1 的磷酸化或去磷酸化能使丙酮酸脱氢酶复合体失活或和激活,这是调控的重要方式。处于复合体核心位置的 E_2 分子上结合着两种特殊的酶,一种是激酶,另一种是磷酸酶。激酶使复合体中的丙酮酸脱氢酶磷酸化,磷酸酶则能脱去丙酮酸脱氢酶的磷酸基从而使复合体活化。此外,Ca^{2+} 通过激活磷酸酶的作用,使丙酮酸脱氢酶活化。

3. 乙酰-CoA 完全氧化成 CO_2 和 H_2O

这是葡萄糖有氧分解的第三阶段,乙酰-CoA 的乙酰基部分在有氧条件下,通过三羧酸循环(tricarboxylic acid cycle,TCA 环)彻底分解成 CO_2 和 H_2O。该循环亦称柠檬酸循环(citric acid cycle),是糖有氧分解代谢的途径,也是机体内一切有机物碳骨架氧化成

CO_2 的必经途径。代谢反应过程见图 4-6。

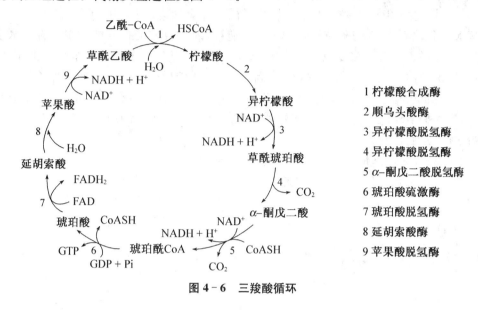

图 4-6　三羧酸循环

三羧酸循环的全部反应在线粒体内进行,起始步骤是由 C_4 化合物草酰乙酸与循环外 C_2 化合物乙酰-CoA 缩合成 C_6 化合物柠檬酸,柠檬酸经过异构化、氧化脱氢、脱羧等反应形成 C_5 化合物 α-酮戊二酸,α-酮戊二酸再经过脱羧、脱氢等反应又形成 C_4 化合物完成一个循环。循环中每一步反应都由酶催化。

在植物体内,三羧酸循环中间产物如柠檬酸、苹果酸等既是生物氧化基质,也是一定生长发育时期特定器官中的积累物质,如柠檬、苹果分别富含柠檬酸和苹果酸。

(二)三羧酸循环有关酶及调控

三羧酸循环反应有如下几种酶催化:

1. 柠檬酸合成酶催化乙酰-CoA 与草酰乙酸缩合生成柠檬酸

在柠檬酸合成酶(citrate synthetase)的催化下,乙酰-CoA 首先与草酰乙酸缩合生成柠檬酸-CoA,然后高能硫酯键水解形成 1 分子柠檬酸并释放 CoASH,放出大量能量使反应不可逆。这是三羧酸循环的起始步骤,缩合反应所需能量来自乙酰-CoA 的高能硫酯键。

草酰乙酸　　　　　　　　　　　　　　　　　　　　柠檬酸

柠檬酸合成酶属于调控酶,是三羧酸循环的关键限速酶。其活性受 ATP、NADH、琥珀酰-CoA、酯酰-CoA 等的抑制。由氟乙酸形成的氟乙酰-CoA 可被柠檬酸合成酶催化与草酰乙酸缩合生成氟柠檬酸,取代柠檬酸结合到顺乌头酸酶(cis-aconitase)的活性部位上,从而抑制三羧酸循环的下一步反应。因此,该反应称为致死性合成反应。这一特性可用于制造杀虫剂或灭鼠药。各种有毒植物的叶子大都含有氟乙酸，可作为天然杀虫剂使用。ATP 是此酶的变构抑制剂，它能提高柠檬酸合酶对其底物乙酰- CoA 的 K_m 值，即当 ATP 水平高时，有较少的酶被乙酰- CoA 所饱和，因而合成的柠檬酸就少。柠檬酸合成酶还受到草酰乙酸有效浓度以及与乙酰- CoA 竞争的其他脂酰- CoA 水平的抑制作用。作为底物的草酰乙酸和乙酰- CoA 浓度高时，可激活柠檬酸合成酶。而草酰乙酸有效浓度过低会降低柠檬酸的合成，使三羧酸循环速度减慢。同样，与乙酰- CoA 竞争的其他脂酰- CoA 水平增高，使乙酰- CoA 与草酰乙酸结合机会减少，导致柠檬酸合成减少，妨碍三羧酸循环运行。

2. 顺乌头酸酶催化柠檬酸异构化生成异柠檬酸

柠檬酸与异柠檬酸的异构化可逆互变反应由顺乌头酸酶催化。原来在 C－3 上的羟基转到 C－2 上，反应中的中间产物顺乌头酸仅与酶结合在一起以复合物的形式存在。

柠檬酸　　顺乌头酸　　异柠檬酸

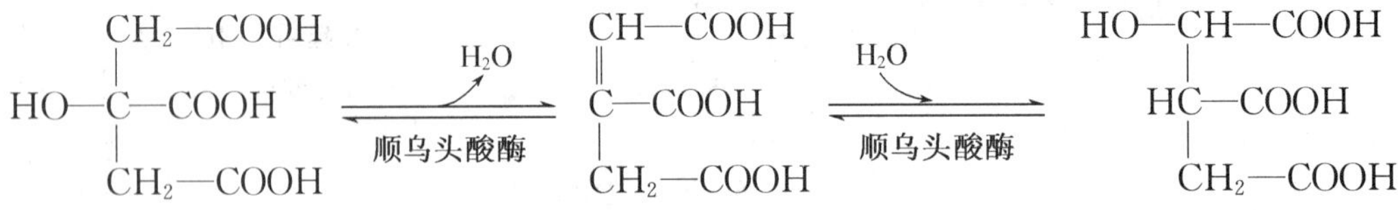

3. 异柠檬酸脱氢酶催化异柠檬酸氧化与脱羧生成 α－酮戊二酸

反应是在异柠檬酸脱氢酶的催化下，异柠檬酸被氧化脱氢，生成草酰琥珀酸中间产物，这是三羧酸循环的第一次氧化还原反应，中间产物草酰琥珀酸是一个不稳定的 α－酮酸，迅速脱羧生成 α－酮戊二酸，从 C_6 化合物转变为 C_5 化合物。两步反应均为异柠檬酸脱氢酶所催化，这种酶具有脱氢和脱羧两种催化能力。

异柠檬酸　　草酰琥珀酸　　α-酮戊二酸

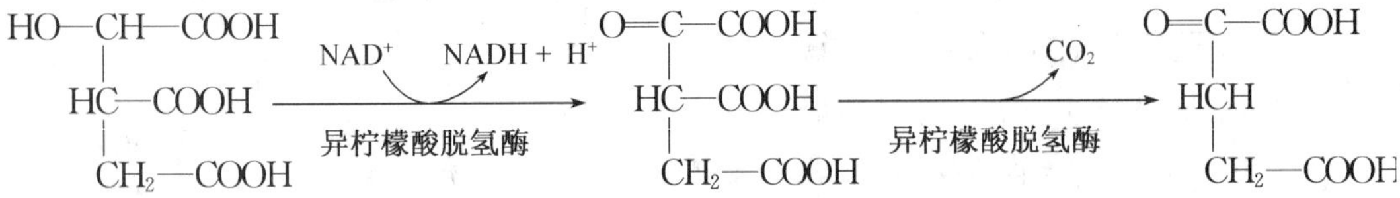

在高等动植物及大多数微生物中已发现有两种异柠檬酸脱氢酶，一种以 NAD^+ 为辅酶，另一种以 $NADP^+$ 为辅酶。前者仅存在于线粒体，其主要功能是参与三羧酸循环。后者既存在于线粒体，也存在于胞浆，其主要功能是作为还原剂 NADPH 的一种来源。以 NAD^+ 为辅酶的异柠檬酸脱氢酶需要有 Mg^{2+} 或 Mn^{2+} 激活。此步反应是一分界点，在此之前都是三羧酸间的转化，在此之后均为二羧酸间的变化。

异柠檬酸脱氢酶是一个变构调节酶。ATP、琥珀酸- CoA 和 NADH 抑制异柠檬酸脱氢酶的活性；而 ADP 是该酶的变构激活剂，能增大此酶对底物的亲和力。该酶与异柠檬酸、Mg^{2+}、NAD^+、ADP 的结合有相互协同作用，而 ATP、NADH 则起变构抑制作用。细菌中的异柠檬酸脱氢酶受磷酸化的抑制，酶活性部位若被磷酸化，则直接影响酶与底物异柠檬酸的结合。

4. α－酮戊二酸脱氢酶复合体催化 α－酮戊二酸氧化脱羧生成琥珀酰- CoA

这是三羧酸循环中第二个氧化脱羧反应，由 α－酮戊二酸脱氢酶系催化，由 C_5 化合物

转变为 C_4 化合物。该步反应释放出大量能量，为不可逆反应，产生 1 mol NADH 和 1 mol CO_2。α-酮戊二酸脱氢酶复合体组成和催化反应过程与丙酮酸脱氢酶复合体类似，生成的琥珀酰-CoA 含有高能硫酯键，也是高能硫酯化合物。

$$
\begin{array}{cc}
\text{O=C—COOH} & \xrightarrow[\alpha\text{-酮戊二酸脱氢酶系}]{\text{NAD}^+ \quad \text{NADH}+\text{H}^+ \quad \text{CO}_2} & \text{O=C~SCoA} \\
\text{HC—H} & & \text{HC—H} \\
\text{CH}_2\text{—COOH} & & \text{CH}_2\text{—COOH} \\
\alpha\text{-酮戊二酸} & & \text{琥珀酰CoA}
\end{array}
$$

α-酮戊二酸脱氢酶系与丙酮酸脱氢酶系的结构和催化机制相似，也是一个多酶复合体，由 α-酮戊二酸脱氢酶（E_1）、二氢硫辛酰胺转琥珀酰酶（E_2）和二氢硫辛酸脱氢酶三种酶组成。与丙酮酸脱氢酶系相同，所催化的反应也是氧化脱羧反应，也需要 TPP、硫辛酸、CoASH、FAD、NAD^+ 及 Mg^{2+} 六种辅助因子的参与。该酶是变构调节酶，并同样受产物 NADH、琥珀酰-CoA 及 ATP、GTP 的反馈抑制。当细胞中 ATP 充裕时，三羧酸循环进行的速度减慢。与丙酮酸脱氢酶系不同的是，α-酮戊二酸脱氢酶系不受磷酸化、去磷酸化共价修饰的调节；而丙酮酸脱氢酶复合体中的 E_1 则受磷酸化和去磷酸化共价修饰的调解。

5. 琥珀酸硫激酶催化琥珀酰-CoA 转变成琥珀酸

含有高能硫酯键的琥珀酰-CoA 是高能化合物，在琥珀酸硫激酶催化下，高能硫酯键水解释放的能量使 GDP 磷酸化生成 GTP，同时生成琥珀酸。GTP 很容易将磷酸基团转移给 ADP 形成 ATP。这是三羧酸循环中唯一的底物水平磷酸化直接产生高能磷酸化合物的反应。在植物中琥珀酰-CoA 直接生成的是 ATP 而不是 GTP。

$$
\begin{array}{cc}
\text{O=C~SCoA} & \xrightarrow[\text{琥珀酸硫激酶}]{\text{GDP}+\text{Pi} \quad \text{GTP}} & \text{CH}_2\text{—COOH} \\
\text{HC—H} & & \text{CH}_2\text{—COOH} \\
\text{CH}_2\text{—COOH} & & \\
\text{琥珀酰-CoA} & & \text{琥珀酸}
\end{array}
$$

$$
\begin{array}{c}
\text{ADP} \quad\quad\quad \text{ATP} \\
\xrightarrow{\text{核苷二磷酸激酶}} \\
\text{GTP} \quad\quad\quad \text{GDP}
\end{array}
$$

6. 琥珀酸脱氢酶催化琥珀酸氧化生成延胡索酸

在琥珀酸脱氢酶的催化下，琥珀酸被氧化脱氢生成延胡索酸，受氢体是该酶的辅基 FAD。这是三羧酸循环中的第三次氧化还原反应。这一反应产物为延胡索酸（反丁烯二酸）。丙二酸、戊二酸等是琥珀酸脱氢酶的竞争性抑制剂。

$$
\begin{array}{cc}
\text{CH}_2\text{—COOH} & \xrightarrow[\text{琥珀酸脱氢酶}]{\text{FAD} \quad \text{FADH}_2} & \text{HOOC—CH} \\
\text{CH}_2\text{—COOH} & & \text{HC—COOH} \\
\text{琥珀酸} & & \text{延胡索酸}
\end{array}
$$

7. 延胡索酸酶催化延胡索酸加水生成苹果酸

在延胡索酸酶的催化下,延胡索酸水化生成苹果酸。

$$
\begin{array}{ccc}
\underset{\text{延胡索酸}}{\begin{array}{c} HOOC-CH \\ \| \\ CH-COOH \end{array}} & \xrightarrow[\text{延胡索酸酶}]{H_2O} & \underset{\text{苹果酸}}{\begin{array}{c} HOCH-COOH \\ \| \\ CH_2-COOH \end{array}}
\end{array}
$$

8. 苹果酸脱氢酶催化苹果酸氧化生成草酰乙酸

在苹果酸脱氢酶的催化下,苹果酸氧化脱氢生成草酰乙酸,NAD^+是氢受体。这是三羧酸循环中的第四次氧化还原反应,也是循环的最后一步反应。在细胞内草酰乙酸不断地被用于柠檬酸合成,故这一可逆反应向生成草酰乙酸的方向进行。

$$
\begin{array}{ccc}
\underset{\text{苹果酸}}{\begin{array}{c} HOCH-COOH \\ \| \\ CH_2-COOH \end{array}} & \xrightarrow[\text{苹果酸脱氢酶}]{NAD^+ \quad NADH+H^+} & \underset{\text{草酰乙酸}}{\begin{array}{c} O=C-COOH \\ \| \\ CH_2-COOH \end{array}}
\end{array}
$$

(三) 三羧酸循环调控

三羧酸循环的速率受到精细的调节控制以适应细胞对 ATP 的需要。循环过程的多个反应是可逆的,但柠檬酸的合成及 α-酮戊二酸的氧化脱羧这两步反应不可逆,因此整个循环只能单方向进行。

三羧酸循环中,主要有三个控制部位:第一个控制部位是柠檬酸合成酶。第二个控制部位是异柠檬酸脱氢酶。第三个控制部位是 α-酮戊二酸脱氢酶系。

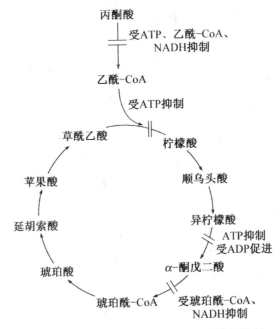

图 4-7 三羧酸循环及丙酮酸氧化脱羧的控制

（四）三羧酸循环小结

1. 三羧酸循环从 C_2 物与 C_4 物缩合形成 C_6 物开始,循环结束时 C_4 物重又产生。每循环一圈有 2 次脱羧产生 2 分子 CO_2,从碳数来讲,三羧酸循环运转一周,与进入循环的乙酰基彻底氧化分解相等,但 CO_2 分子中的碳原子并不是直接来自进入循环的乙酰基。

2. 三羧酸循环运转一周通过底物水平磷酸化直接产生 1 分子 ATP。

3. 三羧酸循环运转一周有 4 次脱氢过程,其中 3 次以 NAD^+ 为受氢体,1 次以 FAD 为受氢体。

4. 三羧酸循环的总反应式为:

$$\text{乙酰-}CoA + 3NAD^+ + FAD + GDP + Pi + 2H_2O \longrightarrow 3NADH + H^+ + FADH_2 + 2CO_2 + GTP + CoASH$$

5. 葡萄糖有氧分解所产生的能量远远大于无氧分解。在有氧条件下,$NADH + H^+$ 和 $FADH_2$ 在电子传递链中被氧化,电子传递体传递给 O_2 同时与 ATP 的生成相偶联。在线粒体中每个 $NADH + H^+$ 和 $FADH_2$ 均通过电子传递链可以产生 ATP,具体结算见生物氧化及生物能量生成相关内容。

6. 三羧酸循环的速率和流量受多种因素的调控。三羧酸循环速度受三种酶活性调控。柠檬酸合成酶、异柠檬酸脱氢酶和 α-酮戊二酸脱氢酶所催化的反应是调节的关键。氧化磷酸化的速率对三羧酸循环的运转也起着非常重要的作用。

7. 分子氧并不直接参与三羧酸循环,但三羧酸循环只能在有氧条件下才能进行,因为只有当电子传递给分子氧时,NAD^+ 和 FAD 才能再生;如果没有氧,NAD^+ 和 FAD 不能再生,三羧酸循环就不能继续进行,因此,三羧酸循环是严格需氧的。这一点与糖酵解不同,糖酵解既有需氧方式,也有不需氧方式,因为丙酮酸转变为乳酸时 NAD^+ 可以再生。

（五）三羧酸循环的生理意义

1. 三羧酸循环途径普遍存在于生物界,动物、植物及微生物等各类生物有氧分解都离不开三羧酸循环。

2. 有氧分解产生大量能量,是机体利用糖或其他物质氧化而获得能量的最有效方式。

3. 三羧酸循环是糖、脂肪、蛋白质三大营养素的最终代谢通路。糖、脂肪、蛋白质在体内进行生物氧化通过产生乙酰-CoA 及相应的三羧酸循环中间物,进入三羧酸循环进行降解。

4. 三羧酸循环是糖、脂肪、蛋白质代谢联系的枢纽。三羧酸循环在提供生物合成的前体中起重要作用。

5. 三羧酸循环是两用代谢途径,不仅有分解代谢功能,也具有合成代谢功能。由于三羧酸循环参与合成代谢,循环的中间物有可能流失,为保证循环畅通,缺失的中间物可以通过填补反应得到补充。如在动物肝脏内丙酮酸羧化酶催化丙酮酸羧化形成草酰乙酸,而植物和细菌细胞内草酰乙酸则通过磷酸烯醇式丙酮酸羧化酶产生,苹果酸酶催化丙酮酸羧化还原成苹果酸等等。

6. 由于三处限速反应的不可逆性,三羧酸循环是单向不可逆循环。

7. 循环中所产生的 CO_2 部分排出细胞,部分被固定。

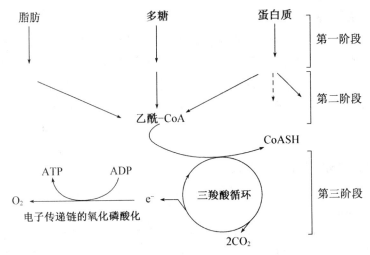

图 4 - 8　生物获得能量的三个阶段

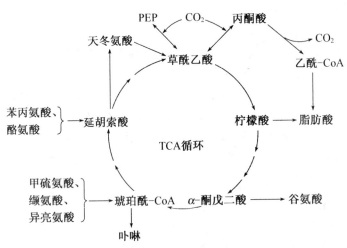

图 4 - 9　三羧酸循环中间产物的消耗与回补

三、磷酸戊糖途径及调控

糖的无氧酵解和有氧氧化过程是生物体内糖分解代谢的主要途径,但并非唯一途径。在组织匀浆中加入糖酵解的抑制剂,如碘乙酸或氟化钠后,糖酵解过程被抑制,但葡萄糖仍有一定量的消耗,说明葡萄糖还有其他分解代谢途径。磷酸戊糖途径(pentose phosphate pathway,PPP)又称磷酸己糖支路(hexose monophosphate pathway shunt,HMP 或 HMS),主要特点是葡萄糖直接氧化脱氢和脱羧,不必经过糖酵解和三羧酸循环,脱氢酶的辅酶不是 NAD$^+$ 而是 NADP$^+$,产生的 NADPH 作为还原力以供生物合成用,而不是传递给 O$_2$。

(一)磷酸戊糖途径的过程

磷酸戊糖途径在细胞溶质中进行,整个途径可分为氧化阶段和非氧化阶段两部分。

氧化阶段从 6-磷酸葡萄糖氧化开始,直接氧化脱氢脱羧形成 5-磷酸核糖;非氧化阶段是磷酸戊糖分子在转酮酶和转醛酶的催化下互变异构及重排,产生 6-磷酸果糖和 3-磷酸甘油醛。通过此阶段一系列中间产物如 C_3、C_4、C_5、C_6 和 C_7 糖的转变,重新生成 6-磷酸葡萄糖。

磷酸戊糖途径见图 4-10,图中各个反应的酶分别为:1 是己糖激酶,2 是 6-磷酸葡萄糖脱氢酶,3 是 6-磷酸葡萄糖酸内酯酶,4 是 6-磷酸葡萄糖酸脱氢酶,5 是磷酸戊酮糖差向异构酶,6 是 5-磷酸戊糖异构酶,7 是转酮酶,8 是转醛酶,9 是转酮酶,10 是磷酸丙糖异构酶,11 是醛缩酶,12 是二磷酸果糖磷酸酯酶,13 是磷酸葡萄糖异构酶。

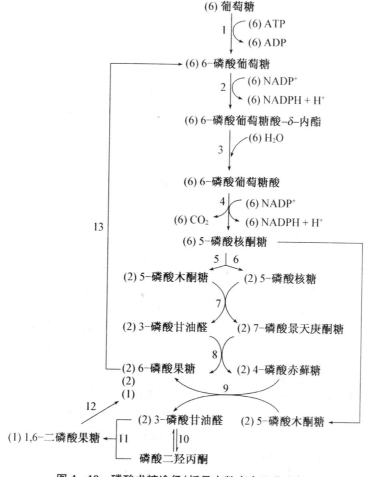

图 4-10　磷酸戊糖途径(括号内数字表示分子数)

(二) 磷酸戊糖途径有关酶及调控

1. 不可逆的氧化脱羧阶段

第一阶段包括三种酶催化的 3 步反应,即脱氢、水解和脱氢脱羧反应,是不可逆的氧化阶段,由 $NADP^+$ 作为受氢体,脱去 1 分子 CO_2,生成五碳糖,包括以下几步反应:

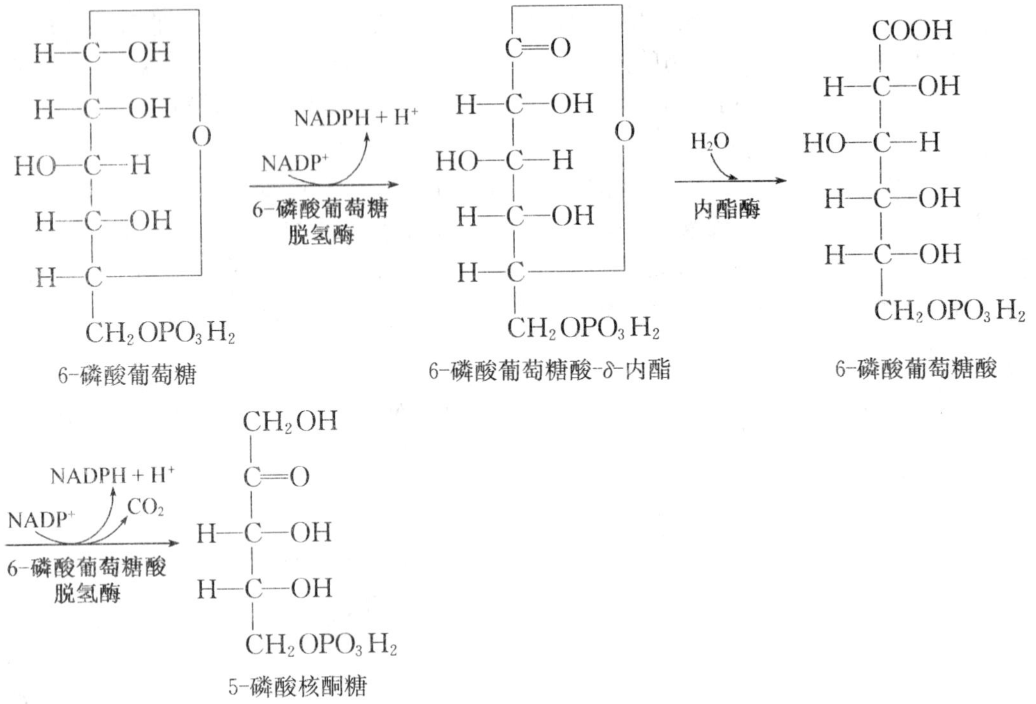

6-磷酸葡萄糖 ⟶(6-磷酸葡萄糖脱氢酶, NADP⁺ → NADPH + H⁺) 6-磷酸葡萄糖酸-δ-内酯 ⟶(H_2O, 内酯酶) 6-磷酸葡萄糖酸 ⟶(6-磷酸葡萄糖酸脱氢酶, NADP⁺ → NADPH + H⁺ + CO_2) 5-磷酸核酮糖

这一阶段有三种酶,第一种酶是 6-磷酸葡萄糖脱氢酶(glucose - 6 - phosphate dehydrogenase),该酶以 $NADP^+$ 为辅酶,催化 6-磷酸葡萄糖脱氢反应,生成 6-磷酸葡萄糖内酯及 NADPH。6-磷酸葡萄糖脱氢酶催化的 6-磷酸葡萄糖脱氢反应实质上是不可逆反应,在生理条件下属于限速反应,是一个重要的调控点。6-磷酸葡萄糖脱氢酶是磷酸戊糖途径的限速酶。主要受 $NADPH/NADP^+$ 的影响。$NADP^+$ 的水平是最重要的调控因子,$NADP^+$ 是 6-磷酸葡萄糖脱氢形成 6-磷酸葡萄糖内酯反应的电子受体。形成的还原型 NADPH 与 $NADP^+$ 争夺酶的活性中心,从而引起酶活性降低,即竞争性抑制 6-磷酸葡萄糖脱氢酶。因此,$NADP^+/NADPH$ 直接影响 6-磷酸葡萄糖脱氢酶的活性。

有些人群遗传因素导致 6-磷酸葡萄糖脱氢酶缺欠,红细胞中 NADPH 浓度达不到需要水平,很容易患贫血症,这些人对具有氧化性的药物如原奎宁(又称伯氨喹)、磺胺类药物以及阿司匹林等药物过敏。红细胞尤其是较老的红细胞因缺乏 NADPH 而容易破裂,发生溶血性黄疸。他们常在食用蚕豆以后诱发,故称为蚕豆病。

第二种酶是 6-磷酸葡萄糖酸内酯酶(6 - phosphogluconolactonase),该酶催化 6-磷酸葡萄糖酸内酯水解生成 6-磷酸葡萄糖酸。

第三种酶是 6-磷酸葡萄糖酸脱氢酶(6 - phosphogluconate dehydrogenase),该酶以辅酶 $NADP^+$ 为氢受体,催化 6-磷酸葡萄糖酸氧化脱羧,生成 5-磷酸核酮糖和另一分子 NADPH。与 6-磷酸葡萄糖脱氢酶相同,受到还原型 NADPH 的竞争性抑制。只要 $NADP^+$ 的浓度稍高于 NADPH,即能使酶激活,从而保证所产生的 NADPH 及时满足还原性生物合成以及其他方面的需要。

因此,$NADP^+$ 的水平对磷酸戊糖途径在氧化阶段产生 NADPH 的速度和机体在生物合成时对 NADPH 的利用形成偶联关系。

2. 可逆的非氧化分子重排阶段

第二阶段是可逆的非氧化阶段,包括一系列基团转移如异构化、转酮反应和转醛反应,使糖分子重新组合。

$$
\begin{array}{ccc}
\mathrm{CH_2OH} & \mathrm{CH_2OH} & \mathrm{CHO} \\
| & | & | \\
\mathrm{C}{=}\mathrm{O} & \mathrm{C}{=}\mathrm{O} & \mathrm{H-C-OH} \\
| & | & | \\
\mathrm{HO-C-H} & \mathrm{H-C-OH} & \mathrm{H-C-OH} \\
| & | & | \\
\mathrm{H-C-OH} & \mathrm{H-C-OH} & \mathrm{H-C-OH} \\
| & | & | \\
\mathrm{CH_2OPO_3H_2} & \mathrm{CH_2OPO_3H_2} & \mathrm{CH_2OPO_3H_2}
\end{array}
$$

磷酸戊酮糖差向异构酶 ⇌ 磷酸戊糖异构酶 ⇌

5-磷酸木酮糖　　　5-磷酸核酮糖　　　5-磷酸核糖

磷酸戊酮糖(5-磷酸核酮糖)差向异构酶(phosphoketopentose epimerase)催化5-磷酸核酮糖转变为5-磷酸木酮糖。

磷酸戊(核)糖异构酶(phosphoriboisomerase)催化5-磷酸核酮糖转变为5-磷酸核糖。该酶所催化的反应与糖酵解中的两步反应即6-磷酸葡萄糖转变为6-磷酸果糖以及磷酸二羟丙酮转变为3-磷酸甘油醛的反应一样,都属于酮-醛异构化反应,中间产物都是烯二醇。

第一个转酮酶(transketolase)催化5-磷酸木酮糖上的乙酮醇基(羟乙酰基)转移到5-磷酸核糖的第一个碳原子上,生成3-磷酸甘油醛和7-磷酸景天庚酮糖。在此,转酮酶转移一个二碳单位,二碳单位的供体是酮糖,而受体是醛糖。转酮酶以硫胺素焦磷酸(TPP)为辅酶,其作用机理与丙酮酸脱氢酶系中TPP类似。转酮酶是磷酸戊糖途径非氧化阶段的重要酶,某些有遗传缺陷的人,体内转酮酶结合TPP的活力仅为正常人的十分之一,当食物中缺乏硫胺素时,产生神经功能紊乱,如记忆力减退、运动器官麻痹等,在充分补充TPP后可缓解症状。

$$
\begin{array}{cccc}
\mathrm{CH_2OH} & \mathrm{CHO} & \mathrm{CHO} & \mathrm{CH_2OH} \\
| & | & | & | \\
\mathrm{C}{=}\mathrm{O} & \mathrm{H-C-OH} & \mathrm{H-C-OH} & \mathrm{C}{=}\mathrm{O} \\
| & | & | & | \\
\mathrm{HO-C-H} + & \mathrm{H-C-OH} & \mathrm{CH_2OPO_3H_2} & \mathrm{HO-C-H} \\
| & | & & | \\
\mathrm{H-C-OH} & \mathrm{H-C-OH} & & \mathrm{H-C-OH} \\
| & | & & | \\
\mathrm{CH_2OPO_3H_2} & \mathrm{CH_2OPO_3H_2} & & \mathrm{H-C-OH} \\
& & & | \\
& & & \mathrm{CH_2OPO_3H_2}
\end{array}
$$

转酮酶 ⇌

5-磷酸木酮糖　　5-磷酸核糖　　　3-磷酸甘油醛　　7-磷酸景天庚酮糖

转醛酶(transaldolase)催化7-磷酸景天庚酮糖上的二羟丙酮基转移给3-磷酸甘油醛,生成4-磷酸赤藓糖和6-磷酸果糖。转醛酶转移一个三碳单位,与转酮酶相似,三碳单位的供体是酮糖,受体是醛糖。

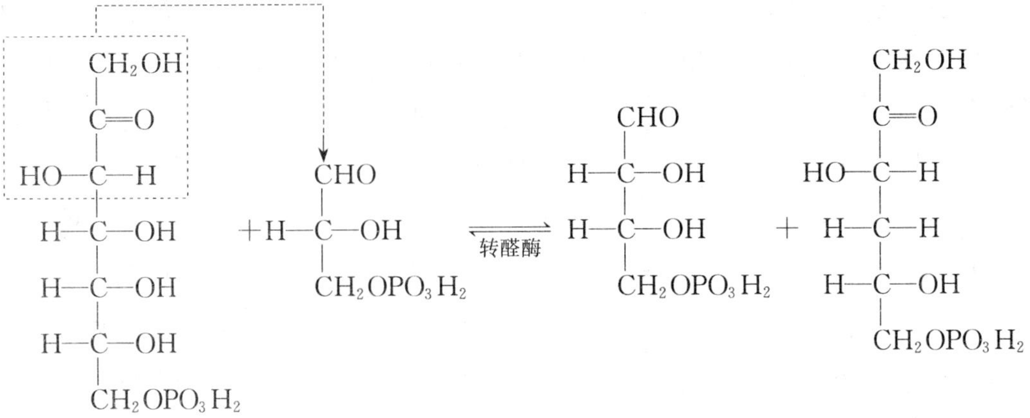

7-磷酸景天庚酮糖　　3-磷酸甘油醛　　　　　4-磷酸赤藓糖　　　　　6-磷酸果糖

第二个转酮酶催化 5-磷酸木酮糖上的乙酮醇基(羟乙酰基)转移到 4-磷酸赤藓糖的第一个碳原子上,生成 3-磷酸甘油醛和 6-磷酸果糖。此步反应与第一次转酮酶所催化的反应相同,转酮酶转移的二碳单位供体是酮糖,受体是醛糖。

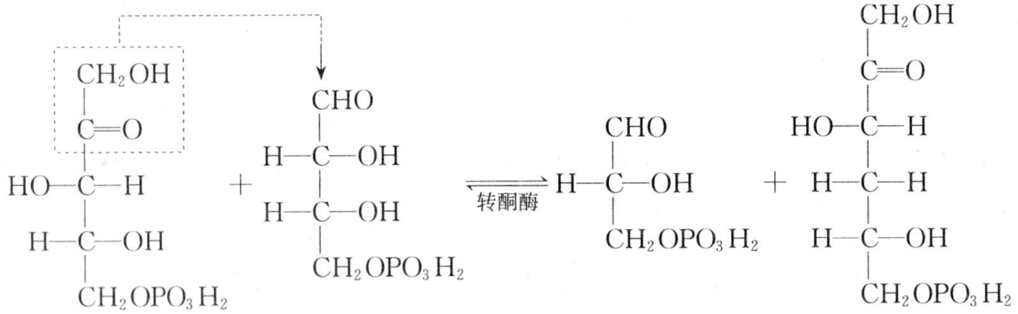

5-磷酸木酮糖　　　4-磷酸赤藓糖　　　　　3-磷酸甘油醛　　　　　6-磷酸果糖

磷酸己糖异构酶催化磷酸己糖的异构化反应,6-磷酸果糖经异构化形成 6-磷酸葡萄糖,这步反应与糖酵解中的磷酸己糖异构相似。

3. 磷酸戊糖途径的调节

磷酸戊糖途径中 6-磷酸葡萄糖的去路,受到机体对 NADPH、5-磷酸核糖和 ATP不同需要的调节。在细胞分裂期,需要 5-磷酸核糖合成 DNA 的前体核苷酸。机体对 5-磷酸核糖的需要远远超过对 NADPH 的需要。为了满足这一需要,大量的 6-磷酸葡萄糖通过糖酵解途径转变为 6-磷酸果糖和 3-磷酸甘油醛,沿着磷酸戊糖途径逆行合成 5-磷酸核糖,反应需要转酮酶和转醛酶。当机体对 NADPH 和 5-磷酸核糖的需要处于平衡时,磷酸戊糖途径的氧化阶段处于优势。当机体对 NADPH 的需要远远大于对 5-磷酸核糖的需要时,6-磷酸葡萄糖则彻底氧化分解为 CO_2 和 H_2O,而 NADPH 则作为还原力用于脂肪酸等物质的生物合成。

如前所述,磷酸戊糖途径的速率主要受生物合成时对 NADPH 的需要所调节。在氧化脱羧阶段,6-磷酸葡萄糖脱氢酶是磷酸戊糖途径的限速酶,催化不可逆反应。在非氧化阶段,底物浓度调控着戊糖的转变。5-磷酸核糖过多时,可转化成 6-磷酸果糖和 3-

磷酸甘油醛进行糖酵解。转酮酶和转醛酶催化的反应都是可逆反应,因此,根据细胞代谢的需要磷酸戊糖途径和糖酵解途径可灵活的相互联系。

(三) 磷酸戊糖途径小结

1. 如果从 6 mol 6-磷酸葡萄糖开始进入反应,那么经过氧化阶段的两次氧化脱氢及脱羧后,产生 6 mol CO_2、6 mol 5-磷酸核酮糖及 12 mol 的 $NADPH+H^+$。氧化阶段总反应为:

$$6\times 6\text{-磷酸葡萄糖}+12NADP^++6H_2O \longrightarrow$$
$$6\times 5\text{-磷酸核酮糖}+6CO_2+12NADPH+H^+$$

2. 非氧化阶段反应中,其 6 mol 5-磷酸核酮糖经过异构化作用形成 4 mol 5-磷酸木酮糖和 2 mol 5-磷酸核糖,之后经过转酮酶和转醛酶的催化生成 4 mol 6-磷酸葡萄糖和 2 mol 3-磷酸甘油醛。而这 2 mol 3-磷酸甘油醛可以在磷酸丙糖异构酶、醛缩酶和二磷酸果糖磷酸酯酶的催化下生成 1 mol 6-磷酸葡萄糖。非氧化阶段总反应式为:

$$6\times 5\text{-磷酸核酮糖}+H_2O \longrightarrow 5\times 6\text{-磷酸葡萄糖}+H_3PO_4$$

3. 由 6 mol 6-磷酸葡萄糖开始,经过磷酸戊糖途径的一系列反应,可转化为 5 mol 6-磷酸葡萄糖和 6 mol CO_2,相当于 1 mol 6-磷酸葡萄糖被彻底氧化。此途径的总反应为:

$$6\text{-磷酸葡萄糖}+12NADP^++7H_2O \longrightarrow 6CO_2+12NADPH+H^++H_3PO_4$$

4. 磷酸戊糖途径的主要特点是葡萄糖直接脱氢和脱羧,不必经过糖酵解和三羧酸循环。在整个反应中,脱氢酶的辅酶是 $NADP^+$ 而不是 NAD^+,代谢中产生了 5-磷酸核糖。

(四) 磷酸戊糖途径的生理意义

磷酸戊糖途径是生物中普遍存在的一种糖代谢途径,在不同的组织或器官中所占的比重不同。

1. 磷酸戊糖途径是细胞产生还原力(NADPH)的主要途径

NADPH 是体内许多合成代谢的供氢体,为细胞的各种合成反应提供还原力。从乙酰-CoA 合成脂肪酸、胆固醇、丙酮酸羧化还原成苹果酸、维持谷胱甘肽(GSH)的还原状态等都需要 NADPH。还原型谷胱甘肽是体内重要的抗氧化剂,可以保护一些含—SH基的蛋白质或酶免受氧化剂尤其是过氧化物的损害。在红细胞中还原型谷胱甘肽更具有重要作用。它可以保护红细胞膜蛋白的完整性。NADPH 还参与体内羟化反应,有些羟化反应如从鲨烯合成胆固醇、从胆固醇合成胆汁酸和类固醇激素等与生物合成有关,而有些羟化反应则与生物转化有关。

2. 磷酸戊糖途径是细胞内不同结构糖分子的重要来源

磷酸戊糖途径的中间产物为许多化合物的合成提供原料。5-磷酸核糖是合成核酸的必需原料,也是 NAD^+、$NADP^+$、FAD、CoASH 等的组分。4-磷酸赤藓糖可与糖酵解产生的中间产物磷酸烯醇式丙酮酸合成莽草酸,最后合成芳香族氨基酸。核酸的降解产物核糖也需由磷酸戊糖途径进一步分解。所以磷酸戊糖途径与核酸及蛋白质的代谢密切相关。此外,磷酸戊糖途径与光合作用有关,其非氧化阶段的一系列中间产物 C_3、C_4、C_5、C_7 物及酶类与光合作用中卡尔文循环(C_3 循环)的大多数中间产物和酶相同。

3. 磷酸戊糖途径与糖的有氧、无氧分解相互联系。磷酸戊糖途径中间产物 3-磷酸甘油醛是三种代谢途径的枢纽点。如果磷酸戊糖途径受阻,3-磷酸甘油醛则进入无氧或有氧分解途径。反之,如果糖酵解和三羧酸循环由于3-磷酸甘油醛脱氢酶被抑制(如碘乙酸等)而受阻,3-磷酸甘油醛则进入磷酸戊糖途径。糖分解途径的多样性,是物质代谢上所表现出的生物对环境的适应性。

4. 反应从6-磷酸葡萄糖开始,不需要ATP参与反应,在低ATP浓度下葡萄糖亦可进行氧化分解。

5. 磷酸戊糖途径在机体内可与三羧酸循环、糖酵解途径同时进行,但在不同生物及不同组织器官中所占比例不同。在植物中有时可占50%以上,在动物及多种微生物中约有30%的葡萄糖经此途径氧化。磷酸戊糖途径在整个代谢过程中没有氧的参与,但可使葡萄糖降解,这在种子萌发的初期作用很大;植物染病或受伤时,磷酸戊糖途径增强,所以该途径与植物的抗病能力有一定关系。一般高等动物组织中主要是进行糖酵解,但肝脏、骨髓中还有磷酸戊糖途径。昆虫体内普遍存在糖酵解途径,细菌体内磷酸戊糖途径与糖酵解途径同时存在,酵母菌体内磷酸戊糖途径比例较小,主要是糖酵解途径。

四、乙醛酸循环及调控

许多植物、微生物能够以乙酸为碳源合成其生长所需的其他含碳化合物,同时种子发芽时可以将脂肪转化成糖,这都是因为存在着一个类似于三羧酸循环的乙醛酸循环的缘故,该循环在动物体内不存在。

催化乙醛酸循环反应的酶既存在于线粒体,也存在于植物所特有的亚细胞结构乙醛酸循环体,特别包括只存在于乙醛酸循环体(glyoxysome)中的两种酶,即异柠檬酸裂合酶(isocitrate lyase)和苹果酸合成酶(malate synthase)。

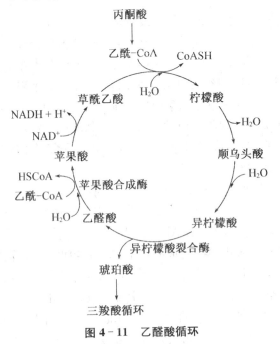

图4-11 乙醛酸循环

与三羧酸循环一样,乙醛酸循环从草酰乙酸和乙酰-CoA缩合开始,反应由柠檬酸合成酶催化,产物柠檬酸由顺乌头酸酶催化异构化形成异柠檬酸。与三羧酸循环不同的是异柠檬酸不进行脱羧,而是被异柠檬酸裂解酶(裂合酶)裂解成琥珀酸及乙醛酸。乙醛酸与另一个乙酰-CoA缩合形成苹果酸,此反应由苹果酸合酶催化。最后同三羧酸循环一样,苹果酸氧化成草酰乙酸,进入下一次循环。

线粒体中的草酰乙酸不能透过线粒体膜,必须在天冬氨酸氨基转移酶作用下接受谷氨酸分子的 α-氨基形成天冬氨酸后,才能跨越线粒体膜进入乙醛酸循环体,天冬氨酸再经天冬氨酸氨基转移酶的作用,将氨基转移到 α-酮戊二酸分子上,本身又形成草酰乙酸后才能与乙酰-CoA缩合形成柠檬酸。

反应总式为:

$$2乙酰\text{-}CoA+NAD^++2H_2O \longrightarrow 琥珀酸+2CoASH+NADH+H^+$$

乙醛酸循环的主要生理意义在于:① 对三羧酸循环起着协助作用,乙醛酸循环所产生的四碳化合物如琥珀酸、苹果酸仍可返回三羧酸循环,可以弥补三羧酸循环中四碳化合物的不足。在三羧酸循环中若四碳化合物缺乏,二碳化合物就不能充分氧化。因此乙醛酸循环又称为三羧酸循环支路。② 在植物及微生物体内可以依靠大量脂肪合成糖,特别适合油料种子萌发时的物质转化。两个乙酰-CoA合成一个苹果酸,氧化脱羧转变成草酰乙酸,再脱羧形成丙酮酸,通过糖异生作用合成葡萄糖。

第六节　糖异生作用及其调控

在自然界中,合成代谢与分解代谢既矛盾又统一,两者相互联系、相互依存,又相互制约。生物体为了生存,需要不断地从环境摄取营养物质,合成自身的组成成分,即所谓同化作用;同时又要将原有的组成物质分解为简单成分重新利用或排出体外,即所谓异化作用。通过这种新陈代谢过程不断地进行自我更新,完成生物与周围环境间的物质交换和能量交换。糖作为生物体物质组成的重要成分之一,一方面通过不同途径不断地进行分解代谢,为细胞活动及物质合成提供能源和碳源。另一方面,生物体可以通过不同途径合成各种糖,如单糖、双糖及多糖。

糖的生物合成可以通过光合作用和糖异生作用(gluconeogenesis)完成,其中的光合作用是某些光合微生物及植物体所特有的合成途径,生成的葡萄糖可进一步转化为寡糖和多糖,如蔗糖、淀粉和糖原以及构成植物细胞壁的纤维素和肽聚糖等等。

糖异生作用普遍存在于生物体中,糖异生作用是指从非糖化合物转变为葡萄糖或糖原的过程。能够进行糖异生作用的非糖前体化合物有多种,如丙酮酸、草酰乙酸、乳酸、氨基酸及甘油等。在剧烈运动的肌肉中,当糖酵解的速率超过三羧酸循环和呼吸链的速率时就会积累乳酸。在饥饿时,肌肉中的蛋白质分解就产生氨基酸。脂肪的水解便产生甘油和脂肪酸。在糖酵解中,葡萄糖转变为丙酮酸,而糖异生作用则需要由丙酮酸转变为葡萄糖。糖异生作用对于人类及其他动物是绝对需要的途径,人脑以葡萄糖作为主要燃料,对葡萄糖有高度依赖性,红细胞也需要葡萄糖。一般情况下,体内葡萄糖足够维持人体需要,但当机体处于饥饿状态或剧烈运动时,则必须由非糖物质的转化及时提供葡萄糖。机体需要将血糖维持在一定水平,才能使组织器官及时得到葡萄糖的供应。机体内进行糖异生补充血糖的主要器官是肝,长期饥饿时肾糖异生能力则可大为增强。

(一)糖异生作用途径

糖异生作用的代谢过程见图 4-12。

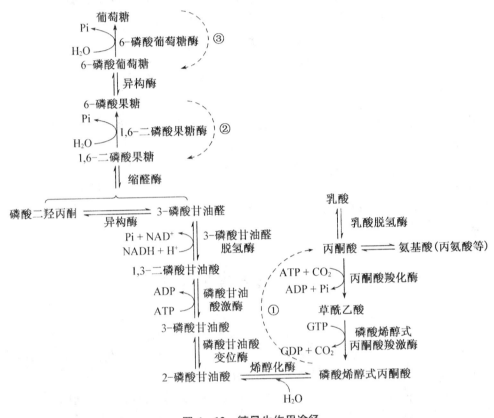

图 4-12 糖异生作用途径

糖异生过程并不是糖酵解途径的简单逆转。在糖酵解中,由己糖激酶、磷酸果糖激酶和丙酮酸激酶催化的三步反应释放大量的自由能,是不可逆反应,必须通过另一些酶催化,绕过这三个反应步骤,糖异生作用才能顺利进行。糖酵解和糖异生作用反应中三处酶的对应关系为:丙酮酸激酶对应丙酮酸羧化酶(pyruvate carboxylase)和磷酸烯醇式丙酮酸羧激酶(PEP carboxykonase),磷酸果糖激酶对应二磷酸果糖磷酸酯酶即 1,6-二磷酸果糖酶,己糖激酶对应 6-磷酸葡萄糖磷酸酯酶即 6-磷酸葡萄糖酶。

(二)糖异生作用关键步骤及相关酶

1. 丙酮酸转变为磷酸烯醇式丙酮酸

丙酮酸转变为磷酸烯醇式丙酮酸的反应通过两步完成,首先由丙酮酸羧化酶催化丙酮酸羧化成草酰乙酸,然后在磷酸烯醇式丙酮酸羧激酶催化下,释放 CO_2,产生磷酸烯醇式丙酮酸。

$$\underset{\text{丙酮酸}}{\overset{\displaystyle COOH}{\underset{\displaystyle CH_3}{\overset{\displaystyle |}{\underset{\displaystyle |}{C=O}}}}} \xrightarrow[\text{丙酮酸羧化酶}]{CO_2 + ATP \quad ADP + Pi} \underset{\text{草酰乙酸}}{\overset{\displaystyle COOH}{\underset{\displaystyle COOH}{\overset{\displaystyle |}{\underset{\displaystyle |}{\overset{\displaystyle C=O}{\underset{\displaystyle |}{CH_2}}}}}}} \xrightarrow[\substack{\text{磷酸烯醇式丙酮酸} \\ \text{羧激酶}}]{GTP \quad GDP \quad CO_2} \underset{\text{磷酸烯醇式丙酮酸}}{\overset{\displaystyle COOH}{\underset{\displaystyle CH_2}{\overset{\displaystyle |}{\underset{\displaystyle |}{C-OPO_3H_2}}}}}$$

丙酮酸羧化酶催化 CO_2 固定反应，需 ATP 水解提供能量推动反应进行。该酶存在于线粒体基质，辅基为生物素。乙酰- CoA 是丙酮酸羧化酶强有力的别构激活剂，若丙酮酸羧化酶与乙酰- CoA 没有结合，则羧化反应无法进行。

磷酸烯醇式丙酮酸羧激酶催化底物草酰乙酸脱羧形成烯醇式丙酮酸，反应需要消耗GTP。由于丙酮酸羧化酶是线粒酶，催化产生的草酰乙酸必须穿过线粒体膜进入细胞质才能作为磷酸烯醇式丙酮酸羧激酶的底物，这种跨膜运输需要苹果酸的参与才能完成。草酰乙酸在线粒体内在苹果酸脱氢酶催化下还原为苹果酸，苹果酸跨过线粒体膜进入细胞质，再被苹果酸脱氢酶催化氧化成草酰乙酸，苹果酸脱氢酶的辅酶是 NAD^+。

2. 1,6 -二磷酸果糖转变为 6 -磷酸果糖

1,6 -二磷酸果糖在二磷酸果糖磷酸酯酶(fructose - 1,6 - diphosphatase)(1,6 -二磷酸果糖酶)催化下，水解 C_1 上的磷酸酯键，生成 6 -磷酸果糖。该反应避开了糖酵解过程不可能进行的直接逆反应，即避开了形成 ATP 和 6 -磷酸果糖的吸能反应，将其改变为释放无机磷酸的放能反应，使反应很容易进行。

$$\underset{\text{1,6-二磷酸果糖}}{} \xrightarrow[\substack{\text{二磷酸果糖} \\ \text{磷酸酯酶}}]{} \underset{\text{6-磷酸果糖}}{} + H_3PO_4$$

二磷酸果糖磷酸酯酶是变构酶，受 AMP 变构抑制，但受 ATP、柠檬酸变构激活。当生物体内处于高浓度 AMP 状态时，表明生物体内能量缺少，需糖酵解产生能量。因此，高浓度的 AMP 抑制二磷酸果糖磷酸酯酶的活性，不能进行糖异生作用而进行糖酵解，产生的丙酮酸进入三羧酸循环，生成大量 ATP，供给生物体能量。

3. 6 -磷酸葡萄糖水解为葡萄糖

6 -磷酸葡萄糖在 6 -磷酸葡萄糖磷酸酯酶(glucose 6 - phosphatase)(6 -磷酸葡萄糖酶)催化下，水解 C_6 上的磷酸酯键，生成葡萄糖。

$$\underset{\text{6-磷酸葡萄糖}}{} + H_2O \xrightleftharpoons[\substack{\text{6-磷酸葡萄糖} \\ \text{磷酸酯酶}}]{} \underset{\text{葡萄糖}}{} + H_3PO_4$$

6 -磷酸葡萄糖磷酸酯酶是结合在光面内质网膜的一种酶，其活性需要有一种与 Ca^{2+} 结合的稳定蛋白的协同作用。6 -磷酸葡萄糖在转变为葡萄糖之前，必须先转移到内质网

内才能接受 6-磷酸葡萄糖磷酸酯酶的水解作用,形成的葡萄糖和无机磷酸通过不同运转途径又回到细胞之中。

肝、肠和肾细胞内有 6-磷酸葡萄糖形成的葡萄糖进入血液,对维持血液中葡萄糖(血糖)浓度的平衡起着重要作用。脑和肌肉中不存在 6-磷酸葡萄糖,因此脑和肌肉细胞不能利用 6-磷酸葡萄糖。肝脏中糖异生作用的主要底物是骨骼肌活动的产物乳酸和丙氨酸。当肌肉紧张活动时形成的乳酸随着血流进入肝脏加工,这有利于减轻肌肉的繁重负担。

(三) 糖异生作用与糖酵解关系

糖异生途径与糖酵解途径是方向相反的两条代谢途径。如从丙酮酸进行有效的糖异生,就必须抑制酵解途径,以防止葡萄糖又重新分解成丙酮酸;反之亦然。这种协调主要依赖于对这两条途径中的 2 个底物循环进行调节。第一个底物循环在 6-磷酸果糖与 1,6-二磷酸果糖之间,第二个底物循环在磷酸烯醇式丙酮酸和丙酮酸之间。

高浓度的 6-磷酸葡萄糖可抑制己糖激酶,活化 6-磷酸葡萄糖酶从而抑制糖酵解,促进糖异生作用。

1,6-二磷酸果糖酶是糖异生作用的关键酶,而磷酸果糖激酶是糖酵解的关键调控酶。ATP 抑制后者,激活前者。1,6-二磷酸果糖是调节两酶活性的强效应物,葡萄糖丰富时,急速调节使 1,6-二磷酸果糖增加,激活磷酸果糖激酶,抑制 1,6-二磷酸果糖酶,使得糖酵解加速,而糖异生则减弱。柠檬酸亦可抑制磷酸果糖激酶。

丙酮酸羧化酶是糖异生的另一调节酶。其活性受乙酰-CoA 和 ATP 激活,被 ADP 抑制。糖酵解速度受丙酮酸激酶调控,ATP、NADH 和丙氨酸抑制该酶活性,而 1,6-二磷酸果糖有激活作用。

糖酵解和糖异生途径的协调控制,对于不同生理条件下,满足机体对能量的需求和对糖的需求,维持血糖有重要生理意义。

(四) 糖异生作用小结

1. 在葡萄糖异生中,由 2 分子丙酮酸合成 1 分子葡萄糖需要 6 个高能磷酸键。反应总式:

$$2 丙酮酸 + 4ATP + 2GTP + 2NADH + H^+ + 6H_2O \longrightarrow$$
$$葡萄糖 + 4ADP + 2GDP + 2NAD^+ + 6Pi$$

2. 只要绕开糖酵解三步关键不可逆反应,糖异生作用就可基本沿糖酵解逆转,使非糖化合物转化为葡萄糖。

3. 葡萄糖异生是一个非常重要的代谢过程,在自然界中广泛存在。哺乳动物的肝脏中能进行糖异生作用;动物体的某些组织,例如脑,几乎完全是以葡萄糖为主要燃料的,在长时间处于饥饿状态时,必须由非糖的化合物形成葡萄糖以保证存活;另外,在剧烈运动时葡萄糖异生作用也是重要的。高等植物油料作物种子萌发时,脂肪酸氧化分解产生的甘油和乙酰-CoA 能向糖转变。其中的乙酰-CoA 经过乙醛酸循环转变为琥珀酸,再由琥珀酸生成草酰乙酸,然后通过葡萄糖异生作用合成葡萄糖,以供幼苗生长利用。

（五）糖异生的生理意义

1. 维持血糖浓度恒定

空腹或饥饿时依赖氨基酸、甘油等异生成葡萄糖，以维持血糖水平恒定。正常成人的脑组织不能利用脂酸，主要依赖葡萄糖供给能量；红细胞没有线粒体，完全通过糖酵解获得能量；骨髓、神经等组织由于代谢活跃，经常进行糖酵解。这样，即使在饥饿状况下，机体也需消耗一定量的糖，以维持生命活动。此时这些糖全部依赖糖异生作用生成。糖异生作用的主要原料为乳酸、氨基酸及甘油。乳酸来自肌糖原分解。肌肉内糖异生活性低，生成的乳酸不能在肌内重新合成糖，经血液转运至肝后异生成糖。这部分糖异生作用主要与运动强度有关。而在饥饿时，糖异生作用的原料主要为氨基酸和甘油。

2. 补充肝糖原

糖异生作用是肝补充或恢复糖原储备的重要途径，这比在饥饿后进食更为重要。

3. 调节酸碱平衡

长期饥饿时或禁食后，肾糖异生作用增强，有利于维持酸碱平衡。发生这一变化的原因可能是饥饿造成的代谢性酸中毒造成的。此时体液 pH 降低，促进肾小管中磷酸烯醇式丙酮酸羧激酶的合成，从而使糖异生作用增强。另外，当肾中 α-酮戊二酸因异生成糖而减少时，可促进谷氨酰胺脱氨生成谷氨酸以及谷氨酸的脱氨反应，肾小管细胞将 NH_3 分泌入管腔中，与原尿中 H^+ 结合，降低原尿中 H^+ 的浓度，有利于排氢保钠作用的进行，对于防止酸中毒有重要作用。

第七节　糖原合成

糖原是动物体内糖的储存形式，又称为动物淀粉。与淀粉一样，糖原是以葡萄糖为单位聚合而成的分支状多糖。动物糖原与植物淀粉虽然其结构复杂程度不同，但它们的生物合成机制相似。动物糖原分支要比植物支链淀粉多得多。糖原分子中葡萄糖与葡萄糖之间通过 α-1,4-糖苷键相连形成直链，在分支处则以 α-1,6-糖苷键相连，糖原的分支主要由分支酶形成 α-1,6-糖苷键来完成。在每个糖原大分子中只有 1 个还原端，即 C-1 末端，而 C-4 末端有多个，均为非还原端，糖原合成与分解都由非还原端开始。

在高等动物的肌肉和肝脏中，贮存着动物糖原，是贮存糖原的主要组织器官。肌糖原主要供肌收缩时能量的需要；肝糖原则是血糖的重要来源。

一、糖原的合成代谢

由葡萄糖合成糖原的全过程主要包括 4 步反应，如图 4-13。

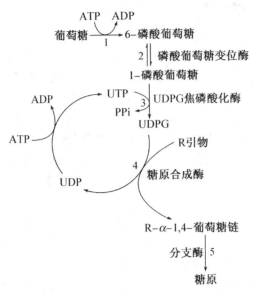

图 4-13 糖原合成

(一) 葡萄糖磷酸化

葡萄糖进入肝脏或其他组织后,在 ATP、Mg^{2+} 存在下,经己糖激酶或葡萄糖激酶(肝脏)的催化,生成6-磷酸葡萄糖。这个过程与糖酵解第一步反应相同,是一个不可逆的耗能反应。

(二) 1-磷酸葡萄糖的生成

在磷酸葡萄糖变位酶的催化下,6-磷酸葡萄糖转变成1-磷酸葡萄糖,这是一个可逆反应。

(三) 尿苷二磷酸葡萄糖的生成

在 UDPG 焦磷酸化酶的催化下,1-磷酸葡萄糖与三磷酸尿苷(UTP)作用释放出焦磷酸(PPi),生成二磷酸尿苷葡萄糖(UDPG),此系可逆反应。但由于细胞内焦磷酸酶分布广,活性强,极易将焦磷酸水解成2分子磷酸,使得逆反应不易进行。这一过程消耗的 UTP 可由 ATP 和 UDP 通过转移磷酸基团的作用来生成。由此可见糖原合成是个耗能过程。UDPG 可看作"活性葡萄糖",在体内作为葡萄糖供体。

(四) 糖原的合成

从 UDPG 合成糖原要求有糖原"引物"存在,由糖原合成酶催化 UDPG 中的葡萄糖(G)转移到糖原引物分子上。在糖原合成酶作用下,UDPG 的葡萄糖基转移给糖原引物的糖链末端,形成 α-1,4-糖苷键。所谓糖原引物是指原有的细胞内较小的糖原分子。在糖原合成酶的作用下,糖链只能延长,不能形成分支。当糖链长度达到12~18个葡萄糖,分支酶将一段糖链,约6~7个葡萄糖基转移到邻近的糖链上,以 α-1,6-糖苷键相接,从而形成分支。分支的形成不仅可增加糖原的水溶性,更重要的是可增加非还原端数目,以便磷酸化酶能迅速分解糖原。(图 4-14)。

从葡萄糖合成糖原,糖原每延长一个葡萄糖单位共消耗 2 个 ATP。

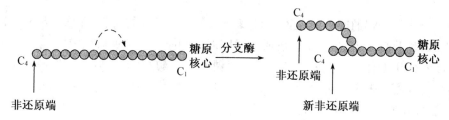

图 4-14 糖原新分支的形成

二、糖原的分解代谢

糖原分解习惯上是指肝糖原分解成为葡萄糖也就是糖原的酶促降解,包括以下几步反应。

① 糖原磷酸解生成 1-磷酸葡萄糖。反应从糖原分子的非还原端开始,在磷酸化酶催化下分解出 1 个葡萄糖基生成 1-磷酸葡萄糖,称为磷酸解作用。磷酸化酶是糖原分解的限速酶,该酶只能水解 α-1,4-糖苷键,对 α-1,6-糖苷键无作用,当糖链上的葡萄糖基逐个磷酸解至离开分支点约 4 个葡萄糖基时,由葡聚糖转移酶将 3 个葡萄糖基转移到邻近糖链的末端,仍以 α-1,4-糖苷键连接。剩下 1 个以 α-1,6-糖苷键与糖链形成分支的葡萄糖基,被 α-1,6 葡萄糖苷酶水解成游离葡萄糖。葡聚糖转移酶和 α-1,6-葡萄糖苷酶合称脱枝酶。

② 1-磷酸葡萄糖转变为 6-磷酸葡萄糖。在磷酸葡萄糖变位酶催化下,葡萄糖分子上第 1 位碳原子的磷酸转移到第 6 位碳原子上,生成 6-磷酸葡萄糖。此反应可逆。

③ 6-磷酸葡萄糖水解为葡萄糖。在 6-磷酸葡萄糖酶催化下,水解去磷酸,使 6-磷酸葡萄糖转变为葡萄糖。

三、糖原合成与分解的调节

糖原合成途径中的关键酶是糖原合成酶,糖原分解途径中的关键酶是磷酸化酶。两酶的活性均受磷酸化或去(脱)磷酸化的共价修饰调节。磷酸化的糖原磷酸化酶有活性,而磷酸化的糖原合成酶则失去活性;反之,去磷酸化的糖原磷酸化酶失去活性,而去磷酸化的糖原合成酶则活性增强。当磷酸化酶充分活动时糖原合成酶几乎不起作用,而当糖原合成酶活跃时磷酸化酶又受到抑制。

共价修饰和别构调节等方式可以快速调节糖原合成酶和糖原磷酸化酶的活性。

糖原合成酶和糖原磷酸化酶这两种酶受到效应物的别构调控,这些效应物有 ATP、6-磷酸葡萄糖、AMP 等。肌肉中糖原磷酸化酶受 AMP 活化,受 ATP、葡萄糖和 6-磷酸葡萄糖抑制,而糖原合成酶却受葡萄糖和 6-磷酸葡萄糖活化。当肌肉需要 ATP 时,ATP 和 6-磷酸葡萄糖的浓度都处于低水平状态,此时 AMP 必然处于高水平状态,AMP 刺激糖原磷酸化酶使其活力提高,糖原合成酶处于抑制状态。反之,当肌肉中 ATP 和 6-磷酸葡萄糖处于高水平状态时,糖原合成酶被激活而糖原磷酸化酶被抑制。ATP 与

AMP 竞争性争夺酶分子上 AMP 的结合部位,阻止磷酸化酶活化所需的多肽片段的活动。

糖原合成与分解的速度受激素共价修饰调节。胰岛素可促进糖原的合成并降低血糖,肾上腺素、胰高血糖素、肾上腺皮质激素则促进糖原降解增加血糖浓度。

胰岛素作用途径是通过去磷酸化作用使糖原合成酶解除抑制,同时使磷酸化酶激酶和磷酸化酶 a 由于去磷酸化而受到抑制,由于促进糖原合成酶活化,从而促进糖原合成。Mg^{2+} 可激发糖原合成酶使之活化。

肾上腺素抑制糖原合成。肾上腺素等通过专一的受体刺激腺苷酸环化酶使 ATP 转化为 cAMP,cAMP 可使糖原合成酶激酶活化,见图 4-15。活化型糖原合成酶激酶促使糖原合成酶由高活性转变为低活性,从而抑制糖原合成。胰高血糖素等对糖原的分解影响与肾上腺素相同。

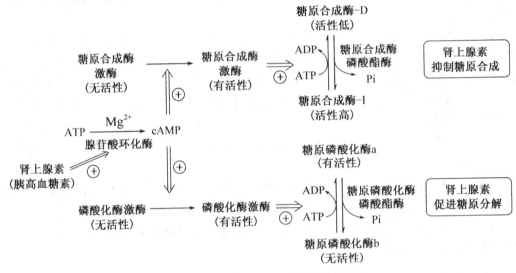

图 4-15 激素对糖原合成与分解的调控

反馈效应对糖原合成也有调节。在糖原合成作用中,当糖原浓度增加到一定水平时,糖原的合成即受到抑制。

肾上腺素促进糖原分解。磷酸化酶和磷酸己糖激酶是调节糖酵解的关键酶。肾上腺素通过促进腺苷酸环化酶活化使 ATP 转化为 cAMP,而 cAMP 可使糖原磷酸化酶激酶活化。活化型磷酸化酶激酶在 ATP 协助下使磷酸化酶由无活性的二聚体磷酸化酶 b 转变为有活性的四聚体磷酸化酶 a,从而促进糖原的磷酸解,使糖原变为 1-磷酸葡萄糖,再经磷酸酯酶水解为葡萄糖。

糖原合成与分解的生理性调节主要靠胰岛素和胰高血糖素。胰岛素抑制糖原分解,促进糖原合成,胰高血糖素促进糖原分解。肾上腺素也可促进糖原分解,但可能仅在应激状态发挥作用。正常情况下,摄入含糖食物后,血中葡萄糖含量明显升高,导致肝脏中 6-磷酸葡萄糖浓度升高。6-磷酸葡萄糖的水平受到胰高血糖素和胰岛素控制。胰高血糖素启动 cAMP 级联系统使糖原降解,而胰岛素正好相反。若血糖浓度高,则胰岛素分泌增加,糖原合成速度加快。一般在进食数小时后血糖浓度即开始下降,导致胰岛素分泌减少,而胰高血糖素等分泌增加。糖尿病是常见的糖代谢紊乱疾病,由胰岛素相对或绝对缺乏所引起。患者由于缺少胰岛素,葡萄糖不能正常进入细胞。且胰高血糖素等浓度超过胰岛素浓度,加速糖原降解,同时糖酵解受到抑制,刺激了糖异生作用,使血糖浓度超过吸收极限,葡萄糖即随尿排出。

第八节 血糖及其调节

一、血糖的来源和去路

血糖指血液中的葡萄糖。正常情况下血糖水平相对恒定,空腹血糖维持在 3.89～6.11mmol/L 之间,这是血糖的来源和去路相对平衡的结果,是多种激素共同调节的结果。

血糖的来源主要有以下几个方面:① 食物中糖类的消化吸收;② 肝糖原分解;③ 非糖物质经糖异生作用生成的葡萄糖。

血糖的去路主要有以下几方面:① 氧化功能;② 合成糖原(肝脏、肌肉);③ 转变为核糖、脂肪、非必需氨基酸等。

血糖的来源和去路见图 4-16。

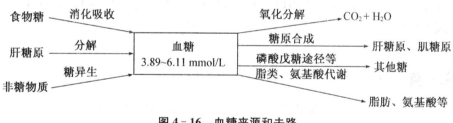

图 4-16 血糖来源和去路

二、血糖水平的调节

血糖水平保持相对恒定主要依靠神经和激素的调节,是糖、脂肪、蛋白质代谢协调的结果,也是肝、肌肉、脂肪组织等各器官组织代谢协调的结果。

1. 胰岛素

胰岛素是体内唯一的降低血糖的激素,也是唯一同时促进糖原、脂肪、蛋白质合成的激素。胰岛素的分泌受血糖控制,血糖升高立即引起胰岛素分泌;血糖降低,分泌即减少。

胰岛素降血糖是多方面作用的结果:① 促进肌肉、脂肪组织等的细胞膜葡萄糖载体将葡萄糖转运入细胞。② 通过增强磷酸二酯酶活性,降低 cAMP 水平,从而使糖原合成酶活性增强、糖原磷酸化酶活性降低,加速糖原合成、抑制糖原分解。③ 通过激活丙酮酸脱氢酶磷酸酶而使丙酮酸脱氢酶激活,加速丙酮酸氧化为乙酰-CoA,从而加快糖的有氧氧化。④ 抑制肝内糖异生。这是通过抑制磷酸烯醇式丙酮酸羧激酶的合成以及促进氨基酸进入肌组织并合成蛋白质,减少肝糖异生的原料。⑤ 通过抑制脂肪组织内的激素敏感性脂肪酶,可减缓脂肪动员的速率。促进组织利用葡萄糖。

2. 胰高血糖素

胰高血糖素是体内主要升高血糖的激素。血糖降低或血内氨基酸升高刺激胰高血糖素的分泌。其升高血糖的机制包括:① 经肝细胞膜受体激活依赖 cAMP 的蛋白激酶,从而抑制糖原合成酶和激活磷酸化酶,迅速使肝糖原分解,血糖升高。② 通过抑制 6 -磷酸果糖激酶 - 2(phosphofructokinase 2,PFK2),激活果糖二磷酸酶 - 2(fructose bisphosphatase 2,FBPase 2),从而减少 2,6 -二磷酸果糖的合成,后者是磷酸果糖激酶的最强的变构激活剂,又是二磷酸果糖酶的抑制剂。于是糖酵解被抑制,糖异生则加速。③ 促进磷酸烯醇式丙酮酸羧激酶的合成;抑制肝 L 型丙酮酸激酶;加速肝摄取血中的氨基酸,从而增强糖异生。④ 通过激活脂肪组织内激素敏感性脂肪酶,加速脂肪动员。这与胰岛素作用相反,从而间接升高血糖水平。

3. 糖皮质激素

糖皮质激素可引起血糖升高,肝糖原增加。其作用机制可能有两方面。

① 促进肌肉蛋白质分解,分解产生的氨基酸转移到肝进行糖异生。这时,糖异生途径的关键酶,磷酸烯醇式丙酮酸羧激酶的合成常增强。② 抑制肝外组织摄取和利用葡萄糖,抑制点为丙酮酸的氧化脱羧。

4. 肾上腺素

肾上腺素是强有力的升高血糖的激素。肾上腺素的作用机制是通过肝和肌肉的细胞膜受体、cAMP、蛋白激酶级联激活磷酸化酶,加速糖原分解。肾上腺素主要在应急状态下发挥调节作用。

复习思考题

1. 分别写出葡萄糖在无氧条件下生成乳酸及生成 CO_2 与乙醇的总反应式。
2. 说明葡萄糖至丙酮酸的代谢途径,在无氧与有氧条件下有何主要区别。
3. 说明三羧酸循环的生理意义。
4. 糖酵解途径与糖异生途径有何联系?
5. 天然多糖有哪些生物活性?如何分离纯化?

第五章

脂类——机体主要储能物质

　　学习要点:脂质是一类低溶于水而高溶于有机溶剂的生物大分子。最为常见的脂肪(三酰甘油酯)是由甘油和脂肪酸通过酯化反应而得。天然脂肪酸分为饱和脂肪酸和不饱和脂肪酸,大多具有偶数碳原子。亚油酸和α-亚麻酸为必需脂肪酸。三酰甘油(酯)可发生皂化、氢化、卤化和氧化反应。测定天然油脂的皂化值、碘值、酸值和乙酰化值,可确定所给油脂的特性。三酰甘油(酯)主要作为贮存燃料,以油滴形式存在于细胞中。磷脂是两性分子,有极性头基和非极性尾,在水介质中能形成脂双层;它们主要参与膜的组成。固醇是环戊烷多氢菲的衍生物,最常见的动物固醇胆固醇,参与动物细胞膜的组成。三酰甘油酯在脂肪酶催化下分解为甘油和脂肪酸。甘油经磷酸化后,转变为磷酸二羟丙酮,循糖代谢途径进行代谢,脂肪酸经β-氧化途径降解成乙酰辅酶A,后者进入三羧酸循环彻底氧化,β-氧化过程中脱下的氢进入呼吸链被氧化。肝细胞中的脂肪酸转变为酮体,酮体在肝外氧化。脂肪酸合成原料是乙酰-CoA,由ATP提供能量,还原剂是NADPH+H$^+$,3-磷酸甘油可由甘油活化产生或由糖代谢产生的磷酸二羟丙酮还原得到。磷脂是细胞和细胞膜的主要成分,对细胞膜的通透性起着重要调节作用。血浆脂蛋白是血浆中一类结构复杂的复合物,是脂类物质在体内的运输形式。细胞内胆固醇除直接参与形成细胞膜外,对调节细胞内胆固醇代谢及血脂蛋白的代谢起重要作用。

第一节　机体主要储能物质——脂肪的概念及功能

一、脂类的概念

　　脂类(lipids)又称脂质,是脂肪及类脂的总称,是一类低溶于水而高溶于有机溶剂(如乙醚、丙酮、氯仿等),并能为机体利用的有机化合物。其化学本质为脂肪酸(多是4碳以上的长链一元羧酸)和醇(包括甘油醇、鞘氨醇、高级一元醇和固醇)等所组成的脂类及其衍生物。脂类的元素组成主要是碳、氢、氧,有些脂类还含有氮、磷及硫。

　　脂肪是由甘油和脂肪酸组成的三酰甘油酯,存在于人体和动物的皮下组织及植物体中,是生物体的组成部分和储能物质。一般常温下呈液态的脂肪称作油,常温下呈固态的脂肪称作脂。

二、脂类的分类

脂类是根据溶解性定义的一类生物分子,在化学组成上变化较大,按其化学组成一般分为三大类。

(一) 单纯脂类(simple lipid)

单纯脂类是由脂肪酸与甘油所形成的酯。它又可分为:甘油三酯或称三酰甘油、蜡。

(二) 复合脂类(compound lipid)

复合脂类除含脂肪酸和醇外,尚有其他非脂分子的成分(如胆碱、乙醇胺、糖等)。复合脂类按脂成分的不同可分为:磷脂、糖脂。

(三) 衍生脂质(derived lipid)

衍生脂质是指由单纯脂质和复合脂质衍生而来或与之关系密切,具有脂质一般性质的物质,如:取代烃、固醇类(甾类)、萜及其他脂质(如维生素 A、D、E、K,脂酰- CoA,脂多糖,脂蛋白等)。

此外根据能否形成皂盐,把脂质分为两大类:一类是能被碱水解而产生皂(脂肪酸盐)的可皂化脂质;另一类是不被碱水解生成皂的不可皂化脂质。固醇类和萜是两类主要的不可皂化脂质。也可根据脂质在水中和水界面上的行为不同,分为非极性脂质和极性脂质。

三、脂类的生理功能

(一) 贮存脂质(storage lipid)为机体供能

脂类物质具有重要的生物学功能,脂肪(包括油)是机体能量最有效的贮存形式,它在体内氧化可释放大量能量,以供机体利用。1 g 脂肪氧化分解可释放能量 38.9 kJ (9.3 kcal),人体活动所需要的能量 20%～30% 由脂肪提供。

(二) 结构脂质(structural lipid)参与构成生物膜与某些大分子

细胞的外周膜、核膜和各种细胞器的膜总称为生物膜。类脂是构成生物膜的重要物质,大多数类脂,特别是磷脂和糖脂是细胞膜的重要组成成分,这些膜脂在分子结构上的共同特点是具有亲水部分或称极性头和疏水部分或称非极性尾,在水介质中形成脂双分子层。脂双层有屏障作用,使膜两侧的亲水性物质不能自由通过,这对维持细胞正常的结构和功能是很重要的。糖脂可能在细胞膜传递信息的活动中起着载体和受体作用。此外类脂中的各种磷脂、糖脂和胆固醇也是各种脂蛋白的主要成分。

(三) 活性脂质(active lipid)具有特定的生物活性

活性脂质是少量的细胞成分,但具有专一的重要生物活性,包括数百种类固醇和萜(类异戊二烯)。类固醇中很重要的一类是类固醇激素,包括雄性激素、雌性激素和肾上腺皮质激素。萜类化合物包括人体和动物正常生长所必需的脂溶性和多种光合色素。其他活性脂质,有的作为酶的辅助因子或激活剂,如磷脂酰丝氨酸为凝血因子的激活剂;有的作为电子载体,如线粒体中的泛醌和叶绿体中的质体醌。

(四) 参与代谢的调节

脂类还参与代谢的调节。例如,二十碳多不饱和脂肪酸衍变生成的前列腺素、血栓素及白三烯几乎参与所有细胞的代谢活动,在调节细胞代谢上具有重要作用。又如,由胆固醇转化生成的维生素 D_3,经进一步羟化后形成 $1,25$ -二羟维生素 D_3,其具有调节钙代谢的活性。另外还证明磷脂酰肌醇经磷酸化后生成的磷脂酰肌醇 $4,5$ -二磷酸,进一步经酶解作用产生甘油二酯和三磷酸肌醇,两者皆可作为某些激素的第二信使发挥对代谢的调节作用。

此外,脂肪还可以提供必需脂肪酸,亦可协助脂溶性维生素 A、D、E、K 和胡萝卜素等的吸收;分布于皮下的脂肪可防止过多热量的丧失而保持体温;脂类是代谢水的重要来源,每克脂肪氧化比碳水化合物多生产水 $67\%\sim83\%$,比蛋白质产生的水多 1.5 倍。脂类物质也可作为药物,如卵磷脂、脑磷脂用于肝病、神经衰弱及动脉粥样硬化的治疗,多不饱和脂肪酸如二十碳五烯酸及二十二碳六烯酸等均为利胆药,可治疗胆结石及胆囊炎等。胆固醇可作为人工牛黄的原料,蜂蜡常作为药物赋形剂及油膏基质等。

第二节 脂肪的结构与性质

一、脂肪酸

(一) 脂肪酸的种类

脂肪酸可分为饱和脂肪酸和不饱和脂肪酸,不饱和脂肪酸又分为单不饱和脂肪酸、多不饱和脂肪酸。

从动、植物和微生物中分离脂肪酸已有百多种。在生物体内大部分脂肪酸都是与醇结合形式(如甘油三酯、磷脂、糖脂等)存在,但也有少量脂肪酸以游离状态存在于组织和细胞中。脂肪酸(fatty acid,FA)是由长的烃链("尾")和末端羧基("头")组成的羧酸。烃链多数是线形的,分支或含环的烃链很少。烃链不含双键(和三键)的为饱和脂肪酸(saturated FA)。含一个或多个双键的为不饱和脂肪酸(unsaturated FA)。只含单个双键的脂肪酸称单不饱和脂肪酸(monounsaturated FA);含两个或两个以上双键的称多不饱和脂肪酸(polyunsaturated FA)。不同脂肪酸之间的主要区别在于烃链的长度(碳原子数目)、双键的数目和位置。每个脂肪酸可以有通俗名(common name)、系统名(systematic name)和简写符号。简写的一种方法是,先写出脂肪酸的碳原子数目,再写双键数目,两个数目之间用":"隔开。如「正」十八[烷]酸(硬脂酸)的简写符号为 $18:0$,十八[碳]二烯酸(亚油酸)的符号为 $18:2$。双键位置用 Δ(delta)右上标数字表示,数字是指双键结合的两个碳原子的号码(从羧基端开始计数)中较低者,并在号码后面用 c(cis,顺式)和 t(trans,反式)标明双键的构型。例如顺,顺 - $9,12$ -十八碳二烯酸(亚油酸)简写为

$18:2\Delta^{9c,12c}$。

部分天然脂肪酸的结构、名称等见表5-1。

表5-1 某些天然的脂肪酸

通俗名	系统名	简写符号	结构	熔点/℃	存在
1. 饱和脂肪酸					
月桂酸	n-十二酸	12:0	$CH_3(CH_2)_{10}COOH$	44.2	可可油
棕榈酸（软脂肪酸）	n-十六酸	16:0	$CH_3(CH_2)_{14}COOH$	63.1	动、植物油脂
硬脂肪酸	n-十八酸	18:0	$CH_3(CH_2)_{16}COOH$	69.6	动、植物油脂
花生酸	n-二十酸	20:0	$CH_3(CH_2)_{18}COOH$	76.5	花生油
2. 单不饱和脂脑酸（单烯酸）					
肉豆蔻油酸	十四碳-9-烯酸（顺）	$14:1\Delta^{9c}$	$CH(CH_2)_3CH$ == $CH_3(CH_2)_7COOH$	-4.5～-4	pycnanthus kombo 种子油
棕榈油酸	十六碳-9-烯酸（顺）	$16:1\Delta^{9c}$	$CH_3(CH_2)_5CH$ == $CH(CH_2)_7COOH$	-0.5～0.5	乳脂、海藻类
油酸	十八碳-9-烯酸（顺）	$18:1\Delta^{9c}$	$CH_3(CH_2)_7CH$ == $CH(CH_2)_7COOH$	13.4	橄榄油等、分布广泛
芥子酸	二十二碳-13-烯酸（顺）	$22:1\Delta^{13c}$	$CH_3(CH_2)_7CH$ == $CH(CH_2)_{11}COOH$	33～35	十字花科种子油、菜油
神经酸或称鲨油酸	二十四碳-15-烯酸（顺）	$24:1\Delta^{15c}$	$CH_3(CH_2)_7CH$ == $CH(CH_2)_{13}COOH$	42～43	神经组织、鱼肝油
3. 多不饱和脂肪酸（多烯酸和炔酸）					
亚油酸	十八碳-9,12-二烯酸（顺，顺）	$18:2\Delta^{9c,12c}$	$CH_3(CH_2)_4(CH$ == $CHCH_2)_2(CH_2)_6COOH$	-5	大豆油、亚麻子油等
α-亚麻酸（亚麻酸）	十八碳-9,12,15-三烯酸（全顺）	$18:3\Delta^{9c,12c,15c}$	$CH_3(CH$ == $CHCH_2)_3(CH_2)_7COOH$	-11	亚麻子油等
花生四烯酸	二十碳-5,8,11,14-四烯酸（全顺）	$20:4\Delta^{5c,8c,11c,14c}$	$CH_3(CH_2)_4(CH$ == $CHCH_2)_4(CH_2)_2COOH$	-49	卵磷脂、脑磷脂
DHA	二十二碳-4,7,10,13,16,19-六烯酸（全顺）	$22:6\Delta^{4c,7c,10c,13c,16c,19c}$	$CH_3CH_2(CH$ == $CHCH_2)_6CH_2COOH$	-45.5～-44.1	鱼油、动物磷脂

（二）饱和脂肪酸

动、植物脂肪中的饱和脂肪酸以软脂酸和硬脂酸分布广并且比较重要。

（三）不饱和脂肪酸

在不饱和脂肪酸中比较重要的有亚油酸、亚麻酸和花生四烯酸。人体及哺乳动物能制造多种脂肪酸，但不能合成亚油酸和亚麻酸等，必须由膳食提供，因此被称为必需脂肪酸（essential fatty acid）。

亚油酸和亚麻酸(α-亚麻酸)属于两个多不饱和脂肪酸(PUFA)家族:omega-6(ω-6)和omega-3(ω-3)系列。ω-6和ω-3系列是分别指第一个双键离甲基末端6个碳和3个碳的必需脂肪酸。亚油酸是ω-6家族的原初成员,在人和哺乳类体内能将它转变为γ-亚麻酸,并继而延长为花生四烯酸。后者是维持细胞膜结构和功能所必需的,也是合成一类生理活性脂类——类二十碳烷化合物的前体。若发生亚油酸缺乏症,则必须从膳食中获得γ-亚麻酸和花生四烯酸,因此在某种意义上它们也是必需脂肪酸。

α-亚麻酸是ω-3家族的原初成员。由膳食供给亚麻酸时,人体能合成ω-3系列的20碳和22碳成员:二十碳五烯酸(EPA)和二十二碳六烯酸(DHA)。体内许多组织含有这些重要的ω-3 PUFA;DHA在视网膜和大脑皮质中特别活跃。大脑中约一半DHA是在出生前积累的,一半是在出生后积累的,这表明脂质在怀孕和哺乳期间的重要性。

人体内ω-6和ω-3 PUFA不能相互转变。临床研究证明,ω-6PUFA能明显降低血清胆固醇水平,而降低甘油三酯的效果一般,ω-3PUFA降低胆固醇的水平不强,但能显著地降低甘油三酯水平。它们对血脂水平不同影响的生化机制尚不清楚。膳食中ω-6PUFA缺乏将导致皮肤病变,ω-3PUFA必需脂肪酸缺乏将导致神经和视觉疑难症和心脏疾病。此外,必需脂肪酸缺乏会引起生长停滞、生殖衰退和肾、肝功能紊乱等。

大多数人可以从膳食中获得足够的ω-6必需脂肪酸(脂质形式),但可能缺乏最适量的ω-3必需脂肪酸。有些学者认为膳食中这两类脂肪酸的理想比例是$4\sim10$ g ω-6∶1 g ω-3。

二、三脂酰甘油(脂肪)的化学结构

脂肪(fat)是由一分子甘油与三分子脂肪酸组成的脂肪酸甘油三酯,故名为三脂酰甘油(triacyglycerol),习惯上称为甘油三酯(triacyglyceride,TG),自然界存在的脂肪中其脂肪酸绝大多数含偶数碳原子,脂肪的化学结构通式如下:

$$CH_2-O-CO-R_1$$
$$CH-O-CO-R_2$$
$$CH_2-O-CO-R_3$$

R_1、R_2、R_3代表脂肪酸的烃基,它们可以相同也可以不同。当$R_1=R_2=R_3$时,称为单纯甘油酯。若三者中有两个或三个不同者,称为混合甘油酯。通常R_1和R_3为饱和的烃基,R_2为不饱和的烃基。一般在常温下为固态脂(脂肪)的脂肪酸,其烃基多数是饱和的;在常温下为液态油的,其脂肪酸烃基多数是不饱和的。二酯酰甘油(甘油二酯)及单脂酰甘油(甘油一酯)在自然界也存在,但量极少,其结构如下:

二脂酰(基)甘油　　　　　　　　单脂酰(基)甘油

三、三脂酰甘油的性质

(一) 理化性质

1. 颜色和气味

纯三脂酰甘油是无色、无嗅、无味的稠性液体或蜡状固体。天然油脂的颜色来自溶于其中的色素物质（如类胡萝卜素）；气味少数是由油脂中的挥发性短链脂肪酸所致，一般是由非油脂成分引起。

2. 密度和溶解度

三脂酰甘油的密度均小于 $1 g/cm^3$，除极少数如肉豆蔻油密度高达 $0.996 g/cm^3$ 外，一般为 $0.91 \sim 0.94 g/cm^3$。三脂酰甘油不溶于水，略溶于低级醇，易溶于乙醚、氯仿、苯和石油醚等非极性有机溶剂。在乳化剂如肥皂和胆汁酸盐存在下，油脂可和水混合成乳状液，以促进肠道内脂肪的吸收。

3. 熔点

三脂酰甘油的熔点是由其脂肪酸成分所决定的。一般随饱和脂肪酸数目和链长的增加而升高。例如，猪的脂肪中含油酸 50%，熔点为 $36 \sim 40 ℃$。人的脂肪中含油酸 70%，溶点为 $17.5 ℃$。植物油中含大量的不饱和脂肪酸，因此呈液态。三脂酰甘油倾向生成多晶变态。不论是简单酯还是混合酯，大部分均有三种多晶变态，用 Ⅰ、Ⅱ、Ⅲ 或 α、β、γ 命名。如三硬脂酰甘油：

Ⅰ型（α 型），稳定，熔点 $72.5 ℃$，密度最大，三斜形堆积；

Ⅱ型（β 型），介稳，熔点 $64.3 ℃$，密度中等，正交形堆积；

Ⅲ型（γ 型），不稳定，熔点 $54.4 ℃$，密度小，立方形堆积。

4. 晶型

晶型对油脂的物理性质影响很大，油脂的塑性、稠度受晶粒的大小及其总体积的影响。当晶粒的平均大小减少时，油脂逐渐变得坚硬；当晶粒的平均大小增加时，则变软。如猪脂的结晶粗大，影响其使用。结晶大小与温度升降影响很大，一般在接近熔点温度调温，让其结晶，可得到均匀微小的晶体，这是可可脂生产中最重要的一环。

(二) 化学性质

1. 由酯键产生的性质

(1) 水解和皂化

当将酰基甘油与酸或碱共煮或与脂酶作用时，都可发生水解。当用碱水解时称为皂化作用。皂化的产物是甘油和肥皂，肥皂即脂肪酸的钠盐。酸水解与碱水解的区别在于酸水解是可逆的，而碱水解是不可逆的。碱水解不可逆的原因是因为当有过量碱存在时，脂肪酸的羧基全部处于解离状态或成为负离子，因而没有和醇发生作用的可能性。在酸性条件下，反应体系基本上是可逆的，而使反应趋向平衡。所以，一般是用碱而不是用酸来水解脂肪。

皂化值是指完全皂化 1 g 油或脂（简称油脂）所消耗的氢氧化钾的毫克数。皂化值是三脂酰甘油中脂肪酸平均链长即三脂酰甘油平均相对分子质量的量度。皂化值高表示含相对分子质量低的脂肪酸较多。

（2）酸酯取代及醇酯变换

在一定条件下,脂肪酸和醇类可分别与三脂酰甘油发生酸酯取代和醇酯变换反应。利用醇酯变换(醇解)反应则可制备各种单酯。

2. 由不饱和脂肪酸产生的性质

（1）氧化

油脂在空气中暴露过久即产生难闻的臭味,这种现象称为酸败。酸败的化学本质是由于油脂水解放出了游离的脂肪酸,后者再氧化成醛或酮,低相对分子质量的脂肪酸(如丁酸)的氧化产物都有臭味。脂解酶或称脂酶可加速此反应,脂肪酸的双键先氧化为过氧化物,再分解成为醛或酮。油脂暴露在日光下可加速此反应。中和 1 g 油脂中的游离脂肪酸所消耗的氢氧化钾的毫克数称为酸值。酸败的程度一般用酸值来表示。不饱和脂肪酸氧化后形成的醛或酮可聚合成胶膜状的化合物,桐油等可用作油漆即根据此原理。

（2）氢化

油脂中的不饱和键可以在金属镍催化下发生氢化反应,氢化可防止酸败作用。氢化作用可以将液态的植物油转变成固态的脂,在食品工业中被用于制造人造黄油和半固体的烹调脂。

（3）卤化

油脂中不饱和键可与卤素发生加成反应,生成卤代脂肪酸,这一作用称为卤化作用。卤化反应中吸收卤素的量反映不饱和键的多少,通常用碘值表示油脂的不饱和程度。碘值是100 g 油脂所能吸收碘的克数,也可用碘的百分数表示,在实际测定中多用溴化碘或氯化碘。

（4）乙酰化

乙酰化是脂类所含羟基脂肪酸产生的反应。含羟基脂肪酸(如蓖麻油酸)的油脂可与乙酸酐或其他酰化剂作用形成乙酰化油脂或其他酰化油脂。脂肪的羟基化程度用乙酰价表示。乙酰价即中和由 1 g 乙酰脂经皂化释出的乙酸所需的氢氧化钾的毫克数。从乙酰价的大小即可推知样品中所含羟基的多少。

第三节　其他脂类结构与性质

一、磷脂

磷脂(phospholipid)包括甘油磷脂和鞘磷脂两大类。前者为甘油酯衍生物,而后者为鞘氨醇酯衍生物。它们主要参与细胞膜系统的组成。

（一）甘油磷脂

1. 甘油磷脂的结构

甘油磷脂又称磷酸甘油酯,其结构特点是甘油骨架的 C_1 和 C_2 位被脂酸酯化,C_3 位被磷酸酯化成为磷脂酸,其中 1 位被饱和脂肪酸酯化,2 位常被 $C_{16} \sim C_{20}$ 不饱和脂酸如花生四烯酸酯化。磷脂酸的磷酸羟基再被氨基醇(如胆碱、乙醇胺或丝氨酸)或肌醇等取代，形成不同的甘油磷脂。磷脂酸的磷酸基再连接其他醇羟基化合物的羟基，即组成不同的磷脂。化学结构如下：

$$CH_2OCOR_1$$
$$R_2COO—CH$$
$$O^-$$
$$CH_2—O—P—O—X$$
$$O$$

当 X＝H 时即为磷脂酸(phosphatidic acid)，它是各种甘油磷脂的母体化合物。磷酸甘油酯的两个长脂肪酸链，为非极性的尾部，而其余部分则为极性的头部，所以磷脂是两性脂类。磷酸甘油酯分子中一般含有一分子饱和脂肪酸(多连在 C_1 上)和一分子不饱和脂肪酸(多连在 C_2 上)。磷酸甘油酯结构中甘油的第二个碳原子是不对称中心，国际纯粹与应用化学联合会(IUPAC)和国际生化学学会(IUB)的生物化学命名委员会建议采用下列命名原则：将甘油的三个碳原子指定为 1、2、3 位，2 位上的羟基用投影式表示，一定要放在左边，这种编号称为立体专一编号，用 sn(stereospecific numbering)表示，写在化合物的前面。根据这一命名原则磷酸甘油命名如下：自然界存在的磷脂酸都属于 sn-甘油-3-磷酸的构型，即 L-构型，故可在系统名之前冠以 $L-\alpha$ 或 3-sn。

2. 性质

纯甘油磷脂为白色蜡状固体。暴露于空气中由于多不饱和脂肪酸的过氧化作用，磷脂颜色逐渐变暗。甘油磷脂极少溶解于水中，易形成微团。由于是两性脂类，因而它在构成生物膜结构中甚为重要。但甘油磷脂难溶于无水丙酮，用氯仿-甲醇混合液可从细胞和组织中提取磷脂。用弱碱水解甘油磷脂产生脂肪酸盐(皂)和甘油-3-磷酰醇，用强碱水解则生成脂肪酸盐(皂)、醇和 3-磷酸甘油。磷酸与甘油之间的键对碱稳定，但能被酸水解。甘油磷脂的酯键和磷酸二酯键能被磷脂酶专一地水解。所有的甘油磷脂在 pH7 时，其磷酸基团带的是负电荷。

3. 几种常见的甘油磷脂

(1) 磷脂酰胆碱

细胞膜中存在大量含胆碱的磷脂即磷脂酰胆碱(phosphatidylcholine)，又称卵磷脂(lecithin)，是组成细胞膜最丰富的磷脂之一，其结构如下：

$$CH_2OCOR_1$$
$$R_2COOCH$$
$$O$$
$$CH_2O—P—O—CH_2CH_2N^+(CH_3)_3$$
$$O^-$$

式中 R_1 和 R_2 代表脂肪酸的烃基，其中 R_1 是饱和的烃基，R_2 是不饱和的烃基。常见的有硬脂酸、软脂酸、油酸、亚油酸、亚麻酸、花生四烯酸、EPA、DHA 等。卵磷脂是白色油脂状物质，极易吸水。由于它含有相对多的不饱和脂肪酸，表面很容易被氧化。卵磷脂在蛋黄和大豆中特别丰富,卵磷脂有抗脂肪肝作用,工业广泛用作乳化剂。工业中用的卵磷脂主要是大豆油精炼过程中的副产品。

(2) 脑磷脂(cephalin)

即磷脂酰胆胺(phosphatidylcholamine),又叫磷脂酰乙醇胺(phosphatidylethanolamine),其结构如下:

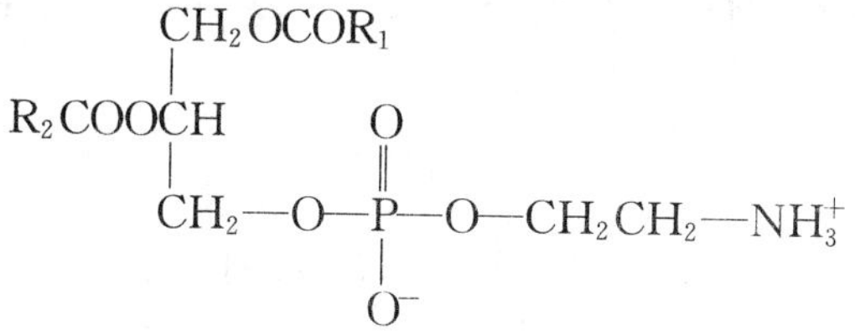

$$\begin{array}{c} CH_2OCOR_1 \\ R_2COOCH \qquad \quad O \\ CH_2-O-P-O-CH_2CH_2-NH_3^+ \\ O^- \end{array}$$

脑磷脂在动植物体中含量也很丰富,与血液凝固有关,血小板内含有的脑磷脂可能是凝血酶原激活剂的辅基。

(3) 磷脂酰丝氨酸(phophatidylserine)

又称丝氨酸磷脂,是磷脂酸的磷酸基团与丝氨酸的羟基连成的酯,其结构如下:

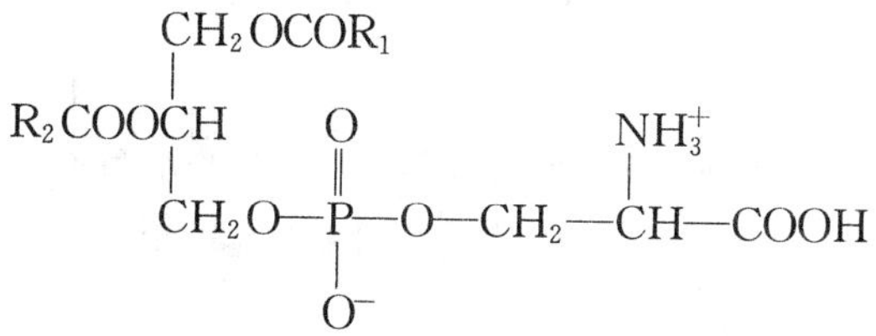

$$\begin{array}{c} CH_2OCOR_1 \\ R_2COOCH \qquad O \qquad\qquad NH_3^+ \\ CH_2O-P-O-CH_2-CH-COOH \\ O^- \end{array}$$

磷脂酰丝氨酸是血小板中带负电荷的酸性磷脂,当血小板因组织受损而被激活时,膜中的这些磷脂转向外侧,作为表面催化剂与其他凝血因子一起致使凝血酶原活化。脑组织中丝氨酸磷脂的含量比脑磷脂还多,在体内丝氨酸磷脂可能脱羧基而转变成脑磷脂。

(4) 磷脂酰肌醇(phosphatidyl inositol)

又称肌醇磷脂(inositide),它是磷脂酸结构中的磷酸基团与肌醇(环己六醇)相连接所生成的酯,所生成的肌醇磷脂还可以再连接第二个、第三个磷酸基团,分别称为一磷酸肌醇磷脂和二磷酸肌醇磷脂等。其结构式如下:

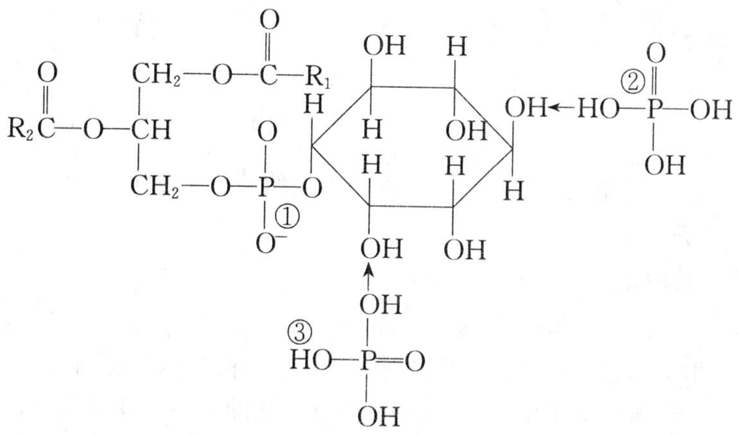

①②③表明磷酸分子掺入结构的顺序可相应称为

肌醇磷脂、磷酸肌醇磷脂和二磷酸肌醇磷脂

肌醇磷脂常与脑磷脂在一起,在肝及心肌中大多为肌醇磷脂,而脑组织中多为二磷酸肌醇磷脂。

(5) 缩醛磷脂(plasmalogen)

与一般甘油磷脂不同,它在甘油 C_1 位(即 α 位)以与长链烯醇形成的醚键(脂性醛基)代替与脂肪酸形成的酯键。水解产物之一是长链烯醇,很易互变异构成醛,因此缩醛磷脂具有醛反应。

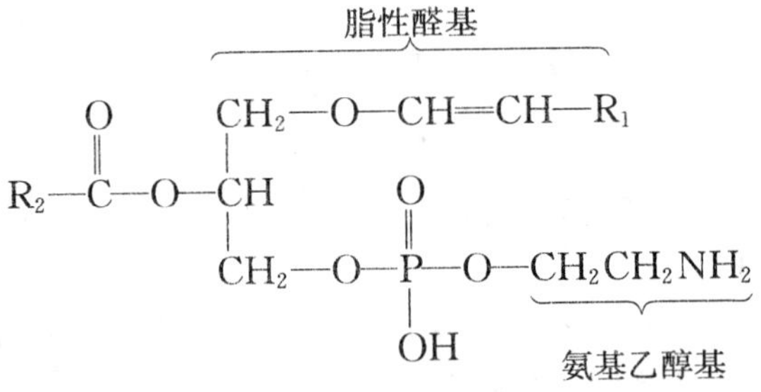

$$\text{脂性醛基}$$

$$\begin{array}{c} \quad\quad CH_2-O-CH=CH-R_1 \\ R_2-C-O-CH \\ \quad\quad CH_2-O-P-O-CH_2CH_2NH_2 \\ \quad\quad\quad OH \end{array}$$

氨基乙醇基

氨基乙醇缩醛磷脂

氨基乙醇缩醛磷脂是最常见的一种。有的缩醛磷脂的脂性醛基在 β 位上,也有的不含氨基乙醇而含胆碱基。缩醛磷脂可水解,随不同程度的水解而产生不同的产物,缩醛磷脂溶于热乙醇、KOH 溶液,不溶于水,微溶于丙酮或石油醚,存在于脑组织及动脉血管,可能有保护血管的功能。

(6) 二磷脂酰甘油(diphosphatidyl glycerol)

又称心磷脂(cardolipin),是由 2 分子磷脂酸与 1 分子甘油结合而成的磷脂,其结构式如下:

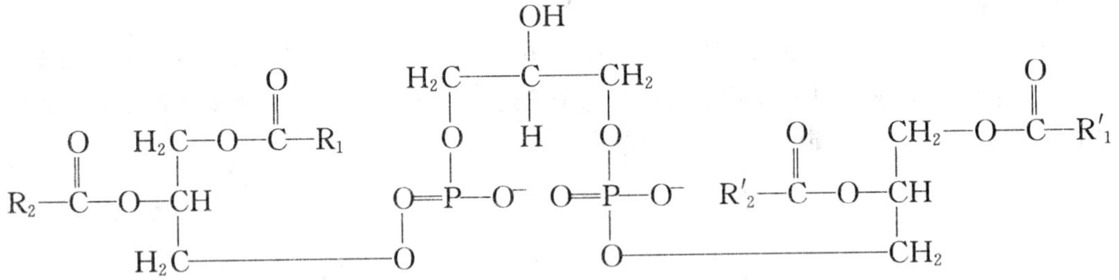

二磷脂酰甘油

心磷脂大量存在于心肌,有助于线粒体膜的结构蛋白质同细胞色素 C 的连接,是脂质中唯一有抗原性的。

(二) 鞘磷脂

鞘氨醇磷脂简称(神经)鞘磷脂(sphingophospholipid),在高等动物的脑髓鞘和红细胞膜中特别丰富,也存在于许多植物种子中。由(神经)鞘氨醇、脂肪酸、磷酸及胆碱(少数是磷酸乙醇胺)各 1 分子所组成,是一种不含甘油的磷脂。神经鞘磷脂与前述几种磷脂不同,脂肪酸并非与醇基相连,而是借酰胺键与氨基结合。神经鞘氨醇与神经鞘磷脂的结构如下:

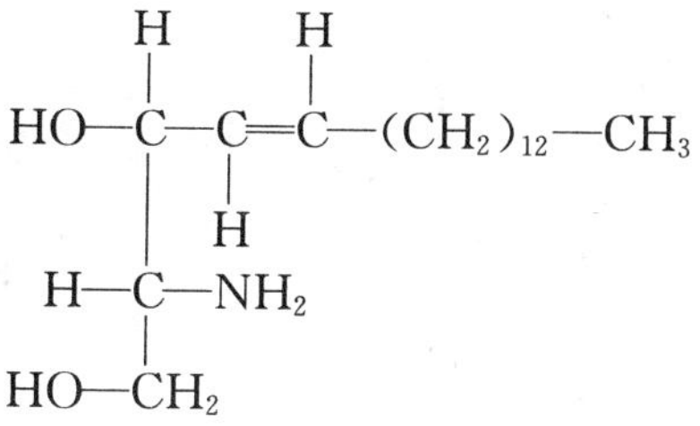

（神经）鞘氨醇
（sphingosine＝D-4-sphingenine）

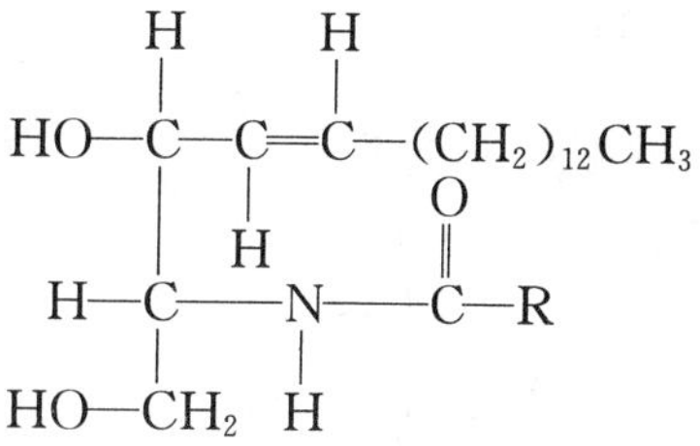

神经酰胺（ceramide）的典型结构

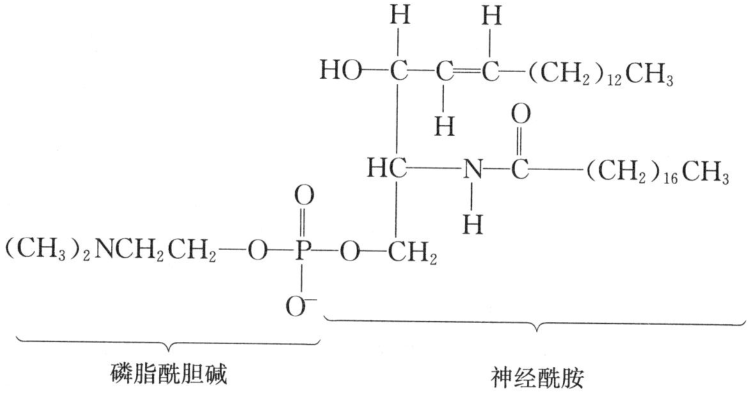

磷脂酰胆碱　　　　　　　　神经酰胺

神经鞘磷脂

磷酸胆碱为鞘氨醇磷脂的极性头部,脂肪酸和神经氨基醇的长碳链为非极性尾部,即鞘氨醇磷脂也是两性脂类。神经鞘磷脂在脑和神经组织中含量较多,也存在于脾、肺及血液中,是高等动物组织中含量最丰富的鞘脂类。

二、糖脂

糖脂（glycolipid）是一类含有糖成分的复脂。糖脂是糖通过半缩醛羟基以糖苷键与脂质连接的化合物。主要包括鞘氨醇糖脂和甘油糖脂。鞘氨醇糖脂又称为糖鞘脂（glycosphingolipid）,分为脑苷脂类和神经节苷脂类。其共同特点是含有鞘氨醇的脂,头部含糖。在细胞中含量虽少,但在许多特殊的生物功能中却非常重要。

糖脂的组成和神经磷脂相似,其结构都含有一分子的神经酰胺（鞘氨醇和脂肪酸各一分子）。

（一）脑苷脂类

脑苷脂（cerebroside）是脑细胞膜的重要组分,由 β-己糖（葡萄糖或半乳糖）、脂肪酸（$C_{22} \sim C_{26}$,其中最普遍的是 α-羟基二十四烷酸）和鞘氨醇各一分子组成,因为是以中性糖作为极性头部,故属于中性糖鞘脂类。重要的代表是:葡萄糖脑苷脂、半乳糖脑苷脂和硫酸脑苷脂（简称脑硫脂）。它们分子结构如下:

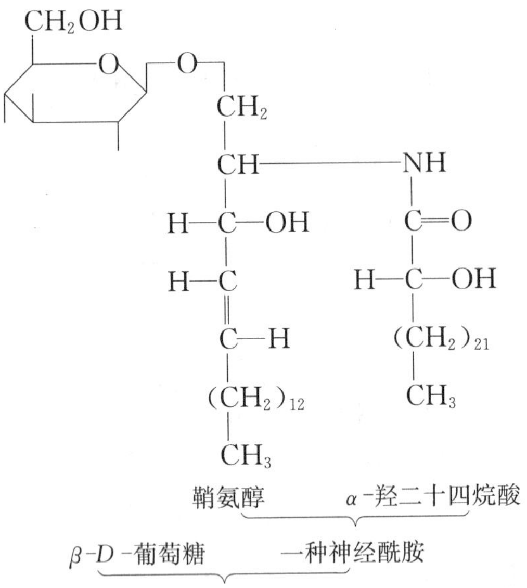

CH_2OH

CH_2
CH
NH
H—C—OH
C=O
H—C
H—C—OH
C—H
$(CH_2)_{21}$
$(CH_2)_{12}$
CH_3
CH_3

鞘氨醇　　　α-羟二十四烷酸

β-D-葡萄糖　　　一种神经酰胺

葡萄糖脑苷脂

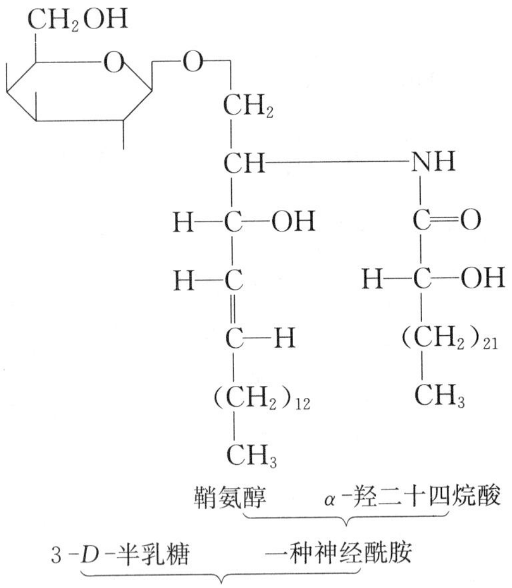

CH_2OH

CH_2
CH
NH
H—C—OH
C=O
H—C
H—C—OH
C—H
$(CH_2)_{21}$
$(CH_2)_{12}$
CH_3
CH_3

鞘氨醇　　　α-羟二十四烷酸

3-D-半乳糖　　　一种神经酰胺

半乳糖脑苷脂

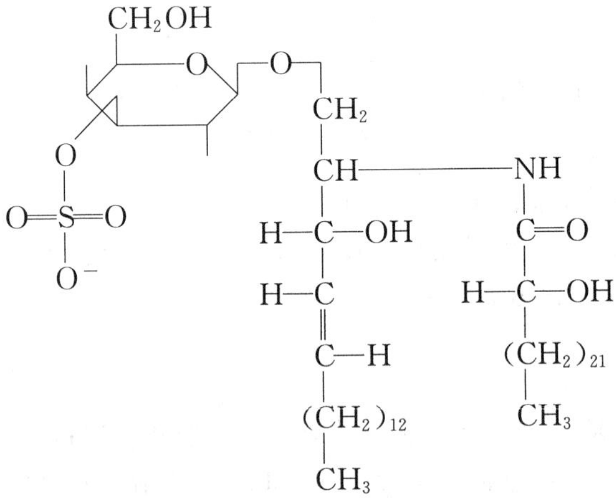

CH_2OH

O
CH_2
CH
NH
H—C—OH
C=O
O=S=O
H—C
H—C—OH
O^-
C—H
$(CH_2)_{21}$
$(CH_2)_{12}$
CH_3
CH_3

硫酸脑苷脂

（二）神经节苷脂类

神经节苷脂（ganglioside）是一类酸性糖脂，这是一类最复杂的糖鞘脂类，已从脑灰质、白质和脾等组织中分离出来。它的极性头部含有唾液酸即 N-乙酰神经氨酸，故带有酸性。人体内的神经节苷脂类中含有丰富的唾液酸；大脑灰质中含有丰富的神经节苷脂，不同的神经节苷脂所含的己糖和唾液酸的数目与位置各不相同。现已分离出几十种神经节苷脂，几乎所有的神经节苷脂都有一个葡萄糖基与神经酰胺以糖苷键相连，此外还有半乳糖、唾液酸和 N-乙酰-D-半乳糖胺。神经节苷脂的组成如下：

D-半乳糖 $\xrightarrow{(\beta_{1\to3})}$ N-乙酰-D-半乳糖胺 $\xrightarrow{(\beta_{1\to4})}$ D-半乳糖 $\xrightarrow{(\beta_{1\to4})}$ D-葡萄糖

$\big|(\alpha_{3\to2})$

唾液酸

$\big|(\beta_{1\to1'})$

神经氨基酸-脂肪酸
（N-脂酰鞘氨醇基）

其中唾液酸为神经节苷脂的极性头部。

　　神经节苷脂主要存在神经节细胞、脾和红细胞中,是近年来颇受重视的一类糖脂。虽然在细胞膜中含量很少,但有许多特殊的生物功能,它与血型的专一性、组织器官的专一性有关,还可能与组织免疫、细胞与细胞间的识别以及细胞的恶性变异等都有关系。在神经末梢中含量较丰富,可能在神经突触的传导中起着重要作用。

　　除了上述的鞘氨醇糖脂以外还有甘油糖脂,甘油糖脂是由甘油二酯与己糖(主要为半乳糖或甘露糖)或脱氧葡萄糖结合而成的化合物。存在于绿色植物中,又称为植物糖脂,有的含1分子己糖,也有的含2分子己糖,如半乳糖甘油二酯和二甘露糖甘油二酯的结构如下:

半乳糖甘油二酯　　　　　　　　　　　二甘露糖甘油二酯

三、胆固醇和胆酸

　　胆固醇(cholesterol)是细胞膜的重要组分,是固醇类激素和胆汁酸的前体。其结构与前述各种脂类大不相同。胆固醇及胆固醇酯是人和动物体内重要的固醇类化合物,对生命有非常重要作用,然而它在动脉里沉积会引发血管疾病及脑卒中(脑中风),是导致人类死亡的两大祸首。胆酸是胆固醇的衍生物,它是在体内从胆固醇演变而成的。

(一) 胆固醇

1. 胆固醇的结构

　　固醇(sterol)是环戊烷多氢菲的衍生物。所有固醇类化合物分子都是以环戊烷多氢菲为核心结构。在甾核的 C_3 上有一个羟基,在 C_{17} 上有一分支的碳氢链。有 α 和 β 两型。

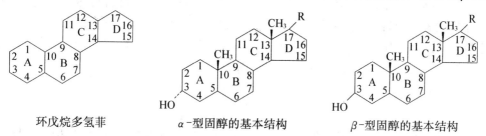

环戊烷多氢菲　　　　　　α-型固醇的基本结构　　　　　　β-型固醇的基本结构

式中 R 为支链, C_3 上有羟基, α 或 β 型就是根据 C_3 羟基的立体位置与 C_{10} 上甲基的位置来决定的。 C_3 上的羟基位置与 C_{10} 上甲基的位置相反者(即在平面下)称 α-型,以虚线连接;与 C_{10} 上甲基位置相同者(在平面上)称 β-型,以实线连接。所有固醇的 C_{10} 和 C_{13} 上都有甲基。固醇分为动物固醇、植物固醇和酵母固醇三类,胆固醇是动物固醇中的一种。胆固醇的结构式如下：

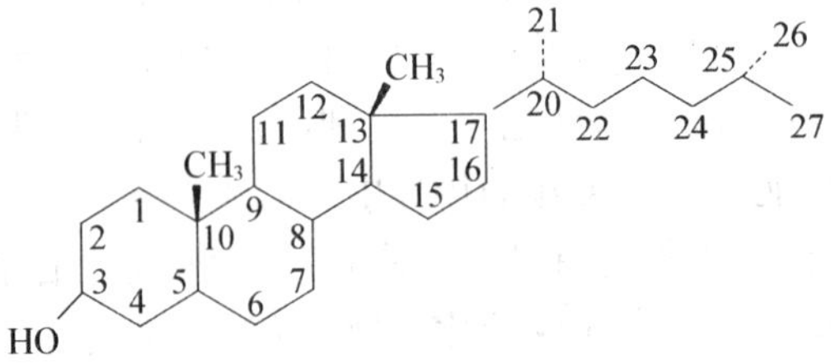

胆固醇

胆固醇大多以脂肪酸酯的形式存在，是高等动物细胞的重要组成部分，在神经组织和肾上腺中含量特别丰富，约占脑组织固体物质的 17%。固醇类包括许多重要的激素，高等动物的性激素也在其中，事实上，胆固醇正是合成这些物质的前体。胆固醇及其酯还是胆汁酸的前体，是神经鞘绝缘物质，是维持生物膜正常透过能力不可缺少的，同时它们还具有解毒功能。胆固醇呈弱两亲性，疏水部分可溶于膜的疏水内部，胆固醇的各六元环全部呈椅式构象，使其结构庞大且呈刚性，当其在膜脂中，会破坏膜结构的规整性（regularity）。血清胆固醇为游离胆固醇与胆固醇酯的总和，正常值为（3.957＋0.8）mmol/L〔(153＋31)mg/100 mL〕。在动脉粥样硬化及冠心病中，粥样斑块是胆固醇等脂质沉积而成。胆结石症的胆石成分几乎都是由胆固醇构成的。胆固醇在肝、肾和表皮组织中含量也很多。据报道体内胆固醇长期偏低，是诱发癌症的因素之一。

2. 胆固醇的性质

胆固醇为白色光泽斜方晶体，无味，熔点为 148.5 ℃，具旋光性。不溶于水、酸或碱，易溶于胆汁酸盐溶液，溶于氯仿、乙醚、苯、热乙醇、丙酮、石油醚、醋酸乙酯等溶剂及油脂中，不能皂化。介电常数高，不导电，为传导冲动神经结构的良好绝缘物。胆固醇是两亲分子，但它的极性头弱小，而非极性部分大而刚性，此两亲特性使胆固醇对膜中脂质的物理状态具有调节作用。

胆固醇醇基可与脂结合成酯，自然界的胆固醇酯主要是棕榈酸、硬脂酸和油酸的酯；双键上可以加氢、碘或溴；在胆固醇 C_7 位脱氢即得 7-脱氢胆固醇，7-脱氢胆固醇比胆固醇多一个双键（C_7 与 C_8 间），经紫外线照射可变成维生素 D_3，自然界中常有少量 7-脱氢胆固醇与胆固醇同时存在，显然为胆固醇的代谢产物。胆固醇（或其他固醇）的氯仿溶液与乙酸酐及浓硫酸化合产生蓝绿色，可作为固醇类的定性试验；胆固醇的醇溶液可被毛地黄皂苷醇溶液沉淀，可利用这个反应测定胆固醇。

（二）胆酸与胆汁酸

1. 胆酸（cholic acid）

是由动物胆囊合成分泌的物质。根据分子中所含羟基的数目、位置与构型不同可有多种胆酸。至今发现的胆酸已超过 100 种，其中常用的不过数种，如胆酸（$3\alpha,7\alpha,12\alpha$-三羟基胆酸）、去氧胆酸（$3\alpha,12\alpha$-二羟基胆酸）、猪去氧胆酸（$3\alpha,6\alpha$-二羟基胆酸）、鹅去氧胆酸（$3\alpha,7\alpha$-二羟基胆酸）、熊去氧胆酸（$3\alpha,7\beta$-二羟基胆酸）及少量石胆酸（3α-羟基胆酸）。它们的结构如下：

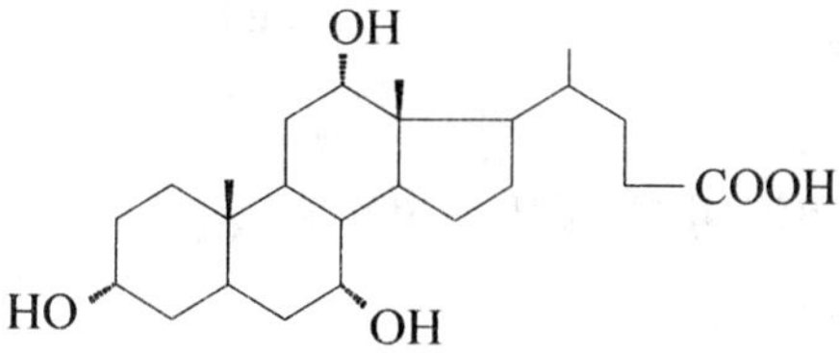

胆酸（$3\alpha,7\alpha,12\alpha$-三羟基胆酸）

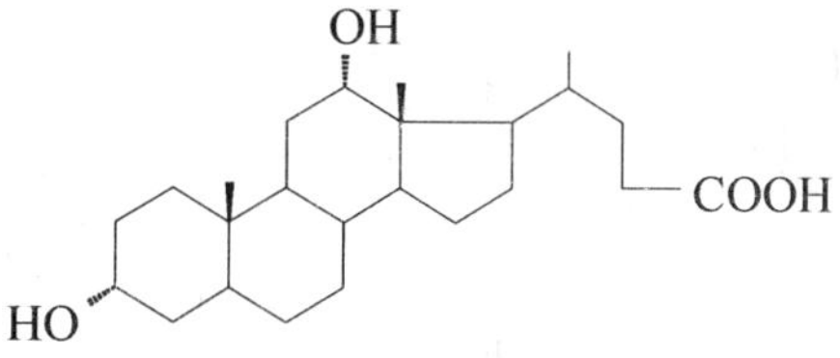

去氧胆酸

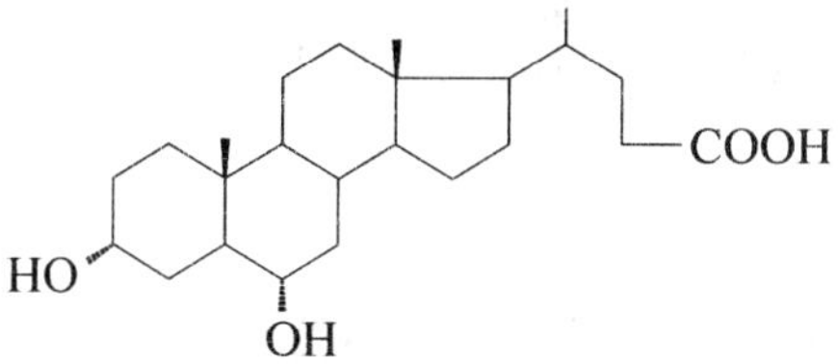

猪去氧胆酸

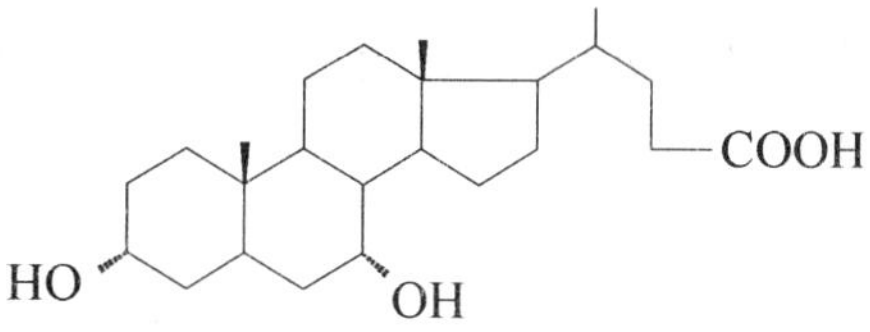

鹅去氧胆酸

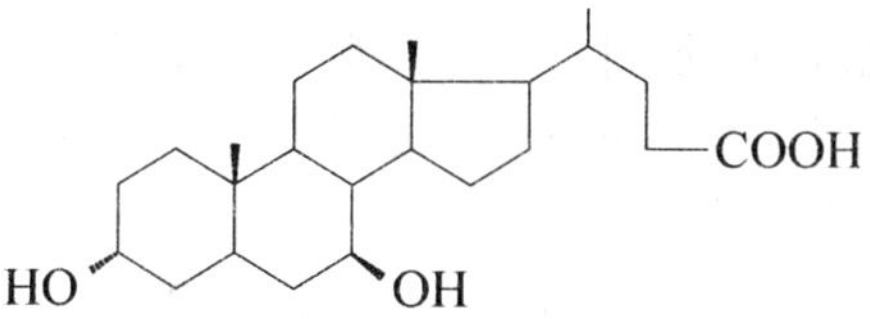

熊去氧胆酸

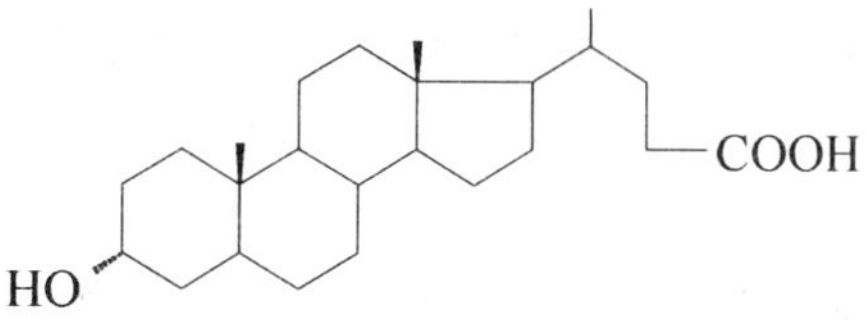

石胆酸

熊去氧胆酸作为胆石溶解药已收载于中国药典，此外还有利胆药去氢胆酸（dehydrocholic acid），其结构如下：

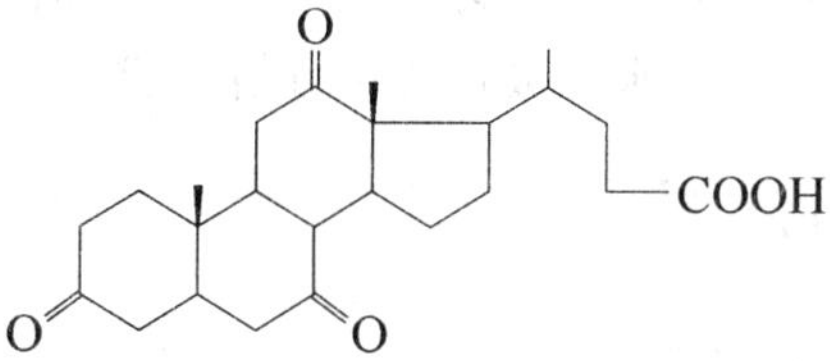

去氢胆酸

2. 胆汁酸（bile acid）

肝内由胆固醇直接转化而来。人体内每天合成胆固醇 $1\sim1.5\,g$，其中 $0.4\sim0.6\,g$ 在肝内转变为胆汁酸。胆汁酸是机体内胆固醇的主要代谢终产物。各种胆酸或去氧胆酸均可与甘氨酸（$NH_2 \cdot CH_2 \cdot COOH$）或牛磺酸（$NH_2 \cdot CH_2 \cdot CH_2 \cdot SO_3H$）以酰胺键结合，形成各种结合胆酸，甘氨胆酸和牛磺胆酸，称为胆汁酸。它们是胆汁有苦味的主要原因。胆汁酸是水溶性物质，在肝合成。胆囊分泌的胆汁是胆汁酸的水溶液。由胆酸形成的两种胆汁酸的结构如下：

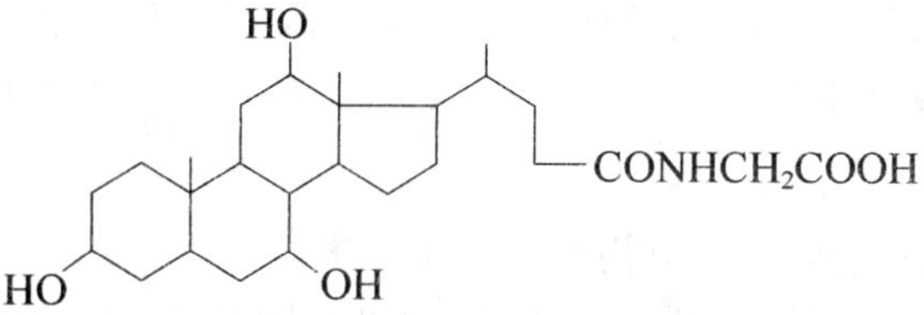

甘氨胆酸

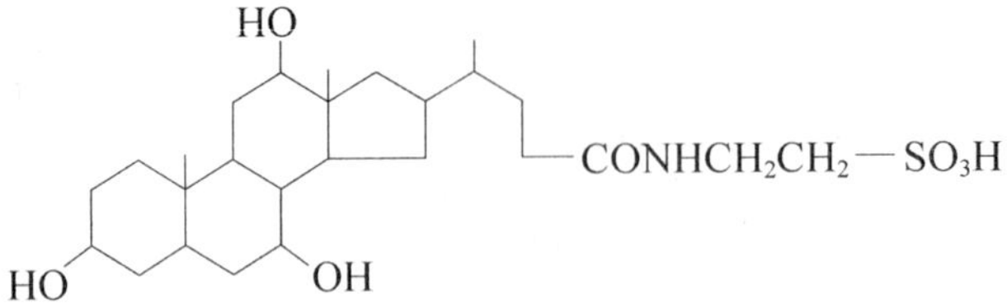

牛磺胆酸

在胆汁中大部分胆汁酸形成钾盐或钠盐,称为胆盐。胆盐是一种乳化剂,可促进脂肪的消化和吸收。

第四节　天然活性脂质的分离纯化

脂类存在于细胞、细胞器和细胞外的体液如血浆、胆汁、乳和肠液中。分析脂类在体内的分布及其含量可探索、了解脂类在生理、病理过程中的作用及异常变化。例如血液中的一些脂类异常进入动脉壁并在动脉壁中聚集,是动脉粥样硬化(atherosclerosis)发生的生物化学和病理生理基础之一。但脂类是非极性大分子有机化合物,用常规方法难以分析。因此欲研究某一特定部分(例如红细胞、脂蛋白或线粒体)的脂类,首先须将这部分组织或细胞分离出来。由于脂类不溶于水,从组织中提取和随后的分级分离都要求使用有机溶剂和某些特殊技术,这与纯化水溶性分子如蛋白质和糖不同。一般说脂类混合物的分离是根据它们的极性差别或在非极性溶剂中的溶解度差别进行的。含酯键连接或酰胺键连接的脂肪酸可用酸或碱处理,水解成可用于分析的成分。

一、脂类的提取与分离

(一) 脂类的有机溶剂提取

脂类为非极性有机化合物,不溶于水,因此,需用有机溶剂进行提取,不同的脂类因其组成不同,所使用的有机溶剂也不完全相同。非极性脂类(三酰甘油、蜡和色素等)用乙醚、氯仿或苯等很容易从组织中提取出来,在这些溶剂中不会发生因疏水相互作用引起的脂类聚集。膜脂(磷脂、糖脂、固醇等)要用极性有机溶剂如乙醇或甲醇提取,这种溶剂既能降低脂类分子间的疏水相互作用,又能减弱膜脂与膜蛋白之间的氢键结合和静电相互作用。常用的提取剂是氯仿、甲醇和水(1:2:0.8)的混合液。此比例的混合液是混溶的,形成一个相。组织(例如肝)在此混合液中被匀浆以提取所有脂类,匀浆后形成的不溶物包括蛋白质、核酸和多糖用离心或过滤方法除去。向所得的提取液中加入过量的水使之分成两个相,上相是甲醇和水,下相是氯仿。脂类留在氯仿相,极性大的分子如蛋白质、多糖进入极性相(甲醇和水)。取出氯仿相并蒸发浓缩,取一部分干燥,称重。

(二) 脂类的色谱分离

经有机溶剂提取的脂类粗提取物可用吸附色谱法(adsorption chrommatography)进行分离和分析。其基本原理是脂类通过分离介质时,因其极性的不同,导致与固定相吸附能力出现差异,在流动相洗脱时移动速度不一而分离。常用固定相为硅胶(silica gel),流动相为氯仿。吸附色谱分析常用两种方法。第一种为柱层析即硅胶柱吸附层析可把脂类分成非极性、极性和荷电的多个组分。硅胶是硅酸 $Si(OH)_4$ 的一种形式,一种极性的不溶物。当脂类混合物(氯仿提取液)通过硅胶柱时,由于极性和荷电的脂类与硅胶结合紧密被留在柱上,非极性脂类则直接通过柱子,出现在最先的氯仿流出液中,不荷电的极性脂类(例如脑苷脂)可用丙酮洗脱,极性大的或荷电的脂类(例如磷脂)可用甲醇洗脱。分别收集各个组分,然后在不同系统中层析,以分离单个脂类组分。例如磷脂可分离成磷脂酰胆碱、鞘磷脂、磷脂酰乙醇胺等。第二种为可采用更快速,分辨率更高的高效液相色谱(HPLC)和薄层层析(TLC)进行脂类分离。即将硅胶铺层于玻片上,待分离的脂类样品加样于硅胶一端,加样端与分离液氯仿接触,通过虹吸作用,氯仿从加样端向另一端移动过程中,带动样品的移动。脂类在硅胶中移动时,混合脂类中与硅胶结合不紧密的非极性脂类移动速度大于极性较高的脂类。层析结束后,喷上染料罗丹明(rhodamine)加以检测,因为它与脂类结合会发荧光,或用碘蒸气熏层析板,碘与脂肪酸中双键反应给出黄色或棕色,因而也能检测那些含不饱和脂肪酸的脂类。

二、脂类的组成与结构分析

(一)混合脂肪酸的气液色谱分析

气液色谱(GLC)可用于分析分离混合物中的挥发性成分。除某些脂类具有天然挥发性外,大多数脂类沸点很高,6 碳以上的脂肪酸沸点都在 200 ℃以上。气液色谱法可进行脂类某些组分,如脂酸的精细分析。此法需经三个阶段:① 为组织脂类的粗分离;② 将待分离、分析的脂类转变成可进行气化反应的化合物;③ 是通过气相色谱仪进行气化和分析。因此进行分析前必须先将脂类转变为衍生物以增加它们的挥发性(即降低沸点)。为分析油脂或磷酸酯样品中的脂肪酸,首先需要在甲醇和 HCl 或甲醇和 NaOH 混合物中加热,使脂肪酸成分发生转酯作用(transesterification),从甘油酯转变为甲酯。然后将甲酯混合物进行气液色谱分析。洗脱的顺序决定于柱中固定液的性质以及样品中成分的沸点和其他性质。利用 GLC 技术可使具有各种链长和不饱和程度的脂肪酸得到完全分开。

(二)脂类结构的测定

在分析脂类的过程中,往往需要对脂类分子的组成成分进行结构分析。某些脂类对在特异条件下的降解特别敏感,例如三酰甘油、甘油磷脂和固醇酯中的所有酯键连接的脂肪酸只要温和的酸或碱处理则被释放。而鞘脂中的酰胺键连接的脂肪酸需要在较强的水解条件下被释放,专一性水解某些脂类的酶也被用于脂类结构的测定。磷脂酶 A_1、A_2、C 和 D 都能断裂甘油磷脂分子中的一个特定的键,并产生具有特定溶解度和层析行为的产物。例如磷脂酶 C 作用于磷脂,释放一个水溶性的磷脂酰醇如磷酰胆碱和一个氯仿溶的二酰甘油,这些成分可以分别加以鉴定以确定完整磷脂结构。专一性水解及其产物的 TLC 和 GLC 相结合的技术常可用来测定一个脂的结构。确定烃链长度和双键的位置,质谱分析特别有效。

第五节　脂类的消化、吸收、储存和动员

一、脂类在体内的消化和吸收

（一）脂类的消化

食物中的脂类主要为脂肪,此外还有少量磷脂、胆固醇等。因唾液中无消化脂肪的酶,故脂肪在口腔里不被消化;胃液中虽含有少量的脂肪酶,是由肠液中的胰脂肪酶反流至胃所致,而且成年人胃液的 pH 值约在 $1\sim2$ 之间,不适于脂肪酶的作用,所以脂肪在成人胃中不能被消化。婴儿的胃液 pH 值在 5 左右,乳汁中的脂肪已经乳化,故脂肪在婴儿胃中可少量被消化。脂类不溶于水,必须在小肠经胆汁中胆汁酸盐的作用,乳化并分散成细小的微团(micelles)后,才能被消化酶消化。胰液及胆汁均分泌入十二指肠,因此小肠上段是脂类消化的主要场所。胆汁酸盐是较强的乳化剂,能降低油与水相之间的界面张力,使脂肪及胆固醇酯等疏水的脂质乳化成脂小滴,增加消化酶对脂质的接触面积,有利于脂类的消化。胰腺分泌入十二指肠中消化脂类的酶有胰脂肪酶、磷脂酶 A_2、胆固醇酯酶及辅脂酶等。胰脂肪酶(pancreatic lipase)能特异的催化甘油三酯的 α 酯键(即第 1,3 位酯键)水解,产生 α 甘油一酯并释出两分子脂肪酸。磷脂酶 A_2(phospholipase A_2)在胰液中以酶原形式存在,必须在胰蛋白酶作用下水解释放一个六肽后激活为酶,它催化磷脂的第二位酯键水解,生成溶血磷脂及一分子脂肪酸。胆固醇酯酶(cholesteryl esterase)作用于胆固醇酯,使之水解为游离胆固醇及脂肪酸。辅脂酶(colipase)是一种分子量为 10 kD 蛋白质,其功能是吸引并将胰脂肪酶固定在油相表面,这样才能使胰脂肪酶发挥作用,催化油相内的甘油三酯水解。

（二）脂类的吸收

脂类物质经消化作用后,各种消化产物,如甘油一酯、脂肪酸、胆固醇及溶血磷脂等可与胆汁酸盐乳化成更小的混合微团(mixed micelles)。这种微团体积更小(直径为 20 nm),极性更大,易于穿过小肠黏膜细胞表面的水屏障,为肠黏膜细胞吸收。

脂类消化产物主要在空肠吸收。甘油、中链脂肪酸(6 C～10 C)及短链脂肪酸(2 C～4 C)易被肠系膜细胞吸收,并能直接进入门静脉;一部分未被消化的,由短链及中链脂肪酸构成的甘油三酯,被胆汁酸盐乳化后亦可被吸收。在肠黏膜细胞脂肪酶的作用下,水解生成甘油和脂肪酸,同样可通过门静脉进入血循环。长链脂肪酸及其他消化产物随混合微团吸收入肠黏膜细胞后,长链脂肪酸首先与胞内的脂肪酸结合蛋白(z 蛋白)相连,形成浓度梯度后经酶促转变为活化形式的脂肪酸(z 蛋白对不饱和脂肪酸作用更强)。活化的长链脂肪酸与进入肠黏膜细胞的 α 甘油一酯及溶血磷脂等,在 ATP 供能的条件下,经脂酰转移酶催化可再酯化生成甘油三酯和磷脂。胆固醇的吸收较其他脂类慢且不完全,已被吸收的胆固醇大部分再酯化生成胆固醇酯。这些再酯化的产物及少量的胆固醇及未被酯化的脂肪酸再与由粗面内质网合成的一些载脂蛋白结合成乳糜微粒,由内质网经高尔

基复合体进入细胞间质,经淋巴进入血液循环。

二、脂类的体内贮存和动员

（一）脂类的运输、贮存

消化吸收后的脂类,大部分通过小肠绒毛的中央乳糜管,经淋巴进入血液,少量也可直接经门静脉进入肝脏,再由肝脏进入血液运至全身各组织器官。血液中的脂类均以脂蛋白的形式运输,其中脂肪可被各组织氧化利用,也可储存于脂肪组织中。除了由食物经消化吸收的脂肪可储存于脂肪组织外,机体还能利用糖和蛋白质等的降解产物为原料合成脂肪。人体的脂肪主要是由糖转化而来,食物脂肪仅是次要来源,如果食物中只有少量的脂肪,但有大量过剩的糖类,同样也会使人体肥胖。脂肪组织是储存脂肪的主要场所,以皮下、肾周围、肠系膜等处储存最多,称为脂库。脂肪的储存对人及动物的供能（特别是在不能进食时）具有重要意义。

贮存的脂肪性质与食物中的脂肪不同,食物中所含的脂肪只是构成体内脂肪的原料,其中的脂肪酸必须在肝、脂肪组织及肠壁进行碳链长短和饱和度的改造后,才能形成机体自身贮存的脂肪。脂肪在体内贮存的多少,依性别、年龄,营养状况、健康状况和活动程度等而定,同时也受机体神经和激素的影响。肥胖是体内贮存脂肪过多的结果,多食少动使营养素消耗少,供过于求,不但脂肪可以积存,过多的糖和蛋白质也可转变成脂肪贮存于体内。不过也有些肥胖者不是由于多食少动的结果,而是由于内分泌失调,使体内代谢发生紊乱所致,这种情况就不能通过控制饮食来减肥,而应针对内分泌疾病进行治疗。

（二）脂类的动员

储存在脂肪细胞中的脂肪,被脂肪酶逐步水解为游离脂酸（free fatty acid，FFA）及甘油并释放入血以供其他组织氧化利用,该过程称为脂肪动员。在脂肪动员中,脂肪细胞内激素敏感性甘油三酯脂肪酶（hormone-sensitive triglyceride lipase，HSL）起决定性作用,它是脂肪分解的限速酶。

当禁食、饥饿或交感神经兴奋时,肾上腺素、去甲肾上腺素、胰高血糖素等分泌增加,作用于脂肪细胞膜表面受体,激活腺苷酸环化酶,促进 cAMP 合成,激活依赖 cAMP 的蛋白激酶,使胞液内 HSL 磷酸化而活化,后者能使甘油三酯水解成甘油二酯及脂肪酸,这步反应是脂肪分解的限速步骤。HSL 是脂肪动员的限速酶,受多种激素调控,又称激素敏感脂肪酶。其中能促进脂肪动员的激素称为脂解激素,如肾上腺素、胰高血糖素、糖皮质激素、甲状腺激素。而胰岛素、前列腺素 E_2 及烟酸等抑制脂肪的动员,称为抗脂解激素。

脂肪动员使储存在脂肪细胞中的脂肪分解成游离脂肪酸和甘油,然后释放入血。血浆清蛋白具有结合游离脂肪酸的能力,每分子清蛋白可结合 10 分子 FFA。FFA 不溶于水,与清蛋白结合后由血液运送至全身各组织,主要由心、肝、骨骼肌等摄取利用。甘油溶于水,直接由血液运送至肝、肾、肠等组织。

第六节　脂肪的分解代谢及调控

脂肪分解代谢是生物体能量供应的重要途径。脂肪首先由酶水解成甘油和脂肪酸，甘油基本上沿糖代谢途径进行分解，而脂肪酸的分解代谢则主要是经 β-氧化成乙酰-CoA，进入三羧酸循环完成彻底氧化，并产生大量能量。

一、甘油代谢

生成的甘油在肝的甘油激酶（glycerokinase）作用下，转变为3-磷酸甘油，然后脱氢生成磷酸二羟丙酮，循糖代谢途径进行糖酵解或糖异生转变为糖，脂肪细胞及骨骼肌等组织因甘油激酶活性很低，故不能很好地利用甘油。

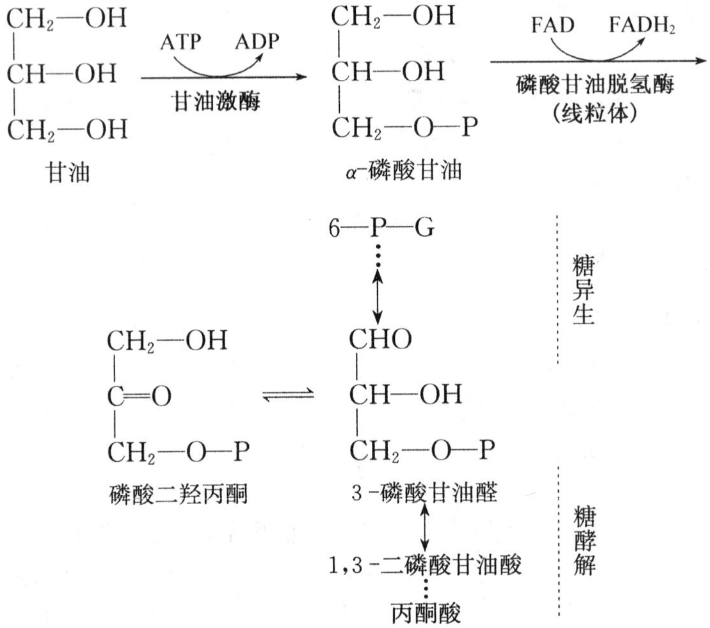

二、脂肪酸的分解

脂肪酸是人及哺乳动物的主要能源物质，在氧供应充足的条件下，可氧化分解生成 CO_2 和 H_2O 并释放出大量能量供机体利用。除脑组织外，机体大多数组织均能氧化利用脂肪酸，其中以肝脏和肌肉最活跃。脂肪酸的氧化方式有 β-氧化、α-氧化和 ω-氧化，其中以 β-氧化为主。在氧供应充足的条件下，脂肪酸可在体内彻底分解并释出大量的能量。

（一）脂肪酸的 β-氧化

脂肪酸的 β-氧化在肝脏中逐步进行，均从羧基端开始。由于这个氧化作用是在长链脂肪酸的 β 位 C 原子上首先氧化，然后断下一个 C_2 化合物，因此称为脂肪酸的 β-氧化。

1. 脂肪酸的活化

脂肪酸首先需活化生成脂酰-CoA。脂肪酸进行氧化前必须活化,活化在胞液中进行,内质网及线粒体外膜上的脂酰-CoA 合成酶在 ATP、CoASH、Mg^{2+} 存在的条件下,催化脂肪酸活化,生成脂酰-CoA。脂肪酸活化后不仅含有高能硫酯键,而且增加了水溶性,从而提高了脂肪酸的代谢活性。

$$RCOOH + ATP + CoASH \xrightarrow[\text{Mg}^{2+}]{\text{脂酰-CoA 合成酶}} RCO{\sim}SCoA + AMP + PPi$$

反应过程中生成的焦磷酸(PPi)立即被细胞内的焦磷酸酶水解,阻止了逆向反应的进行。故 1 分子脂肪酸活化,实际上消耗了 2 个高能磷酸键。

2. 脂酰-CoA 进入线粒体

脂肪酸的活化在胞液中进行,而催化脂肪酸氧化的酶系存在于线粒体的基质中,因此活化的脂酰-CoA 必须进入线粒体才能代谢。实验证明,长链脂酰-CoA 不能直接透过线粒体内膜,它进入线粒体内需肉碱(carnitine)的转运。

线粒体内膜外侧面存在肉碱脂酰转移酶Ⅰ(carnitine acyl transferase Ⅰ),它能催化长链脂酰-CoA 与肉碱合成脂酰肉碱(acyl carnitine),后者即可在线粒体内膜内侧面的肉碱-脂酰肉碱转位酶(carnitine-acyl carnitine translocase)的作用下,通过内膜进入线粒体基质内。此转位酶实际上是线粒体内膜转运肉碱及脂酰肉碱的载体。它在转运 1 分子脂酰肉碱进入线粒体基质内的同时,将 1 分子肉碱转运出线粒体内膜外。进入线粒体内的脂酰肉碱,则在位于线粒体内膜内侧面肉碱脂酰转移酶Ⅱ的作用下,转变为脂酰-CoA 并释出肉碱。脂酰-CoA 即可在线粒体基质中酶体系的作用下,进入 β-氧化(图 5-1)。

肉碱脂酰转移酶Ⅰ是脂肪酸 β-氧化的限速酶,脂酰-CoA 进入线粒体是脂肪酸 β-氧化的主要限速

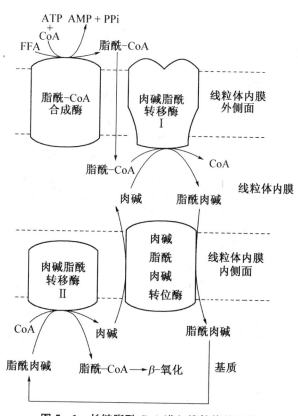

图 5-1 长链脂酰 CoA 进入线粒体的机制

步骤。当饥饿、高脂低糖膳食或糖尿病时,机体不能利用糖,需要脂肪酸供能,这时肉碱脂酰转移酶Ⅰ活性增加,脂肪酸氧化增强。相反,饱食后,脂肪酸合成及丙二酰-CoA 增加,后者抑制肉碱脂酰转移酶Ⅰ活性,因而脂肪酸的氧化被抑制。

3. 脂酰-CoA 的 β-氧化

脂酰-CoA 进入线粒体基质后,在脂肪酸 β 氧化酶系催化下,进行脱氢、加水、再脱氢及硫解等四步连续反应,最后使脂酰基断裂生成一分子乙酰-CoA 和一分子比原来少 2 个碳原子的脂酰-CoA,催化这些反应的酶构成脂肪酸氧化酶体系。

脂酰-CoA 的 β-氧化的过程见图 5-2。

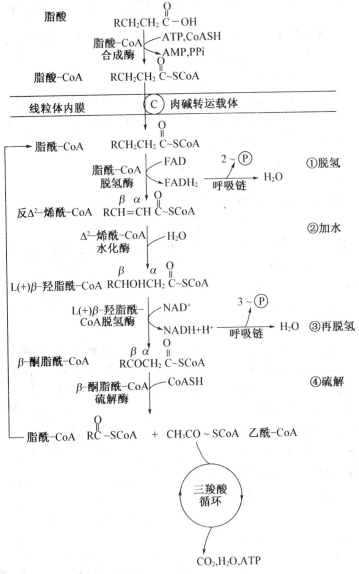

图 5-2　脂肪酸的 β-氧化

① 脱氢

脂酰-CoA 在脂酰-CoA 脱氢酶的催化下,其烃链的 α、β 碳原子各脱去一个氢原子,生成反式 Δ^2 烯酰-CoA,脱下的 2 个氢原子由该酶的辅酶 FAD 接受生成 $FADH_2$。

② 加水

反式 Δ^2 烯酰- CoA 在 Δ^2 烯酰水化酶的催化下,加水生成 L(＋)-β-羟脂酰- CoA。烯脂酰- CoA 的水化反应是立体专一的,反式 Δ^2 烯酰- CoA 经水化反应只产生 L(＋)-β-羟脂酰- CoA。

③ 再脱氢

L(＋)-β-羟脂酰- CoA 在 β-羟脂酰- CoA 脱氢酶的催化下,脱去 2 个氢原子生成 β-酮脂酰- CoA,脱下的两个氢原子由该酶的辅酶 NAD^+ 接受生成 $NADH＋H^+$。

④ 硫解

β-酮脂酰- CoA 在 β-酮脂酰- CoA 硫解酶的催化下,加 CoASH 使碳链断裂,生成 1 分子乙酰- CoA 和少 2 个碳原子的脂酰- CoA。

以上生成的比原来少 2 个碳原子的脂酰- CoA,可再进行脱氢、加水、再脱氢及硫解等四步反应,如此反复进行,直至最后生成丁酰- CoA,后者再进行一次 β-氧化,即完成脂肪酸的 β-氧化。

现已证明,在肝脏线粒体的 β-氧化过程中,脂酰- CoA 脱氢酶是其限速酶。但在正常降解过程中,仅能检出饱和脂酰- CoA 的中间产物,很难找到烯脂酰- CoA、β-羟脂酰- CoA 或 β-酮脂酰- CoA 等中间产物。脂酰- CoA 经 β-氧化最后分解生成乙酰- CoA,一部分在肝外组织主要进入线粒体中通过三羧酸循环被彻底氧化成 CO_2 和 H_2O,并释放出能量;一部分在肝内主要生成酮体,通过血液运至肝外组织利用。

4. 脂肪酸氧化的能量

脂类的重要生理功用之一是氧化供能,这主要是由脂肪酸氧化提供的。脂肪酸 β-氧化产生的 $NADH＋H^+$、$FADH_2$ 和乙酰- CoA,最终经三羧酸循环及电子传递体系(呼吸链)完全氧化分解,释放能量。释放的能量以 ATP 形式贮存并利用,具体结算数值见第七章生物氧化及生物能量生成相关内容。

5. 脂肪酸氧化的调节

脂肪酸 β-氧化的主要调控点是血液中脂肪酸的供给情况。血液中游离的脂肪酸主要来源于贮存在脂肪组织中的三酰甘油的分解,并受激素敏感的三酰甘油酯酶调节。脂肪酸分解代谢与脂肪酸合成受到协同调控,可防止耗能性的无效循环;脂肪酸氧化是心脏的主要能量来源,若心脏用能减少,三羧酸循环和氧化磷酸化的活动也随之减弱,导致乙酰- CoA 和 $NADH＋H^+$ 积聚。随着线粒体中乙酰- CoA 水平增高,硫解酶的活性被抑制,从而抑制 β-氧化;胰高血糖素和肾上腺素对脂肪酸分解代谢具有调节作用,二者都能使脂肪组织的 cAMP 含量升高,cAMP 变构激活 cAMP 依赖性蛋白激酶,增加三酰甘油酯酶磷酸化水平,其磷酸化能敏感地调节三酰甘油酯酶活性,从而加速脂肪酶解作用,提高血液中脂肪酸水平,活化肝脏和肌肉组织的 β-氧化。胰岛素的作用则相反。

6. 脂肪酸氧化的生理意义

脂肪酸的完全氧化为生命活动提供能量,β-氧化是机体获得能量的主要方式之一,其供能效率高于糖氧化的供能效率;β-氧化的产物乙酰- CoA 除了可以完全氧化产生能量供机体需要之外,还可以作为合成脂肪酸、酮体以及部分氨基酸的原料;β-氧化产生了大量的还原性物质 $NADH＋H^+$ 和 $FADH_2$,其进一步氧化为生物代谢提供所需要的 H_2O。

（二）脂肪酸的其他氧化方式

1. 奇数碳原子脂肪酸的氧化

人体内含有极少数奇数碳原子的脂肪酸，其活化、转移后经多次 β-氧化除生成多个乙酰-CoA 外，还生成一分子丙酰-CoA（亦可来自某些氨基酸的氧化）。丙酰-CoA 在体内如何变化呢？它先经羧化，后在消旋酶与异构酶作用下，转变为琥珀酰-CoA，然后进入三羧酸循环而被氧化。

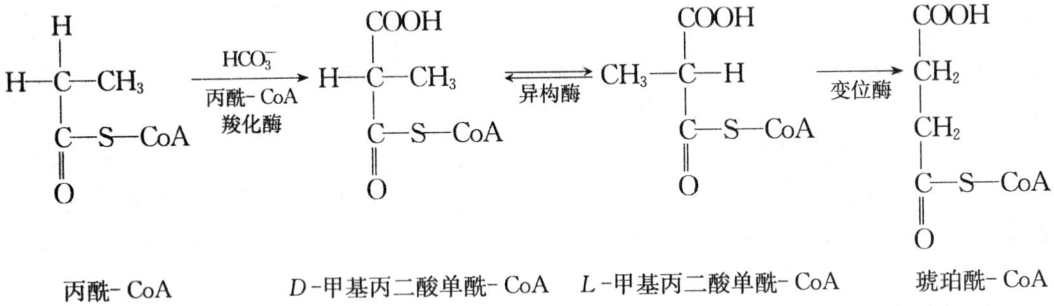

丙酰-CoA　　　　　　D-甲基丙二酸单酰-CoA　　L-甲基丙二酸单酰-CoA　　　　琥珀酰-CoA

2. 不饱和脂肪酸的氧化

机体中脂肪酸约一半以上是不饱和脂肪酸。不饱和脂肪酸也在线粒体中进行 β-氧化。所不同的是，饱和脂肪酸 β-氧化过程产生的脂烯酰-CoA 是反式 Δ^2 烯酰-CoA，而天然不饱和脂肪酸中的双键均为顺式。因此当不饱和脂肪酸在氧化过程中产生顺式 Δ^3 中间产物时，β-氧化不能继续进行，须经线粒体特异的烯酰-CoA 异构酶的催化，将 Δ^3 顺式转变为 β-氧化所需的 Δ^2 反式构型，β-氧化才能继续进行。

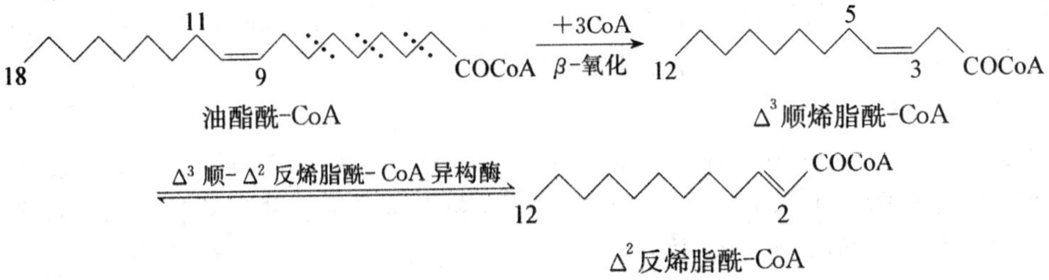

油酯酰-CoA　　　　　　　　　　　　　Δ^3 顺烯脂酰-CoA

Δ^2 反烯脂酰-CoA

3. α-氧化

在脑和其他一些组织中，长链脂肪酸可进行 α-氧化作用。α-碳在酶催化下氧化成羟基生成 α-羟脂酸，然后转变为 α-酮酸，最后氧化脱羧转变为少一个碳的脂肪酸。这一过程还需要 Fe^{2+}、维生素 C、ATP 和 NAD^+ 参加。脂肪酸 α-氧化作用产生的 α-羟长链脂肪酸，是脑组织中脑苷脂和硫苷脂的重要成分。对于人类，若缺少 α-氧化作用系统，会出现外周神经炎类型的运动失调及视网膜炎等症状。

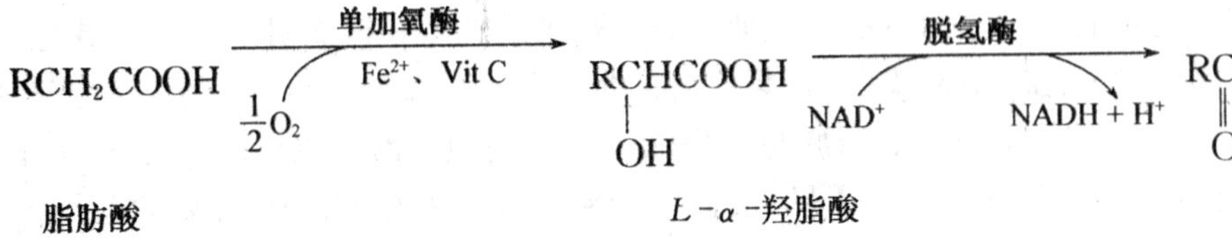

脂肪酸　　　　　　　　　　　　L-α-羟脂酸

$$\xrightarrow[\substack{ATP、Vit C}]{\text{脱羧酶}} RCOOH + CO_2$$

$NAD^+ \qquad NADH + H^+$

4. ω-氧化

长链脂肪酸在肝微粒体内尚可进行 ω-氧化。脂肪酸的 ω-位末端碳的甲基,首先被酶促氧化成羟甲基,再氧化为羧基,从而形成 α,ω-二羧酸,两端羧基都可进行 β-氧化。

$$CH_3(CH_2)_n COOH \xrightarrow[\substack{O_2,NADPH}]{\text{单加氧酶}} HO—CH_2—(CH_2)_n COOH$$

$$\longrightarrow HOOC—(CH_2)_n COOH$$

（三）酮体的生成及利用

乙酰乙酸(acetoacetate)、β-羟丁酸(β-hydroxybutyrate)及丙酮(acetone)三者统称为酮体(ketone bodies)。酮体是脂肪酸在肝分解氧化时特有的中间代谢物。肝具有活性较强的合成酮体的酶系,而又缺乏利用酮体的酶系。因此肝是生成酮体的器官,但不能利用酮体;肝外组织不能生成酮体,却可以利用酮体。酮体的生成及利用的代谢过程见图 5-3。

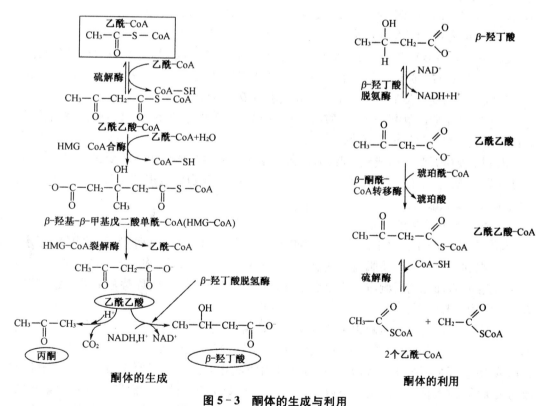

图 5-3 酮体的生成与利用

1. 酮体的生成

脂肪酸在线粒体中经 β-氧化生成的大量乙酰-CoA 是合成酮体的原料。合成在线粒体内酶的催化下,分三步进行。

(1) 2分子乙酰-CoA 在肝线粒体乙酰乙酰-CoA 硫解酶(thiolase)的作用下,缩合成乙酰乙酰-CoA,并释出1分子 CoASH。

(2) 乙酰乙酰-CoA 在羟甲基戊二酸单酰-CoA(HMG CoA)合成酶的催化下,再与1分子乙酰-CoA 缩合生成羟甲基戊二酸单酰-CoA(3 - hydroxy - 3 - methyl glutaryl CoA,HMG CoA),并释出1分子 CoASH。

(3) 羟甲基戊二酸单酰-CoA 在 HMG CoA 裂解酶的作用下,裂解生成乙酰乙酸和乙酰-CoA。

乙酰乙酸在线粒体内膜 β-羟丁酸脱氢酶催化下,被还原成 β-羟丁酸,所需的氢由 NADH 提供,还原的速度由 NADH/NAD$^+$ 决定。部分乙酰乙酸可在酶催化下脱羧生成丙酮。

2. 酮体的利用

肝线粒体内含有各种合成酮体的酶类,尤其是 HMG CoA 合成酶,因此生成酮体是肝特有的功能。但是肝氧化酮体的酶活性很低。肝产生的酮体,透过细胞膜进入血液运输到肝外组织进一步分解氧化。肝外许多组织具有活性很强的利用酮体的酶。

(1) 琥珀酰-CoA 转硫酶:心、肾、脑及骨骼肌的线粒体具有较高的酶活性。在有琥珀酰-CoA 存在时,此酶能使乙酰乙酸活化,生成乙酰乙酰-CoA。

(2) 乙酰乙酰-CoA 硫解酶:心、肾、脑及骨骼肌线粒体中还有乙酰乙酰-CoA 硫解酶,使乙酰乙酰-CoA 硫解,生成2分子乙酰-CoA,后者即可进入三羧酸循环彻底氧化。

(3) 乙酰乙酰硫激酶:肾、心和脑的线粒体中尚有乙酰乙酰硫激酶,可直接活化乙酰乙酸生成乙酰乙酰-CoA,后者在硫解酶的作用下硫解为2分子乙酰-CoA。

(4) β-羟丁酸脱氢酶:β-羟丁酸在 β-羟丁酸脱氢酶的催化下,脱氢生成乙酰乙酸;然后再转变成乙酰-CoA 而被氧化。

丙酮主要由肾脏排出或经肺呼出,此外丙酮可在一系列酶作用下转变成丙酮酸、乳酸或分解为一碳、二碳化合物,进而异生成糖或由一碳化合物形成甲硫氨酸和胆碱的甲基碳,形成 L-丝氨酸的 β-C。

3. 酮体生成的生理意义

酮体是脂肪酸在肝内正常的中间代谢产物,是肝输出能源的一种形式。酮体溶于水,分子小,能通过血脑屏障及肌肉毛细血管壁,是肌肉尤其是脑组织的重要能源。脑组织不能氧化脂肪酸,却能利用酮体。长期饥饿、糖供应不足时酮体可以代替葡萄糖,成为脑组织及肌肉的主要能源。

在正常生理情况下,血液中酮体浓度相对恒定,肝中产生的酮体可在肝外组织迅速利用。但在某些生理或病理条件下,如机体缺糖(饥饿)或不能有效地利用糖(糖尿病)时,脂肪动员加速,肝脏中酮体生成增加,超过肝外组织氧化能力。又因糖代谢减少,脂肪酸合成随之降低,或氧化酮体的能力下降,肝中乙酰-CoA 浓度增加,从而导致血液中累积较多的酮体,形成酮尿症或酮血症。酮体中的乙酰乙酸和 β-羟丁酸皆为酸性,故酮血症患者常有酸中毒的危险。

第七节　脂肪的合成代谢及其调控

脂肪合成的直接原料是脂酰-CoA 和 3-磷酸甘油,二者分别是脂肪酸和甘油的活化产物。脂肪酸除来自食物外,体内也可合成,其合成原料是乙酰-CoA,能量由 ATP 提供,还原剂是 NADPH+H$^+$。3-磷酸甘油可由甘油活化产生或由糖代谢产生的磷酸二羟丙酮还原得到。

一、3-磷酸甘油的合成

合成脂肪所需的 3-磷酸甘油可由糖酵解产生的磷酸二羟丙酮还原而成,亦可由脂肪水解产生的甘油与 ATP 作用而成。

$$
C_6H_{12}O_6 \longrightarrow
\begin{array}{c}
CH_2OP \\
| \\
C\!=\!O \\
| \\
CH_2OH
\end{array}
\xrightarrow[\alpha-磷酸甘油脱氢酶]{NADH+H^+ \quad NAD^+}
\begin{array}{c}
CH_2OP \\
| \\
HO-C-H \\
| \\
CH_2OH
\end{array}
\xleftarrow[甘油激酶]{ADP \quad ATP}
\begin{array}{c}
CH_2OH \\
| \\
HOC-H \\
| \\
CH_2OH
\end{array}
$$

葡萄糖　　　　　　磷酸二羟丙酮　　　　　　　　　　α-磷酸甘油　　　　　　甘油

二、脂肪酸的合成代谢

长链脂肪酸的合成多年来一直被人们设想是脂肪酸 β-氧化的简单逆行反应过程。现在已经证实,脂肪酸合成与氧化分解发生在不同的亚细胞部位,由不同酶催化,沿不同途径进行。

脂肪酸的合成是在细胞的胞液中,以乙酰-CoA 为原料,经脂肪酸合成酶复合体催化而完成的,但只能合成最长含 16 碳的软脂酸,它再经进一步的加工生成碳链更长的或不饱和的脂肪酸。

(一) 软脂酸的合成

1. 合成部位

在肝、肾、脑、肺、乳腺及脂肪组织的胞液中都含有脂肪酸合成酶复合体,均能合成脂肪酸,其中以肝脏合成能力最强,约比脂肪组织大 8～9 倍。

2. 合成原料

乙酰-CoA 是脂肪酸合成的原料,主要来自糖的氧化分解,此外,某些氨基酸分解亦可提供部分乙酰-CoA。以上来源的乙酰-CoA 都是在线粒体内生成的,而合成脂肪酸的酶却存在于胞液中,因此乙酰-CoA 必须进入胞液中才能用于合成脂肪酸。实验证明,乙酰-CoA 不能自由透过线粒体内膜,主要通过柠檬酸-丙酮酸循环(citrate pyruvate cycle)来完成。在此循环中,乙酰-CoA 首先在线粒体内与草酰乙酸缩合成柠檬酸,通过线粒体内膜上的载体转运即可进入胞液中。在胞液中存在的柠檬酸裂解酶(citrate lyase),可使柠檬酸裂解产生乙酰-CoA 和草酰乙酸,前者可用于合成脂肪酸,后者可返回线粒体补充合成柠檬酸时的消耗。但草酰乙酸也不能自由通透线粒体内膜,它在苹果酸脱氢酶的作用下还原成苹果酸,经线粒体内膜载体转运入线粒体内。苹果酸也可在苹果酸酶的作用下,分解为丙酮酸,再转运入线粒体,最终形成线粒体内的草酰乙酸,再参与转运乙酰-CoA。

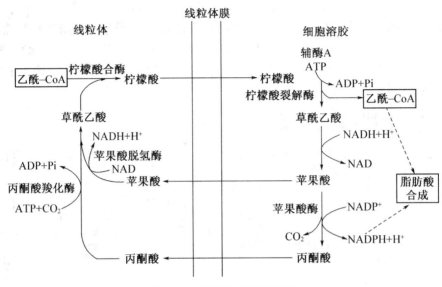

图 5-4　柠檬酸-丙酮酸循环

3. 软脂酸合成酶系

在各种生物体内,脂肪酸的合成均由脂肪酸合成酶系催化,但酶的结构、性质及细胞内定位,在不同物种间存在着不小的差异。例如大肠杆菌的脂肪酸合成酶系是由 7 种不同功能的酶与一种低分子量蛋白质聚集形成的,而在哺乳动物中这 7 种酶活性集于一条多肽链上,形成多功能酶,通常以二聚体形式参与催化脂肪酸的合成。

大肠杆菌的脂肪酸合成酶系中,有酰基载体蛋白(acyl carrier protein, ACP),其辅基与 CoASH 相同,为 4′-磷酸泛酰氨基乙硫醇(4′-phosphopantetheine),是脂肪酸合成过程中脂酰基的载体,脂肪酸合成的各步反应均在 ACP 的辅基上进行。

哺乳动物中,脂肪酸合成酶系中的每一亚基均有 ACP 结构域,其丝氨酸残基连有 4′-磷酸泛酰氨基乙硫醇,作为脂肪酸合成过程中脂酰基的载体,可与脂酰基相连,用 E_1-泛-SH 表示。此外,在每一亚基的酮脂酰合成酶结构域中的半胱氨酸残基的 SH 亦很重要,它也能与脂酰基相连,用 E_2-半胱-SH 表示。

A　$HS-CH_2-CH_2-\overset{H}{\underset{O}{N}}-C-CH_2-CH_2-\overset{H}{N}-C-\overset{OH}{\underset{H}{C}}-\overset{CH_3}{\underset{CH_3}{C}}-CH_2-O-\overset{O}{\underset{O^-}{P}}-O-CH_2-Ser-ACP$

泛酸

磷酸泛酰巯基乙胺

4. 丙二酸单酰-CoA 的合成

乙酰-CoA 由乙酰-CoA 羧化酶(acetyl CoA carboxylase)催化转变成丙二酸单

酰- CoA。

$$CH_3CO\sim SCOA + HCO_3^- + H^+ + ATP \xrightarrow[\text{生物素,Mg}^{2+}]{\text{乙酰-CoA 羧化酶}} HOOCCH_2CO\sim SCoA +$$

乙酰-CoA 丙二酸单酰-CoA

ADP＋Pi

乙酰- CoA 羧化酶存在于胞液中,其辅基为生物素,Mn^{2+} 为激活剂。该反应是脂肪酸合成过程中的限速步骤,此酶为别构酶,在变构效应剂的作用下,其无活性的单体与有活性的多聚体(由 10～20 个单体呈线状排列)之间可以互变。柠檬酸与异柠檬酸可促进单体聚合成多聚体,增强酶活性,而长链脂酰- CoA 可加速多聚体的解聚,从而抑制该酶活性。乙酰- CoA 羧化酶还可通过依赖于 cAMP 的磷酸化及去磷酸化修饰来调节酶的活性。此酶经磷酸化后活性丧失,去磷酸化活性增强。

5. 丙二酸单酰- CoA 转变为软脂酸

动物体通过启动、装载、碳链延长和释放 4 个阶段反应,形成 16 碳的软脂酸- ACP,然后水解释放软脂酸。

(1)启动(转酰基反应)

乙酰- CoA 与 ACP 作用生成乙酰- ACP,该反应是一个起始反应。在乙酰- CoA 转移酶催化下,将乙酰- CoA 先转运至 ACP,再转运至 β-酮脂酰- ACP 合成酶的- SH。

在丙二酸单酰转移酶的催化下,乙酰基及丙二酸单酰基分别转移到 E_1-半胱- SH 及 E_2-泛- SH 上,生成乙酰、丙二酸单酰- E。

(2)装载(转酰基反应)

丙二酸单酰- CoA 在丙二酸单酰- CoA 转移酶的催化下与 ACP- SH 作用,脱掉 CoA,形成丙二酸单酰- ACP。

乙酰乙酰(β-酮脂酰)- E 的生成:在 β-酮脂酰合成酶的催化下,酶分子上的乙酰基与丙二酸单酰基缩合,释出 1 分子 CO_2,生成乙酰乙酰(β-酮脂酰)- E_2。

(3)碳链的延长

在合成酶复合体上依次进行缩合、加氢、脱水和再加氢 4 步反应。

① 缩合

丙二酸单酰- ACP 在 β-酮脂酰- ACP 合成酶催化下,与乙酰基缩合生成 4 个碳原子的 β-酮丁酰- ACP,并释放 CoA。

② 加氢

β-酮丁酰- ACP 的 β-碳原子的加氢,生成 β-羟丁酰- ACP,由 β-酮脂酰- ACP 还原酶的催化下,由 $NADPH＋H^+$ 供氢。

③ 脱水

β-羟丁酰- ACP 在 β-羟脂酰脱水酶催化下,脱去 1 分子的水生成 α,β-烯丁酰- ACP。

④ 再加氢

α,β 烯丁酰- ACP 在 α,β 烯酰还原酶的催化下,由 $NADPH＋H^+$ 供氢,α,β 烯丁酰- ACP 还原生成丁酰- ACP。

由上述 4 步反应所产生的丁酰- ACP 比原来的乙酰- CoA 多了两个碳原子。丁酰-ACP 经同样方式,重复缩合、还原、脱水、再还原等步骤得到己酰- ACP,经过 7 次循环之后,生成 16 个碳原子的软脂酰- ACP。

（4）释放

软脂酰- ACP 经硫解酶的水解,即生成终产物游离的软脂酸。

软脂酸的合成过程见图 5 - 5。

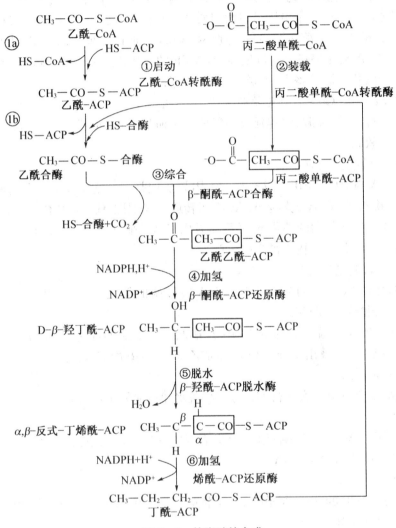

图 5 - 5　软脂酸的合成

软脂酸合成的总反应式为:

$$乙酰- ACP + 7 丙二酸单酰- ACP + 14NADPH + 14H^+$$

$$\xrightarrow{\text{脂肪酸合成酶系}} 软脂酸 + 7CO_2 + 8ACP + 14NADP^+ + 6H_2O$$

胞液内脂肪酸合成与线粒体内脂肪酸 β-氧化的过程有明显的差别(如表 5 - 2),这有利于机体更精确地控制脂肪酸的合成与氧化。

表 5-2 脂肪酸(胞内)合成与 β-氧化区别

特 征	脂肪酸 β-氧化	脂肪酸合成	特 征	脂肪酸 β-氧化	脂肪酸合成
细胞内定位	线粒体	胞液	辅助因素	无	生物素、ATP
起始物质	脂酰-CoA	乙酰-CoA	对 HCO_3^- 的需要	无	必需
产物	乙酰-CoA	软脂酰-CoA	二碳单位增减形式	C_2	C_3
β-羟中间代谢的构型	L 型	D 型	运载系统	肉毒碱	柠檬酸
硫脂键(活性基团)	CoA-SH	ACP-SH	脂酰-CoA 的抑制	无	有
氢载体	FAD,NAD$^+$	NADPH+H$^+$	引起反应增强的原因	禁食或饥饿	高糖膳食
酶系	无多酶复合体	有多酶复合体	反应方式	从羟基端开始	从甲基端开始

(二)脂肪酸碳链的加长

脂肪酸合成酶系催化合成的脂肪酸是软脂酸。更长碳链的脂肪酸则是对软脂酸的加工,使其碳链延长,碳链延长在肝细胞的内质网和线粒体中进行。

1. 内质网脂肪酸碳链延长酶体系

在内质网,软脂酸碳链延长是以丙二酸单酰 CoA 为二碳单位的供体,由 NADPH+H$^+$ 供氢,经缩合、加氢、脱水及再加氢等反应,每一轮可增加 2 个碳原子,反复进行可使碳链逐步延长。其合成过程与软脂酸合成相似,但脂酰基连在 CoASH 上进行反应,而不是以 ACP 为载体。一般可将脂肪酸碳链延长至二十四碳,但以十八碳的硬脂酸为最多。

$$CH_3(CH_2)_{14}COSCoA + \begin{array}{c} COOH \\ | \\ CH_2 \\ | \\ COSCoA \end{array} + 2NADPH + 2H^+ \longrightarrow$$

$$CH_3(CH_2)_{16}COSCoA + 2NADP^+ + CoASH + CO_2$$

2. 线粒体酶体系

在线粒体,软脂酰-CoA 与乙酰-CoA 在脂肪酸延长酶体系的催化下缩合,生成 β-酮硬脂酰-CoA,然后由 NADPH+H$^+$ 供氢,还原为 β-羟硬脂酰-CoA,又脱水生成 α,β-硬脂烯酰-CoA,再由 NADPH+H$^+$ 供氢,即还原为硬脂酰-CoA,其过程与 β-氧化的逆过程基本相似,但需 α,β-烯酰还原酶及 NADPH+H$^+$。通过此种方式,每一轮反应可加上 2 个碳原子,一般可延长碳链至 24 或 26 个碳原子,且以硬脂酸最多。

$$CH_3(CH_2)_{14}CO-SCoA + CH_3CO-SCoA \xrightarrow[CoASH]{} CH_3(CH_2)_{14}CO-CH_2CO-SCoA$$

β-酮硬脂酰-CoA

$$CH_3(CH_2)_{14}CO-CH_2CO-SCoA + NADPH + H^+ \longrightarrow$$
$$CH_3(CH_2)_{14}CH(OH)CH_2COSCoA + NADP^+$$

$$CH_3(CH_2)_{14}CH(OH)CH_2COSCoA \xrightarrow[H_2O]{} CH_3(CH_2)_{14}CH=CH-COSCoA$$

$$CH_3(CH_2)_{14}CH=CHCOSCoA+NADPH+H^+ \longrightarrow$$
$$CH_3(CH_2)_{16}CO—SCoA+NADP^+$$

(三) 不饱和脂肪酸的合成

人和动物组织含有的不饱和脂肪酸主要为软油酸($16:1,\Delta^9$)、油酸($18:1,\Delta^9$)、亚油酸($18:2,\Delta^{9,12}$)、亚麻酸($18:3,\Delta^{9,12,15}$)、花生四烯酸($20:4,\Delta^{5,8,11,14}$)等。前两种单不饱和脂肪酸可由人体自身合成,而后三种不饱和脂肪酸,在人体内不能合成或合成不足,但它们又是人体不可缺少的,必须由食物提供,称必需脂肪酸。这是因为动物只有 Δ^4,Δ^5,Δ^8 及 Δ^9 去饱和酶(desaturase),缺乏 Δ^9 以上的去饱和酶,而植物则含有 Δ^9,Δ^{12} 及 Δ^{15} 去饱和酶。

三、三酰甘油的合成

合成三酰甘油(脂肪)的直接原料是脂酰- CoA 和 3 -磷酸甘油,脂酰- CoA 由脂肪酸活化产生,3 -磷酸甘油由甘油活化产生或糖酵解的中间产物磷酸二羟基丙酮还原生成。活化的 3 -磷酸甘油与 2 分子脂酰- CoA 在滑面内质网上先合成磷脂酸(3 -磷酸甘油二酯)。生成的磷脂酸在磷酸酯酶的作用下,脱去磷酸根,再与 1 分子脂酰- CoA 作用生成三酰甘油。

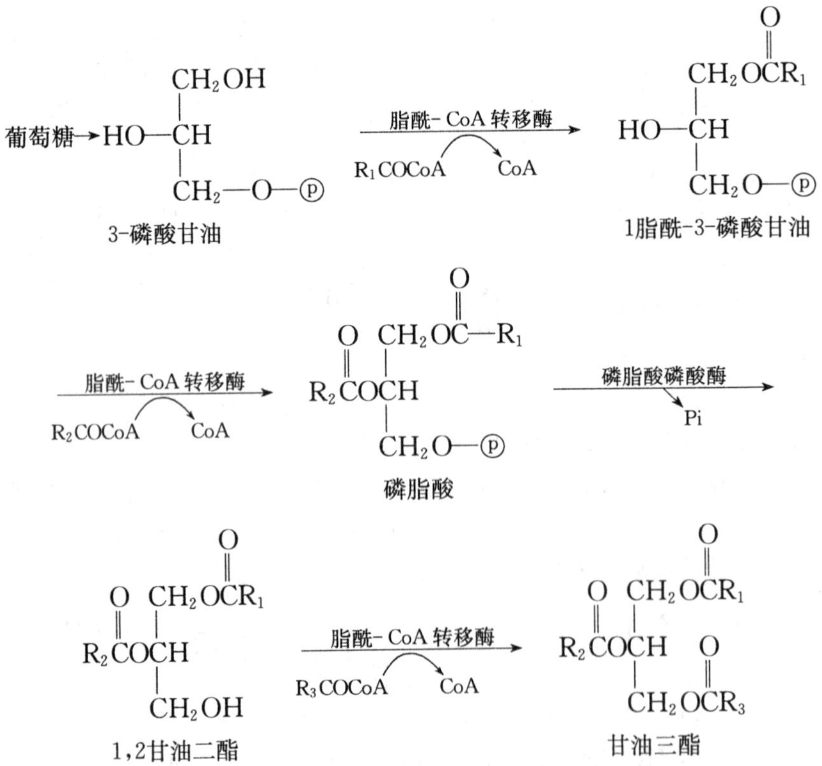

细胞中糖代谢加强而产生 3 -磷酸甘油增多时,有利于三酰甘油的生成。肝脏中合成的三酰甘油主要以极低密度脂蛋白形式运出,供其他组织利用。脂肪组织中的三酰甘油

合成后被贮存。小肠黏膜细胞可以利用吸收的脂肪酸合成三酰甘油,并形成乳糜微粒入血液。

第八节　磷脂及胆固醇的代谢
第九节　血浆脂蛋白代谢及调控

　　磷脂是细胞和细胞膜的主要成分,对细胞膜的通透性起着重要调节作用。血浆脂蛋白是血浆中一类结构复杂的复合物,是脂类物质在体内的运输形式。细胞内胆固醇除直接参与形成细胞膜外,对调节细胞内胆固醇代谢及血脂蛋白的代谢起重要作用。下面将以电子版形式作扼要的介绍,快扫码学习吧!

复习思考题

　　1. 天然脂肪酸在结构上有哪些共同的特点?

　　2. 单脂与复脂在结构上有何区别?油脂有哪些性质及作用?

　　3. 指出下列膜脂的亲水成分和疏水成分:(a) 磷脂酰乙醇胺;(b) 鞘磷脂;(c) 胆固醇。

　　4. 人和动物体内胆固醇可转变为哪些具有重要生理意义的类固醇物质?

　　5. 说明肉碱-酰基转移酶在脂肪酸氧化途径中的作用。

　　6. 计算一分子硬脂酸彻底氧化成 CO_2 及 H_2O,产生 ATP 的分子数。

　　7. 酮体是如何合成与分解的?

　　8. 试比较脂肪酸合成与氧化的异同。

　　9. 试综述低密度脂蛋白(LDL)的大体组成,体内的代谢和生物功能。

生物膜系统

> **学习要点**：生物膜结构是细胞结构的基本形式，是细胞功能的基本结构基础。生物膜包括细胞的外周膜和内膜系统。生物膜的基本化学组成是膜脂质和膜蛋白质。膜脂构成生物膜的基本骨架，膜蛋白是膜功能的主要体现者。生物膜结构的流动镶嵌模型认为膜是由脂质和蛋白质分子按二维排列的流体，膜蛋白分布具有不对称性。生物膜在生命活动中担负着多种重要的功能，其主要功能之一是物质的跨膜运输，包括被动运输、主动运输和膜泡运输等方式。

第一节 生物膜的概念

生物的基本结构和功能单位是细胞，所有细胞的外面都有一层薄膜（厚度为 5～10 nm）将其内含物和外界环境隔开，这层膜称为细胞膜或外周膜，又称为原生质膜或质膜。真核细胞除细胞膜外，还有广泛的内膜系统，将细胞原生质分隔成许多特殊区域，组成具有各种特定功能的细胞器，如细胞核、线粒体、叶绿体、内质网、高尔基体、溶酶体等，构成这些细胞器的膜称为胞内膜或内膜系统。细胞膜和胞内膜统称为生物膜 （biomembrane）。生物膜结构是细胞结构的基本形式。图 6-1 显示了典型的动物细胞和植物细胞的细胞模式图，其中包括各种内膜系统所包围的细胞器结构，(a) 为动物细胞；(b) 为植物细胞。

细胞膜是将细胞质与外界环境隔开的一层高度选择透过性的半透膜。细胞膜在细胞的生命活动中担负着许多重要的生理功能，如细胞与环境间的物质交换、能量转化、信息传递、代谢调节、细胞识别、细胞免疫、细胞对药物的反应、分泌作用等都与细胞膜的结构紧密联系。同时细胞膜对细胞也起到一定的保护作用，使细胞不受或少受外界环境因素的影响。细胞膜是将细胞内部与其所在环境分隔开来的关键性屏障，若没有完整的细胞膜，细胞内容物将迅速分散，细胞质的溶胶体系也将迅速改变，维持生命所必需的代谢不能进行，细胞便不能正常生存。

真核细胞的内膜系统形成的各种细胞器，将细胞的内环境分隔成各个互相联系又相对独立的区间。在不同的细胞器内分布着不同的酶系，进行不同类型的代谢反应，从而实

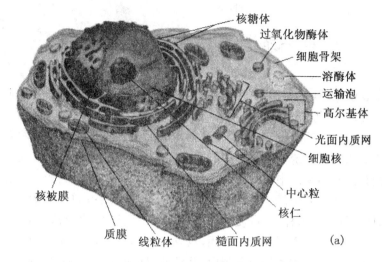

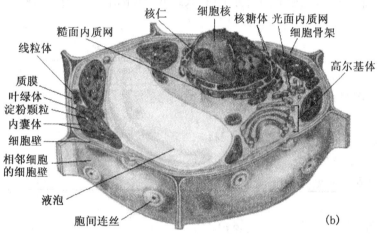

图 6‑1　两类典型的真核细胞的结构模式

现了细胞结构和功能的"区域"化,使细胞内的复杂代谢活动相互联系,又互不干扰,协调一致地进行。与真核细胞不同,原核细胞没有分化的细胞器,只有细胞膜内陷而形成的少量片层状或囊状结构,称为间体(mesosome)。间体在细胞的能量代谢、细胞分裂等活动中起重要作用。

　　对于生物膜的研究不仅具有重要的理论意义,而且在工农业、医学实践方面也有广阔的应用前景。在工业上,生物膜的各种功能正在成为模拟对象。比如生物膜的选择透过功能一旦模拟成功,将大大提高污水处理、海水淡化以及回收有用的工业副产品的效率。在农业方面,从生物膜的结构和功能角度研究农作物的抗旱、抗寒、耐盐和抗病等的机制,这些研究成果将为农业增产带来显著成效。在医药方面,几乎所有疾病都与膜的变异有密切关系。很多细胞膜上的受体可能是药物作用的靶体。人工膜(脂质体)作为药物载体已经进行了大量研究。

第二节 生物膜的化学组成

生物膜主要由脂质(称为膜脂)和蛋白质(称为膜蛋白)组成。此外生物膜中还含有少量糖类、水和金属离子等。

膜脂构成生物膜的基本骨架,膜蛋白是膜功能的主要体现者。研究两者的相互作用是探讨生物膜结构和功能统一的中心环节。在各种不同细胞膜中,以及同一细胞不同细胞器或同一细胞器不同膜层中,脂质和蛋白质的比例相差很大。例如:神经髓鞘质膜中,蛋白质只占18%,脂质约占79%;而线粒体内膜中蛋白质约占80%,脂质约占20%。一般来说,膜的功能越复杂多样,蛋白质的比例越大;相反,膜的功能越简单,膜蛋白的种类和含量越少。如神经髓鞘主要起绝缘作用,仅含3种蛋白质,而线粒体内膜功能复杂,含有电子传递和氧化磷酸化相关的组分蛋白,共约60种蛋白质。一些生物膜的化学组成如表6-1所示。

表6-1 一些生物膜的化学组成(质量分数,%)

生物膜的类别	蛋白质	脂质	糖类
神经髓鞘质膜	18	79	3
人红细胞膜	49	43	8
小鼠肝细胞膜	44	52	4
嗜盐菌紫膜	75	25	0
线粒体内膜	76	24	0

一、膜脂

组成生物膜的脂质主要为磷脂、糖脂和胆固醇,其中磷脂含量最高,分布最广。

(一)膜脂质的种类

1. 磷脂

组成生物膜的磷脂主要是甘油磷脂和鞘氨醇磷脂。甘油磷脂的结构通式如下:

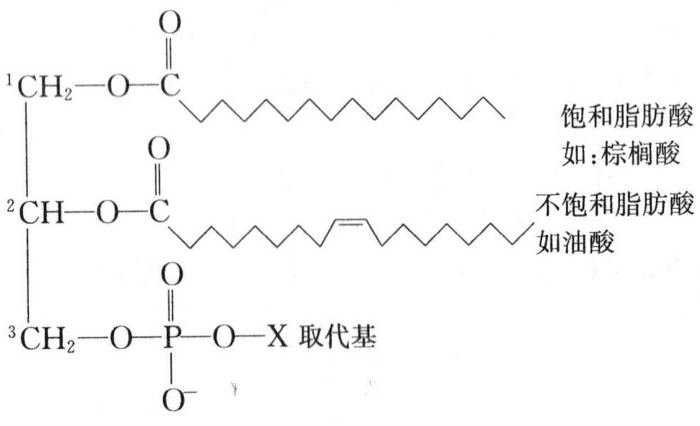

第六章 | 生物膜系统

甘油磷脂以甘油为骨架,通常 C1 位上连接的是饱和脂肪酸(如棕榈酸),C2 位上连接的是不饱和脂肪酸(如油酸)。当取代基 X 为 H 原子时,为最简单的甘油磷脂,即磷脂酸。磷脂酸是其他甘油磷脂合成的前体。当 X 分别为胆碱、乙醇胺、丝氨酸或肌醇等时,则构成常见的甘油磷脂:磷脂酰胆碱、磷脂酰乙醇胺、磷脂酰丝氨酸、磷脂酰肌醇等。

生物膜中的另一类磷脂为鞘氨醇磷脂,是由神经鞘氨醇、脂肪酸、磷酸及取代基所组成。这种磷脂分子以鞘氨醇代替甘油作为骨架,它的氨基以氨酰键与一个长链脂肪酸相连(形成神经酰胺),而第 1 位 C 原子的羟基与磷酰胆碱或磷酰乙醇胺相连。当取代基 X 为 H 原子时,即为神经酰胺(Ceramide,简写 Cer)。若 X 为磷酰胆碱基团,即为鞘磷脂。若 X 为单糖或寡糖基团,则构成不同类型的鞘糖脂。

甘油磷脂和鞘磷脂都是两亲分子,每一分子中既有亲水部分(极性头部),又有疏水部分(非极性尾部)。这一特征决定了它们在生物膜中的双分子层排列(脂双层)。

鞘脂的结构通式如下:

$$\text{HO}\!-\!{}^3\text{CH}\!-\!\text{CH}\!=\!\text{CH}\!-\!(\text{CH}_2)_{12}\!-\!\text{CH}_3 \quad \text{鞘氨醇}$$

$$\underset{\text{H}}{{}^2\text{CH}\!-\!\text{N}}\!-\!\overset{\overset{\text{O}}{\|}}{\text{C}}\!\sim\!\!\!\sim\!\!\!\sim \quad \text{脂肪酸}$$

$$\text{}^1\text{CH}_2\!-\!\text{O}\!-\!\text{X} \quad \text{取代基}$$

2. 糖脂

组成生物膜的糖脂主要为甘油醇糖脂和鞘氨醇糖脂。动物细胞的质膜几乎都含有糖脂,其含量约占外层膜脂的 5%,这些糖脂大多是鞘氨醇的衍生物。如上述鞘脂的结构通式中当 X 为一个半乳糖残基时,相应的鞘脂为半乳糖脑苷脂,这是髓鞘膜的主要糖脂,约占外层膜脂的 40%。质膜中的糖脂大多含有 1~15 个糖基。

3. 胆固醇

生物膜中还含有少量胆固醇,一般情况下动物细胞膜结构中的胆固醇含量高于植物细胞,而质膜的胆固醇含量比胞内膜高。胆固醇是刚性、平面的分子,也具有两亲特性,胆固醇参与细胞质膜的组成能增加膜的稳定性,对生物膜中脂质的物理状态有一定调节作用。在相变温度以上,胆固醇阻挠脂分子脂酰链的旋转异构化运动,从而降低膜的流动相;在相变温度以下,胆固醇的存在又会阻止磷脂的脂酰链的有序排列,从而降低其相变温度,防止向凝胶态的转化,保持膜的流动相。

多烯类抗生素(如制霉菌素、杀念菌素等)能与胆固醇起作用,破坏这类膜的稳定性。这类抗生素能破坏真核细胞,但一般不影响原核细胞,可能是因为原核细胞膜中缺乏胆固醇。某些细菌如支原体,没有细胞壁,生长需要胆固醇,可能是胆固醇参与到质膜中使其膜结构稳定化。因此多烯类抗生素也能抑制支原体。

(二)膜脂质在水溶液中的存在形式

生物膜中含有的脂质有一共同的特点,即它们都是两性分子,含有极性成分和非极性

249

成分。磷脂和糖鞘脂在一定的条件下可以像肥皂那样形成单层膜或微团,然而在体内这些脂倾向于组装成一个脂双层。由于磷脂和糖鞘脂含有两条烃链的尾巴,不能很好地包装成微团,却可以精巧地组装成脂双层(图6-2),图中(a)为球状微团,脂肪酸的疏水基团排列在球的中心;(b)为脂双层,除了边缘处以外的所有疏水脂酰基侧链因疏水作用相互靠近而避开与水接触;(c)为脂质体,具有中空的三维结构,内部为亲水的空穴。但并不是所有的两性脂都可以形成脂双层,如胆固醇,其分子中的极性基团—OH 相对于疏水的稠环系统太小了。在生物膜中,不能形成脂双层的胆固醇和其他脂(大约占整个膜脂的30%)可以稳定地排列在其余70%脂组成的脂双层中。

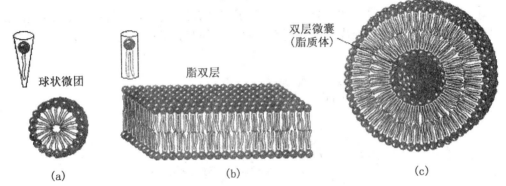

双层微囊
(脂质体)

球状微团

脂双层

(a)

(b)

(c)

图6-2 两亲的磷脂分子在水溶液中存在的几种结构形式

脂双层内脂分子的疏水尾巴指向双层内部,而它们的亲水头部与每一面的水相接触,磷脂中带正电荷和负电荷的头部基团为脂双层提供了两层离子表面,双层的内部是高度疏水的。脂双层倾向于闭合形成球形结构,这一特性可以减少脂双层的疏水边界与水相之间的不利的接触。在实验室里可以合成由脂双层构成的小泡,小泡内是一个水相空间,这样的脂双层结构称为脂质体(liposomes),它相当稳定,并且对许多物质是不通透的。

这种脂质体可以包裹药物分子,将药物带到体内特定组织。因为一些药物必须在进入活细胞后才能发挥药效,但它们中大多是带电或有极性的,因此不能靠被动扩散跨膜。人们发现利用脂质体运输某些药物进入细胞是很有效的办法。由于脂质体是脂双层膜组成的封闭的、中空的囊泡,极性的药物分子可以被包裹在脂质体的水溶性的内部空间,负载有药物的脂质体可以通过血液运输,然后与细胞的质膜相融合将药物释放入细胞内部。

现已证实,生物膜中的脂质分子正是以双分子层结构形式存在的。脂双层结构是生物膜的基础骨架,也称为生物膜的基质,它使生物膜成为物质通透的屏障,把膜内物质与外界环境分开。同时,一些膜脂与膜蛋白结合牢固,是这些膜蛋白发挥功能所必需的。

生物膜在一般条件下都呈现脂双层结构,但在某些生理条件下(如胞吞、胞吐、融合、蛋白质跨膜输送等)可能出现非脂双层结构,如六角形相(图6-3)。非脂双层结构的存在是在人工膜体系中发现并得到证明的。

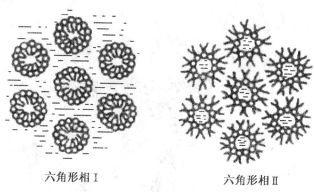

六角形相 I　　　　　　六角形相 II

图6-3　非脂双层结构的生物膜

二、膜蛋白

根据粗略计算,细胞中大约 20%～25% 的蛋白质是与膜结合存在的。不同生物膜中膜蛋白含量相差很大。神经细胞膜只含有 3 种蛋白质,含量为 18%,细菌质膜及线粒体内膜中蛋白质含量都超过 75%,种类在 60 种以上。实验证明,功能越复杂多样的膜,膜蛋白含量越高,种类也越多。

根据膜蛋白在膜上的定位,可分为膜外周蛋白和膜内在蛋白(图6-4)。两类蛋白在分子结构和性质上有着不同的特点。

(一) 外周蛋白

外周蛋白位于膜脂双层的表面,它们通过静电力、范德华力与膜脂的极性头部结合,或者通过非共价键与其他蛋白质相互作用连接在膜上。膜外周蛋白一般约占膜蛋白的 20%～30%。膜外周蛋白比较易于分离,溶解于水,采用改变溶液的离子强度,或改变 pH,或加入金属螯合剂等较温和的处

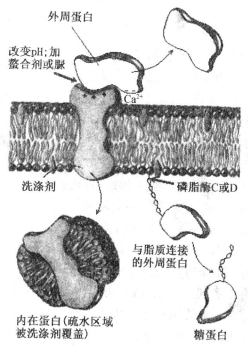

外周蛋白

改变pH;加螯合剂或脲

Ca^{2+}

洗涤剂

磷脂酶C或D

内在蛋白(疏水区域被洗涤剂覆盖)

与脂质连接的外周蛋白

糖蛋白

图6-4　生物膜的外周蛋白和内在蛋白

理方法即可提取。如线粒体内膜上的细胞色素 c、F_1 - ATP 酶、支持红细胞外形的膜骨架(membrane skeleton)的主要成分——血影蛋白(spectrin)(图6-5)等都属于这一类。图中,红细胞膜上的 HCO_3^- - Cl^- 载体蛋白为跨膜蛋白,通过锚蛋白与红细胞的骨架蛋白血影蛋白连接,从而限制了其作侧向运动。锚蛋白含有一个共价结合的棕榈酰基侧链,与膜相连接。血影蛋白是细长的、纤丝状蛋白,在细胞膜面向细胞质一侧形成网络状结构,维持红细胞的形状。

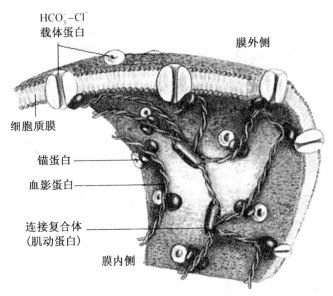

图 6-5　红细胞的膜蛋白

（二）内在蛋白

内在蛋白一般占膜蛋白的70％～80％，主要靠疏水作用与膜脂相结合。它们或部分镶嵌在脂双层中，或横跨全膜。这类蛋白不易与膜脂分离，只有采用剧烈的条件，如经去污剂、有机溶剂、超声波、酸性磷酸脂酶等处理，才能将它们从膜上溶解下来。内在蛋白难溶于水，从膜上分离下来后，一旦去除去污剂或有机溶剂，它们就会凝集起来，成为不溶性的物质，构象和活性都发生很大的变化。

膜内在蛋白与膜结合的形式有多种多样，可以是以单一α-螺旋跨膜（图6-6）或以多段α-螺旋多次跨膜（图6-7）或通过共价结合的脂质将疏水部分插入膜中（这种结合方式称为锚定）等。图6-6表示一个含有糖基的亲水区域位于膜外侧，另

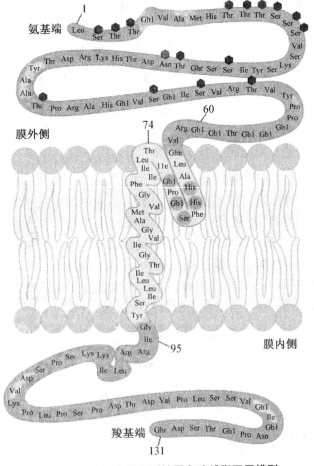

图 6-6　红细胞的血型糖蛋白跨越脂双层模型

一个亲水区域位于膜内侧。疏水残基形成的 α 螺旋肽段跨越脂双层。肽链上的六角形表示与氨基酸残基相连接的寡糖基。图 6 - 7 表示细菌视紫红质的单一肽链折叠形成 7 个疏水的 α-螺旋,多次跨越脂双层,与膜平面几乎垂直。7 个螺旋肽段聚集成簇,膜脂的脂酰基存在于螺旋之间及周围。

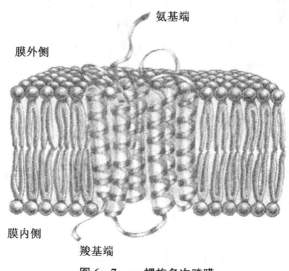

图 6 - 7 α-螺旋多次跨膜

膜蛋白都是功能蛋白,不同种类的膜蛋白担负着不同的生物功能,有受体蛋白、运输蛋白、酶等等。所以蛋白质含量越高、种类越多的膜,其功能自然也就越复杂。

三、糖类

质膜和胞内膜都含有糖类物质,这些糖类物质大多与膜蛋白结合,以糖蛋白的形式存在,少量与膜脂结合,组成糖脂。

糖类在膜上的分布是不对称的。在质膜和胞内膜中,糖基链都分布于非细胞质一侧,即细胞膜中的糖脂、糖蛋白的糖残基分布于细胞的外表面,而胞内膜中糖脂、糖蛋白的糖残基面向膜系内腔。分布于细胞膜外侧的糖链犹如细胞的化学天线,在细胞识别、细胞免疫、信息传递等功能中起重要作用。

生物膜中含有的少量金属离子,如 Mg^{2+}、Ca^{2+} 等阳离子通过离子键与带负电荷的磷脂的结合也有助于膜结构的稳定性。

第三节 生物膜的结构

一、生物膜中膜组分之间的作用力

生物膜是由蛋白质、脂质和糖类组成的超分子体系。一般认为生物膜中分子之间主要有 3 种作用力:静电力、疏水作用和范德华力。

静电力存在于分子的一切极性和带电荷的基团之间,它们相互吸引或排斥。在膜两侧的脂质和蛋白质的亲水极性基团通过静电力的相互吸引可以形成很稳定的结构。静电力在膜蛋白之间的相互作用也很重要。膜中疏水区的介电常数较低,它可以使蛋白质分子的极性部分之间形成强烈的静电力。

疏水作用对于维持膜结构起主要作用,蛋白质分子具有非极性的氨基酸侧链和脂双层的疏水脂酰链都趋向于避开与水接触。这些非极性基团之间存在一种相互趋近的作用力,称为疏水作用。因此疏水作用依赖于水的存在。而当非极性基团相互靠近时,范德华引力成为疏水作用的主要因素。

范德华引力倾向于使膜中分子尽可能彼此靠近,与疏水作用有相互补充的作用,在膜结构中也是十分重要的。

二、生物膜结构的主要特征

(一) 膜组分(膜脂和膜蛋白)在脂双层两侧的不对称性分布

1. 膜蛋白分布的两侧不对称性

不同种类生物膜的蛋白质含量和种类明显不同,且同一种膜的脂双层两侧,其蛋白质含量和种类也有很大差别。实验证明,除了跨膜蛋白外,其他蛋白不可能同时出现在膜两侧,膜蛋白的这种不对称分布反映了膜两侧功能的不对称性。在 *Halobacterium* 的紫膜和青蛙的杆状细胞外层膜中分别含有细菌视紫红质(bacteriorhodopsin)和视紫红质(rhodopsin)。功能越复杂的膜所含有的蛋白质种类越多,如线粒体膜。采用 SDS 聚丙烯酰胺凝胶电泳分离具有不同蛋白质组成的特定功能的膜,如图 6-8 所示。图中 1 为 *Halobacterium* 的紫膜蛋白;2 为青蛙的杆状细胞外层膜;3 为豌豆的类囊体膜;4 为牛心的线粒体;5 为人红细胞;6 为 *E. coli* 的膜蛋白。

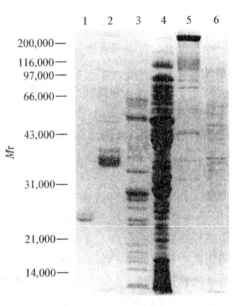

图 6-8 SDS 聚丙烯酰胺凝胶电泳分离结果

已知分布于质膜外的蛋白质主要有非专一性 Mg^{2+}-ATP 酶、$5'$-核苷酸酶、$5'$-磷酸二酯酶、对硝基酚磷酸酶、各种激素及毒素受体蛋白等,在质膜内侧的蛋白质有腺苷酸环化酶等。

2. 膜脂分布的两侧不对称性

膜脂在脂双层两侧的分布也是不对称的。糖脂只存在于膜的非细胞质一侧的单分子层中,是绝对的分布不对称,其他脂类在膜两侧的分布也有差异。例如:人红细胞膜脂双层外侧含有卵磷脂、鞘磷脂较多,内侧含脑磷脂和磷脂酰丝氨酸较多。如图 6-9。还发现同一细胞同一种膜的不同部位,各种脂质的分布也是不均一的。膜脂的不对称、不均一分布,可使膜的不同部位在流动性、电荷情况上有差异,这也为膜蛋白的不对称分布和执行不同的功能提供了条件。

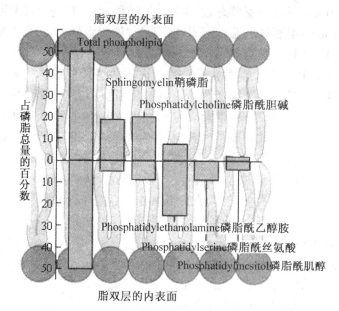

图 6-9 红细胞膜脂在膜内外两侧的不对称分布

膜组分在生物膜结构上的两侧不对称性分布,保证了膜功能的方向性。如膜两侧质子梯度的产生、物质的跨膜输送、信息传递等生理生化过程都需要膜具有方向性。膜两侧不同组分的协同作用是生物膜迅速、准确地完成其复杂功能的保障。

(二)生物膜的流动性

生物膜的流动性包括膜脂的流动性和膜蛋白的运动性。流动性是生物膜结构的主要内容,适当的流动性是生物膜表现其正常生理功能所必需的。

1. 膜脂的流动性

膜脂的流动性亦即膜脂的运动状态。膜脂分子具有磷脂分子在膜内作侧向扩散、热运动、翻转运动(flip-flop motion)等(图6-10)多种运动方式。脂双层内膜脂的运动包括单个分子在同一层内的侧向运动,脂酰基在脂双层内部的热运动。由于有热运动,在特定温度以上脂双层为液态,当温度降低时,脂质变为凝胶态(固态,类似于晶

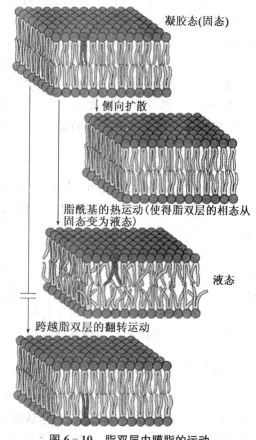

图 6-10 脂双层内膜脂的运动

态)。翻转运动是不常见的运动方式。正常生理条件下,膜脂处于流动状态,称液晶态。温度降低可转变为类似晶态的凝胶态,发生这一变化的温度,称为相转变温度。不同生物膜,膜脂的化学组成不同,相转变温度不同,特别是甘油磷脂分子中,脂肪酸烃链的长度和不饱和度对相变温度的影响更为显著。

膜脂的流动性对于膜的功能,特别是对膜蛋白的活性具有重要意义。膜脂合适的流动性是膜蛋白表现正常功能的必要条件。若将基质网膜小泡中99%的脂类用二油酰卵磷脂(相变温度为-22℃)来置换,则膜小泡上的钙运输酶(一种ATP酶)在全部测试温度下均有活性。若用二豆蔻酰卵磷脂(相变温度为24℃)置换,这种钙运输酶在温度低于24℃便失去活性。正常情况下,生物可通过调节磷脂分子中脂肪酸组成、胆固醇含量及pH、金属离子浓度等对生物膜进行调控,使其具有合适的流动性,从而表现其正常的生理功能。

影响膜脂流动性的因素很多,包括磷脂脂酰链的不饱和程度和链长,胆固醇、鞘磷脂的含量,以及膜蛋白、温度、pH、离子强度、金属离子等。

2. 膜蛋白的运动性

(1) 膜蛋白侧向扩散

膜蛋白在膜上作侧向扩散运动的最早证据来自1970年Frye和Edidin的细胞融合实验。他们用结合有绿色荧光染料和红色荧光燃料的专一抗体分别标记人的细胞和小鼠细胞,小鼠细胞和人细胞融合后形成一个新的杂合细胞。由于连接有两种荧光标记的抗体分别与两种细胞的膜抗原相结合,开始时一半呈绿色,另一半呈红色。但经37℃保温40 min后,两种颜色的荧光点就呈均匀分布,这是各自分布于两种细胞表面的膜抗原蛋白运动的结果(图6-11)。

(2) 膜蛋白旋转运动

除侧向扩散外,膜蛋白还可围绕与膜平面相垂直的轴进行旋转运动。实验证明,膜蛋白的旋转扩散速度比侧向扩散慢。

与膜脂相比,膜蛋白的分子更大,结构更复杂,所以,翻转运动更加困难,实际上蛋白质的翻转从未被观察到。因此,推测膜组分(尤其是膜蛋白)在膜上的相对位置在膜的组建过程中就被确定下来了,翻转困难可以使膜的不对称保持得很长久。

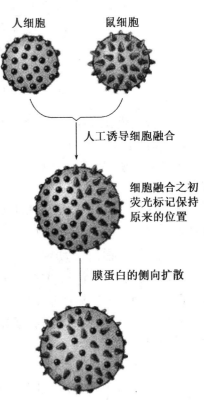

图6-11 膜蛋白的运动特性

三、生物膜的结构模型

人们对生物膜的认识经过了一个漫长的历程。1899年Overton研究植物细胞膜的通透性时,发现易溶于脂肪的物质也容易穿过膜,由此提出了脂质和胆固醇物质可能是构成细胞膜的主要组分。以后,随着新技术新方法的不断被应用,对于膜组分的结构特点及膜的性质、结构的认识更加深入。其间,对膜结构的模型提出了不下几十种。到了 20 世纪 70 年代,在关于膜的流动性和膜蛋白、膜脂组分不对称性的研究取得了一系列重要成果的基础上,1972 年美国 S. J. Singer 与 G. Nicolson 提出了生物膜的流体镶嵌模型(The fluid mosaic model)(图 6‐12)。其基本观点目前已普遍被大家接受,主要内容包括:

(1)组成膜的脂类分子呈双分子层排列,是构成膜结构的基础。脂双层有双重作用,既是内在蛋白的溶剂,又是物质通透的屏障。在生理条件下,膜脂处于流动状态,生物通过改变膜脂的脂肪酸组成等因素进行调节控制其流动性。

(2)外周蛋白分子表面分布有许多极性 R 基,通过静电力与膜脂的极性头部亲和而附着于膜两侧表面。内在蛋白以不同深度镶嵌于脂双层中,有的贯穿整个膜,其分子中有疏水结构域和亲水结构域,疏水域埋在脂双层中心,与膜脂疏水尾相亲合,亲水域朝向膜的表面。脂双层结构对于内在蛋白构象的形成和功能表现是必要的,若脱离膜,则内在蛋白就失去活性。

(3)除非为特殊的相互作用所限制,膜蛋白在脂双层中可以自由地侧向扩散,但它们一般不能从膜的一侧翻转到膜的另一侧。

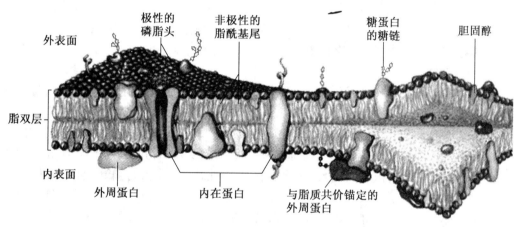

图 6‐12 生物膜的液态镶嵌模型

生物膜的流体镶嵌模型,强调了生物膜由脂类和蛋白质镶嵌组成,更突出了生物膜的流动性,认为活细胞的膜总是处于流动变化之中,并强调了膜的不对称性。这一模型很好地解释许多生物膜的物理、化学及生物学性质,因此,被广泛接受。但是,仍然存在着许多局限性,如近年来许多实验都表明的膜流动的不均匀性等,没有被引入模型中。相信随着研究的不断深入,它将会得到进一步完善和发展。

第四节　生物膜的功能

生物膜在生物的生命活动中担负着多种重要的生理功能,如能量转换、代谢调节、物质运输、细胞识别、细胞粘着、信息传递放大等。质膜担负着活细胞与环境进行物质交换的功能,从环境中吸收并富集有用的营养物质,排出代谢废物,使细胞内 pH 及各种离子浓度维持在需要的狭窄范围内。稳定的内环境保证了细胞内各种酶催化反应的顺利进行。同理,细胞内各种细胞器膜是细胞器内外联系的桥梁和屏障,它们的选择透性使各细胞器与整体细胞保持紧密联系而又相对独立。此外,生物膜对物质的选择透性和专一运输而产生的跨膜离子梯度是细胞能量转换、神经冲动的接受与传导、肌肉收缩等许多生理活动完成的基础。

鉴于生物膜的物质运输功能对于生命具有重要性,目前从分子水平阐明各种运输过程的机理已成为生化领域中的研究热点。

一、物质交换功能

生物膜的主要功能之一是进行物质运输。生物膜对物质的通透性具有高度选择性,细胞能主动从环境中摄取所需的营养物质,而将细胞生成的产物以及使一些废物(例如二氧化碳和尿素等)排泄掉。生物膜的物质运输有多种方式,可以从不同角度进行分类。根据运输过程是否需要载体的介导可分为非介导运输和介导运输;根据物质运输过程的自由能变化(能量需求)可分为被动运输(passive transport)和主动运输(active transport);根据被运输物质的分子大小可分为小分子物质的运输和生物大分子的运输;根据运输过程膜的变化可分为穿膜运输(被动运输和主动运输)和膜泡运输(胞吞和胞吐)。所谓穿膜运输是指物质进出生物膜时要穿过膜结构。

1. 被动运输

被动运输过程中,物质从膜的高浓度一侧向低浓度一侧运输,不需要细胞另外提供能量。在被动运输中,根据是否需要膜上的专一载体蛋白而分为简单扩散和促进扩散。

(1) 简单扩散 简单扩散是生物膜运输物质最简单的一种方式。它依赖于物质的扩散作用和渗透作用,运输速率取决于物质在膜两侧的浓度差和物质的分子大小、亲脂性等因素。物质在膜两侧的浓度差越大、分子越小、亲脂性越大,则穿膜运输的速率越快。

一些非极性小分子物质如 O_2、N_2、苯、甾类激素等,以及一些不带电荷的极性小分子物质如 H_2O、CO_2、甘油、乙醇、尿素等,可以以简单扩散的方式穿过膜。体积较大的极性分子如葡萄糖、蔗糖、氨基酸等及各种离子都不能自由扩散通过膜。少数膜如线粒体的外膜和革兰氏阴性细菌的细胞膜,其膜上存在许多管孔,可以允许较大范围的物质(一般是分子量小于 600 的极性亲水性化合物)进行快速的简单扩散,允许这些化合物自由穿过。对于大多数膜而言,溶质的简单扩散是一个非常缓慢的过程。

(2) 促进扩散 有些小分子物质顺浓度梯度穿膜运输中,需借助膜上的载体蛋白,这种运输称为促进扩散。载体蛋白对物质的运输有很高的专一性,不同物质由不同的载体蛋白运输。载体蛋白为跨膜蛋白,其分子中有与被运输物质专一结合的位点。在结合与释放被运输物质时,载体蛋白构象会发生可逆变化,促使其在膜一侧结合的物质在膜的另一侧释放。促进扩散的速率在一定限度内与物质的浓度呈正比,如果超过一定限度,运输速率则不随浓度增加,因为此时载体蛋白已被运输的物质所饱和,运输速率已接近或达到最大值。

人红细胞膜上有一种相对分子质量为 4.5 万的蛋白质葡萄糖透性酶(glucose permease),与葡萄糖专一结合,促进葡萄糖顺浓度梯度从膜外侧向膜内扩散,葡萄糖类似物对其有抑制作用。如图 6 - 13。

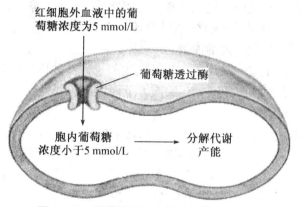

红细胞外血液中的葡萄糖浓度为 5 mmol/L

葡萄糖透过酶

胞内葡萄糖浓度小于 5 mmol/L → 分解代谢产能

图 6 - 13 葡萄糖顺浓度梯度扩散进入细胞

红细胞膜上的带 3(Band 3)蛋白运输阴离子(Cl^-、SO_4^{2-}等)的过程也属于被动运输中的促进扩散。带 3 蛋白的命名来源于其在 SDS 凝胶电泳图谱上相对于其他蛋白质的位置。带 3 蛋白是一个跨膜分布的内在糖蛋白,在红细胞执行 $O_2 - CO_2$ 交换功能中起着重要作用。带 3 蛋白是作为专一性负责 HCO_3^-、Cl^- 交换的阴离子通道。HCO_3^- 与 Cl^- 跨红细胞膜的运输过程是反向的协同运输。如图 6 - 14 所示。肌肉和肝脏中产生的 CO_2 在碳酸酐酶(carbonic anhydrase)的作用下转化为溶解性较好的 HCO_3^- 形式进入红细胞,经血液流动运输到肺部。在肺部,HCO_3^- 再转化为 CO_2 排出。

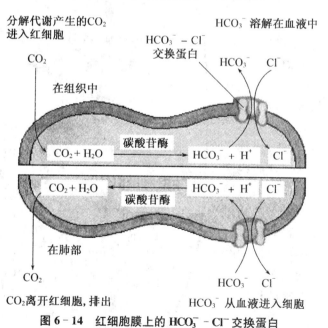

分解代谢产生的CO_2进入红细胞

HCO_3^- 溶解在血液中

$HCO_3^- - Cl^-$ 交换蛋白

CO_2

在组织中

HCO_3^- Cl^-

碳酸酐酶

$CO_2 + H_2O$ → $HCO_3^- + H^+$ Cl^-

$CO_2 + H_2O$ ← $HCO_3^- + H^+$ Cl^-

碳酸酐酶

在肺部

CO_2

HCO_3^- Cl^-

CO_2离开红细胞,排出

HCO_3^- 从血液进入细胞

图 6 - 14 红细胞膜上的 $HCO_3^- - Cl^-$ 交换蛋白

最近发现革兰氏阴性菌细胞膜表面存在着许多相对分子质量小的蛋白质,可以专一协助葡萄糖、半乳糖、亮氨酸、苯丙氨酸等扩散进入细胞内。

2. 主动运输

主动运输是逆浓度梯度或逆电化学梯度运输物质的过程，需要消耗能量。多数情况下，由 ATP 所供能，有的以代谢底物（如磷酸烯醇式丙酮酸）的高能磷酸键提供，还有的则利用呼吸链电子传递过程释放的能量。

主动运输也是由膜上专一载体蛋白帮助完成的。这些载体蛋白起泵的作用，它们利用能量，有选择地逆浓度梯度运输专一物质。下面以细胞膜对 Na^+、K^+ 及糖、氨基酸的运输为例讨论主动运输。

（1）Na^+、K^+ 的主动运输　无论是动植物还是微生物，细胞内外 Na^+、K^+ 的浓度都有明显差别。细胞内为低 Na^+、高 K^+，细胞环境是高 Na^+、低 K^+。例如，红细胞内 K^+ 浓度比 Na^+ 高约 20 倍，轮藻细胞内 K^+ 比其生存的环境高 63 倍。这种现象是由于细胞膜对 Na^+ 或 K^+ 逆浓度梯度主动运输的结果。执行这种主动运输功能的复合物称为 Na^+、K^+ 泵，也称为 Na^+、K^+ - ATP 酶，它是由两个亚基组成，一个是跨膜的催化亚基，相对分子质量为 10 万，另一个是与其结合的糖蛋白（相对分子质量约为 0.45 万）。催化亚基在膜内侧有 Na^+ 和 ATP 结合位点，外侧有 K^+ 结合位点。糖蛋白亚基的功能还不清楚，但是当它与催化亚基分开时，Na^+、K^+ - ATP 酶便失去运输 Na^+、K^+ 的功能。

关于 Na^+、K^+ - ATP 酶作用的分子机理，有多种假说，其中被普遍接收的是构象变化假说（图 6 - 15）。该假说认为：Na^+、K^+ - ATP 酶有两种构象，一种构象与 Na^+ 亲和力大，有利于胞内侧专一位点与 Na^+ 的结合。酶与 Na^+ 结合后，促进对 ATP 的水解，并使酶分子本身磷酸化（ATP 的磷酸基连接到酶大亚基的天冬酰胺残基上），酶的磷酸化导致其构象发生变化，转变为第二种构象，在这一构象转变过程中将 Na^+ 从膜内侧运到膜的外侧，释放 Na^+ 到细胞膜外。以第二种构象存在的酶对 K^+ 亲和力大，从膜外侧结合 K^+。K^+ 与酶结合后，促进酶去磷酸化，脱去磷酸基的酶又转变为第一种构象，在这一构象转变过程中将 K^+ 运输过膜，在膜内侧释放。以第一种构象存在的酶又重复与 Na^+ 结合的上述过程。如此，由于 ATP 提供能量及酶构象的变化而

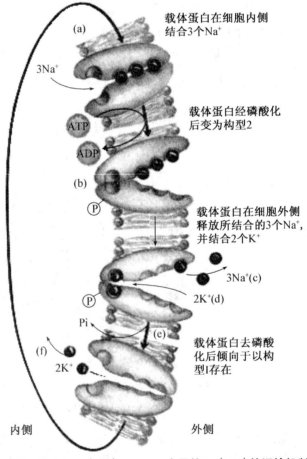

载体蛋白在细胞内侧结合3个 Na^+

载体蛋白经磷酸化后变为构型2

载体蛋白在细胞外侧释放所结合的3个 Na^+，并结合2个 K^+

载体蛋白去磷酸化后倾向于以构型I存在

内侧　　　外侧

图 6 - 15　由 Na^+、K^+ - ATPase 介导的 Na^+、K^+ 的运输机制

使细胞内的 Na^+ 不断运出,胞外的 K^+ 不断运进。实践证明,每水解一分子 ATP 能运出 3 个 Na^+,运进 2 个 K^+。若不运输 Na^+、K^+,此酶不进行 ATP 的水解,这就保证了能量不会无谓浪费。

细胞对 Na^+、K^+ 的这种主动运输有极重要的生理意义。细胞膜两侧的 Na^+、K^+ 浓度梯度是维持细胞的膜电位、控制细胞体积和细胞兴奋性的基础,也是某些细胞从外环境吸收氨基酸、葡萄糖等的驱动力。

Na^+、K^+ - ATP 酶(Na^+、K^+ - ATPase)主要用来维持胞内 Na^+、K^+ 浓度的稳定(图6-16),产生跨膜的电化学势,这种电化学势在神经原的电信号传导以及利用 Na^+ 浓度梯度进行主动协同运输等的过程中发挥重要作用。

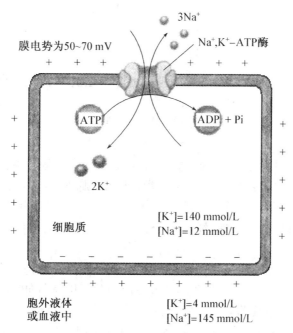

图 6 - 16 Na^+ - K^+ ATP 酶维持胞内 Na^+、K^+ 浓度的稳定

生物体内存在 3 种类型驱动离子的 ATP 酶:P 型、F 型和 V 型。P 型 ATP 酶通过可逆的磷酸化作用进行离子的转运,如 Na^+、K^+ - ATP 酶。F 型 ATP 酶大量存在于真核细胞的线粒体内膜上,利用电子传递过程产生的跨膜质子梯度,驱动 ATP 的合成(见生物氧化)。V 型 ATP 主要分布于霉菌和酵母的微囊(vacuoles)上而得名。

(2) 糖和氨基酸的协同运输 有些细胞依靠 Na^+ 或 H^+ 顺浓度梯度流动的势能促使葡萄糖和氨基酸进入细胞,这种运输称为协同运输(co-transport),该运输方式利用离子顺电化学梯度流动释放的自由能来推动,不直接依靠 ATP 等提供的能量。此时,葡萄糖或氨基酸的运输速率和程度取决于 Na^+ 等的跨膜浓度梯度。动物的小肠细胞和肾细胞对葡萄糖的吸收及动物细胞对氨基酸的吸收,是伴随 Na^+ 由高浓度的胞外环境进入低浓度的胞液协同运输的,如图 6 - 17 所示。

能源物质的生物氧化驱动 H^+ 跨膜泵出到细胞外建立质子梯度,乳糖进入细胞的次

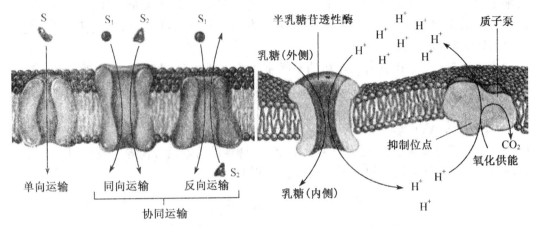

图 6-17　协同运输(S 为被转运物质)及大肠杆菌中乳糖的摄取

级主动运输是由-半乳糖透过酶介导的乳糖和 H^+ 的同向协同运输,使得乳糖能逆浓度梯度进入细胞。在细菌中,许多种糖、氨基酸和核苷等物质的吸收是由质子梯度推动的,即在协同运输中,伴随运输的不是 Na^+ 而是 H^+。大肠杆菌每运输一个乳糖分子进入细胞就有一个质子协同运输。在线粒体和较低等真核生物中,也存在 H^+ 推动的协同运输。伴随进入细胞的 Na^+ 将通过 Na^+、K^+ 泵消耗 ATP 被运出细胞,伴随进入细胞的 H^+ 将通过质子泵消耗呼吸链电子传递中释放的能量而被运到胞外,从而保持细胞膜内外正常的离子浓度梯度,以确保胞外的糖、氨基酸等不断运进胞内。所以,葡萄糖、氨基酸等的这种协同运输是一个间接消耗细胞能量的过程,也属于主动运输,而且,也需要膜上专一蛋白的搬运。

　　有两种物质同时进行跨膜运输的过程称为协同运输。若两种物质的运输方向相反则称为反向运输(antiport);若两种物质的运输方向相同则称为同向运输(symport);若运载蛋白只运送一种物质(如葡萄糖透性酶)则称为单向运输(uniport)。

　　由于离子梯度在主动运输和能量贮备中起重要作用,因此能破坏跨膜离子梯度的一些天然产品和药物是有毒的。缬氨霉素(valinomycin)和莫能菌素(monensin,一种 Na^+ 载体)都是抗生素,它们通过破坏离子梯度干扰次级主动运输而起杀菌作用。缬氨霉素是一种能结合 K^+ 的肽类离子载体,可以将 K^+ 包裹在其中,中和 K^+ 所带的正电荷,携带 K^+ 顺浓度梯度跨膜运输而破坏离子梯度。与 K^+ 结合的 O 原子构成中心亲水空穴,疏水的氨基酸残基覆盖在分子外层,因此 K^+-缬氨霉素复合物的外层是疏水的,可以很容易地跨膜扩散,携带 K^+ 顺浓度梯度输送。能够携带离子跨膜输送的化合物称为离子载体

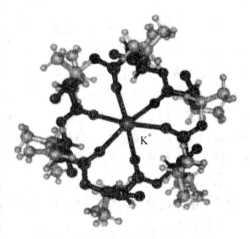

图 6-18　缬氨霉素(Valinomycin)

(ionbearers)。

（3）基团运输 物质穿膜运输时,先由位于膜上的专一蛋白对被运送物质进行专一化学修饰再运输过膜的过程,称为基团运输。

1964 年 S. Roseman 等在大肠杆菌质膜中发现磷酸烯醇式丙酮酸转磷酸酶系统,此酶系统利用磷酸烯醇式丙酮酸作为磷酸供体,使葡萄糖磷酸化成为磷酸葡萄糖并运输过膜。此过程的总反应式为:

$$磷酸烯醇式丙酮酸 + 葡萄糖 \xrightarrow[Mg^{2+}]{转磷酸酶系统} 丙酮酸 + 磷酸葡萄糖$$

胞外 胞内

这一过程中,使糖磷酸化并运输过膜的能量是磷酸烯醇式丙酮酸提供的,所以此种基团运输方式也属于消耗细胞能量的主动运输。细菌对脂肪酸、嘌呤、嘧啶等的运输可能是通过基团运输的方式进行的。

3. 膜泡运输

生物膜对大分子物质的运输主要是通过膜泡运输的方式进行的。膜泡运输是物质被包在由单层生物膜围起的小泡内进出细胞的过程,膜泡运输每次能将物质较大批量地运输过膜,也能将较大的颗粒物质运输过膜。绝大多数细胞都具有膜泡运输物质的能力,可以分为胞吐作用和胞吞作用。

（1）胞吐作用

细胞内有些待排出的物质,由膜包围成小泡移动至质膜内侧,小泡膜与质膜融合,将所裹入的物质排出胞外,称为胞吐作用(exocytosis)。如内分泌腺体细胞合成的激素及消化腺细胞合成的消化酶,都是通过胞吐作用排出细胞的。细胞内经溶酶体消化处理后的代谢废物,也是通过这种方式排出细胞的。

（2）胞吞作用

细胞质膜内陷,由质膜将环境中的物质包围成小泡,小泡与质膜脱离,被包围的物质便进入到细胞内,称为胞吞作用(pinocytosis)。胞吞作用中,根据吞入物质的性质及吞入方式的不同,又可分为吞噬作用、胞饮作用、受体介导的胞吞作用等。

吞噬作用是指细胞吞入较大的固体颗粒、直径达数个微米的复合物、微生物及细胞碎片等。如高等动物免疫系统的颗粒白细胞、巨噬细胞吞噬入侵的细菌等。被吞噬的颗粒首先非专一性地吸附于细胞膜表面,引起质膜内陷,然后颗粒物质被质膜包围成囊泡,在质膜内侧,囊泡与质膜脱离进入胞内。吞噬作用是一个需能的主动运输过程。

胞饮作用是指细胞将其周围的溶液或极小的颗粒物质,以小的囊泡形式吞入的过程。吞入的溶液中可含有蛋白质、氨基酸、糖以及离子等。绝大多数细胞都具有胞饮作用。

受体介导的胞吞作用是指某些胞吞物质(蛋白质或小分子物质),可与细胞膜上专一受体蛋白结合,随即引发细胞膜内陷,形成小囊泡而被吞进细胞。这是一种专一性很强的胞吞作用,可以吞入大量的高度浓缩的特定分子而无须饮入很多的细胞外液。如动物细胞吸收胰岛素、胆固醇等就是通过受体介导的胞吞作用。

胞吞进入细胞的大小囊泡,多数与溶酶体融合,溶酶体内含有消化酶,囊泡裹入的物

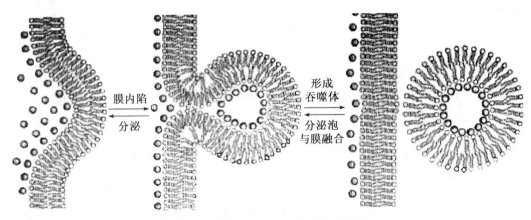

图 6-19　膜的胞吞和胞吐作用过程示意图

质经消化后,营养被细胞利用。

二、细胞膜的保护功能

　　细胞质膜是细胞质与其外界环境之间的有机屏障,它能保护细胞不受或少受外界环境因素改变的影响,保存细胞原有的形状和完整,并使细胞保持其特定的环境以适应特定的目的。没有细胞质膜,细胞内的物质,特别是蛋白质和核酸将迅速分散,细胞质的溶胶体系也将随之改变,以致不能进行生命所必需的各种化学反应。有鞘神经的细胞膜还有绝缘作用,有保证神经冲动沿神经纤维传导的作用。

三、信息传递

　　细胞膜的另一功能是传递细胞间的信息。已有实验证明,细胞膜上有接受不同信息的专一性受体,这些受体能识别和接受各种特殊信息,并将不同信息分别传递给有关靶细胞产生相应的效应,以调节代谢、控制遗传和其他生理活动。高等动物神经冲动的传导就是首先通过神经膜释放代表神经冲动信息的乙酰胆碱,然后再由接受神经信息的突触膜上的乙酰胆碱受体与乙酰胆碱结合,这种结合导致受体发生别构作用,进而引起膜的离子通透性改变,最终导致膜电位的急剧变化,神经冲动才得以往下传导。由于神经冲动能向有关靶细胞传导,神经中枢才能通过激素和酶的作用调节代谢和其他生理机能。

四、能量转换

　　生物体有多种能量转换的形式,如光能转化为化学能(光合作用)、化学能转化为电能(神经传导)、化学能转化为机械能(肌肉收缩)等,但最主要的能量转换形式是通过氧化磷酸化产生高能磷酸键。当机体的能量有余时即转换为高能化合物 ATP 贮存起来,在需要时 ATP 便将所储存的能量释放出来。真核细胞的氧化磷酸化主要在线粒体膜上进行。原核细胞(如细菌)的氧化磷酸化反应则主要在细胞质膜上进行,所有相关的酶和蛋白质等都聚集在膜上,因此细胞膜对于细菌的能量转换十分重要。

五、免疫功能

吞噬细胞和淋巴细胞都有免疫功能，它们能区别异源物质，并能将有害细菌和病毒吞噬消灭，或对外来的抗原产生特异性抗体起免疫作用。吞噬细胞之所以能起吞噬作用，是因为它的细胞膜对异物有很强的亲和力，能识别异物并利用其自身细胞膜上外周蛋白的运动性将异物吞噬。细胞的免疫性则是由于细胞膜上有专一性抗原受体，当抗原受体被激活，即引起细胞分裂产生相应的抗体。

六、运动功能

某些细胞和生物的运动也与细胞膜密切相关。如淋巴细胞的吞噬作用和某些细胞利用质膜内陷将异物包围进细胞内的胞饮作用，都是靠细胞膜的运动来实现。此外，许多原生动物和细菌等利用其细胞膜表面的纤毛和鞭毛进行有节奏的摆动而移动。高等动物的胚胎发育和创伤愈合过程也含有细胞膜的运动。

第五节　生物膜技术

生物膜是构成生命体系中最基本的有组织单元。生物膜不仅包括细胞膜、组织膜，还包括人工模拟的生物膜。由于生物膜的组成和结构极其复杂，要想在原位了解在其上所发生的各种过程十分困难。因此，人们通常采用化学模拟的方法去寻找和建立各种比较简单的模拟体系，其中心思想是：用有序的两亲分子阵列将体系分割成隔室，从而造成与本体不通的微环境。用作生物膜模拟的模型主要有胶束、反向胶束、单分子层、双分子膜、Langmuir-Blodgett 膜（LB 膜）、微囊、脂质体以及微乳体系等。这些两亲分子聚集体内分子阵列所提供的微环境均与天然膜具有相似性，因而有可能模拟生物膜具有的某些功能和特征。因此，生物膜的模拟是研究生物膜的一个重要的必不可少的手段，生物膜的通透性、膜上各类脂的作用以及脂与蛋白质的相互作用等通常是通过人工膜的研究来阐明。

比如，由于近年来脂质体在基础理论和应用上的重要意义，对脂质体的研究及其应用引起了人们极大的兴趣。脂质体是磷脂在水中形成的一种由脂双分子层围成的囊状结构，它可把水溶性物质保持在内液相，而把脂溶性物质保持在疏水相中。脂质体的主要成分是磷脂，如磷脂酰胆碱、磷脂酰丝氨酸、磷脂酰乙醇胺等，是一种液晶态结构。根据制备方法的不同，脂质体可制成单层或多层，可以是一种或多种磷脂组成，大小亦可调整。制备脂质体的方法有超声法、机械振荡法、微量注射法、逆向蒸发法等。

人工制成的脂质体和细胞膜一样，也是由磷脂双分子层组成的一种微球体，内部可包含各种溶液和活性分子。它们的特点是：(1) 与生物体细胞彼此相容，无毒性和免疫原活性，因而不产生免疫排斥；(2) 可以生物降解，不会在体内积累；(3) 可以制成 $0.03\sim50\ nm$ 大小的球体，因而能包含不同大小的生物活性分子；(4) 可以带有不同表面电荷，因而可与不同表面电荷的细胞膜相互作用；(5) 具有不同的膜脂流动性、稳定性及温度敏感性，因而可以适应不同的生理要求。

脂质体是一种封闭的囊泡,这就有可能把它作为一种运载工具,可把含有特殊功能的生物大分子(如酶、抗体、核酸、激素等)以及小分子药物等包载其中,通过脂质体与生物体细胞的相互作用(包括膜相互融合、被吞噬等),定向地导入特定细胞中,从而达到诊断、治疗各种疾病或改变细胞代谢和遗传特性等各种预定的应用目标。

由于脂质体易于制备,它的组分与天然细胞膜成分相近,其中所包载的药物一般不受环境影响而能在某些病变部位释放,从而可以防止因药物不易吸收迫使人们使用较大剂量等许多优点。脂质体被认为是一种良好的药物载体。脂质体在肿瘤治疗中的应用具有很大的吸引力,但如何使脂质体有选择地和特定肿瘤细胞作用,即所谓靶向脂质体的研究成为一个热门研究课题。

在临床治疗中,许多化学合成或重组 DNA 技术制备的生物活性肽和蛋白质因缺乏口服生物实用性和易被迅速从血中清除,其应用受到极大限制。脂质体具有"微库"功能,并且有持续释放内含物和特异靶向载体的作用,而且脂质体作为肽类转运系统具有低毒性,具有水性核,可减少脱水引起蛋白质构象的不可逆改变等特点。因此,在临床治疗中,脂质体作为活性肽和蛋白质类药物的转运系统将有可能发挥重要作用。

另外一种新兴的生物膜技术就是近年来成为国内外研究的热点之一的 LB 膜技术,这是一种精确控制薄膜厚度和分子结构的制膜技术。将溶于适当有机溶剂中的成膜材料滴加在平静的水面上,待溶剂挥发后,保持恒温并沿水平面方向横向施加一定的压力,溶质分子(成膜材料)便在水面上形成有序排列的单分子膜。用适当的机械装置将气/液界面悬浮着的单分子膜逐层转移、组装到基片载片上,便形成了 Langmuir-Blodgett 膜。LB膜的膜厚可以通过膜的层数准确控制,其制膜系统条件温和、操作简单,LB 膜中分子排列高度有序且各向异性的层结构使之可根据需要设计,实现分子水平上的组装,因此 LB膜具有超出普通薄膜的性能。这些特点使 LB 膜在发展新型光电子材料,模拟生物膜的功能,制备分子电子器件等方面具有广阔的应用前景。LB 膜功能体系所实现的分子尺度上的装配已经成为高新科学技术发展中的一个热点。

除此之外,利用膜技术以一些无机膜材料作为生物材料的代用品在医疗方面的发展也颇为瞩目,如人工器官的研制开发,其功能主要包括:分离血液中尿素、肌酐等低分子代谢物;去除较大分子有害物质,防止末梢神经障碍和造血机能障碍;去除血浆中的抗体——免疫复合体,辅助肝脏机能;治疗代谢病症,使血液中的 O_2 和 CO_2 进行交换。即人工肺、人工肾、人工肝等。在器官衰竭治疗中,器官移植的方法在国外成功率较高,但供体器官有限,对于扩大治疗范围、降低费用极为不利。而膜技术的出现使人工器官的研制与开发有了一个崭新的面貌。尽管膜技术在人工器官方面的应用还处于成长阶段,但已具有不可替代的地位。目前除人工肺的生产加工技术比较成熟外,大多数人工脏器的开发仍处在研究阶段。国内刚刚起步的高科技医疗器械市场已日益受到美、日等国产品的垄断性挑战。膜技术应用于人工脏器的研制方面急需解决的主要问题有改善膜的血液相容性、膜的结构;防止膜的污染等等。

近年来,生物膜技术的概念应用范围非常宽泛。比如应用于水处理的生物膜技术,是指针对水体污染物成分,高密度培养发酵不同功能的活性菌,按比例混合制成制剂,形成生物膜(也称"生物带"),直接投放到被污染的水体中,对富营养元素进行分解转化,实现净水目的。这种生物膜技术,为我国城市污水处理和治理湖泊富营养化提供了新的模式,在国内环保产业市场具有广阔的应用前景。

随着人们对生物膜的结构功能的认识越来越充分深入,在不久的将来,人们有望更好地掌握如何去构筑具有生物膜各种功能的模拟膜体系而造福于民。

复习思考题

1. 生物膜的基本组成成分是什么? 它们在生物膜中的作用是什么?
2. 生物膜的分子结构有哪些特征?
3. 试述生物膜的液态镶嵌模型的基本要点。
4. 生物膜有哪些主要功能?
5. 试述物质的被动运输和主动运输的基本特点。研究物质运输的意义是什么?
6. $Na^+ - K^+$ 泵的作用机制是什么? 有何生理作用?
7. 生物膜技术的应用有哪些?

第七章

生物氧化及生物能量生成

学习要点：生物氧化是指有机营养物分子在细胞内氧化分解成二氧化碳和水，并逐步释放能量，形成 ATP。生物氧化中产生的 CO_2 是有机酸经酶促脱羧反应生成的。水是在电子传递过程的最后阶段生成，有机物氧化降解脱下的氢（H）被氧化型辅酶接受生成大量的还原型辅酶，还原型辅酶将携带的电子和氢（H）沿电子传递链中一系列递氢体和电子传递体的依次传递最后传给分子氧生成水。电子传递链中的各组分构成 4 个复合体。氧化磷酸化是生物体内形成 ATP 的主要方式，电子传递过程释放的自由能驱动质子从线粒体基质泵出到膜间腔，从而形成跨线粒体内膜的质子梯度，形成的质子驱动力驱动 ATP 合成酶催化 ADP 与 Pi 合成 ATP。在生物氧化过程中所放出的能量，大部分是以高能化合物（最主要是 ATP）的形式贮存起来供必要时使用。

一切生命活动（无论是机械运动还是维持静止的生命状态）都需要不断地消耗能量。生物体所需的能量大多来自糖、脂、蛋白质等能源物质在细胞内氧化分解所释放的化学能。生物体内的氧化和体外燃烧在化学本质上虽然相同，最终产物都是二氧化碳和水，所释放的能量也完全相等，但是二者所进行的方式却大不相同。糖、脂、蛋白质在细胞内彻底氧化之前，都先经过分解代谢，在不同的分解代谢过程中，都伴有代谢物的脱氢和辅酶 NAD^+ 或 FAD 的还原。这些携带着氢和电子的还原型辅酶 NADH、$FADH_2$，最终将氢和电子传递给分子氧时，都经历相同的一系列电子载体传递过程。

第一节　生物氧化的基本概念和特点

一、生物氧化的基本概念

能源物质在活细胞中氧化分解，释放化学能并转化为生物能的生化过程，称为生物氧化，又叫细胞氧化或细胞呼吸。有机营养物分子在细胞内氧化分解成二氧化碳和水的过程中，释放能量，并形成 ATP。

生物氧化实质上就是指氧化磷酸化，是 NADH 和 $FADH_2$ 上的电子通过一系列电子

传递载体传递给 O_2，伴随着 NAD^+ 和 FAD 的氧化再生，所释放的能量使 ADP 磷酸化形成 ATP 的过程。

二、生物氧化的化学本质和特点

生物氧化与体外氧化反应的化学本质一样，都是电子的得失过程。反应物丢失电子者被氧化，接受电子者被还原。被氧化的物质是还原剂，是电子供体；被还原的物质是氧化剂，是电子受体。

分子之间电子的转移可能以四种不同的方式进行：(1) 直接电子转移，如 Fe^{3+}/Fe^{2+}、Cu^{2+}/Cu^+，通过金属离子氧化态的变化进行电子的转移，如细胞色素。(2) 电子以 H 原子($H^+ + e^-$)的形式进行转移，如 $AH_2 \longrightarrow A + 2H^+ + 2e^-$。(3) 电子以氢负离子($:H^-$)的形式从供体向受体转移，如($NADH + H^+$)将电子注入电子传递链。(4) 电子转移是通过有机还原剂直接与 O_2 结合形成产物，如 $2R—CH_3 + O_2 \longrightarrow 2R—CH_2—OH$。

在反应形式上，生物氧化反应有失电子氧化、加氧氧化、脱氢氧化、加水脱氢氧化等。在能量代谢中，脱氢氧化和加水脱氢氧化反应是能源物质分子氧化的主要反应形式。加水反应，将本来难以氧化的稳定分子改造成易脱氢的分子。水分子的加入，既为碳原子氧化提供了氧，又为底物分子内能转移提供了氧。

能源物质经生物氧化分解的最终产物是二氧化碳和水，反应的终态和初态都与体外氧化反应一样，所以释放的能量也一样。例如葡萄糖在体外燃烧的反应是：

$$C_6H_{12}O_6 + 3O_2 \longrightarrow 6CO_2 + 6H_2O + (-2\,867\ kJ/mol)$$

在细胞内完全氧化分解也遵循这一反应平衡，只是反应历程不同而已。

细胞氧化可称为胞内燃烧，被氧化的能源物质称为"燃料"。每克燃料完全燃烧生成二氧化碳和水所释放的最大热量称为卡价。不同燃料物质的卡价不一样，还原程度越高者，卡价越大。蛋白质的卡价为 $17.12\ kJ/g$，糖的为 $17.12\ kJ/g$，脂肪的为 $39.71\ kJ/g$。

生物氧化具有与体外氧化不同的一些特点：第一，生物氧化是在细胞内的生理条件下进行，条件温和，近似恒温恒压。第二，生物氧化一般都要经历复杂的反应历程，由一系列酶促反应逐步完成。二氧化碳来自有机酸的酶促脱羧作用；水则主要是燃料分子脱下的氢通过呼吸链氧化生成的；能量主要在氢的氧化过程中逐步释放。第三，特别有意义的是，生物氧化释放的化学能可转化成高能键形式的生物能，供应生化反应、生理活动需要。第四，生物氧化受细胞的精确调节控制，有很强的适应性，可随环境和生理条件的变化而改变呼吸强度和代谢方向。

第二节　生物氧化中二氧化碳的产生

在活细胞中，碳(C)可以有不同的氧化态。处于高度还原态的 C 原子含有较多的 H 和 e^-，而高度氧化态的 C 原子则与尽可能多的 O 原子结合，结合的 H 原子尽可能少。图 7-1 显示了 C 的不同氧化态。

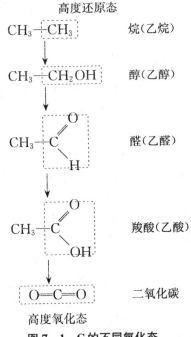

高度还原态

$CH_3 \boxed{-CH_3}$ 烷（乙烷）

$CH_3 \boxed{-CH_2OH}$ 醇（乙醇）

醛（乙醛）

羧酸（乙酸）

$\boxed{O=C=O}$ 二氧化碳

高度氧化态

图 7-1　C 的不同氧化态

  细胞对其能源物质的彻底氧化是形成 CO_2 和水。与体外燃烧不同,生物氧化中产生的 CO_2 不是分子氧直接与碳原子反应产生的,而是有机酸经酶促脱羧反应生成的。底物分子脱羧反应有 α-脱羧和 β-脱羧,根据是否伴有氧化反应又分为单纯脱羧和氧化脱羧。

一、单纯 α-脱羧

  单纯 α-脱羧是脱掉 α-C 原子上的羧基,而不伴有氧化反应的脱羧反应。如氨基酸脱羧酶催化的反应。

$$H_2N-\underset{\underset{R}{|}}{\overset{\overset{COOH}{|}}{C}}-H \longrightarrow R-CH_2NH_2+CO_2$$

L-氨基酸   胺

二、α-氧化脱羧

  此类反应伴有脱氢氧化反应。例如:丙酮酸的氧化脱羧反应。

丙酮酸　　CoA-SH　NAD$^+$　TPP,FAD,硫辛酸　NADH　→　$\boxed{CO_2}$ + 乙酰-CoA

丙酮酸脱氢酶复合体
$(E_1+E_2+E_3)$

三、单纯 β-脱羧

例如:糖异生反应过程中,磷酸烯醇式丙酮酸羧激酶催化的草酰乙酸脱羧反应。

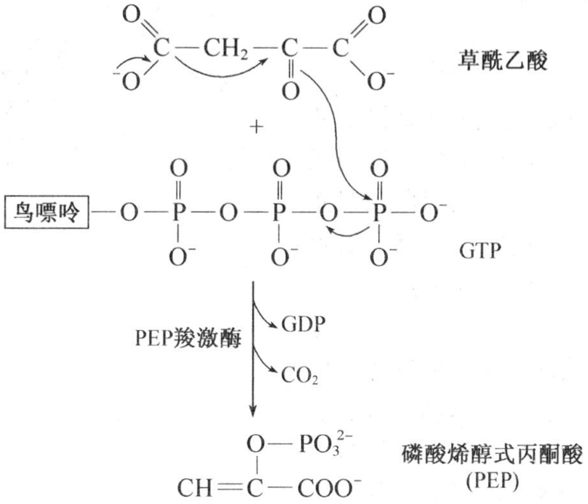

四、β-氧化脱羧

例如:异柠檬酸脱氢酶催化异柠檬酸氧化脱羧的反应。

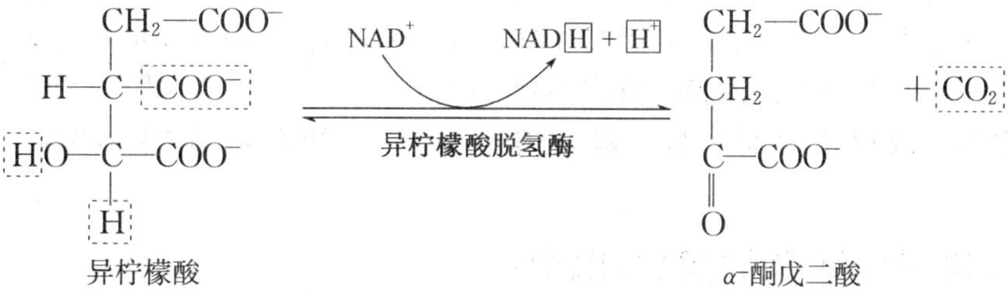

第三节 电子传递链

细胞内能源物质生物氧化的最终产物是 CO_2 和水。水是在电子传递过程的最后阶段生成。糖、脂、氨基酸等有机物氧化降解脱下的氢(H)被氧化型辅酶接受生成大量的还原型辅酶。而细胞中辅酶(辅基)分子数量有限,其还原型必须及时氧化再生为氧化型,才能保证分解代谢持续进行。中间代谢的代谢物脱下的氢经还原型辅酶的携带将电子和 H 沿一系列递氢体和电子传递体的依次传递最后传给分子氧生成水的全部体系称为电子传递链(electron transfer chain),或称为呼吸链(respiratory chain)。

生物氧化中水的产生一般原理如下,还原型底物 MH_2 被脱氢酶脱氢氧化,脱下的 H 和电子经过一个或多个中间递体传递,最后由氧化酶催化,将 O_2 转变成 H_2O。

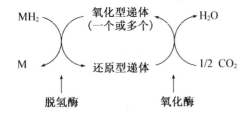

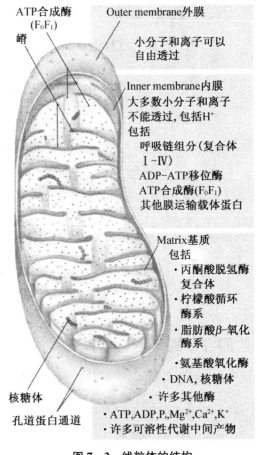

图 7-2 线粒体的结构

原核细胞的呼吸链存在于细胞质膜上，而真核细胞的呼吸链位于线粒体内膜上。线粒体是一种由双层膜组成的内膜系统。外膜较光滑，外膜蛋白中含有孔道蛋白构成外膜的孔道，可以允许包括质子在内的许多物质通过，通透性较好。内膜是细胞质与线粒体基质之间的主要屏障。内膜内褶成嵴，从而大大增加了内膜的面积。内膜含有约 20% 的脂质和约 80% 的蛋白质，其中包含了与生物氧化相关的各种酶和因子。内膜脂质形成内膜的脂双层结构，从而大大降低了内膜对质子的通透性，使得形成跨线粒体内膜的质子驱动力成为可能。内外膜之间的空隙称为膜间腔。线粒体的结构如图 7-2 所示。电镜照片显示，线粒体的外膜光滑，而内膜形成许多褶皱，称为嵴。线粒体周围分布着糙面内质网。

一、电子传递链的组成和顺序

（一）电子传递链的类别

电子传递链（呼吸链）是典型的多酶氧化还原体系。目前普遍认为生物体有两条典型的呼吸链：NADH 呼吸链和琥珀酸呼吸链（$FADH_2$ 呼吸链）。如图 7-3 所示。

1. NADH 呼吸链

以 NAD^+ 为辅酶的各种不需氧脱氢酶催化产生的还原型辅酶（$NADH＋H^+$）都要经线粒体内膜上的 NADH 脱氢酶（FMN 黄素蛋白）进入呼吸链。先传给 CoQ，产生还原型 QH_2。之后，质子对（$2H^+$）游离，电子则由细胞色素依次传递，直至激活分子氧。被激活的氧负离子（O^{2-}）与质子对（$2H^+$）结合，生成水（H_2O）。

因为该传递体系是从汇集还原型辅酶（$NADH＋H^+$）的氢原子对开始的，故称为 NADH 呼吸链。这是目前已知传递过程最长的一条呼吸链。

2. $FADH_2$ 呼吸链

琥珀酸脱氢酶、磷酸甘油脱氢酶、脂酰-CoA 脱氢酶等不需氧脱氢酶的氢原子对都要经过 CoQ 进入呼吸链。由于这些电子传递体系是由汇集黄素不需氧脱氢酶的氢原子对开始的,故称为 $FADH_2$ 呼吸链。$FADH_2$ 呼吸链比 NADH 呼吸链的传递历程短,产能也少。

两条电子传递链的起始不同,但都是将电子传递给 CoQ,至此两条链汇合到一起。

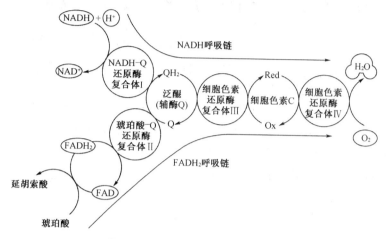

图 7-3 两条典型的电子传递链

真核生物细胞都具有类似的电子传递体系。细菌则不同,因为原核细胞没有线粒体,其电子传递体是在细胞膜的特化部位上。细菌呼吸链的组成变化很大,不同类群之间或在不同条件下生长的同一种细菌之间,呼吸链组成都有可能不同。种间差异常常表现为一种电子传递体被另一种电子传递体代替,例如 CoQ 被甲萘醌类代替。细胞色素氧化酶 aa_3 被细胞色素氧化酶 o、d、a_1 代替。

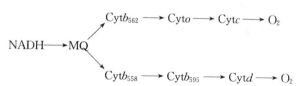

图 7-4 大肠杆菌质膜上的呼吸链

大肠杆菌(Escherichia coli)中的电子传递链如图 7-4 所示。电子从 NADH 传递给甲萘醌(menaquinone,MQ),然后进入分支途径,上面一条途径是正常有氧条件下生长时细胞中的主要途径,而当 O_2 成为生长的限制性因子时,下面的途径占优势。

(二)电子传递链中的重要传递体

电子传递链是由位于线粒体内膜中的一系列电子传递体组成。电子传递链中重要的传递体如下:

1. $NAD^+/NADH$

$NAD^+/NADH$ 氧化还原电对的电子传递反应是:

$$NAD^+ + H^+ + 2e^- \longrightarrow NADH \quad E^{\ominus} = -0.32\ V$$

其中,$E^{\ominus}$ 是标准氧化还原电势。实际上,电子是以氢阴离子(H^-)的形式传递的,氢阴离子在形式上与($H^+ + 2e^-$)相当。因此 NADH 既是递氢体,也是电子传递体。

NADH 是代谢过程中许多脱氢酶的辅酶,如甘油醛-3-磷酸脱氢酶、丙酮酸脱氢酶、异柠檬酸脱氢酶、α-酮戊二酸脱氢酶、苹果酸脱氢酶等。

2. 黄素核苷酸

FAD(黄素腺嘌呤二核苷酸)和 FMN(黄素单核苷酸)的电子传递反应是:

$$FAD + 2H^+ + 2e^- \longrightarrow FADH_2$$
$$FMN + 2H^+ + 2e^- \longrightarrow FMNH_2$$

电子以氢原子形式被这类核苷酸进行传递($H = H^+ + e^-$),因此黄素核苷酸也具有递氢体和电子传递体的双重作用。

与 NAD^+/NADH 电对不同的是,黄素核苷酸辅基是与其相应底物的脱氢酶共价连接,结合紧密。这些酶嵌在线粒体内膜,与线粒体内膜上的呼吸链密切相关。

以黄素核苷酸作为辅基的脱氢酶如 NADH 脱氢酶、琥珀酸脱氢酶、脂酰-CoA 脱氢酶、线粒体内膜上的 3-磷酸甘油脱氢酶等。

3. 辅酶 Q(CoQ)

辅酶 Q(亦称为泛醌,CoQ、UQ)是脂溶性苯醌衍生物,带有由异戊二烯重复单位组成的长的碳氢侧链。一般可根据重复单位的数目将辅酶 Q 分类。哺乳动物细胞的线粒体中辅酶 Q 包含 10 个异戊二烯重复单位,因此,简写为 CoQ_{10}。CoQ 的类异戊二烯侧链使之具有高度的疏水性,能在线粒体内膜的疏水区域中迅速扩散。CoQ 在电子传递链的氧化还原反应中的结构变化如下所示。

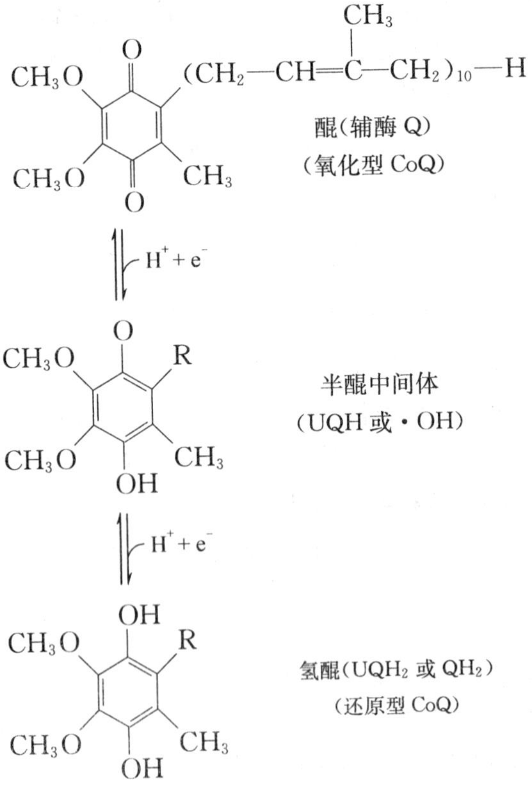

醌(辅酶 Q)
(氧化型 CoQ)

$H^+ + e^-$

半醌中间体
(UQH 或 ·OH)

$H^+ + e^-$

氢醌(UQH_2 或 QH_2)
(还原型 CoQ)

CoQ 经($2H^+ + 2e^-$)还原为 $CoQH_2$(或称氢醌,泛醌醇,QH_2/UQH_2)。还原反应分两步进行,产生一个中间体,即半还原的自由基形式(半醌),简写为 CoQH(UQH)。

CoQ 不只接受 NADH - CoQ 还原酶脱下的电子和 H,还接受线粒体其他黄素酶类脱下的电子和 H,如琥珀酸- CoQ 还原酶、脂酰 CoA 脱氢酶等。CoQ 在电子传递链中处于中心地位。它是呼吸链中唯一的一个不与线粒体内膜蛋白牢固结合的电子或氢载体,这使得它在黄素蛋白和细胞色素之间能够作为一种快速灵活的电子载体起作用。

4. 细胞色素(cytochrome)

细胞色素是一组含血红素辅基的电子传递蛋白的总称。因含有血红素而呈红色或褐色。还原型细胞色素具有明显的可见光谱吸收现象,可以看到 3 条吸收光谱带:α、β、γ。根据吸收光谱的不同将细胞色素分为 a、b、c,分别表示为 Cyt a、Cyt b、Cyt c。细胞色素 a、b、c 带有不同结构的血红素,如图 7 - 5 所示。细胞色素中的电子传递是通过 Fe^{2+} 与 Fe^{3+} 的改变而进行直接的电子转移。

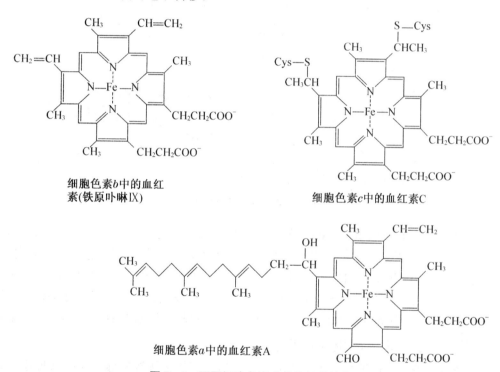

图 7 - 5　不同细胞色素中的血红素结构

不同细胞色素又会因为其血红素所处的环境不同,吸收峰的波长存在一些差异。如细胞色素还原酶复合体(复合体Ⅲ)有两种细胞色素 b:b_{562}、b_{566},下标表示最大吸收波长分别为 562 nm、566 nm。

细胞色素 c 是一个由 104 个氨基酸残基构成的单一多肽链的较小球状蛋白质。它是唯一能溶于水的细胞色素。细胞色素 c 交替地与细胞色素还原酶(复合体Ⅲ)的细胞色素 c_1 和细胞色素氧化酶(复合物Ⅳ)接触,起到在复合体Ⅲ和Ⅳ之间传递电子的作用。

细胞色素 a、a_3 中含有两个 a 型血红素,因处于细胞色素氧化酶的不同部位,分别称

为血红素 a、a_3。与血红素 a、a_3 接近的两个铜离子分别称为 Cu_A、Cu_B。

5. 铁硫蛋白(the iron-sulfur proteins)

电子传递链中包含一系列的铁硫蛋白(亦称非血红素铁蛋白),分子中含有非血红素铁和对酸很不稳定的硫,通常简写为 Fe—S。铁硫蛋白是由铁硫聚簇与蛋白质结合而成,如图 7-6 所示。

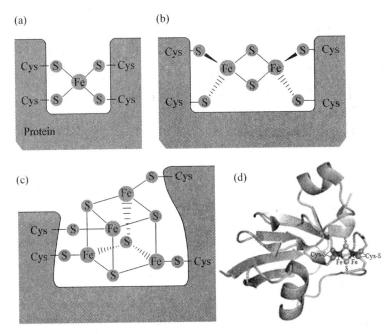

图 7-6 铁硫蛋白的 Fe—S 中心

铁硫聚簇有几种不同的类型,有的只有一个 Fe 离子,有的含有 2 个或 4 个 Fe 离子。Fe 离子通过半胱氨酸的巯基(—SH)和硫原子(S)而连接到蛋白质上,这些蛋白质通过直接电子转移方式介导电子的传递。图 7-6 中(a) 只有一个 Fe 离子,周围与 4 个 Cys 残基的 S 原子连接;(b) 2Fe—2S 中心;(c) 4Fe—4S 中心既包含 Cys 的 S 原子,还有无机 S 原子;(d) 蓝细菌 Cyanobacterium Anabaena 7 120 的铁氧还蛋白,有一个 2Fe—2S 中心。

(三) 电子传递链的组成和顺序

电子传递链是由位于线粒体内膜中的一系列电子传递体按照标准氧化还原电势,从低到高顺序排列组成的一种能量转换体系,其功能是接受还原型辅酶上的氢原子对($2H^+ + 2e$),使辅酶分子氧化再生,并将电子对顺序传递,直至激活分子 O_2 形成氧负离子(O^{2-}),与质子对($2H^+$)结合,生成水。电子对在传递过程中逐步氧化放能,所释放的能量驱动 ADP 和无机磷酸(Pi)发生磷酸化反应,生成 ATP。

1. 呼吸链中各组成成分的顺序

电子传递过程中,电子的传递方向取决于每个电子所具有的电化学势能的大小。呼吸链中各组分的排列顺序的确定有多种方法,通常可以根据呼吸链中各组分的氧化还原电势的数值,判断电子流动的方向。氧化还原电势数值 $E^\ominus$ 越小,在呼吸链中的次序越在前面。因为电子总是从电极电势小的电对流向电极电势大的电对。电子传递链的各主要组分和相关载体的标准氧化还原电势如表 7-1 所示。

表 7-1　呼吸链及相关电子载体的标准还原电势

氧化还原半反应	$E^\ominus$(V)
$2H^+ + 2e^- \longrightarrow H_2$	-0.414
$NAD^+ + H^+ + 2e^- \longrightarrow NADH$	-0.320
NADH 脱氢酶(FMN)$+2H^+ + 2e^- \longrightarrow$ NADH 脱氢酶 (FMNH$_2$)	-0.300
辅酶 $Q + 2H^+ + 2e^- \longrightarrow QH_2$	0.045
Cyt $b(Fe^{3+}) + e^- \longrightarrow$ Cyt $b(Fe^{2+})$	0.077
Cyt $c_1(Fe^{3+}) + e^- \longrightarrow$ Cyt $c_1(Fe^{2+})$	0.220
Cyt $c(Fe^{3+}) + e^- \longrightarrow$ Cyt $c(Fe^{2+})$	0.254
Cyt $a(Fe^{3+}) + e^- \longrightarrow$ Cyt $a(Fe^{2+})$	0.290
Cyt $a_3(Fe^{3+}) + e^- \longrightarrow$ Cyt $a_3(Fe^{2+})$	0.350
$1/2\ O_2 + 2H^+ + 2e^- \longrightarrow H_2O$	0.816

由表中的数据可知,$NAD^+/NADH$ 的 $E^\ominus = -0.320$ V,氧化型细胞色素 c/还原型细胞色素 c 的 $E^\ominus = 0.254$ V,因此电子将从 NADH 向氧化型细胞色素 c 方向传递,结果使得 NADH 氧化再生为 NAD^+,而氧化型细胞色素 c 转化为还原型细胞色素 c。由于 H_2O/O_2 电对的 $E^\ominus = 0.816$ V,所以电子的流向一定是从还原性细胞色素 c 到分子氧。

2. 呼吸链的组成

呼吸链的组成在不同物种之间有差异。哺乳动物线粒体中的呼吸链是研究得比较清楚的一种。呼吸链中的电子载体组成了镶嵌在膜上的超分子复合体,可以通过物理方法分离。用洗涤剂温和处理线粒体内膜,可以分离出 4 种独特的电子载体复合体.每一种复合体能够催化电子传递链中的部分电子传递反应。电子传递链的 4 种蛋白质复合体组成如图 7-7 所示。

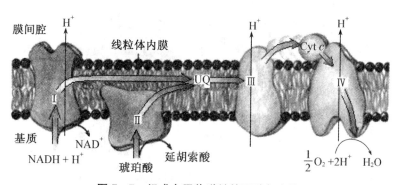

图 7-7　组成电子传递链的四种复合物

复合体 Ⅰ 和 Ⅱ(Complexes Ⅰ、Ⅱ)催化电子从两种不同的供体:NADH(Complex Ⅰ)、琥珀酸(Complex Ⅱ)传递给 CoQ。复合体 Ⅲ(Complex Ⅲ)将电子从 CoQ 传递给

$Cyt\ c$,复合体Ⅳ(Complex Ⅳ)最终将电子传递给分子氧。

(1) 复合体Ⅰ(Complex Ⅰ)和复合体Ⅱ(Complex Ⅱ)

呼吸链中从 NADH 到 CoQ 之间的组分称为复合体Ⅰ,也称为 NADH 脱氢酶复合体或 NADH-CoQ 还原酶复合体。这是一个由几十条多肽链组成的、大的黄素蛋白复合体,分别由细胞核和线粒体的基因组共同编码。该复合体除了含 FMN 辅基外,至少还含有两个 Fe—S 中心。在电子传递链中共有 3 次质子从线粒体基质泵出到膜间腔,该复合物上发生第一次质子泵出。

复合体Ⅰ催化 NADH 脱氢,脱下的 H^+ 和两个 e^- 由黄素蛋白中的 FMN 接受生成 $FMNH_2$。$FMNH_2$ 中的电子通过 Fe—S 中心的传递,传给 CoQ,CoQ 在接受电子的同时还从基质中吸取两个 H^+,形成还原型辅酶 $Q(QH_2)$。

需要注意的是,以 NAD^+ 为辅酶的脱氢酶不同于 NADH 脱氢酶,前者催化底物脱氢,NAD^+ 被还原,而后者催化 $NADH_2$ 脱氢,FMN 被还原为 $FMNH_2$。

从琥珀酸到 CoQ 的呼吸链组分称为复合体Ⅱ,也称为琥珀酸脱氢酶复合体或琥珀酸-CoQ 还原酶复合体。该复合体含有琥珀酸脱氢酶,以 FAD 为辅基,并含有 Fe—S 中心,催化琥珀酸脱氢氧化为延胡索酸,同时使 FAD 还原为 $FADH_2$。由 $FADH_2$ 的 H 放出的电子通过 Fe—S 中心传递给 CoQ 进入呼吸链。

此外,线粒体内膜上的 3-磷酸甘油脱氢酶或脂肪酸 β-氧化途径中的脂酰-CoA 脱氢酶等也可以类似的方式将电子转移给 CoQ,进入呼吸链。如图 7-8 所示(图中 ETFP 是指电子传递黄素蛋白)。

琥珀酸-CoQ 还原酶及其他一些酶,将电子从 $FADH_2$ 转移到 CoQ 的标准氧化还原电势变化不足以产生足够的自由能驱动质子泵出,因此这一步没有 ATP 的偶联作用,其重要意义在于保证 $FADH_2$ 所携带的电子进入电子传递链。

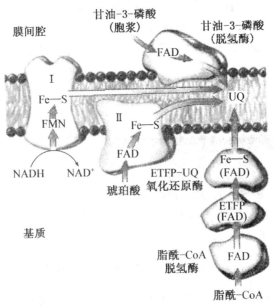

图 7-8　呼吸链的起始(复合体Ⅰ和Ⅱ)

（2）复合体Ⅲ

从辅酶 Q(CoQ) 到细胞色素 c 的呼吸链组分称为复合体Ⅲ，也称为辅酶 Q-细胞色素还原酶复合体或细胞色素 bc_1 复合体。该复合体含有细胞色素 b_{562}、细胞色素 b_{566}、细胞色素 c_1、Fe—S 蛋白等组分。该复合体将还原性 CoQ(QH_2) 氧化，并将电子通过 Cyt b_{562}、Cyt b_{566} 和 Fe—S、Cyt c_1 传递给细胞色素 c，如图 7-9 所示。复合体Ⅲ中的电子传递过程可能包含一种"Q 循环"。图中灰色箭头表示氢醌 UQH_2 或氧化型泛醌 UQ 在脂双层中的扩散。值得注意的是，在两电子载体 CoQ 和一电子载体细胞色素之间的电子传递过程只发生一个电子的传递，产生半醌中间体 UQH。

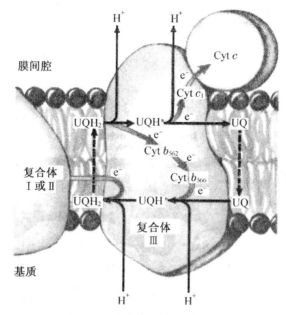

图 7-9　呼吸链中的复合物Ⅲ

该反应的净效应是：（1）有一个电子从 UQH_2 传递给 Cyt c；（2）质子从线粒体内侧基质转移到内膜外侧的膜间腔。

Cyt b 横跨线粒体内膜，而 Cyt c_1 和铁硫蛋白位于膜外侧。电子在两电子载体 CoQ 和一电子载体（细胞色素 b_{562}，b_{566}，c_1，c）之间的转移伴随着一系列反应，称为 Q 循环（如图 7-9）。尽管呼吸链的该复合体中电子传递途径较为复杂，但是电子传递净的结果是很显然的：UQH_2 被氧化为 UQ，细胞色素 c 被还原。CoQ 和 Cyt c 是呼吸链中不同复合物之间可流动的氢或电子传递体。

由于复合体Ⅲ在线粒体内膜上的不对称分布使之成为呼吸链中的第二个质子泵，当 UQH_2 被氧化为 UQ 时产生的质子被释放到膜间腔，形成跨膜的质子梯度。

（3）复合体Ⅳ

从细胞色素 c 到分子氧的呼吸链组分称为复合体Ⅳ，也称为细胞色素氧化酶复合体，它是由 6～13 个亚基组成的跨膜蛋白。该复合体的主要组分为细胞色素 aa_3 和两个铜 (Cu)离子。铜离子在＋1 价和＋2 价氧化态之间变化，起到传递电子的作用。由于两个血红素 A 定位于细胞色素氧化酶的不同部位,分别称为细胞色素 a 和 a_3,相应地,两个铜离子分别称为 Cu_A 和 Cu_B。细胞色素 a 与 Cu_A 相邻(细胞色素 a - Cu_A),细胞色素 a_3 与 Cu_B 相邻(细胞色素 a_3 - Cu_B)。还原型细胞色素 c 将其携带的电子传递给 Cyt a - Cu_A,然后再传给 Cyt a_3 - Cu_B,Cyt a_3 - Cu_B 上有 O_2 的结合部位,最后将 O_2 还原。如图 7 - 10 所示。

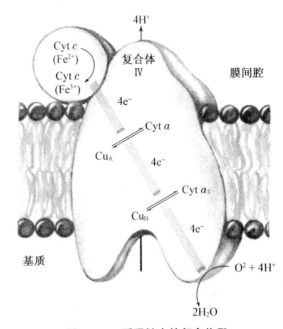

图 7 - 10 呼吸链中的复合物 IV

在该复合物的电子传递过程中,除了铁离子(血红素)外,铜离子也参与电子传递,这一点明显区别于其他复合物。一分子氧还原成水,是一个 4 电子转移的过程。

$$O_2 + 4H^+ + 4e^- \longrightarrow 2H_2O$$

电子传递链的四个复合体包含了发挥催化作用的酶和多种辅酶或辅基,现总结如表 7 - 2 所示。

表 7 - 2 线粒体电子传递链的蛋白质组成及相应的辅酶或辅基

复合体	酶	辅酶或辅基
I	NADH 脱氢酶	FMN;Fe—S
II	琥珀酸脱氢酶	FAD;Fe—S
III	细胞色素还原酶	血红素;Fe—S
IV	细胞色素氧化酶	血红素;Cu_A,Cu_B

电子传递链中电子的依次传递过程可以用图 7 - 11 简要地表示。

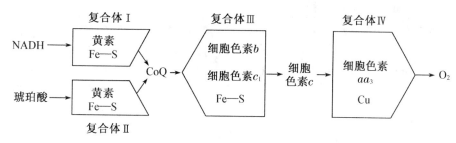

图 7-11　线粒体电子传递链中电子转移过程示意图

一对电子从 NADH 经呼吸链传递给分子氧，可以用下列方程式表示：

$$NADH + H^+ + 1/2O_2 \longrightarrow NAD^+ + H_2O$$

氧化还原电对 $NAD^+/NADH$、O_2/H_2O 的标准电极电势分别为 $-0.320\ V$、$0.816\ V$。因此该反应的 $\Delta E^{\ominus} = 1.14\ V$，标准自由能变 $\Delta G^{\ominus} = -nF\Delta E^{\ominus} = -2 \times 96.5 \times 1.14 = -220\ kJ/mol$。该标准自由能变是基于 NAD^+ 和 NADH 的浓度均为 1 mol/L 的情况下。在呼吸旺盛的线粒体中，大量脱氢酶的催化作用使得 NADH 浓度更高，自由能变的数值比 $-220\ kJ/mol$ 更大。类似地，可以计算一对电子经琥珀酸（延胡索酸/琥珀酸电对的标准电极电势为 0.031 V）传递给分子氧的标准自由能变约为 $-150\ kJ/mol$。

电子传递过程释放的自由能驱动质子跨越线粒体内膜泵出到膜间腔。一对电子经呼吸链从 NADH 传递到分子氧释放的 220 kJ 自由能大约有 200 kJ 用于驱动 10 个质子泵出，其中复合体 I 泵出 4 个质子，复合体 II 泵出 2 个质子，复合体 IV 泵出 4 个质子。

二、电子传递抑制剂

能够阻断呼吸链中某个部位电子传递的物质称为电子传递抑制剂或呼吸链抑制剂。利用专一性电子传递抑制剂选择性地阻断呼吸链中某个传递步骤，再测定呼吸链中各组分的氧化还原态，是研究电子传递链顺序的一种重要方法。而且一些常见的电子传递抑制剂、解偶联剂的知识在中毒和解毒、药物作用机理、生物大分子相互作用、基因表达调控等方面经常会应用到。

常见的抑制剂列举如下：

（1）鱼藤酮（rotenone）、安密妥（amytal）、杀粉蝶菌素（piericidine）：它们的作用是阻断复合体 I 中电子从 NADH 到 CoQ 的传递。鱼藤酮的毒性极强，是常用的杀虫剂。

（2）抗霉素 A（antimycin A）：是由链霉菌中分离出来的大环内酯类天然抗生素，可干扰复合体 III 中电子从细胞色素 b 到细胞色素 c_1 的传递。

（3）氰化物（cyanide，CN^-）、叠氮化物（azide，N_3^-）、一氧化碳（CO）：它们都可阻断复合体 IV 中的电子传递，氰化物和叠氮化物与血红素 a_3 的 Fe^{3+} 形式作用，而 CO 则是抑制 Cyt a_3 的 Fe^{2+} 形式。

上述的一些抑制剂对电子传递的抑制部位可用图 7-12 表示。

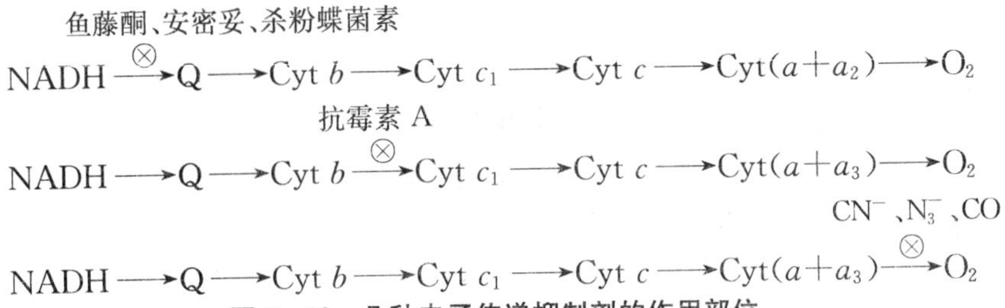

鱼藤酮、安密妥、杀粉蝶菌素

$$NADH \xrightarrow{\otimes} Q \longrightarrow Cyt\ b \longrightarrow Cyt\ c_1 \longrightarrow Cyt\ c \longrightarrow Cyt(a+a_2) \longrightarrow O_2$$

抗霉素 A

$$NADH \longrightarrow Q \longrightarrow Cyt\ b \xrightarrow{\otimes} Cyt\ c_1 \longrightarrow Cyt\ c \longrightarrow Cyt(a+a_3) \longrightarrow O_2$$

CN^-、N_3^-、CO

$$NADH \longrightarrow Q \longrightarrow Cyt\ b \longrightarrow Cyt\ c_1 \longrightarrow Cyt\ c \longrightarrow Cyt(a+a_3) \xrightarrow{\otimes} O_2$$

图 7-12　几种电子传递抑制剂的作用部位

第四节　ATP 的合成及高能化合物

物质在生物氧化过程中所放出的能量,除了一部分以热的形式散发外,大部分是以高能化合物(如 ATP)的形式贮存起来供必要时使用。生物氧化过程中,氧化放能反应偶联着吸能的磷酸化反应,偶联反应将氧化释放的一部分自由能用于无机磷参加的高能磷酸键生成反应,形成 ATP。

生物体内氧化放能反应与磷酸化吸能反应的偶联,主要在两种水平上发生,分别称为底物水平磷酸化和氧化磷酸化。另外在光合作用过程中,光驱动的电子流在电子传递过程伴随的 ATP 形成,称为光合磷酸化。

一、底物水平磷酸化

在底物被氧化的过程中,底物分子内部能量重新分布产生高能磷酸键(或高能硫酯键),由此高能键提供能量使 ADP(或 GDP)磷酸化生成 ATP(或 GTP)的过程称为底物水平磷酸化。

例如糖酵解途径中,甘油醛-3-磷酸脱氢酶(又称为 3-磷酸甘油醛脱氢酶)催化甘油醛-3-磷酸脱氢形成 1,3-二磷酸甘油酸的过程中,由于发生分子内能量重新分布,在 1,3-二磷酸甘油酸中形成了高能键,在随后由 3-磷酸甘油酸激酶催化形成 3-磷酸甘油酸的反应中将高能磷酸基团(~Pi)转移给 ADP 合成 ATP,反应式如下。这种底物分子的氧化反应与磷酸化反应偶联生成 ATP 的过程属于底物水平磷酸化。底物水平磷酸化一般需要以磷酸衍生物为底物。

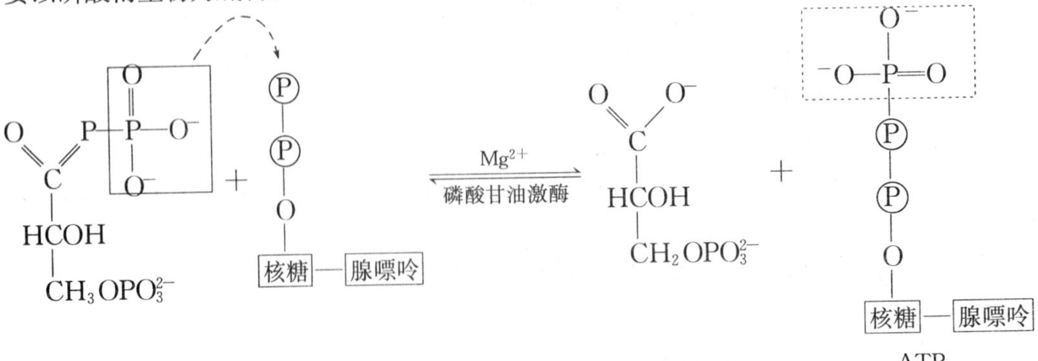

1,3-二磷酸甘油酸　　　　　ADP　　　　　　　　　3-磷酸甘油酸　　　　　ATP

除了上述反应外,糖酵解途径中磷酸烯醇式丙酮酸在丙酮酸激酶催化下生成丙酮酸的反应过程 ATP 的生成、三羧酸循环中琥珀酰-CoA 转化为琥珀酸的过程 GTP 的合成均为底物水平磷酸化反应。

底物水平磷酸化在有氧和无氧条件下都能进行,其特殊意义在于:它是无氧条件下兼性生物细胞或厌氧微生物从有机物取得生物能量的唯一方式。

二、氧化磷酸化

广义的氧化磷酸化包括底物水平磷酸化、电子传递体系磷酸化和光合磷酸化。狭义的氧化磷酸化则特指电子传递链(体系)磷酸化。

氧化磷酸化(Oxidative Phosphorylation)是需氧细胞生命活动的主要能量来源,是生物体产生 ATP 的主要途径。氧化磷酸化指的是与生物氧化作用相伴而生的磷酸化作用,是将生物氧化过程中释放的自由能用于使 ADP 和无机磷酸合成高能化合物 ATP 的作用。由此而产生的 ATP 水解释放的自由能不仅可用于核酸、蛋白质和复合脂类等大分子的生物合成,也可用于其他各种生命活动过程中,如肌肉收缩、神经冲动传递的过程。

底物分子脱下的氢和电子在有氧条件下通过电子传递链氧化的过程中,逐步释放自由能,驱动磷酸化反应偶联发生,利用 ADP 和无机磷酸(Pi)合成 ATP。这种在电子传递(生物氧化)过程中发生的偶联磷酸化反应,称为氧化磷酸化。氧化磷酸化是有氧呼吸合成 ATP 的主要方式,是生命活动所需能量的主要来源。

(一) 呼吸链中氧化磷酸化的偶联及磷氧比

ATP 的合成是由线粒体内膜上的电子传递链将 NADH 或 $FADH_2$ 携带的电子传递给分子氧的过程中释放的自由能驱动。电子对在呼吸链传递体间的每一次传递都是氧化放能反应,但是并非都能偶联发生磷酸化产能反应。已知 ATP 末端磷酸基团水解的自由能变($\Delta G^{\ominus}$)等于-30.5 kJ/mol。若由 ADP 和 Pi 合成 ATP,则需要有更大的自由能才能推动合成反应的发生。根据 $\Delta G^{\ominus} = -nF\Delta E^{\ominus}$ 可知,只有 $\Delta E^{\ominus} > 0.2$ V 的氧化还原反应,才能驱动一个磷酸化反应与之偶联。

确定一对电子经呼吸链传递至分子氧可以生成的 ATP 数目有以下方法:(1) 根据相邻组分的氧化还原电势差,折算求得 $\Delta G^{\ominus}$,接近 1 分子 ATP 转化为 ADP 释放的能量则相当于有一个偶联部位;(2) P/O 比值法,一对电子在呼吸链中传递至氧可生成的 ATP 数等于所需要的无机磷原子数;(3) 专一性抑制剂法,用电子传递抑制剂可以定点抑制电子在呼吸链中传递,进而判定电子传递的顺序。用解偶联剂可以使氧化磷酸化偶联作用定点解除,由此可知偶联部位和数目。

电子对经 NADH 呼吸链传递时,电势变化、自由能变化及偶联部位如图 7-13 所示。三个 $\Delta G^{\ominus}$ 大的部位都能驱动质子泵出,形成合成 ATP 的质子驱动力。因为电子传递过程中既消耗无机磷酸 Pi,又消耗 O_2,一定时间内消耗无机 Pi 的物质的量与消耗氧原子的物质的量的比值称为磷氧比,用"P/O"表示。由于在氧化磷酸化过程中,每传递一对电子消耗一个氧原子,而每生成一分子 ATP 消耗一分子无机磷酸 Pi,因此 P/O 的数值相当于一对电子经呼吸链传递至分子氧所产生的 ATP 分子数,即每消耗 1 mol 原子氧($1/2\ O_2$)

所产生的 ATP 的摩尔数。测定 P/O 比可以了解电子传递机制及偶联反应的次数。一般用华卜氏(Warburg)呼吸仪测定一定时间内组织消耗的氧,同时用测定磷的方法测定有机磷的增加量或无机磷的消耗量,从而推算所产生的 ATP 数量。NADH 呼吸链的 P/O＝2.5;琥珀酸呼吸链的 P/O＝1.5。

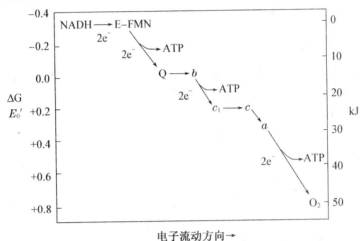

图 7-13　电子对经呼吸链传递到分子氧时的自由能变化及偶联部位

由图 7-13 可见,NADH 呼吸链有三个部位 $\Delta G^{\ominus}$ 较大,在 NADH 和 CoQ 之间、Cyt b 和 Cyt c 之间、Cyt aa_3 到分子氧 O_2 之间分别存在较大的自由能变,从而驱动质子的泵出。复合体 I 泵出 4 个质子,复合体 III 泵出 2 个质子,复合体 IV 泵出 4 个质子。电子传递过程释放的自由能大部分转化为质子梯度,驱动磷酸化偶联反应,合成 2.5 分子 ATP。

电子对经 NADH 呼吸链氧化所产生的能量只有一部分转移到 ATP 中,以高能磷酸键的形式贮存起来,其余的能量则以热能形式散发到环境中。

对于琥珀酸呼吸链,每传递一对电子,生成 1.5 分子 ATP。电子从 $FADH_2$ 到 CoQ 的传递,自由能变化不足以驱动质子泵出以合成 ATP,这一步反应的意义在于保证 $FADH_2$ 上具有高转移势能的电子进入电子传递链。

(二) 化学渗透学说

电子传递过程释放的自由能大部分用于驱动质子泵出到膜间腔,形成跨越线粒体内膜的质子梯度。一对电子经呼吸链从 NADH 传递到分子氧可以驱动 10 个质子泵出,一对电子经琥珀酸呼吸链传递到分子氧可以驱动 6 个质子泵出。那么质子梯度如何驱动合成 ATP 呢?

研究证明,呼吸链水平的氧化磷酸化要求线粒体内膜结构完整无损,如果内膜破裂,有缺口,则偶联反应不能发生。为什么偶联反应需要完整无损的线粒体内膜? 电子传递释放的能量如何促成 ADP 与 Pi 反应生成 ATP? 关于电子传递过程如何与 ATP 合成相偶联的机制存在不同假说。这里主要介绍被人们普遍接受的化学渗透学说。

化学渗透学说是由英国生物化学家 Peter Mitchell 最先在 1961 年提出的。他认为电子传递过程释放的自由能和 ATP 的合成是与一种跨线粒体内膜的质子梯度(proton gradient)相偶联的。电子传递过程释放的自由能驱动质子从线粒体基质跨过内膜进入膜间腔,从而形成跨线粒体内膜的质子梯度。贮存于质子梯度中的能量称为质子驱动力,包括两部分:内膜两侧 H^+ 浓度差而产生的化学势能和质子泵出导致内膜两侧产生的荷电差。质子驱动力被膜上的 ATP 合成酶所利用,驱动 ADP 与 Pi 合成 ATP。化学渗透学说的过程示意图如图 7-14 所示。Mitchell 由于提出化学渗透学说曾获得 1978 年的诺贝尔化学奖。

化学渗透学说的要点是:(1)递氢体和电子传递体在膜上相间排列。(2)递氢体有传递 H^+ 作用,可将 H^+ 通过半透膜泵出到内膜和外膜之间的间隙(膜间腔)中。因内膜不能自由通过 H^+,由此导致电位差的形成。这是 ATP 生成的动力。(3)当 H^+ 沿内膜专一通道再次穿越内膜流入基质时,其电位差推动 ADP 转变为 ATP。

化学渗透学说需要线粒体内膜的完整性。膜不完整则不能形成跨膜质子梯度。如果用解偶联剂使线粒体内膜对 H^+ 的通透性增加,H^+ 梯度即不复存在,也就不会发生偶联的产能反应。已经有实验证明,H^+ 从线粒体基质泵出和由 ATP 合成酶将膜外 H^+ 又吸收回到膜内的速率相当。

化学渗透学说能够解释氧化磷酸化过程的大部分问题,跨膜质子梯度产生的质子化学电势和质子跨膜循环在能量偶联中起关键作用已经成为共识。

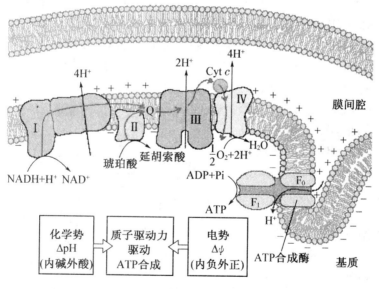

图 7-14　化学渗透学说的过程示意图

电子从 NADH 及其他底物经不对称分布于线粒体内膜上的载体(如细胞色素等)进行传递。伴随着电子流发生跨越线粒体膜的质子传递,产生化学梯度(ΔpH)和电动势差(Δψ)。线粒体内膜对质子是不可渗透的,因此质子只有经过唯一的通道——ATP 合成酶的亚基 F_0 回流到基质中,由此产生的驱动力为 ATP 合成提供了能量,由 ATP 合成酶的 F_1 部分催化合成 ATP。

(三)ATP 合成酶和 ATP 的合成

ATP 的合成是由 ATP 合成酶(ATP synthase)催化完成的。ATP 合成酶由两个主要单元构成：F_0 和 F_1。F_0 单元起质子通道的作用，而 F_1 单元催化 ATP 的合成，因此 ATP 合成酶又称为 F_0F_1—ATP 酶（F_0F_1—ATPase）。线粒体 ATP 合成酶的模式图如图 7－15 所示。图中显示了 ATP 合成酶中起质子通道作用的 F_0 亚单位和催化 ATP 合成的 F_1 单元，F1 复合体由 3 个 α 亚基、3 个 β 亚基以及 γ、δ、ε 亚基各一个所组成。

F_1 单元是球状结构，由 5 种不同的多肽链组成：α、β、γ、δ、ε。F_0 和 F_1 之间通过一个包含两种蛋白质的柄相连。F_1 催化 ATP 合成的部位在 β 亚基上。δ 亚基是 F_0 和 F_1 相连所必需

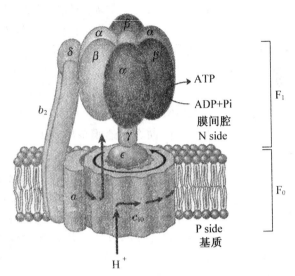

图 7－15　线粒体 ATP 合成酶复合体模式图

的。F_0 是跨线粒体内膜的疏水蛋白，它是质子通道，由 4 种多肽链组成。寡霉素（oligomycin）对 ATP 合成酶的抑制作用就是由于它结合到 ATP 合成酶的 F_0 亚基上，从而抑制 H^+ 通过 F_0（下标 0 代表寡霉素敏感）。还有一种脂溶性的羧基试剂二环己基碳二亚胺（dicyclohexylcarbodiimide，简写 DCCD），也能抑制质子通过 F_0。

质子流如何驱动 ATP 合成的问题一直是科学家们感兴趣的课题。对于质子驱动 ATP 合成的机制，Paul Boyer 提出"结合变化机制"（binding-change mechanism），如图 7－16 所示。

Paul Boyer 提出，ATP 合成酶的 3 个 β 亚基在本质上是相同的，各具有 1 个腺嘌呤核苷酸结合位点，但是在催化 ATP 合成的循环中，任何情况下这 3 个 β 亚基所处的状态不同，其中一个结合位点处于 T 态（tight—binding，紧密状态），第二个结合位点处于 L 态（loose—binding，松弛状态），第三个结合位点处于 O 态（open，开放状态）。在催化循环的开始，处于 T 态的位点结合了 ATP，处于 L 态的位点松弛地结合着 ADP 和 Pi。在质子驱动

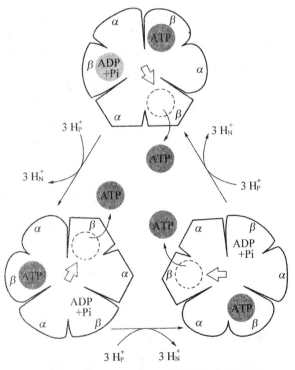

图 7－16　ATP 合成酶作用的"结合变化"模型
（The "binding change" model）

力推动下,质子流经 F_0 通道,引起 ATP 合成酶发生协同性的构象改变,T 态转变为 O 态,ATP 解离下来;同时 L 态转变为 T 态,ADP 和 Pi 迅速结合形成 ATP,而 O 态转变为 L 态,松弛地结合 ADP 和 Pi。该实验结果要求至少有两个催化中心交替地呈现活性,只有在一个催化中心结合了 ADP 和 Pi 之后,ATP 才能从另一个催化中心释放。

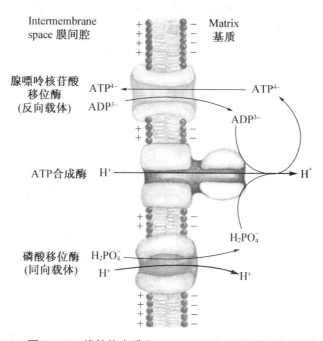

图 7-17 线粒体内膜中 ATP、ADP 和 Pi 的转运系统

ATP 的合成反应是在线粒体基质中进行的,形成的 ATP 可以从线粒体中被转运出去,进入细胞质。一个特异性的载体蛋白(移位酶)与 ATP 和 ADP 的反向协同运输有关。如图 7-17 所示,线粒体内膜中存在的转运系统可以将 ADP 和 Pi 转运进入线粒体基质,而将新合成的 ATP 从线粒体转运出去。ATP-ADP 移位酶是一种反向载体蛋白,可以同时将 ADP 转运进入而将 ATP 转运出线粒体。以 ADP^{3-} 取代 ATP^{4-} 的结果使得净产生一个负电荷的流动,由于线粒体基质相对于膜间腔是呈电负性的,因此有利于 ADP^{3-} 和 ATP^{4-} 的这种反向协同运输。在 pH7 的生理条件下,Pi 以 HPO_4^{2-} 和 $H_2PO_4^-$ 的形式存在,携带 Pi 进入线粒体基质的运载系统倾向于结合 $H_2PO_4^-$。$H_2PO_4^-$ 和 H^+ 的同向协同运输没有净电荷的变化,但是基质中质子浓度较低,有利于质子的进入。因此质子梯度不仅用于驱动 ATP 合成酶合成 ATP,还用于底物(ADP、Pi)和产物(ATP)的跨线粒体内膜的运输。

ATP 和 ADP 的转运过程也会受到一些毒素的抑制,如苍术苷(一种在地中海蓟中发现的葡萄糖苷)、米酵霉素(由假单胞菌产生)。

(四)氧化磷酸化的解偶联

一般正常情况下,电子传递与磷酸化是紧密结合的。但有些情况下,电子传递与磷酸化作用之间的偶联作用可被解除。不同的化学因素对氧化磷酸化的影响方式不同,从而可以划分为 3 大类:解偶联剂、氧化磷酸化抑制剂、离子载体抑制剂。

1. 特殊试剂的解偶联作用

解偶联剂的作用是使电子传递和 ATP 形成这两个过程分离,失去它们的紧密联系。它只抑制 ATP 的形成过程,不抑制电子传递过程,使得电子传递产生的自由能都变为热能。造成过分地利用氧和能源底物而能量得不到贮存。典型的解偶联剂是弱酸性亲脂试剂 2,4-二硝基苯酚(2,4-dinitrophenol,DNP)。

在生理 pH 值条件下,2,4-二硝基苯酚主要以阴离子 $C_6H_4(NO_2)_2O^-$ 的形式存在,在酸性环境中可接受质子成为非解离的形式,从而容易透过膜,同时将质子带入膜内。因此解偶联剂使得线粒体内膜对质子的通透性增加,破坏了跨膜的质子梯度,驱动 ATP 合成酶合成 ATP 的驱动力被解除。其他酸性芳香化合物同样有解偶联作用。

解偶联剂的作用只抑制氧化磷酸化的 ATP 形成,而对底物水平磷酸化没有影响。

氧化磷酸化抑制剂的作用是直接干扰 ATP 合成酶催化合成 ATP 的过程。这类抑制剂也不直接抑制电子传递链上载体的作用。但是由于它干扰了由电子传递的高能状态形成 ATP 的过程,结果也使电子传递不能进行。如寡霉素就属于这一类抑制剂。

离子载体抑制剂能与某些离子结合并作为它们的载体使这些离子能够穿过膜。它与解偶联剂的区别在于它是除了质子以外的其他一价阳离子的载体,如缬氨霉素作为 K^+ 的载体使得 K^+ 容易透过膜;短杆菌肽可使 K^+、Na^+ 等一价阳离子穿过膜。这类抑制剂是通过增加线粒体内膜对一价阳离子的通透性而破坏氧化磷酸化过程。

2. 激素控制褐色脂肪线粒体氧化磷酸化解偶联机制

在包括人类在内的哺乳动物的新生儿和冬眠动物的颈部和背部存在一种褐色脂肪组织(brown adipose tissue,又称褐色脂肪),是由含大量甘油三酯和大量线粒体的细胞构成。线粒体内的细胞色素使得褐色脂肪呈褐色。与其他的线粒体一样,褐色脂肪组织线粒体内脂肪酸氧化分解过程产生的还原型辅酶经过电子传递链将电子传递给分子氧,同时伴随着质子被泵出形成跨膜的质子梯度。褐色脂肪线粒体内含有一种激素称为产热素(thermogenin),它是一种二聚体蛋白质。这种激素只存在于褐色脂肪的线粒体中,位于线粒体内膜上,控制着线粒体内膜对质子的通透性,又称为解偶联蛋白(uncoupling protein,UCP),如图 7-18 所示。

由于通过解偶联蛋白的质子回流使得跨线粒体膜的质子梯度被解除,不

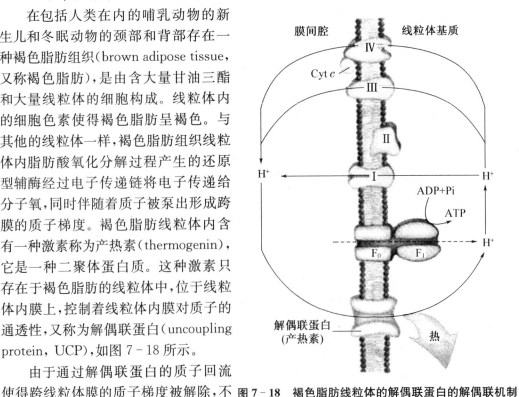

图 7-18 褐色脂肪线粒体的解偶联蛋白的解偶联机制

再驱动 ATP 合成酶合成 ATP,即代谢物氧化释放的能量不再以 ATP 的形式贮存起来,而是以热的形式散发,以维持体温的恒定。适应寒冷生活的动物在褐色脂肪线粒体内膜蛋白质中产热素的含量高达 15%。该激素可被游离脂肪酸激活,它刺激质子流使其通过该激素蛋白并使氧化磷酸化解偶联从而产生热量。解偶联蛋白为质子回流到线粒体基质提供了另外一条途径,使得质子梯度所贮存的能量以热的形式散发。

电子传递抑制剂、氧化磷酸化解偶联剂以及 ATP/ADP 转运抑制剂对于需氧生物的危害性极大,有使生物致死的可能。人或动物误食了这类毒物会致死,如电子传递抑制剂鱼藤酮的杀虫作用就是因为该物质阻断了呼吸链的电子传递的缘故,在医药卫生和农业生产实践中有重要的意义。现将常见的氧化磷酸化抑制剂总结如表 7-3。

表 7-3 氧化磷酸化的抑制剂

抑制类型	化合物	作用方式或作用位点
抑制电子传递	氰化物、CO	阻断复合体 IV 中电子从 Cyt aa_3 到 O_2 的传递
	抗霉素 A	阻断复合体 III 中从 Cyt b 到 Cyt c_1 的电子传递
	鱼藤酮、安密妥、杀粉蝶菌素	阻断复合体 I 中电子从 Fe—S 到 CoQ 的传递
抑制 ATP 合成酶	寡霉素、缬氨霉素	抑制 F_1
	二环己基碳二亚胺(DCCD)	阻碍质子流经 F_0
电子传递与磷酸化的解偶联	2,4-二硝基酚	质子载体
	缬氨霉素	K^+ 载体
	解偶联蛋白(产热素)	褐色脂肪线粒体内膜上形成质子通道
抑制 ATP/ADP 交换体	苍术苷(Atractyloside)	抑制腺嘌呤核苷酸移位酶

三、线粒体外 NADH 的氧化

NADH 经电子传递链被氧化的过程发生在线粒体内。由于核苷酸不能透过线粒体内膜,因此胞液中的 NADH(糖酵解过程产生)是通过特殊的穿梭机制转运进入线粒体的。通过穿梭机制,胞液中的 NADH 的 H 被转运到其他化合物上进入线粒体,并与线粒体内的 NAD^+ 结合(形成线粒体 NADH)或与 FAD 结合(形成线粒体 $FADH_2$)。通常有两种穿梭机制:3-磷酸甘油穿梭和天冬氨酸-苹果酸穿梭。

1. 3-磷酸甘油穿梭

糖酵解过程产生的 NADH 虽不能穿过线粒体内膜,但是可以通过容易穿梭于线粒体内膜的载体 3-磷酸甘油,起到穿梭转运作用。细胞质中的 3-磷酸甘油脱氢酶可以还原磷酸二羟丙酮为 3-磷酸甘油,并伴有 NADH 氧化为 NAD^+ 的反应。3-磷酸甘油经特异转运蛋白的运载而穿过线粒体外膜,被存在于线粒体内膜上的线粒体 3-磷酸甘油脱氢酶再氧化为磷酸二羟丙酮(如图 7-19)。

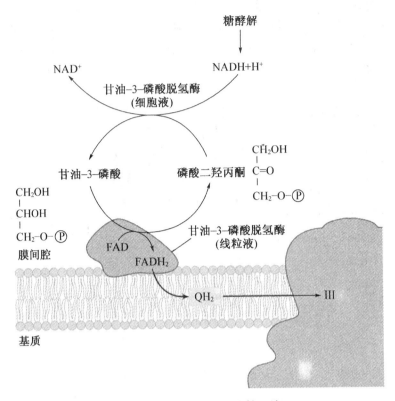

图 7 - 19 3 -磷酸甘油穿梭系统

线粒体 3 -磷酸甘油脱氢酶催化的脱氢反应的辅酶并非 NAD^+，而是 FAD，被还原为
$FADH_2$。磷酸二羟丙酮再扩散回细胞质中，使得循环能继续进行。

在线粒体内部被还原的 $FADH_2$ 将电子传递给 CoQ，进入电子传递链。

3 -磷酸甘油穿梭途径将胞液中的 NADH 经穿梭后转变为 $FADH_2$，使得最后生成的
ATP 数量减少，也就是说胞液中的 NADH 通过 3 -磷酸甘油穿梭途径转运后形成的
ATP 是 1.5 分子而不是 2.5 分子。

3 -磷酸甘油穿梭作用的生物学意义在于它使细胞质中的 NADH 能够逆浓度梯度转
运到线粒体内膜进入电子传递链进行氧化。昆虫飞行肌中这种穿梭途径最为突出，它的
穿梭作用保证了氧化磷酸化以极高的速率进行。

2. 苹果酸-天冬氨酸穿梭

在心脏和肝脏的胞液中，NADH 通过苹果酸-天冬氨酸穿梭途径进入线粒体。胞液
的苹果酸脱氢酶可以还原草酰乙酸为苹果酸，从而将 NADH 氧化再生为 NAD^+。携带
着 H 和电子的苹果酸经线粒体内膜上特殊的蛋白质载体（二羧酸载体）的运载而进入线
粒体，并被线粒体苹果酸脱氢酶催化，脱氢转化为草酰乙酸，同时伴有线粒体中 NAD^+ 还
原为 NADH 的反应。这导致细胞质中的 NADH 进入了线粒体，同时胞液中的草酰乙酸
也必须再生才能使整个过程继续进行。该过程由转氨酶催化完成，包括草酰乙酸转化为
天冬氨酸和谷氨酸转化为 α -酮戊二酸的两个反应。天冬氨酸和 α -酮戊二酸经特殊载体

的运载,被转运入胞液中,再由另一个转氨酶将它们转变回草酰乙酸与谷氨酸。如图7-20所示。图中①、③是苹果酸脱氢酶;②是苹果酸-α-酮戊二酸载体蛋白;④、⑥是谷草转氨酶;⑤是谷氨酸-天冬氨酸载体蛋白。

这种穿梭途径与3-磷酸甘油穿梭途径的差异在于它容易逆转,由于它的可逆性,因此只有在胞液中的 $NADH/NAD^+$ 的比值大于线粒体基质内的该比值时,NADH 才通过这种途径进入线粒体。

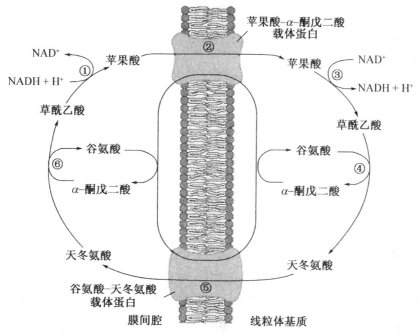

图 7-20 苹果酸-天冬氨酸穿梭系统

上述两种机制的结果是细胞质中的 NADH 被氧化为 NAD^+,而其所携带的 H 则经特异穿梭循环被转运到线粒体中形成 NADH 或 $FADH_2$。3-磷酸甘油穿梭主要存在于脑、骨骼肌组织中,是一种转运速率较快的穿梭方式。苹果酸-天冬氨酸穿梭主要存在于心肌、肝等组织中。

四、葡萄糖完全氧化分解产生的 ATP 数量

根据上述 ATP 合成的介绍,葡萄糖氧化分解产生的 ATP 数量结算如下。1 分子葡萄糖完全氧化为 CO_2 的过程中:在胞液中进行的糖酵解途径产生 2 分子 ATP 和 2 分子 NADH;在线粒体基质中进行的丙酮酸氧化脱羧过程产生 2 分子 NADH;在线粒体中进行的柠檬酸循环产生 2 分子 GTP(ATP)、6 分子 NADH、2 分子 $FADH_2$。每一分子 NADH 进入电子传递链经线粒体氧化磷酸化产生 2.5 分子 ATP,而每一分子 $FADH_2$ 产生 1.5 分子 ATP。胞液中的 NADH 经 3-磷酸甘油穿梭系统或苹果酸-天冬氨酸穿梭系统进入线粒体,可产生 1.5 分子或 2.5 分子 ATP。因此 1 分子葡萄糖完全氧化总计可产生 30 或 32 分子 ATP,如表 7-4 所示。

相比之下,厌氧条件下 1 分子葡萄糖经糖酵解途径净产生 2 分子 ATP。显然,氧化磷酸化途径使得分解代谢的产能效率得到极大的提高。

表 7 - 4　葡萄糖完全氧化产生的 ATP 结算

代谢过程	直接产物	产生的 ATP 数量
糖酵解(细胞质中)	2NADH	3 或 5
	2ATP	2
丙酮酸氧化(线粒体) (1 分子葡萄糖产生 2 分子丙酮酸)	2NADH	5
乙酰- CoA 氧化(线粒体) (1 分子葡萄糖产生 2 分子乙酰- CoA)	6NADH	15
	2FADH$_2$	3
	2ATP(2GTP)	2
1 分子葡萄糖总计产生		30 或 32

细胞内糖原在糖原磷酸化酶作用下分解产生葡萄糖-1-磷酸,若直接进入分解代谢,则完全氧化分解产生的 ATP 数量比上述从葡萄糖开始的氧化分解产生的 ATP 数量要多一个,因为少了一步磷酸化消耗 ATP 的步骤。

五、脂肪酸完全氧化分解产生的 ATP 数量

脂肪酸氧化分解同样发生在线粒体基质中,氧化过程产生的 FADH$_2$ 和 NADH 作为电子供体用于氧化磷酸化。16C 软脂酰- CoA(棕榈酰- CoA)氧化分解,经历 7 轮 β -氧化,产生 7 分子 FADH$_2$、7 分子 NADH 和 8 分子乙酰- CoA(见脂代谢)。1 分子乙酰-CoA 经柠檬酸循环产生 3 分子 NADH、1 分子 FADH$_2$ 和 1 分子 ATP(GTP),总计可产生 108 分子 ATP(表 7 - 5)。但是软脂酸在活化形成软脂酰- CoA 时要消耗 ATP 的两个高能磷酸键,因此 1 分子软脂酸完全氧化分解可净产生 106 分子 ATP。

表 7 - 5　软脂酰 CoA 完全氧化产生的 ATP 结算

代谢过程	直接产物	产生的 ATP 数量
β -氧化	7NADH	17.5
	7FADH$_2$	10.5
	8 乙酰- CoA	
柠檬酸循环	24NADH	60
	8FADH$_2$	12
	8GTP 或 ATP	8
1 分子软脂酰- CoA 总计产生		108

其他脂肪酸的氧化分解产生的 ATP 数量计算与软脂酸相似,不同的是经历的 β -氧化次数有差异,因而产生的 FADH$_2$、NADH 和乙酰- CoA 数量不同。

甘油氧化分解供能,首先磷酸化形成3-磷酸甘油,需要消耗ATP;然后3-磷酸甘油脱氢,生成磷酸二羟丙酮,进入糖酵解途径。磷酸甘油脱氢酶的辅酶是NAD,产生NADH。因此1分子甘油经糖酵解途径转化为丙酮酸,消耗1分子ATP,产生2分子ATP,净产生1分子ATP。磷酸甘油脱氢和甘油醛-3-磷酸脱氢,产生2分子NADH,经3-磷酸甘油穿梭或苹果酸-天冬氨酸穿梭进入线粒体,合成3分子或5分子ATP。有氧条件下,丙酮酸氧化脱羧生成乙酰-CoA,产生1分子NADH;乙酰-CoA进入柠檬酸循环,4次脱氢,产生3分子NADH和1分子$FADH_2$,底物水平磷酸化产生1分子GTP(ATP),因此产生$2.5 \times 4 + 1.5 \times 1 + 1 = 12.5$。因此1分子甘油完全氧化分解可以产生15.5或17.5分子ATP。

有氧条件下葡萄糖和脂肪酸的分解代谢过程伴随的电子传递和氧化磷酸化可产生大量ATP,供应生物体各种生命活动所需的能量。生物体内糖类是主要的能源物质,而脂肪是主要的储能物质。

六、高能键及高能化合物

所谓高能化合物是指含转移势高的基团(即很容易转移的基团,如高能磷酸基团和含硫酯键的～S-CoA基团)的化合物。在高能化合物中,高能基团前面通常冠以符号"～",表示高能键。

生物体内常见的高能化合物及高能键的类型,如表7-6所示。

表7-6 高能化合物及高能键的类型

高能键类型	高能化合物	举例
磷氧键型(O～P)	酰基磷酸化合物	甘油酸-1,3-二磷酸、氨甲酰磷酸
	焦磷酸化合物	ATP、GTP等 ADP、GDP等
	烯醇式磷酸化合物	磷酸烯醇式丙酮酸
氮磷键型(N～P)	胍基磷酸化合物	磷酸肌酸、磷酸精氨酸
硫酯键型(—CO～SCoA)	高能硫酯键化合物	酰基CoA
甲硫键型(—S～CH₃)	活性甲硫氨酸	S-腺苷甲硫氨酸

ATP是高能磷酸化合物的典型代表。它是生物体能量转移的关键物质,直接参与细胞中各种代谢反应的能量转移。由于ATP的$\Delta G^{\ominus}$在所有含磷酸基团的化合物中处于中间位置,使得ATP在磷酸基团转移中起中间传递体的作用,其实质是进行能量的传递。

代谢产生的能量除了以ATP的形式贮存外,也可间接与肌酸结合成磷酸肌酸(Phosphocreatine, PC)。神经和肌肉等细胞活动的直接供能物质是ATP,ATP被称为是可以接受能量和支付能量的能量货币。但是ATP在细胞内的含量很低($3 \sim 8$ mmol/kg),而肌肉和脑中的磷酸肌酸含量远远超过ATP,在脑中相对于ATP的1.5倍,在肌肉中相对于ATP的4倍。受过良好训练的运动员其肌肉中磷酸肌酸的含量可高达30 mmol。磷酸肌酸是细胞内首先供应ADP使之再合成ATP的能源物质。体内ATP与磷酸肌酸的高能磷酸键可以相互转变。当ATP浓度较高时,ATP的～Pi可转移给肌酸形成PC,

贮存于体内;当体内 ATP 浓度较低而机体又需要能量时,PC 便将～Pi 转移给 ADP 形成 ATP。ATP 虽然含有大量的自由能,是细胞活动的直接供能物质,但它并不是能量的贮存形式,ATP 的贮存形式是磷酸肌酸。在细胞活动急需能量的情况下 PC 可以使 ATP 维持在较高的稳定水平。磷酸肌酸的结构式如下:

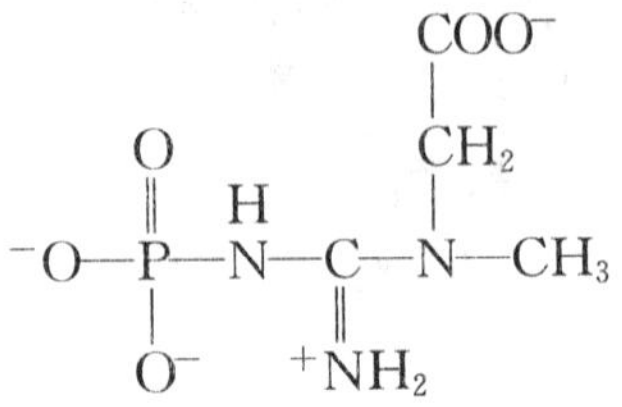

$$
{}^-O\!-\!\overset{\displaystyle O}{\underset{\displaystyle O^-}{\overset{\|}{P}}}\!-\!\overset{\displaystyle H}{N}\!-\!\overset{\displaystyle CH_2-COO^-}{\underset{\displaystyle {}^+NH_2}{C}}\!-\!N\!-\!CH_3
$$

在无脊椎动物如蟹、龙虾等的肌肉中的贮能物质是磷酸精氨酸,其作用与磷酸肌酸相似。有些微生物以聚偏磷酸作为贮能物质,聚偏磷酸受特殊的酶催化其磷酸基团水解。

复习思考题

1. 什么叫生物氧化? 生物氧化与一般的氧化还原反应相比有何特点?

2. 电子传递链中各成员的排列顺序是根据什么原则确定的?

3. 参与电子转移的载体有哪些? 它们在结构上有何特点?

4. 电子传递链与氧化磷酸化之间有何关系?

5. 什么是磷氧比(P/O)? 测定 P/O 有何意义? 以 NADH 为电子供体合成 ATP 时,2,4-二硝基苯酚对 P/O 有何影响?

6. 如何解释生物氧化与磷酸化之间的偶联作用机制? 如果这种偶联关系被解除,有什么后果?

7. 肌肉组织中有两种甘油-3-磷酸脱氢酶,一种在细胞质中,利用 NADH;另一种是黄素核苷酸依赖的线粒体酶。这两种酶有何代谢意义?

8. 比较分析葡萄糖完全氧化分解合成的 ATP 数量与脂肪酸完全氧化分解合成的 ATP 数量,哪种能源物质释放的能量更多? 为什么?

第八章

基因表达

学习要点：细胞在生命过程中，依据 DNA 中储存的遗传信息形成基因表达的产物蛋白质，这一过程称为基因表达。表达过程包括 DNA、RNA 及蛋白质的生物合成几部分。DNA 的生物合成以半保留复制的方式进行，保证了遗传信息的准确传代。复制是以亲代 DNA 单链为模板，以四种脱氧核苷三磷酸为原料，在一系列酶和蛋白质因子的参与下合成 DNA 的过程。整个过程分为：起始、延长和终止三个阶段。RNA 的生物合成以双链 DNA 中的一条链为模板，以四种核苷三磷酸为原料，在 RNA 聚合酶的作用下合成 RNA 链。原核生物的 RNA 聚合酶全酶由 5 个亚基（$\alpha_2\beta\beta'\sigma$）组成，不含 σ 亚基的酶称为核心酶。σ 因子具有辨认转录起始点的作用。RNA 的生物合成分为 4 个阶段：识别、起始、延伸和终止。真核生物的 RNA 聚合酶分为 I、II 和 III 三种，分别转录不同的 RNA。启动子是 RNA 聚合酶识别、结合和开始转录的一段 DNA 序列。原核生物的启动子有两个保守序列，分别位于 -10 和 -35 区域。真核生物的起始需各种转录因子的协同。转录生成的 RNA 初级产物需经过一系列的加工修饰过程才能成为成熟的 RNA，参与蛋白质的生物合成。以 RNA 为模板合成 DNA 的过程称为逆转录，催化该反应的酶称为逆转录酶。蛋白质多肽链合成的步骤包括氨基酸活化与转移、肽链合成的起始、肽链的延长、肽链合成的终止与释放几个部分，这一过程开始于氨基酸与特异 tRNA 结合，随后的步骤在核糖体上进行。新生多肽链需要经过各种方式的加工处理才能成为具有一定生物学功能的蛋白质。抗生素对蛋白质生物合成有抑制作用。

第一节　核苷酸的生物合成

核酸的基本结构单位是核苷酸。核苷酸及其代谢产物是生命活动的重要物质，几乎参与了细胞内所有生物化学过程，主要表现在以下几个方面：① 核苷酸是合成核酸的基本原料；② ATP 是化学能量的重要运输者，GTP、UTP、CTP 也是体内能量的利用形式；③ 核苷酸的衍生物在生物合成中充当活性载体的作用。例如合成糖原的活性原料 UDP-葡萄糖，以及合成磷脂的活性原料 CDP-二酰甘油；④ 腺苷酸是辅酶 FAD、

NAD^+、$NADP^+$、S-腺苷甲硫氨酸及 CoA 的组成成分;⑤ 某些核苷酸如 cAMP 和 cGMP,还担当细胞内的第二信使,参与代谢和生理调节。

虽然人体可以通过消化摄取外源性核酸类物质,以获取各种核苷酸,但核苷酸主要是通过机体自身合成的。因此,核苷酸不属于营养必需物质。生物体内的核苷酸,可以直接利用细胞中自由存在的碱基和核苷经过较简单的反应过程合成核苷酸,称为补救合成途径(salvage pathway),也可以利用磷酸核糖、氨基酸、一碳单位及 CO_2 等简单物质为原料,经一系列酶促反应从头合成核苷酸,称为从头合成途径(de novo synthesis)。在不同的组织中,两条途径的重要性不同,一般情况下,从头合成途径是核苷酸合成的主要途径。

一、补救途径

1. 嘌呤核苷酸的补救合成途径

脊髓和脑组织中,细胞可以利用现成的嘌呤碱或嘌呤核苷合成核苷酸,称为补救合成途径。该途径比较简单,所需能量也少。有两种特异性的酶参与嘌呤核苷酸的补救合成途径。一种是腺嘌呤磷酸核糖转移酶(adenine phosphoribosyl transferase,APRT)催化腺苷酸的形成,另一种是次黄嘌呤-鸟嘌呤磷酸核糖转移酶(hypoxanthine-guanine phosphoribosyl trnsferase,HGPRT)催化次黄苷酸和鸟苷酸的形成,由 PRPP(即 5-磷酸核糖-1-焦磷酸 phosphoribosyl phyrophosphate)提供磷酸核糖。

$$腺嘌呤 + PRPP \xrightarrow{APRT} AMP + PPi$$

$$次黄嘌呤 + PRPP \xrightarrow{HGPRT} IMP + PPi$$

$$鸟嘌呤 + PRPP \xrightarrow{HGPRT} GMP + PPi$$

体内的腺嘌呤核苷可以在腺苷激酶的作用下,发生磷酸化生成腺嘌呤核苷酸,从而使嘌呤核苷得到重新利用。

$$腺嘌呤核苷 \xrightarrow[\substack{ATP \quad ADP}]{腺苷激酶} AMP$$

嘌呤核苷酸补救合成途径的生理意义一方面在于可以节约从头合成时需要的能量和一些氨基酸的消耗;另一方面,体内某些组织器官,如脑、骨髓等由于缺乏有关从头合成的酶而不能进行从头合成,只能利用游离的嘌呤碱或嘌呤核苷进行补救合成嘌呤核苷酸。

基因缺陷导致 HGPRT 完全缺乏的患儿,表现为自毁容貌症或称 Lesch-Nyhan 综合征。这种疾病的患者常出现一系列的神经系统损伤表现,如行为反常、智力迟钝、痉挛性大脑麻痹及自毁容貌症。患儿在两三岁时出现症状,极少存活。由此说明了嘌呤核苷酸补救合成途径的重要性。

2. 嘧啶核苷酸的补救合成途径

催化嘧啶核苷酸补救合成的酶有磷酸核糖转移酶、嘧啶核苷磷酸化酶和嘧啶核苷激酶。其中以嘧啶磷酸核糖转移酶最为重要。该酶已从人红细胞中纯化,它能利用尿嘧啶、胸腺嘧啶和乳清酸作为底物,生成相应的嘧啶核苷一磷酸,但不能利用胞嘧啶。催化反应为：

$$嘧啶 + PRPP \xrightarrow{\text{嘧啶磷酸核糖转移酶}} 嘧啶核苷—磷酸 + PPi$$

脲苷激酶（uridine kinase）也是一种补救合成酶，催化尿嘧啶核苷和胞嘧啶核苷生成 UMP 和 CMP；而胸苷激酶（thymidine kinase）催化脱氧胸苷生成 dTMP，反应如下：

$$尿嘧啶核苷 \atop 胞嘧啶核苷 \xrightarrow[\text{ATP}\quad\text{ADP}]{\text{尿苷激酶、Mg}^{2+}} {UMP \atop CMP}$$

$$脱氧胸腺嘧啶核苷 \xrightarrow[\text{ATP}\quad\text{ADP}]{\text{胸苷激酶、Mg}^{2+}} dTMP$$

嘧啶核苷酸的补救合成途径以核苷激酶催化的反应为主。胸苷激酶在正常的肝脏中活性很低，再生肝脏中活性升高，恶性肿瘤中活性明显升高，并与恶性程度有关。

二、从头合成途径

1. 嘌呤核苷酸的从头合成途径

除某些细菌外，几乎所有生物体都能合成嘌呤碱。同位素示踪实验证明，嘌呤环中的第 1 位 N 来自天冬氨酸的氨基；第 3 位及第 9 位 N 来自谷氨酰胺；四氢叶酸的活化衍生物供给第 2 位及第 8 位 C；第 6 位 C 来自 CO_2；第 4 位 C、第 5 位 C 及第 7 位 N 来自甘氨酸。嘌呤环各成环原子来源见图 8-1。

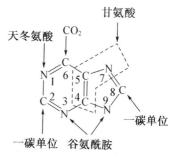

图 8-1 嘌呤环各成环原子来源

体内嘌呤核苷酸的合成并非先合成游离的嘌呤碱，然后再与核糖及磷酸结合，而是先由 5-磷酸核糖和 ATP 作用生成 5-磷酸核糖-1-焦磷酸（phosphoribosyl pyrophosphate，PRPP），然后再与合成嘌呤碱的前体相结合，经过一系列变化合成次黄嘌呤核苷酸（inosinic acid，IMP，也叫肌苷酸），然后转变为腺嘌呤核苷酸（AMP）和鸟嘌呤核苷酸（GMP），这是嘌呤核苷酸合成的一个特点。

肝是体内从头合成嘌呤核苷酸的主要器官，其次是小肠黏膜及胸腺。嘌呤核苷酸的从头合成在胞液中进行，分为两个阶段：

（1）次黄嘌呤核苷酸（IMP）的合成

IMP 的合成过程由下列十一步酶促反应组成，反应步骤见图 8-2。

① PRPP 的生成

磷酸戊糖途径中产生的 5-磷酸核糖（R-5-P），在 ATP 参与下，由磷酸核糖焦磷酸激酶（PRPP 合成酶）催化合成 PRPP。

② 5-磷酸核糖胺（PRA）的生成

在磷酸核糖酰胺转移酶（amidotransferase）催化下，PRPP 上的焦磷酸被谷氨酰胺提供酰胺基所取代生成 PRA。PRA 的形成是嘌呤核苷酸合成的限速步骤，磷酸核糖酰胺转移酶是限速酶，受嘌呤核苷酸的反馈抑制。

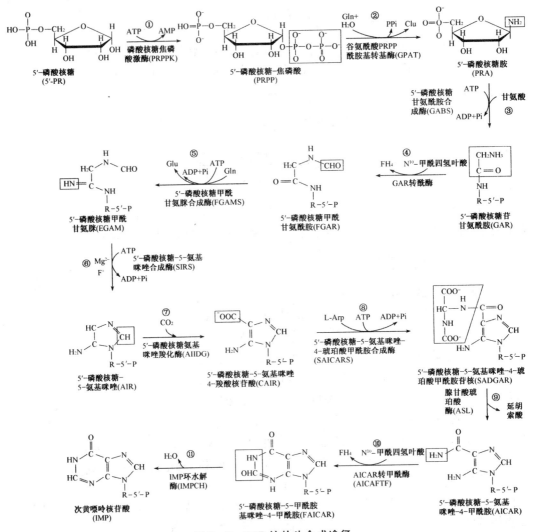

图 8 - 2　IMP 的从头合成途径

③ 甘氨酰胺核苷酸(GAR)的生成

由 ATP 提供能量,PRA 与甘氨酸结合生成 GAR,催化此反应的酶叫 GAR 合成酶。

④ 甲酰甘氨酰胺核苷酸(FGAR)的生成

GAR 在 GAR 甲酰转移酶作用下,甘氨酸残基的 α - 氨基被 N^{10} -甲酰四氢叶酸甲酰化,产生 FGAR。

⑤ 甲酰甘氨脒核苷酸(FGAM)的生成

由谷氨酰胺提供酰胺氮,FGAR 在 ATP 参与供能下氨基化生成 FGAM。催化此反应的酶是 FGAM 合成酶,需 Mg^{2+} 与 K^{+} 参与。

⑥ 5 -氨基咪唑核苷酸(AIR)的生成

由 ATP 供能,FGAM 在 AIR 合成酶作用下脱水环化,生成 AIR,反应需 Mg^{2+} 与 K^{+} 参与。这个中间产物含有嘌呤骨架中的咪唑环部分。

⑦ 5-氨基咪唑-4-羧酸核苷酸(CAIR)

在氨基咪唑核苷酸羧化酶催化下,AIR 羧化生成 CAIR,此反应中 CO_2 连接到咪唑环上成为嘌呤碱中 C_6 的来源,反应需生物素参与。

⑧ 5-氨基咪唑-4-N-琥珀酸氨甲酰核苷酸(SAICAR)的生成

CAIR 与天冬氨酸缩合,形成 SAICAR。反应由 SAICAR 合成酶催化,ATP 供能,Mg^{2+} 参与反应。

⑨ 5-氨基咪唑-4-氨甲酰核苷酸(AICAR)的生成

SAICAR 分子在裂解酶催化下分子中天冬氨酸 N–C 键断裂生成 AICAR 和延胡索酸。

⑩ 5-甲酰氨基咪唑-4-甲酰氨基核苷酸(FAICAR)的生成

由 N^{10}-甲酰四氢叶酸提供一碳单位甲酰基,使 AICAR 甲酰化生成 FAICAR。催化此反应的酶是 FAICAR 甲酰转移酶。

最后,次黄嘌呤核苷酸(IMP)的生成 FAICAR 在 IMP 合酶的作用下,脱水闭环,形成嘌呤核苷酸从头合成中具有完整嘌呤环结构的第一个产物—IMP。

（2）AMP 和 GMP 的合成

IMP 是合成 AMP 和 GMP 的前体。IMP 在腺苷酸代琥珀酸合成酶(adenylosuccinate synthetase)与腺苷酸代琥珀酸裂解酶(adenylosuccinate lyase)的连续作用下,由天冬氨酸提供氨基,GTP 提供能量生成 AMP。另外,IMP 先在 IMP 脱氢酶作用下,以 NAD^+ 作为受氢体,氧化生成黄嘌呤核苷酸(XMP),然后在鸟苷酸合成酶作用下生成 GMP。由谷氨酰胺的酰胺基作为氨基供体,ATP 提供反应所需能量。IMP 生成 AMP 和 GMP 的过程见图 8-3 所示。

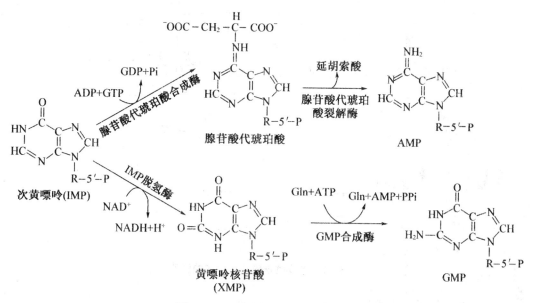

图 8-3 IMP 转变为 AMP 和 GMP

体内游离核苷酸主要是以核苷三磷酸的形式存在。AMP 和 GMP 可进一步在激酶

作用下,以 ATP 为磷酸供体,经过两步磷酸化反应,分别生成 ATP 和 GTP,其反应如下:

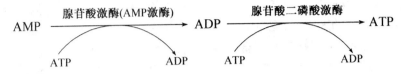

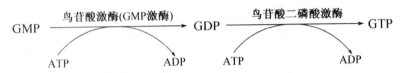

2. 嘌呤核苷酸合成代谢的调节

嘌呤核苷酸的合成受到反馈抑制调节,有下列几个调节位点:

(1) PRPP 合成酶的调节

PRPP 合成酶受产物 AMP、GMP 和 IMP、ADP、GDP 的反馈抑制,而 ATP 可提高 PRPP 合成酶的活性。

(2) PRPP 酰胺转移酶的调节

PRPP 酰胺转移酶是从头合成的限速酶,可被合成产物 AMP、ADP、ATP 及 GMP、GDT、GTP 等的反馈抑制。其中 AMP 和 GMP 在抑制这个酶的活力方面具有协同作用。

(3) 腺苷酸代琥珀酸合成酶的调节

腺苷酸代琥珀酸合成酶受 AMP 反馈抑制,这步反应需要 GTP 提供能量,因此 GTP 促进 AMP 的合成(见图 8-4)。

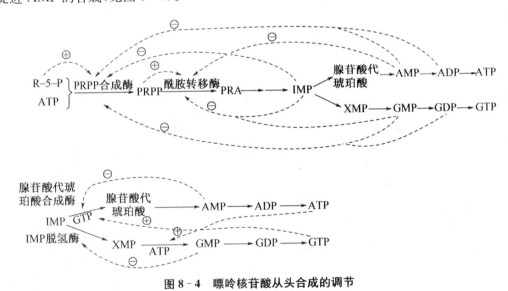

图 8-4 嘌呤核苷酸从头合成的调节

(4) IMP 脱氢酶的调节

IMP 脱氢酶受 GMP 的反馈抑制。GMP 合成酶需要 ATP 提供能量,从 ATP 促进 GMP 的合成。这种交叉调节作用对维持 ATP 与 GTP 浓度的平衡具有重要意义。

3. 嘧啶核苷酸的从头合成途径

同位素示踪实验证明,合成嘧啶碱的原料来自天冬氨酸、谷氨酰胺和 CO_2。其中嘧啶环中的第 3 位氮来自谷氨酰胺,第 2 位碳来自 CO_2,其余第 1 位氮及第 4、5、6 位碳来自天冬氨酸(见图 8-5)。

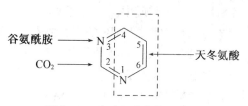

图 8-5 嘧啶环中各原子来源

与嘌呤核苷酸的从头合成途径有所不同,嘧啶核苷酸是先利用小分子化合物形成嘧啶环,然后再与核糖磷酸结合形成嘧啶核苷酸。从头合成是首先形成尿嘧啶核苷酸,然后再转变为其他嘧啶核苷酸。

嘧啶环的合成是从氨基甲酰磷酸的生成开始。氨基甲酰磷酸也是尿素的合成前体,不同的是合成尿素所需的氨基甲酰磷酸在肝脏线粒体中通过氨基甲酰磷酸合成酶 Ⅰ(carbamoyl phosphate synthetase Ⅰ,CPS-Ⅰ)催化生成的,而合成嘧啶环的氨基甲酰磷酸是在胞质中,在 ATP 供能条件下,由氨基甲酰磷酸合成酶 Ⅱ(carbamoyl phosphate synthetase Ⅱ,CPS-Ⅱ)催化谷氨酰胺与 CO_2 合成的。两种氨基甲酰磷酸合成酶来源、性质和功能比较见表 8-1 所示。

表 8-1 两种氨基甲酰磷酸合成酶的比较

	氨基甲酰磷酸合成酶 Ⅰ	氨基甲酰磷酸合成酶 Ⅱ
分布	线粒体(肝脏)	胞液(所有细胞)
氮源	氨	谷氨酰胺
变构激活剂	N-乙酰谷氨酸	无
反馈抑制剂	无	UMP(哺乳类动物)
功能	尿素合成	嘧啶合成

(1)尿嘧啶核苷酸的合成

反应过程分为三个阶段:

第一阶段是氨基甲酰磷酸(carbamoyl phosphate)的生成。在胞液中 CPS-Ⅱ 催化下,CO_2 与谷氨酰胺缩合生成氨基甲酰磷酸。

第二阶段是乳清酸(orotic acid)的合成。① 由天冬氨酸氨基甲酰转移酶(aspartate transcarbamoylase,ATCase)催化天冬氨酸与氨基甲酰磷酸缩合,生成氨基甲酰天冬氨酸。该反应为嘧啶合成的限速步骤,ATCase 是限速酶,受产物的反馈抑制。此步骤由氨基甲酰磷酸水解供能,不消耗 ATP。② 在二氢乳清酸酶(dihydroorotase)催化作用下,氨基甲酰天冬氨酸脱水、分子内重排形成二氢乳清酸。③ 由二氢乳清酸脱氢酶(dihydroorotate dehydrogenase)催化,二氢乳清酸脱氢生成乳清酸,乳清酸具有与嘧啶环类似的结构。

第三阶段是 UMP 的合成。① 乳清酸与 PRPP 在乳清酸磷酸核糖转移酶催化下,由 PRPP 水解供能,生成乳清酸核苷酸(orotidine-5'-monophosphate,OMP)。② 乳清酸核苷酸在乳清酸核苷酸脱羧酶(oroticylic acid decarboxylase)催化下,脱羧生成 UMP(图 8-6)。

嘧啶核苷酸的合成主要在肝脏中进行。二氢乳清酸脱氢酶存在于线粒体中,其余5 种酶均存在于胞质中。

在细菌中,生成 UMP 的 6 种酶是独立存在的,但在真核细胞内催化嘧啶合成的前三个酶,即 CPS-Ⅱ、天冬氨酸氨基甲酰转移酶和二氢乳清酸酶,位于分子量约 200 kD 的同一条多肽链上,因此是一个多功能酶,有利于以均匀的速度参与嘧啶核苷酸的合成。此外,乳清酸磷酸核糖转移酶和乳清酸核苷酸脱羧酶,也是位于同一条多肽链上的多功能酶。由此更有利于以均匀的速度催化嘧啶核苷酸的合成。

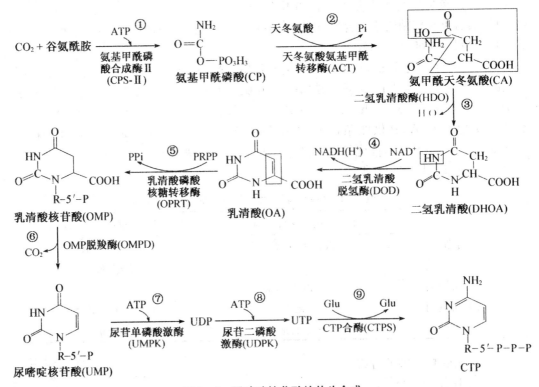

图 8 - 6　尿嘧啶核苷酸的从头合成

(2) UTP 和 CTP 的合成

尿苷酸向胞苷酸的转变是在核苷三磷酸的水平上进行的。尿苷酸在尿嘧啶核苷一磷酸激酶的作用生成尿嘧啶核苷二磷酸(UDP),后者在尿嘧啶核苷二磷酸激酶的作用下转变为尿嘧啶核苷三磷酸(UTP),然后经氨基化生成胞嘧啶核苷三磷酸。

$$UMP \xrightarrow[\substack{尿苷单磷酸激酶\\(UMPK)}]{ATP} UDP \xrightarrow[\substack{尿苷二磷酸\\激酶(UDPK)}]{ATP} UTP \xrightarrow[\substack{CTP合酶(CTPS)}]{Gln \quad Gln} CTP$$

4. **嘧啶核苷酸合成的调节**

细菌中,天冬氨酸氨基甲酰转移酶是嘧啶核苷酸从头合成的主要调节酶,CTP 是其别构抑制剂。在哺乳类动物细胞中,CPS-Ⅱ 是合成过程的主要限速酶。UMP 和 CMP 是其别构抑制剂(图 8-7)。

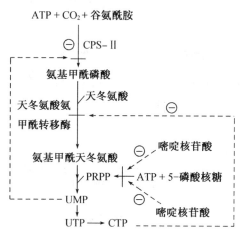

图 8-7 嘧啶核苷酸从头合成的调节

由于 PRPP 合成酶是嘧啶与嘌呤两类核苷酸合成过程中共同需要的酶,它可同时接受嘧啶核苷酸及嘌呤核苷酸的反馈抑制。实验表明,嘧啶和嘌呤的合成有协同调控的关系,两者的合成速度通常是平行的。

5. **脱氧核糖核苷酸的生物合成**

生物体内脱氧核糖核苷酸是在核糖核苷二磷酸水平上经核糖核苷酸还原酶(ribonucleotide reductase)催化还原成相应的脱氧核糖核苷酸。而脱氧胸腺嘧啶核苷酸(dTMP)的生成是个例外。

(1) 核糖核苷酸的还原

在核糖核苷酸还原酶作用下,核糖核苷二磷酸(NDP)的核糖部分的 $2'$-羟基被氢原子取代,转变成脱氧核糖核苷二磷酸(dNDP)。反应如下:

催化这一反应的实际上是核糖核苷二磷酸还原酶系,主要包括硫氧还蛋白、硫氧还蛋白还原酶及核糖核苷酸还原酶。核糖核苷酸还原酶从 NADPH 获得电子时,需要硫氧化还原蛋白(thioredoxin)作为电子载体,其所含的巯基在核糖核苷酸还原酶作用下氧化为二硫键。后者再经氧化还原蛋白还原酶(thioredoxin reductase)的催化,重新生成还原型的硫氧化还原蛋白(图 8-8)。核糖核苷酸还原酶是一种变构酶,由两个亚基组成,只有两个亚基结合时才具有酶活性。在 DNA 合成旺盛、分裂速度较快的细胞中,核糖核苷酸还原酶体系活性较强。

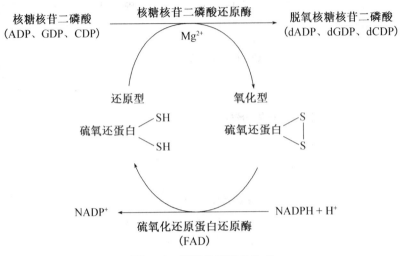

图 8-8　脱氧核苷酸的生成

由此途径生成的 dADP、dGDP、dCDP 和 dUDP 在相应激酶的作用下,由 ATP 提供磷酸基,分别生成四种 dNTP,以满足 DNA 合成的需要。

$$dNDP + ATP \xrightarrow{激酶} dNTP + ADP$$

(2) 脱氧胸腺嘧啶核苷酸(dTMP)的合成

脱氧胸腺嘧啶核苷酸是由脱氧尿嘧啶核苷酸(dUMP)经甲基化生成的,催化此反应的酶是胸腺嘧啶核苷酸合成酶(thymidylate synethetase),甲基的供体是 N^5,N^{10}-亚甲四氢叶酸。N^5,N^{10}-亚甲基四氢叶酸(N^5,$N^{10}-CH_2-FH_4$)提供甲基后生成的 FH_2 经二氢叶酸还原酶的作用,重新生成 FH_4。其反应过程如图 8-9 所示。

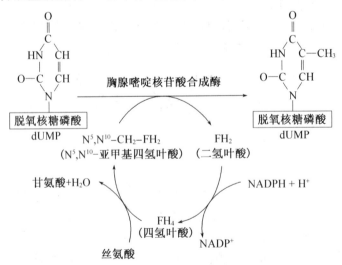

图 8-9　脱氧胸腺嘧啶核苷酸的生物合成

dUMP 可来自 dUDP 的水解,也可来自 dCMP 的脱氨基作用生成。实验证明,在绝大多数细胞中,dCMP 脱氨基生成 dUMP 是 dUMP 的主要来源。

dTMP 也可经补救途径合成,即由胸腺嘧啶与脱氧核糖-1-磷酸在胸苷磷酸化酶作用下生成胸苷,然后再通过胸苷激酶催化生成 dTMP。

$$胸腺嘧啶+脱氧核糖\text{-}1\text{-}磷酸 \xrightarrow{\text{胸苷磷酸化酶}} 胸苷+磷酸$$

$$胸苷+ATP \xrightarrow{\text{胸苷激酶}} dTMP+ADP$$

$$dTMP \xrightarrow{\text{激酶}} dTDP \xrightarrow{\text{激酶}} dTTP$$

三、核苷酸的衍生物

1. 腺苷酸衍生物

生物体内游离存在的单核苷酸多是 5′-核苷酸。以 N 代表不同的碱基,根据连接的磷酸基团的数目不同,将核苷酸分为核苷一磷酸(nucleoside monophosphate,NMP)、核苷二磷酸(nucleoside diphosphate,NDP)和核苷三磷酸(nucleoside triphosphate,NTP)。从接近核糖的位置开始,三个磷酸基团分别用 α、β 和 γ 来标记。例如,腺苷一磷酸(AMP)、腺苷二磷酸(ADP)和腺苷三磷酸(ATP),它们的 α 与 β、β 和 γ 之间的磷酸酯键都是高能磷酸酯键(图 8-10),其水解时的放能反应与各种需要能量的生物学反应互相配合,发挥各种生理功能。因此认为 ATP 是能量代谢转化的中心,在生物能转换中起着十分重要的作用。

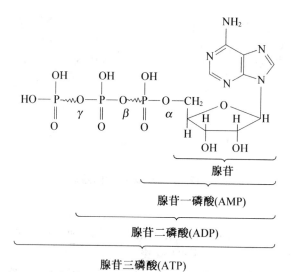

图 8-10 AMP、ADP 和 ATP 的结构

腺苷-3′,5′-环磷酸即环腺苷酸(cyclic AMP,cAMP)主要存在于动物细胞中,生物体内的激素通过引起细胞内 cAMP 的含量发生变化,从而调节糖原、脂肪代谢、蛋白质和核酸的生物合成,所以 cAMP 被称为第二信使。其结构见图 8-11。

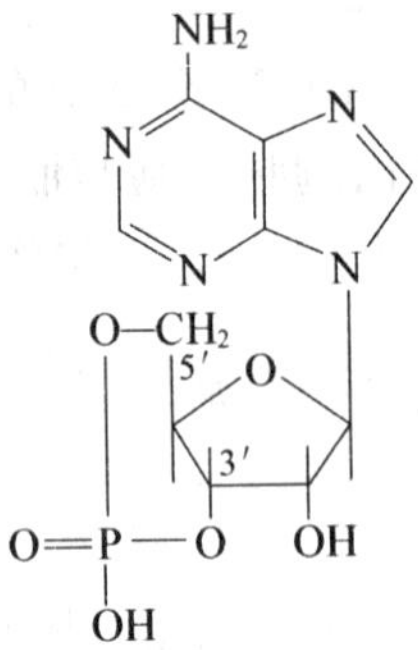

图 8 - 11 cAMP 的结构

2′,5′-寡聚腺苷酸,通常由 3 个腺苷酸通过 2′,5′-磷酸二酯键连接而成,即 pppA(2)p(5)A(2)P(5)A,是干扰素发挥作用的一个媒介,具有抗病毒、抑制 DNA 合成和细胞生长、调节免疫反应等生物功能。

几种重要辅酶都是腺苷酸的衍生物,如 NAD^+、$NADP^+$、FAD 及 CoA。NAD^+、$NADP^+$、FAD 可通过氢原子的得失参与许多氧化还原反应。CoA 作为有些酶的辅酶成分,参与糖有氧氧化及脂肪酸氧化作用。

此外,腺苷-3′-磷酸-5′-磷酰硫酸(PAPS)是硫酸根的活化形式,蛋白聚糖的糖组分中硫酸根的来源。甲硫氨酸被腺苷活化得到 S-腺苷甲硫氨酸(SAM),它在生物体内广泛用作甲基供体。

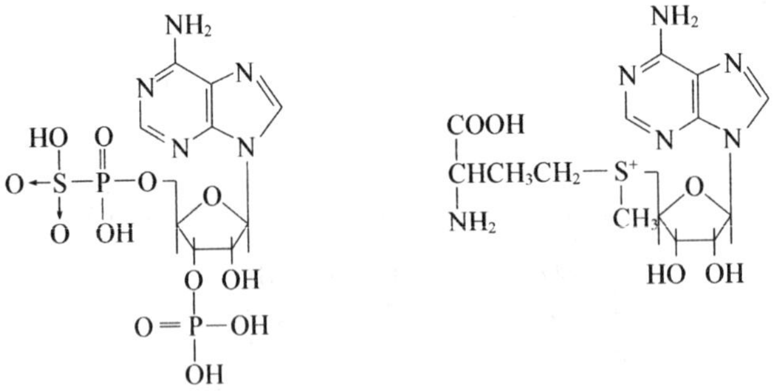

PAPS   SAM

图 8 - 12 PAPS 和 SAM 的结构式

2. 鸟苷酸衍生物

在某些需能反应中,如蛋白质生物合成的起始和延伸,不能使用 ADP 和 ATP,而要 GDP 和 GTP 参与反应。鸟苷-3′,5′-环磷酸(cyclic GMP, cGMP)也是一个细胞信号分子,在某些情况下,cGMP 与 cAMP 是一对相互制约的化合物,两者一起调节细胞内许多重要反应。鸟苷-3′-二磷酸-5′-二磷酸(ppGpp)和鸟苷-3′-二磷酸-5′-三磷酸(pppGpp)则与基因表达的调控有关(图 8 - 13)。

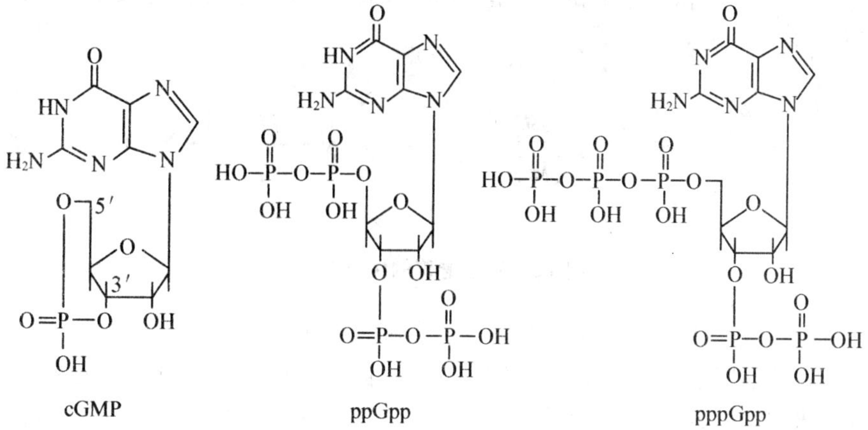

图 8 – 13　cGMP、ppGpp 和 pppGpp 的结构

3. 胞苷酸衍生物

CDP 和 CTP 也是一类高能化合物。与磷脂类代谢有关的胞苷酸衍生物有 CDP － 胆碱、CDP － 乙醇胺、CDP － 甘油二酯等。

4. 尿苷酸衍生物

在糖代谢中起着重要作用，UDP 是单糖的活化载体，参与糖与双糖、多糖的生物合成，如 UDP － 半乳糖是乳糖的前体，UDP － 葡萄糖是糖原的前体，UDP － N － 乙酰葡糖胺与糖蛋白生物合成有关。UDP 和 UTP 也是一类高能磷酸化合物

第二节　DNA 的生物合成

已经证明，遗传的物质基础是核酸，而且主要是 DNA。在生物界，物种通过其 DNA 完整、准确的复制将其蕴藏的生物遗传信息忠实地传给子代，以保证物种的延续。同时，DNA 复制过程中偶尔的突变和序列重排会导致生物的进化。

一、中心法则

1958 年，DNA 双螺旋的发现人之一 F. Crick 提出了遗传信息传递的中心法则（the central dogma）。即 DNA 是遗传信息的载体；通过 DNA 的复制，将亲代遗传信息忠实地传递给子代。在后代的生长发育过程中，遗传信息由 DNA 通过转录传递给 RNA，最后翻译成特异的蛋白质，从而使后代表现出与亲代相似的遗传特征，这就是基因表达。这种遗传信息的流动方向即为 Crick 提出的遗传信息传递的中心法则。

1970 年 Temin 从致癌的 RNA 病毒中发现逆转录酶，并证实以 RNA 为模板还可以指导 DNA 的合成，这种遗传信息由 RNA 传递给 DNA 的方式与转录过程相反，称为逆转录（reverse transcription）。后来又发现在某些情况下，RNA 也是重要的遗传物质。如某些 RNA 病毒能通过 RNA 的复制将遗传信息代代相传。1971 年，Crick 对中心法则作

了进一步的补充与完善,修改后的中心法则被人们称为现代中心法则,如图 8-14 所示。

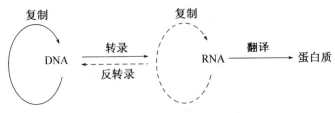

图 8-14 遗传的中心法则

中心法则代表了大多数生物遗传信息贮存和表达的规律,奠定了在分子水平上研究遗传、繁殖、进化、代谢类型、生长发育、生命起源、健康或疾病等生命科学关键问题的理论基础。近年来,核酶(ribozyme)的发现,更让人们认识到 RNA 不只是沟通 DNA 与蛋白质的桥梁,还可能是生物进化过程或生命起源过程中最早出现的生物大分子。可见,中心法则还将继续得到补充、修正。

二、半保留复制

1953 年,Watson 和 crick 在提出 DNA 双螺旋结构模型时,就对 DNA 复制的分子机制进行了科学推测。即在 DNA 复制过程中,亲代 DNA 的双螺旋先解螺旋和分开,然后以每条链为模板,按照碱基互补原则,在这两条模板链上各合成一条互补链。这样,新形成的两个 DNA 分子与原来 DNA 分子的碱基序列完全一样。在此过程中,每个子代 DNA 分子中有一条链来自亲代 DNA,另一条则是新合成的,这种复制方式称为半保留复制(semiconservative replication)(图 8-15)。

1958 年 Meselson 和 Stahl 应用同位素标记法和氯化铯(CsCl)密度梯度超速离心技术研究 *E. coli* DNA 复制时,才直接证实了 DNA 半保留复制假说的正确性。他们将大肠杆菌在重氮(^{15}N)标记的 $^{15}NH_4Cl$ 为唯一氮源的培养基中生长 12 代,使细菌 DNA 全部带有 ^{15}N 标记。然后将此大肠杆菌转入含轻氮(^{14}N)标记的普通 $^{14}NH_4Cl$ 培养基中继续培养,取每一代的细胞抽提

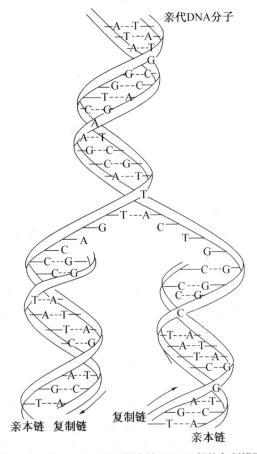

图 8-15 Watson 和 Crick 提出的 DNA 双螺旋复制模型

DNA。由于含^{15}N 的 DNA 比含^{14}N 的 DNA 密度大,因此可用 CsCl 密度梯度离心分离不同密度的 DNA 分子。实验结果表明,子一代的 DNA 区带位于^{15}N—DNA 和普通^{14}N—DNA 之间,是一中等密度 DNA,说明子一代 DNA 双链中有一股是^{15}N-单链,是从亲代接受和保留下来的;而另一股是^{14}N-单链,是全新合成的。在普通培养基中继续培育出子二代,其 DNA 则是中等密度 DNA 与普通 DNA 各占一半。若再继续培养,可以看到^{14}N—DNA分子增多。当将^{14}N—DNA 和^{15}N—DNA 杂合分子加热变性时,即可分成^{14}N-链和^{15}N-链。这个实验结果充分证明了 DNA 是按半保留方式进行复制的(图 8 - 16)。

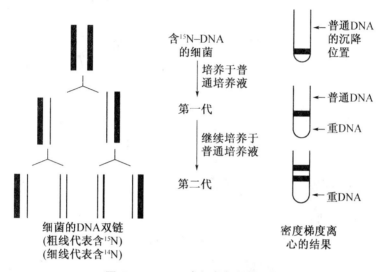

图 8 - 16 DNA 半保留复制的证据

DNA 半保留复制的机制说明了 DNA 在代谢上的稳定性,使得 DNA 中储存的遗传信息准确无误地传递给子代,体现了遗传的保守性。但是这种稳定又不是绝对的,在细胞内外各种理化和生物因子的影响下,DNA 分子也会发生各种损伤和突变,需要修复;在复制和转录过程中 DNA 也会发生降解消耗;在组织细胞的发育过程中,DNA 的特定序列还可能进行修饰、删除、扩增和重排。所以,从进化的角度来看,DNA 处于不断地变异和变更之中,变异又是物种进化的分子基础。

三、半不连续复制

DNA 双螺旋的两条链是反向平行的,一条链的走向是 $3' \rightarrow 5'$,另一条链则是 $5' \rightarrow 3'$。DNA 复制时,两条链都能作为模板合成出两条新的互补链。但是,已知生物体内所有 DNA 聚合酶催化聚合的方向都是 $5' \rightarrow 3'$。这就很难说明,DNA 在复制时两条链如何能够同时作为模板合成互补链。为了解决这个矛盾,日本学者冈崎通过一系列实验研究提出了不连续复制理论。他指出,在 DNA 复制过程中,DNA 聚合酶以 $3' \rightarrow 5'$ 方向的 DNA 链为模板,随着复制叉向前移动,新的互补链沿 $5' \rightarrow 3'$ 走向连续合成,此链称为领头链或前导链(leading strand)。而以 $5' \rightarrow 3'$ 方向的亲代 DNA 链为模板合成新的互补链时,由于复制方向与复制叉的前进方向相反,所以只能随着复制叉的移动,分段沿 $5' \rightarrow 3'$ 方向合成多个短的 DNA 片段,这些片段称为冈崎片段(Okazaki fragment)。最后在 DNA 聚合酶 1 和 DNA 连接酶的作用下成为一条完整的 DNA 链,该链称随从链或后随链(lagging strand)。

由于 DNA 复制时,一条链(即领头链)的合成是连续的,另一条链(随从链)的合成是不连续的,因此 DNA 的复制称为半不连续复制(图 8-17)。

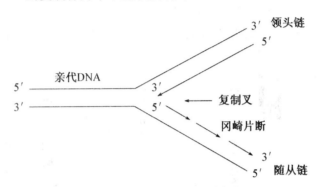

图 8-17 DNA 的半不连续复制

四、复制的过程与一般规律

基因组内能独立进行复制的单位称为复制子(replicon)或复制单位。每个复制子都含有控制复制起始的起点和控制复制终止的终止点。因此,从复制起始点到复制终止点的区域为一个复制子。DNA 复制时,亲代 DNA 分子在一个特定区域内打开双链,呈现一叉形(或 Y 形)结构,称为复制叉(replication fork)(图 8-18),随后以两股单链为模板合成新的 DNA 分子。在复制进行过程时,复制叉不断向前移动。图中(a) 从两个起始点,单链单一方向生长;(b) 从一个起始点,双链同一方向生长;(c) 从一个起始点,双链双向复制。

DNA 复制的方向可有三种不同形式:(1) 从两个起点开始的,形成两个复制叉,各以一个单一方向复制出一条新链。如腺病毒 DNA 的复制。(2) 从一个起始点开始,以同一方向生长出两条链,形成一个复制叉。如质粒 ColE I。(3) 从一个起始点开始,沿两个相反的方向各生长出两条链,形成两个复制叉(图 8-18)。这是原核生物和真核生物 DNA 复制最主要的形式,也是最重要

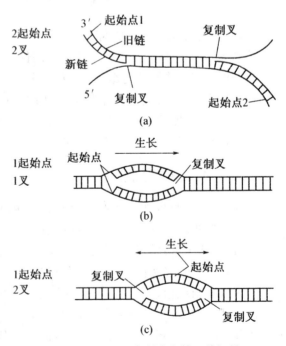

图 8-18 DNA 复制方向的三种机制

的双向复制。

DNA 的复制是一复杂的过程,大致可分成三个阶段:即复制的起始、DNA 链的延长和复制的终止。

1. 复制的起始

复制子中控制复制起始的位点称为复制起始点(origin of replication, ori)。在原核细胞中,ori 常位于染色体的一个特定部位,每个 DNA 分子只有一个复制起始点,复制从这里开始,进行到终止点(terminus)结束,因此,原核生物只有一个复制子。例如,E. coli 染色体 DNA 含有 4×10^6 bp,其中有一个 245 bp 的片段为复制起始点,称为 ori C,其中有 9 个核苷酸或 13 个核苷酸组成的保守序列,这些部位是 E. coli DnaA 蛋白识别的位点。

真核生物中,DNA 的复制是在染色体的多个特定部位开始的,具有多个复制起始点,所以真核生物具有多个复制子。例如,啤酒酵母(S. cerevisiae)的第 17 号染色体中约有 400 个起始点,在每个起始点中至少有 $100 \sim 200$ 个碱基与复制功能有关。

起始是复制中较为复杂的环节,它包括 DNA 双链打开成复制叉,形成引发体及 RNA 引物的合成。

2. 复制的延长

在 DNA 聚合酶的催化下,以四种 dNTP(N＝A、G、C、T)为原料,在引物或延长中子链的 $3'-$ OH 通过磷酸二酯键不断延长 DNA 链的过程。DNA 的聚合反应如下:

$$\left. \begin{array}{c} n_1\,\mathrm{dATP} \\ + \\ n_2\,\mathrm{dGTP} \\ + \\ n_3\,\mathrm{dCTP} \\ + \\ n_4\,\mathrm{dTTP} \end{array} \right\} \xrightarrow[\mathrm{DNA, Mg^{2+}}]{\mathrm{DNA\ 聚合酶}} \mathrm{DNA} + (n_1 + n_2 + n_3 + n_4)\mathrm{PPi}$$

3. 复制的终止

包括引物的切除、填补空隙和连接切口的过程。

五、参与复制的酶和蛋白质

生物体内,DNA 复制的连续化学反应过程需要众多酶和蛋白质因子的参与才能完成。它们包括:① 催化 dNTP 聚合的 DNA 聚合酶;② 参与 DNA 双链打开及稳定的 DNA 链的解螺旋酶、拓扑异构酶和单链 DNA 结合蛋白;③ 和引物生成有关的引物酶和蛋白质因子;④ 连接冈崎片段的 DNA 连接酶等等。

1. 解螺旋酶(DNA helicase)

DNA 在复制之前必须将双螺旋解开,以便提供单链 DNA 模板,然后以该单链 DNA 为模板进行复制。

DNA 解螺旋酶又称解链酶(unwindase),是一类能通过水解 ATP 获得能量使双链

DNA 打开的酶。大肠杆菌中有解螺旋酶活性的蛋白质已发现有十多种。在研究 DNA 复制的过程中,曾把与复制相关的基因定名为 dnaA、dnaB、dnaC、…、dnaX,相应的蛋白质命名为 DnaA、DnaB、DnaC、…、DnaX 等。在对 *E. coli* 复制的研究中,发现有一种蛋白质,当时称为复制蛋白 Rep,它具有利用 ATP 提供能量解开 DNA 双链的作用。后来发现 Rep 蛋白就是 DnaB,并定名为解螺旋酶。它是分子量为 65 000 的一条多肽链,DNA 复制时 rep 蛋白结合在前导链的模板上,沿模板的 $3'{\rightarrow}5'$ 方向移动,每解开一对碱基需要水解 2 个 ATP 分子。在 *E. coli* DNA 复制起始的解链过程中由 DnaA、DnaB 和 DnaC 共同起作用。DnaA 辨认复制的起始点,DnaC 辅助解螺旋酶,使其在起始点上结合并打开双链。

2. DNA 拓扑异构酶(DNA topoisomerase,Topo)

在 DNA 复制过程中,复制叉行进的前方 DNA 分子部分产生正超螺旋,拓扑异构酶可使其松弛,还可以引入负超螺旋,有利于复制叉的行进及 DNA 的合成。复制完成后,拓扑异构酶又可以将 DNA 分子引入超螺旋,有利于 DNA 缠绕、折叠、压缩和形成染色质。

DNA 双螺旋结构具有拓扑学特征。所谓拓扑,是指物体或图像作弹性移位而物质又可保持不变的性质。拓扑异构酶就是一类通过改变 DNA 的拓扑构象,从而使 DNA 大分子进入适于复制的状态的酶,拓扑异构酶广泛存在于各种生物中。拓扑异构酶有多种,主要有拓扑异构酶Ⅰ和拓扑异构酶Ⅱ两种。

(1)拓扑异构酶Ⅰ

E. coli 的 ω 蛋白就是一种典型的拓扑异构酶Ⅰ。它可在双螺旋 DNA 中的一条链上形成切口,使切口两侧的 DNA 以切口对面的磷酸基团为中心旋转,从而使 DNA 双螺旋中的张力得到释放,拓扑异构酶Ⅰ催化的反应不需要 ATP 提供能量。*E. coli* 的 Topo Ⅰ 只作用于负超螺旋 DNA,消除负超螺旋,对正超螺旋不起作用。而真核细胞的 Topo Ⅰ 能够使正或负超螺旋均消除(图 8-19)。

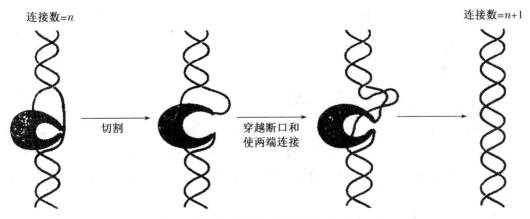

图 8-19　拓扑异构酶Ⅰ的作用机理示意图

(2)拓扑异构酶Ⅱ

拓扑异构酶Ⅱ是在大肠杆菌中发现的,曾被称为 DNA 旋转酶(gyrase)。它的作用特点是在无 ATP 供能情况下,它能使处于超螺旋状态的 DNA 分子两条链同时切开,断端通过切口使超螺旋松弛;在利用 ATP 供能的情况下,松弛的 DNA 分子可以进入负超螺旋状态,断端在同一酶的作用下连接起来(图 8 - 20)。

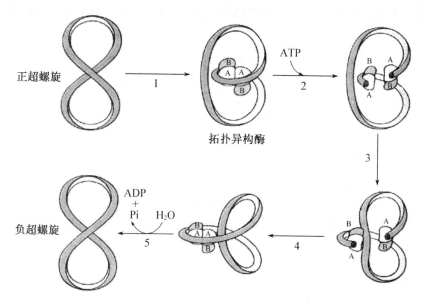

图 8 - 20　拓扑异构酶 Ⅱ 的作用机制示意图

在肿瘤细胞中,拓扑异构酶含量及活性远高于正常体细胞,抑制拓扑异构酶的活性就可能抑制肿瘤细胞的快速增殖,进而杀死肿瘤细胞。目前已发现有不少化学药物是拓扑异构酶的抑制剂,DNA 拓扑异构酶已经成为公认的抗癌药物的作用靶点。

3. 单链 DNA 结合蛋白(SSB)

在原核和真核细胞中均有发现。当解螺旋酶沿复制叉方向向前推进时,双螺旋解开成单链,但是这种单链 DNA 会很快重新配对形成双链 DNA 或被核酸酶降解。然而,细胞内有大量单链 DNA 结合蛋白(single strand binding protein SSB),能很快地和单链 DNA 结合,防止其重新配对形成双链,以确保模板链处于单链状态便于复制,同时,SSB 与模板链的结合可防止其被核酸酶降解。

4. 引物酶

复制是 DNA 的生物合成,即脱氧核糖核苷酸的连续聚合。但 DNA 聚合酶没有催化两个游离的 dNTP 聚合的能力,它们都需要一个引物(primer)以提供 3′-OH 末端供脱氧核糖核苷酸加入、延长之用。复制需要的引物是一段短的 RNA 分子,长度一般为十几个至数十个核苷酸不等。催化引物合成的是一种特殊的 RNA 聚合酶,称为引物酶(primase),它是一种 DNA 指导的 RNA 聚合酶(DNA-directed RNA polymerase,DDRP),由大肠杆菌的 dnaG 基因编码。

5. DNA 聚合酶

DNA 聚合酶(DNA polymerase,DNA-pol)是以脱氧核苷三磷酸(dNTP)作为底物催化 DNA 合成的一类酶。合成过程中以 DNA 母链为模板,故称为依赖 DNA 的 DNA

聚合酶(DNA-dependent DNA polymerase)。DNA-pol 有三种酶活性,即 $5'\rightarrow3'$ 聚合酶、$5'\rightarrow3'$ 外切酶及 $3'\rightarrow5'$ 外切酶的活性。

(1) 原核生物的 DNA 聚合酶　原核生物 DNA 聚合酶有三种:即 DNA 聚合酶 I (pol I)、DNA 聚合酶 II(pol II)和 DNA 聚合酶 III(pol III),在复制过程中所起的作用亦不同。

DNA 聚合酶 I 最初是在 1956 年由 Kornberg 等首先从大肠杆菌提取液中发现并高度纯化得到的。DNA pol I 是由一条多肽链组成,分子量为 109 kDa。酶分子中含有一个 Zn^{2+},是聚合活性必需的。用枯草杆菌蛋白酶可将此酶水解成两个片段,其中小片段分子量为 33 kDa,有 $5'\rightarrow3'$ 核酸外切酶活性。大片段分子量为 76 kDa,又称为 Klenow 片段(Klenow fragment),具有 DNA 聚合酶活性和 $3'\rightarrow5'$ 核酸外切酶活性,它是基因工程研究中最常用的工具酶之一。

DNA 聚合酶 I 是一多功能酶,它可以催化以下反应:① DNA 聚合酶活性即在模板指导下,以 dNTP 为原料,将脱氧核糖核苷酸逐个地加到具有 $3'-OH$ 末端的多核苷酸(RNA 引物或 DNA)链上,形成 $3',5'$-磷酸二酯键,使 DNA 链沿 $5'\rightarrow3'$ 方向延长。② $3'\rightarrow5'$ 核酸外切酶活性即由 DNA 链的 $3'$ 端开始沿 $3'\rightarrow5'$ 方向水解 DNA 链。其作用是在复制过程中与 $5'\rightarrow3'$ 聚合酶活性巧妙地配合,当 $3'$ 端出现错误的碱基时,pol I 的 $3'\rightarrow5'$ 核酸外切酶活性能识别并切除错配的碱基,并立即由 $5'\rightarrow3'$ 聚合酶活性把正确配对的核苷酸补上,起到校读(proofread)的作用,防止基因突变,这对于 DNA 复制的保真性极为重要。③ $5'\rightarrow3'$ 外切酶活性即由 DNA 链的 $5'$ 端开始沿 $5'\rightarrow3'$ 方向水解 DNA 链。其功能是由 $5'$ 端水解双链 DNA,切下单核苷酸或一段寡核苷酸。它可能起着切除 DNA 损伤部分或将 $5'$ 端 RNA 引物切除的作用。

DNA 聚合酶 I 的主要功能是对 DNA 损伤的修复,以及在 DNA 复制时切除 RNA 引物,对留下的空隙进行填补。

DNA 聚合酶 II 是由一条分子量为 120 kDa 的多肽链组成,除了可以催化 DNA 的聚合反应外,它同样也具有 $3'\rightarrow5'$ 核酸外切酶活性,但无 $5'\rightarrow3'$ 外切酶的活性。DNA 聚合酶 II 的活性很低,只有 DNA 聚合酶 I 的 5%,由于缺失 DNA 聚合酶 II 的大肠杆菌突变株的染色体仍能正常复制,推想它是在 DNA 聚合酶 I 和 DNA 聚合酶 III 缺失情况下暂时起作用的酶。它参与 DNA 损伤的应急状态修复。

DNA 聚合酶 III 的全酶是由多个亚基组成的不对称二聚体,α、ε、θ 三种亚基组成核心酶(core enzyme)(图 8 - 21)。其中 α 亚基具有 $5'\rightarrow3'$ DNA 聚合酶活性。ε 亚基具有 $3'\rightarrow5'$ 核酸外切酶活性,可切除单链上错配的碱基,提高 DNA 复制的保真性,θ 亚基未发现有催化功能,认为 θ 为装备所必需。β 亚基在复制起

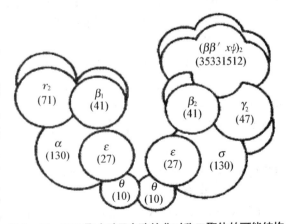

图 8 - 21　DNA 聚合酶 III 全酶的非对称二聚体的可能结构

始中对引物的识别和结合有关,一旦全酶结合到 DNA 复制的起始部位,β 亚基就被释放出来。

DNA pol Ⅲ 催化聚合反应具有高度连续性,可沿模板连续移动,且催化聚合反应的速度快,据此被认为是原核生物 DNA 复制的主要聚合酶。其 $3'{\rightarrow}5'$ 核酸外切酶活性可阻止错误核苷酸的进入或除去错误的核苷酸,然后连续加入正确的核苷酸,因而具有编辑和校对功能。DNA pol Ⅲ 和 DNA 聚合酶 Ⅰ 的协同作用可使复制的错误率大大降低。

大肠杆菌三种 DNA 聚合酶的性质总结于表 8-2。

表 8-2 大肠杆菌三种 DNA 聚合酶的性质比较

	pol Ⅰ	pol Ⅱ	pol Ⅲ
$5'{\rightarrow}3'$聚合作用	+	+	+
$3'{\rightarrow}5'$核酸外切酶活性	+	+	+
$5'{\rightarrow}3'$核酸外切酶活性	+		
构成(亚基数)	1	≥4	≥10
分子大小($\times10^3$)	103	88	830
聚合速度(核苷酸/秒)	16~20	40	250~1 000
分子数/细胞	300		20
功能	去除引物,填补空隙,修复合成	损伤修复	复制

(2) 真核生物的 DNA 聚合酶

真核生物 DNA 聚合酶有 α、β、γ、δ 及 ε 五种,都具有 $5'{\rightarrow}3'$DNA 聚合活性,五种聚合酶的特性见表 8-3。

pol α 是第一个从哺乳动物细胞中纯化的聚合酶,它几乎存在于所有的真核细胞里。DNA 聚合酶 α 是一多亚基酶,具有引物酶和聚合酶的活性,通过合成冈崎片段和起始 DNA 链合成的引发。pol α 不具有外切酶活性,因此无法修补合成过程中出现的错误。

表 8-3 5 种真核生物 DNA 聚合酶性质比较

	α	β	γ	δ	ε
$5'{\rightarrow}3'$聚合作用	+	+	+	+	+
$3'{\rightarrow}5'$核酸外切酶活性	—	—	+	+	+
构成(亚基数)	4	4	4	2	5
分子大小($\times10^3$)	300	36~38	160~300	170	250
细胞内定位	核	核	线粒体	核	核
抑制作用					
双脱氧胸苷	—	+	+	弱	弱
真菌二类萜烯	+	—	—	+	+
功能	引发	修复	复制	复制	修复

pol δ 在增殖性细胞核抗原(proliferating cell nuclear antigen,PCNA)及复制因子 C (replication factor C，RFC)的存在下取代 pol α，延伸起始 DNA、催化 DNA 链的延长及填补切除引物后的空隙。PCNA 是一种细胞周期蛋白，在增殖细胞的细胞核内大量存在，可以有效地增强 DNA pol δ 催化合成的效率及连续性。RFC 有装载 DNA pol δ 和 PCNA 的作用。DNA pol ε 的性质与 pol δ 有相似之处。但是 pol ε 催化的聚合作用不受 PCNA 的影响。在某些情况下，它可以代替 pol δ 起作用，例如在 DNA 损伤时，催化修复合成。DNA pol δ 和 ε 都具有 3′→5′外切核酸酶活性，可能具有修复和校正作用。

pol γ 存在于线粒体，参与线粒体 DNA 的复制。真核生物 DNA 聚合酶的聚合速度比原核生物 DNA 聚合酶的聚合速度慢，大约为 50 个核苷酸/秒，仅为原核生物的 1/10。但真核生物 DNA 聚合酶的分子数量多，一般超过 20 000 个分子，而大肠杆菌中的 DNA 聚合酶仅有几十个分子。

6. DNA 连接酶

DNA 连接酶(DNA ligase)的作用是催化两段 DNA 链之间磷酸二酯键的形成。要求 DNA 链 3′端有游离的 OH，而 5′端带有磷酸根，连接过程需要 ATP 供能(图 8 - 22)。实验证明，DNA 连接酶只能作用双链 DNA 分子中一股链上的缺口，或双链 DNA 分子双股的缺口，但它不能连接两分子单链 DNA。在 DNA 复制过程中，当 RNA 引物清除后，靠 DNA 聚合酶Ⅰ填补空缺，冈崎片段之间的缺口靠 DNA 连接酶作用而连成完整的一条新链。DNA 连接酶在 DNA 损伤修复中亦起重要作用，并且是一种重要的工具酶。

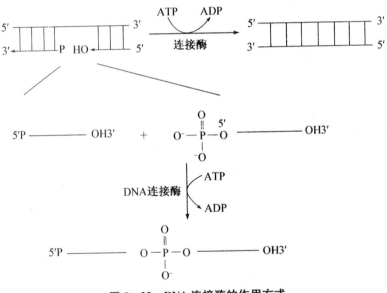

图 8 - 22　DNA 连接酶的作用方式

六、真核生物与原核生物 DNA 复制比较

1. 原核生物的 DNA 复制

(1) 复制的起始

人们对原核生物 DNA 复制起始的了解远比对真核生物的了解透彻。大肠杆菌染色体是一个含 4.6×10^{6} 碱基对的环状 DNA 分子。其复制原点共有 245 bp，称为 oriC。

oriC 内存在两个系列的重复单位：即 3 个富含 A、T 的 13 bp 重复序列和 4 个 9 bp 重复序列（图 8-23）。这些序列都是高度保守的。

复制起始时，DnaA 蛋白辨认并结合于 9 bp 重复序列位点上，然后，几个 DnaA 蛋白相互靠近形成 DNA 蛋白复合体结构，这一结构可促使邻近的 13 bp 重复序列从 AT 丰富区域打开而形成解链复合物。此时，DnaB 蛋白在 DnaC 蛋白的协同下进入局部解链区，并沿解链方向移动。DnaB 蛋白是一种解螺旋酶，能使 DNA 双链进一步解开成足够的长度用于复制，DnaA 蛋白被置换出来。此时，复制叉形成。

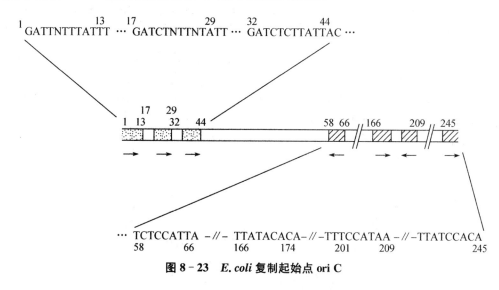

图 8-23　E. coli 复制起始点 ori C

解链是一种高速的反向旋转，其下游势必发生打结现象，此时，由拓扑异构酶（主要是拓扑异构酶Ⅱ）在将要打结或已打节处做切口，解开打结现象，促进复制叉的不断推进。此时，SSB 与解开的单链结合起稳定和保护单链的作用，此过程需要 ATP 参与。随后，引物酶进入形成含有解螺旋酶（DnaB 蛋白）、DnaC 蛋白和 DNA 起始复制区域相结合的复合体称为引发体。引物酶以 4 种 NTP 为原料，以解开的亲代 DNA 单链作模板，按 $5' \rightarrow 3'$ 方向合成一小段 RNA 引物，其长度约为十几到几十个核苷酸不等，引物上游留有 $3'$-OH 末端，作为进一步合成 DNA 的起点。

原核生物中一般只有一个复制原点，由此原点开始同时向两个方向进行复制，称为双向复制。参与复制起始的各种蛋白质及其作用见表 8-4。

表 8-4　参与复制起始的各种蛋白

名　称	功　能	名　称	功　能
DnaA 蛋白	辨认起始点	解螺旋酶（DnaB 蛋白、Rep 蛋白）	解开 DNA 双链
DnaC 蛋白	协助解螺旋酶	引物酶（DnaG 蛋白）	催化 RNA 引物合成
SSB	稳定解开的单链	拓扑异构酶	理顺 DNA 链
oriC	E. coli 的复制起始点		

（2）复制的延长

在 DNA 聚合酶Ⅲ的催化下，以 4 种脱氧核苷三磷酸（dNTP）为原料进行聚合反应。聚合反应自引物的 $5'-OH$ 端开始，沿 $5'→3'$ 方向逐个加入 dNMP 并释放出 PPi，使 DNA 链得以延长。以 $3'→5'$ 链为模板合成的新链是顺着复制叉前进方向连续延长的，称为领头链；而另一条模板指导合成的新链，其复制方向与复制叉前进方向相反，必须不断等待模板链解开足够长度，生成新的引物，然后又在引物 $3'-OH$ 末端上延长，因此这条链的复制稍迟一些，称为随从链。复制叉前进时，前导链几乎可以不间断地延长，而随从链只能断续地合成多个长度约为 1 000～2 000 个核苷酸的短片段，该片断称为冈崎片段（Okazaki fragment）。当冈崎片段形成后，DNA 聚合酶Ⅰ通过其 $5'→3'$ 外切酶活性切除冈崎片段上的 RNA 引物，同时，利用后一个冈崎片段作为引物由 $5'→3'$ 合成 DNA。最后两个冈崎片段由 DNA 连接酶将其接起来，形成完整的 DNA 随从链。

在同一个复制叉上，领头链的复制先于随从链，但两条链是在同一 DNA 聚合酶Ⅲ的催化下进行延长，这是因为随从链的模板 DNA 可以绕 DNA 聚合酶Ⅲ形成 180°的回环，因而与前导链正在延长的区域对齐，使领头链和随从链的生长点都处在 DNA pol Ⅲ催化位点上。解链方向就是酶的前进方向，也是复制叉延伸方向（图 8-24）。

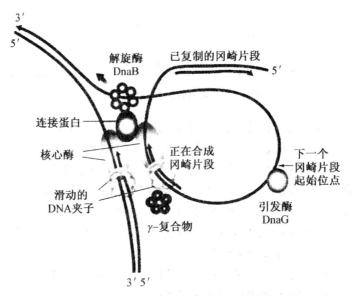

图 8-24 同一复制叉上领头链和随从链的合成

（3）复制的终止

复制的终止包括切除引物、填补空隙和连接切口。当新形成的冈崎片段延长至一定长度，其 $3'-OH$ 端与前面一条老片段的 $5'-$端接近时，由 DNA 聚合酶Ⅰ作用，切去 RNA 引物并填补留下的空隙，最后在 DNA 连接酶的作用下，连接相邻的 DNA 链。

复制的终止与 DNA 分子的形状有关。对线状 DNA 分子，当复制叉到达分子末端时，复制即终止。大肠杆菌染色体 DNA 是环状分子，其复制叉的终止一般发生在位于起始点 oriC 的相对区域，称为终止区（termination region, ter）。此处可以结合一种特异的叫作 Tus 蛋白质分子,这个蛋白质可能是通过阻止解链酶(Helicase)的解链活性而终止复制叉的前进,促使复制的终止。此时,形成两个子代环状 DNA 套在一起的双环链,由拓扑异构酶Ⅱ将其解开,形成两个独立的子代环状 DNA 分子。原核生物 DNA 复制体结构示意图见图 8-25。

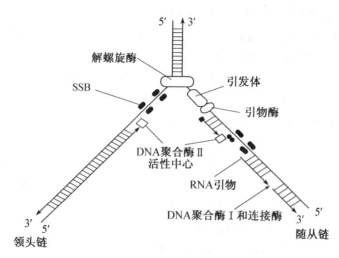

图 8-25 大肠杆菌 DNA 复制示意图

2. 真核生物的 DNA 复制

DNA 复制的研究最初是在原核生物中进行的,真核生物比原核生物复杂得多,这归结于真核生物染色体 DNA 结构上的特点:① 真核生物 DNA 分子庞大,复制速度慢;② 真核生物的 DNA 与组蛋白结合构成核小体,复制时需将核小体解开,因而也减慢了复制叉行进的速度;③ 真核生物 DNA 存在多个复制子,可同时启动复制,从而加速复制的进行。

真核生物 DNA 的复制多采用 SV40 病毒感染培养细胞和简单的真核生物如酵母等为生物模型。合成的基本过程与原核生物相似。在这里主要讨论一些重要的区别。

(1)复制的起始及方向

与原核生物不同,真核生物 DNA 复制有许多个起始点,可以在多个复制点上同时进行复制,而且是形成两个复制叉进行双向复制。例如酵母 *S. cerevisiae* 的 17 号染色体约有 400 个起始点。因此,虽然真核生物 DNA 分子很大,复制的速度(60 核苷酸/秒)比原核生物 DNA 复制的速度(*E. coli* 1 700 核苷酸/秒)慢得多,但由于复制点多,且双向复制,总体上仍可快速进行 DNA 复制。

(2)复制的延长

在真核生物 DNA 复制叉处,需要两种不同的酶。复制的起始需要 DNA 聚合酶 α 和 δ 的参与,pol α 有引物酶活性,参与链的引发,在 DNA 模板上先合成 RNA 引物;而 pol δ 有解螺旋酶活性,参与链的延长。其中 pol δ 与模板的亲和力和延长 DNA 链的长度的能力均较 pol α 强。此外,还需要拓扑异构酶和复制因子 C 参与。同时结合在引物模板上的增殖细胞核抗原(proliferating cell nuclear antigen,PCNA)在复制起始和延长中起关键作用。

（3）复制的终止和端粒酶

真核生物线性 DNA 复制时，随从链合成的各片断去除引物后，由 DNA pol δ 来填补空隙。但是，由于 DNA pol δ 不能催化 $3' \rightarrow 5'$ 合成反应，以至于线性 DNA 末端的空隙无法补充，这样会造成染色体 DNA 链逐渐缩短。这样，经过几十轮复制，变短的染色体末端会造成基因丢失，破坏了遗传信息的完整性。

真核生物能够通过形成端粒（telomere）结构以及具有逆转录酶活性的端粒酶（telomerase）来防止 DNA 复制时随从链缩短而产生的染色体缺短。端粒又称端区，是真核细胞线性染色体末端的一组特定 DNA 的重复序列。通常端粒的一条链上 $5'$-端富含 C，其互补链上 $3'$-端富含 G，且富含 G 的 $3'$-端具有长为 $12 \sim 16$ nt 的一条单链突出末端。端粒的功能主要是染色体的末端与特定的端粒蛋白因子结合形成复合物，既保护端粒 DNA 的末端不受外切核酸酶及单链特异的内切核酸酶破坏，稳定染色体末端结构，又避免 DNA 在黏性末端裸露而发生染色体融合；此外还可能与真核生物染色体线性 DNA 末端的复制有关。

端粒酶是 RNA 与蛋白质组成的一种核糖核蛋白（RNP）复合体，具有逆转录酶活性，能利用自身携带的 RNA 链作为模板，以脱氧核苷三磷酸（dNTP）为原料，以逆转录的方式催化互补于 RNA 模板的后随链 DNA 片段的合成。酶分子上含有约 150 bp 的 RNA 链，其中含 $1 \sim 5$ 拷贝的 CyAx 重复序列，是合成端粒 TxGy 的模板。如四膜虫端粒酶的 RNA 为 159 个核苷酸的分子，含有 CAACCCCAA 序列。端粒酶结合到端粒的 $3'$ 端上，以 RNA 链为模板使 DNA 链延伸，合成一个重复单位后酶再向前移动一个单位。端粒的 $3'$ 单链末端又可回折作为引物，合成其互补链。人的端粒 DNA 都含有 TTAGGG 重复序列，它对维持染色体的稳定性起重要作用。研究表明，端区的平均长度随着细胞分裂次数的增多及年龄的增长而变短。

端粒 DNA 合成过程见图 8-26。

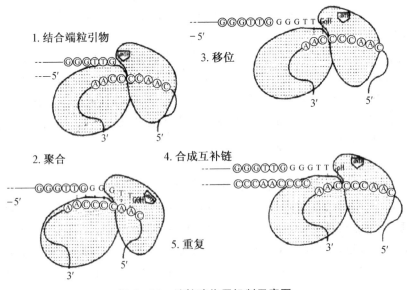

1. 结合端粒引物
2. 聚合
3. 移位
4. 合成互补链
5. 重复

图 8-26　端粒酶作用机制示意图

① 端粒酶结合在 DNA 的 TG 引物及端粒酶内部 RNA 模板上;② 端粒酶以 RNA 为模板,以 dGTP 和 dTTP 为原料在染色体 DNA 末端进行聚合作用;③ 延长的 DNA 末端与 RNA 模板配对解开,重新定位于模板的 3′ 部位,开始下一轮的聚合作用。经过多次移位、聚合的重复循环,直至端区的 TG 链合成达到一定长度后终止。

随着细胞的分裂,端粒 DNA 长度会逐渐缩短,甚至会完全丢失,当端粒长度不再缩短时,细胞停止分裂,转为衰亡。这个现象说明,端粒的缩短限制了真核生物中正常体细胞的增殖。人的年龄不同,端粒长度不同,老年人的端粒长度短于青年人,这是由于正常人体细胞中端粒酶未被活化,导致端粒 DNA 缩短。端粒缩短是细胞衰老的普遍现象。端粒酶使端粒延长,从而延长细胞的寿命甚至使其永生化。

大量的证据表明,端粒酶的激活或抑制会导致细胞永生化或进入分裂终止期。端粒酶在大多数肿瘤组织中呈激活状态。端粒酶的抑制会使肿瘤细胞系增生减弱,以至于凋亡增加。Colorado 大学的两位研究人员 T. Cech 和 R. Weinbrg 博士已独立地克隆出一种控制人类细胞端粒酶活性的基因。应用这种基因,很有可能得到一种新的蛋白质——端粒酶的抑制剂,从理论上来讲,抑制端粒酶可抑制肿瘤细胞的生长。所以,目前如何抑制端粒酶活性从而达到治疗肿瘤的目的的研究已成为肿瘤研究的热点。

七、DNA 的损伤与修复

DNA 复制虽然是一个高保真的过程,但复制形成的子代 DNA 总免不了还会存在少量差错。此外,在生物进化过程中,DNA 还会受到外界环境中各种理化因素和生物因素的影响发生序列的改变。这些差错和损伤如不被及时纠正,结果会引起 DNA 遗传信息的永久性改变,称为突变(mutation),突变是可以延续至后代的。另一方面,突变导致生物体的变异,这是生物进化的基础。基因突变也可用于为人类服务,在生物工程研究、新药开发等领域中都要广泛应用到人工诱变技术,而方兴未艾的基因治疗技术更是基因突变技术应用的典范。

1. DNA 损伤的因素

(1) DNA 分子的自发性损伤

包括 DNA 复制中的错误和 DNA 的自发性化学变化(碱基的异构互变、脱氨基、脱嘌呤、脱嘧啶及碱基修饰与链断裂等)。此外,体内还可以发生 DNA 的甲基化、结构的其他变化等,这些损伤的积累可能导致老化。由此可见,如果细胞不具备高效率的修复系统,生物的突变率将大大提高。

(2) 物理因素引起的 DNA 损伤

如紫外线照射和电离辐射等。紫外线照射可使同一条 DNA 链上相邻的胸腺嘧啶间形成二聚体(TT)(图 8 - 27)。嘧啶二聚体的形成影响了 DNA 双螺旋结构的形成,使其复制和转录功能受阻。电离辐射可导致 DNA 分子的多种变化,例如:碱基变化、脱氧核糖变化、DNA 链断裂及交联等。

(3) 化学因素引起的 DNA 损伤

化学诱变的存在非常广泛,而且不少化学诱变剂同时就是致癌物。烷化剂(如氮芥等)是肿瘤化疗中的一大类药物,它可提供甲基(或乙基)与碱基中的亲核基团作用生成烷基化碱基,导致错配。碱基类似物(如5-溴尿嘧啶)的掺入导致 DNA 复制是碱基的错误配对。黄曲霉毒素 B1、苯并芘等能与 DNA 形成大体积的加合物。丝裂霉素(mitomycin)能导致 DNA 双股链间的交联,在复制过程中无法解链。亚硝酸盐使胞嘧啶脱氨变成尿嘧啶,导致 GC→AT 的突变。

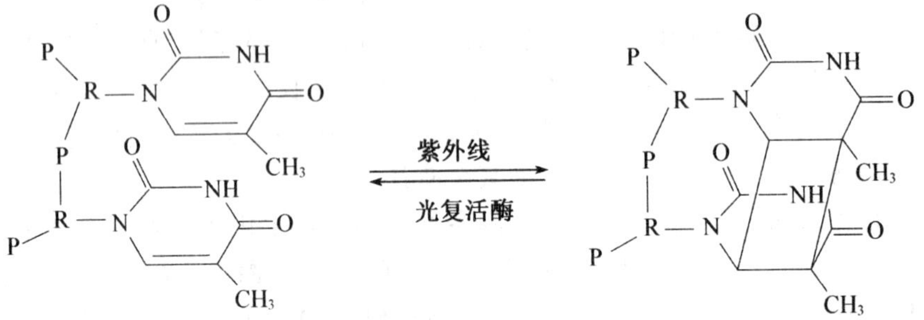

图 8-27 胸腺嘧啶二聚体的形成

2. DNA 损伤的后果

上述损伤最终导致 DNA 分子结构的变化,这种 DNA 分子水平上的损伤、突变有以下几种类型:

(1) 点突变(point mutation)

指 DNA 上单个碱基的改变。嘌呤替代嘌呤、嘧啶替代嘧啶称为转换(transition);嘌呤变嘧啶或嘧啶变嘌呤则称为颠换(transvertion)。

(2) 缺失(deletion)

指 DNA 链上一个或一段核苷酸的消失。

(3) 插入(insertion)

指一个或一段核苷酸插入到 DNA 链中。在为蛋白质编码的序列中如缺失及插入的核苷酸数不是 3 的整倍数,则发生读框移动(reading frame shift),使其后所译读的氨基酸序列全部混乱,称为移码突变(frame shift mutaion)。

(4) 倒位或转位(transposition)

指 DNA 链重组使其中一段核苷酸链方向倒置,或从一处迁移到另一处。

突变或诱变对生物可能产生 4 种后果:① 致死性;② 丧失某些功能;③ 改变基因型(genotype)而不改变表现型(phenotype);④ 发生了有利于物种生存的结果,使生物进化。

3. DNA 损伤的修复

细胞内具有一系列起修复作用的酶系统,可以除去 DNA 上的损伤,恢复 DNA 的正常双螺旋结构。目前已经知道有四种修复系统:光复活(photoreactivation)、切除修复(excision repair)、重组修复(recombination repair)和诱导修复(induction repair)。

(1) 光修复

1949 年,Kellner 首先发现可见光可以保护微生物避免死于致死剂量的紫外线照射。1958 年,Rupert 等人称之为光复活修复(light repairing)。光复活修复是通过生物体内

的光复活酶（photolyase）来完成
的。光修复酶可以将 DNA 中由于
紫外线照射而形成的胸腺嘧啶二
聚体恢复为单体。该酶专一性很
强，能识别损伤部位，并与损伤部
位结合，当受到 300～600 nm 可见
光照射时即可被激活，使嘧啶二聚
体解聚（图 8 - 28）。光修复酶在生
物界分布很广，但在哺乳动物中该
作用逐渐被其他修复系统所取代。

（2）切除修复

切除修复（excision repairing）
是 DNA 损伤修复最为普遍的方
式。它对多种 DNA 损伤包括碱基
脱落形成的无碱基位点、嘧啶二聚

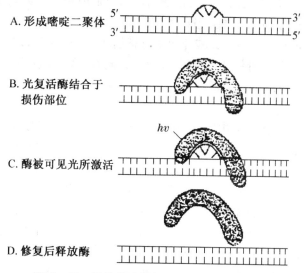

图 8 - 28　紫外线照射损伤的光修复作用机制

体、碱基烷基化、碱基错配和链间交联等都能起修复作用。这种修复也是人体细胞主要的
DNA 修复机制。参与切除修复的酶主要有：特异的核酸内切酶、外切酶、聚合酶和连接
酶，基本步骤见图 8 - 29。

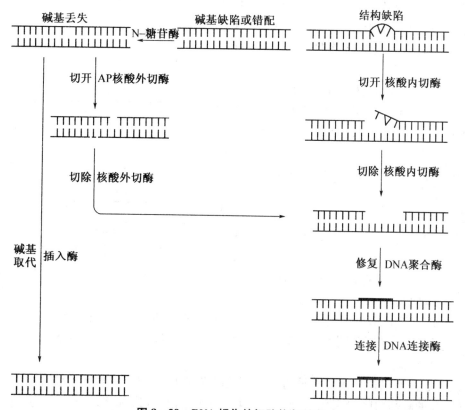

图 8 - 29　DNA 损伤的切除修复过程

① 首先由特异的核酸内切酶识别由紫外线或其他因素引起的 DNA 的损伤部位,在损伤部位的 5′端切开磷酸二酯键。不同的 DNA 损伤需要不同的核酸内切酶来识别和切割;② 由 5′→3′核酸外切酶将有损伤的 DNA 片段切除;③ 在 DNA 聚合酶的催化下,以完整的互补链为模板,按 5′→3′方向 DNA 链,填补已切除的空隙;④ 由 DNA 连接酶将新合成的 DNA 片段与原来的 DNA 断链连接起来。这样完成的修复能使 DNA 恢复原来的结构。

大肠杆菌中还有一种需糖基化酶的切除修复机制。其修复过程是:① DNA 糖基化酶识别受损伤或错误的碱基,水解糖苷键,释放游离碱基,在 DNA 单链上形成无嘌呤或嘧啶的空位,称 AP 部位(Apurinic or apyrimidinic site,无碱基部位);② 特异的 AP 核酸内切酶在 AP 部位切开磷酸二酯键,再由核酸外切酶切下 AP 部位的核苷酸;③ DNA 聚合酶Ⅰ修补缺口;④ DNA 连接酶连接封口,完成修复过程。

细胞修复系统和癌症的发生也有一定的关系。有一种称为着色性干皮病(xerodermapigmentosa)的遗传病,这种病患者对日光或紫外线特别敏感,往往容易出现皮肤癌。经分析表明,患者皮肤细胞中缺乏紫外线特异性核酸内切酶,因此对紫外线引起的 DNA 损伤不能修复。这说明修复系统的障碍可能是癌症发生的一个原因。

(3) 重组修复

上述切除修复过程发生在 DNA 复制之前,因此又称为复制前修复。然而,当 DNA 分子的损伤面较大,DNA 发动复制时尚未修复的损伤部位也可以先复制再修复,因为这种修复发生在复制之后,又称为复制后修复(postreplication repair)。

此时损伤部位因无模板指引,它就跳过损伤部位,结果子代链在损伤相对应处就会出现缺口。此时,则可以通过 DNA 分子间重组,从另一条完整的相同 DNA 分子上找出相应的片段补充,这就是所谓的"重组修复"(recombination repair)(图 8 - 30)。

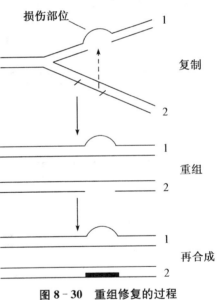

图 8 - 30　重组修复的过程

在重组修复过程中,DNA 链的损伤并未真正除去,仍然有待于通过切除修复等其他修复方式来消除。但是通过重组修复有效地避免了子代 DNA 的突变。即使 DNA 损伤始终未从亲代链中除去,也随着世代复制而在后代细胞群中被稀释,实际消除了损伤的影响。

在大肠杆菌中 RecA 蛋白质具有交换 DNA 链的活性,在重组修复中起着关键的作用。recB 和 recC 基因分别编码核酸外切酶 V 的两个亚基,该酶亦为重组修复所必需。

(4) SOS 修复

上述光修复、切除修复以及重组修复都是以受损伤链的互补链为模板进行的,修复后子代 DNA 的碱基顺序与亲代完全一样,因此是无差错的,这种修复方式称为无差错修复。但是当 DNA 受到广泛或严重的损伤时,修复结果只是能维持基因组的完整性,提高细胞的生成率,但留下的错误较多,故又称为错误倾向修复(error prone repair),使细胞有较高的突变率。SOS 修复就是一种错误倾向修复方式。

"SOS"是国际上通用的紧急呼救信号。SOS 修复是指 DNA 受到严重损伤、细胞处于危急状态时所诱导的一种 DNA 修复方式,当 DNA 损伤广泛至难以复制的地步时,就会诱发细胞一系列复杂的反应来应急,产生出一类 DNA 聚合酶的特异性低、对碱基的识别、选择能力差,甚至产生无模板指导的复制。通过 SOS 修复,DNA 上会产生大量的突变,虽最终导致许多细胞的死亡,但少数细胞的 DNA 可能得到修复,有些突变细胞也还能存活。

在大肠杆菌中参与 SOS 修复的 DNA 聚合酶主要是 DNA - pol II,还有十几种蛋白质被诱导合成出来。这些基因在一般情况下是不活跃的、处于低水平表达状态,这是由于它们的 mRNA 合成受到阻遏蛋白 LexA 的抑制。当 DNA 受到严重损伤时 RecA 以其蛋白酶的功能水解破坏 LexA,从而诱导了这些 SOS 基因的活化(图 8 - 31)。

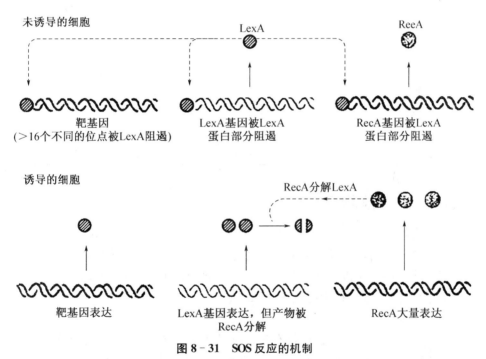

图 8 - 31 SOS 反应的机制

不少能诱发 SOS 修复的化学物质也具有致癌性。对 SOS 修复与突变、癌变关系的研究,是肿瘤学研究的热点之一。

第三节 RNA 的生物合成

RNA 的生物合成包括 RNA 的复制合成和转录合成两种方式。前者是 RNA 指导的

RNA 的合成,称为 RNA 的复制(RNA replication),是 RNA 病毒基因组的复制方式之一。后者是在 DNA 指导的 RNA 合成,称为转录(transcription)。

转录是生物界 RNA 合成的主要方式,是遗传信息由 DNA 向 RNA 传递的过程,也是基因表达的开始。转录是一种酶促的核苷酸聚合过程,所需的酶叫作依赖 DNA 的 RNA 聚合酶(DNA-dependent RNA polynerase,DDRP)。转录的产物是各种 RNA 前体(RNA precursor)。它们必须经过加工过程才能转变为成熟的 RNA,表现其生物活性。其中,tRNA 和 rRNA 已经是相应基因表达的终产物,而对于编码蛋白质来说,mRNA 则是其基因表达的第一步。

转录和 DNA 复制有许多相似之处:都是以 DNA 作为模板;都遵从碱基配对原则;聚合反应都是形成磷酸二酯键;延伸方向都是 $5'→3'$ 等等。但两者之间又有很多不同之处(表 8 - 5)。

表 8 - 5 DNA 复制与转录的区别

	复 制	转 录
模 板	两条链均复制	模板链转录
合成方式	半保留复制	不对称转录
聚合酶	DNA 聚合酶	RNA 聚合酶
原料	四种 dNTP	四种 NTP
配对方式	A—T;G—C	A—U;G—C;T—A
引物	需要	不需要
产物	子代双链 DNA	mRNA;tRNA;rRNA

一、转录的一般规律

在 DNA 指导下合成 RNA 的过程称为转录(transcription)。RNA 的转录起始于 DNA 模板的一个特定位点,并在另一位点处终止。此转录区域称为转录单位。一个转录单位可以是一个基因也可以是多个基因。转录的起始是由 DNA 的启动子(promoter)区控制的,而控制终止的部位称为终止子(terminator)。

1. 转录的模板

在生物体内,DNA 的两条链中仅有一条链可作为转录的模板,指导合成与其互补的 RNA,这条链称为模板链(template strand)。另一条链不作为转录的模板,由于其序列与转录生成的 RNA 链序列基本相同,只是在 RNA 中用 U 代替了 T,称为编码链(coding strand)。这种转录方式称为不对称转录(asymmetric transcription)(图 8 - 32)。它有两层含义:一是当一个基因 DNA 片段进行转录时,双链 DNA 分子中只有一条链作为转录的模板,二是模板链并非永远在同一条单链上,在双链 DNA 分子中的一条单链对于某些基因来说是模板链,但对于另一个基因来说则可能是编码链。转录的方向与复制一样都是 $5'→3'$,因此处在不同单链的模板链其转录方向是相反的。书写基因序列时往往只写编码链的序列。

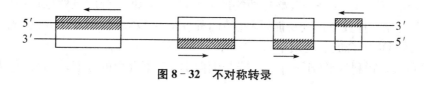

图 8 - 32 不对称转录

2. RNA 聚合酶

参与转录的酶是一种 DNA 指导的 RNA 聚合酶(DNA-dependent RNA polymerase, DDRP),简称为 RNA 聚合酶。该酶是以四种核苷三磷酸作为底物,以适当的 DNA 为模板,在 Mg^{2+} 存在下,催化所有形式的 RNA 聚合反应,RNA 链的合成方向也是 $5' \rightarrow 3'$。通式如下:

$$\left.\begin{array}{l} n_1 ATP \\ + \\ n_2 GTP \\ + \\ n_3 CTP \\ + \\ n_4 UTP \end{array}\right\} \xrightarrow[\text{DNA, Mg}^{2+}]{\text{RNA 聚合酶}} RNA + (n_1 + n_2 + n_3 + n_4) PPi$$

(1) 原核生物 RNA 聚合酶

目前研究比较透彻的是大肠杆菌 RNA 聚合酶。其全酶相对分子质量为 480 KD,由四种亚基组成的五聚体($\alpha_2\beta\beta'\sigma$)蛋白质,不含 σ 亚基的酶称为核心酶(core enzyme)。核心酶只能使开始合成的 RNA 链延长,但不具有起始合成 RNA 的能力,必须加入 σ 因子才能表现出全部聚合酶的活性,因此 σ 因子又称为起始因子。它具有辨认启动子并使核心酶与启动子结合的作用。在全酶中酶的催化活性中心位于 β 亚基上,它有促进聚合反应中磷酸二酯键生成的作用,β' 亚基是酶与 DNA 模板结合的主要部分,也参与转录全过程。α 亚基可能与转录基因的类型和种类有关。

有证据表明,大肠杆菌 RNA 聚合酶还有第五个亚基 ω 亚基存在,其功能不详。大肠杆菌 RNA 聚合酶各亚基的功能见表 8 - 6。

表 8 - 6 大肠杆菌 RNA 聚合酶各亚基的功能

亚基	分子质量	亚基数目	功能
α	36 500	2	决定哪些基因被转录
β	151 000	1	起催化作用
β'	155 000	1	与 DNA 模板结合
σ	70 000	1	识别启动子、促进转录起始
ω	11 000	1	未知

原核生物中有多种不同的特殊 σ 因子,不同 σ 因子可以识别不同的启动子,指导 RNA 聚合酶作用于不同的启动子上,促进某一些基因转录表达。

RNA 聚合酶缺乏 $3'\rightarrow 5'$ 核酸外切酶的活性,所以,RNA 合成虽然也很精确,但是它不像 DNA 复制那样具备校读功能,因此精确程度不及 DNA 复制。RNA 合成的错误率约为 10^{-6},较 DNA 合成的错误率($10^{-9}\sim 10^{-10}$)要高得多。

抗结核菌药物利福平(rifampicin)能与细菌 RNA 聚合酶的 β 亚基结合,作为该酶的有效抑制剂,阻止 RNA 的转录。

(2) 真核生物的 RNA 聚合酶

真核生物中已发现有三种 RNA 聚合酶,分子质量大致在 500 kDa。分别称为 RNA 聚合酶 I、II、III,它们专一性地转录不同的基因,由此它们催化转录的产物也各不相同(表 8-7)。

表 8-7 真核生物的 RNA 聚合酶

	RNA 聚合酶 I	RNA 聚合酶 II	RNA 聚合酶 III	线粒体 RNA 聚合酶
分子量 $\times 10^6$	5.5	6	6	0.64~0.68
定位	核仁	核质	核质	线粒体
转录产物	5.8S,18S,28S rRNA 前体	mRNA 前体 核内小 RNA	tRNA 前体 5SrRNA 前体 U6snRNA 前体	线粒体 RNAs
α-鹅膏蕈碱	不敏感	敏感	中等敏感	不敏感
利福平	不敏感	不敏感	不敏感	敏感
利福霉素	敏感	敏感	敏感	

α-鹅膏蕈碱是一种毒蕈产生的八肽化合物,它是真核生物 RNA 聚合酶特异性抑制剂,利用 α-鹅膏蕈碱的抑制作用可将真核生物三类 RNA 聚合酶区分开来。RNA 聚 I 存在于核仁中,负责转录编码 rRNA 的基因,其转录产物 45S rRNA 前体经转录后加工产生 5.8S rRNA、18S rRNA 和 28S rRNA。RNA 聚合酶 II 存在于核质中,负责转录所有 mRNA 前体和大多数核内小 RNA(snRNA)。RNA 聚合酶 III 负责转录 tRNA、5S rRNA、U6 snRNA 和不同的胞质小 RNA(scRNA)等小分子转录物。原核生物靠 RNA 聚合酶就可完成从起始、延长、终止的转录全过程,真核生物转录除 RNA 聚合酶外还需另一些叫作转录因子的蛋白质分子参与转录的全过程。

3. 启动子和终止子

启动子(promoter)是指 RNA 聚合酶识别、结合和开始转录的一段 DNA 序列,它们具有高度的保守性。每一个基因都有自己特有的启动子。

(1) 原核生物的启动子

原核生物的启动子大约有 55 bp 长,其中包含有转录起始点和两个区——结合部位和识别部位。① 转录起始点(start site)是 DNA 模板上开始进行转录作用的位点,通常在其互补的编码链对应位点(碱基)标以+1。从起始点转录出的第一个核苷酸通常为嘌呤核苷酸,即 A 或 G。在 DNA 模板上 $3'$ 方向的区域称为下游(downstream),通常用"+"表示;位于 $5'$ 方向的区域称为上游(upstream),通常用"一"表示。② 结合部位(binding site)是 DNA 模板上与 RNA 聚合酶的核心酶结合的部位。该部位长度约为

7 bp,其中心位于上游－10 bp 处,其编码链的共有序列是 5′- TATAAT - 3′,称为 TATA
盒(TATA box)。又因该序列是 D. Pribnow 首次发现的,所以又称为 Pribnow 盒
(Pribnow box),该段序列富含 A – T 碱基对,故双链容易解开,有利于 RNA 聚合酶进入
而促使转录起始。③ 识别部位(recognition site)是 DNA 分子上被 RNA 聚合酶中的
σ因子特异识别并结合的序列。该部位约有 6 个 bp,其中心位于上游- 35 区域,其编码链
共有序列为 5′- TTGACA - 3′(图 8 - 33)。

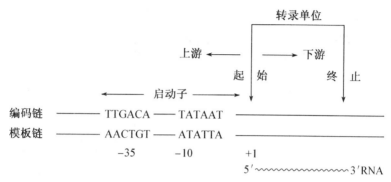

图 8－33　原核生物启动子结构

(2) 真核生物的启动子

一个真核基因按功能可分为调节区和结构区(结构基因)。结构基因的 DNA 序列指
导转录及进一步表达为蛋白质。调节区由两类元件组成,一类元件决定基因的基础表达,
称为启动子;另一类元件决定组织特异性表达或对外环境变化及刺激应答。两者共同作
用调节表达。

真核生物的启动子有三类,分别由 RNA 聚合酶Ⅰ、RNA 聚合酶Ⅱ和 RNA 聚合酶Ⅲ
进行转录。真核生物的启动子由转录因子而不是 RNA 聚合酶所识别,多种转录因子和
RNA 聚合酶在起点上形成前起始复合物(preinitiation complex,PIC)而促进转录。现以
典型的真核生物 RNA 聚合酶Ⅱ转录基因(即蛋白质编码基因)的启动子为例介绍如下。
真核生物 RNA 聚合酶Ⅱ结构基因的启动子主要有 3 种:① TATA 盒(TATA box),又称
Hogness 盒(Hogness box, Goldberg-Hogness box),其共有序列为 5′- TATAAAA - 3′,
通常位于－25～－30 bp 区,类似于原核启动子的 Pribnow 盒,是转录因子与 DNA 结合
的部位,与 RNA 聚合酶的定位有关,决定了转录起始的准确性及频率。② CAAT 盒
(CAAT box),其一致序列为 GGT(or C)CAATCT,一般位于－70～－80 区,其主要作用
可能与 RNA 聚合酶的结合有关,决定转录起始的频率。③ GC 盒(GC box),其一致序列
为 GGGCGG,位于更上游区域,一般位于－40～－110 区域,亦可影响转录的频率。

并非每个结构基因都同时含有这 3 种启动子。有些基因没有 TATA 盒仍能转录,但
转录起始位点不固定。有些基因没有 CAAT 盒。而 GC 盒主要见于一些看家基因
(Housekeeping gene,即在所有组织中都需要经常表达的结构基因)的上游区。启动子决
定了被转录基因的启动频率和精确性,同时,启动子在 DNA 序列中的位置和方向是严格
固定的,由 5′→3′方向排列。

除了这三种常见的启动子外,第二类元件中的部分 DNA 序列具有增强或减弱真核基因转录起始频率;调节基因表达的区域,称为增强子(enhancer)和沉默子(silencer)。增强子能极大地增强启动子的活性,但它的位置往往不固定,可存在于启动子上游或下游,对启动子来说它们正向排列和反向排列均有效,对异源的基因也起到增强作用,但许多实验证实它仍可能具有组织特异性。沉默子是一负性调控元件,对基因表达有抑制作用(图 8 - 34)。

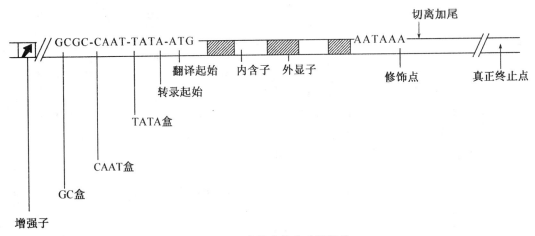

图 8 - 34 真核生物启动子结构

在基因单位中,具有停止转录作用的特殊碱基序列称为终止子(terminators)。终止子具有使 RNA 聚合酶停止合成 RNA 和释放 RNA 链的作用。在原核生物基因转录终止有两种方式,一种方式不依赖 ρ 因子,另一种依赖于 ρ 因子。

(1)不依赖 ρ 因子的转录终止

对于不依赖于 ρ 因子的终止子序列的分析,发现有两个明显的特征:即在 DNA 上有一个 15~20 个核苷酸的二重对称区,位于 RNA 链结束之前,形成富含 G - C 的发夹结构。接着有一串大约 6 个 A 的碱基序列,它们转录的 RNA 链的末端为一连串 U。寡聚 U 可能提供信号使 RNA 聚合酶脱离模板。由 U - dA 组成的 RNA - DNA 杂交分子的碱基配对结合力很弱,利于 RNA 链释放(图 8 - 35)。

(2)依赖 ρ 因子的转录终止

依赖 ρ 因子的终止必须在 ρ 因子存在时才发生终止作用。其终止子的回文结构中不含富有 G - C 区,回文结构之后也无寡聚 U。RNA 聚合酶本身,或者在另一种蛋白质因子(NusA)的帮助下,可能就可以识别依赖 ρ 因子终止序列,并导致转录的停顿,若没有 ρ 因子的存在,则 RNA 聚合酶会一直移动下去直到 ρ 的出现。

ρ 因子是由相同亚基组成的六聚体蛋白质,分子质量为 46 kD。ρ 因子是依赖 ATP 的解旋酶,在与单链 RNA 结合时具有水解 ATP 的活性。由此推测,ρ 因子结合在新生的 RNA 链上,借助水解 ATP 获得的能量推动其沿着 RNA 链移动,当 RNA 聚合酶遇到终止子时 ρ 因子与酶相互作用,释放 RNA 链,并使 ρ 因子和 RNA 聚合酶一起从 DNA 模板上脱落下来,使转录终止。

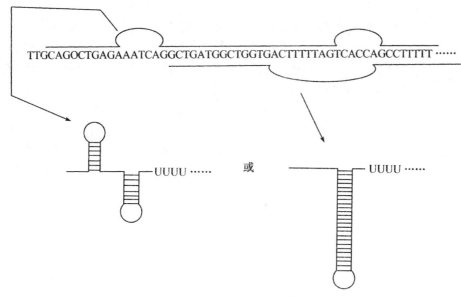

TTGCAGOCTGAGAAATCAGGCTGATGGCTGGTGACTTTTTAGTCACCAGCCTTTTT ......

UUUU ......   或   UUUU ......

图 8 - 35 不依赖 ρ 因子的转录终止过程

目前认为,ρ 因子终止转录的作用是与 RNA 转录产物结合,使其发生构象变化,从而使 RNA 聚合酶停顿,解螺旋酶的活性使 DNA - RNA 杂交双链拆离,使转录产物从转录复合物中释放出来(图 8 - 36)。

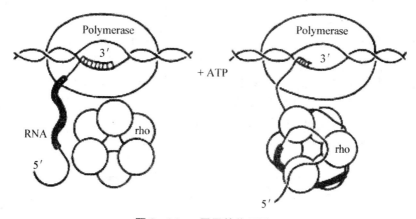

图 8 - 36 ρ 因子的作用原理

二、转录的机制

RNA 转录的过程可以分为转录的起始、RNA 链的延长和转录的终止三个阶段。

1. 原核生物的转录过程

(1)转录的起始

包括模板的识别与转录泡的形成。首先 RNA 聚合酶全酶沿着 DNA 链滑行,由 σ 因子先行识别并找到基因启动子的识别部位—35 区的 TTGACA 序列,核心酶则结合在启动子的结合部位－10区的 TATAAT 序列上,并跨入到了转录起始位点,在此,DNA 双链分子的局部区域结构变得较为疏松,双链暂时打开约 17 bp 长度,展示出模板链,利于 RNA 的聚合反应的进行及 DNA－RNA 杂交体的形成。

转录起始不需要引物,RNA 聚合酶直接催化两个与模板配对的相邻核苷三磷酸间形成磷酸二酯键,转录的起始即告完成。此时,形成一个由 DNA 模板、RNA 聚合酶核心酶和产物二核苷酸组成的三分子复合体,称为转录泡(transcription bubble)。

转录起始生成 RNA 的第一位几乎总是 GTP 或 ATP,而 GTP 更为常见。前两个核苷三磷酸之间生成磷酸二酯键后,第一位的核苷酸仍保留了三个磷酸未被水解,形成了四磷酸二核苷酸的结构($5'-pppGpN-OH$)。这种 $5'$-端结构一直保留到转录完成,RNA 脱落也还有这 $5'$-端结构。

第一个磷酸二酯键生成后,σ 因子即从转录起始复合物上脱落,核心酶连同四磷酸二核苷酸继续结合于 DNA 模板上并沿 DNA 链滑动,进入延长阶段。脱落下来的 σ 因子则可循环使用,开始新的转录起始。

(2) 转录的延长

转录起始完成后,随着 σ 因子从全酶上的脱落,核心酶的构象会发生改变,启动子区域有结构上的特异性。转录起始后,不同基因的碱基序列大不相同,DNA 聚合酶与模板的结合是非特异性的,而且变得松弛,有利于 RNA 聚合酶在模板链上迅速向前移动。聚合酶每移动 1 个核苷酸的距离,就有 1 个核苷三磷酸按照与模板 DNA 链碱基互补的原则进入延长复合物中,其 α-磷酸基与 RNA 链的 $3'-OH$ 末端生成 $3',5'$-磷酸二酯键,使 RNA 链延长 1 个核苷酸。核心酶如此不断地沿模板 $3'\rightarrow5'$ 方向滑动,而新合成的 RNA 链就不断沿 $5'\rightarrow3'$ 方向延长。转录延长的每次化学反应可以写成:

$$(NMP)_n + NTP \longrightarrow (NMP)_{n+1} + PPi$$

RNA 链延伸时,RNA 聚合酶继续解开一段 DNA 双链,长度约 17 bp,使模板链暴露出来。新合成的 RNA 链与模板链形成的 RNA－DNA 杂交链呈疏松状态,使新生的 RNA 链很容易离开模板 DNA 链,模板链与编码链之间重新形成双股螺旋结构(图 8－37)。

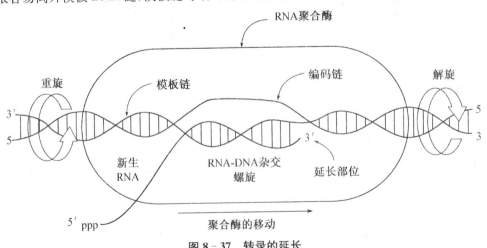

图 8－37　转录的延长

（3）转录的终止

当 RNA 聚合酶在 DNA 模板上停顿下来不再前进，转录产物 RNA 链从转录复合物上脱落下来，就是转录终止。

在原核生物 RNA 链的延长过程中，当 RNA 聚合酶行进到 DNA 模板的特定部位——终止信号时，它具有使 RNA 聚合酶停止合成 RNA 和释放 RNA 链的作用。这些终止信号有的能被 RNA 聚合酶自身识别，而有的则需要有 ρ 因子的帮助。ρ 因子能与 RNA 聚合酶结合但不是酶的组分。它的作用是阻止 RNA 聚合酶向前移动，于是转录终止，并释放出已转录完成的 RNA 链。对于不依赖于 ρ 因子的终止子序列的分析发现终止区域有特殊的碱基序列，是合成的 RNA 链易于形成发夹结构，有助于转录的终止。

2. 真核生物的转录过程

（1）转录的起始

真核生物转录的起始也需要 RNA 聚合酶对起始区上游的 DNA 序列作辨认和结合，生成起始复合物。与原核生物转录起始显著不同之处在于真核生物的 RNA 聚合酶单独不能完成转录的起始，需要一系列转录因子的参与。能直接或间接辨认、结合转录上游区段 DNA 的蛋白质，在真核生物有很多种类，统称为反式作用因子（trans-acting factor）。反式作用因子中能直接或间接结合 RNA 聚合酶的，称为转录因子（transcriptional factor，TF），或通用转录因子（general transcriptional factor）或基本转录因子（basal transcriptional factor）。相对应于 RNA 聚合酶Ⅰ、Ⅱ、Ⅲ的转录因子也就分别称为TFⅠ、TFⅡ、TFⅢ。

真核生物转录起始也形成 RNA 聚合酶-开链模板的复合物。在众多的 TFⅡ中，TFⅡD是目前已知的唯一能与 DNA 分子结合的转录因子，其结合位点就是 TATA 盒，因此又被称为 TATA 盒结合蛋白（TATA box binding protein，TBP）。TFⅡD 与模板 DNA 的结合就是真核生物转录起始的第一步。然后 TFⅡB 与 TBP 结合，TFⅡB 也能与 DNA 结合。TFⅡA 虽然不是必需的，它能稳定已与 DNA 结合的 TFⅡB-TBP 复合体，并且在 TBP 与不具有特征序列的启动子结合时发挥重要作用。TFⅡB-TBP 复合体再与由 RNA 聚合酶Ⅱ和 TFⅡF 组成的复合体结合，TFⅡF 的作用是通过和 RNA 聚合酶Ⅱ一起与 TFⅡB 相互作用，降低 RNA 聚合酶Ⅱ与 DNA 的非特异部位的结合，来协助 RNA 聚合酶Ⅱ靶向结合启动子。最后是 TFⅡE 和 TFⅡH 加入，形成闭合复合体，装配完成，这就是转录起始前复合物（pre-initiation complex，PIC）。

TFⅡH 具有解旋酶（helicase）活性，能使转录起始点附近的 DNA 双螺旋解开，使闭合复合体成为开放复合体，启动转录。TFⅡH 还具有激酶活性，它可利用 ATP 分解产生的能量，介导起始点双螺旋的打开，使 RNA 聚合酶得以发挥作用。从中也不难看出真核细胞中基因转录的起始是基因的表达调控的关键，这么多蛋白质分子之间相互作用，以及这些蛋白质分子 DNA 调控元件相结合，构成控制基因转录开始的复杂体系。（见表 8-8，图 8-38）。

表 8 - 8　RNA 聚合酶 Ⅱ 转录起始和延长所需的蛋白因子

蛋白因子	亚基数	功能
起始阶段		
TBP	1	特异识别 TATA 盒
TFⅡA	3	稳定 TFⅡB 与 TBP 对启动子的结合
TFⅡB	1	结合 TBP,并结合聚合酶Ⅱ-TFⅡF 复合体
TFⅡE	2	结合 TFⅡH,具有 ATP 酶和解旋酶活性
TFⅡF	2	紧密与聚合酶Ⅱ结合,也与 TFⅡB 结合;阻遏聚合酶Ⅱ和非特异的 DNA 序列结合
TFⅡH	12	有解旋酶活性,使 DNA 解开双链;使聚合酶Ⅱ的 CTD 磷酸化;结合核苷酸-切除修复蛋白

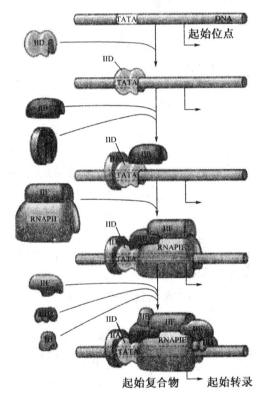

起始复合物的形成,IFIID首先和
TATA盒结合,其余六个因子陆续
接入,构成起始复合物

图 8 - 38　真核 RNA 聚合酶 Ⅱ 和转录因子在转录中的作用过程

（2）转录的延长

原核生物和真核生物的转录延长过程基本相同。都是在 RNA 聚合酶的催化下,以核苷三磷酸为底物,按照模板 DNA 链碱基序列的指导（转录时的碱基配对原则为 A-U）,在 RNA 链的 3′-OH 末端逐个连接上新的核苷酸。

（3）转录的终止

真核生物的转录终止是和转录后的加工修饰密切相关的。

真核生物 mRNA 多数有多聚腺苷酸（（poly A）的尾巴的结构，它是转录后才加进去的，因为在模板链上并没有相应的 poly dT 序列。真核生物的转录终止不是翻译终止密码点，也不是在 poly A 的位置，而是超出 poly A 数百个乃至上千个核苷酸。已发现，在模板链读码框架的 3′端之后，常有一组共同序列 AATAAA，再下游还有相当多的 GT 序列。这些序列称为转录终止的修饰点（图 8-39）。

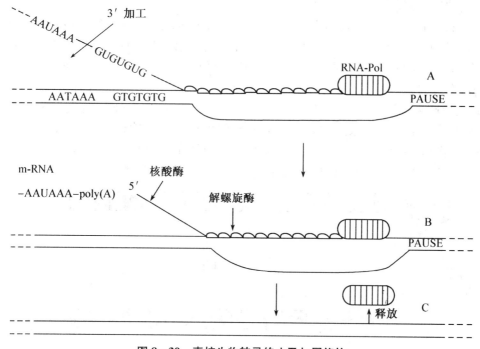

图 8-39　真核生物转录终止及加尾修饰

转录越过修饰点后，mRNA 在修饰点处被切断，随即加入 polyA 尾及 5′帽子结构。但下游的 mRNA 仍在继续转录，但越过修饰点后的转录产物很快就被核内 5′→3′核糖核酸外切酶逐一降解。如果转录已在 3′端停顿，那么在解链酶（helicase）的作用下解开 DNA-RNA 杂交链，使 RNA 聚合酶释放，终止转录。

三、RNA 转录后的加工及其意义

在细胞内经转录作用生成的 RNA 是初级转录产物（primary transcript），称为前体 RNA，初级转录产物都需经一定程度的转录后加工（post-transcriptional processing）才能变为成熟的、有活性的 RNA。RNA 的加工过程主要是在细胞核内进行，也有少数反应在胞质中进行。

转录后的加工主要有以下几种类型：

① 剪切（cleavage）和剪接（splicing）

剪切就是切除部分序列，剪接是指切除内含子后再将断续的外显子连接起来。

② 末端添加(terminal addition)核苷酸

在 tRNA 的 3′-末端添加- CCA。

③ 修饰(modification)

在碱基或核糖分子上发生化学修饰反应,例如,某些碱基的甲基化等。

④ RNA 编辑(RNA editing)

某些 RNA,尤指 mRNA 前体在转录后经特异加工使遗传密码发生改变的过程。

1. rRNA 的加工

(1) 原核生物 rRNA 前体的加工

大肠杆菌共有 7 个编码 rRNA 的基因,分散在基因组的各处。每个转录单位由 16S rRNA - tRNA - 23S rRNA - 5S rRNA 顺序排列。转录出 30S 前体 rRNA 后,经断链成 rRNA 和 tRNA 前体,然后经特异性的酶切割释放出成熟的 rRNA。负责加工原核 rRNA 前体的酶主要有两类:① 切割前体成特定长度 rRNA 分子的酶,如大肠杆菌 RNase Ⅲ、Rnase P 和 RNase E 等。② 催化 rRNA(5S rRNA 除外)甲基化修饰的酶。在 RNase Ⅲ 作用下,30S 转录产物裂解产生 16S 和 23S rRNA 前体;5S rRNA 的前体是在 RNase E 作用下产生的,其前体经过 3′端和 5′端附加序列的切除,再经碱基的甲基化修饰,一般 5S rRNA 中无修饰成分,不进行甲基化反应(图 8 - 40)。

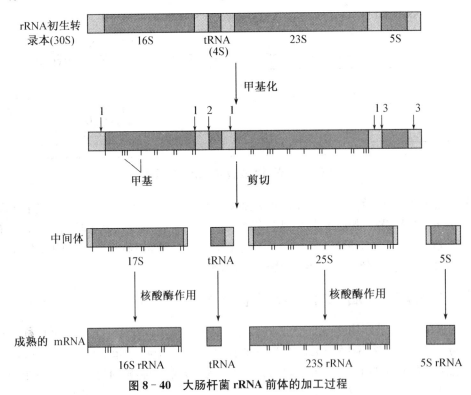

图 8 - 40 大肠杆菌 rRNA 前体的加工过程

(2) 真核生物 rRNA 前体的加工

真核生物染色体 DNA 中 rRNA 基因(rDNA)位于核仁内,自成一组转录单位。rDNA 是多拷贝的,成串联排列,属于高度重复序列。真核生物的核糖体中有 18S、28S、

5.8S 和 5S rRNA,由 RNA 聚合酶 I 转录产生 45S rRNA 前体,在核中加工最后形成 18S、28S 和 5.8S rRNA,其中 5S rRNA 自己独成体系,与 tRNA 一起由 RNA 聚合酶 III 转录,而且在成熟过程基本不进行修饰和剪切(图 8-41)。在加工过程中,广泛进行甲基化修饰,甲基化多发生在核糖上,少发生在碱基上。真核生物 rRNA 的甲基化修饰是由各种修饰酶完成的,而决定被修饰碱基的具体位置的定位,需要一些 snoRNA 的参与。

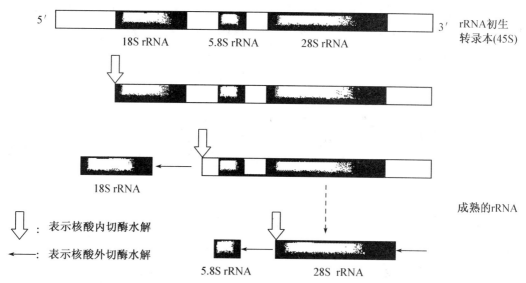

图 8-41 真核生物 rRNA 前体的加工过程

rRNA 成熟后,当即在核仁中进行装配。18S rRNA 与核蛋白体蛋白质一起组装成核蛋白体小亚基,28S、5.8S 和 5S rRNA 则与核蛋白体蛋白质一起组装成核蛋白体大亚基,然后运输到胞浆。

2. tRNA 的加工

大肠杆菌 DNA 上约有 60 个 tRNA 基因,它们大多以基因簇形式存在,转录产物为 tRNA 前体,经过加工成为成熟的 tRNA。tRNA 前体的加工过程包括:① 切断(cutting)即由核酸内切酶将 tRNA 前体分子内附加序列两端切断,以便得到一定大小的 tRNA 分子。② 剪切(trimming)和修剪(clipping)即用 RNase P 特异性剪切 tRNA 前体 5′端的附加序列,产生成熟的 5′端;用 RNase D 从 3′端逐个切除附加序列,以便暴露出 tRNA 的 3′端。③ 在 3′-末端添加-CCA-OH-3′。④ 核苷酶的修饰和异构化指 tRNA 中含有许多稀有碱基,所有这些碱基均是在转录后由四种常见碱基经修饰酶催化,发生脱氨、甲基化、羟基化等化学修饰而生成的。

真核生物 tRNA 基因的数目比原核生物 tRNA 基因的数目要大得多。真核生物的 tRNA 基因也成簇排列,并且被间隔区所分开。tRNA 基因由 RNA 聚合酶 III 转录,转录产物为 4.5S 或稍大的 tRNA 前体。前体 tRNA 的 5′端和 3′端都有附加序列,需由核酸内切酶和外切酶加以切除。

真核生物 tRNA 前体的 3′端不含-CCA-OH 序列,成熟 tRNA 3′端的-CCA-OH

是后加上去的,催化该反应的酶是核苷酸(酰)转移酶,tRNA 的修饰成分由特异的修饰酶所催化。真核生物的 tRNA 除含有修饰碱基外,还有 2′-O-甲基核糖。修饰反应的形式有:① 甲基化反应使某些嘌呤生成甲基嘌呤,如 A→^{m}A,G→^{m}G;② 还原反应使尿嘧啶(U)还原为二氢尿嘧啶(DHU);③ 脱氨反应指某些腺苷酸脱氨成为次黄嘌呤核苷酸(I);④ 碱基转位反应使尿嘧啶核苷酸转化为假尿嘧啶核苷酸 U→ψ(图 8-42)。

tRNA 前体中也含有内含子成分,tRNA 前体中内含子(Ⅳ类内含子)的剪接反应与 mRNA 内含子的剪接完全不同,是一个需要消耗 ATP 的酶促反应。它是由核酸内切酶催化进行剪切,然后通过连接酶将外显子部分连接起来。

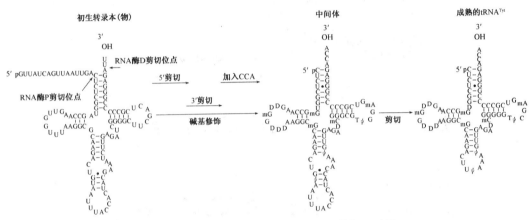

图 8-42　原核生物和真核生物 tRNA 的加工过程

3. mRNA 的加工

原核生物由于没有明显的细胞核,采取边转录边翻译的机制,转录尚未完成即开始翻译。从基因转录出来的初始 mRNA 转录本不需加工,翻译的蛋白质也不被修饰。

真核生物由于细胞核的存在,转录和翻译分别在核内和胞质中进行。而且许多真核生物的基因是不连续的。不连续基因中的插入序列,称为内含子(intron);被内含子隔开的基因序列称为外显子(exon)。一个基因的外显子和内含子都转录在一条很大的原初转录本 RNA 分子中,分子量达 $1×10^7～2×10^7$。而且很不均一,故称为核内不均一 RNA(hnRNA)。实验证明,hnRNA 是成熟 mRNA 的前体。真核细胞 mRNA 的加工过程包括:① 5′加帽;② 3′加尾;③ 去除内含子拼接外显子;④ 甲基化修饰。

(1) 5′端加帽

真核生物的 mRNA 都有 5′端帽子结构。该特殊结构亦存在于 hnRNA 中,它可能在转录的早期阶段或转录终止前就已形成。加帽的作用部位是转录后 mRNA 的 5′端第一个核苷酸上。mRNA 5′端的第一个核苷酸以嘌呤类多见,尤以 pppG 为主。其作用过程为:先由磷酸酶把 5′-pppG 水解生成 5′-PG,然后与另一个三磷酸鸟苷 pppG 反应生成三磷酸双鸟苷,接着在甲基化酶的作用下,由 S-腺苷蛋氨酸(SAM)提供甲基,连接在后接上去的鸟嘌呤碱基 N-7 位上,生成 5′m7GpppGp,此结构称为帽子结构(图 8-43)。5′-末端帽子生成是在细胞核内进行的,而且先于剪接过程。但胞质中也有反应酶体系,动物病毒的 mRNA 就是在宿主细胞的细胞质中进行的。

帽子结构的功能,一是作为翻译起始所必需,二是保护 mRNA 免遭核酸酶的降解。5′-脱氧-5′-异丁酰基腺苷是腺苷高半胱氨酸的类似物,它能强烈抑制劳氏肉瘤的生长,这是因为该抑制剂可抑制甲基转移酶活力,从而阻止了帽子结构上鸟嘌呤的甲基化。

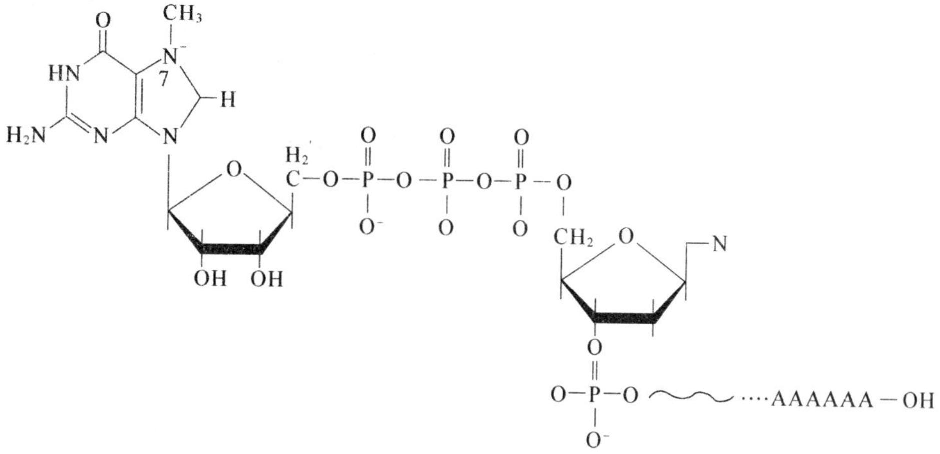

图 8-43 真核 mRNA 5′-端帽子结构示意图

（2）3′端加尾

除了组蛋白的 mRNA 外,真核生物的 mRNA 3′-末端都有一长 20～200 个多聚腺苷酸尾巴(poly A tail)结构,它的生成是不依赖于模板 DNA 的,是在转录后加上去的。研究表明,hnRNA 的 3′-末端也有多聚腺苷酸,这表明加尾过程是在核内完成的,也先于 mRNA 的剪接过程。在真核生物中,最初转录生成的 RNA 称为不均一核 RNA (heterogeneous nuclear RNA, hnRNA)。

多聚 A 尾巴的生成是在多聚 A 聚合酶的催化下,由 ATP 聚合而成,但其并不是简单地加入 A。而是先在 mRNA 前体的 3′末端切除一些附加序列,然后再加上多聚 A。在 mRNA 前体 3′末端11～30 核苷酸处有一保守的序列 AAUAAA,这一序列被认为是加尾修饰信号。在 U7snRNP 的协助下识别,由一种特异的核酸内切酶(RNaseⅢ)催化,切除多余的核苷酸。随后,在多聚腺苷酸聚合酶的催化下,将 ATP 逐个加上形成多聚腺苷酸尾巴。

3′端形成多聚腺苷酸的功能可通过抑制实验来说明。该实验用多聚腺苷酸化的特异抑制剂冬虫夏草素。此抑制剂不影响 hnRNA 的转录,但可阻止细胞质中出现新的 mRNA,这表明多聚腺苷酸化对 mRNA 的成熟是必要的。进一步实验表明,珠蛋白 mRNA 上的多聚腺苷酸尾巴被切除后,它仍然能进行翻译活动,由此可见,polyA 尾部结构与翻译功能无关。然而切除多聚腺苷酸尾部结构的 mRNA 其稳定性较差,易被核酸酶降解。当 mRNA 由细胞核转移到细胞质中时,其多聚腺苷酸尾部常有不同程度的缩短。由此可见,多聚腺苷酸尾部结构至少起某种缓冲作用,防止核酸外切酶对 mRNA 信息序列的降解(图 8-44)。

（3）mRNA 的剪接

真核生物的结构基因中含有为肽链的部分片断编码的外显子(exon),还含有非编码的内含子(intron),故真核生物的结构基因是断裂基因(splite gene)。断裂基因的转录产

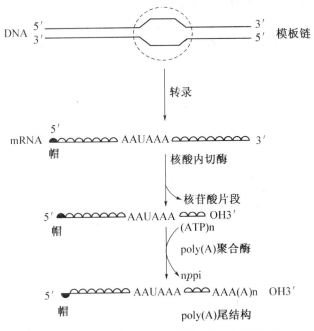

图 8 - 44　真核生物 poly A 尾结构的形成示意图

物需经过拼接,即在核酸内切酶的作用下去除内含子,然后在连接酶的作用下将外显子部分连接起来,成为成熟的 mRNA,这就是剪接作用(splicing)。成熟的 mRNA 通过核膜孔转运到细胞质,指导蛋白质的合成。目前发现的人体中最庞大的一个基因是抗肌萎缩蛋白(distrophin)基因,其全长有数百万个碱基对,它有 50 多个外显子和相应的 50 多个内含子,而成熟的 mRNA 仅万余个核苷酸。

真核生物编码蛋白质的核基因含有数目巨大的内含子,它们占据了所有内含子的绝大部分。通过数百种内含子-外显子连接点的分析,得知真核生物中从酵母到哺乳类动物均有共同特点,即这些内含子的 5′端均为 GT,3′端均为 AG,称为 GT - AG 规则(对应于RNA 为 GU - AG),把这个 5′- GU……AG - OH - 3′序列称为剪接接口(splicing junction)或边界序列。另外,在内含子 3′末端剪接点的上游 20～50 核苷酸范围内,还有一个在剪接中有重要作用的位点,其序列中含有腺苷酸,称为分支点(branch site)。

但此规律不适合于线粒体、叶绿体基因内含子,也不适合于 tRNA 和 rRNA。

细胞核内有许多种类的小分子 RNA,称为核内小 RNA(small nuclear RNA,snRNA)。由 100～300 个核苷酸组成,U 系列 snRNA 的尿嘧啶含量较高,因而得名。现已发现了 U1,U2,U4,U5,U6 等多种类别。snRNA 和核内的蛋白质结合组成核糖核蛋白颗粒(snRNP)参与 hnRNA 的剪接。

剪接体(splicesome)是由核内 U 系列的 5 种 snRNA 和二十多种剪接的蛋白因子构成,它们与 hnRNA 结合,使内含子形成套索并拉近上、下游外显子距离的复合体。剪接体是 mRNA 剪接的场所(图 8 - 45)。

真核生物 mRNA 的剪接过程可能是:

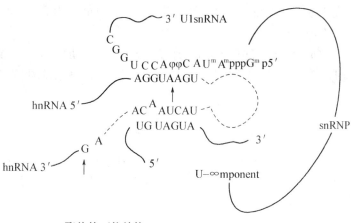

二聚体的可能结构

图 8 - 45　剪接体与 hnRNA 的结合

① U1 - snRNA 和 U5 - snRNA 分别按碱基互补原则识别并结合在内含子的 5′和 3′端,使 snRNP 结合在内含子的两端;U2 - snRNA 识别并结合在分支点上;② U4、U6 加入,形成完整的剪接体。此时,内含子的 5′和 3′端弯曲成套索状。上、下游的外显子 E1 和 E2 靠近;③ 结构调整,释放 U1、U4 和 U5。U2 和 U6 形成催化中心,完成两次转酯反应(transesterification)。此时,内含子所形成的套索结构被减掉,两个外显子通过磷酸二酯键连接在一起,完成剪接过程(图 8 - 46)。

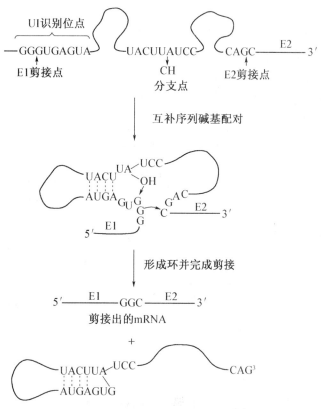

图 8 - 46　mRNA 剪接过程示意图

(4)甲基化作用

真核生物的 mRNA 中含有甲基化核苷酸。除了在 hnRNA 的 5′端帽子结构中含有甲基化核苷外,在分子内部的非编码区也含有 1～2 个 N^6 -甲基腺嘌呤(m^6A)。m^6A 的生成是在 hnRNA 剪接作用之前发生的,推测它可能对 mRNA 前体的加工起识别作用。

(5)RNA 编辑

近年来发现,某些遗传信息在转录水平发生改变,由一个基因产生不止一种蛋白质。

即在转录产物中通过插入、删除或取代一些核苷酸残基，方能成为具有正确翻译功能的模板，称为 mRNA 的编辑(editing)。

RNA 编辑是一种与 RNA 加帽、加尾、剪接不同的 RNA 加工形式。它使成熟 RNA 的序列与基因组 DNA 序列不同。可见，它是对生物学中心法则的补充，扩大了 mRNA 遗传信息容量。

四、逆转录

逆转录(reverse transcription)也称反转录，是依赖 RNA 的 DNA 合成过程。因为它与通常转录过程中遗传信息流从 DNA 到 RNA 的方向相反，故称为逆转录。催化逆转录反应的酶称为逆转录酶(reverse transcriptase)。

某些病毒的遗传物质是 RNA 而不是 DNA，这类病毒称为 RNA 病毒。1970 年 H. Temin 和 D. Baltimore 分别在劳氏肉瘤病毒中发现了逆转录酶，从而确定了逆转录现象。逆转录是某些生物的特殊复制方式。某些 RNA 病毒经过逆转录成为双链 DNA 后，通过基因重组整合到宿主细胞基因组中，并随宿主细胞 DNA 复制和表达。

逆转录合成 DNA 的过程可分为三步反应：① 首先逆转录酶以病毒基因组 RNA 为模板，以 dNTP 为原料，合成一条与模板 RNA 链碱基互补的 DNA 单链(DNA)，产物与模板形成 RNA-DNA 杂化双链；② 杂化双链中的 RNA 链被逆转录酶中的 RNase 活性组分水解，剩下 DNA 单链；③ 再以剩下的 DNA 单链为模板合成一条与其碱基互补的 DNA 链，形成双链 DNA 分子(图 8-47)。图中 A 是逆转录病毒细胞内的复制方式；B 是试管内合成 cDNA。

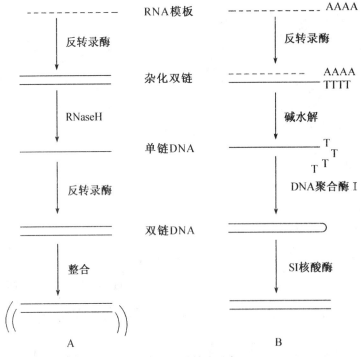

图 8-47　逆转录现象

这三步反应都是由逆转录酶催化完成的,逆转录酶是由逆转录病毒 RNA 编码的一个多功能酶。它具有至少三种酶活性,即依赖于 RNA 的 DNA 聚合酶的活性和依赖于 DNA 的 DNA 聚合酶的活性,还有核糖核酸酶 H 的活性,即 $3' \rightarrow 5'$ 和 $5' \rightarrow 3'$ 核酸外切酶的作用,专门水解 RNA - DNA 杂种分子中的 RNA。

逆转录酶的作用需要 Zn^{2+} 作为辅助因子,合成方向为 $5' \rightarrow 3'$,并需要引物提供 $3'-$OH,引物为存在于病毒颗粒中的 tRNA。但由于逆转录酶没有 $3' \rightarrow 5'$ 核酸外切酶活性,因此没有校对功能,合成的错误率相对较高,这可能是致瘤病毒较快出现新病毒株的一个原因。

逆转录酶和逆转录现象的发现,是分子生物学研究中的重大发现。① 它扩充了中心法则的内容,说明至少在某些生物中 RNA 同样兼有遗传信息传代与表达功能,这是对传统中心法则的挑战。同时,由于核酶的发现,使科学界对 RNA 在生命活动中的重要性有了更深刻的认识。② 逆转录现象的发现有助于我们进一步深入理解病毒致病、致癌机制。人类免疫缺陷病毒(HIV)也是一种逆转录病毒,它可以引起艾滋病的发生。研究者认为,如果能找到逆转录酶的专一性抑制剂,就有可能治疗艾滋病、防止逆转录病毒的致癌作用。③ 逆转录酶在基因工程研究上得到了极其广泛的应用。真核生物基因中往往有大量的内含子,进行克隆表达时非常不易操作。而采用逆转录酶将 mRNA 逆转录为 cDNA,相比于基因组 DNA 来说分子量小得多,操作更为简便。

五、RNA 的复制

大多数生物的遗传信息贮藏在 DNA 分子中,遗传信息按中心法则由 DNA 转录成 RNA,再由 RNA 翻译成蛋白质。对 RNA 病毒的研究表明,某些 RNA 病毒是以 RNA 作模板复制出病毒 RNA 分子。

从感染 RNA 病毒的细胞中分离出 RNA 复制酶,又称作 RNA 指导的 RNA 聚合酶(RNA directed RNA polymerase,简称 RDRP),这种酶以病毒 RNA 为模板,以 4 种 NTP 为原料,在镁离子存在时可合成出与模板性质相同的 RNA。用复制产物去感染细胞,能产生正常的 RNA 病毒。可见,病毒的全部遗传信息,包括合成病毒外壳蛋白质和各种有关酶的信息均贮存在被复制的 RNA 分子中。

RNA 复制酶还需要有宿主细胞中的三种蛋白质因子协助其发挥作用。即延长因子 Tu、Ts 及 S1。这些因子可帮助 RNA 复制酶定位于病毒的 RNA$3'$ 末端,引发 RNA 复制。RNA 复制酶催化 $5' \rightarrow 3'$ 方向合成新链,缺乏校对功能,因此,RNA 复制的错误率较高。此外,RNA 复制酶只是特异地对病毒的 RNA 起作用,而宿主细胞 RNA 一般并不进行复制。这就可以解释在宿主细胞中虽含有数种类型的 RNA,但病毒 RNA 是最优先进行复制的。

第四节　蛋白质的生物合成

一、蛋白质合成的一般特征

生物机体中的蛋白质不断地进行代谢和更新,是生命活动的重要物质基础。氨基酸是蛋白质的原料,细胞内利用 20 种基本氨基酸进行蛋白质合成构成了生命现象的主要内容。依据遗传信息中心法则,细胞内每个蛋白质分子的生物合成都受到细胞内 DNA 的指导,但是贮存遗传信息的 DNA 并非蛋白质合成的直接模板(template)。DNA 经转录作用把遗传信息传递到信使核糖核酸(messenger ribonucleic acid, mRNA)的结构中,mRNA 所携带的遗传信息在核糖体上转变成蛋白质多肽链的氨基酸排列顺序,直接指导蛋白质合成,所以 mRNA 才是蛋白质合成的直接模板。mRNA 是由 4 种核苷酸构成的多核苷酸链,而蛋白质是由 20 种基本氨基酸构成的多肽链,两者之间遗传信息的传递并不像转录那么简单。从多核苷酸上所携带的遗传信息,到多肽链上所携带的遗传信息的传递,类似于从一种语言翻译成另一种语言。所以人们将以 mRNA 为模板合成蛋白质的过程称为翻译或转译(translation)。

翻译的过程十分复杂,几乎涉及细胞内所有种类的 RNA 和多种蛋白质因子,其中包括有 rRNA(ribosomal ribonucleic acid)、mRNA、tRNA(transferribonucleic acid)、氨酰-tRNA 合成酶(aminoacyl - tRNA synthetase)以及一些辅助因子,即起始因子(initiation factor, IF)、延伸因子(elongation factor, EF)、释放因子(终止因子)(release factor, RF)等参加的协同作用,DNA、tRNA、mRNA、rRNA 以及氨酰- tRNA 合成酶在蛋白质生物合成过程中起着决定性作用。

在蛋白质合成中,tRNA 按 mRNA 模板的要求活化相应的氨基酸并搬运到蛋白质合成的场所核糖体(ribosome)上。tRNA 含有两个关键部位,一个是氨基酸结合部位,另一个是 mRNA 结合部位。对于组成蛋白质的 20 种氨基酸来说,每一种氨基酸至少有一种 tRNA 来负责转运。为了准确翻译,每一种 tRNA 必须能被很好地识别,大多数氨基酸具有几种用来转运的 tRNA,一个细胞中通常含有 50 或更多的不同的 tRNA 分子。tRNA 分子上与多肽合成有关的位点至少有 4 个,分别为 $3'$-端 CCA 上的氨基酸接受位点、识别氨酰- tRNA 合成酶的位点、核糖体识别位点以及反密码子位点。结合氨基酸的一端称接受臂(acceptor arm),含有反密码子的一端称作反密码子臂(anticodon arm)。tRNA 在识别 mRNA 分子上的密码子时,具有接头(adaptor)作用,氨基酸一旦与 tRNA 形成氨酰- tRNA 后,进一步的去向由 tRNA 来决定。tRNA 凭借自身的反密码子与 mRNA 上的密码子相识别,把所带的氨基酸送到特定位置上。氨基酸之间以肽键连接,生成具有一定排列顺序的蛋白质多肽链,反应所需能量由 ATP 和 GTP 提供。

蛋白质生物合成的早期研究工作都是用原核生物(prokaryotes)大肠杆菌的无细胞体系蛋白质(cell-free system)进行的。所以,对大肠杆菌的蛋白质合成机理了解最多,真核生物(eukaryotes)的蛋白质合成的机理与大肠杆菌的有许多相似之处,但也有不少差异。

蛋白质合成中除需要几种 RNA 和各种氨基酸外,还需要多种辅助因子,包括起始因子(initiation factor)、延长因子(elongation factor)和释放因子(termination and release factor),这些辅助因子都是蛋白质,其分子量及功能见表 8-9。

表 8-9 大肠杆菌蛋白质生物合成中辅助因子的功能特性

名称	分子量	功能特性
起始因子 (initiation factor) 　IF1 　IF2 　IF3	 9 400 75 000 95 000 23 000	IF1 与 30S 亚基结合,增加起始复合物形成速度。 IF2 以两种分子量不同的形式存在,但活性相同。对 GTP 和 fMet-RNA 有一定亲和力。 IF3 与未和 mRNA 结合的 30S 亚基结合;使之避免与 50S 亚基发生无效结合。与 mRNA 的起始部位有一定亲和力,可帮助起始复合物正确定位。
延长因子 (elongation factor) 　EF-Tu 　EF-Ts 　EF-G	 40 000 19 000 80 000	EF-Tu 氨酰-RNA 以类似于合成酶的作用连接核糖的 A 位,与 GTP 分解偶联;生成的 GDP 与之紧密结合。 EF-Ts 置换与 EF-Tu 成复合物的 GDP,再生 EF-Tu,并与之生成 TuTs 复合物。这复合物中的 Ts 又可被 GTP＋氨酰-RNA 置换。 EF-G 催化移位步骤,与 GTP 分解偶联。
终止和释放因子 (termination and release 　factor) 　RF1 　RF2	 44 000 47 000	当核糖体的 A 位到达 mRNA 的终止密码子(对 RF-1 为 UAA 和 UAG,对 RF-2 为 UAA 和 UGA)时,这二因子之一即占据 A 位,并与密码子结合,最后导致肽链的释放。

二、遗传密码

mRNA 中的 4 种核苷酸,通过怎样的方式表达蛋白质中的 20 种氨基酸? 依据排列组合理论,用数学方法推算,只有每 3 个核苷酸代表一个氨基酸的排列方式,才能满足 20 种氨基酸的编码需要,此时共有 $4^3＝64$(种)排列方式。大量实验结果证实,遗传信息传递密码确实是由 3 个核苷酸所组成,这 3 个核苷酸的组合称为三联体密码或密码子。利用酶法和化学法合成有特定序列的均聚核苷酸、共聚核苷酸及核糖体结合技术等方法,已经完全弄清了 20 种天然氨基酸的密码子(见表 8-10)。

遗传密码有以下特征:

① 密码的基本单位是按 $5'→3'$ 方向编码、不重叠、无标点的三联体密码子。要正确阅读密码,必须从起始密码子开始,按一定的读码框架(reading frame)连续读下去,直至遇到终止密码子为止,若插入(insertion)或删除(deletion)一个核苷酸,可能会由于以后的读码错位导致移码突变(frame-shift mutation)。绝大多数生物中基因是不重叠(non-overlapping)的,但在少数病毒中部分基因的遗传密码却是重叠的,不过这些重叠基因(overlapping genes)各自的开放读码框架仍按三联体方式连续读码。

表 8-10　遗传密码

第一位碱基 (5′-末端)	第二位碱基(中间)				第三位碱基 (3′-末端)
	U	C	A	G	
U	苯丙氨酸	丝氨酸	酪氨酸	半胱氨酸	U
	苯丙氨酸	丝氨酸	酪氨酸	半胱氨酸	C
	亮氨酸	丝氨酸	终止	终止	A
	亮氨酸	丝氨酸	终止	色氨酸	G
C	亮氨酸	脯氨酸	组氨酸	精氨酸	U
	亮氨酸	脯氨酸	组氨酸	精氨酸	C
	亮氨酸	脯氨酸	谷氨酰胺	精氨酸	A
	亮氨酸	脯氨酸	谷氨酰胺	精氨酸	G
A	异亮氨酸	苏氨酸	天冬酰胺	丝氨酸	U
	异亮氨酸	苏氨酸	天冬酰胺	丝氨酸	C
	异亮氨酸	苏氨酸	赖氨酸	精氨酸	A
	甲硫氨酸	苏氨酸	赖氨酸	精氨酸	G
G	缬氨酸	丙氨酸	天冬氨酸	甘氨酸	U
	缬氨酸	丙氨酸	天冬氨酸	甘氨酸	C
	缬氨酸	丙氨酸	谷氨酸	甘氨酸	A
	缬氨酸	丙氨酸	谷氨酸	甘氨酸	G

② 64 个密码子中,有 61 个编码特定的氨基酸,3 个为终止密码子,1 个密码子既代表甲硫氨酸也是起始密码子。除了甲硫氨酸和色氨酸只有一个密码子外,其余氨基酸均有不止一个密码子。同一种氨基酸有两个或多个密码子的现象称为密码子的简并性(degeneracy)。对应于同一种氨基酸的不同密码子称为同义密码子(synonymous codon)。密码的简并性往往表现在密码子的第三位碱基上,也就是说,密码子的第一、二位碱基配对较严格,而第三位碱基可以有一定程度的变动,有较大的灵活性。密码子的专一性主要由头两位碱基决定,而第三位碱基使密码具有摆动性(wobble)。

由于密码具有简并性,即使密码子中碱基改变,却仍然可以编码原来的氨基酸,使得DNA 碱基组成有较大变动余地,可以减少有害突变,在物种的稳定性上起一定作用,具有重要的生物学意义。

③ 各种高等和低等生物,包括病毒、细菌以及真核生物,基本上共用同一套遗传密码,即密码具有通用性。但随着研究工作的不断深入,研究人员发现细胞核和亚细胞的密码子略有不同。酵母链孢霉和哺乳动物线粒体的遗传密码有的与标准密码有差异,如线粒体中 UGA 不是终止密码而是色氨酸的密码,AUA 是甲硫氨酸的密码而不是异亮氨酸的密码,CUA 编码苏氨酸而不是亮氨酸的密码等。除了线粒体外,某些生物的细胞基因组密码也出现一定的变异。原核生物支原体中,UGA 也被用于编码色氨酸。

原核生物的一个 mRNA 分子往往可以编码几种多肽链,每一种酶蛋白的合成都有着自己的起始和终止密码,以控制多肽链合成的起始与终止。原核生物 mRNA 上的起始密码一般为 AUG,少数为 GUG。多肽链合成的起始并不是从 mRNA 的 5′-末端的第 1 个核苷酸开始,而是从位于 5′-末端第 25 个核苷酸残基以后开始的。在起始密码上游约 10 个核苷酸处(即 -10 区),通常有一段富含嘌呤的序列,这一序列最初由 Shine-Dalgaino 首先发现,因此该序列被称为 SD 序列。SD 序列可以与小亚基 16S rRNA3′-末端的序列互补,使 mRNA 与小亚基结合。

三、核糖体

作为蛋白质合成装配机(蛋白质合成工厂)的核糖体,是一个巨大的核糖核蛋白体,在细胞内数量相当多,如一个迅速生长的大肠杆菌细胞内约有 15 000 个核糖体。核糖体是由几十种蛋白质和几种 RNA 组成的亚细胞颗粒,其中蛋白质与 RNA 的重量之比约为 1:2,是 tRNA、mRNA 和蛋白质相互作用的场所。核糖体是一种无膜的细胞器,每个核糖体由大、小两个亚基构成。核糖体的两个亚基结合或解离与镁离子浓度有关,当镁离子浓度增加(为 10 mmol·L⁻¹)时大小两个亚基聚合,而当镁离子浓度下降(为 0.1 mmol·L⁻¹)时趋向于解聚。

在原核细胞中,核糖体可以游离形式存在,也可以与 mRNA 结合成串状的多核糖体,平均每个细胞约有 2 000 个核糖体。真核细胞中的核糖体既可以游离存在,也可以与细胞内质网结合形成粗糙内质网。每个细胞所含有的核糖体数目要多得多,为 $10^6 \sim 10^7$ 个。线粒体、叶绿体以及细胞核有着自己的核糖体。核糖体结构组成见表 8-11。

表 8-11 核糖体结构组成

核糖体种类	亚基	rRNA(相对分子量)	蛋白质分子数目
原核细胞核糖体 (大肠杆菌)	70S { 30S 50S	16S(5.5×10^5) { 5S(0.4×10^5) 23S(110×10^5)	21 34
真核细胞核糖体	80S { 40S 60S	18S($\sim 70 \times 10^5$) { 5S(0.4×10^5) 28~29S($140 \sim 180 \times 10^5$)	~30 ~50

到目前为止,对于大肠杆菌核糖体的研究比较深入。在大肠杆菌内小亚基称 30S 亚基,大亚基称 50S 亚基,二者结合后为一完整核糖体,其大小为 70S,贯穿于大、小亚基接触面上的 mRNA 和合成的新生多肽链通过外出孔进入膜腔。核糖体上有两个 tRNA 结合位点,肽酰结合位点(P 位点)大部分位于小亚基,其余小部分位于大亚基,而氨酰-tRNA 结合位点(A 位点)主要分布在大亚基上。如图 8-48。

在 A 位处 5S rRNA 有一序列能与氨酰-

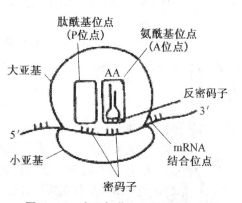

图 8-48 大肠杆菌 70S 核糖体图解

tRNA 的 TψC 环的保守序列互补,有利于延长肽链用的氨酰- tRNA 进入 A 位。由于起始用的 tRNA 无此互补序列,进入核糖体时,只能进入到 P 位。核糖体的 30S 亚基与 50S 亚基结合成 70S 起始复合物时,两亚基的结合面上留有相当大的空隙,空隙内有一个 mRNA 结合位点。在 50S 亚基上还有一个 GTP 水解位点,为氨酰- tRNA 移位过程提供能量。蛋白质生物合成可能在两亚基结合面上的空隙内进行。

核糖体具有① 识别 mRNA 上的起始位点并开始翻译、② 密码子与 tRNA 上的反密码子正确配对和③ 合成肽键几个基本功能。

四、蛋白质合成过程

蛋白质合成是最复杂的生物化学过程之一,包括了上百种不同蛋白质以及 30 多种 RNA 分子的参与。这一过程开始于氨基酸接在特异的 tRNA 上,随后的步骤在核糖体上进行。氨基酸通过 tRNA 转运到核糖体上,直到氨基酸掺入到多肽链中后才离开核糖体。

现已证明,mRNA 上信息的阅读(翻译)从 mRNA 的 5′端→3′端进行。由于 mRNA 的转录作用也是由 5′→3′方向进行的,因此细胞内,在 mRNA 的转录完成之前,翻译工作就可以开始了。蛋白质多肽链的合成从 N 端向 C 端进行,肽链延长的速度极快,大肠杆菌一个核糖体每秒钟可延伸 20 个氨基酸。

蛋白质生物合成的过程相当复杂,需要大约 200 种生物大分子。目前对大肠杆菌的蛋白质合成过程研究得比较清楚,但有关研究表明这一过程在不同生物中基本相似,只是在真核生物中更为复杂。蛋白合成过程大致可分为四个阶段:即氨基酸的活化与转移;肽链合成的起始;肽链的延长;肽链合成的终止与释放。

(一) 氨基酸活化与转移

氨基酸在参加蛋白质生物合成、掺入肽链以前必须活化(activation)以获得能量。在氨酰- tRNA 合成酶(aminoacyl-RNA synthetase,简称 E)催化下,氨基酸的羧基与相应的 tRNA 的 3′端核糖上 3′-羟基之间形成酯键,生成氨酰- tRNA(AA - tRNA)。氨酰- tRNA 合成酶能够识别特定的 tRNA 和氨基酸,并能将形成的氨酰- tRNA 转运到核糖体指定位置上。

氨酰- tRNA 是蛋白质生物合成的活化中间体。反应分两步进行:

1. 氨基酸活化

这个反应是在细胞质内进行的,过程中需要消耗 ATP,ATP 水解后释放出无机焦磷酸(PPi)及活化氨基酸所需的能量。氨基酸同 ATP 作用,产生带有高能键的 AA～AMP—E 复合物。

$$AA+ATP+E \longrightarrow AA\sim AMP—E+PPi$$

形成的氨酰腺苷酸(aminoaoyladenylate)复合物中,氨基酸的—COOH 通过酸酐键与 AMP 上的 5′-磷酸基相连接,形成高能酸酐键,从而使氨基酸的羧基得到活化。氨酰- tRNA 合成酶(E)帮助氨基酸结合到特定的 tRNA 上,氨酰腺苷酸 AA～AMP 本身极不稳定,但是与氨酰- tRNA 合成酶结合成复合物后变得较为稳定。

氨酰- tRNA 合成酶对氨基酸及相应的 tRNA 专一性很强,能识别特异的氨基酸,一种特定的合成酶一般只能活化一种氨基酸,少数情况下有例外。同时该酶只作用于 L-氨基酸形成氨酰-tRNA,对 D-氨基酸不起作用。有的氨酰-tRNA 合成酶对氨基酸的专一性并不很高,但对 tRNA 仍具有极高的专一性。如 L-异亮氨酸-tRNA 合成酶也能活化缬氨酸,形成缬氨酸-AMP-酶复合物,但却不能把所带的氨基酸转移到 $tRNA^{Ile}$ 上。氨酰-tRNA 合成酶的这种极严格的专一性大大减少了多肽合成中的差错。

2. 活化氨基酸的转移

活化后的氨基酸必须转运到核糖体表面上进行蛋白质合成,其转运任务由 tRNA 完成。氨基酸活化与转移由同一种酶催化,因此,活化氨基酸的转移就是将 AA~AMP 中的氨酰基 AA 转给 tRNA 以形成氨酰-tRNA,而后再转移到核糖体上。反应中释放出的合成酶 E 可再参加氨基酸的活化与转移。

$$AA\sim AMP—E + tRNA \longrightarrow AA\text{-}tRNA + E + AMP$$

在活化氨基酸转移过程中,tRNA 主要有 3 种作用:① tRNA 能识别专一性的氨酰-tRNA 合成酶,能正确转运所需的氨基酸;② tRNA 能识别 mRNA 上的密码子,按照 mRNA 的密码顺序,将其所携带的氨基酸引入到特定部位;③ tRNA 能使肽链与参加翻译过程的核糖体结合。由于 tRNA 没有识别特定氨基酸的能力,需要专一性的氨酰-tRNA 合成酶的撮合才能与特定氨基酸接触,因此 tRNA 在转运氨基酸的过程中,首先识别特定氨基酸活化酶即氨酰-tRNA 合成酶。

通过以上两步反应,使得氨基酸活化并转移,其反应总式为:

$$AA + ATP + tRNA \xrightarrow{E} AA\text{-}tRNA + AMP + PPi$$

氨酰-tRNA 合成酶催化反应需要消耗 ATP,每合成 1 个氨酰-tRNA 即活化 1 分子氨基酸相当于消耗了两个高能磷酸键,且反应是不可逆的。其中一个高能磷酸键用于形成氨酰基与 tRNA 之间的酯键,另一个高能磷酸键用于驱使反应向前进行。反应还需二价阳离子如 Mg^{2+} 或 Mn^{2+} 的存在。

有两类氨酰-tRNA 合成酶。氨酰-tRNA 合成酶 Ⅰ 催化氨酰基连接在 tRNA3′-末端腺苷酸的 2′-OH 上,然后经转酯反应转移到 3′-OH 上;氨酰-tRNA 合成酶 Ⅱ 催化氨酰基直接连接在 tRNA3′-末端腺苷酸的 3′-OH 上。两种酶的存在视各种生物而不同,但此活化的氨基酸能在 2′羟基和 3′羟基之间迅速转移。该酶分子量从 $2.27\times10^4 \sim 2.7\times10^5$ 不等,有的由单链组成,有的由几个亚基组成,随生物不同而异。

(二)肽链合成的起始

多肽合成在核糖体表面进行,从氨基端(N 端)开始,按照 mRNA 的密码顺序,向羧基端(C 端)逐个氨基酸延伸。

原核细胞(如细菌)蛋白质合成的起始阶段,在起始因子(IF_1,IF_2 及 IF_3)参加下,30S 亚基、50S 亚基、mRNA、甲酰甲硫氨酰-tRNA($fMet$-$tRNA_f$)和 GTP 结合成 70S 起始复合物(如图 8-49)。其形成过程有 3 个步骤。第一步形成 30S-mRNA-IF_3 复合物,各组分比例为 1:1:1;第二步形成 30S-mRMA-$fMet$-$tRNA_f$-GTP-IF_1-IF_2 起始复合物,释放出 IF_3。IF_3 是合成 30S-mRNA 复合物的必需因子,而 IF_2 则是 30S-mRNA 与 $fMet$-$tRNA_f$ 和 GTP 结合所必需的;第三步加入 50S 及 GTP 水解,形成 70SmRMA－fMet－tRNA_f 起始复合物，释放出 IF₁ 和 IF₂，fMet－tRNA_f 位于 70S 核糖体的 P 位点上。

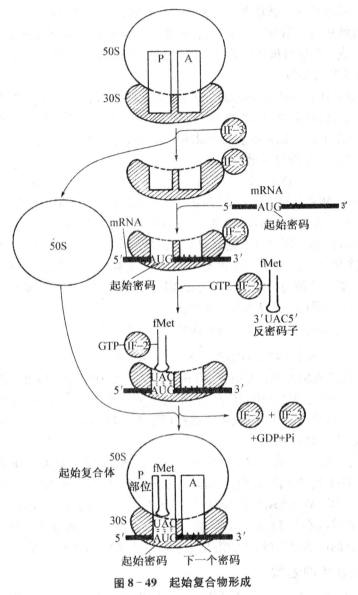

图 8－49 起始复合物形成

首个氨酰－tRNA 是 fMet 与其专一性 tRNA(tRNA_f)结合成的 fMet－tRNA_f，"f"表示甲酰化。甲硫氨酰 tRNA(Met－tRNA)的甲酰化是原核细胞肽链合成所必需的，同时也可以保护氨基，保证第 2 个氨基酸定向地连接在其羧基上。细胞内甲酰甲硫氨酰－tRNA 的形成由甲酰化酶催化，该反应需要四氢叶酸参与。

(三) 肽链的延长

当 fMet－tRNA_f 与 mRNA 结合时，fMet 进入核糖体上的 P 位点。在延长因子 EFTu、EFTs(简称 Tu、Ts)和 GTP 作用下，新来的 AA－tRNA 识别相应的密码子，结合于空着的 A 位点上,fMet 脱离 tRNA,在转肽酶的作用下其羧基和新来的 AA‐tRNA 的氨基形成肽键。随后,携带着肽基的 tRNA 从 A 位点移动到 P 位点,这一移位过程由移位酶催化,且必须有供能的 GTP 和延长因子参与,此时 P 位点上原有的 tRNA 释放出来,核糖体也沿着 mRNA 从 5′→3′移动,下一个密码子进入 A 位点,等待着新的 AA‐tRNA 进入。以后肽链上每增加一个氨基酸残基,就按照① 进位(新的 AA‐tRNA 进入 A 位点)、② 转肽(形成新的肽键)、③ 脱落(转肽后,P 位点上的 tRNA 脱落)、④ 移位(核糖体移动的同时,原处于 A 位点带有肽链的 tRNA 随即转到 P 位点)这 4 个步骤重复进行,直至肽链增长到必需长度。见图 8‐50。

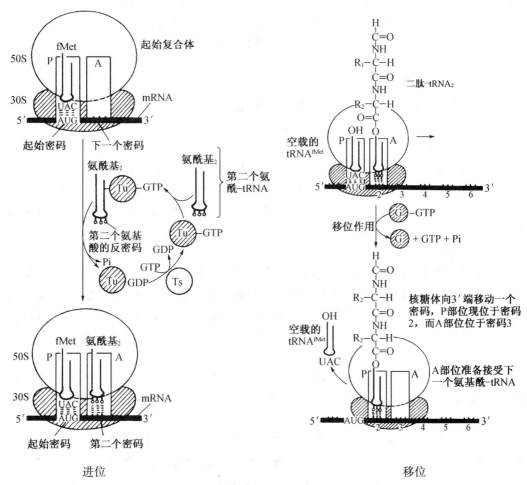

图 8‐50　肽链合成延长过程中的进位和移位

(四) 肽链合成的终止与释放

　　终止反应包括在 mRNA 上识别终止密码子、水解所合成肽链与 tRNA 间的酯键释放出新生的蛋白质。终止反应需要辅助因子 R_1、R_2 及 R_3,终止密码子 UAA 和 UAG 的识别需要 R_1,而终止密码子 UGA 和 UAA 的识别需要 R_2,R_3 则影响多肽链的释放速度。rRNA 残基从 P 位点脱落需要另一因子 RR 参加。一旦 tRNA 脱落,则 70S 核糖体也从

mRNA 上脱落,解离为 30S 及 50S 亚基,并立即投入下一轮核糖体循环,以合成另一新的蛋白质分子。

实际上,蛋白质在生物体内的合成常常是以多个核糖体串联在一起形成多(聚)核糖体的形式进行,即多个核糖体在同一时间与同一 mRNA 相连,每一个核糖体按照上述步骤依次在 mRNA 模板的指导下,各自合成一条肽链。由于细胞内 mRNA 的含量一般只占 RNA 总量的 20% 左右,因此以多核糖体的方式合成蛋白质可以使合成效率大大提高。家兔网织细胞中的多核糖体由 5~6 个核糖体组成,细菌内则由 4~20 个核糖体组成。血红蛋白多肽链的 mRNA 较小,只能附着 5~6 个核糖体,而肌球蛋白多肽链的 mRNA 较大,可以附着 50~60 个核糖体。少数多核糖体可由 100 个核糖体组成。

生物体内都是通过翻译而合成蛋白质的,但有些小肽的合成却无需核糖体、mRNA 和 tRNA 等参与,研究的比较深入的是短杆菌肽和短杆菌酪肽的生物合成。

五、肽链合成后加工

刚合成出来的多肽链,多数是没有功能的蛋白质,需要经过各种方式的加工处理(processing)才能成为具有一定生物学功能的蛋白质。

1. 除去 N 端甲酰基或 N 端氨基酸

原核细胞蛋白质合成的起始氨基酸是甲酰甲硫氨酸,在去甲酰基酶催化下,水解除去 N 端的甲酰基,然后在氨肽酶作用下再切去 1 个或多个 N 端氨基酸。真核细胞中 N 端甲硫氨酸常常在肽链的其他部分尚未完全合成时就已经被水解,而原核细胞中这种加工是发生在肽链合成过程中还是在合成后,尚不完全清楚。

2. 切除信号肽

某些蛋白质在合成过程中,新生肽链的 N 端有一段 15~30 个氨基酸组成的信号序列,称为信号肽。该序列用于引导蛋白质前往细胞的固定部位,它由高度疏水性的氨基酸组成,这种强疏水性有利于多肽穿过内质网膜,当多肽链穿过内质网膜进入内质网腔后,这一信号序列将在特异性的信号肽酶作用下除去。

3. 形成二硫键

mRNA 中没有胱氨酸的密码子,胱氨酸中的二硫键是通过 2 个半胱氨酸的—SH 氧化形成的,肽链内或肽链间所形成的二硫键,在维持蛋白质空间构象中起着很重要的作用。

4. 氨基酸修饰

由于没有对应的密码子,一些蛋白中的氨基酸如胶原蛋白中的羟脯氨酸、羟赖氨酸是在肽链合成之后由羟化酶催化形成的,脯氨酸羟化形成羟脯氨酸,赖氨酸羟化形成羟赖氨酸。

一些丝氨酸、苏氨酸及酪氨酸中的羟基通过酶促磷酸化作用,生成磷酸丝氨酸、磷酸苏氨酸以及磷酸酪氨酸等,某些蛋白质中特异的酪氨酸磷酸化,可能是正常细胞转化为癌细胞的重要步骤。

5. 切除部分肽段

有些新生多肽链在专一性蛋白酶作用下,水解切除一段肽段后才能显示出生物活性。如前胰岛素转变为胰岛素、前胶原转变为胶原、蛋白酶原转变为蛋白酶等。有些动物病毒的 mRNA,先翻译产生很长的多肽链,然后再水解成许多个有功能的蛋白质分子。

6. 酶原激活

在细胞组织中,某些酶以酶原的形式存在,特别是动物消化道水解酶,具有重要的生物学意义,可以保护组织细胞不被水解破坏。

7. 多肽链折叠

蛋白质的一级结构决定其高级结构,多肽链氨基酸序列包含着高级结构的全部信息,合成后的多肽链能自动折叠。许多蛋白质多肽链在合成过程中可能已经开始折叠,不一定要等到从核糖体上脱离后才能折叠成特定的构象。有些蛋白质的准确折叠和组装过程需要辅助蛋白质参与,这些辅助蛋白称为分子伴侣(molecular chaperones)或监护蛋白,其功能是与新生多肽链或部分折叠的蛋白质结合,加速折叠组装成天然构象的进程。分子伴侣一般与没有折叠或部分折叠的多肽链疏水表面结合,诱发多肽链折叠成正确构象,防止多肽链间相互聚合或发生错误折叠。分子伴侣分布在细胞膜、线粒体膜和内质网膜的内外空间,一旦与新生肽结合,就可以通过设置的障碍阻止错误装配或通过降低正确装配所需的活化能,促进多肽链的折叠。

8. 添加糖基

多肽链合成中或合成后,通过共价键连接糖基(链)与多肽链,形成糖蛋白。糖链的糖基通过 N—糖苷键连于天冬酰胺或谷氨酰胺基的 N 原子上,或通过 O—糖苷键连于丝氨酸或苏氨酸羟基的 O 原子上。

六、蛋白质生物合成抑制剂

抗生素对蛋白质生物合成有抑制作用,不同的抗生素作用机制不同。青霉素抑制细菌细胞壁物质的合成,由于高等动物没有细胞壁,所以青霉素可以选择性的杀死细菌。多黏菌素、短杆菌素 S 具有损害细胞膜的作用,这类抗生素的选择性不强,很少治疗价值。氯霉素是广谱抗生素,对革兰氏阳性或阴性菌都有效,能与原核细胞 70S 核糖体结合,抑制肽基转移酶所催化的反应。氯霉素对真核细胞 80S 核糖体没有作用,但能抑制线粒体内核糖体上的蛋白质合成。四环素类(包括四环素、金霉素、土霉素等)能与原核细胞核糖体 30S 亚基结合,阻断 AA - tRNA 结合到 A 位。真核生物的核糖体虽然对四环素敏感,但四环素无法透过真核生物膜,因此不能抑制真核生物体内的蛋白质合成。链霉素属于氨基糖类化合物,能与原核细胞核糖体的 30S 亚基结合,抑制蛋白质合成的起始,并导致 tRNA 的反密码子误读 mRNA 上的密码子,如多聚尿苷酸(polyU)本来为苯丙氨酸编码,在链霉素存在下不但编码苯丙氨酸,而且编码丝氨酸、亮氨酸和异亮氨酸。

亚胺环己酮只作用于 80S 核糖体,抑制真核细胞的翻译。

白喉毒素(diphtheria toxin)是白喉棒状杆菌产生的一种蛋白质,由寄生于某些白喉杆状菌内的溶原性噬菌体基因组所编码。该毒素抑制肽链的移位作用,从而抑制蛋白质合成,几微克量足以致人死地。

七、真核细胞与原核细胞在蛋白质合成上的区别

尽管真核细胞蛋白质合成机制与原核细胞非常相似,但也有不同之处。

1. 原核细胞合成蛋白质的起始物为 fMet - tRNA$_f$，而真核细胞合成蛋白质的起始物为 Met - tRNA。

2. 原核细胞 70S 起始复合物由 30S 和 50S 两亚基组成，真核细胞则由 40S 和 60S 亚基组成 80S 核糖体。两种细胞的起始因子、起始复合物形成过程以及延长因子不同。

3. 原核细胞起始密码子是 AUG，少数是 GUG，真核细胞起始密码子总是 AUG。

4. 两种细胞内蛋白质生物合成时辨认起始密码子的方式不同。原核细胞可利用 AUG5′侧的富含嘌呤的序列（SD 序列）来区分 AUG 密码子是否属于起始密码子还是链内密码子。真核细胞通常将 mRNA 上最靠近 5′端的 AUG 作为蛋白质合成的起始点，核糖体 40S 亚基与 mRNA5′端的帽子相结合，逐渐向 3′端移动，以便寻找起始密码子 AUG，此过程需要消耗 ATP。

5. 原核细胞蛋白质合成在核糖体上进行，真核细胞蛋白质合成大部分在核糖体上进行，小部分细胞色素 b 和 c 复合物组分的多肽在线粒体中进行。

第五节　基因表达的调控

基因表达是指遗传信息的转录和翻译过程。生物在生长发育过程中，遗传信息的展现可按一定时间程序改变，而且随着内外环境条件的变化而加以调整，即时序调节（temporal regulation）和适应调节（adaptive regulation）。由此，基因可分为看家基因（housekeeping genes）和可调基因（regulated genes）两类，前者的表达产物大致以恒定水平始终存在于细胞内，为组成型表达（constitutive expression），后者的产物只有在细胞需要时才表达，为可调型表达（regulated expression）。

基因表达的调节可以在转录前、转录后或翻译前、翻译后等不同水平上进行。原核细胞的基因组和染色体结构都比真核细胞简单，转录和翻译可在同一时间和位置上发生，基因调节主要在转录水平上进行。真核细胞由于存在细胞核结构的分化，转录和翻译过程在时间和空间上都被分隔开，且在转录和翻译后都有复杂的信息加工过程，基因表达在不同的水平上都需要调节。

一、原核基因表达的调控

原核细胞基因表达调控以乳糖操纵子模型为代表。原核基因组成操纵子作为表达的协同单位，一个操纵子包含全部相关的启动基因、操纵基因、结构基因以及调节基因，形成一个基因表达的调控单位，协同控制酶蛋白的合成（详见第九章）。

除了乳糖操纵子之外，还有色氨酸操纵子、半乳糖操纵子、阿拉伯糖操纵子、组氨酸操纵子以及 rRNA 操纵子等，同时还发现了衰减子、多启动子等新的调节转录的基因。现在乳糖操纵子模型已经用于基因工程。

原核基因表达还具有另一种调控方式，随着不同的生活时期、生活习性，成套基因有顺序的表达，实现时序调控。时序调控是一种适应调控，对 λ 噬菌体形成过程的时序控制研究较为明确。噬菌体的发育阶段由几个调节蛋白分别作用于不同启动子和终止子而调节控制,早期的基因表达可以打开后期基因,在后期又可关闭早期基因,使噬菌体遗传信息按一定时序展现。原核基因时序调控有三种途径:① 用新的蛋白质因子代替 RNA 聚合酶原有的蛋白质因子,使 RNA 聚合酶在自身不变的情况下识别新的启动子;② 合成新的 RNA 聚合酶,启用新的启动子;③ 合成新的调控因子,改变 RNA 聚合酶转录终止子的终止位点。

原核基因表达调控以转录水平为主,但仍有以下几种转录后调控方式:① 稀有密码子对翻译的调控。原核生物利用稀有密码子编码需要量较少的表达产物,这些表达产物与需要量较多的表达产物同处于一个密码子,但由于细胞内对应于稀有密码子的 tRNA 较少,从而限制了这些蛋白质的合成。大肠杆菌编码 RNA 引物酶的 DnaG 基因序列含有较多的稀有密码子。② 反义 RNA 的调控作用。反义 RNA 就是与靶 RNA 有互补序列的调控 RNA,通常和 rRNA 的 SD 序列、起始密码子 AUG 和 N 端的部分密码子结合,从而抑制了 mRNA 的翻译。反义密码子也可使转录提前终止。大肠杆菌中与渗透性有关的外膜孔蛋白质合成调节,就是一例。③ 魔点核苷酸水平的调节作用。任何一种氨基酸的缺乏或突变导致任何一种氨酰- tRNA 合成酶失活,都将引起严紧控制生长代谢的反应,细胞内出现两种不寻常的核苷酸即鸟苷四磷酸(ppGpp)和鸟苷五磷酸(pppGpp),电泳呈现两个特殊斑点,称为魔点(magio spots)Ⅰ 和 Ⅱ,存在于在大肠杆菌营养缺陷型。由于空载的 tRNA 和核糖体无效结合,致使肽链延伸所需的 GTP 被转变为这两种物质。ppGpp 是控制多种反应的效应分子,最显著的作用是与 RNA 聚合酶结合,降低 rRNA 的合成,抑制 rRNA 操纵子、启动子的转录起始,增加 RNA 聚合酶在转录过程中的暂停,从而放慢延长,但 ppGpp 的效应随操纵子不同而不同。

二、真核基因表达的调控

真核细胞基因表达随着细胞内外环境条件的改变和时间程序在不同表达水平上加以精确调解,细胞的信息传递对调节起着重要作用,形成多极调节系统(multistage regulation system)机制,如图 8-51 所示。真核细胞基因表达具有短期调控和长期调控两类调控机制,前者主要指细胞对环境变动特别是代谢作用物或激素水平升降做出反应,表现出细胞内酶或某些特殊蛋白质合成的变化,为可逆调控。后者涉及发育过程中细胞的决定(determination)和分化(differentiation),一般为不可逆调控,仅发生于真核细胞。细菌基因调控属于短期调控。

1. 转录前调节

转录前调节包括染色体丢失、基因扩增、基因重排、染色体 DNA 修饰和异染色质化等。当基因组发生重排时,可能引起严重的缺陷和失调,如细

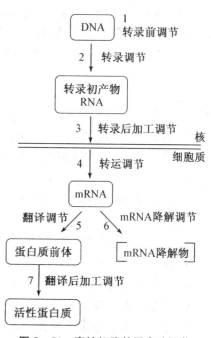

图 8-51 真核细胞基因表达调节

胞癌变与原癌基因的突变和异常表达有关。因此转录前水平调控,特别是基因重排,引起了人们极大的关注。

2. 转录活性调节

真核细胞基因调节主要表现在对基因转录活性的控制。基因转录活性与基因组DNA 和染色质的空间结构状态有关。DNA 与染色质蛋白质和少量 RNA 结合,产生超螺旋化和折叠,并被高度凝缩。在比较疏松的区域也就是常染色质中,能活跃转录,而高度凝缩的异染色质上则很少出现 RNA 合成。真核细胞活化首先由某些调节分子识别基因的特异部位并改变染色质结构使其疏松化,然后,与原核细胞类似,由激活蛋白和阻遏蛋白或其他调节物进一步影响基因活性。转录活性调节包括染色质活化、基因活化、上游控制元件、应答元件、反式作用因子等内容。

3. 转录后水平调节

真核细胞 mRNA 前体加工过程主要包括:① 通常在转录完成之前,在新生 mRNA前体 5′-端加上甲基化鸟嘌呤核苷酸帽子结构 m⁷GpppN;② 由特异核酸内切酶切开新生RNA 链,在 3′-端加上多聚腺苷酸 polyA 尾巴;③ mRNA 前体通过不同的拼接方式产生不同的 mRNA。越是高等的真核生物,其基因表达调控机制越复杂,每个基因能产生更多的蛋白质。

4. 翻译水平调节

真核细胞主要通过控制 mRNA 稳定性和有选择性地进行翻译,实现对基因表达的调节。5′-端加帽作用和 3′-端加尾作用,都有利于 mRNA 分子的稳定。翻译水平存在多种调节机制,其诱导阻遏作用与原核细胞类似。

5. 翻译后水平调节

新生多肽链需经过后加工才能成为有活性的蛋白质。翻译后水平的调节主要是控制多肽链的加工折叠,蛋白质在加工修饰过程中形成具有生物活性的构象,其构象折叠主要由其氨基酸序列决定。某些翻译产物经不同的加工过程可以形成不同活性的多肽产物。

复习思考题

1. 简述大肠杆菌 DNA 的复制过程,参与的酶和蛋白质因子以及它们在复制中的作用。

2. 引起 DNA 损伤的因素有哪些? 如何进行修复?

3. σ 因子和 ρ 因子在转录过程中有何作用?

4. 试说明 DNA 聚合酶、RNA 聚合酶、逆转录酶及 RNA 复制酶催化不同的核酸生物合成作用有哪些共性。

5. 何谓转录后加工? 比较原核生物和真核生物的转录后加工过程。

6. 何谓密码的简并行? 有何生物学意义?

7. 原核细胞与真核细胞蛋白质生物合成的主要区别是什么?

8. 简述各类核酸在蛋白质合成中的作用。

9. 原核细胞蛋白质的生物合成,能被嘌呤霉素和红霉素抑制,但嘌呤霉素的抑菌效果明显低于同剂量的红霉素,请说明原因。

第九章

生物信息传递及代谢调节控制

学习要点：生物信息分子是指调节生物体内生命活动的特殊化学物质，主要分为三大类：激素、神经递质和局部介质。动植物各有不同的生物信息分子，其中神经递质主要存在于人体和高等动物体内。人体和动物体内的常见激素有下丘脑激素、垂体激素、甲状腺激素、胰腺激素、肾上腺皮质激素和肾上腺髓质激素、性激素和前列腺素等；常见神经递质有乙酰胆碱、多巴胺、去甲肾上腺素、5-羟色胺、谷氨酸、甘氨酸、γ-氨基丁酸、脑啡肽、内啡肽、神经肽Y、生长抑素、P物质和胆囊收缩素等。各种神经递质功能各异，但作用机制有相似性；各种激素功能各异，作用机制也有相似性；激素和神经递质主要是通过与膜受体或胞内受体结合发挥作用，继而产生相应的生理效应。

机体不但进行多种信息精确传递，而且精细调控各种物质代谢，以完成各种生命活动。对物质代谢的调节有三个层次：细胞水平调节（酶的调节）；激素水平调节；整体水平调节（神经-激素调节）。以细胞水平的代谢调节最重要，主要是通过对细胞内酶活性、酶的含量和酶的定位（酶的区域化分布）调节实现对物质代谢调节，其中，控制酶的生物合成和活性是机体调节代谢的重要措施。神经调节的一般特点是比较迅速而精确，激素调节的一般特点是比较缓慢、持久而弥散，两者相互配合使生理功能调节更趋于完善。免疫系统则是体内第三大感受和调节系统，协同神经调节和激素调节，共同保障物质代谢。正常机体的代谢反应是在共济与协调方式下十分规律地进行的。激素与酶直接或间接参加这些反应。但整个活体内的代谢反应则由中枢神经系统所控制。

生命是靠代谢的正常运转和信息的准确传递维持的。生命有限的空间内同时有许多复杂的代谢途径和信息传递通路在运转，必须有灵巧而严密的调节机制，才能使代谢和信息传递适应外界环境的变化与生物自身生长发育的需要。代谢调节和信息传递失灵便会导致代谢和信息传递障碍，出现病态甚至危及生命。在漫长的生物进化历程中，机体的结构、代谢和信息传递及生理功能越来越复杂，代谢调节和信息传递也随之更为复杂。机体不但进行多种信息精确传递，而且精细调控各种物质代谢，以完成各种生命活动。

以下内容将以电子版形式介绍，快扫二维码学习体验吧！

第一节　生物信息分子及其信息传导方式

第二节　生物信息分子的作用机制

第三节　常见生物信息分子的结构和功能

第四节　代谢相互联系

　　物质代谢是生物体的基本特征之一。生物体内的代谢途径多种多样,十分复杂。但不同的代谢途径可通过交叉点上关键的中间代谢物而相互作用和相互转化。这些共同的中间代谢物使各代谢途径得以沟通,形成经济有效、运转良好的代谢网络通路。位于主要代谢途径交叉处的三个化合物是:乙酰-CoA(acetyl-CoA)、丙酮酸(pyruvic acid)和葡萄糖-6-磷酸,这是三个最关键的中间代谢物(图 9-21)。其中,乙酰-CoA 是葡萄糖、脂肪酸和生酮氨基酸降解的共同产物。它的乙酰基可经柠檬酸循环和氧化磷酸化过程被氧化成 CO_2 和 H_2O,同时也可以用来合成酮体或脂肪酸。丙酮酸是糖酵解和生糖氨基酸降解的产物;一方面,它可经氧化脱羧过程生成乙酰-CoA,由此或者继续氧化,或者参与脂肪酸的生物合成。另一方面,丙酮酸也可以通过丙酮酸羧化酶羧化生成草酰乙酸,它既可以补充三羧酸循环中间产物,也可以用于合成葡萄糖或特定的氨基酸。

　　细胞组成的主要成分糖、脂类、蛋白质和核酸等物质在代谢过程中都是彼此影响、相互转化和密切相关的。糖、脂类和蛋白质之间可以互相转化,当糖代谢失调时会立即影响到蛋白质代谢和脂类代谢。其中,三羧酸循环不但是各类物质共同的代谢途径,而且也是它们之间相互联系的渠道。例如,三羧酸循环是糖、脂类、蛋白质和核酸分解代谢的最终通路,它还参与糖异生、转氨基作用、脱氨基作用和脂肪酸合成等反应。现将四类物质的主要代谢关系总结如图 9-21 所示。

　　体内各种物质的代谢不是彼此孤立、各自为政,而是同时进行、彼此互相联系、互相转变、互相依存,构成统一的整体。但不同代谢途径之间虽然相互沟通,它们却各自存在控制与调节,互不干扰,转化是有节制的。

　　体内各种物质的代谢能够有条不紊地进行,是在机体内多层次的调节机制作用下,不断调节各种物质代谢的强度、方向和速率以适应内外环境的变化。ATP 则是机体能量利用的共同形式,而机体内主要通过三条途径获得能量:① 氧化磷酸化;② 糖酵解;③ 三羧酸循环。经这些途径氧化分解释放出的能量,均储存在 ATP 的高能磷酸键中。在生命活动中所需的能量几乎直接利用 ATP。而体内生物合成多种化合物,所需的还原当量多

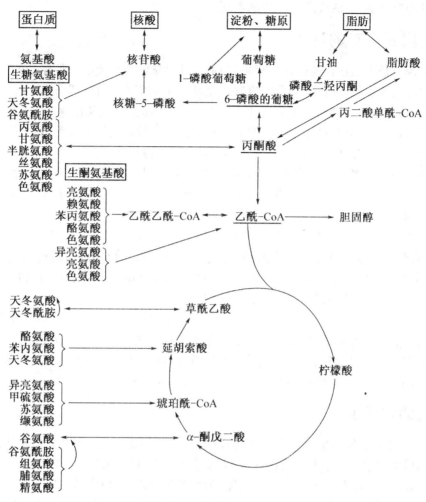

图 9 - 21　糖、脂类、蛋白质和核酸代谢的相互关系示意图

以 NADPH 提供。

　　体内的各个代谢过程在相互作用、相互联系和相互制约下进行,这错综复杂的代谢过程又是相互协调的,使这些错综复杂的代谢过程均能按其生长发育及适应外界环境的需要而有条不紊相互协调地进行,生成的产物既足以满足生物的需要,又不会过多而造成浪费,表现出生物机体对其代谢具有调节控制的机能,这说明生物在其进化过程中逐渐形成了一整套高效、灵敏、经济、合理的调控系统。

第五节　物质代谢调节控制

　　机体需要不断对生命活动各过程进行精密的调节,通过调节作用使细胞内的各种物质及能量代谢得到协调和统一,以保证各种物质代谢途径、各种组织、器官形成统一的整体完成各种生命活动,适应内外环境的不断变化。

一、代谢调节的种类

代谢调节是生物在长期进化过程中,为适应外界条件而形成的一种复杂的生理机能,进化程度越高的生物,其代谢调节的机制越复杂。单细胞生物主要受细胞内代谢物浓度变化的影响,改变其各种相关酶的活性和酶的含量,从而调节代谢的速度,这是细胞水平的代谢调节,是生物体在进化上较为原始的调节方式。较复杂的多细胞生物,出现了内分泌细胞,发展了细胞之间进行信息传递的机制。高等动物则出现了专门的内分泌器官,这些器官所分泌的激素可以对其他细胞发挥代谢调节作用。激素可以改变某些酶的催化活性或含量,也可以改变细胞内代谢物的浓度,从而影响代谢反应的速度,这种调节称为激素水平的调节。人和高等动物不但有完整的内分泌系统,而且还有功能复杂的神经系统。在中枢神经的控制下,或者通过神经递质对效应器直接发生影响,或者通过改变某些激素的分泌,来调节某些细胞的功能状态,并通过各种激素的互相协调而对机体进行综合调节,这种调节称为整体水平的调节。所以比神经调节原始的代谢调节是激素的调节,而最原始也是最基础的代谢调节则是细胞内酶的调节。

在这三个层次调节中,以细胞水平的代谢调节最重要。细胞水平的代谢调节是一切生物都具有的调节方式,在高等生物中是其他水平调节的基础。这一调节主要是通过对细胞内酶的含量、酶的活性和酶的定位(即区域化)的调节实现对物质代谢调节的目的。一般而言,酶活性调节是快速调节,一般在数秒或数分钟内即可发生。

二、酶水平调节

一切代谢反应都有酶参加,酶在代谢反应中所起作用的大小,与其含量和活性密切相关。细胞的酶含量取决于酶的合成速度,其中主要是对基因表达的调节,活化基因则合成相应的酶,酶量增加;钝化基因则基因关闭,停止酶的合成,酶量降低。这种调节方式为迟缓调节,所需时间较长,但作用时间持久。因此,控制酶的生物合成和活性是机体调节自身代谢的重要措施。酶调节在体内的代谢平衡中起关键作用。酶调节的失衡,将导致代谢紊乱,引发各种疾病。对酶调节的研究给治疗和药物设计提供了合理的方法,如许多药物通过抑制酶活性而发挥作用;酶含量调节是迟缓调节,一般经数小时后才能实现。

(一) 酶含量的调节

酶是生物反应的催化剂,酶的相对数量决定代谢反应的进程和方向。通过酶的合成和降解,细胞内的酶含量和组分便发生变化,因而对代谢过程起调节作用。生物细胞的这种通过改变酶的合成和降解而调节酶的数量,被称为"粗调"。通过粗调,细胞可以开动或完全关闭某种酶的合成,或适当调整某种酶的合成和降解速度,以适应对这种酶的需要。这就是酶合成的诱导(induction)与阻遏作用(repression)。

1961 年,F. Jacob 和 J. Monod 根据酶合成的诱导和阻遏现象,提出了操纵子学说,用来说明酶合成调节。所谓操纵子(operon)是指染色体上控制蛋白质(酶)合成的功能单位,它是由一个或多个功能相关的结构基因和控制基因组成的。这些基因串联排列在染色体上参与转录过程。通常采用诱导物(inducer)以促进酶的合成,采用阻遏物

(repressor)以降低酶的合成。酶合成的诱导物通常是酶作用的底物,而阻遏酶生成的辅阻遏物(corepressor)是酶作用的最终产物。这些小分子物质能以某种方式与阻遏蛋白分子结合,使阻遏蛋白产生构象变化,从而决定其活性状态。

1. 酶合成的诱导作用

酶合成的诱导作用是指用诱导物来促进酶的合成作用。这在细菌中普遍存在。如大肠杆菌可利用多种糖作为碳源,当用乳糖作为唯一碳源时,开始不能利用乳糖,但 2~3 min 后就合成了与乳糖代谢有关的 3 种酶:① β-半乳糖苷透性酶(β-galactoside permease),促使乳糖通过细胞膜进入细胞;② β-半乳糖苷酶(β-galactosidase),催化乳糖水解成半乳糖和葡萄糖;③ β-半乳糖苷转乙酰基酶(β-thiogalactoside transacetylase),也称硫代半乳糖苷转乙酰基酶,是伴随着其他两种酶同时合成的,功用不明。这里乳糖是诱导物,它诱导了这 3 种酶的合成,这 3 种酶就是诱导酶。乳糖操纵子模型(lactose operon model, lac)解释了这 3 种酶的合成机制。该模型所示的操纵子(operon)是由一群功能相关的结构基因(structural gene)、操纵基因(operator gene,O)和启动子(promoter,P)组成的。其中 Z、Y 和 A 是 3 个结构基因,它们分别转录、翻译成 β-半乳糖苷酶、β-半乳糖苷透性酶和 β-半乳糖苷转乙酰基酶。O 是操纵基因,是基因合成的开关,由三个可以紧密结合 lac 阻遏物的操纵序列组成。P 是启动子,专管转录起始,其结构上有 RNA 聚合酶的结合位点。调节基因 I 是编码阻遏蛋白(repressor protein)的基因(图 9-22)。启动子和操纵基因合称控制位点。-P-O-Z-Y-A 组成乳糖操纵子,共同受 I 基因的调节。

当无诱导物存在时,由调节基因转录产生阻遏蛋白的 mRNA,随后翻译成阻遏蛋白。该阻遏蛋白由 4 个亚基构成,亚基与操纵基因结合的结构域含有螺旋-转角-螺旋基序(motif)。而操纵基因具有 28 bp 旋转对称的回文结构(palidrome),在操纵基因的上游和下游也各有一个相似的回文结构。阻遏蛋白 4 个亚基就和操纵基因结合,并与上游或下游回文结构结合,阻碍 RNA 聚合酶与启动子的结合,从而阻止这 3 个结构基因的转录,因此不能合成这 3 种相应的诱导酶,这 3 种诱导酶的合成处于被阻遏的状态。也就是说大肠杆菌的生长环境中没有乳糖时,就没有必要合成与乳糖代谢有关的酶,其实质是乳糖降解酶基因不表达。但目前已发现,阻遏也不是绝对的。乳糖阻遏子的结合,造成转录起始频率降低至 1/1 000。每个细胞仍合成出几个 β-半乳糖苷酶等有关酶,这种基线水平的表达对操纵子调节是必需的。

当向细胞提供乳糖时,进入细胞内的乳糖在那仅有几个拷贝的 β-半乳糖苷酶催化下转化为 1,6-异构乳糖(1,6-allolactose),1,6-异构乳糖结合于阻遏蛋白的特异位点引起阻遏蛋白的构象改变,使阻遏蛋白失活,失活的阻遏蛋白从操纵基因上解离,此时操纵基因发生作用使结构基因转录,合成有关的 mRNA,并翻译成乳糖代谢所需的 3 种诱导酶,其中,细胞内的 β-半乳糖苷酶浓度增加 1 000 倍。

上述酶的合成诱导是生物界普遍存在的酶的底物诱导酶合成的现象。人和高等动物体内因存在激素的调节作用,底物诱导作用不如微生物体内重要。在人体内,激素也可诱导酶的合成。如胰岛素除可增强 HMG-CoA 还原酶的活性外,还可诱导 HMG-CoA 还原酶的合成而促进肝合成胆固醇。胰高血糖素和糖皮质激素降低 HMG-CoA 还原酶活性以减少胆固醇合成。这表明激素是人和高等动物体内影响酶合成的最重要的调节因素。

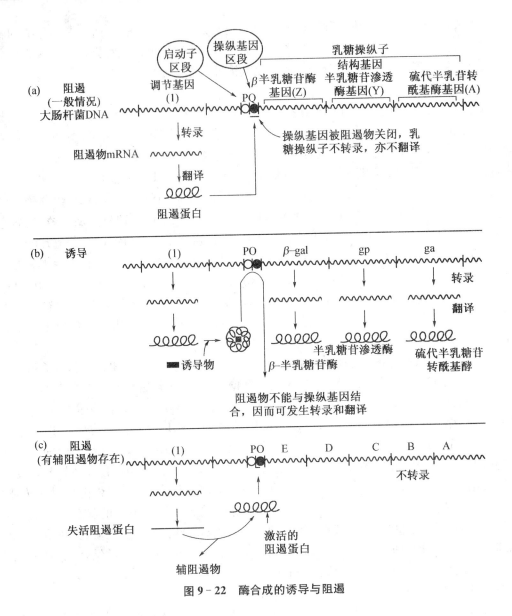

图 9-22　酶合成的诱导与阻遏

2. 酶合成的阻遏作用

生物合成途径的操纵子通常借助阻遏作用来调节有关酶的合成。当细胞需要这些酶,也就是某些氨基酸的供应不足时,相应于这种氨基酸的操纵子被表达。当氨基酸满足供应时,操纵子即被抑制。所以,这类合成酶的操纵子是一类可阻遏的调控系统。

一个研究得很清楚的例子是大肠杆菌的色氨酸操纵子(tryptophan operon)。该色氨酸操纵子由调节基因、启动子、操纵序列、前导序列和 5 个结构基因 A、B、C、D、E 构成,由这 5 个结构基因所编码的 5 条多肽链共同构成 3 种酶来催化分支酸转变成色氨酸,即催化色氨酸的合成。E 基因前面有一前导序列(leading sequence,L):序列 1、2、3、4 四个区段,序列 2、3 或序列 3、4 可形成碱基配对,序列 3 与 4 碱基配对形成转录终止结构,即衰减子(attenuator,a)。

一般情况下,色氨酸操纵子是开放的,即操纵子上的 5 个结构基因进行正常的转录和翻译。其中,调节基因转录成 mRNA,mRNA 翻译成无活性的阻遏蛋白,该阻遏蛋白是个同亚基二聚体,每个亚基含有 107 个氨基酸残基。此无活性的阻遏蛋白不能与操纵基因结合,操纵基因就发生作用使 5 个结构基因转录并翻译成有关的酶。当终产物色氨酸过量时,色氨酸作为辅阻遏物(corepressor)和阻遏蛋白结合,引起无活性的阻遏蛋白的构象改变,转变为有活性的阻遏蛋白,能和操纵基因结合,使操纵基因的顺序和启动子的顺序相重叠,阻止 RNA 聚合酶对启动子的结合,抑制 5 个结构基因的转录,因此不能合成有关的酶。

上述阻遏机制只能解释全开或全关问题,不是色氨酸操纵子的全部调节过程。这个操纵子能根据细胞内色氨酸的浓度改变生物合成色氨酸的速度,其快慢相差 700 倍。一旦阻遏被解除,转录开始。转录的速度由第二种调节系统即"转录衰减作用"(transcription attenuation)进行调节,这种调节比阻遏作用更为精细,其调节部位称为衰减子。色氨酸浓度高时,核糖体通过序列 1 封闭序列 2,使序列 3 和序列 4 配对形成衰减子,导致 RNA 聚合酶脱落,转录终止。色氨酸浓度低时,核糖体停留在色氨酸三联密码处,序列 2 和序列 3 碱基配对形成反终止结构,破坏衰减子的形成,转录得以继续。由此可知,虽然阻遏和衰减机制都是在转录水平上进行调节,但是二者的作用机制完全不同,阻遏只决定转录是否启动,衰减子则控制转录起始后是否继续,并调节转录速率,若细胞内氨基酸浓度过高可使转录中止。转录与翻译紧密偶联是衰减机制的分子基础(图 9 - 23)。

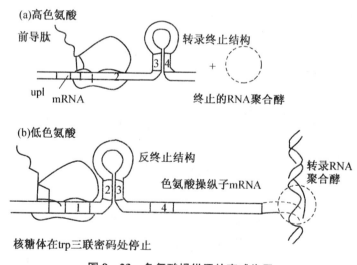

图 9 - 23　色氨酸操纵子的衰减作用

每种氨基酸合成操纵子都使用类似的衰减机制,严格调节生物合成酶的产生以适合细胞的需要。

上述细菌利用诱导、阻遏控制酶合成的机制,也可用来解释其他生物的代谢调节。在高等动物中还有一种现象,就是动物不合成它不需要的酶。为了适应环境的需要,动物机体的酶合成即会增强或减弱,甚至停止。最显著的例子是:成人和成年哺乳动物的胃液中无凝乳酶(rennin)。而婴儿和幼小哺乳类动物的胃液则含较大量的凝乳酶,这是因为婴儿及幼小哺乳动物以乳为唯一食物,需要凝乳酶先将乳蛋白凝结成絮状,以利于在肠道消化。成人和成年动物的主食不是乳,不需要凝乳酶。

   3. 分解代谢产物对酶合成的阻遏

   大肠杆菌以乳糖(lactose)为唯一碳源时,乳糖可诱导与乳糖代谢有关的3种酶的合成,但若培养基中既含葡萄糖又含乳糖时,则优先利用葡萄糖(glucose),等葡萄糖耗尽后才能利用乳糖,也就是说在大量葡萄糖存在时,乳糖操纵子中β-半乳糖苷酶等一组酶合成受阻,这种现象称为葡萄糖效应。

   葡萄糖效应是由辅激活剂cAMP和主激活剂CAP介导的。后者称为cAMP受体蛋白(cAMP receptor protein,CRP),又称分解代谢产物基因活化蛋白(catabolite gene activator protein,CAP)。CAP是一个具有cAMP和DNA结合位点的同二聚体蛋白(两个亚基均有210个氨基酸残基,相对分子质量为22000)。cAMP和DNA的结合是由CAP内的DNA结合区域的螺旋-转角-螺旋基序(helix-turn-helix motif)介导的,CAP的亚基在结合cAMP后会发生很大的构象变化。当缺乏乳糖时,CAP-cAMP复合物促使RNA转录增加50倍。可见,CAP-cAMP是一种反映葡萄糖水平的正调控元素(positive-regulator element,开启转录)。相反,乳糖阻遏物是一种反映乳糖水平的负调控元素(negative-regulator element,关闭转录)。当乳糖阻遏物正在阻遏转录时,CAP-cAMP对乳糖操纵子几乎没有作用,除非CAP-cAMP的存在便于转录,否则乳糖阻遏物与操纵基因的解离对乳糖操纵子转录几乎没有作用。CAP在酶合成中的正调控作用见图9-24。

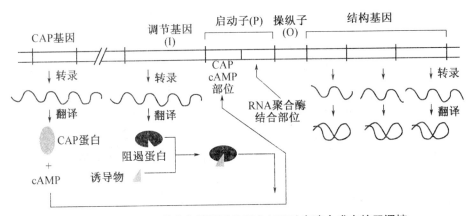

图9-24 分解代谢产物基因活化蛋白(CAP)在酶合成中的正调控

   葡萄糖对CAP的作用是通过与cAMP相互作用介导的。当cAMP浓度高时,CAP以极大的亲和力与DNA结合。在存在葡萄糖的情况下,cAMP合成受抑制并被促使从细胞中流出。当cAMP浓度下降时,与DNA结合的CAP也减少,因此乳糖操纵子的表达也减少。所以强烈诱导乳糖操纵子需要乳糖(使乳糖阻遏物失活)和低浓度葡萄糖(启动增加cAMP浓度并增加cAMP与CAP的结合)。

   CAP和cAMP涉及协同调节许多操纵子,这些操纵子主要是编码第二种糖,如乳糖和阿拉伯糖(arabinose)代谢的酶。具有一个公共调节物(regulator)的操纵子网络称为调节子(regulon)。这一现象能使细胞内数百个基因作用按需协同漂移(shift),是真核生物对散布的基因网络表达进行调节的主题。

4. 酶降解的调节

改变酶分子降解速度,也能调节细胞内酶的含量,从而达到调节酶促反应的速度。这类调节在细胞中的重要性不如诱导和阻遏。酶的降解是由特异的蛋白质水解酶催化的。在细胞内常含有各种水解酶,其水解蛋白质的种类和速度随细胞的生长状态和环境条件而不断变化。如饥饿情况下,精氨酸酶的活性增加,主要是由于酶蛋白降解的速度减慢所致。

真核细胞主要有两种蛋白降解途径:一种是溶酶体途径,主要降解经胞吞进入细胞中的胞外蛋白质,另一种是非溶酶体途径,主要经细胞颗粒中的蛋白酶体降解泛素化的细胞内蛋白质。泛素-蛋白酶体途径(ubiquitin-proteasome pathway,UPP)可以有选择地控制一些酶的降解,其主要步骤为识别被降解的靶酶,多个泛素分子共价结合到靶酶上形成多聚泛素链,通过26S蛋白酶体复合物降解靶酶;酶蛋白也可受细胞内溶酶体中蛋白水解酶的催化而降解,因此,凡能改变蛋白水解酶活性或蛋白水解酶在溶酶体内分布的因素,都可间接地影响酶蛋白的降解速度。

细胞内酶的含量取决于其合成速度与降解速度的比值,是多种因素综合作用的结果。

在发酵工业中可应用营养缺陷型菌株以解除正常的反馈调节,使某一分支途径的末端产物得到累积,提高产量。也可应用抗反馈调节的突变株解除反馈调节,在这类菌株中,因其反馈抑制或阻遏已解除,或是反馈抑制和阻遏已同时解除,所以能分泌大量的末端代谢产物。

(二)酶活性调节

酶活性的调节是直接针对酶分子本身的催化活性所进行的调节,在代谢调节中是最灵敏、最迅速的调节方式。主要包括酶原激活、酶的共价修饰、酶的别构作用、反馈调节等,前三种酶活性的调节都是以酶分子结构为基础的,是通过改变酶分子结构调节酶的活性。

1. 通过控制酶活性调节代谢

酶活性的强弱与其分子结构密切相关,因此酶活性的调节是以酶分子的结构为基础的。一切导致酶结构改变的因素都可影响酶的活性。有的改变使酶活性增高,有的使酶活性降低。机体控制酶活力的方式很多,常见的方式有下列几种:

(1)抑制作用

机体抑制酶活性的作用有简单抑制与反馈抑制两类。

① 简单抑制(simple inhibition)

当一种代谢产物在细胞内累积多时,由于物质作用定律的关系,可抑制其本身的形成。例如在己糖激酶催化葡萄糖转变成葡糖-6-磷酸的反应中,当葡糖-6-磷酸的浓度增高时,己糖激酶的作用速度即受抑制,反应即变慢。这种抑制作用仅仅是物理化学作用,而未牵涉到酶本身结构上的变化。

② 反馈抑制(feedback inhibition)

酶促反应终产物对酶活力的抑制,细胞利用反馈抑制控制酶活力的情况较为普遍。这种抑制是在多酶系反应中产生,一系列酶促反应的终产物对第一个酶起抑制作用。

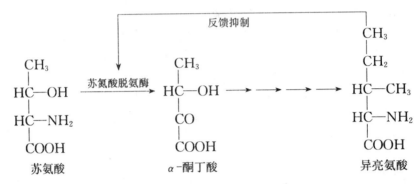

X 对酶 a 的作用机制是使酶 a 别构而降低活力。当酶 a 受到抑制后,整个连续的代谢反应即有效地得到调节。大肠杆菌体中由苏氨酸转变为异亮氨酸反应中,终产物异亮氨酸对参加第一步反应的苏氨酸脱氨酶的抑制即是生物利用反馈抑制调节代谢的一个典型例子。

一价或单价反馈抑制是指一个单一代谢途径的末端产物对催化关键步骤的酶活性,通常是第一步反应酶活性的抑制作用。在分支生物合成中,有时催化共同途径第一步反应的酶活性可被两个或两个以上的末端产物所抑制,则称为二价或多价反馈抑制。另有一种情况是,关键步骤的反应由两个或两个以上的酶所催化,这些酶称为同工酶,它们可被各自分支途径的产物所抑制(图 9-25)。图中(1)、(2)、(a)为天冬氨酸同工酶。(1) 苏氨酸单价的反馈抑制;(2) 赖氨酸单价的反馈抑制;(3)、(4)、(5)是赖氨酸、甲硫氨酸、异亮氨酸对相应的酶的反馈抑制。

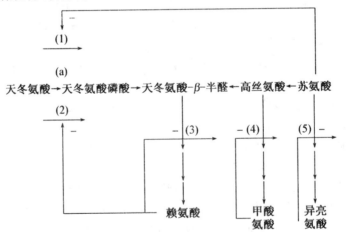

图 9-25 氨基酸合成的反馈抑制

在代谢反应中,这类例子较多,它既可控制终产物的形成速度,又可避免一系列不需要的中间产物在机体中堆积。除了上述几种作用外,反馈抑制还有其他的形式。

（2）反馈调节的机制

终产物（或中间产物）浓度的变化如何调节关键酶的活性？显然，终产物必须作用于关键酶，两者发生结合，但这种结合是非共价的、可逆的，因此不同于共价修饰。具有反馈调节的酶通过结构的变化来改变酶活性涉及多种调节机制：① 变构酶调节。由于别构酶（变构酶）的催化亚基和调节亚基具有不同的空间结构，可以选择性地利用一些变性条件使调节亚基的敏感性明显降低或丧失，但仍保留酶的催化活性（催化亚基不变性）。② 同工酶调节。在分支代谢中，在分支点之前的一个较早反应（关键反应）是由几个同工酶催化时，分支代谢的几个终产物分别对这几个同工酶产生抑制作用，从而起到协同调节的功效。一个终产物控制一种同工酶，只有在所有终产物都过量时，几个同工酶才全部被抑制，反应完全终止。③ 多功能酶调节。多功能酶是指一种酶分子具有两种或多种催化活力的酶。如果一个多功能酶既具有催化分支代谢中共同途径第一步反应的活性，又具有催化分支后第一步的活性，那么这种调节将是比同工酶调节更灵活、更精密的调节机制。因为一个终产物的过量，在使共同途径第一步反应受到部分抑制的同时，分支途径第一步反应也受到抑制，使代谢沿着其他分支进行。因此，一个产物的过量不致干扰其他产物的生成。④ 协同反馈抑制。指分支代谢途径中的几个末端产物同时过量时才能抑制共同途径中的第一个酶的一种反馈调节方式。⑤ 合作反馈抑制。又称增效反馈抑制，系指两种末端产物同时存在时，可以起着比一种末端产物大得多的反馈抑制作用。⑥ 累积反馈抑制。每一分支途径的末端产物按一定百分率单独抑制共同途径中前面的酶，所以当几种末端产物共同存在时，它们的抑制作用是累积的。

（3）活化作用

为了使代谢正常，机体也采用增加酶活性的手段进行代谢调节。如对无活性的酶原即用专一的蛋白水解酶将掩蔽酶活性的一部分切去；对另一些无活性的酶则用激酶使之激活，对被抑制物抑制的酶则用活化或扰抑制剂解除其抑制。

① 激活酶原

由无活性酶原转变为活性酶的过程称酶原激活，该过程是机体的一种调控机制，其特点是由无活性状态变成活性状态是不可逆的。酶原在专一蛋白酶或其他离子作用下切除部分肽段，改变分子构象、暴露或形成活性中心，形成有活性酶分子。其意义：酶原只有在特定的部位、环境和特定的条件下才能被激活，才表现出酶活性。保护器官本身不被酶水解破坏。属于这种类型的酶有消化系统的酶（如胰蛋白酶、胰凝乳蛋白酶和胃蛋白酶等）以及凝血酶等。例如，胰凝乳蛋白酶（chymotrypsin）、弹性蛋白酶和羧肽酶等均具有很强的水解蛋白能力，它们都是以酶原形式在胰脏中产生的。这样就可以避免因活性酶的作用而破坏胰脏，使胰脏得到保护，不至于"自溶"。胰脏中通过胰蛋白酶（trypsin）的作用使酶原激活，所以胰脏中存在较丰富的胰蛋白酶抑制剂。只有当机体需要时，这些酶才被激活。如胰凝乳蛋白酶原（chymotrypsinogen）是由 245 个氨基酸残基构成的单链蛋白，链内五个二硫键参与构象稳定。受到胰蛋白酶作用后，Arg_{15} 与 Ile_{16} 间的肽键断开，才具有酶活性，这种酶称为 π-胰凝乳蛋白酶。π-胰凝乳蛋白酶活性最高，但不稳定，通过 π-胰凝乳蛋白酶的自身作用，切去 Ser^{14}-Arg^{15} 和 Thr^{147}-Asn^{148} 二肽，形成稳定的具有 3 条肽链的 α-胰凝乳蛋白酶。该酶内的 A、B 和 C 链通过两个链间的二硫键连在一起，其活

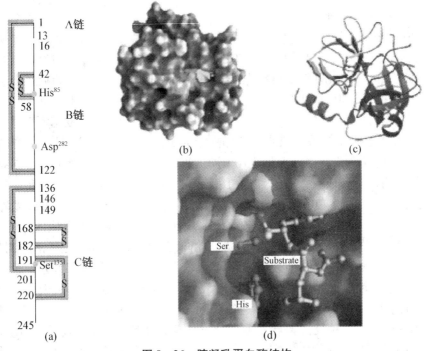

图 9-26 胰凝乳蛋白酶结构

性只有 π-胰凝乳蛋白酶的 40%。值得注意的是，α-胰凝乳蛋白酶 B 肽的 His_{57} 残基和 Asp_{102} 残基、C 肽的 Ser_{195} 残基在一级结构上相距很远。其酶原选择性水解促进 B 肽的 His_{57} 残基和 Asp_{102} 残基、C 肽的 Ser_{195} 残基在空间结构上接近，这说明了选择性水解如何形成催化中心（图 9-26），图中 a 由二硫键连接的三肽链构成；b 表示酶表面，关键活性位点残基包括 Ser^{195}、His^{57} 和 Asp^{102}；c 为多肽骨架作为带形结构；d 是具有结合底物的活性位点的近景图。而胰蛋白酶原经肠激酶的作用，切断 Arg^{15} 与 Ile^{16} 间的肽键，从氨基端水解下来一个酸性六肽，使构象发生变化，转变成具有催化活性的胰蛋白酶（图 9-27）。

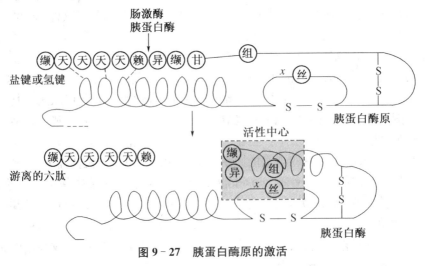

图 9-27 胰蛋白酶原的激活

② 反馈活化

代谢产物一般使酶钝化,但也有使酶活化的。如在糖的分解代谢过程中,当丙酮酸不能顺利通过乙酰-CoA转变为柠檬酸进入三羧循环时,丙酮酸即通过烯醇丙酮酸磷酸在烯醇丙酮酸磷酸羧化酶催化下直接转变为草酰乙酸。乙酰-CoA即对烯醇丙酮酸磷酸羧化酶起了反馈活化作用。

(4) 别构作用

某些小分子化合物能与酶分子上的非催化部位特异地非共价可逆结合,引起酶蛋白的分子构象发生改变,进而改变酶的活性状态,这种现象称为酶的别构调节(allosteric regulation)。具有这种调节作用的酶称为别构酶(allosteric enzyme),又称变构酶。能使酶发生别构作用的物质称为别构剂,通常为小分子代谢物或辅因子。变构后引起酶活性的增强,则此别构剂称为别构激活剂;反之则称为别构抑制剂。别构酶分子具自催化部位和结合部位,后者也称别构部位或调节部位(regulatory site)。催化部位与底物结合,发生催化作用,调节部位可与代谢产物结合而引起酶的别构,使酶分子的构象发生可逆性改变,导致酶活性的改变。目前已知的变构酶均为寡聚酶,含两个或两个以上的亚基,一般分子量较大,而且具有复杂的空间结构。

别构调节在生物界普遍存在,它是人体内快速调节酶活性的一种重要方式,在代谢调节中多为关键酶。

① 别构酶及其特点

细胞可以通过酶的别构使酶活力增高或降低以调节其代谢。许多代谢途径的关键酶就是利用别构调节来控制代谢途径之间的平衡(表9-2)。研究发现,代谢途径中的不可逆反应就是潜在的调节部位,第一个不可逆反应往往是重要的调节部位。催化这种关键性调节部位的酶,其活性都是受别构调节的,如糖酵解途径中的果糖磷酸激酶、脂酸合成途径中的乙酰-CoA羧化酶。

表9-2 糖和脂肪代谢酶系中某些别构酶及其别构剂

代谢途径	别构酶	别构激活剂	别构抑制剂
糖酵解	己糖激酶	AMP、ADP、FDP、Pi	G-6-P
	磷酸果糖激酶-1	FDP	柠檬酸
	丙酮酸激酶	FDP	ATP、乙酸-CoA
三羧酸循环	柠檬酸合成酶	AMP	ATP、长链脂酰-CoA
	异柠檬酸脱氢酶	AMP、ADP	ATP
糖异生	丙酮酸羧化酶	乙酰-CoA、ATP	AMP
	1,6-二磷酸果糖酶	5'-AMP	AMP
糖原分解	磷酸化酶b	AMP、G-1-P、Pi	ATP、G-6-P
糖原合成	糖原合酶	G-6-P	
脂肪酸合成	乙酰-CoA羧化酶	柠檬酸、异柠檬酸	长链脂酰-CoA
胆固醇合成	HMG-CoA还原酶		胆固醇
氨基酸代谢	谷氨酸脱氢酶	ADP、亮氨酸、甲硫氨酸	ATP、GTP、NADH
嘌呤合成	PRPP酰胺转移酶	PRPP	AMP、ADP、GMP、GDP
嘧啶合成	天冬氨酸氨基甲酰转移酶		CTP
血红素合成	ALA合成酶		血红素

别构酶的特点在于别构酶通常都是寡聚酶,由多亚基构成。其分子上有与底物结合和催化底物的活性部位,也有和调节物或效应物结合的调节部位。有的酶的亚基分别为催化亚基和调节亚基;有的酶在同一亚基上既存在催化部位又存在调节部位。其酶促反应动力学不符合米氏方程式酶促反应速率和作用物浓度的关系,其曲线不呈双曲线形而常常呈S形(正协同效应)或表观双曲线形(负协同效应)。别构剂与调节亚基(或部位)间是非共价键的结合,结合后改变酶的构象,从而使酶活性被抑制或激活;酶与别构剂分离后能恢复原有酶学性质。这些别构剂可以是酶的底物,也可以是酶系的终产物,以及与它们结构不同的其他化合物,一般说,都是小分子物质。一种酶可有多种别构剂存在。别构调节过程不需要能量。许多别构酶的底物结合位点和调节物结合位点是分别位于催化亚基(C)和调节亚基(R)上。结合于调节亚基特殊位点上的别构激活剂(M)构象变化,这种变化导致催化亚基活化并以高亲和力与底物(S)结合。当调节剂与调节亚基解离时,酶回复到失活或低活性形式(图9-28)。

在机体中,别构酶往往受到一些代谢产物的抑制或激活,这些抑制或激活作用大多是通过别构效应来实现的。因而,这些酶的活力可以极灵敏地受到代谢产物浓度的调节,这对机体的自身代谢调控具有重要的意义。

大肠杆菌(E coli)中的天冬氨酸转氨甲酰酶(asparate transcarbamoylase,ATCase)就是典型的调节酶活性的别构酶(图9-29)。

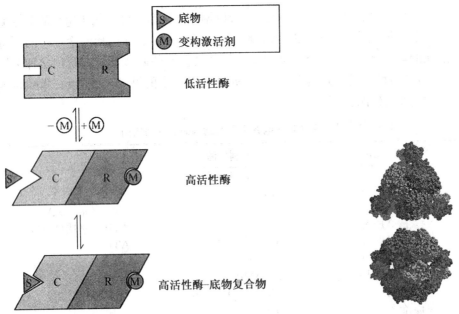

图9-28 别构酶的亚基及与抑制剂和激活剂相互作用　　图9-29 天冬氨酸转氨甲酰酶的立体结构

② ATCase 的反馈抑制调节嘧啶的合成

由于 ATCase 的催化和调节功能容易分开,也易复原,所以 ATCase 成为研究别构酶的对象。ATCase 是嘧啶核苷酸生物合成多酶体系反应序列中的第一个酶,通过反馈抑制调节嘧啶的合成。ATCase 催化氨甲酰磷酸(carbamoyl phosphate)和天冬氨酸合成 N-氨甲酰天冬氨酸(N-carbamoyl aspartate)。

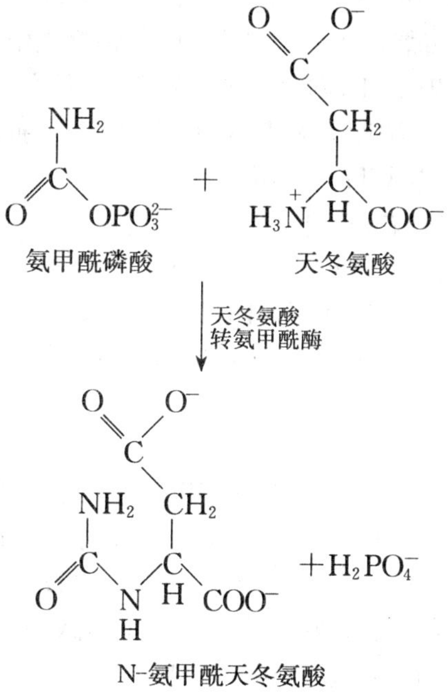

氨甲酰磷酸 + 天冬氨酸

天冬氨酸
转氨甲酰酶

N-氨甲酰天冬氨酸

在这个反应中,氨甲酰磷酸和天冬氨酸都协同性地与 ATCase 结合。这种底物分子本身对别构酶的调节作用称为同促效应(homotropic effect)。胞苷三磷酸(cytidine triphosphate,CTP)可别构抑制 ATCase。CTP 是嘧啶生物合成途径中的产物,能抑制其自身生物合成中一个早期步骤,是反馈抑制剂(feedback inhibitor)。CTP 在不影响 ATCase 的情况下,通过降低 ATCase 与底物的亲和性来抑制 ATCase。因而,当 CTP 水平高时,结合 ATCase,从而降低 CTP 的合成速率。反之,当细胞 CTP 降低时,CTP 从 ATCase 上解离,CTP 的合成加速。ATP 则相反,可别构活化 ATCase。ATP 在不影响 ATCase 的情况下,通过增强 ATCase 与底物的亲和性来激活 ATCase。这种非底物分子的调节物对别构酶的调节作用称为异促效应(heterotropic effect)。ATP 激活 ATCase 有其代谢上的意义,它倾向于协调嘌呤核苷酸和嘧啶核苷酸的合成速率。

激活剂 ATP 优先结合到 ATCase 的活化态(R 态或称底物高亲和态),而抑制剂 CTP 优先结合到酶的非活化态(T 态或称底物低亲和态)。类似的、不反应的双底物类似物 N-磷酸乙酰-L-天冬氨酸(PALA)紧紧结合于 R 态 ATCase 但不与 T 态 ATCase 结合。

ATCase 的每个催化亚基都由一个氨甲酰磷酸结合区域和一个天冬氨酸结合区域构成。在形成 N-氨甲酰天冬氨酸时,氨甲酰磷酸首先通过多个静电引力和氢键的相互作用与 ATCase 结合,然后与天冬氨酸结合,这样诱导了 ATCase 构象变化,使两个结构域转到一起,可与两个已结合上去的底物起反应,形成产物。单催化亚基中的构象变化——有些残基高达 8Å 的移动——触发了 ATCase 的 T-R 四级结构漂移。ATCase 的三级结构漂移与四级结构漂移是密切相伴的。因此底物与一个催化亚基的结合增强了另外五个催化亚基的底物结合亲和性,由此解释了酶的协同性底物结合。

当 CTP 结合在 R 态 ATCase 上时,在调节二聚体中诱导收缩,导致催化三聚体相互靠近。反过来,又使酶活性位点的主要残基改变方向,从而降低酶的催化活性。ATP 结合在 T 态酶上时,本质上有相反的效应:它引起催化三聚体分开,从而使酶活性位点上的主要残基改变方向,以增加酶催化活性。在核酸的生物合成中,对这两种物质的需要量大致相等。若 ATP 浓度远高于 CTP,则 ATCase 被激活,催化合成嘧啶核苷酸,直到二者浓度达到平衡。反之,若 CTP 浓度远大于 ATP 浓度,CTP 抑制 ATCase,允许嘌呤核苷酸的生物合成,从而使 ATP 与 CTP 的浓度平衡。

别构酶在自然界中广泛分布,趋向于占据代谢途径的主要调节位置。这类酶都是至少包含两个亚基的对称蛋白质。在所有已知的例子中,四级结构变化在酶的所有活性中心中起联系结合效应与催化效应的作用。四级结构漂移主要是亚基间的相对旋转。二级结构在 T-R 转换中大多保持不变,这一点可能对在几十埃距离外机械地传输变构效应具有重要性。

(5)可逆的共价修饰

可逆的共价修饰(reversible covalent modification),亦称化学修饰,是在调节酶分子上以共价键连上或脱下某种特殊化学基团所引起的酶分子活性改变,这类酶称共价调节酶(covalently modulated enzymes)。人们发现磷酸化酶激酶通过丝氨酸活化磷酸化酶,而磷酸化酶激酶本身也能被磷酸化,并能被依赖的蛋白激酶激活。这些发现为蛋白酶磷酸化和信息传递通路等各方面的知识奠定了基础。

目前已发现有几百种酶属于这种酶促共价修饰系统,这些酶被翻译成酶蛋白后要进行共价修饰,其中一部分为分支途径中对代谢流量起调节作用的关键酶。由于这种调节的生理意义广泛,反应灵敏,机制多样,在体内显得非常灵活,加上它们又常常接受激素的指令,导致级联式放大,所以越来越引起人们的关注。

目前已知酶的可逆的共价修饰包括:① 磷酸化和脱磷酸化(phosphorylation or dephosphorylation);② 甲基化和脱甲基化(methylation anddemethylation);③ 腺苷化和脱腺苷化(adenylation and deadenylation);④ 尿苷化和脱尿苷化(uridylation and deuridylation);⑤ ADP-核糖化和脱 ADP-核糖化(ADP ribosylation or deribosylation);⑥ 乙酰化和去乙酰化(acetylation and deacetylation);⑦ 氧化(S-S)和还原(2SH)等多种形式。哺乳动物中磷酸化和去磷酸化是酶共价修饰调节的主要形式,而腺苷化和脱腺苷化则是细菌中酶共价修饰调节的主要形式。

例如糖原磷酸化酶的活性可因磷酸化而增高(图 9-30),糖原合成酶的活性则因磷酸化而降低。又如大肠杆菌谷氨酰胺合成酶具有 12 个亚基,腺苷酰基从 AMP 掉下后,连接到每个亚基的专一性酪氨酸残基,产生低活性形式的酶,酶活性较高的形式是脱腺苷酰基。甲基化亦可使某些酶的活性改变。酶的化学共价修饰是由专一性酶催化的,许多调节酶的活性都受其共价修饰的调节(表 9-3)。

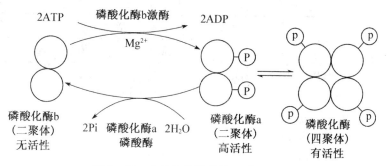

图 9 - 30　共价修饰调节糖原磷酸化酶

表 9 - 3　受共价修饰调节的酶

酶	来源	改变反应	对酶活力的影响
糖原磷酸化酶	真核细胞	磷酸化/脱磷酸化	+/-
磷酸化酶 b 激酶	哺乳类	磷酸化/脱磷酸化	+/-
糖原合成酶	真核细胞	磷酸化/脱磷酸化	-/+
丙酮酸脱氢酶	真核细胞	磷酸化/脱磷酸化	-/+
谷氨酰胺合成酶	原核细胞(大肠杆菌)	酰苷酰化/脱酰苷酰化	-/+

　　酶的共价修饰的特点是:① 酶有高(有)或低(无)活性两种形式,共价修饰可使两种形式互变。这种互变的正、逆向反应由不同的酶催化。这是因为酶分子出现共价键的变化,从而使酶结构改变影响活性。② 共价修饰是酶促反应,一分子酶可催化许多其他酶蛋白发生磷酸化,因此可将化学信号大幅度地放大(级联效应 cascade)。③ 蛋白质磷酸化需 ATP 提供磷酸,即酶蛋白每个磷酸化位点磷酸化需要消耗一个 ATP 的高能磷酸键,是耗能反应。

　　在酶的共价修饰方式中,磷酸化和脱磷酸化是最常出现的形式。如在一个典型的哺乳细胞中具有 5 000 多种磷酸化蛋白(其中有不少是酶)和数百种使其互相转化的蛋白激酶和蛋白磷酸酶。这正是细胞能很容易地通过酶的磷酸化和脱磷酸化的转变进行调控的机制。催化活性可经共价磷酸化-脱磷酸化发生改变的酶见表 9 - 4。表中 EP 表示磷酸化。E 表示脱磷酸化。

表 9 - 4　催化活性可经共价磷酸化-脱磷酸化发生改变的酶

酶　类	活性状态	
	低	高
磷酸果糖激酶	EP	E
丙酮酸脱氢酶	EP	E
丙酮酸脱羧酶	EP	E
糖原磷酸化酶	E	EP
磷酸化酶 b 激酶	E	EP

(续表)

酶 类	活性状态	
	低	高
磷酸化酶磷酸酶	EP	E
糖原合成酶	EP	E
甘油三酯脂肪酶（脂肪细胞）	E	EP
HMG - CoA 还原酶	EP	E
HMG - CoA 还原酶激酶	E	EP
乙酰- CoA 羧化酶	EP	E

    酶磷酸化和脱磷酸化是一个多功能和可选择的过程。有些酶还能进行多点位的磷酸化或进行别构与磷酸化双重调节。典型例子是 6 - 磷酸果糖- 2 -激酶,该酶负责催化 6 - 磷酸果糖转化为 2,6 -二磷酸果糖。在肝脏中,依赖 cAMP 的蛋白激酶磷酸化 6 -磷酸果糖- 2 -激酶内靠近 N 端的 Ser,对其进行抑制,结果导致 2,6 -二磷酸果糖的减少,从而促进了糖异生。与肝脏中的情况相反,心脏中的 6 -磷酸果糖- 2 -激酶的磷酸化可促进糖酵解,这是通过各种蛋白激酶对不同的 6 -磷酸果糖- 2 -激酶 C 端的几个位点进行磷酸化实现的。因此,不同的组织中特异性表达特定的 6 -磷酸果糖- 2 -激酶的同工酶,通过磷酸化能够产生相反的代谢效应。

    机体内的代谢是由许多连续和相关的代谢途径所组成,每一条代谢途径又包含一系列酶促化学反应,这些酶促反应往往是通过上述几种酶调节形式来实现的。如糖酵解和糖异生共用相同的途径但方向正好相反,两者相反的活性调节是通过 3 个主要机制影响关键酶的活性来实现,即① 酶合成的诱导或阻遏;② 可逆磷酸化的共价修饰调节;③ 别构效应。此外,脂肪的合成代谢也是通过酶的别构效应、共价修饰和酶合成的诱导或阻遏来实现的。

    (6)亚基的聚合与解聚

    有一些寡聚酶通过与一些小分子调节因子结合,使得酶的亚基发生聚合或解聚,从而使酶发生活性态与非活性态互变。调节因子通常与酶的调节中心以非共价结合。在这种调节酶中,多数是聚合时为活性态,解聚时为非活性态,少数例外。

    在正常代谢途径中,酶活性调节和酶合成调节两者是同时存在且密切配合、协调进行的。

    2. 酶的分布区域化对代谢的调节

    原核细胞无细胞器,其细胞质膜上连接有各种代谢所需的酶,如参加呼吸链、氧化磷酸化,磷脂及脂酸生物合成的各种酶类,都存在于原核细胞的质膜上。

    与原核细胞不同,真核细胞因具有多种内膜系统,酶可形成不同胞内区域,从而导致真核细胞中酶的分布的区域化(compartmentation),酶有一定的布局和定位,即真核细胞的酶类分布是有区域性的。如许多参与降解蛋白质和多糖的水解酶存在于溶酶体内,脂膜将溶酶体与细胞其他部分分离;糖酵解、磷酸戊糖途径和脂肪酸合成的酶系存在于细胞质中;三羧酸循环、脂肪酸 β-氧化和氧化磷酸化的酶系存在于线粒体中;核酸合成的酶系大部分在细胞核中;蛋白质合成酶系在微粒体中。这就使复杂的酶反应分区进行,易于调控,这是酶的区域化分布的第一种形式。几种重要酶的区域化分布列入表 9-5。

表 9-5 真核细胞主要代谢途径与酶的区域分布

代谢途径(酶或酶系)	细胞内分布	代谢途径(酶或酶系)	细胞内分布
糖酵解酶类	胞液	氧化磷酸化(呼吸链)	线粒体
三羧酸循环酶类	线粒体	尿素合成酶类	胞液、线粒体
磷酸戊糖途径酶类	胞液	蛋白质合成酶类	内质网、胞液
糖异生酶类	胞液	DNA 聚合酶	细胞核
糖原合成与分解酶类	胞液	mRNA 聚合酶	细胞核
脂肪酸 β 氧化酶类	线粒体	tRNA 聚合酶	核质
脂肪酸合成酶类	胞液	rRNA 聚合酶	核仁
呼吸链酶类	线粒体	血红素合成酶类	胞液、线粒体
多种水解酶	溶酶体	胆红素生成酶类	微粒体、胞液
磷脂合成酶类	内质网	胆固醇合成酶类	内质网、胞液
细胞膜酶	内质网	转磷酸酶(细胞膜)	细胞质膜

酶在细胞内隔离和集中分布是代谢调节的一种重要方式。各种代谢途径的酶都集中并分布于具有一定结构的亚细胞或存在于胞浆的可溶部分。这样不但避免各种代谢途径的酶互相干扰,而且有利于它们协调地发挥作用,即确保了酶的代谢效率,又简化了酶的调节。

不同的代谢途径存在于细胞的不同部位,对于代谢途径的调控具有重要的作用。如脂肪酸 β-氧化酶系和合成酶系分别分布于线粒体和胞液,可避免乙酰辅酶 A 的生成和利用进入无意义循环。

酶的区域化分布使成百上千个酶促反应有序地进行,并使活细胞内的酶促反应一般以单向进行,如己糖激酶、6-磷酸葡萄糖酶、磷酸果糖激酶、1,6-二磷酸果糖酶、硫激酶和硫解酶等。在单向的合成和降解代谢途径中,存在催化关键步骤的少数限速酶。限速酶不但是代谢流量的天然控制物,而且是调节干预的最有效的调节点,以它们为契点就能达到有效和经济的调节(表 9-6)。代谢途径的单向本质反映了它们功能的特异性,这也是酶的区域化分布的一大特点。所以酶的区域化分布的第二个形式是利用酶对底物的高度特异性而实现的。例如,营养物氧化途径通过三羧酸循环和电子传递链产生能量。在此代谢途径中利用 NAD(H)作为电子载体。在生物合成途径的还原反应中,电子是被电子载体 NADP(H)携带的。酶能分辨这两种非常相似的大分子有效地分离产生 ATP 的电子流和用于生物合成的电子流。

表 9-6　一些重要代谢途径的限速酶

代谢途径	限速酶
糖酵解	己糖激酶、磷酸果糖激酶、丙酮酸激酶
磷酸戊糖途径	6-磷酸葡萄糖脱氢酶
糖异生	丙酮酸羧化酶、磷酸烯醇式丙酮酸羧激酶
	1,6-二磷酸果糖酶、6-磷酸葡萄糖酶
三羧酸循环	柠檬酸合成酶、异柠檬酸脱氢酶
	α-酮戊二酸脱氢酶复合体
糖原合成	糖原合成酶
糖原分解	磷酸化酶
脂肪分解	三酰甘油脂肪酶
脂肪酸合成	乙酰辅酶 A 羧化酶
酮体合成	HMG 辅酶 A 合成酶
胆固醇合成	HMG 辅酶 A 还原酶
尿素合成	精氨酸代琥珀酸合成酶
血红素合成	ALA 合成酶

此外,细胞膜结构对酶也有重要影响:① 控制细胞和细胞器内、外与酶相关物质的运输,如控制酶的底物或产物的运输;② 内膜系统的分隔作用,如膜的通透性对底物、酶和辅助因子的屏障,而分隔区内往往包含一套浓集的酶类和辅助因子,因而有利于酶促反应有序而不受干扰地进行;③ 酶与膜的可逆结合。有些酶能可逆地与膜结合,并以其膜结合型和可溶型的互变来影响酶的性质和调节酶活性,这类酶称双关酶。双关酶对代谢变化反应迅速,调节灵活,是细胞调节的一种重要方式。

发酵工业上,针对微生物的细胞膜对于细胞内、外物质的运输具有高度选择性,采取生理学或遗传学方法,可以改变细胞膜的透性,使细胞内的代谢产物迅速渗漏到细胞外。这种解除末端产物反馈抑制作用的菌株,可以提高发酵产物的产量。生理学手段主要是控制细胞膜的渗透性,如加适量生物素和青霉素;遗传学方法可通过细胞膜缺损突变而控制其渗透性,如油酸缺陷型、甘油缺陷型。

三、激素水平调节

生物之所以能在各个水平将其生命活动很好地协调起来,主要依赖于复杂的信息系统,其中涉及称之为激素的化学信使。大多数激素对代谢过程有促进作用,也有少数激素具有抑制作用。在正常机体内,种类繁多作用复杂的各种激素都有条不紊地发挥各自的功能,这种秩序依靠调控体系实现。

激素调节代谢反应的作用是通过对酶活性的控制和对酶及其他生化物质合成的诱导作用来完成的。为达到这两种目的,机体需要经常保持一定的激素水平。激素是属于刺激性因素,是联系、协调和节制代谢的物质。机体内各种激素的含量不能多,也不能少,过多过少都会使代谢发生紊乱。因此,利用激素调节代谢,首先应控制激素的生物合成。

（一）通过控制激素的生物合成调节代谢

1. 激素的生物合成调节

激素的产生是受层层控制的。腺体激素（除脑垂体前叶激素以外的腺体激素，又称"外围激素"）的合成和分泌受脑垂体激素（又称"促腺泌激素"）的控制，垂体激素的分泌受下丘脑的神经激素（又称"释放激素"）的控制。丘脑还要受大脑皮质协调中枢的控制。当血液的某种激素含量偏高时，有关激素由于反馈抑制效应即对脑垂体激素和下丘脑释放激素的分泌起抑制作用，减低其合成速度，相反，在浓度偏低时，即促进其作用，加速其合成。通过有关控制机构的相互制约，即可使机体的激素浓度水平正常而维持代谢正常运转。例如，胰岛素引起血糖降低，低血糖又反过来抑制胰岛分泌胰岛素；又如甲状旁腺引起血钙升高，高血钙又抑制甲状旁腺的分泌。

表 9-7 列出的每一种垂体激素的释放（某些情况下为激素的产生）至少受一种下丘脑激素强有力的调控，下丘脑激素由围绕在垂体柄下丘脑-垂体系统毛细血管周围的神经末梢分泌，通过下丘脑-腺垂体特殊的门脉系统到达腺垂体。

表 9-7　丘脑-垂体-靶腺激素构成的完整反馈环

下丘脑激素	缩写	作用的垂体激素	作用的靶腺激素
促肾上腺激素释放激素	CRH	ACTH(LPH, MSH,内啡肽)	皮质醇
促甲状腺激素释放激素	FRH	TSH(PRL.)	T_1 和 T_4
促性腺激素释放激素	GnRH(LHRH、FSHRH)	I_nI. FSII	雄激素、雌激素、孕激素
生长激素释放激素	GHRH 或 CRH	CH	ICF-I；其他(?)
生长激素释放抑制激素；生长抑素；促生长素释放抑制激素	CHRIH 或 SRIH	CH（TSH, FSH, ACTH）	IGF-1；T_1 和 T_4；其他(?)
催乳素释放抑制激素；多巴胺和 CAP	PRIH 和 PHI	PRL	神经激素(?)

注：下丘脑对括号中的激素作用相对较小。

下丘脑激素以脉冲形式释放。离体的腺垂体靶细胞对脉冲式给予的下丘脑激素的反应强于持续暴露于下丘脑激素。LH 和 FSH 的释放受促性腺激素释放激素（GnRH）浓度的调节，GnRH 反过来主要由又到达下丘脑血液循环的性激素水平调控。所有的下丘脑-垂体-靶腺系统都存在相同的反馈环。

ACTH 的释放主要受 CRH 调控。但一些其他激素包括 ADH、儿茶酚胺、VIP 和血管紧张素 II 也参与 ACTH 的调控。

下丘脑分泌几种激素释放因子及释放抑制因子以调节垂体的功能，并可促进垂体分泌某种激素或抑制垂体的活动。下丘脑激素还可以通过脑垂体间接控制其他外周内分泌腺的分泌。例如，甲状腺、肾上腺皮质、性腺等都直接受脑垂体激素的控制，间接受下丘脑激素的控制（图 9-31）。

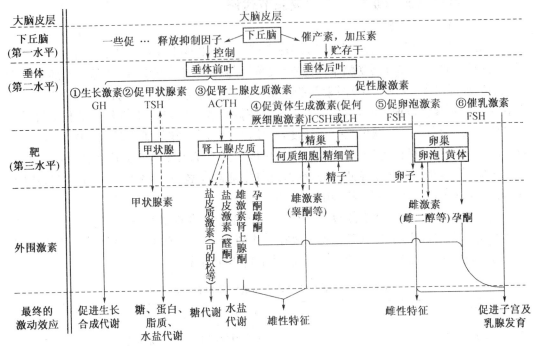

（↑虚线箭头为负反馈作用，表示激素可以反向地抑制下丘脑的促释放抑制因子的分泌）

图 9-31　下丘脑-垂体系统激素分泌的调节及最终效应

2. 激素分泌的调节

① 级联系统调节。这种机制对于激素的分泌不仅受到多级控制而且具有逐级放大的作用。② 反馈调节。激素的分泌积累对上一级内分泌腺的影响，或者由于激素效应所产生的产物对激素分泌的影响。如果这种影响是抑制的，即称为负反馈。③ 激素活性的调节。激素的活化是激素与其相应受体的结合，不同的激素受体存在于不同的细胞中，激素调节该细胞内的代谢后被迅速灭活，因此血清中激素的浓度很低，而且寿命也很短。

(二) 通过激素改变细胞膜通透性来影响调节代谢

有些激素与其膜受体结合后，可使细胞膜的通透性发生改变，影响某些化合物的转运过程，使细胞代谢发生改变。

(三) 通过激素对酶活性的影响调节代谢

某些激素与其膜受体结合后，引起细胞质膜上某种酶的活性发生改变，引起细胞内一系列的代谢改变。实验证明，细胞膜上有各种激素受体，激素同膜上的专一性受体结合所成的络合物能活化膜上的腺苷酸环化酶。活化后的腺苷酸环化酶能使 ATP 环化形成 cAMP。cAMP 在调节代谢上甚为重要，已知有多种激素是通过 cAMP 对它们的靶细胞起作用的。因为 cAMP 能将激素从神经、底物等得来的各种刺激信息传到酶反应中去。如胰高血糖素、肾上腺素、甲状旁腺素、促黄体生成素、促甲状腺素、升压素、去甲肾上腺素、促黑激素等都是以 cAMP 为信使对靶细胞发挥作用的。

激素通过 cAMP 对细胞的多种代谢途径进行调节，糖原的分解与合成、脂质的分解、酶的产生等都受 cAMP 的影响(表 9-8)。cAMP 影响代谢的作用机制是使参加有关代谢反应的蛋白激酶(例如糖原合成酶激酶、磷酸化酶激酶等)活化。蛋白激酶是由无活性的催化亚基和调节亚基所组成的复合物。这种复合物在无 cAMP 存在时无活性,当有 cAMP 存在时,这种复合物即离解成两个亚基。cAMP 与调节亚基结合而将催化亚基释出。被释放出来的催化亚基即具有催化活性。cAMP 的作用是解除调节亚基对催化亚基的抑制。

表 9-8　激素对代谢的影响举例

代谢作用	对代谢反应速率的影响
糖原分解	增
糖原合成	减
脂质分解	增
凝乳酶产生	增
淀粉酶产生	增
胰岛素释放	增

(四) 通过激素对酶合成的诱导作用调节代谢

有些激素对酶的合成有诱导作用(表 9-9)。这类激素(如甲状腺素、蜕皮激素、皮质激素等)与细胞内的受体蛋白结合后即转移到细胞核内,影响 DNA,促进 mRNA 的合成,从而促进酶的合成。也有实验证据指出,激素能辨识专一性的抑制因子,可与阻遏蛋白结合,而使操纵基因能正常活动,进行转录合成 mRNA,从而合成酶。所以,激素可以通过改变基因的表达进而启动或抑制酶蛋白的合成参与代谢途径的慢调节。

表 9-9　对酶合成起诱导作用的激素

激素	诱导酶
甲状腺素	呼吸作用的酶类
胰岛素	葡萄糖激酶、磷酸果糖激酶、丙酮酸激酶
性激素类	脂代谢酶类
蜕皮激素	RNA 聚合酶
生长激素	蛋白质合成有关的某些酶

(五) 参与代谢调控的激素

各种激素对代谢的调节作用各不相同,现再将与调节代谢有关的几种主要激素及其调节功用归纳如表 9-10。

表 9-10　与代谢调节有关的主要激素

激素	对代谢的调节作用
胰岛素	1. 促进糖酵解；2. 促进肝及肌肉的糖原合成；3. 促进蛋白质及脂肪酸的生物合成；4. 抑制肝脏的葡萄糖异生作用；5. 抑制细胞内蛋白质降解
胰高血糖素	1. 促进肝糖原分解，增高血糖；2. 促进糖原异生作用；3. 促进三酰甘油分解；4. 抑制糖原合成；5. 抑制脂肪酸合成
肾上腺素	1. 促进肝糖原及肌糖原分解，增高血葡萄糖含量；2. 促进胰高血糖素分泌，抑制胰岛素分泌；3. 促进三酰甘油分解；4. 抑制肌肉摄取葡萄糖
肾上腺皮质素	1. 皮质醇的主要功用是促进肝糖原贮留；2. 皮质醛、皮质酮继 11-脱氧皮质酮的主要功用为促进 Na^+ 保留
甲状腺素	促进基础代谢
生长激素	促进蛋白质的生物合成

四、整体水平调节

正常机体的代谢反应是在共济与协调方式下十分规律地进行的。激素与酶直接或间接参加这些反应。但整个活体内的代谢反应则由中枢神经系统所控制。中枢神经系统对代谢作用的控制与调节有直接的，亦有间接的。直接的控制是大脑接受某种刺激后直接对有关组织、细胞或器官发出信息，使它们兴奋或抑制以调节其代谢。凡由条件反射所影响的代谢反应都受大脑直接控制。条件反射是后天获得的，是一种高级的神经活动，它能使机体对环境的适应更加机动灵活，具有预见性。因此，条件反射极大地提高了机体的生存和适应能力。条件反射调节是神经重要的调节机制。大脑对代谢的间接控制则为大脑接受刺激后通过下丘脑的神经激素传到垂体激素，垂体激素再传达到各种腺体激素，腺体激素再传到各自有关的靶细胞对代谢起控制和调节作用。大脑对酶的影响是通过激素来执行的。胰岛素和肾上腺素对糖代谢的调节、类固醇激素对多种代谢反应(水、盐、糖、脂、蛋白质代谢)的调节都是中枢神经系统对代谢反应的间接控制。所以，神经系统是人和脊椎动物主要的机能调节系统，它全面并有效地调节体内各器官、组织的生理过程和代谢活动，以适应机体内、外环境的各种变化。

神经系统主要是由神经元构成的网络，每个神经元通过突触与上百、甚至数千个神经元相联系。神经系统分成三个组成部分，协同地发挥广泛和持续的调节作用。其中一个组成部分是受高级神经中枢调控并具有内分泌功能的下丘脑，将激素直接分泌入血液，从而影响整个机体功能。即中枢神经系统接受来自体内外的各种信息，迅速进行分析综合，及时发放信息至下丘脑，并通过下丘脑的活动，产生相应的释放激素或释放抑制激素入血液，刺激或抑制垂体激素的分泌。中枢神经系统与下丘脑之间的环节是信息源与协调要素，它将神经传导性信息转变为内分泌信息传递给垂体，而垂体分泌的促激素又对下级内分泌腺如甲状腺、肾上腺皮质、性腺、乳腺具有刺激作用，促使不同的腺体分泌各自的激素，这些激素又作用于它们的靶细胞，产生一系列的生理效应。如下丘脑内的神经元分泌促性腺激素释放激素(GnRH)，经血液流至垂体前叶，与垂体细胞表面的特异受体结合，受体激活后刺激细胞分泌促性腺激素,促性腺激素再作用于其靶细胞而发挥相应的生理作用。所以,下丘脑对腺垂体的调节是神经系统对内分泌系统调节的重要途径。第二组成部分是由下丘脑调控的自主神经系统。自主神经系统是广泛分布于内脏器官的相互连接的神经元网络。自主神经系统支配3种组织:腺体、平滑肌和心肌,因此,机体几乎每个部位都有自主神经系统的靶组织。自主神经系统通过机体内广泛的相互联系,能同时调控许多内脏器官、血管和腺体的反应。所以受高级神经中枢调控的下丘脑将神经系统和内分泌系统的调节整合为一个功能调控网络。第三组成部分完全存在于中枢神经系统(CNS)内,由一些相关的但释放不同神经递质的细胞群组成,这些细胞群都能通过它们广泛的轴突分支投射,来扩大它们的空间联系,并通过 G 蛋白偶联型的突触后受体来延续其作用。神经系统的这一组成部分被称为弥散性调节系统。弥散性调节系统神经元的突触末梢所释放的神经递质不仅仅作用于突触缝隙附近,还弥散到许多神经元周围,广泛地产生生物学效应。

1. 通过传统神经递质调节

突触传递是中枢神经系统中最基本的信息传递方式之一,除少部分通过突触的电传递外,绝大多数神经元的突触传递通过神经递质。中枢神经系统的兴奋和抑制信息可通过神经递质方式传递给各种靶细胞。在突触部位,神经末梢通过释放神经递质而将信号专一地传给突触后细胞,作用于细胞膜上的 G 蛋白偶联型受体或化学门控性离子通道受体,继而调节靶细胞的生理状态和代谢活动的作用。此外,神经末梢释放的活性物质还可以进入血液而作用于其他组织,如促进肾上腺髓质和下丘脑肽能神经元的分泌等,通过这种称为神经分泌的作用方式来调节相应靶细胞的生理功能。总之,每个神经元根据其所接受刺激的综合情况,向其所联系的神经元和其他组织细胞确定发出或不发出神经递质信息,并灵敏地调节它们的机能活动。

由于神经细胞上存在多个受体,受体往往又有多个亚型,所以一种神经递质可通过不同的方式作用于不同的神经元或者同一神经元的不同部位。不同的神经递质可分别激活各自的受体亚型,共同作用于同一效应系统。故一个神经元可接受多个信息通路的信息,而且在神经元内也存在多条信息通路,这些信息通路形成一个复杂的信息网络。神经系统灵敏、精细地调节整个信息网络,保障机体的物质代谢及生理活动的正常进行。

新近发现,胶质细胞除对神经元起营养支持作用外,胶质细胞与神经元间也能产生突触传递,并且胶质细胞也具有分泌信息分子的功能,参与神经递质信息传递,但其分泌机理尚不清楚。如发现星形胶质细胞的溶酶体分泌 ATP;星形胶质细胞也可通过释放 $D-$丝氨酸,产生帮助神经元引发长时间增强反应的作用。

2. 通过 NO 调节

在体内广泛存在着以 NO 为递质的神经系统,但 NO 不同于传统的神经递质。传统的神经递质一般是分子量较大的物质,顺突触的单向传递和通过受体的介导而发挥作用。NO 却不具有以上的作用方式,而是以非囊泡性释放,逆突触转运,由自突触后细胞扩散溢出并进入相邻的细胞。NO 是一个分子量极小的物质,可通过弥散方式进出细胞膜,而不受速度和量的限制,通过扩散,NO 可以作用于不同位置的靶蛋白(target protein)。

NO 是通过两种不同的信息通路发挥作用:NO - cGMP 信息通路和 ADP -核糖途

径。如在中枢和外周神经系统中，激活 Glu 受体，尤其是 NMDA 受体，将使细胞内 Ca^{2+} 浓度升高而刺激 NO 合酶(NOS)，导致 NO 生成。NO 可作用于合成 NO 细胞中的酶、转录因子或结构蛋白而起作用，也可扩散到相邻的周围神经元，再激活 GC，提高 cGMP 水平而产生一系列生理效应。NO 还能通过 GC 产生的 cGMP 激活 cGMP-依赖性激酶使突触囊磷酸化，从而改变神经递质向目的神经元的释放。在神经系统中 NO 起双重作用：一方面，通过 NO-cGMP 信息通路，正常量的 NO 可增加介导及保护神经元活性，增加脑血流量，抑制血小板和白细胞聚集，较大量的 NO 能够保护脑组织，通过对 NMDA 受体的硫醇基的 S-亚硝基化，阻断 NMDA 受体；但另一方面，通过 ADP-核糖途径，过多的 NO 会产生高毒性自由基如过氧亚硝基阴离子，可引起核酸的硝基化反应，使 DNA 断裂，成为无选择性的杀手分子，杀伤各种细胞，直接导致神经毒性。过度激活 NMDA 受体也可以诱发神经细胞的坏死，而被 NMDA 受体激活的 NO 参与了这一病理过程。

NO 的神经递质功能可能还表现在乙醇诱导的运动失调及酒精脱瘾综合征的耐受性方面。伤害感受和痛觉过敏可能也受 NO 调节，如外周神经系统中的 L-Arg-NO 途径所产生的 NO 与感觉传递有关，参与痛觉传入过程，表现为致痛和镇痛双重作用。NO 的调节作用还包括对植物神经系统的活性，如窦房结和房室结的调节。NO 也可调节神经递质的释放。在基底前脑生理状态下有 NO 生成并参与 Ach 释放的调节；在海马，NO 的供体羟胺可促进 NE 及 Ach 的释放；在纹状体，NO 可促进 DA 的释放。

神经调节的一般特点是反应速度快、作用持续时间短、作用部位准确。激素调节的一般特点是比较缓慢、持久而弥散，两者相互配合使生理功能调节更趋于完善。

代谢调节机构的正常运转是维持正常生命活动的必需条件，酶和激素功能的正常是保持正常代谢的关键，中枢神经系统功能的正常是保持正常代谢的关键的关键。

上述三个层次代谢调节分别介绍是为了叙述方便，实际上，它们之间往往互相作用、互相协调、互相影响，维持机体正常的生理过程。尤其是人及高等动物，各种活动和代谢的调节机制都处于中枢神经系统的控制之下，神经系统是机体内起主导作用的调节机构。神经系统既能直接影响代谢活动，直接影响各种酶的合成，又影响内分泌腺分泌激素的种类和水平，从而实现机体整体的代谢协调和平衡，所以神经系统的调节具有整体性特点。其中，神经系统对酶的调节很重要。如神经冲动引起膜去极化，从而开放了膜通道使钙离子进入胞浆，钙离子能与催化糖原分解为葡萄糖的酶结合并激活它们。酶对神经信息传递也有影响：神经递质的合成往往需酶催化，如 NO 的合成需 NO 合酶催化；神经信息发挥作用也往往需要酶的参与；有些神经递质降解由酶执行，如释放并作用后的乙酰胆碱被胆碱酯酶降解。

神经系统对生命活动的调控在很大程度上是通过调节激素的分泌来实现的。而激素调控往往是局部性的，并且直接或间接受到神经系统的控制。通常一种激素只作用于一定的细胞组织，不同的激素调节不同的物质代谢或生理过程。在体内，神经系统可通过不同途径，调节大多数内分泌细胞的活动。而内分泌系统分泌的激素也可对神经系统的发育和功能有影响：① 对下丘脑肽能神经元的反馈调节。甲状腺、肾上腺皮质、性腺的激素和腺垂体的促激素和其他激素，对下丘脑神经内分泌细胞释放调节肽激素均有反馈作用，其中大多数为负反馈影响。但性激素对下丘脑还有正反馈作用。② 对机体本能的调节。

如性激素对性行为的调节。③ 对神经系统发育和活动的影响。如甲状腺激素是正常大脑发育不可缺少因素。若幼年时甲状腺功能低下,则神经系统发育不良,智力低下。④ 内分泌引起的代谢变化对神经系统的作用。如胰岛素过多引起的低血糖对脑功能有明显的影响,严重时可引起低血糖昏迷。胰岛素过低引起糖及其他代谢物质障碍也可引起糖尿病昏迷等。

但是神经调节和激素调节之间并没有不可逾越的鸿沟。一些激素可以是神经调节物(递质或调质),反过来某些神经末梢释放的神经递质又可充当激素的作用,如 NE 既是交感神经末梢释放的递质,又是肾上腺内分泌的激素。神经内分泌是由神经细胞分泌的激素,作为一种过渡形式,把神经和激素调节联系起来,如垂体后叶激素(加压素和催产素)是由下丘脑视上核、室旁核神经细胞合成并被释放进入血液而成激素的。近年来又发现了中枢神经内的神经元以传统的内分泌激素作为神经递质或神经调质,或传统递质在神经细胞内与传统内分泌、肠肽或其他神经化学物质共存。可见无论是神经调节或是激素调节都是细胞间信息传递或细胞内信息整合的一种方式。同一神经递质(如神经肽),在不同条件下可能以不同形式发挥作用而具有不同的意义。

神经和内分泌系统不仅是体内物质代谢的主要调节系统,也是体内维持内环境稳定即稳态的两大调节系统。而稳态是体内正常物质代谢的保障。现已发现,免疫系统是机体内第三大感受和调节系统。这三大系统彼此之间存在双向信息传递机制,即免疫系统不但受神经、内分泌系统的调控,而且还能反馈调节神经、内分泌系统的某些功能。这种功能上的相互联系是通过三大系统共同存在的细胞因子、神经递质和内分泌激素及受体实现的,从而维持着机体正常的生命活动包括物质代谢。

免疫细胞膜上或胞内发现众多激素和神经递质的特异性受体,包括类固醇受体、儿茶酚胺受体、组织胺受体、阿片受体、胰岛素受体、胰高血糖素受体、血管活性肠肽受体、促甲状腺素释放因子受体、生长激素受体、催乳素受体、生长抑素受体和 P 物质受体等。神经、内分泌系统的各种神经递质和激素可通过免疫细胞上的各种相应受体起调控作用。目前已知至少有 20 多种激素和神经递质具有免疫系统的功能。如生长激素和生乳素对多种免疫细胞有促分化和增强功能的作用。肾上腺皮质激素对淋巴细胞、巨噬细胞、中性粒细胞和肥大细胞都有抑制作用,可广泛应用于各种免疫性疾病的治疗和抗器官移植排异反应。

免疫系统也可以通过多种途径影响和调节神经和内分泌系统。它可以通过自身产生的细胞因子以及其他的调节物质作用于神经和内分泌系统,如白介素-2 可抑制 Ach 释放;干扰素可影响阿片样肽类物质的作用。还可以通过由免疫细胞分泌的内分泌激素和神经递质作用于神经和内分泌系统,传导相关信息,影响和调节神经、内分泌系统功能。目前已发现免疫细胞合成的神经递质样物质和激素多达 20 多种,如脑啡肽、内啡肽、ACTH、促甲状腺素、生长激素、生乳素、绒毛膜促性腺激素、血管活性肠肽、生长抑素、催产素、降钙素基因相关肽和 P 物质等等。

因此神经、内分泌系统和免疫系统各自以自身特有的方式发挥着调节作用,三者间形成一种两两间相互作用的双向调节,使机体的调节系统间构成完整的调节网络,相互协调、共同一致地维持体内稳态,使物质代谢得以正常进行。

复习思考题

1. 何谓激素？有哪些重要的动物激素？其有何重要生理功能？

2. 哪些激素是蛋白质？哪些激素是氨基酸？哪些激素是类固醇？

3. 比较胰岛素与胰高血糖素和肾上腺素的作用。

4. 比较亲水性激素与亲脂性激素的作用机理。

5. 受体有哪些特性？可分为几大类型？

6. 理解 G 蛋白介导的信息通路。

7. 机体分几个层次调控物质代谢？

8. 酶水平调节主要有几种？

9. 试述别构酶和共价修饰酶在代谢调节中的作用。

10. 激素如何调节代谢？

11. 何谓神经递质？分几类？

12. 神经如何调节代谢？

第十章

基因组结构及基因重组

> **学习要点:**基因是核酸分子中储存遗传信息的单位,基因组是细胞中一套完整单倍体的遗传物质的总和。病毒、细菌、线粒体及真核生物基因组结构与组织形式不同。真核基因组结构复杂,含有大量重复序列及非编码序列,基因为断裂基因。重组DNA技术是人们在自然界基因转移和重组的基础上创立起来的。其基本过程包括目的基因的获取;克隆载体的选择和改造;目的基因与载体的连接;重组DNA分子导入受体细胞,重组体的筛选和鉴定。

基因(gene)是原核、真核生物以及病毒的 DNA 和 RNA 分子中具有遗传效应的核苷酸序列,是遗传的基本单位和突变单位以及控制性状的功能单位。基因包括了编码蛋白质和 tRNA、rRNA 的结构基因,以及具有调节作用的调控基因。基因可以通过复制、转录和指导蛋白质的合成,以及不同水平的调控机制,实现对遗传性状的调控。基因还可以发生突变和重组导致有利、有害或致死的变异。

基因组(genome)是细胞或生物体的全套遗传物质。对于细菌和噬菌体来说,它们的基因组是指单个环状染色体所含的全部基因,而对二倍体真核生物而言,基因组是指一个生物体的染色体所包含的全部 DNA,通常称为染色体基因组。此外,真核细胞还含有线粒体 DNA,称为线粒体基因组,属核外遗传物质。细胞核内的基因组则称为核基因组(nuclear genome)。

第一节　基因组结构

各种生物的遗传特征和性状不同,决定因素是其基因组 DNA 不同。从一定意义上讲,各种生物的特征是由其基因组结构决定的,基因组的功能是贮存和表达遗传信息。

病毒、原核生物及真核生物基因组所储存的遗传信息量有很大的差异,其基因组的结构和组织形式也有着很大的差别。病毒基因组结构简单,所含结构基因少;原核生物基因组所含基因数量较多,且有了较为完善的表达调控体系;真核生物基因组所含基因数量巨大,表达调节系统也更为精细。不同的基因组虽然差别巨大,却仍有相似之处。

表 10 - 1　不同生物中 DNA 分子的大小

		千碱基对(kbp)/染色体	长度(cm)	染色体数(单倍体)	形状
原核生物	病毒 SV40	5.2	0.000 17	1	环状
	噬菌体 φX174	5.4	0.000 18	1	线状单链
	噬菌体 λ	46	0.001 5	1	线状
	细菌大肠杆菌	4 000	0.13	1	环状
真核生物	酵母	1 000	0.033	17	
	果蝇	41 000	1.4	4	
	人	125 000	4.1	23	

表 10 - 1 列出了从原核生物到真核生物较有代表性的生物体中 DNA 分子的大小。可以看出,进化程度越高的生物体,其基因组越复杂,本章主要介绍病毒、细菌及真核细胞染色体基因组结构和功能。

以下将介绍病毒、细菌基因组结构和功能,线粒体 DNA 结构和功能,真核细胞核染色体结构,真核生物染色体基因组结构和功能,限制性片段长度多态性等内容,扫下方二维码学习体验吧!

第二节　基因重组

在自然界,生物体中的 DNA 序列可以发生多种形式的重新组合,重新组合的方式有插入、缺失和置换等。由于这些变异导致基因的新的连锁关系或基因内可变量的最小单位新的连锁关系的形成,称为基因重组(genetic recombination)。由于不同 DNA 链的断裂和连接而产生 DNA 片段的交换和重新组合,形成新 DNA 分子。所以,基因重组在进化、繁殖、病毒感染、基因表达以至癌基因等过程中均起重要作用。

基因工程(genetic engineering)是指在试管内应用人工的方法进行的基因重组,然后把重组的基因导入细胞或细菌,进行复制、转录及翻译的过程。基因工程基本程序如图 10 - 4 所示。

基因工程所采用的基本技术称为 DNA 体外重组技术(in vitro DNA recombination technology)或分子克隆技术(molecular cloning),即应用酶学的方法,在体外将各种来源

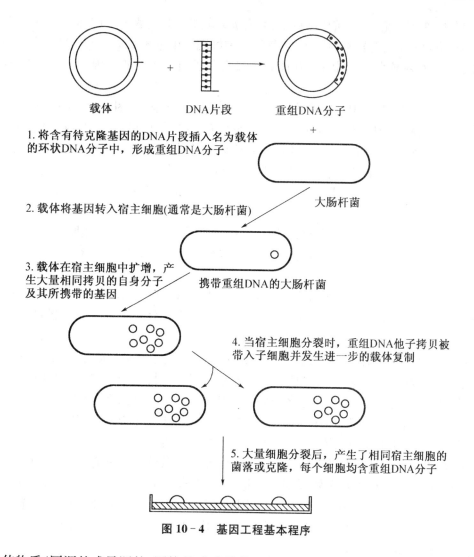

图 10-4 基因工程基本程序

的遗传物质(同源的或异源的、原核的或真核的、天然的或人工的 DNA)与载体 DNA 结合成一具有自我复制能力的 DNA 分子——复制子,继而通过转化或转染宿主细胞、筛选出含有目的基因的转化子细胞,再进行扩增、提取获得大量同一 DNA 分子。

基因工程的操作主要就是体外基因的重组,涉及酶、目的基因的制备、基因载体的制备、目的基因与载体连接成重组 DNA、将重组 DNA 导入受体细胞以及重组体的筛选等过程。

一、载体(vector)

基因载体也称克隆载体,是指用以携带外源目的基因,实现外源 DNA 克隆及表达为有意义蛋白质而利用的 DNA 分子。常用基因载体包括质粒、噬菌体、病毒 DNA 等。用于重组 DNA 的理想载体应具备以下条件:① 能稳定复制,目的基因的插入基本不影响载体的复制能力;② 具有多个单一限制性内切酶位点,便于目的基因的插入;③ 具有某些便于检测的遗传标记(如对抗生素的抗性、营养缺陷型或显色表型反应等),以便利用这些标记筛选克隆;④ 具有较多的拷贝数,易于宿主细胞的染色体 DNA 分开,便于分离纯化;⑤ 分子质量相对较小,易于操作,并能容纳较大分子质量的目的基因;⑥ 具有较高的遗传稳定性。

在重组 DNA 技术中,常用的基因载体有两种类型,一种是克隆载体(cloning vector),另一种是表达载体(expression vector),前者主要用于 DNA 大量扩增,并不需要得到目的基因所编码的蛋白质,后者是用来使插入的外源 DNA 序列可被转录并翻译成多肽链而专门设计的基因载体。充当克隆载体的 DNA 分子需经人工改构才能成为合乎上述条件的基因工程载体。质粒和噬菌体常用于原核细胞为宿主的分子克隆;动物病毒用于真核细胞为宿主的分子克隆。还有一种人工构建的穿梭载体(shuttle vector),它既含有原核细胞的复制元件,又含有真核细胞的复制元件,所以,它既能在原核细胞中复制,又能在真核细胞中复制。因此,它在原核和真核细胞的分子克隆中都能应用。

1. 质粒

所谓质粒(plasmid)是存在于细菌染色体外的、具有自主复制能力的闭环双链 DNA 分子。分子质量小的为 $2\sim3$ kb,大的可达数百 kb。质粒分子含有一个复制起始点及与 DNA 复制有关的序列,使质粒能在宿主细胞内独立自主的进行复制,并在细胞分裂时保持恒定地传给子代细胞。质粒带有某些特殊的、不同于宿主细胞的遗传信息,所以赋予宿主细胞一些新的遗传性状,如对某些抗生素或重金属产生抗性等。根据质粒赋予细菌的表型可识别质粒的存在,是筛选转化子细菌的根据。因此,质粒 DNA 的自我复制功能及所携带的遗传信息在重组 DNA 操作,如扩增、筛选过程中都是极为有用的。

目前广泛使用的质粒载体代表有 pBR 系列和 pUC 系列。

pBR322 质粒是环形双链 DNA,由 4 363 bp 组成。其分子中含有单个 EcoRI 限制性核酸内切酶位点,可在此插入外源基因。此外,还含有一个抗氨苄青霉素(amp^r)及一个抗四环素的基因(tet^r),这两个药物抗性基因使细菌产生抗性,是重组子菌落筛选的重要标记。pBR322 质粒还含有一个复制起始点及与 DNA 复制调节有关的序列,赋予该质粒复制子的特性(图 10 - 5)。

pUC 载体是在 pBR322 质粒载体的基础上,加入了一个在其 5′-端带有一段多克隆位点(multiple cloning sites,MCS)的 lacZ′基因,从而发展成为具有双功能检测特性的新型质粒载体系列。

一种典型的 pUC 系列的质粒载体包括四个组成部分:① 来自 pBR322 质粒的复制起点(ori);② 氨苄青霉素抗性基因(amp^r),但它的 DNA 核苷酸序列已经发生了变化,不再含有原来的限制性核酸内切酶的单一识别位点;③ 大肠杆菌 β-半乳糖苷酶基因(lacZ)的启动子及其编码 α-肽链的 DNA 序列,此结构特称为 lacZ′基因;④ 位于 lacZ′基因中的靠近 5′-端的一段 MCS 区段,但它并不破坏该基因的功能(图 10 - 6)。

与 pBR322 质粒载体相比,pUC 质粒载体系列具有许多方面的优越性,是目前基因工程研究中最通用的大肠杆菌克隆载体之一。其优点概括起来有如下三个:第一,具有更小的分子量和更高的拷贝;第二,适用于组织化学方法检测重组体;第三,具有多克隆位点 MCS 区段。

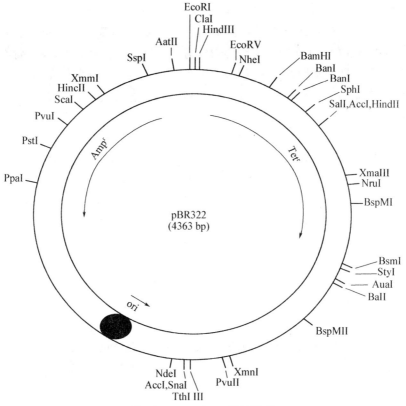

图 10-5 pBR322 质粒图谱

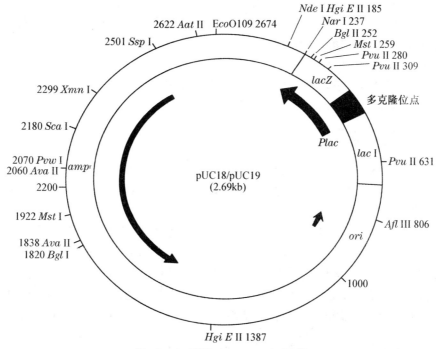

图 10-6 质粒 pUC18／19 图谱

2. 噬菌体

用作载体的主要有 λ 噬菌体和 M13 噬菌体。λ 噬菌体载体是感染细菌的病毒。从 λ 噬菌体颗粒中分离出来的 DNA 为线性双链分子,长度约为 50 000 bp,两端各有 12 个碱基的互补 5′-单链,是天然的粘性末端,称 cos 位点。在整个 λ 噬菌体基因组中,有很大一部分 DNA 序列对于噬菌体的感染性来说并不是必需的。因此可以用外源 DNA 取代这部分 DNA。

当 λ 噬菌体进入宿主细胞后,通过粘端碱基配对,形成环状分子。λ 噬菌体在菌体内既可以溶菌生长,即环状 DNA 在菌细胞中多次复制,合成大量噬菌体基因产物,装配成噬菌体颗粒而裂解宿主菌;又可以溶原生长,即 λ 噬菌体 DNA 整合至宿主细胞染色体基因组 DNA 中,与染色体 DNA 一起复制,并遗传给子代细胞,宿主细胞不被裂解。

与质粒载体相比,λ 噬菌体的优点是:①可携带较长的外源 DNA 片段;②重组后的 DNA 分子可在体外包装成噬菌体颗粒,具有更强的转染宿主细胞的能力;③重组的噬菌体容易筛选和贮存。

经改造的 M13 载体有 M13mp 系列及 pUC 系列。它们是在 M13 基因间隔区插入 $E. coli$ 的一段调节基因及 lacZ 的 N 端 146 个氨基酸残基编码基因,其编码产物为 β-半乳糖苷酶的 α 片段。突变型 lac - $E. coli$ 可表达该酶的 ω 片段(酶的 C 端)。单独存在的 α 及 ω 片段均无 β 半乳糖苷酶活性,只有宿主细胞与克隆载体同时表达两个片段时,宿主细胞内才有 β 半乳糖苷酶活性,使特异性作用物变为蓝色化合物,这就是所谓的 α-互补 (alpha complementation)。

由 M13 改造的载体含不同性质的克隆位点,可接受不同限制性内切酶的酶切片段。若插入的外源基因是在 lacZ 基因内,则会干扰 lacZ 的表达,利用 lac - $E. coli$ 为转染或感染细胞,在含 X - gal 的培养基上生长时会出现白色菌落;若在 lacZ 基因内无外源基因插入,则有 lacZ 表达,转化菌在同样条件下呈蓝色菌落。再结合插入片段的序列测定可筛选、鉴定重组体与非重组体载体。

另外还有可插入大片段外源基因的柯斯质粒载体、酵母人工染色体载体,用于真核基因表达的腺病毒载体和逆转录病毒载体等。

二、目的基因

目的基因又称外源基因,是指使我们感兴趣的基因或 DNA 序列,或为得到感兴趣的基因的蛋白质表达产物。获取目的基因可有以下几种途径:

1. 基因组 DNA

采用物理方法(剪切或超声波)或限制性内切酶将染色体 DNA 切割成许多片段,继而将它们与适当克隆载体结合,将重组 DNA 转入受体菌中扩增,每个细菌内都携带一种重组 DNA 分子的多个拷贝。全部细菌所携带的各种染色体 DNA 片段就涵盖了基因组全部信息,即基因文库。建立基因文库后,结合适当筛选方法从众多的转化子菌株中选出含某一基因的菌株,扩增分离得到目的基因。

2. cDNA

以某种生物细胞或组织中提取总 mRNA 为模板,通过逆转录酶合成与其互补的

cDNA,再复制成双链 cDNA 片段,然后与适当载体连接,转入受体菌扩增后,即可获得 cDNA 文库(cDNA library)。如人肝 cDNA 文库、人脑 cDNA 文库等。cDNA 文库包含某种细胞或组织在特定条件下的全部 cDNA 克隆,因此,从中可以筛选我们感兴趣的 cDNA 片段。当前发现的大多数蛋白质的编码基因几乎都是这样分离的。

3. 化学合成

如果已知某种基因的核苷酸序列,或根据某种基因产物的氨基酸序列推导出为该多肽链编码的核苷酸的序列,再利用 DNA 合成仪通过化学方法将这段序列合成出来。目前使用的 DNA 合成仪合成的 DNA 片段长度有限,对于分子质量较大的目的基因,可通过分段合成,然后用连接酶进行连接组装成完整的基因。

4. PCR 扩增

PCR 技术是一种在体外利用酶促反应对已知基因进行特异性快速扩增的方法。PCR 反应通过设计合适的引物,在热稳定 DNA 聚合酶催化下,将 DNA 依次进行热变性、复性(退火)和延伸,重复 30～40 次,在很短时间内可将目的基因扩增数百万倍。

利用 PCR 方法可以从染色体和 cDNA 模板中迅速获得目的基因,但该法常用于已知基因或与其序列相似的未知基因的克隆。

三、重组体构建

把目的基因与载体 DNA 连接起来得到的产物称为重组体或重组子(recombinant)。然后导入到宿主细胞中进行增殖和表达,才能得到大量的重组体和所需的表达产物,完成目的基因的克隆。在体外常用的连接酶有 T₄ 噬菌体 DNA 连接酶和大肠杆菌 DNA 连接酶。在实际应用中,T₄ 噬菌体 DNA 连接酶是首选用酶。连接方式有以下几种:

1. 黏性末端连接

如果目的基因和载体两端有相互匹配的黏性末端时,可采用这种方式连接。相互匹配的黏性末端可由同一种或相同两种限制性核酸内切酶切割产生。匹配的黏性末端在降低温度(退火)时,能重新配对,然后在 DNA 连接酶的催化下,形成 $3',5'$-磷酸二酯键,将两端点连接起来,构成重组体分子。黏性末端连接效率较高,是目前最常用的连接方式,如图 10-7 所示。

2. 平端连接

T₄ DNA 连接酶也能催化限制性内切酶切割产生 DNA 平末端的连接。若目的基因和载体上没有相同的限制性内切酶位点可供利用,用不同的限制性内切酶切割后的黏性末端不能互补结合,则可用适当的酶将 DNA 突出的末端削平或补齐成平末端,再用 T₄ DNA 连接酶连接。虽然,平端连接要求较高的 DNA 浓度,连接效率低,可是在缺乏合适的黏性末端时却是不得不采用的策略。

3. 同聚物加尾连接

如果要连接的两个 DNA 片段没有能互补的黏性末端,可用末端转移酶催化,在 DNA 链片段的末端制造出能互补的多聚物黏性末端,如多聚 G 与多聚 C,经退火后能结合连接。这是一种人工提高连接效率的方法,属于黏性末端连接的一种特殊形式 (图 10-8)。

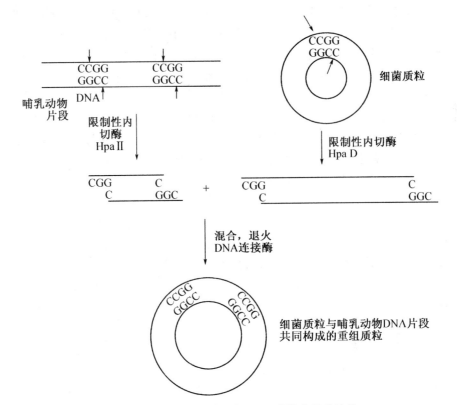

图 10-7　同一限制酶切割 DNA 黏性末端的连接

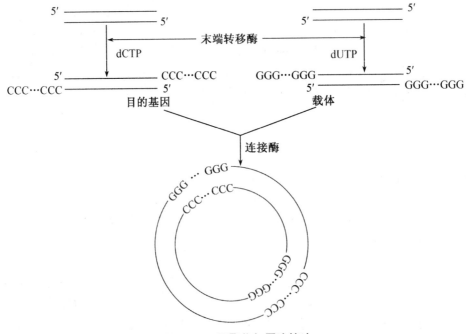

图 10-8　同聚物加尾连接法

4. 人工接头连接

对平末端的 DNA 片段或载体 DNA,也可先连上人工设计合成的脱氧寡核苷酸双链接头,使 DNA 片段末端产生新的限制内切酶位点,经内切酶切割后,即可按黏性末端相连。

四、重组 DNA 导入受体细胞

外源 DNA(含目的基因)与载体在体外结合形成重组 DNA 分子后,需将其导入受体菌。随受体菌生长、增殖,重组 DNA 分子得以复制、扩增,这一过程即为无性繁殖;筛选出的含有目的基因的 DNA 重组体分子即为一无性繁殖系或克隆。进行无性繁殖的受体细胞一般应具备以下性能:① 受体细胞应具备接受外源 DNA 的能力,即是感受态细胞;② 受体菌应为限制性内切酶缺陷型,即外源 DNA 进入受体细胞后不被限制酶降解;③ 受体细胞一般应为 DNA 重组缺陷型,这样可保持外源 DNA 在受体细胞中的完整性;④ 受体细胞(细菌)不宜在非培养条件下生存,以保证安全,即安全宿主菌。

将外源重组体导入宿主细胞的方法有借助生物载体的转化、转染、转导和借助物理化学等手段直接导入(如显微注射、电激转化和基因枪等方法)。转化、转染和转导主要应用于细菌这样的原核生物和酵母这样的单细胞低等真核生物。而显微注射、电激转化和基因枪等主要用于高等动植物细胞基因的导入。

五、重组子的筛选和鉴定

目的基因与载体 DNA 正确连接的效率、重组 DNA 导入细胞的效率都不是百分之百,因而最后生长繁殖出来的细胞并不都带有目的基因。一般一个载体只携带某一段外源 DNA,一个细胞只接受一个重组 DNA 分子。最后培养出来的细胞群中只有一部分、甚至只有很小一部分是含有目的基因的重组体(recombinant)。将目的重组体筛选出来就等于获得了目的基因的克隆,所以筛选(screening)是基因克隆的重要步骤。在构建载体、选择宿主细胞、设计分子克隆方案时都必须仔细考虑筛选的问题。根据载体体系、宿主细胞特性及外源基因在受体细胞表达情况不同,标志筛选和序列分析可用于重组子的筛选和鉴定。

1. 质粒的抗性基因是转化菌的筛选标志

因为大多数质粒载体至少携带一个能赋予宿主细胞抗生素抗性基因(antibiotic resistance gene),如 amp^r、ter^r 等。重组分子转化的细菌被赋予了某些抗性,所以只有那些转化子才能在含相应抗生素的琼脂平板上生长。利用这种特性可对转化菌进行阳性选择,这是普遍采用的策略。

2. 用插入失活筛选重组子

有时基因克隆的位点被设计在某些抗性基因的内部,当外源 DNA 插入载体后,会破坏原有抗性基因的完整性,从而使转化子丧失对某抗菌素的抗性。利用这种特性也可将转化子鉴定出来,这是一种阴性选择策略。有时可将阳性选择和阴性选择结合应用。

α-互补是阴性选择的典型例子,应用较广。许多质粒载体带有大肠杆菌编码 β-半乳糖苷酶 N 端 146 个氨基酸的 lacZ 基因,编码区内部含有多克隆位点。当这类载体用于能

表达 β-半乳糖苷酶 C 末端的宿主细胞时,宿主编码的 C 端片段与质粒编码的 N 端片段互补,形成具有酶活性的蛋白质,这种现象称为 α-互补。α-互补的 Lac^+ 细菌在 X-gal 底物存在时能将其分解、形成蓝色菌落。然而,当外 DNA 插入质粒的多克隆位点后,如 lacZ 基因失活,不再产生具有 α-互补能力的 N 端片段,因此带有重组质粒的细菌呈白色菌落。只需挑选白色菌落便可得到重组子。

3. 标志补救是筛选转化酵母的常用方法

酵母敏感的抗生素较少,因此经常利用载体与宿主细胞营养缺陷突变的互补来进行选择。例如,S. cerevisiae 酵母菌株带有 trp1 基因的突变,不能在缺少色氨酸的培养基上生长。如果载体质粒带有功能性 trp1 基因,转化子则能在色氨酸缺陷的培养基上生长。其他常用的酵母质粒选择性标记包括 ura3(尿嘧啶)、leu2(亮氨酸)和 his3(组氨酸)。

4. 限制性图谱和核酸序列分析可直接鉴定外源 DNA

针对目的 DNA 的亚克隆的筛选可采用限制性消化及琼脂糖凝胶电泳技术。首先扩增质粒,随后采用合适的限制酶进行消化,释放出线性化载体和插入片段,再经琼脂糖凝胶电泳分离,通过与标准 DNA 分子标志进行比较,可大致测得克隆片段的大小,判断克隆片段是否为目的基因。如果预先知晓克隆片段内部存在的其他限制性位点和载体的酶切位点,通过特异限制酶消化,根据酶切位点在插入片段内部的不对称分布检查插入片段的方向。

通常载体的序列是已知的,因此根据克隆位点两侧序列设计引物,采用 PCR 扩增插入 DNA 的片段,结合序列分析也可筛选重组子。采用 PCR 结合测序能可靠地证实插入片段的方向、序列和阅读框的正确性,极其适合表达载体的鉴定。

六、DNA 体外重组中常用的酶

重组 DNA 技术主要是人工进行基因的剪切、拼接和组合,因此酶是重组 DNA 技术不可缺少的工具。重组 DNA 技术中所用的酶统称为工具酶。常用的工具酶包括 DNA 聚合酶 Ⅰ、DNA 连接酶、末端转移酶、反转录酶、多聚核苷酸激酶,而限制性核酸内切酶特别重要,应用最广。

限制性核酸内切酶(restriction endonuclease)是能够识别 DNA 的特异序列,并在识别位点或其周围切割双链 DNA 的一类内切酶。限制性核酸内切酶存在于细菌体内,与相伴存在的甲基化酶共同构成细菌的限制-修饰体系,限制外源 DNA、保护自身 DNA,对细菌遗传性状的稳定遗传具有重要意义。目前发现的限制性内切核酸酶有 1 800 种以上。

限制性核酸内切酶分为三类。重组 DNA 技术中常用的限制性核酸内切酶为 Ⅱ 类酶,例如,EcoRI、BamH Ⅰ 等就属于这类酶。大部分 Ⅱ 类酶识别 DNA 位点的核苷酸序列成二元旋转对称,通常称这种特殊的结构顺序为回文结构(palindrome)。所有限制性核酸内切酶切割 DNA 均产生含 5′磷酸基和 3′羟基基团的末端,切口断端有三种类型:

$5'$突出端:如 EcoR Ⅰ

$$5'-G\!\downarrow\!AATTC-3'$$
$$3'-CTTAA\!\uparrow\!G-5'$$

$$5'-G \qquad\qquad AATTG-3'$$
$$3'-CTTAA \qquad\qquad G-5'$$

3′突出端:如 Pst Ⅰ   5′- GTGCA↓- 3′   5′- CTGCA   G - 3′

     3′- G↑ACGTC - 5′   3′- G   ACGTC - 5′

平端:如 Hpa Ⅱ   5′- GTT↓AAC - 3′   5′- GTT   AAC - 3′

     3′- CA↑ATTG - 5′   3′- CAA   TTG - 5′

用同一种限制性内切酶切割的异源 DNA 片段可以产生相同的黏性末端,通过碱基互补作用可产生新的杂合 DNA 分子。

限制酶的命名方法是第一个大写字母代表菌株的属名,第二、三个字母小写代表种名,若有变异株或不同品系,则再用一个大写字母代表株或型。如果同一种微生物有几种限制性内切酶,则根据发现的先后用大写的罗马数字表示。如 EcoR Ⅰ 表示是从 *Escherichia Coli* R 株中分离的第一种限制性内切酶。

限制性核酸内切酶的特点:① 识别 DNA 的特异序列并切割;② 不同的酶识别核苷酸序列往往包含 4 个到 6 个核苷酸;③ 不同的酶切割 DNA 频率不同;④ 可产生黏性或钝性末端;带有相同类型的黏性末端或钝性末端的 DNA 都可以再相互连接。

此外,还有一些工具酶也是重组 DNA 时必不可少的(表 10-4)。

表 10-4 重组 DNA 技术中常用的工具酶

工具酶	功 能
限制性核酸内切酶	识别特异序列,切割 DNA
DNA 连接酶	催化 DNA 中相邻的 5′磷酸基和 3′羟基末端之间形成磷酸二酯键,使 DNA 切口封合或使两个 DNA 分子或片段连接
DNA 聚合酶 Ⅰ	① 合成双链 cDNA 的第二条链;② 缺口平移制作高比活探针;③ DNA 序列分析;④ 填补 3′末端
反转录酶	① 合成 cDNA;② 替代 DNA 聚合酶Ⅰ进行填补、标记或 DNA 序列分析
多聚核苷酸激酶	催化多聚核苷酸 5′羟基末端磷酸化或标记探针
末端转移酶	在 3′羟基末端进行同质多聚物加尾
碱性磷酸酶	切除末端磷酸基

七、基因工程药物

指利用基因工程技术研制和生产的药物,其将成为今后医药发展的主流。基因工程药物主要有以下几个方面的研究与开发。

1. 基因重组药物

基因重组药物是以人工重组 DNA 表达产物作为治疗性药物,其表达系统为各种细胞,如大肠杆菌、酵母细胞,或哺乳动物细胞。自 1982 年世界上第一个基因工程药物——人胰岛素(human insulin)在美国上市以来,世界范围基因重组药物的研制和生产飞跃发展。至今已有上百种产品问世,另有 300 多个产品处于临床试验阶段。全世界基因重组药物的使用以 16% 的速度增长。各国纷纷加大对该领域的投资,加强对其源头、生长点、制高点——功能基因的研究,并开始利用蛋白质工程技术,对现有的重组药物进行分子改造(如构建融合蛋白)。随着后基因组研究的推进,有望开发出更多的基因重组药物。

2. 植物基因工程药物

植物基因工程药物即利用转基因植物技术,在植物细胞中表达特定基因药物。将一些病毒或细菌的有用基因转入马铃薯等植物中,可大量、低成本地生产出疫苗,或通过直接食用该转基因植物而获得免疫力,如 HBV 转植物基因口服疫苗的研制。我国中药的一些有效成分的开发是一个很广阔的基因药物研究空间,可通过关键酶对其代谢途径进行遗传操作,有目的地获得大量有效成分,去除或减少有毒成分。

3. 动物基因工程药物

动物基因工程药物指利用转基因动物生产基因药物。用于分泌相应基因的蛋白质产物的动物器官(如乳腺)称为生物反应器。如用转基因绵羊生产蛋白质酶抑制剂 ATT,其产率达到每升奶 35g,可大量生产,用于治疗肺气肿,目前已进入Ⅲ期临床试验。

4. 基因组药物

基因组药物是沿着从基因序列→蛋白质→功能→药物的途径研制新药。基因组和后基因组学提供了庞大的信息资源和结果,为新药的开发提供了优化条件,前景广阔。

复习思考题

1. 试比较原核细胞和真核细胞基因组结构特点。
2. 简述重组 DNA 的基本过程。
3. 何谓限制性片段长度多态性?
4. 重组 DNA 技术中常用的工具酶有哪些?

第十一章

现代生化产品

　　学习要点:生物化学产品(简称生化制品),是指从动物、植物和微生物等生物体提取分离所得的用于医疗、食品、饲料、化妆品等工业的物质,也包括用生物合成和化学合成方法制得的存在于生物体内且具有一定生理功能的物质。它们是氨基酸、多肽、蛋白质、酶及辅酶、激素、维生素、多糖、脂类、核酸及其生理活性物质。以上这些生化产品具有不同的生理功能,其中有些是生物活性物质如蛋白质、酶、核酸等。这些生物活性物质都有复杂的空间结构。而维系这种特定的三维结构主要靠氢键、盐键、二硫键、疏水作用力和范德华力等。这些生物活性物质对外界条件非常敏感,过酸、过碱、高温、剧烈的振荡等都可能导致活性丧失,这是生化产品不同于其他产品的一个突出特点。因此,在整个分离、纯化工艺中,要选择十分温和的条件,尽量在低温条件下操作。同时还要防止体系中的重金属离子及细胞自身酶系的作用。本章选取有代表性的现代生化产品,对其发展、生产工艺及应用等进行简要介绍。

第一节　有机酸

　　20 世纪 70 年代,以柠檬酸发酵工业建立为里程碑,我国发酵有机酸工业进入了蓬勃发展的新时代,逐步形成了柠檬酸、醋酸、乳酸、苹果酸、衣康酸、葡萄糖酸、曲酸等品种较为齐全的工业体系。尤其是近几年柠檬酸工业高速发展,产量跃居世界之首,成为我国单项化工产品出口额第一的产品,标志着我国发酵有机酸工业的崛起。

一、有机酸的来源与用途

　　柠檬酸、乳酸、醋酸、葡糖酸、衣康酸和苹果酸等有机酸是重要的工业原料,在食品工业、化学工业等有重要的作用。在现代有机酸的生产过程中,发酵法生产有机酸占有重要的地位,表 11-1 是一些常用发酵法生产的有机酸的来源和用途。

表 11-1　一些常用发酵法生产的有机酸的来源和用途

有机酸名称	来源及用途	用途
柠檬酸	黑曲霉、酵母等	食品工业和化学工业的酸味剂、增溶剂、缓冲剂、抗氧化剂、除腥脱臭剂、螯合剂等药物、纤维媒染剂、助染剂等
乳酸	德氏乳杆菌、赖氏乳杆菌、米根霉等	食品工业的酸味剂、防腐剂、还原剂、制革辅料等
醋酸	奇异醋杆菌、过氧化醋杆菌、攀膜醋杆菌、恶臭醋杆菌、中氧化醋杆菌、醋化醋杆菌、弱氧化醋杆菌、生黑醋杆菌等	重要的化工原料,广泛用于食品、化工等行业
葡萄糖酸	黑曲霉、葡糖醋杆菌、乳氧化葡糖醋杆菌、产黄青霉等	药物、除锈剂、塑化剂、酸化剂等
衣康酸	土曲霉、衣康酸霉、假丝酵母等	制造合成树脂、合成纤维、塑料、橡胶、离子交换树脂、表面活性剂和高分子螯合剂等的添加剂和单体原料
苹果酸	黄曲霉、米曲霉、寄生曲霉、华根霉、无根根霉、短乳杆菌、产氨短杆菌等	食品酸味剂、添加剂、药物、日用化工及化学辅料等

二、衣康酸的发酵生产

衣康酸(Itaconic acid)又叫亚甲基丁二酸、甲叉丁二酸、甲基琥珀酸,它的分子式为 $CH_2C(CO_2H)CH_2CO_2H$。衣康酸是一种重要的有机酸,1837 年首次由柠檬酸高温分解脱水而制得,因而成本高,以往的应用受到限制。目前世界上能生产衣康酸的国家有美国、日本、俄罗斯,我国是第 4 个能生产衣康酸的国家。尽管衣康酸的世界年产量在万吨以上,但国际市场仍呈严重供不应求的状况。其原因是,随着衣康酸应用范围的不断扩大,其需求量也在快速增长,而现有的生产工艺却制约着衣康酸生产规模的扩大。

近年来,国内外用微生物发酵从廉价的木屑、稻草等生产衣康酸,有较好的经济效益。按目前国内外发酵技术水平,发酵液中含衣康酸 30～50 g/L,还有少量杂酸。

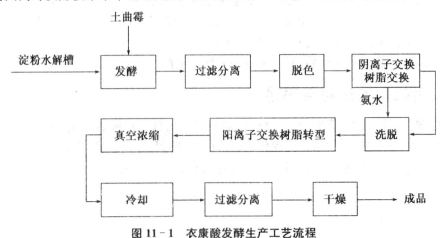

图 11-1　衣康酸发酵生产工艺流程

衣康酸的生产方法主要有两种：柠檬酸分解法和发酵法。柠檬酸分解法是在减压条件下，将柠檬酸水溶液在 $250\sim300$ ℃高温下分解生成衣康酸和柠康酸，然后从这种混合物中将衣康酸分离出来，这是早期获得衣康酸的方法。由于该方法要求条件高、工艺复杂、成本高，衣康酸和柠康酸性质相似导致分离提纯困难，故一直未被用于工业化生产。发酵法生产衣康酸主要有深层发酵法和表面发酵法，尤其以前者更为广泛采用。如图 11-1 为衣康酸发酵生产工艺流程。表 11-2 为土曲霉生产衣康酸深层发酵条件。

表 11-2　土曲霉生产衣康酸深层发酵条件

培养基成分和条件	1	2	3	1
葡萄糖/(g/L)	66	69	蔗糖 80	$60\sim80$
氮源/(g/L)	NH_4NO_3 2.5	$(NH_4)_2SO_4$ 2.67	NH_4NO_3 2.5	$(NH_4)_2SO_4$ 2.7
$MgSO_4 \cdot H_2O$/(g/L)	0.75	5	4.4	0.8
酒石酸铁/(g/L)	0.25			
玉米浆/(mL/L)	1.5	1.5	4	1.8
pH	$1.8\sim1.9$	$1.8\sim2$	$1.8\sim1.9$	$1.9\sim2.1$
调节用酸	HNO_3	H_2SO_4	H_2SO_4	H_2SO_4 或衣康酸
菌种	NRRL1960	NRRL1960	ATTCC10020	NRRL1960
发酵温度/℃	30	34	$30\sim31$	$34\sim35$
通气量/[L/(L·min)]		0.03		0.25
罐表压/Pa		1×10^5		1×10^5
搅拌/(r/min)		100		$100\sim125$
消泡剂		十八醇		十八醇
接种量		0.8%	0.4%	$5\%\sim10\%$
发酵时间/d	8	$4\sim6$	$7\sim8$	$6\sim9$
转化率/%	$30\sim33$	$45\sim54$	38	$61\sim65$

三、柠檬酸的发酵生产

柠檬酸，又名枸橼酸，分子式 $C_6H_8O_7$（无水物），是世界产量较大的一种有机酸。传统的柠檬酸生产是以薯干为原料，经生物发酵工艺和钙盐法提取工艺制得。传统工艺存在环境污染严重、生产成本高、产品质量不高等问题。近年来，在生产新原料方面，研究出了以玉米粉、稻米、秸秆等为原料的生产方法，使生产成本大大降低，废物排放减少。采用工业离子色谱法、母液净化处理、循环利用废糖液等技术对生产工艺进行了改进，降低了生产成本、能耗及污染物的排放。为保护环境，使用了离子交换树脂法、电渗析、膜分离和吸交法等提取技术，基本实现了清洁的生产工艺。通过这些改进，使柠檬酸的产品质量提高、生产成本降低，对环境的污染减少等。

（一）柠檬酸发酵机理

关于柠檬酸发酵的机制有多种理论，目前大多数学者认为它与三羧酸循环有密切的关系。糖经糖酵解途径（EMP 途径），形成丙酮酸，丙酮酸羧化形成 C_4 化合物，丙酮酸脱羧形成 C2 化合物,两者缩合形成柠檬酸。柠檬酸的发酵机理可概括为:大量的胞内 NH_4^+ 和呼吸活性提高,使通过糖酵解途径的代谢得到加强。葡萄糖经 EMP 通路分解成为丙酮酸,进入三羧酸循环,在丙酮酸脱氢酶复合物作用下氧化成为乙酰- CoA 及 CO_2,然后在柠檬酸合成酶作用下与草酰乙酸缩合而形成柠檬酸,而异柠檬酸脱氢酶、乌头酸酶因受到抑制,而使柠檬酸得以积累。黑曲霉中柠檬酸的代谢溢出及柠檬酸发酵的三个控制点分别见图 11-2 和图 11-3。

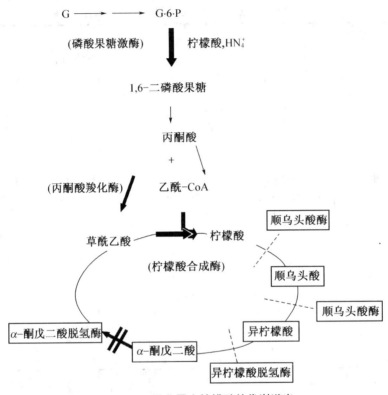

图 11-2 黑曲霉中柠檬酸的代谢溢出

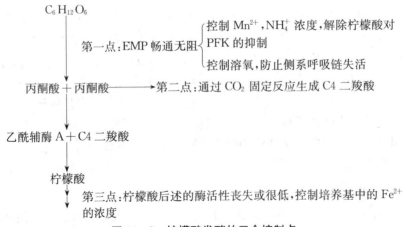

图 11-3 柠檬酸发酵的三个控制点

（二）薯干原料柠檬酸深层发酵方法

柠檬酸生产属好气发酵，通入空气。浅盘发酵周期6～11 d,所需能耗小,但劳动力多;深层发酵周期4～7 d,所需能耗大,但劳动力少。对于大规模生产多倾向于选择深层发酵。其发酵及提取工艺流程见图11-4。首先将原料进行过滤,经阳离子交换柱除去铁和锰离子,再用蒸汽进行灭菌,然后稀释至约15%的糖溶液进入发酵罐,加入菌种进行培养发酵,营养物多采用硝酸铵、硫酸镁、磷酸二氢钾、硫酸铜或氯化铜、硫酸锌或氯化锌,用盐酸调整pH值在3.5左右,以防止副产物生成。温度保持在27～33 ℃。

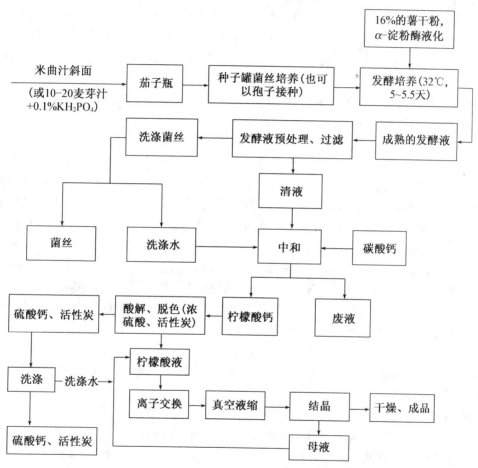

图11-4 薯干粉深层发酵及钙盐法提取工艺流程

国内深层发酵法约占发酵法产量的80%。深层发酵法的工艺条件为pH值为1.5～2.8,发酵温度28～33 ℃,发酵时间取决于溶液中糖的浓度,一般为8～13 d。发酵培养基为12%或16%山芋干粉,菌种为黑曲霉,通入无菌空气并搅拌,发酵完毕后滤去菌丝体及残存固体渣滓,从滤液中回收柠檬酸。

在发酵过程中,有的菌种不需加入引发剂,有的则采用甲醇作为引发剂,采用棕榈油或其他植物油作为发酵用消泡剂,通入的空气中不允许含油,稀释采用的工艺要求金属离子在 0.1 ppm 以下。一般发酵罐压力为 6 894.76 Pa。一般深层发酵罐内设多层涡轮搅拌器及空气分布器械。搅拌器转速为 50～100 r/min。发酵终点时发酵液含糖量在 1％以下,产酸浓度在 10％～12％之间。发酵液菌丝体的过滤采用板框压滤机或带式过滤机、真空转鼓过滤机及离心机。现在越来越多地使用真空转鼓过滤机。其优点是容量大,可连续生产,又便于自动控制。

我国独创的薯粉直接深层发酵法工艺处于世界先进水平,且自行开发的黑曲霉菌产酸效率与国外接近,但在提取率、机械化程度和劳动生产率等方面比较落后,因而在国内研究从发酵液中高效、低能耗地提取柠檬酸是一个极有意义的课题。

柠檬酸发酵液成分复杂,并且因原料和发酵工艺不同而各不相同。除柠檬酸外,还包括菌体、残糖、蛋白质、色素、胶体、有机杂酸、无机盐等多种杂质,总的来说,它们来源于原材料、未消耗的营养盐或发酵的中间副产物。所以从柠檬酸发酵液中提取柠檬酸是比较困难的。

从柠檬酸发酵液中提取柠檬酸的方法主要有以下几种:钙盐法、萃取法、离子交换吸附法、电渗析法、膜分离法。

1. 钙盐法

这是一种传统的从发酵液中提取有机酸的方法,我国普遍使用。它是利用柠檬酸钙不溶于水,但能溶于酸的特点,在含柠檬酸的上清液中加入 $CaCO_3$ 或 $Ca(OH)_2$ 中和,使柠檬酸生成柠檬酸钙沉淀,固液分离后,柠檬酸钙经过洗涤再用硫酸酸解,生成柠檬酸水溶液,再经过脱色,去除阴阳杂离子后得到提取液,进入浓缩、结晶工序得到纯柠檬酸固体产品。钙盐法因为工艺成熟、设备简单、原材料易得和产品质量稳定等特点而在国内外被广泛使用。其缺点在于:一是得到的提取液中柠檬酸质量分数较低,一般低于 20％,增大了后续浓缩段的负荷;二是单元操作损失多,总收率低,国内厂家一般在 60％～75％,超过 70％的很少,对以薯干为原料的生产工艺收率更低;三是在提取过程中柠檬酸经历了多次相变,消耗化工原料多,固液分离量大,能耗高;四是环境污染严重,产生大量的固体废弃物,其排放量 1.0～2.5 t 废物/1 t 柠檬酸,在环境问题日益突出的今天,这种方法越来越不适应环保的要求。另外还有提取工艺长、工人劳动强度大、工作环境恶劣、提取设备腐蚀严重等缺点。

2. 萃取法

目前研究的萃取剂包括:丁醇、丙酮、磷酸三丁酯、TOA、N-二烷基酰胺、三烷基氧磷、N-烷基酰胺和石油亚砜等,但研究更多的是有机胺。反萃取剂大多是热水,但因为热水反萃效率较低,为了提高反萃效率,有人还研究了醋酸水溶液、盐酸的反萃效果。

3. 离子交换吸附法

利用特定的有机高分子树脂对柠檬酸或柠檬酸盐的高选择性,将柠檬酸或柠檬酸盐从发酵液中提取出来的方法。20 世纪 80 年代以来,国内外对离子交换吸附法提取柠檬酸的研究很多。国内一般的流程是发酵液过滤后用离子交换柱提取,氨水洗脱后用阳离子交换柱转型,经脱色和除杂质后进入浓缩和结晶。

4. 电渗析法

70 年代国内开始研究用电渗析的方法从发酵液中提取柠檬酸,并取得了一定的进展。电渗析法提取葡萄糖糖蜜发酵液的工艺流程为:发酵液(pH＝1.5～3.0)经过滤预处理后,用电渗析器分离,并浓缩 2 倍,这种粗提取液再利用活性炭和离子交换除去色素和杂质离子,得到淡黄色、高纯度柠檬酸水溶液。

5. 膜分离法

随着液膜分离技术的发展,液膜萃取法(liquid-membrane extraction,ELM)也用于柠檬酸的提取。柠檬酸作为三元有机酸,在某些有机相中的溶解度较低,在油相中的扩散传递得很慢。在液膜内加入可流动的载体,它能迅速地与柠檬酸作用形成络合物,促进它在有机膜相中的溶解和扩散,通过液膜而得到分离和浓缩,这种载体就是萃取剂。采用油包水型乳化液膜,以 Na_2SO_3 作反萃剂在内相中接受柠檬酸。

第二节　氨基酸

世界氨基酸工业的发展从 1908 年开始,先后开发了蛋白质水解抽提法、化学合成法、微生物发酵法和酶法四种氨基酸生产方法,最近又新起了用基因工程手段生产氨基酸。蛋白质水解抽提法是传统的氨基酸生产技术,从 1910 年日本味之素公司采用酸水解大豆蛋白提取谷氨酸开始到 1957 年发酵法生产谷氨酸成功的几十年的历史中,几乎所有的氨基酸都采用提取法制备。

1950 年首次采用化学合成法,20 世纪 50 年代,随着石油化工的发展,氨基酸化学合成法发展起来,并形成大型产业,由于此法技术成熟、生产量大、氨基酸的品种不受限制等优点,所以目前蛋氨酸、甘氨酸、苯丙氨酸、丙氨酸主要是采用化学合成法。

氨基酸的发酵法生产是 1957 年日本突破了谷氨酸发酵技术之后发展起来的,主要从自然界野生菌经诱导或突变筛选出营养缺陷型和抗性变异株。近年来,遗传学和生物工程技术被引进菌种选育后,氨基酸的高产菌株不断出现,使发酵法有了进一步的发展。目前有 60% 以上的氨基酸采用发酵法生产。

酶法生产氨基酸始于 20 世纪 70 年代,利用微生物细胞或微生物产生的酶来制造氨基酸的方法。日本 1973 年用固定化菌体法成功进行天冬氨酸的生产,从此酶法生产氨基酸为发酵工程的发展带来了新的生机。

基因工程兴起于 20 世纪 70 年代,1979 年苏联首次成功地构建了苏氨酸基因工程菌后,日本、德国、美国也相继投入氨基酸的基因工程菌的研究工作,现在已建立了基因分离、鉴定克隆、转移和表达的一系列方法,对代谢途径及调空机理做了深入的研究。

近些年来,在氨基酸的应用和研究方面均取得了重大进展,发现新氨基酸种类和数量已突破 400 种。而且在产量方面,目前已经超过了百万吨,产值也超过了百亿美元。本节以氨基酸生产中最成熟、最典型的谷氨酸发酵为例,重点介绍氨基酸发酵生产的方法与工艺。

一、菌种选育

1946 年,美国农业部研究所 Lockwood 等发现在葡萄糖培养基中的好气培养荧光杆

菌是有 α-酮戊二酸的积累,并发表了采用酶法或化学方法转化酮酸为谷氨酸的研究报告。1956 年日本人木下与朝井分别报道了用微生物直接发酵糖类生产谷氨酸的研究,并于 1957 年实现谷氨酸发酵工业化生产,之后发酵法生产谷氨酸即取代水解法成为工业生产谷氨酸的主要方法。今天,世界上几乎所有谷氨酸都由发酵法获得,谷氨酸发酵是氨基酸发酵的开端,是微生物积累含氮初级产物的最早例子,以此为转机,其他氨基酸、核酸发酵迅速发展,形成了新型发酵工业。

1958 年,我国也开始了谷氨酸发酵研究。1960 年,周光宇和钱存柔先后连续报道了产谷氨酸细菌 α-酮戊二酸短杆菌 2990-6(Brevibacterium ketoglutamicus 29906)的分离筛选、分类鉴定和代谢方面的研究,但是该菌未能应用于生产。1961 年上海轻工业研究所发酵室分离筛选到一株谷氨酸产生菌-黄色短杆菌 No. 617(Brevibacterium flavum No. 617),并于 1964 年通过 2 500 L 罐的中试鉴定,不久在上海天厨味精厂正式工业化生产。1962 年,中国科学院微生物研究所成功地分离筛选到两株谷氨酸产生菌,分别命名为北京棒杆菌 AS 1.299(Corynebaclerium Pekinese AS1.299)和钝齿棒杆菌 AS 1.542(Corynebaclerium crenatum AS1.542),并于 1965 年采用上述两菌实现了在 30M^3 发酵罐谷氨酸发酵大规模工业化生产。1973 年杭州味精厂、天津工业微生物研究所分别成功选育到两株谷氨酸生产菌,分别命名为钝齿棒杆菌 B9(Corynebaclerium crenatum B9)和天津短杆菌 T613(Corynebaclerium tientsinese T613),这两株菌种得到了广泛应用。随着优良菌种的发现与改良,我国味精工业得到了飞速的发展。

谷氨酸产生菌的特点为:是革兰氏阳性菌;不形成芽孢;没有鞭毛,不能运动;需要生物素作为生长因子;在通气条件下才能产生谷氨酸。

二、谷氨酸发酵工艺

谷氨酸发酵是典型的代谢控制发酵,谷氨酸由三羧酸循环中产生的 α-酮戊二酸,在谷氨酸脱氢酶和氢供体存在下进行还原性氨化作用而得到(图 11-5)。对谷氨酸发酵工艺的研究至关重要。发酵的环境条件,如培养基组成、pH,温度、溶氧水平等都明显地影响谷氨酸的产量。

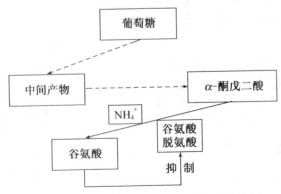

图 11-5　谷氨酸棒状杆菌合成谷氨酸的途径

谷氨酸发酵生产的工艺流程如图 11-6 所示。

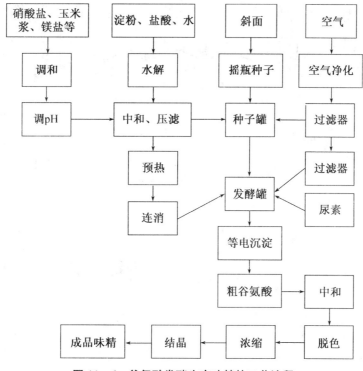

图 11 - 6　谷氨酸发酵生产味精的工艺流程

(一) 菌种扩大培养

1. 斜面培养

主要产生菌是棒状杆菌属、短杆菌属、节杆菌属。我国各工厂目前使用的菌株主要是钝齿棒杆菌和北京棒杆菌及各种诱变株。菌种生长特点：适用于糖质原料,需氧,以生物素为生长因子。斜面培养基为蛋白胨、牛肉膏、氯化钠组成的 pH7.0～7.2 琼脂培养基, 32 ℃培养 18～24 h。

2. 一级种子培养

由葡萄糖、玉米浆、尿素、磷酸氢二钾、硫酸镁、硫酸铁及硫酸锰组成。1 000 mL 三角瓶装 180～200 mL 培养基于 32 ℃,pH7.0 条件下振荡培养 12h。

3. 二级种子培养

用种子罐培养,接种量为 0.2%～0.5%,用水解糖代替葡萄糖,于 32 ℃进行通气搅拌6～8 h。种子质量要求:二级种子培养结束时,无杂菌或噬菌体污染,菌体大小均一,呈单个或八字排列。活菌数为 10^8～10^9 个/mL。

(二) 谷氨酸发酵过程的代谢变化

谷氨酸发酵的代谢变化如图 11 - 7 所示。

1. 发酵初期,即菌体生长的延滞期,糖基本没有利用,尿素分解放出氨使 pH 值略上升。这个时期的长短决定于接种量、发酵操作方法(分批或分批流加)及发酵条件,一般为 2～4h。

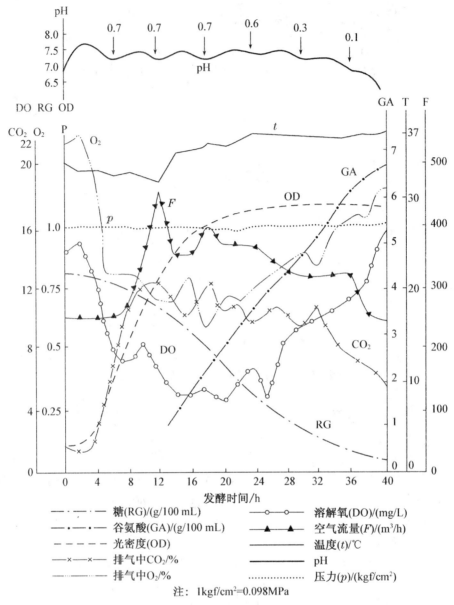

图 11-7 谷氨酸发酵的代谢变化曲线

2. 菌体在对数生长期代谢旺盛,糖耗快,尿素大量分解,pH 值很快上升。但随着氨被利用 pH 值又下降,溶氧浓度急剧下降,然后又维持在一定水平上。菌体浓度(OD 值或 A 值)迅速增大,菌体形态为排列整齐的八字形。这个时期,为了及时供给菌体生长必需的氮源及调节培养液的 pH 值至 7.5～8.0,必须流加尿素;又由于代谢旺盛,泡沫增加并放出大量发酵热,故必须进行冷却,使温度维持 30～32 ℃。菌体繁殖的结果,菌体内的生物素含量由丰富转为贫乏。这个阶段主要是菌体生长,几乎不产酸,一般为 12 h 左右。

3. 当菌体生长基本停止就转入谷氨酸合成阶段,此时菌体浓度基本不变,糖与尿素

分解后产生的 α-酮戊二酸和氨主要用来合成谷氨酸。这一阶段,为了提供谷氨酸合成所必需的氨及维持谷氨酸合成最适的 pH7.2～7.4,必须及时流加尿素,又为了促进谷氨酸的合成需加大通气量。并将发酵温度提高到谷氨酸合成的最适的温度 34～37 ℃。

4. 发酵后期,菌体衰老,糖耗缓慢,残糖低,此时流加尿素必须相应减少。当营养物质耗尽酸度不再增加时,需及时放罐,发酵周期一般为 30～36 h。

(三) 谷氨酸发酵的工艺控制

1. 生物素

作为催化脂肪酸生物合成最初反应的关键酶乙酰- CoA 的辅酶,参与脂肪酸的生物合成,进而影响磷脂的合成。当磷脂含量减少到正常时的一半左右时,细胞发生变形,谷氨酸能够从胞内渗出,积累于发酵液中。生物素应控制在亚适量。当生物素缺乏时,菌种生长十分缓慢;生物素过量,则发酵过程菌体大量繁殖,不产或少产谷氨酸,代谢产物中乳酸和琥珀酸明显增多。

2. 种龄和种量的控制

一级种子接种龄控制在 11～12 h,二级种子接种龄控制在 7～8 h。种量为 1%。接种量过多会导致菌体娇嫩,不强壮,提前衰老自溶,后期产酸量不高。

3. pH 值

发酵前期,幼龄细胞对 pH 较敏感,pH 过低,菌体生长旺盛,营养成分消耗大,转入正常发酵慢,长菌不长酸。谷氨酸脱氢酶最适 pH 为 7.0～7.2,转氨酶最适 pH7.2～7.4。在发酵中后期,保持 pH 不变。过高则发酵产物转为谷氨酰胺,过低则导致氨离子不足。

4. 通风

不同种龄、种量,培养基成分,发酵阶段及发酵罐大小对通风量的要求均不同。总体来看,在长菌体阶段,通风量应较小,如通风量过大,生物素缺乏,抑制菌体生长。而在发酵产酸阶段,需要大量通风供氧,以防过量生成乳酸和琥珀酸,但此阶段若过大通风,会大量积累 α-酮戊二酸。

另外,需从空气过滤、培养基、设备、环境等环节严格把关,防止噬菌体和杂菌的污染。

(四) 谷氨酸提取

我国味精生产,从发酵液中提取谷氨酸大多采用等电点法或者离子交换法。此外还有金属盐沉淀法、盐酸盐法和电渗析法,以及将上述某些方法结合使用的方法。其中以等电点法和离子交换法较为普遍。

味精生产从发酵液中提取谷氨酸时,由于发酵液中存在大量的菌体蛋白、悬浮物及其他杂质,给谷氨酸提取操作、提取收率、谷氨酸质量带来显著影响,且废水含高 COD(化学需氧量 chemical oxygen demand)、高 BOD(生物需氧量,biological oxygen demand)等严重污染环境的物质,又给废水治理带来重重困难。近几年来,国内一些味精生产企业、研究所,对谷氨酸发酵液除菌体及提取谷氨酸进行了大量研究,除菌体工艺有高速离心机分离、絮凝剂分离、膜分离等,都取得了明显成果。按除菌体不同工艺,除菌体率分别达到70%～96%。其中以膜分离法除菌率最高,可达 95% 以上,得到的发酵液澄清,OD(需氧量,oxygen demand)低,谷氨酸提取操作方便,由于除去了影响谷氨酸结晶的大量杂质,因而谷氨酸结晶颗粒大，纯度高、质量好，易于沉降分离，提取收率明显提高。高纯度谷氨酸有利于味精精制，味精中和脱色过滤可降低活性炭或树脂用量，提高味精结晶质量，大大降低味精生产成本。除菌体后的发酵液及等电提取后的废液中 COD、BOD 大大减少，减轻了环境污染，降低了废水治理负荷与难度。得到的菌体经干燥后可以综合利用，作高蛋白质饲料或作核苷酸的生产原料。谷氨酸发酵液除菌体及多种新工艺提取谷氨酸的研究，是对我国味精工业清洁生产的有益探索。随着研究的不断深化，许多先进工艺技术将会被应用，味精生产终将进入一个新水平。

第三节　酶制剂

一、酶制剂工业生产概述

酶制剂是在 1833 年由法国化学家佩思和珀索发现的。他们从麦芽提取液的酒精沉淀物中得到一种对热不稳定，而且能加速淀粉转变成糖的物质，称之为淀粉酶制剂。1926年隆姆首次从刀豆中提纯得到脲酶结晶。生物化工行业经过 70 多年的发展，对酶的分子结构，酶作用的机理及酶系统的自我调节已形成了一个完整的工业体系。整个行业也出现了一些新的发展态势。在阐明生命活动的规律，探索工业、农业、畜牧业、医药及对疾病的诊断、治疗均有重要的意义。

酶制剂工业是知识密集的高科技产业，是生物工程的经济实体。据台湾食品工业发展研究所统计，全世界酶制剂市场以年平均 11％的速度逐年增加。我国的酶制剂始于1965 年，20 世纪 60 年代仅生产单一品种，到 90 年代已能生产 10 多个品种。目前由于引进了新型酶，国内已能生产 28 个品种。应用领域扩大了，应用面由酿酒扩大到淀粉糖、味精、食品、皮革等行业。2006 年中国酶制剂总产量约 53 万吨，目前作为食品添加剂的酶制剂品种已有 26 种，包括糖化酶、α-淀粉酶、蛋白酶、木瓜蛋白酶、葡萄糖异构酶、真菌淀粉酶、果胶酶、脂肪酶、乳糖酶、纤维素酶、β-葡聚糖酶、葡萄糖氧化酶、木聚糖酶等，已被广泛应用于食品加工工业，在提高产品质量、降低成本、节约原料和能源、保护环境等方面发挥着重要作用。我国酶制剂生产主要采用微生物发酵法，少量酶的生产采用生物提取法。目前中国酶制剂生产企业有数十家。在全世界上百个有名的酶制剂企业中，丹麦NOVO 公司牢牢把持着龙头地位，占有 50％以上市场份额，杰能科则其次，占 25％左右市场份额，其他各国酶制剂生产企业分享余下的 25％市场份额。

二、酶制剂的应用

酶制剂的应用现在已经扩展到食品、饲料、纺织、制革、洗涤、造纸、环保、医药等行业。

（一）发酵和淀粉糖行业

中温淀粉酶、耐高温 α-淀粉酶、糖化酶应用到淀粉制糖工业，简化了制糖工艺。耐高温 α-淀粉酶、高转化率糖化酶新品种和适合中国国情的高压喷射液化器的研制成功，推动了抗生素、淀粉糖、味精、啤酒、酒精、制糖等行业快速发展。α-乙酰乳酸脱羧酶减少了啤酒的生产周期,提高了设备的利用率,大大降低了生产成本。

(二) 食品工业

酶制剂在食品工业的三大用途分别是水果蔬菜加工、焙烤食品和乳制品。酶制剂是新发展起来的多功能面食添加剂,可用于面粉增白、增强筋力、增加风味以及不同面食的特殊需要,主要有淀粉酶、氧化酶、蛋白酶、葡萄糖氧化酶和过氧化氢酶的复合酶等。在乳品加工业,用 β-半乳糖苷酶分解乳糖形成半乳糖,既可解决大多数中国人存在的乳糖不耐症问题,还可促使双歧杆菌增殖。蛋白酶可制作大豆蛋白肽。酿造啤酒和葡萄酒时 β-葡聚糖酶可分解 β-葡聚糖,提高啤酒和葡萄酒过滤性。食品用酶现阶段重点是将已有的新型酶制剂产业化。国外已经将木聚糖酶、过氧化物酶、蛋白酶、肽酶、复合酶等很多新的酶制剂应用于食品工业,我国虽然也研制出了上述酶,但还未就其应用进行进一步的探索,我国在食品用酶制剂的应用和生产方面与国外还有很大差距。

(三) 饲料工业

我国动物饲料组成中非淀粉多糖比例很高,同时还含有相当数量的果胶、丹宁等,这些物质不仅不能被动物消化,还会增加肠道内容物的黏度,阻碍营养物质扩散吸收。目前,果胶酶、葡聚糖酶、纤维素酶、半纤维素酶、植酸酶等已成功地用于各种配合饲料中分解"抗营养因子"。国家重点生物科技项目运用代谢控制发酵技术生产富含多种消化酶、有机酸、功能微生物和多肽、氨基酸的绿色生物饲料,具有明显的促进生长、防治疾病等生物学效应,对动物肠道疾病的控制率达 98%。世界上饲料用酶有 20 多种,主要为消化用水解酶。我国农业部允许使用的饲料级酶制剂有蛋白酶、淀粉酶、果胶酶、纤维素酶、木聚糖酶、β-葡聚糖酶、植酸酶等 12 类。目前饲料用酶大多来自真菌。国外已将不同的酶,如 β-2 葡聚糖酶、木聚糖酶和植酸酶进行克隆,并在微生物和植物中表达,克隆酶的用量一直在稳定上升,我国在饲料用酶的生产和科研领域虽起步晚,但发展很快。

(四) 纺织和洗涤行业

在非食品工业中,纺织行业对酶的应用处于领先地位,酶制剂有广泛的用武之地。在改变纤维整理方法时,人们用淀粉酶去除淀粉浆,因为纱织品原料通常要上浆,以防止它们在织造过程中断开。纤维素酶成了纤维制品整理的工具,它们的成功始于牛仔布整理,人们发现使用纤维素酶时可以达到用传统浮石打磨出的流行石洗效果。纤维素酶也应用于被诺维信公司称为"生物抛光工艺"中,该工艺不但可防止起球并提高棉纤维的光泽度和颜色的光亮度,而且还可以获得柔软的手感。棉坯布在印染前进行漂白,残留在漂白液中的过氧化氢可用过氧化氢酶来降解。蛋白酶可用于毛织物的柔软整理,并用于原丝脱胶。现在在洗涤行业应用淀粉酶、脂肪酶、蛋白酶的技术也日趋成熟。

(五) 造纸、制革和环保领域

我国 80% 以上的造纸原料是植物秸秆,主要由纤维素、木质素和聚糖类物质组成。传统造纸工艺仅用去了其中的纤维素,其余成分与加入的碱一起进入废液,形成造纸黑液,使用酶制剂综合处理可以使造纸黑液资源化。废纸回收制浆时废纸脱墨要使用有害的化学溶剂和助剂,山东省已将纤维素酶为主的复合酶成功用于大生产中的废纸脱墨。人们早在 20 世纪 70 年代就已将蛋白酶用于皮革的加工过程。随着现代生物技术的发展,在最近 10 年内又开发了许多新的商业化酶制剂。目前,已有碱性脂肪酶、碱性蛋白酶、酸性脂肪酶以及酸性蛋白酶可供选择使用。酶制剂应用于皮革生产的优点是缩短浸水时间,浸水均匀;脏物易于去除,提高面积得革率;去除或减少纹路,粒面清洁;减少硫化碱用量,提高柔软度;染料吸收均匀,着色鲜艳。酶制剂在处理废物、废水,化废为宝,实现二次利用方面表现出巨大的应用前景。生物体中的酶千差万别,对于废物和废水中的有机成分(主要污染源)基本上都可以找到能够将其彻底分解的酶品种。在农业方面,生物农药只作用于农作物致病菌或致病因素,对人体无害,不存在农药残留问题。化工行业是污染的主要来源,以酶作为催化剂可使化学反应在常温、常压、中性条件下进行,既降低了成本,又大大减少了污染。目前,我国柠檬酸和聚丙烯酰胺就借助生物化工技术实现了大规模、小投资、低成本的技术升级。

(六) 医药行业

酶是生化药物的一个大类,我国传统酶类药品以从动植物中提取的各种消化酶类为主。近十几年来尿激酶、弹性酶、降纤酶、纤溶酶、链激酶、胶原酶、超氧化物歧化酶等新的酶类药物已广泛应用于心脑血管疾病、血液系统疾病、保健、抗衰老等各个方面,不少酶制剂被用作急救药品。酶类药物以其安全、高效的特点在临床应用上处于不断上升趋势。目前,玻璃酸酶、溶菌酶、中性蛋白酶等产品已由微生物发酵法生产。最近的突破性进展还有:① 用蛋白酶、核酸酶、脂肪酶、复合酶等对抗生素分子进行修饰,以应对细菌的抗药性,如酶法生产半合成内酰胺抗生素;② 中草药提取时用酶法水解破坏植物细胞的细胞壁,从而更充分地分离、提取有效成分;③ 酶诊断试剂的开发;④ 用酶作为抗生素的替代品,由于酶的专一性以及不产生耐药性,是抗生素的有力挑战者。

三、酶生物合成的代谢调节

微生物酶合成的调节方式,目前已发现的有 2 种,即酶合成的诱导和酶合成的阻遏。

(一) 酶合成的诱导

酶可分为组成酶和诱导酶。组成酶为细胞所固有的酶,在相应的基因控制下合成,不依赖底物或底物类似物而存在,如分解葡萄糖的 EMP 途径中有关酶类;诱导酶是细胞在外来底物或底物类似物诱导下合成的,如 β-半乳糖苷酶和青霉素酶等。诱导降解酶合成的物质称为诱导物(inducer),它常是酶的底物,如诱导 β-半乳糖苷酶或青霉素酶合成的乳糖或青霉素;但在色氨酸分解代谢中酶的分解产物(如犬尿氨酸)也会诱导酶合成。此外,诱导物也可以是难以代谢的底物类似物,如乳糖的结构类似物硫代甲基半乳糖苷(methyl thio galactopyranoside,TMG)和异丙基-β-D-硫代半乳糖苷(isopropyl β-D-1-Thiogalactopyranoside,IPTG),以及苄基青霉素的结构类似物 2,6-二甲氧基苄基青霉素等。大多数分解代谢酶类是诱导合成的。表 11-3 列出了某些工业酶的诱导物。

表 11-3　某些工业酶的诱导物

酶	诱导物	酶	诱导物
α-淀粉酶	淀粉或麦芽糊精	乳糖酶	乳糖
葡萄糖淀粉酶	淀粉或麦芽糊精	脂肪酶	脂肪或脂肪酸
过氧化氢酶	过氧化氢、氧	果胶酶	果胶
纤维素酶	纤维素、纤维二塘、槐糖	普鲁兰糖酶	聚麦芽糖或麦芽糖
葡萄糖氧化酶	葡萄糖、蔗糖	葡萄糖异构酶	木二糖、木聚糖、木糖
蔗糖酶	蔗糖		

诱导有协同诱导与顺序诱导两种。诱导物同时或几乎同时诱导几种酶的合成称为协同诱导,如乳糖诱导大肠杆菌同时合成 β-半乳糖苷透性酶、β-半乳糖苷酶和半乳糖苷转乙酰酶等与分解乳糖有关的酶。协同诱导使细胞迅速分解底物。顺序诱导是先后诱导合成分解底物的酶和分解其后各中间代谢产物的酶。例如,在由色氨酸降解成为儿茶酚的途径中,犬尿氨酸先协同诱导出色氨酸加氧酶、甲酰胺酶和犬尿氨酸酶,将色氨酸分解成邻氨基苯甲酸,后者再诱导出邻氨基苯甲酸双氧酶,催化邻氨基苯甲酸生成儿茶酚。顺序诱导对底物的转化速度较慢。

诱导酶是微生物需要它们时才产生的酶类,所以诱导的意义在于它为微生物提供了一种只是在需要时才合成酶以避免浪费能量与原料的调控手段。

(二) 酶合成的阻遏

酶合成的阻遏主要有终产物阻遏和分解代谢产物阻遏。

1. 终产物阻遏

催化某一特异产物合成的酶,在培养基中有该产物存在的情况下常常是不合成的,即受阻遏的。这种由于终产物的过量积累而导致的生物合成途径中酶合成的阻遏称为终产物阻遏,它常常发生在氨基酸、嘌呤和嘧啶等这些重要结构元件生物合成的时候。在正常情况下,当微生物细胞中的氨基酸、嘌呤和嘧啶过量时,与这些物质合成有关的许多酶就停止合成。例如过量的精氨酸阻遏了参与生物合成精氨酸的许多酶的合成。终产物阻遏在代谢调节中的意义是显而易见的。它有效地保证了微生物细胞内氨基酸等重要物质维持在适当浓度,不会把有限的能量和养料用于合成那些暂时不需要的酶。微生物通过终产物阻遏与反馈抑制的完美配合有效地调节着氨基酸等重要物质的生物合成。

2. 分解代谢产物阻遏

大肠杆菌在含有能分解的两种底物(如葡萄糖和乳糖)的培养基中生长时,首先分解利用其中的一种底物(葡萄糖),而不分解另一种底物(乳糖)。这是因为葡萄糖的分解代谢产物阻遏了分解利用乳糖的有关酶合成的结果。生长在含葡萄糖和山梨醇或葡萄糖和乙酸的培养基中也有类似的情况。由于葡萄糖常对分解利用其他底物的有关酶的合成有阻遏作用,所以分解代谢产物阻遏又称葡萄糖效应(glucose effect)。分解代谢产物阻遏导致所谓"二次生长",即先是利用葡萄糖生长,待葡萄糖耗尽后,再利用另一种底物生长,两次生长中间隔着一个短暂的停滞期。这是因为葡萄糖耗尽后,它的分解代谢产物阻遏作用解除,经过一个短暂的适应期,β-半乳糖苷酶等分解利用乳糖的酶被诱导合成,这时细菌便利用乳糖进行第二次生长。葡萄糖对氨基酸的分解利用也有类似的阻遏作用。

四、酶制剂发酵生产的工艺控制

酶制剂的发酵生产是指在人工控制的条件下,有目的地利用微生物培养来生产所需的酶,其技术包括培养基和发酵方式的选择及发酵条件的控制管理等方面的内容。微生物发酵产酶的一般工艺流程如图 11-8 所示。

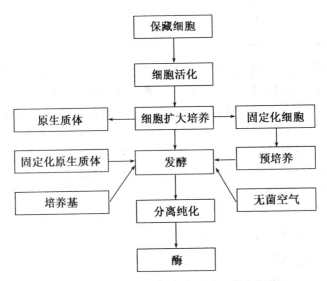

图 11-8 微生物发酵产酶的工艺流程

(一) 培养基

由于酶是蛋白质,酶的形成也是蛋白质的合成过程,因此微生物产酶的培养基要有利于蛋白质的合成。

1. 碳源

碳源是微生物细胞生命活动的基础,是合成酶的主要原料之一。当前酶制剂生产上使用的菌种大都是只能利用有机碳的异养型微生物。有机碳的主要来源有二:一是农副产品中如甘薯、麸皮、玉米、米糠等淀粉质的原料;二是野生的如土茯苓、橡子、石蒜等淀粉质原料。此外,目前研究以石油产品中 12~16 碳的成分来作碳源,加以某些嗜石油微生物生产蛋白酶、脂酶,均已获得成功。

2. 氮源

氮源可分为有机氮和无机氮,选用何种氮源因微生物或酶种类的不同而异。酶制剂生产中的氮源有两种:一种是有机态氮,常利用农产品的籽实榨油后的副产品,如豆饼、花生饼、菜籽饼等;另一种是无机态氮,如硫酸铵、氯化铵、硝酸铵和磷酸铵等。

3. 无机盐类

产酶培养基常需添加一定量的无机盐,应特别注意有些金属离子是酶的组成成分。

4. 生长因子

生长因子是指细胞生长必需的微量有机物,如维生素、氨基酸、嘌呤碱、嘧啶碱等。酶制剂生产中所需的生长因子,大多是由天然原料提供,如玉米浆、麦芽汁、豆芽汁、酵母膏等。玉米浆中一般含有生长素 32～128 mg/mL。目前广泛采用玉米浆作为生长因子的原料。

5. 产酶促进剂

于培养基中添加某种少量物质,能显著提高酶的产率,这类物质称为产酶促进剂。产酶促进剂大体上分为两种:一是诱导物,二是表面活性剂。表面活性剂,如吐温-20 的浓度为 0.1‰时能增加许多酶的产量。表面活性剂能增加细胞的通透性,处在气液界面改善了氧的传递速度,还可以保护酶的活性。生产上常采用非离子型表面活性剂,如聚乙二醇、聚乙烯醇衍生物、植酸类、焦糖、羧甲基纤维素、苯乙醇等。离子型的表面活性剂对微生物有害。用于食品、医药的酶的生产中所用的表面活性剂还需对人畜无害。此外各种产酶促进剂的效果还受到菌种、种龄、培养基组成的影响。

6. 微生物发酵产酶常用的几种发酵培养基

微生物发酵产酶的培养基多种多样。不同的微生物,生产不同的酶,所使用的培养基不同。即使是相同的微生物,生产同一种酶,在不同地区、不同企业中采用的培养基亦有所差别。必须根据具体情况进行选择和优化。如:(1) 枯草杆菌 BF7658α-淀粉酶发酵培养基;(2) 枯草杆菌 AS1.398 中性蛋白酶发酵培养基;(3) 黑曲霉糖化酶发酵培养基;(4) 地衣芽孢杆菌 2709 碱性蛋白酶发酵培养基;(5) 黑曲霉 AS 3.350 酸性蛋白酶发酵培养基;(6) 游动放线菌葡萄糖异构酶发酵培养基;(7) 桔青霉磷酸二酯酶发酵培养基;(8) 黑曲霉 AS3.396 果胶酶发酵培养基;(9) 枯草杆菌 AS1.398 碱性磷酸酶发酵培养基等。

(二) pH 值的调节控制

培养基的 pH 值与细胞的生长繁殖以及发酵产酶关系密切,在发酵过程中必须进行必要的调节控制。

不同的细胞,其生长繁殖的最适 pH 值有所不同。一般细菌和放线菌的生长最适 pH 值在中性或碱性范围(pH6.5～8.0);霉菌和酵母的最适生长 pH 值为偏酸性(pH4～6);植物细胞生长的最适 pH 值为 5～6。

细胞发酵产酶的最适 pH 值与生长最适 pH 值往往有所不同。细胞生产某种酶的最适 pH 值通常接近于该酶催化反应的最适 pH 值。

有些细胞可以同时产生若干种酶,在生产过程中,通过控制培养基的 pH 值,往往可以改变各种酶之间的产量比例。例如,采用米曲霉发酵生产蛋白酶时,当培养基的 pH 值为碱性时,主要生产碱性蛋白酶;培养基的 pH 值为中性时,主要生产中性蛋白酶;而在酸性的条件下,则以生产酸性蛋白酶为主。

随着细胞的生长繁殖和新陈代谢产物的积累,培养基的 pH 值往往会发生变化。这种变化的情况与细胞特性有关,也与培养基的组成成分以及发酵工艺条件密切相关,主要体现在以下几点:

1. 含糖量高的培养基,由于糖代谢产生有机酸,会使 pH 值向酸性方向移动;

2. 含蛋白质、氨基酸较多的培养基,经过代谢产生较多的胺类物质,使 pH 值向碱性方向移动;

3. 以硫酸铵为氮源时，随着铵离子被利用，培养基中积累的硫酸根会使 pH 值降低；

4. 以尿素为氮源时，随着尿素被水解生成氨，而使培养基的 pH 值上升，然后又随着氨被细胞同化而使 pH 值下降；

5. 磷酸盐的存在，对培养基的 pH 值变化有一定的缓冲作用。

6. 在氧气供应不足时，由于代谢积累有机酸，可使培养基的 pH 值向酸性方向移动。

7. 所以，在发酵过程中，必须对培养基的 pH 值进行适当的控制和调节。

8. 调节 pH 值的方法可以通过改变培养基的组分或其比例；

9. 也可以使用缓冲液来稳定 pH 值；

10. 或者在必要时通过流加适宜的酸、碱溶液的方法，调节培养基的 pH 值，以满足细胞生长和产酶的要求。

（三）温度的调节控制

细胞的生长繁殖和发酵产酶需要一定的温度条件。在一定的温度范围内，细胞才能正常生长、繁殖和维持正常的新陈代谢。不同的细胞有各自不同的最适生长温度。例如，枯草杆菌的最适生长温度为 34～37 ℃，黑曲霉的最适生长温度为 28～32 ℃ 等。

有些细胞发酵产酶的最适温度与细胞生长最适温度有所不同，而且往往低于生长最适温度。这是由于在较低的温度条件下，可以提高酶所对应的 mRNA 的稳定性，增加酶生物合成的延续时间，从而提高酶的产量。但是细胞生长速度较慢。若温度太低，则由于代谢速度缓慢，反而降低酶的产量，延长发酵周期。

在细胞生长和发酵产酶过程中，由于细胞的新陈代谢作用，会不断放出热量，使培养基的温度升高，同时，由于热量的不断扩散，会使培养基的温度不断降低。为此必须经常及时地对温度进行调节控制，使培养基的温度维持在适宜的范围内。

温度的调节一般采用热水升温、冷水降温的方法。为了及时地进行温度的调节控制，在发酵罐或其他生物反应器中，均应设计有足够传热面积的热交换装置，如排管、蛇管、夹套、喷淋管等，并且随时备有冷水和热水，以满足温度调控的需要。

（四）溶解氧的调节控制

由于大多数产酶菌是好气菌，因此调节通气量对提高酶产量往往有直接意义。一般地说，采用液体深层发酵时，较小的通气量有利于霉菌的孢子萌发和菌体生长，而较大的通气量则常可促进酶的形成。固体发酵似有不同的规律，菌体生长通常要求通以空气，而较小的通气量却能显著提高酶的产量。

（五）提高酶产量的措施

1. 添加诱导物

对于诱导酶的发酵生产，在发酵过程中的某个适宜的时机，添加适宜的诱导物，可以显著提高酶的产量。诱导物一般可以分为 3 类：酶的作用底物、酶的催化反应产物和作用底物的类似物。

2. 控制阻遏物的浓度

为了提高酶产量，必须设法解除阻遏物引起的阻遏作用。控制阻遏物的浓度是解除阻遏、提高酶产量的有效措施。为了减少或者解除分解代谢物阻遏作用，应当控制培养基中葡萄糖等容易利用的碳源的浓度。可以采用其他较难利用的碳源,如淀粉等,或者采用补料、分次流加碳源等方法,控制碳源的浓度在较低的水平,以利于酶产量的提高。此外,在分解代谢物阻遏存在的情况下,添加一定量的环腺苷酸(cAMP),可以解除或减少分解代谢物阻遏作用,若同时有诱导物存在,即可以迅速产酶。对于受代谢途径末端产物阻遏的酶,可以通过控制末端产物的浓度的方法使阻遏解除。

3. 添加表面活性剂

表面活性剂可以与细胞膜相互作用,增加细胞的透过性,有利于胞外酶的分泌,从而提高酶的产量。表面活性剂包括离子型和非离子型两大类。其中,离子型表面活性剂又可以分为阳离子型、阴离子型和两性离子型 3 种。将适量的非离子型表面活性剂,如吐温(Tween)、特里顿(Triton)等添加到培养基中,可以加速胞外酶的分泌,而使酶的产量增加。由于离子型表面活性剂对细胞有毒害作用,尤其是季铵型表面活性剂(如"新洁而灭"等)是消毒剂,对细胞的毒性较大,不能在酶的发酵生产中添加到培养基中。

4. 添加产酶促进剂

产酶促进剂是指可以促进产酶、但是作用机理未阐明清楚的物质。在酶的发酵生产过程中,添加适宜的产酶促进剂,往往可以显著提高酶的产量。例如,添加一定量的植酸钙镁,可使霉菌蛋白酶或者桔青霉磷酸二酯酶的产量提高 1~20 倍。

五、α-淀粉酶的生产工艺

淀粉酶广泛分布于动物、植物和微生物中,能水解淀粉产生糊精、麦芽糖、低聚糖和葡萄糖等,是工业生产中应用最为广泛的酶制剂之一。α-淀粉酶是淀粉及以淀粉为材料的工业生产中最重要的一种水解酶,其最早的商业化应用在 1984 年,作为治疗消化紊乱的药物辅助剂。目前,α-淀粉酶已广泛应用于变性淀粉及淀粉糖、焙烤工业、啤酒酿造、酒精工业、发酵以及纺织等许多行业。如在淀粉加工业中,微生物 α-淀粉酶已成功取代了化学降解法,在酒精工业中能显著提高出酒率。其应用于各种工业中对缩短生产周期,提高产品得率和原料的利用率,提高产品质量和节约粮食资源,都有着极其重要的作用。

工业上 α-淀粉酶的生产主要来自于细菌和霉菌。霉菌 α-淀粉酶的生产大多采用固体曲法生产;细菌 α-淀粉酶的生产则以液体深层发酵法为主,用霉菌生产时宜在微酸性下培养,细菌一般宜在中性至微碱性下培养。以下介绍枯草杆菌 BF-7658 液体深层培养 α-淀粉酶生产工艺。枯草杆菌 BF-7658 于 20 世纪 60 年代中期投入生产,经一系列诱变后其产 α-淀粉酶水平提高至 500U/mL。其生产工艺如图 11-9 所示。

(一) 发酵工艺

1. 斜面培养 采用马铃薯斜面培养基,于 37 ℃培养 3 d,此时几乎全部形成孢子,接入种子罐。

2. 种子罐培养 培养基成分:豆饼粉 4%、玉米粉 3%、氯化铵 0.15%、硫酸铵 0.4%、磷酸氢二钠 0.8%。37 ℃培养 12~14 h,罐压 0.5~0.8 atm,10 h 后加大通风。培养至对数生长期(细胞密集、粗壮、整齐)。

3. 发酵罐培养 培养基:豆饼粉 5.6%、玉米粉 7.2%、氯化铵 0.13%、硫酸铵 0.4%、氯化钙 0.13%、磷酸氢二钠 0.8%,α-淀粉酶 100 万单位。接种量 5%,工艺特点

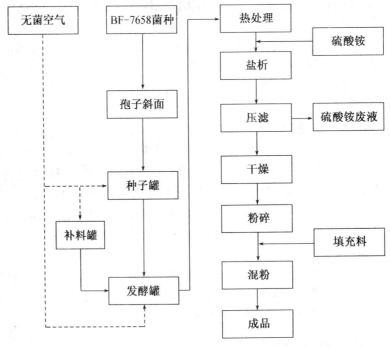

图 11-9 BF-7658 液体深层培养 α-淀粉酶生产工艺

为低浓度发酵高浓度补料。补料培养基成分:豆饼粉 5.8%、玉米粉 22.3%、氯化铵 0.2%、硫酸铵 0.4%、氯化钙 0.4%、磷酸氢二钠 0.8%,α-淀粉酶 30 万单位。发酵周期 40 h 左右。补料从 12 h 开始,每小时一次,补料体积相当于基础料的 1/3。停止补料后 6～8 h 结束发酵发酵完毕,发酵液中加入 2%氯化钙与 0.8%磷酸氢二钠,加热至 55 ℃维持 30 min 以破坏蛋白酶,然后冷却至 40 ℃进行提取。

(二) 提取工艺

根据所得产品性质不同,采用的提取工艺不同,大体可分为:液体浓缩酶、酒精沉淀法制食品级酶、淀粉吸附酶、盐析法制工业级粗酶。

1. 液体浓缩酶   发酵液经絮凝过滤后,用薄膜蒸发器浓缩 5 倍左右,加入食盐 18%～20%,苯甲酸钠 0.1%～0.3%后再滤清,即为液体酶(室温保存 3 个月,失活<10%)。

2. 酒精沉淀法制食品级酶的工艺流程如图 11-10 所示。

3. 淀粉吸附酶   将浓缩 10 倍的酶液拌入淀粉,经筛网摇摆造粒机成型,在沸腾床干燥而成颗粒状制品,亦可将浓缩 10 倍的酶液添加 2%的淀粉后喷雾干燥成粉状酶。

4. 盐析法制工业级粗酶   工艺流程见图 11-9。在热处理后冷却到 40 ℃的发酵液中加入硅藻土(助滤剂)过滤,滤饼加 2.5 倍水洗涤,将洗涤水与滤液合并,于 45 ℃真空浓缩数倍,加硫酸铵 40%盐析,盐析物加入硅藻土进行压滤,滤饼于 40 ℃烘干磨成粉即为成品。本工艺的总收率为 70%。

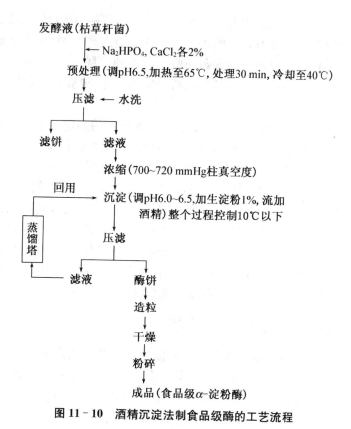

图11-10 酒精沉淀法制食品级酶的工艺流程

第四节 生物农药

进入21世纪,人类对生存环境保护意识不断增强,农用化学品对环境造成的不利影响倍受社会关注。由于大量使用化学农药,空气、水源、土壤和农作物都受到了污染。减少化学农药的使用,采用绿色生物农药防治病虫草害已成为农药发展的必然趋势,在半个多世纪里,国内外专家研究出了农用杀菌剂、杀虫剂、除草剂、植物调节剂等,部分形成了商品,进入了市场,在农业发展中起到了重要作用。"十一五"期间,我国把发展生物农药放在发展可持续农业的重要位置。

一、生物农药的概念和范畴

在日本,将生物农药分为两大类,即直接利用的生物和利用源于生物的生理活性物质两大类。主要包括:天敌昆虫、扑食螨、放饲不孕昆虫、微生物、性信息素、抗生素、源于植物的生理活性物质等。英国作物保护委员会根据来源把生物农药分为5类:① 天然产物,来自微生物、植物和动物;② 信息素,来自昆虫、植物等;③ 活体系统,包含病毒、细菌、真菌、原生动物、线虫;④ 扑食昆虫和寄生昆虫;⑤ 基因,来自微生物、植物、动物。我国在《中国种植业大观—农药卷》中对生物农药的概念是指利用生物活体或其代谢产物对害虫、病菌、杂草、线虫、鼠类等有害生物进行防治的一类农药制剂，或者是通过仿生合成具有特异作用的农药制剂。目前生物农药的概念已得到扩展，指用于防治病虫害等有害生物的生物活体、代谢产物和转基因产物，包括微生物农药、转基因植物农药、生物化学农药等。

关于生物农药的范畴，目前国内外尚无十分准确统一的界定。按照联合国粮农组织的标准，生物农药一般是天然化合物或遗传基因修饰剂，主要包括生物化学农药（信息素、激素、植物调节剂、昆虫生长调节剂）和微生物农药（真菌、细菌、昆虫病毒、原生动物，或经遗传改造的微生物）两个部分，农用抗生素制剂不包括在内。我国生物农药按照其成分和来源可分为微生物活体农药、微生物代谢产物农药、植物源农药、动物源农药四个部分。按照防治对象可分为杀虫剂、杀菌剂、除草剂、杀螨剂、杀鼠剂、植物生长调节剂等。就其利用对象而言，生物农药一般分为直接利用生物活体和利用源于生物的生理活性物质两大类，前者包括细菌、真菌、线虫、病毒及拮抗微生物等，后者包括农用抗生素、植物生长调节剂、性信息素、摄食抑制剂、保幼激素和源于植物的生理活性物质等。

二、生物农药的出现及应用现状

生物农药的出现和发展是和生物防治研究的发展及化学农药的使用分不开的，经历了曲折的过程。Agostino Bassi 于 1853 年首次报道由白僵菌引起的家蚕传染性病害"白僵病"，证实了该寄生菌在家蚕幼虫体内能生长发育，采用接种及接触或污染饲料的方法可传播发病；俄国的梅契尼可夫于 1879 年应用绿僵菌防治小麦金龟子幼虫；1901 年日本人石渡从家蚕中分离出一种致病芽孢杆菌——苏云金芽孢杆菌；1926 年 G. B. Fanford 使用拮抗体防治马铃薯疮痂病。这些都是生物农药早期的研究基础，当时并未形成产品。化学农药发展到 20 世纪 60 年代，"农药公害"问题日趋严重，在国际上引起了震动，使农药发展发生了转折，引出了生物农药。

全球生物技术的兴起，促进了生物产业的发展，特别是在 20 世纪 90 年代，全球生物农药的产量是以 10%～20% 的速度递增，目前全世界生物农药的产品已经超过 100 多种，已商品化的生物农药有 30 种。世界上生物农药使用最多的国家有墨西哥、美国和加拿大，3 国生物农药的使用量占世界总量的 44%。欧洲、亚洲、大洋洲、拉美和加勒比、非洲的生物农药使用量分别占全世界的 20%、13%、11%、9%、3%。生物农药在病虫害综合防治中的地位和作用显得愈来愈重要。

中国生物农药的发展呈现出蓬勃发展的景象。目前，已有 30 余家的研究机构，500 多名研发人员，50 多个登记品种，约 200 家的生产企业，年产量已接近 10 万吨。中国已成为世界上最大的井冈霉素、阿维菌素、赤霉素生产国，以上品种成为生物产业中的领军产品，苏云金杆菌（*Bacillus thuringiensis*，Bt）、农用链霉素、农抗 120、苦参碱、多抗霉素和中生霉素等产业化品种成为生物产业的中坚。目前，这些品种已占我国生物农药销售额的 90% 左右。它们的发展趋势代表着我国生物农药产业的发展方向。

三、生物农药产业发展的优势及存在的问题

（一）产业发展优势

1. 生物农药发展的最大优势是具有安全、有效、无污染等特点，与保护生态环境和社会协调发展的要求相一致。

2. 不污染环境，无残留。生物农药控制有害生物的作用，主要是利用某些特殊微生物或微生物的代谢产物所具有的杀虫、防病、促生功能。其有效活性成分来源于自然生态系统，极易被日光、植物或各种土壤微生物分解，是一种来于自然，归于自然正常的物质循环方式，对自然生态环境安全、无污染。

3. 杀伤特异性强，对人畜安全。目前市场开发并大范围应用成功的生物农药产品，它们只对病虫害有作用，一般对人、畜及各种有益生物比较安全，对非靶标生物的影响也比较小。

4. 控制时间长，不易产生抗性。一些生物农药品种具有在害虫群体中的水平或经卵垂直传播能力，不但可以对当年当代的有害生物发挥控制作用，而且对后代或者翌年的有害生物种群起到一定的抑制，具有明显的后效作用。而且难以产生抗性。

5. 生产原料为天然产物，易降解。目前国内生产加工生物农药，一般主要利用天然可再生资源（如农副产品的玉米、豆饼、鱼粉、麦麸或某些植物体等），原材料的来源十分广泛、生产成本比较低廉，有利于人类自然资源保护和永久利用。

6. 除了以上几点以外，生物农药还具备生产设备通用性较好、产品改良的技术潜力大、开发投资风险相对较小、产业经济效益明显等特点。正是由于生物农药具有诸多方面的优点，扶植生物农药工业无论从促进科学技术创新发展，还是从国家投入产出的经济利益方面考虑，都完全吻合今后产业生态革命的方向。

（二）存在的问题

目前，尽管使用生物农药代替化学农药的呼声很高，但在生产实际中推广却很艰难，生物农药主要存在如下问题。

1. 药效慢

化学农药起效快，喷到作物上 1～2 h 就能看到效果，农民只看效率，忽视了化学农药对害虫起作用的同时也杀伤了害虫的天敌，同时对人类和自然界也有一定影响。生物农药虽然起效慢，需 2～3 d，但它是健康、环保的，不会对生态环境造成危害。

2. 储藏困难

生物农药的贮存条件苛刻，多数生物农药最佳使用期短，按照我国农药标准的规定，农药贮存两年，其有效成分分解率不应超过 5%，而生物农药很难做到两年之内药效损失低于 5%，是一个很难解决的技术问题。

3. 价格偏高

与同类防治效果的农药相比，生物农药价格高出 10%～20%。国内生物农药生产企业一般规模较小，成本偏高，在价格上无优势。

除以上几点外，还存在开发能力弱、认识不足、投入不够等问题，使生物农药的发展受

到限制。

四、苏云金芽孢杆菌的生产

苏云金芽孢杆菌,简称苏云金杆菌(*Bacillus thuringiensis*,Bt),克服了化学农药污染环境、危害人畜、容易产生抗性等缺点,并具有选择性强、安全、所使用的原料简单等优点,目前在许多国家和地区推广,并逐渐成为世界上应用最广的微生物杀虫剂。Bt 发酵生产有深层液体发酵和固体发酵,其固体发酵的研究起始于 20 世纪 80 年代,作为 Bt 工业发酵中一种新方法,在生产中和液体发酵相比逐渐体现出它的优越性。随着人们对固态发酵苏云金杆菌特有优势的认识和研究的深入,这项技术逐渐成熟。

(一)Bt 固态深层发酵工艺

苏云金芽孢杆菌固态深层发酵工艺流程:菌种液态放大培养→培养基灭菌、接种→固态深层发酵→烘干→粉碎。

1. 发酵器培养基配方及配制方法

麦麸 665 kg、鱼粉 14 kg、酵母粉 14 kg,将培养基物料混合在一起拌匀,将 7 kg 石灰放入 735 kg 水中,取其上清液与培养基混合料搅拌均匀即可。

2. 培养基灭菌

将培养基置于灭菌釜内 121 ℃高温灭菌,时间 35 min。

3. 接种与拌种

砂土管菌种接种、茄瓶育种、种子罐液态培养,培养基常温接种并在釜内拌匀,然后分料。

4. 固态深层发酵

(1)发酵器设置在发酵房内室内温度 30 ℃,湿度 65%,发酵器内上、下各铺一层无菌湿布用于过滤空气和保湿保温。

(2)接种后的培养基被送至发酵器,经翻料机铺平,厚度 450 mm。

(3)发酵时,发酵器采用微机调频控制,温度 30 ℃,湿度 85%,风压 112 mmH$_2$O,风量 10 588~12 000 m^3/h,风向以发酵器的长轴方向行进,在搅流板的作用下,风向转而垂直向上,均匀穿透培养基,经过延迟期、对数期、稳定期、成熟期四个阶段 51 h 发酵,发酵物伴孢晶体毒力效价≥16 000 IU/mg,毒素蛋白≥2.0。

5. 烘干粉碎

用烘干机将发酵物水分烘干至 7%以下,经气流粉碎机粉碎使产品细度达到 200 目。

(二)影响芽孢形成和毒力效价的主要因素

研究发现,固体培养基的成分、初始 pH 值、初始含水量、液体种子种龄及发酵温度等都是影响芽孢形成和毒力效价的重要因素。

1. 固体培养基的成分对 Bt 固体发酵结果的影响

早在 20 世纪 70 年代,人们用花生饼和谷壳粉作为固体培养基,发酵生产 Bt。泰国人利用麦麸、谷壳作为 Bt 固体发酵的主要培养基成分,调整其初始 pH、初始含水量,并在适当的温度下发酵,产品经干燥后,每克中含活菌(9~10)×10^{10} 个,每毫升浓缩液中的芽孢数是 108 个。巴西人以纸浆工业的废弃物为培养基,利用 *kurstaki* 菌种固体发酵生产 Bt,最终固体产品每克含活菌 10^{10} 个。在埃及,用于实验室生产 *kurstaki* Bt 菌种的培养基成分有鱼粉、牛血、屠宰场的残余物、饲料酵母等;而古巴用于工业发酵的固体培养基则有香蕉皮、酵母、谷粉和大米粉等。

在中国,能用于苏云金杆菌固态发酵的原材料非常广泛,如常见麦麸、米糠、黄豆饼粉、花生饼粉等,这些物质可以作为载体,本身又是很好的碳氮源。

2. 固体培养基初始 pH 对 Bt 固体发酵芽孢形成的影响

在固体发酵过程中发生的是一些酶促发应,这需要合适的 pH 范围,在发酵过程中 pH 值会随代谢产物以及培养基成分的变化而变化,因此每种培养基需要摸索初始 pH 范围。pH 为 7.5 时发酵产生芽孢数最多;培养基消毒后 pH 在 7.0 ± 0.2 时最为适宜;Bt 固体发酵条件优化中确定最适 pH 值为 7.5。尽管 pH 值是一个很重要的参数,但是在发酵过程中因缺乏在线测量湿润物料 pH 的办法,所以 pH 很难有效控制。到目前研究固态发酵过程中 pH 变化,尤其是 pH 调控方面的研究比较少。许多固态发酵过程的 pH 具有特征性变化,只是常规性的检测方法难以奏效,限制了 pH 作为重要控制参数的可行性。

3. 初始含水量对 Bt 固体发酵芽孢形成的影响

固体发酵过程中,培养基中水分是重要的影响因素之一。固态发酵最大的特点就是无游离水,因而底物含水量的变化,对微生物的生长及代谢能力会产生重要的影响。微生物在底物上能否生长取决于该基质的水活度,它与底物的含水量有关。适宜的初始含水量,有助于菌体吸收培养基的营养物质和氧的传递,从而促进菌体的生长繁殖。发酵基质中若含水量过大,则芽孢、晶体游离晚,发酵周期延长;若含水量过低,由于菌体吸收不到培养基各种营养和水分,从而使发酵受到抑制。发酵中水分控制的主要手段是调料时水分要适量,发酵湿度、通风要适宜。Bt 发酵物料初始含水量控制在 59%～61% 较为适宜。在此条件下芽孢数高,对毒力效价也有较大的影响。一般来说芽孢数和毒力效价不成正比,但如果发酵条件稳定,纯种培养,一个芽孢产生一个晶体,芽孢多则晶体也多,晶体多则效价高。据报道,泰国人利用麦麸、谷壳作为主要固体培养基,湿度在 70% 时,最终每克固体发酵产品中菌落数为 $(9\sim10)\times10^{10}$ 个。

4. 液体种子液种龄对 Bt 固体发酵结果的影响

种龄是指液体种子培养的时间。随着液体种子培养时间延长,菌体量逐渐增加,但是当菌体繁殖到一定程度时,由于营养物质的消耗和代谢产物的积累,菌体量不再继续增加,而是逐渐趋于老化。这是由于菌体生长发育过程可分为停滞期、对数生长期、稳定期和衰亡期四个阶段,不同生长阶段的菌体细胞成分和生理活性差别很大,这样接种液种龄的控制就显得非常重要。在工业发酵生产中,一般都选在生命力极为旺盛的对数生长期,菌体尚未达到最高峰时接种。此时的种子能很快适应环境,生长繁殖快,可大大缩短在发酵罐中的调整期,缩短在发酵罐中的非产物合成时间,提高发酵罐的利用率,节省动力消耗。如果将种龄过于低的种子液接入发酵罐后,往往会出现前期生长缓慢、发酵周期延长以及因菌体量过少而使菌丝结团;而菌龄过老的种子接入发酵罐后,则会因菌体老化而导致生产能力衰退。

在同样的培养条件和接种量条件下,不同种龄的 Bt 发酵结果差别显著。苏云金芽孢杆菌种子液种龄控制在 7~8 h 为宜,此时菌数最多,活力最强。时间短则芽孢萌发率低,菌体个数少;时间过长,出现种子老化现象,种子活力低,均不利于菌体发育和成长。

5. 接种量对发酵结果的影响

接种量是与培养基利用率直接相关的量。接种量的大小影响到在一定培养基中菌体数量的多少,进而影响到菌体的生理状态。尽管大的接种量可使菌种生长变快,缩短发酵罐中菌体繁殖至高峰的时间,从而使发酵周期缩短,但过大的接种量往往使菌体生长过快、过稠,而使发酵后期因缺乏营养而无法实现高的芽孢数;如果接种量太少,则会引起发酵前期菌体生长缓慢,使发酵周期延长,从而增加染菌的机会,在生产菌尚未形成优势时,杂菌会乘机而入。另外,菌体对营养成分的利用也不充分。在苏云金杆菌的固体发酵工艺研究中发现接种量在 8% 可以获得高的菌体、芽孢和伴胞晶体总量。固体量与液体种子量之比约在 1∶0.4 到 1∶0.3 可获得较高菌数。

6. 温度对固体发酵的影响

传热与传质是不可分割的,温度是影响 Bt 固体发酵的一个重要因素。一方面,适宜的温度是菌体生长所必需的,它直接影响细胞内酶的生成和活性,关系到细胞对营养物质的吸收利用,并影响菌体数量和晶体质量,另外培养温度的高低可相应延长或缩短发酵周期。另一方面,微生物在生长过程中会产生大量的热,由于固态发酵传热效率差,易导致发酵罐内温度急剧上升。如果产生的热不能及时散去,将会影响孢子发芽、生长和产物的产率。温度与培养液中的 N、C、pH 变化有关,所以并不是温度越高越好。Bt 发酵的适宜温度为 30 ℃ 左右,此条件下发酵芽孢数多,晶体典型,毒力高。温度稍低(23~25 ℃),则发酵周期稍长,芽孢数稍低,对毒力效价影响不大。但温度在 35~36 ℃ 几乎抑制了苏云金杆菌的生长,芽孢数低,毒效也极低。所以,控制温度在固体发酵过程中极为重要,特别在对数生长期,代谢强烈,发出较大热量,此时更要控制温度,使温度稳定在最适值,从而提高产量与毒效。

第五节　生物降解塑料

目前,塑料的开发利用在日常生活和生产中发挥着巨大的作用,其应用的广泛性为人们生活和各项生产带来了极大的方便。由于塑料的质量轻,体积大,数量多,难以降解,又很难回收利用,日积月累成为"白色污染"的主要来源之一,如何对付"白色污染"成为人们普遍关注的问题。尤其是 20 世纪 90 年代以来,随着《联合国人类环境会议宣言》和《21 世纪议程》的发表,以保护生态环境为核心的绿色浪潮的呼声日益高涨。2008 年,我国国务院颁布了关于限制生产销售使用塑料购物袋的通知。因此,现在国内外降解塑料的研制开发工作非常活跃,并已有部分开始了工业化生产,发展相当迅速。生物降解塑料既具有使用时发挥塑料本身的优良性能,又具备用后废弃时不给环境带来污染,能被各种微生物酶迅速分解的特征。

一、生物降解塑料的降解机理和特点

所谓生物降解是指聚合物在有机体主要指真菌、细菌和放射线菌等微生物作用下,分解和同化的过程。在一定条件下,能被生物侵蚀或代谢而降解的塑料称为生物降解塑料(biodegradable plastics,BDP)。生物降解塑料的降解机理,即生物降解塑料被细菌等微生物作用而引起降解的形式大致有 3 种。① 生物物理作用。即微生物侵蚀塑料制品后,由于生物细胞的增长使聚合物组分分解,电离或质子化从而发生机械性破坏,分裂成低聚物碎片,这就是聚合物由于生物物理作用而发生的降解过程。② 生物化学作用——酶的直接作用。此时,微生物侵蚀部分导致塑料分裂或氧化崩裂,即真菌或细菌分泌的酶,使非水溶性聚合物分解或氧化降解成水溶性碎片,生成新的小分子化合物直至最终分解,这种降解方式属生物化学降解方式,合成高分子只是在大分子链末端才受微生物作用,酶对远离链端处作用较困难,烃类的生物降解既与链长有关也与分子链的规整度有关。③ 微生物侵蚀后其细胞的增长而使聚合物产生新的物质。

生物降解塑料具有如下特点:① 可制成堆肥回归大自然。② 因降解而使体积减小,延长填埋场使用寿命。③ 不存在普通塑料要焚烧问题,减少了有害气体的排放。④ 可减少随意丢弃对野生动植物的危害。⑤ 储存运输方便,只要保持干燥,不需避光。⑥ 应用范围广,不仅可以用于农业、包装工业,还可广泛用于医药领域。

二、生物降解塑料的发展概况

近年来,在发达国家以完全生物降解塑料的研发最为活跃,据报道,1998 年全球完全生物降解塑料年产量约为 3 万吨,到 2001 年,美国、西欧、日本的产量已增加到 7 万吨,2004 年已经达到 12 万吨。据报道,2010 年全球可生物降解聚合物市场翻一番,未来 5 年年增幅可达到 12%,2010 年市场需求将由目前的 5 万吨增加到 9 万吨。目前可生物降解塑料主要用于包装材料,约占 47%,预计 2010 年需求最大的将是堆肥包装袋,其他市场还包括医疗以及农用产品。

降解塑料的发展经历了利用淀粉等天然材料直接开发利用、淀粉/聚合物共混体系——崩解型材料、开发全生物分解高分子材料及开发廉价通用型全生物分解塑料 4 个阶段。由于全生物分解材料在微生物或动植物体内酶的作用下,可最终分解为二氧化碳和水而回归自然,与天然大分子,如淀粉、纤维素等相比具有更好的力学性能和耐水性,易加工,能够达到塑料的使用要求;通过调节其化学结构,能实现可控降解等特点,是目前降解塑料发展的主要方向和内容,并将是今后中长期的产业发展方向。

国际上降解塑料生产量增长很快,仅以美国为例,1987 年可降解塑料占塑料废弃物的 1%,而 1992 年就占到 15%,欧洲塑料制造协会、日本、英国、意大利和苏联也积极研制,日本还由 64 家公司联合成立了"生物降解塑料研究会";为了进一步统一明确"生物分解塑料"和"生物分解性"的定义以及进行生物分解性的试验和评价方法。美国 Cargill 公司开发了牌号为 EcoPla 的生物降解聚合物。荷兰 CSMN 公司已建成一套年产 3.4 万吨的乳酸装置,有可能的话将把产能扩大 1 倍。PURAC - GRUPPE 联合公司研制出乳酸的制造工艺并拥有专利公司在国际市场销售的乳酸牌号为 PURAC。日本 Mitsui Toatsu

建成工业性试生产装置。芬兰 Neste 公司从 1991 年开始研究聚乳酸聚合物的制造工艺,公司科研人员系统研究了分子量为 5 000～10 000 的聚丙交酯的物理机械性能及其应用领域。英国 Zeneca Bioproducts PLC 公司不仅生产可生物降解的聚丙交酯,还生产使用范围广的聚羟基羧酸共混物如聚 232 羟基丁酯及共聚物。

三、生物降解塑料的种类

(一) 天然高分子型生物降解塑料

1. 淀粉作为天然化合物广泛应用于生物降解包装材料。含淀粉和果胶的水淀性薄膜加入增塑剂(如甘油、聚羟乙二醇)后能被细菌分解。应当指出的是,随着淀粉含量的增加,薄膜的脆性也增大。含天然淀粉、直链淀粉及少量弱酸的复合材料通过挤出成型可生产板材和包装制品。

加工含有高直链淀粉、天然淀粉的复合材料时要添加甘油、尿素及分子量大于 3 000 的聚乙二醇作为增塑剂,然后在双螺杆上挤出造粒。挤出的粒料可生产膨胀比为 3、收缩率 14% 、强度为 10 MPa 的软管,还可生产农用及包装用降解薄膜。为降低生活用生物降解材料的成本,如包装材料、农膜、地膜、垃圾袋,建议使用与聚乙烯醇、滑石粉及其他填料共混的粗淀粉。

可用精细淀粉并添加水溶性聚乙烯醇的复合材料生产发泡板材、一次性餐具。添加 10%～30% 聚乙烯醇生产的降解材料其强度、柔韧性及抗水性能指标都较好。对材料在土壤中的透气性能进行研究,发现 1 周内材料中的成分迅速降解。人们建议用淀粉和羟基羧酸聚酯生产生物降解的发泡包装材料。尽管淀粉自身会降解,但是为了加快降解速度,生产有特定性能的制品,在复合材料中除添加淀粉还要加入聚酯聚合物。含淀粉、聚丙交酯的薄膜在 40 ℃ 的堆肥中 7 d 降解。

目前一些公司已将淀粉生物降解材料的研究及应用工作转到实际使用这些材料方面上来。Biotec 公司用淀粉生产了可用于不同领域的堆肥塑料。将生物降解粒料通过注射成型可生产一次性塑料制品,食品包装用发泡材料。用粒料生产可堆肥的吹塑薄膜这一环保性能及降解性能好的材料在 30 ℃ 的堆肥中 2 个月可降解,并能产生有利于植物分解的物质。生活中使用这种降解性能好的材料有着广阔的前景。

在保护周围环境的计划中,捷克 Fatra 公司与淀粉生产厂家及高分子研究所一起开发了可堆肥的 Ecofol 薄膜,Ecofol 是添加了淀粉的可生物降解聚烯烃薄膜。由于原料便宜,薄膜的价格仅为 70 克朗/kg。这种薄膜堆肥 3～4 个月可降解。纤维素与环氧化合物、二羧酸酸酐共混生产的聚合物 4 周内完全降解,这种聚合物可生产瓶子、一次性容器和地膜。将纤维素与预胶凝淀粉混合生产的多层包装膜抗高温低温性能好且耐油渍,适宜微波炉、电炉烘烤食品的包装。

2. 生产生物降解塑料时不仅使用纤维素还要利用植物界的其他产品,尤其是木质素以及将含木质素的物质与蛋白质及其他填料混合使用。日本研究学者将处理过的纸浆与聚酯酸乙烯酯和基油混合生产农用生物降解材料。近年来研究人员特别关注用壳聚糖和纤维素复合材料生产降解材料。当复合材料中壳聚糖的含量为 10%～20% 时,降解薄膜具有良好的强度和抗水性,薄膜的密度为 $0.11\sim0.13g/cm^3$,在土壤中 2 个月完全降解消失。将壳聚糖、超细纤维、明胶共混生物的薄膜强度较高,埋在地下能被微生物降解,可用作包装膜、地膜,也能将共混料经成型制成托盘。这种半透明薄膜的干燥强度为 133 kg/h,湿润强度为 $21 N/mm^2$。

3. 甲壳质是虾、蟹等甲壳类动物及昆虫的外壳和菌类细胞壁的主要成分,产量仅次于纤维素。将甲壳质粉碎、水解、脱乙酰多糖后,以一定比例制成醋酸溶液,加热,流延成膜,薄膜在土壤或海水中几个月内便会降解。薄膜生物降解性能与壳聚糖加工方法有关。经脱乙酰基生产出的壳聚糖薄膜含有 N 基,在有氧的堆肥中比玻璃纸或者聚羧基丁酸酯薄膜降解要快得多。变质的壳聚糖能加快降解,利用这一特点生产了含 10% 壳聚糖的聚乙烯薄膜。研究结果显示:这种薄膜 28 d 可完全降解。研究人员对天然蛋白质或者朊族化合物同样感兴趣,并生产了含玉米朊憎水蛋白质的薄膜来包装水分含量大的食品或用作食品袋。

4. 日本 Showa 公司研制出可用作电视机外壳和电脑外壳的生物降解高分子,这是一种将氨基树脂与蛋白质加热而制备的热固性塑料。公司提供的材料样品具有很高的热稳定性、强度和弹性,能被水中或土壤中的细菌分解。利用聚糖、蛋白质等天然高分子生产生物降解薄膜具有广阔前景,原因是原料可以经常更新,也可以说原料资源无穷。对生物降解复合材料进行深入研究,保证材料的性能,使之能够大量生产是研究工作者的首要任务。

(二) 合成生物降解聚合物

近年来人们正积极研制开发含聚酯类生物降解复合材料,这样就可大规模生产堆肥制品,生产的制品具有很高的物理、机械性能,而且价格容易接受。目前全球研发的 BDP 品种已达几十种,但进入批量生产和工业化生产的品种只有微生物发酵合成的聚羟基脂肪酸酯(羟基丁酸-戊酸共聚物,polyhydroxyalkanoate,简称 PHA;聚 3 -羟基丁酸酯,poly(3 - hydroxybutyrate),简称 PHB;聚 3 -羟基丁酸- 3 -羟基戊酸酯,poly(3 - hydroxybutyrate - 3 - hydroxyvalerate),简称 PHBV 等);化学合成的聚乳酸(polylactic acid,PLA)、聚己内酯、(polycaprolactone,PCL)、二元醇二羧酸脂肪族聚酯、脂肪族/芳香族共聚酯、二氧化碳/环氧化合物共聚物(carbon dioxide-epoxide copolymer)、脂肪族聚碳酸酯(aliphatic polycarbonate,APC)、聚乙烯醇(polyvinyl alcohol,PVA)等;天然高分子淀粉基塑料及其 BDP 共混物、塑料合金,如淀粉/PVA、淀粉/PCL、淀粉/PLA 等。

1. 二氧化碳共聚物脂肪族聚碳酸酯

以二氧化碳为基本原料与其他化合物在不同的催化剂作用下,可缩聚合成多种共聚物,其中研究较多、已取得实质性进展并具有应用价值和开发前景的共聚物是由二氧化碳与环氧化合物通过开键、开环、缩聚制得的二氧化碳共聚物脂肪族聚碳酸酯(APC)。

APC 合成采用的催化剂基本属于阴离子配位型,从最简单、活泼性差的醋酸锌、醋酸钴等多种金属盐,发展到催化剂效果较好的乙基锌/水或乙基锌/联苯三酚等金属有机催化剂、催化活性高的卟啉铝/膦体系催化剂、有机二羧酸锌、稀土化合物,再进一步发展到在催化体系中引入大分子成分,采用双金属搭配,如采用丙烯酸共聚物等含活泼氢聚合物和二乙基锌组成的催化体系,或者用双金属组合二氯化锌/三乙基铝代替二乙基锌和含活泼氢化合物组成的催化体系,该体系可使催化效率显著提高。另外用特定加料方式制备的以聚合物 P 负载的铁-锌或钴-锌双金属配位催化剂活性更高,操作安全方便,成本较低,已发展成为一种有工业应用前景的良好催化剂体系。近年来又开发了含氟或硅的羧酸锌催化剂,其特点是可在超临界二氧化碳中进行聚合,引人注目。

二氧化碳树脂作为可缩聚合成生物降解材料的研究始于 20 世纪 60 年代末,日本井上祥平经研究发现,由二氧化碳和环氧乙烷缩聚合成的共聚物——聚碳酸亚乙酯(poly(ethylene carbonate),PEC),将其植入人体内,一周后发现 PEC 逐渐消失。日本东京大学吉井泰彦、井上祥平于 1981 年在日本化学增刊上发表"采用二氧化碳和环氧化合物合成脂肪族聚碳酸酯生物降解塑料"的文章,展示了聚碳化学的进展。而后 Nisbida Harruo 利用清除区法测定不同环境下二氧化碳和环氧化合物共聚合成的 APC 的生物降解能力,发现在特定环境条件下,微生物能使 1,32 氧桥乙酮发生降解。Takanshi 等进行了将二氧化碳、环氧丙烷和含酯键的环氧化物三元共聚物作为药物缓释载体的研究;Masahiro 等进行了用蒸发溶剂的方法制备二氧化碳和环氧丙烷的共聚物——聚碳酸亚丙酯(poly(propylene carbonate),PPC)微球作为药物缓释体系的载体,并确认 PPC 微球支持了药物的长效、均匀释放。另由 APC、热塑性基体和少量水制成密度为 $0.003\sim0.1$ g/cm³、直径为 $0.5\sim10$ mm 的多孔微球,经表面改性处理后通过附聚作用制得可生物降解的塑料泡沫材料。20 世纪 90 年代我国方兴高等人的实验表明:PEC、二氧化碳/环氧丙烷(propylene oxide,PO)/丁二酸酐(succinic anhydride,SA)的三元共聚物以及二氧化碳/环氧丙烷/己内酯(caprolactone,CL)三元共聚物与生物体具有较好的生物适应性,也可被微生物分解,土埋一至数个月有明显失量现象,含环氧乙烷(ethylene oxide,EO)、SA、CL 单元的样品有较高的生物降解性,而且分子量的大小与降解性能的快慢成反比。

APC 是由二氧化碳和环氧化学物催化共聚形成的一种线性无定型二氧化碳共聚物。APC 主链上含有亚烷基、醚键和碳酸酯键,末端是羟基,故具有柔性,分子间也产生一定的作用力,可赋予二氧化碳共聚物材料一定的机械强度。这些结构基团使共聚物易溶于许多溶剂中,并较易发生水解,受环氧化合物影响较大,其端羟基在高温或催化剂影响下,能与适当距离内的酯键发生醇解反应,引起主链连续降解,降低热稳定性,并具较好的生物相容性和降解性。不同分子量的环氧化合物单体直接影响共聚物侧基的大小,从而影响主链的刚硬度,使 APC 有不同的玻璃化温度(Tg)。如二氧化碳与环氧化烷的共聚物(PEC)Tg 为 $0\sim5$ ℃;与环氧丙烷的共聚物(PPC)Tg 为 $-15\sim40$ ℃;与环氧丁烷的共聚物(PBC)Tg 为 60 ℃。APC 分子链比较柔顺,玻璃化转变温度不高,材料透气性低,生物相容性和降解性好,对 APC 的种种特性,有的可以充分利用,有的需经过限制或改进。APC 的应用领域相当宽广,除可以作为生物降解塑料外,还可以用作聚氨酯和不饱和聚酯的原料、阻氧材料、夹层玻璃胶粘剂、热熔胶和陶瓷合金材料烧结合剂、铸造材料、表面活性剂和无机填料表面处理剂、脆性材料的增塑、增韧剂和加工助剂、橡胶弹性体补强剂等。

APC 是利用工业排放的二氧化碳废气为原料,据科学监测,当前二氧化碳排放量大于吸收量。据统计,全球每年二氧化碳排放量达 2 400 万 kt,其中 900 万 kt 成为污染环境的废气,对人类生存空间造成严重的危害,以二氧化碳为主的温室效应引发的厄尔尼诺、拉尼娜等全球气候异常现象,以及由此引发的世界粮食减产、沙漠化现象等,已引起世界关注。

2. 聚乳酸

聚乳酸(polylactic acid,PLA)是生物发酵产品,提高收率和质量的关键技术之一是筛选性能优良的菌种。PLA 的具体制作方法是以淀粉、糖蜜等生物资源为原料发酵制得 L-乳酸,再用化学方法合成制得。合成方法主要有 2 种。其一是以聚合级 L-乳酸为原料,在酸类等引发剂存在下,先制成环状二聚体,再在催化剂存在下开环聚合而成;另一种是在溶剂存在下可进行脱水缩合反应,直接合成高分子量的 PLA。第一种方法的优点是可通过改变引发剂的种类和浓度将相对分子质量控制在数十万至 100 万,也可以和己内酰胺等环状内酯共聚,改变降解性和成型加工性能。第二种方法的优点是产品几乎不含杂质,其耐候性和热稳定性更好。PLA 是热塑性塑料,其可塑性与聚苯乙烯和 PET 相似,因而可采用传统的成型加工方法。PLA 具有良好的生物降解性,降解速度随环境条件不同而异,一般土壤掩埋后 3~6 个月破碎,6~12 个月变成乳酸,在土壤中微生物代谢作用下最终转变成二氧化碳和水,不会给环境带来污染。

目前生产聚乳酸的工艺为:由玉米淀粉经水解制成葡萄糖,再用乳酸杆菌厌氧发酵,发酵过程使用液体碱中和生成的乳酸,发酵液经过净化后,使用电渗析工艺制成纯度达到 99.5% 的 L-乳酸,然后在真空条件下 3 个乳酸分子自行聚合生成丙交酯,再开环缩聚成 PLA。但在此过程中,必须选择专门的催化剂和引发剂;同时,丙交酯必须经过提纯,否则难以获得分子量较高的聚合物;此外为了防止副反应,还要采用惰性气体。目前 PLA 最大的产业化规模已经达到 14 万 t/a,吨生产成本约为 2 500 美元。

我国是农业大国,乳酸资源丰富,但现有乳酸品种都是通用的消旋乳酸,质量达不到聚合要求,L-乳酸年产量仅有千吨。国内 PLA 的研究工作正在进行当中,中山大学高分子研究所、成都有机所等单位开展了一些研究工作,但与国外有较大差距。

3. 聚己内酯

聚 ε-己内酯(polycaprolactone,PCL)是由 ε-己内酯经开环聚合得到的低熔点聚合物,其熔点仅 62 ℃。PCL 的研究从 1976 年就已开始,目前美国 UCC 公司已经实现了 PCL 的产业化。目前 PCL 的主要用途如表 11-4 所示。

各种降解塑料性能如表 11-5 所示。

表 11-4 PCL 的主要用途

低熔点	医用造型材料,工业、美术用造型材料
	玩具,有机着色剂,热复写墨水附着剂
	热熔胶合剂
韧性 $Tg=-60$ ℃	塑料低温冲击性能改性剂
高结晶性	有强度的薄膜、丝状成型物
生物降解性	生物降解性塑料
	手术缝合线

四、降解塑料的应用和市场情况

(一) 生物降解塑料当前优选用途

垃圾袋、脱水袋(薄膜、泡沫塑料)、育苗钵、草坪(不织布、中空成型制品、注塑制品、扁丝);土木建筑材料(薄膜、网、不织布、土(砂)袋);运输用缓冲材料(淀粉发泡体)。

(二) 要求生物降解性的潜在市场

钓鱼丝、渔网、工业用布;卫生用品、医院用品、尿布(不织布、复丝、棉、薄膜);化妆品瓶、农药瓶、饮料瓶(中空成型制品);医疗用瓶(中空成型制品);普通包装膜、购物袋、农用地膜(薄膜、收缩薄膜);食品包装袋、食品包装容器、餐饮具(薄膜、中空容器);托盘、真空成型品(片材、发泡片材);缓冲包装材料、鱼箱(薄膜、高发泡材料)。

表 11 - 5　各种降解塑料性能

项目	熔点/℃	HDT/℃	软化点/℃	玻璃化温度/℃	密度/(g/cm³)	弯曲模量/Mpa	拉伸模量/Mpa	拉伸强度/Mpa	断裂伸长率/%	缺口冲击强度/(J/m)
PLA	180	55	58	60	1.25	3 700	2 800	70	7	29
PHB	180	60	141	4	1.24	2 600	2 320	26	1.4	20
PHBV	151	—	—	—	1.25	1800	800	28	16	161
PBS	114	97	—	−32	1.26	670	—	33	700	60
PBSA	94	69	—	−45	1.23	330	—	19	900	—
PES	100	—	—	−11	1.34	750	550	25	500	186
PCL	60	56	55	−60	1.14	280	230	61	730	NB
醋酸纤维素	77	111	—	—	1.25	1 100	240	27	62	120
PVA	212	—	—	74	1.25	—	39	1	2	13
改性淀粉	—	—	—	−54	1.17	—	280	17	670	—
PS	—	75	98	100	1.05	3 400	2 500	50	2	21
LDPE	108	49	96	−120	0.92	—	420	12	800	NB
PP	164	110	153	5	0.91	1 400	1 100	32	500	20
PET	260	167	78	—	1.38	—	2650	57	300	59

(三) 特殊用途及高附加值用途

新款式时兴包装(低发泡体);卡片类(纸复合薄膜、片材);非吸着性食品包装(薄膜、中空成型制品、纸复合材料);粘合剂(乳液、乳胶);医疗用材料(纤维、不织布、薄片、注塑制品)。

(四) 医用材料

医用材料特别是进入人体的高分子材料,要求机械强度高、无毒、无刺激、生物相容性好。当前已有工业化生产并已临床上应用的品种主要有:PHA、PHB、PHBV、PCL、

PGA、PLA 等，它们与人体组织有良好的相容性，不会引起周围炎症，无排异效应，其降解产物可参与代谢循环，无残留，且具有独特的压电效应，因此适用于控释药物载体、医用手术缝合线、生物植片、微球、胶囊、骨科用器材等。

（五）药物送达和缓释体系

所谓药物送达体系是将药物活性分子与天然或合成高分子载体结合，投施后在不降低原来药效及抑制副作用情况下，以适当的浓度和持续方向集积到患病的器官和细胞部位，以充分发挥原来药物的体系。

以下内容将以电子版形式介绍，快扫二维码学习体验吧！

第六节　微生物多糖

第七节　生物食品添加剂

第八节　农林产物精深加工产品

第九节　有机化工原料

复习思考题

1. 各种生化产品的生产和应用中涉及许多生物化学原理及方法，试举两例，并给出说明。

2. 如何优化生化产品的生产或使用条件？试讨论之。

参考文献

[1] 欧伶,俞建瑛,金新根. 应用生物化学,化学工业出版社,2001

[2] 范迎菊,盛永丽,马玉翔. Langmuir-Blodgett 膜技术在生物膜模拟方面的应用. 山东科学,2004,17(4):14-18

[3] 潘峰,段亚峰. 膜技术在人工脏器上的应用与展望. 产业用纺织品,2003,2:21-24

[4] 陈均辉,张冬梅. 普通生物化学(第5版). 北京:高等教育出版社,2015

[5] 王镜岩,朱圣庚,徐长法. 生物化学(第3版). 北京:高等教育出版社,2002

[6] 魏述众. 生物化学. 北京:中国轻工业出版社,1996

[7] Lehninger A L, Nelson D L, Cox M M. Principles of Biochemistry, 2nd ed. New York:Worth Publishers Inc. 1998

[8] [澳]P. W. 库彻,G. B. 罗尔斯顿. 生物化学(第2版中译本,姜招峰译). 北京:科学出版社,2002

[9] 王秀奇,秦淑媛,高天慧等. 基础生物化学实验(第2版). 北京:高等教育出版社,1999

[10] 张恒. 生物化学与分子生物学. 郑州:郑州大学出版社,2007

[11] 许建和,郁惠蕾. 生物催化剂工程:原理及应用. 化学工业出版社,2016

[12] 张光亚,方柏山. 生物催化剂的发现及改造. 生命的化学,2006,26(3):258-261

[13] 郭勇. 酶工程(第4版). 北京:科学出版社,2016

[14] 丁重阳,徐鹏,王玉红等. 添加黄芩对灵芝发酵液中酪氨酸酶抑制剂活性的影响,天然产物研究与开发,2009,21:21-26

[15] 邓小晨,王忠彦,胡永松等. 大曲发酵过程中微生物淀粉酶同工酶的研究. 微生物学通报,1995,22(3):143-146

[16] 袁聿军. 核酶的应用研究进展. 生物学教学,2008,33(3):9-12

[17] 赵辉,彭明,曾会才等. 核酶的特征及技术研究进展. 热带作物学报,2006,27(2):112-118

[18] 王俊峰,廖祥儒,付伟. 小型核酶的结构和催化机理. 生物化学与生物物理进展,2002,29(5):674-677

[19] 祁国荣. 核酶的22年. 生命的化学,2004,24(3):262-265

[20] 刘其友,张云波,赵朝成等. 脱氧核酶的应用研究进展. 化学与生物工程,2009,26(8):12-15

[21] 毛华伟,赵晓东,杨锡强. 脱氧核酶研究进展. 中国生物工程杂志,2003,23(4):43-47

[22] 林章凛,曹竹安,邢新会等. 工业生物催化技术. 生物加工过程,2003,1(1):12-16

［23］孙志浩.非水相生物催化的最新研究进展和研究热点.中国基础科学,2005(5):40－44

［24］李祖义,朱明华.非水相生物催化.生物工程进展,1990(2):19－23

［25］童海宝.生物化工.第2版.北京:化学工业出版社,2008

［26］曾文渊,张洪友,武瑞.生物传感器的研究进展.黑龙江畜牧兽医,2005(6):72－74

［27］赵涛,郝红,管晓玉等.生物传感器研究及应用进展.化学研究与应用,2009,21(11):1841－1845

［28］刘真真,张敏,姚海军等.酶生物传感器的研究进展.东莞理工学院学报,2007,14(3):97－101

［29］孙广海,周华,朱跃钊等.双水相生物催化技术的研究进展.生物加工过程,2004,(3):19－22

［30］王联结.生物化学与分子生物学原理.修订版.北京:科学出版社,2002

［31］D.沃伊特,J.G.沃伊特,C.W.普拉特.基础生物化学(中译本,朱德煦,郑昌学主译).北京:科学出版社.2003

［32］David.L Nelson,Micheal M Cox. Lehninger Principles of Biochemist(Fourth Edition). Publisher:W.H. Freeman,2004

［33］Garret R H,Grisham C M. Biochemistry(第三版/影印本).北京:高等教育出版社,2005(第2版)

［34］J.G.尼克尔斯,A.R.马丁,B.G.华莱士,等.神经生物学——从神经元到脑(中译本,杨雄里译).北京:科学出版社,2003

［35］M.F.贝尔,B.W.柯勒斯,M.A.帕罗蒂斯著.神经科学:探索脑(第2版,中译本,王建军译).北京:高等教育出版社,2004

［36］P. Michael Conn,Anthony R. Means.分子调节原理(中文版,曹又佳,张翠竹译).北京:高等教育出版社,2004

［37］R.K.默里,D.K.格兰纳,P.A.迈耶斯等著.哈珀生物化学(第25版)(中译本,宋惠萍译).北京:科学出版社.2000

［38］于自然,黄熙泰.现代生物化学.北京:化学工业出版社,2001

［39］寿天德.神经生物学(第2版).北京:高等教育出版社,2006

［40］Edwards R H. The Neurotransmitter Cycle and Quantal Size. Neuron,2007,55(6):835－858

［41］Finger T E,Danilova V,Barrows J,et al. ATP signaling is crucial for communication from taste buds to gustatory nerves. Science,2005,310(5753):1495－1499

［42］Gourine A V,Llaudet E,Dale N,et al. ATP is a mediator of chemosensory transduction in the central nervous system. Nature,2005,436(7047):108－111.

［43］Kjeldsen T,Ludvigsen S,Diers I,et al. Engineering-enhanced protein secretory expression in yeast with application to insulin. The Journal of Biological Chemistry,2002,277(21):18245－18248.

[44] Krishnan V, Nestler E J. The molecular neurobiology of depression. Nature. 2008, 455(7215): 894 - 902

[45] Julianna K. Recent advances in GABA research. Neurochen International, 1999, 34 (5): 353 - 358

[46] Lamar C A, Mahesh V B, Brann D W. Regulation of gonadotrophin-releasing hormone (GnRH) secretion by heme molecules: a regulatory role for carbon monoxide? Endocrinology,1996,137(2): 790 - 793

[47] Nagy G, Reim K, Matti U, et al. Regulation of releasable vesicle pool sizes by protein kinase A-dependent phosphorylation of SNAP - 25. Neuron, 2003, 41: 417 - 429

[48] Naor Z. Signaling by G-protein-coupled receptor (GPCR): Studies on the GnRH receptor. Frontiers in neuroendocrinology. 2009, 30(1):10 - 29

[49] Sakaba T, Neher E.. Direct modulation of synaptic vesicle priming by GABAB receptor activation at a glutamatergic synapse. Nature, 2003, 424 (6950): 775 - 778.

[50] Sakaba T, Stein A, Jahn A R, et al. Distinct kinetic changes in neurotransmitter release after SNARE-protein cleavage. Science, 2005, 309: 491 - 494.

[51] Schneggenburger R, Neher E. Intracellula r calcium dependence of transmit terrelease rates at a fast central synapse. Nature, 2000, 406: 889 - 893.

[52] Snyder S H, Jaffrey S R, Zakhary R. Nitric oxide and carbon monoxide parallel roles as neural messengers. Brain Res Brain Res Rev,1998, 26(2 - 3): 167 - 175.

[53] Stevens C F. Neurotransmitter release at central synapses. Neuron, 2003, 40: 381 - 388.

[54] Südhof T C, Malenka R C. Understanding Synapses: Past, Present, and Future. Neuron, 2008, 60(3): 469 - 476

[55] Zhang J M, Wang H K, Ye C Q, et al. ATP Released by Astrocytes Mediates Glutamatergic Activity-Dependent Heterosynaptic Suppression. Neuron, 2003, 41: 417 - 429

[56] Zhang Z J, Chen G, Zhou W, et al. Regulated ATP release from astrocytes through lysosome exocytosis. Nature Cell Biologiy. 2007, 9: 945 - 953

[57] 王金胜. 基础生物化学. 北京:中国林业出版社,2003

[58] 彭银祥. 基因工程. 武汉:华中科技大学出版社,2007

[59] 孙汶生. 基因工程. 北京:科学出版社,2004

[60] 温辉梁. 生物化工产品生产技术. 南昌:江西科学技术出版社,2004

[61] 俞俊棠. 新编生物工艺学. 北京:化学工业出版社,2003

[62] 贺小贤. 生物工艺原理. 北京:化学工业出版社,2003

[63] 季君晖. 全生物降解塑料的研究与应用. 塑料,2007,36(2):37 - 45

[64] 吕俊,杨阳. 三种微生物多糖的研究进展. 中国食品添加剂,2007,1:117 - 121

［65］徐莹,李景军,何国庆.赤藓糖醇研究进展及在食品中的应用.中国食品添加剂, 2005,3:92－95

［66］李云龙.蛋白胨的生产.明胶科学与技术,1997,17(1):32－34

［67］陈洪章,王岚.生物质的生物转化技术原理与应用.生物质化学工程,2008,42(4): 68－72

［68］周爱儒.生物化学(第6版).北京:人民卫生出版社,2003

［69］吕淑霞,任大明,唐咏等.基础生物化学.北京:中国农业出版社,2002

［70］罗纪盛,张丽萍,杨建雄等.生物化学简明教程(第三版).高等教育出版社,1999

［71］吴梧桐.生物化学(第3版).北京:中国医药科技出版社,2015

［72］陈竺.基因组科学与人类疾病.北京:科学出版社,2001

［73］贺林.解码生命-人类基因组计划和后基因组计划.北京:科学出版社,2000

［74］R. K.默里,D. K.格兰纳,P. A.迈耶斯等.哈珀生物化学(第25版中译本,宋惠萍 译).北京:科学出版社,2000

［75］P. Michael Conn,Anthony R. Means.分子调节原理(中译本,曹又佳,张翠竹译). 北京:高等教育出版社,2004

［76］Lander E S, Linton L M, Birren B, et al. Initial sequencing and analysis of the human genome. Nature, 2001, 409: 860－921

［77］Mc Pherson J D, Marra M, hillier L D, et al. A physical map of the human genome. Nature, 2001, 409: 860－921

［78］李安峰,潘涛,骆坚平.膜生物反应器技术与应用.化学工业出版社,2013

［79］陶军华,林国强.生物催化在制药工业的应用.化学工业出版社,2010

英汉名词对照（电子版，扫码可见）